Berthold Hatschek

Lehrbuch der Zoologie

eine morphologische Übersicht des Tierreiches zur Einführung in das Studium

dieser Wissenschaft

Berthold Hatschek

Lehrbuch der Zoologie
eine morphologische Übersicht des Tierreiches zur Einführung in das Studium dieser Wissenschaft

ISBN/EAN: 9783743675353

Hergestellt in Europa, USA, Kanada, Australien, Japan

Cover: Foto ©Andreas Hilbeck / pixelio.de

Weitere Bücher finden Sie auf **www.hansebooks.com**

LEHRBUCH

DER

ZOOLOGIE,

EINE MORPHOLOGISCHE ÜBERSICHT DES THIERREICHES
ZUR EINFÜHRUNG IN DAS STUDIUM DIESER
WISSENSCHAFT

VON

DR. BERTHOLD HATSCHEK,

O. Ö. PROFESSOR DER ZOOLOGIE AN DER DEUTSCHEN CARL-FERDINANDS-UNIVERSITÄT
IN PRAG.

ERSTE LIEFERUNG.

MIT 155 ABBILDUNGEN IM TEXT.

———— ✦ ————

JENA,

VERLAG VON GUSTAV FISCHER.

1888.

*Die zweite Lieferung ist in Vorbereitung und wird demnächst
erscheinen.*

Vorwort
zur ersten Lieferung.

—

Das Lehrbuch der Zoologie, dessen erste Lieferung hier vorliegt, wird nach folgendem Plane sich entwickeln: Vorwiegend morphologische Behandlung des Stoffes, ausführliche Berücksichtigung der Entwicklungsgeschichte und Einschränkung des systematischen Theiles.

Ich beabsichtige demnach eine „morphologische Uebersicht des Thierreiches" zu geben. Wenn auch der physiologischen Betrachtung ganze Capitel gewidmet sind, so bildet dieselbe hier doch nur ein Hilfsmittel der Morphologie. Die vergleichende Physiologie der Thiere ist ein Sondergebiet, das sowohl in der Literatur — welcher seit BERGMANN-LEUCKART ein zusammenfassendes Werk fehlt — als auch an unseren Universitäten, wie wir hoffen dürfen bald auch eine besondere Vertretung finden wird. Unsere grössten Universitäten werden sich wohl nicht lange mehr der Verpflichtung entziehen können, Lehrkanzeln der physiologischen Zoologie zu schaffen. Die physiologischen Lehrkanzeln der medicinischen Facultäten werden die Arbeitskräfte liefern.

Den herkömmlichen Darstellungen gegenüber wurden in dem vorliegenden Buche manche bedeutende Veränderungen, namentlich in Bezug auf das zoologische System, vorgenommen; doch habe ich dabei mir es zur Pflicht gemacht, nur solche Veränderungen aufzustellen, die nach dem gegenwärtigen Stande der Wissenschaft mit einiger Sicherheit begründet werden können und Dauer versprechen.

Ferner bitte ich, folgenden Satz HUXLEY's für dieses Buch in Anspruch nehmen zu dürfen: „Mit Ausnahme einiger wenigen Fälle habe ich es vermieden, verweisende Noten anzubringen und wenn daher der Leser mich mit Recht für jeden Irrthum verantwortlich halten wird, den er finden sollte, wird er auf der anderen Seite doch wohl

thun, das, was etwa originale Ansicht zu sein scheint, mir nicht zuzuschreiben, wenn seine Kenntnisse nicht so eindringend sind, um ihn
zu richtiger Beurtheilung in dieser Richtung zu befähigen." — Ein
Verzeichnis der wichtigsten Literatur folgt am Schlusse des Buches.

In der nächsten Lieferung kömmt das Capitel „Histologie der
Metazoen" zum Abschluss und es folgt das Capitel über die Functionen
des Metazoenkörpers (Stoffwechsel, Bewegung, Empfindung, Arten der
Fortpflanzung, Theorie der Vererbung) und ferner die speciellen Capitel
über Spongien, Cnidarier etc.

Meinen besonderen Dank spreche ich meinem verehrten Collegen
Herrn Prof. HERING aus, der das erste Capitel durchgesehen und zu
meiner grossen Beruhigung gebilligt hat.

Prag, November 1888.

Der Verfasser.

ERSTES CAPITEL.

Plasma und Lebenserscheinungen.

Das Plasma.

Wenn wir die Organismen im Allgemeinen betrachten und nach dem Gemeinsamen, dem Charakteristischen derselben fragen, so wird uns als wesentlich an ihnen die eigenthümliche lebendige Substanz, die als Plasma oder Protoplasma bezeichnet wird, erscheinen.

Bei den niedrigsten, einfachsten Organismen ist der gesammte Körper nichts anderes, als ein Klümpchen von Plasma. Bei allen nur einigermaassen complicirten Organismen unterscheiden wir Bestandtheile, die aus Plasma bestehen, und solche, die aus einer Umwandlung von Plasma hervorgegangen sind. In beiden Fällen sind alle Lebenserscheinungen in letzter Instanz auf das Plasma zurückführbar.

Mannigfaltigkeit der Plasmaarten.

Schon die Mannigfaltigkeit der Funktion deutet uns an, dass es sehr zahlreiche Plasmaarten giebt. Die Verschiedenartigkeit der Organismen ist auf die Verschiedenartigkeit ihres Plasmas zurückzuführen. Das Plasma ist aber nicht nur verschiedenartig je nach der Art des Organismus, sondern auch verschiedenartig in einzelnen Theilen desselben Organismus. Nur allereinfachste Organismen, z. B. Mikroben (Bakterien etc.) bestehen aus gleichartigem Plasma. Schon an den elementaren Gebilden, den Zellen, die bei den meisten Organismen in Ein- oder Mehrzahl den Körper zusammensetzen, findet sich an und für sich das Plasma verschieden im Zellleib und im Zellkern; und die Zellen der verschiedenen Körpertheile sind wieder in Bezug auf ihre Plasmabeschaffenheit einander gegenüberzustellen.

Physikalische und chemische Beschaffenheit des Plasma.

Das Plasma ist von zäh-weicher Consistenz (dies beruht, wie wir sehen werden, auf seinem mechanisch gebundenen Wassergehalt). Mit dieser Consistenz hängen gewisse Erscheinungen in der Formgestaltung der Organismen zusammen. Denn bei all der grossen Mannigfaltigkeit der Formgestaltung, mit deren Problem wir uns noch ausführlich beschäftigen werden, können wir eine Eigenthümlichkeit hervorheben, die in der Natur des Plasma begründet und daher von ursprünglicher Bedeutung und gemeinsam für alle Organismen ist: Die Organismen besitzen soge-

nannte „weiche" Formen, d. h. Formen, die nicht von geraden Linien
und ebenen Flächen begrenzt und die in gewissem Grade veränderlich
sind. — Wir können im Plasma mit den stärksten Vergrösserungen meist
noch Structuren, nämlich Körnchen und feine Fäden beobachten.
Wir dürfen also das Plasma nicht als eine chemische Substanz, sondern
wir müssen es als ein Gemenge betrachten. Welche chemische Substanzen sind nun in diesem Gemenge nachweisbar?

Im Körper der Organismen kommt eine grosse Zahl von chemischen
Elementen in mannigfachen Verbindungen vor (Sauerstoff, Wasserstoff,
Kohlenstoff, Stickstoff, Schwefel, Phosphor, Chlor, Fluor, Kiesel, Kalium,
Natrium, Magnesium, Eisen, Mangan und noch andere für die Or-
ganismen weniger wesentliche Elemente).

Gewisse chemische Verbindungen sind besonders wichtig als charakteristische Bestandtheile des Plasma. Es sind dies die kohlenstoff-
haltigen oder „organischen" Verbindungen und unter diesen vor allem
gewisse stickstoffhaltige Verbindungen, die Eiweisskörper, ferner
die stickstofflosen Kohlehydrate und Fette. Die Gruppe der Eiweisskörper ist chemisch sehr mannigfaltig, alle bestehen aus: Kohlenstoff, Wasserstoff, Sauerstoff, Stickstoff, Schwefel, und zwar stets in
ähnlicher procentischer Zusammensetzung. Die Art und Weise dieser
Zusammensetzung aber, die chemische Constitution der verschiedenen
Eiweisskörper, ist uns noch gänzlich unbekannt, wir wissen nur, dass
sie zu den complicirtesten gehört. Die uns bekannten Eiweisskörper
sind meist nur Zerfallsprodukte oder Leichenprodukte des Plasma.
Diese hochzusammengesetzten Verbindungen selbst gehen in der leben-
digen Substanz noch höhere Verbindungen ein, die sich der chemischen
Beurtheilung umsomehr entziehen. — Die Eiweisskörper und ihre Verbindungen kommen im Körper der Organismen stets in gequollenem
Zustande vor; d. d. sie haben mechanisch Wasser gebunden, welches
zudem Salze gelöst enthält.

Auch gewisse stickstofflose Verbindungen, nämlich die
Kohlehydrate (Stärke, Zuckerarten, Cellulose) und die Fette
spielen theils im pflanzlichen, theils im thierischen Organismus eine
wesentliche Rolle. Die Kohlehydrate sind Körper, die aus Kohlenstoff,
Wasserstoff und Sauerstoff bestehen, und zwar sind die beiden letzteren
in solchem Verhältniss enthalten, wie dieselben das Wasser zusammensetzen; durch Oxydation zerfallen die Kohlehydrate in Kohlensäure und
Wasser. — Die Fette sind ebenfalls niedrig oxydirte stickstofflose Kohlenstoffverbindungen.

Assimilation (Entstehung neuer Plasmatheilchen).

Die wesentlichste — und wohl auch ursprünglichste — Lebenserscheinung der Organismen ist die Assimilation. Das Plasma besitzt die Fähigkeit, gewisse fremde Substanzen von anders gearteter
chemischer Zusammensetzung in seine eigene Substanz umzusetzen, sie
zu assimiliren. Durch die Assimilation wird neues Plasma, neue
lebendige, d. h. selbst wieder assimilirende Substanz erzeugt; die
lebendige Substanz wächst also durch die Assimilation. Als lebendiges
Theilchen oder Plasmatheilchen können wir das kleinste Par-
tikelchen bezeichnen, welches selbst noch die wesentliche Eigenschaft
des Assimilationsvermögens besitzt, — möge man sich dieses Theilchen,
wie viele es thun, als eigenartiges chemisches Molekel (Eiweissmolekel)

vorstellen, oder, was wahrscheinlicher ist, als ein physikalisch wirkendes
System verschiedenartiger Molekel. Durch die Assimilation werden also
neue „Plasmatheilchen" erzeugt.

Man hat den Assimilationsprocess mit dem Wachsthum der Kristalle
verglichen. Der Kristall wird durch Anziehung von Molekeln aus der
Mutterlauge vergrössert und zwar solcher Molekel, die seinen eigenen
gleichartig sind. Der Assimilationsprocess unterscheidet sich davon und
zwar dadurch, dass bei demselben eine Umsetzung des molekularen
Baues der aufgenommenen Nahrung erfolgt.

Assimilationsprocess bei Pflanzen.

Um die Natur des Assimilationsprocesses näher kennen zu lernen,
wollen wir zuerst die Assimilation bei den Pflanzen betrachten, welche
die einfachere und übersichtlichere ist. Der Process tritt hier auch
mehr in den Vordergrund der Lebenserscheinungen als bei den Thieren.

Die Nahrung der Pflanzen ist Wasser, Kohlensäure, Salze und
Ammoniak oder ammoniakalische Verbindungen. Aus diesen Körpern
entsteht in der Pflanze zunächst Plasma, welches die Eiweisskörper enthält. In der Pflanze entstehen ferner unter dem Einflusse des Plasma
in grosser Menge andere organische Substanzen, nämlich Kohlehydrate,
sowie auch Fette, Harze und ätherische Oele. — Während die Nahrung
der Pflanze aus niedrig zusammengesetzten und dabei hoch oxydirten
Substanzen besteht (wie Kohlensäure, Wasser und Salze) sind die daraus
entstehenden Stoffe sehr hoch zusammengesetzt und niedrig oxydirt.
Bei einem derartigen chemischen Processe, einer chemischen Synthese,
wird lebendige Kraft oder Wärme in Spannkraft umgewandelt. Die
Wärme, die bei dem Assimilationsprocesse der Pflanzen gebunden wird,
ist die Sonnenwärme. Wir können die von den Pflanzen verbrauchte
Wärme wieder gewinnen, indem wir die Substanz der Pflanze oxydiren,
indem wir die Pflanze verbrennen. — Die Zerfällung der Kohlensäure — wobei Sauerstoff frei wird, den die Pflanzen ausathmen —
und die Umsetzung des Kohlenstoffs derselben in Eiweisskörper und
Kohlehydrate findet nur in den grünen chlorophyllhaltigen Pflanzentheilen unter dem Einfluss der Sonnenstrahlen statt. Die chlorophyllfreien
Pflanzentheile assimiliren auf Kosten von Reservestoffen, die von ersteren
Theilen geliefert werden. Ebenso assimiliren die gänzlich chlorophyllfreien Humuspflanzen und Schmarotzerpflanzen nur bereits von anderen
Pflanzen vorbereitete Stoffe.

Viele Botaniker, welche nur den Process in den chlorophyllhaltigen
Pflanzentheilen als Assimilation bezeichnen, kommen consequenter Weise
zu dem Ausspruch, dass die Humuspflanzen und Schmarotzerpflanzen nicht
assimiliren. Man müsste dann, wie aus den folgenden Ausführungen ersichtlich wird, auch den Thieren Assimilation absprechen. In beiden Fällen
handelt es sich aber um Verwandlung andersgearteter Substanzen in die
Substanzen des Plasma, also um Assimilation in unserem Sinne; es
wird hier nur eine bereits höher zusammengesetzte Nahrung assimilirt.

Assimilationsprocess bei Thieren.

Die Nahrung der Thiere bilden Eiweisskörper, Kohlehydrate und
Fette, die entweder dem Körper einer Pflanze oder eines anderen
Thieres entstammen. Da das fleischfressende Thier das pflanzenfressende

1 *

verzehrt, so stammt die organische Nahrung des Thieres in letzter
Instanz immer vom Pflanzenreiche. Die Thiere sind also in ihrer
Existenz vom Pflanzenreich abhängig.

Bei den Thieren finden gewisse Processe statt, durch welche die
Nahrung noch für den Assimilationsprocess vorbereitet wird. So sehen
wir bei den höheren Thieren, dass die Nahrung, nachdem sie etwa zer-
kleinert wurde, gewissen Secreten, den Verdauungssecreten, ausgesetzt
und verflüssigt wird. Dieser „Verdauungsprocess" findet in der Darmhöhle statt, welche ihrem Wesen nach nur eine Vertiefung der Körperoberfläche ist. Von hier aus erfolgt die Resorption, d. i. die Aufnahme
der verflüssigten Nahrung in das Blut, während unbrauchbare Reste
der Nahrung (durch den After oder bei afterlosen Thieren durch den
Mund) wieder entleert werden. Das Blut befördert nun die Nahrung
zu dem Plasma der verschiedenen Gewebe des Körpers; dies erst ist
der Ort, wo die Assimilation selbst stattfindet. Bei den niederen
Thieren mit einfachem Plasmakörper wird die feste Nahrung direkt
in das Plasma aufgenommen, es finden in diesem Falle auch die vorbereitenden Verdauungsprocesse im Plasma selbst statt.

Zweifellos werden die aufgenommenen Eiweisssubstanzen im Plasma,
nachdem sie gewisse Veränderungen erfahren haben, wieder in zu-
sammengesetztere Verbindungen übergeführt; auch die thierische Assimilation ist eine Synthese, bei welcher Wärme in Spannkraft umgesetzt
wird. Da aber die Nahrungsstoffe selbst schon hoch zusammengesetzt
sind, so wird eine viel geringere Wärmemenge gebunden, als bei der
pflanzlichen Assimilation. Die hier in Frage kommende Wärme ist
wahrscheinlich Athmungswärme (siehe unten).

Arbeitsleistung und Wärmeproduktion der Thiere
durch Athmung.

Bei den Thieren spielen auch noch andere chemische Processe eine
hervorragende Rolle, welche zunächst mit den Bewegungserscheinungen
der Thiere zusammenhängen. Das Thier muss sich bewegen, zunächst
um seine Nahrung aufzusuchen und aufzunehmen. Es bewegt dabei
seinen Körper, um den Ort zu verändern, oder es erzeugt Strömungen
im umgebenden Wasser, um dasselbe zu wechseln, oder es zieht die
Nahrung sonstwie mechanisch heran. Die Bewegungsarbeit wird durch
chemische Processe aufgebracht, bei welchen Spannkraft in lebendige
Kraft umgewandelt wird, indem höher zusammengesetzte, niedrig oxydirte Substanzen in niedrig zusammengesetzte hoch oxydirte umgewandelt werden. Dies geschieht, indem im arbeitenden Plasma Eiweisskörper oder auch stickstofflose Verbindungen oxydirt werden. Eine
besondere Rolle spielen die Kohlehydrate, welche unter Verbrauch von
Sauerstoff in Kohlensäure und Wasser zerfallen. Das ist wohl nur die
ungefähre Ausdrucksweise; man stellt sich gegenwärtig diese chemischen
Processe complicirter vor, aber mit demselben Endergebniss. Zum
Zwecke der Arbeitsleistung müssen die Thiere demnach Sauerstoff
aufnehmen und als Folge derselben scheiden sie Kohlensäure aus. Dies
ist der durch die Arbeit bedingte Athmungsprocess der Thiere.

**Die Athmungsorgane der Thiere dienen nur zur Aufnahme und Ab-
gabe dieser Gase; das Blut führt dieselben dann zu den arbeitenden Geweben, die letzteren selbst sind der Ort der chemischen Veränderungen.
Bei den niedrigen Thieren findet der Gasaustausch zwischen Plasma und
äusserem Medium unmittelbar statt.**

Neben der Arbeitsproduction wird durch Oxydation auch Wärme wohl bei allen Thieren erzeugt (Oxydation von Fetten pflegt hier eine besondere Rolle zu spielen). Bei den warmblütigen Thieren hat der Athmungsprocess in dieser Beziehung eine hervorragende Bedeutung, es wird bei ihnen durch die Oxydation vornehmlich stickstoffloser Substanzen (Kohlehydrate, Fette) auch die Wärme erzeugt, durch welche die für die Lebensprocesse dieser Thiere wichtige constante Temperatur erhalten wird. Wir sehen also, dass die Thiere Nahrungsmittel aufnehmen nicht nur zum Zwecke der Assimilation, sondern auch zum Zwecke der Arbeitsleistung und Wärmeproduktion.

Die Verwendung der Nahrungsmittel der Thiere können wir kurz folgendermaassen zusammenfassen: Die Eiweisskörper werden erstens zum Aufbau von Plasma verwendet, dienen also vor allem der eigentlichen Assimilation; sie können ferner auch als Respirationsmittel dienen, d. h. der Oxydation unterliegen; wenn sie aber im Ueberschuss zugeführt werden, wird die Oxydation nicht beendigt und es bleiben noch brauchbare Reservestoffe, die später weiter oxydirt werden können, im Körper zurück, nämlich die Körperfette. Die Kohlehydrate sind Arbeits- und Respirationsmittel. Die Nahrungsfette werden als Respirationsmittel verbraucht oder sie können auch zunächst direkt als Körperfett im Organismus abgelagert werden. Die letzteren beiden Arten von Körpern können demnach als Nahrung das Eiweiss nur in Bezug auf gewisse Zwecke (Arbeits- und Wärmeproduktion) ersetzen und den Eiweissbedarf daher herabmindern. Von gänzlich eiweissloser Nahrung kann aber kein Thier seine Lebensprocesse unterhalten und vor allem nicht assimiliren.

Excretionsprocess der Thiere.

Unbrauchbare Stoffe oder schädliche Substanzen, die bereits in die Körpersäfte (bei den höheren Thieren in das Blut) aufgenommen sind, können durch den Harn wieder aus dem Körper entfernt werden. Von wesentlicher Bedeutung ist es aber, dass durch den Harn gewisse Stoffe, die im Körper selbst entstehen und deren Verbleiben giftig wirken würde, ausgeschieden werden. Die wichtigste dieser Substanzen ist der Harnstoff, ein durch Zersetzung der Eiweisskörper gebildeter, bereits höher oxydirter stickstoffhaltiger Körper. — Die Menge von Harnstoff, die ein Thier ausscheidet, ist unabhängig von der geleisteten Arbeit; in der Ruhe, ja selbst im Schlafe wird ebensoviel Harnstoff ausgeschieden, als bei oder nach der Arbeit; dagegen steht sie in bestimmtem Verhältniss zu der Menge der aufgenommenen Eiweisskörper. Auffallend ist es aber, dass nicht nur ein hungerndes Thier, sondern auch ein solches, das nur mit eiweissloser Nahrung gefüttert wird, noch immer bis zu einer bestimmten Menge Harnstoff ausscheidet, und zwar auf Kosten seiner Gewebe, wobei das Thier natürlich an Körper verliert, abmagert. Die Eiweisszufuhr muss eine gewisse Höhe erreichen, um den Körper im Gleichmaasse zu erhalten, erst darüber hinaus findet ein Zunehmen desselben statt[1].

Die Ausscheidung des Harns geschieht vornehmlich durch Excretionsorgane (Nieren), bei einfacheren Thieren kann sie aber unmittelbar vom Plasma ausgehen.

---

1) Wir können daraus schliessen, entweder dass es auch ausser der Assimilation Functionen des thierischen Organismus giebt, bei welchen notwendig Eiweiss verbraucht wird, oder dass gewisse Assimilationsprocesse stets vor sich gehen — wenn nicht anders so auf Kosten der übrigen Körpertheile.

Athmung bei Pflanzen.

Auch die Pflanzen verbrauchen bei gewissen Processen Sauerstoff; sie brauchen den Sauerstoff zum Zwecke der inneren Bewegungsleistungen, ferner bei der Assimilation innerhalb der chlorophyllfreien Theile und überhaupt bei Abschluss des Lichtes. Besonders auffallend ist die Sauerstoffathmung und Wärmeerzeugung bei den keimenden Pflanzen.

Wenn wir den Gesammtstoffwechsel der Thiere und Pflanzen im Grossen und Ganzen vergleichen, so sehen wir, dass bei den Pflanzen Kohlensäure (als Nahrung) aufgenommen und ein Bestandtheil derselben, der Sauerstoff, ausgeschieden wird, dass dabei Wärme in Spannkraft umgewandelt wird. Bei den Thieren dagegen wird nebst hochzusammengesetzter Nahrung Sauerstoff aufgenommen und Kohlensäure ausgeschieden und es wird Spannkraft in bewegende Kraft und Wärme umgesetzt. Dieser Gegensatz folgt daraus, dass bei den synthetischen Processen der Pflanze durch Desoxydation Sauerstoff frei wird und dabei sehr viel Wärme verbraucht wird, während bei ihren geringfügigen inneren Bewegungserscheinungen der Verbrauch von Sauerstoff nur gering ist. Bei den Thieren dagegen wird viel Sauerstoff verbraucht zum Zwecke der bedeutenden Bewegungsleistungen und auch um Wärme zu erzeugen, während bei der Synthese nur wenig Wärme verbraucht wird, da die Nahrungsstoffe schon hoch zusammengesetzt sind, es wird ferner im Zusammenhang mit der Arbeits- und Wärmeproduction Kohlensäure ausgeschieden.

Wachsthum und Fortpflanzung.

Assimilation ist die einzige bekannte Bildungsweise von Plasma.

Bei näherem Eingehen auf die Lebenserscheinungen finden wir, dass die Assimilation überhaupt die einzige Art der Entstehung neuer Plasmateilchen ist, welche wir aus der Erfahrung kennen. Durch die Fortpflanzung wird kein neues Plasma erzeugt, denn die Fortpflanzung an und für sich ist nichts anderes als ein Theilungsprocess. Wir werden nur theoretisch zur Annahme noch einer anderen Art der Entstehung von assimilirender Substanz oder Plasma veranlasst, wenn wir das erste Auftreten der Organismen erklären wollen. Es ist dies die Urzeugung (Generatio aequivoca oder spontanea).

Urzeugung.

ARISTOTELES liess selbst höhere Organismen durch Urzeugung entstehen, so Aale und Frösche aus dem Schlamme, Insecten aus Pflanzentheilen, Maden aus faulendem Fleische u. s. w. Schon durch REDI wurde diese Lehre von der Urzeugung wirksam bekämpft. Nachdem aber vermittelst des Mikroskopes eine neue Welt von Organismen entdeckt worden war, vertheidigte man wieder die Generatio aequivoca der Infusorien. Erst in unserem Jahrhunderte wurde endgiltig nachgewiesen, dass auch für die Infusorien und Eingeweidewürmer die Generatio aequivoca keine Geltung habe. In Bezug auf die fäulnisserregenden Organismen, Bacterien etc., hat sich die Discussion der Frage noch bis in die jüngste Zeit (PASTEUR gegen POUCHET) fortgesetzt. Gegenwärtig ist man durch vielfache Untersuchungen zu der Ueberzeugung gekommen, dass kein uns bekannter Organismus durch Urzeugung entsteht. Auch theoretisch kommen wir zu einer ähnlichen Anschauung. Wir finden selbst die niedersten uns bekannten Organismen in ihren Lebenserscheinungen in so bestimmter Weise an besondere Lebensbedingungen angepasst, dass wir, um diese Anpassung zu erklären, eine lange Reihe vorhergehender Generationen annehmen müssen. Wir sind der Ansicht, dass durch Urzeugung nur solche Organismen entstanden sind oder entstehen, deren assimilirende Substanz oder Plasma viel einfacher war, als diejenige aller uns bekannten Organismen (NAEGELI).

Begrenztheit des Wachsthums. Individualität.

Eine unmittelbare Folge der Assimilation ist das Wachsthum. Das Wachsthum der Organismen ist ein individuell begrenztes. Die bestimmte Grösse eines Organismus ist durch die Art seiner Organisation, durch seinen Bau, bedingt. Je einfacher die Organisation, um so geringer ist — innerhalb gewisser Grenzen — die Grösse des Organismus. Man hat die Ansicht aufgestellt, dass die ursprünglichsten Organismen nicht von begrenzter Grösse gewesen seien, dass sie unregelmässig zusammenhängende Plasmamassen von beliebiger, vom Zufall abhängender Ausdehnung gebildet hätten (HAECKEL's Bathybius). Es ist aber nach Analogie der bekannten Verhältnisse wahrscheinlicher, dass die ursprünglichsten Organismen von sehr geringer Grösse waren. Es ist auch möglich, dass es Organismen gibt, die sich durch ihre geringe Grösse jetzt noch unserer Beobachtung trotz aller optischen Hilfsmittel entziehen. (Manche Bakterien stehen an der Grenze der Wahrnehmbarkeit.)

Fortpflanzung oder Vervielfältigung der Individualität.

Wenn das Individuum die Grenze seines Wachsthums erreicht hat, wächst es als Individuum nicht weiter. Aber es ist eine Fortsetzung des Wachsthums durch Vervielfältigung der Individualität möglich. Die Grösse des Organismus wird durch Theilung herabgesetzt und es folgt ein erneutes Wachsthum der Theilstücke. Man hat daher die Vervielfältigung der Individuen, die Fortpflanzung, auch als „Wachsthum über das individuelle Maass hinaus", definirt (K. E. v. BAER).

Die Theilstücke sind entweder annähernd gleich gross und wachsen beide in gleicher Weise wieder heran (Fortpflanzung durch Theilung im engeren Sinne), oder es werden von dem ursprünglichen Individuum verhältnissmässig kleine Theile abgestossen (Knospen, Keime, Fortpflanzungskörper), so dass dadurch die ursprüngliche Individualität nicht wesentlich beeinträchtigt wird, — und in diesem Falle erfolgt das wesentliche Wachsthum an jenen als neue Individuen abgestossenen Theilen.

Nur bei den einfachsten Organismen, die eine geringe Differenzirung des Körpers besitzen, bei denen demnach die Theilstücke (Theile, Knospen, Keime) im Wesentlichen dem Ganzen gleichen, beruht die Fortpflanzung nur auf Theilung und Wiederheranwachsen der Theilstücke. In allen anderen Fällen, wo die Theilstücke dem Ganzen nicht gleichen, kommen Differenzirungs- oder Entwicklungsvorgänge hinzu.

Vererbung.

Hier tritt uns nun die Frage der Vererbung entgegen. Die Erscheinungen der Organismen wiederholen sich von Generation zu Generation oder auch im Rhythmus mehrerer Generationen. Wir nennen die
Ursache dieser Wiederholung „Vererbung", oder genauer gesagt — da
die Ursache keine einfache, sondern meist eine sehr complicirte Kette
von Ursachen und Folgen ist —: Wir fassen unter dem Namen Vererbung die ganze Kette von Ursachen und Folgen zusammen, welche
die Erscheinungen der aufeinanderfolgenden Generationen verbindet. Die
Vererbungserscheinungen eines Organismus erklären, heisst diese ganze
Kette von Ursachen und Folgen klar legen.

Bei jenen einfachsten Organismen, die sehr geringe Differenzirungen
besitzen, überblicken wir leicht den Zusammenhang der Erscheinungen und
eliminiren die Vererbungsfrage, indem wir sagen: Die Theilstücke besitzen
die wesentlichen Eigenschaften des Ganzen und gleichen demselben durch
Wiederheranwachsen. Die Schwierigkeit der Erklärung beginnt erst dort,
wo bei der Fortpflanzung die Theilstücke dem Ganzen nicht gleichen, wo
complicirte Eigenschaften verschwinden und wieder erscheinen. Die Vererbungsfrage beginnt für uns also erst dort, wo Differenzirungs- oder Entwicklungsvorgänge bei den Organismen auftreten.

Vermischung der Individualitäten (Conjugation, Befruchtung).

Von ganz allgemeiner Bedeutung ist die bei allen Arten von Organismen auftretende Erscheinung, dass getrennte Individuen sich unter
Vermischung ihres Plasmas zu einem Individuum vereinigen (Vermischung der Individualitäten). Diese Vermischung der Individualitäten
steht meist in einem gewissen Connex mit der Vermehrung der Individualitäten, d. i. der Fortpflanzung, wenn auch die beiden Processe
ursprünglich von einander unabhängig sind. Bei den niedrigen Organismen
verschmelzen entwickelte Individuen mit einander zu einem Individuum
(Conjugation) und dieses vermehrt sich sodann durch eigentliche
Theilung. Bei jenen höheren Organismen, wo besondere Fortpflanzungskörper (Ei, Sperma) als neue Individualitäten gebildet werden, sind es
diese, welche zur Verschmelzung kommen (Befruchtungsprocess,
wohl zu unterscheiden von der vermittelnden Begattung). Die Verschmelzung geht also an den Fortpflanzungskörpern (das ist
an dem einfachsten Zustande der Individualität) vor sich[1]. Wir bezeichnen eine Fortpflanzung, welche mit Vermischung der Individualitäten
combinirt ist, als geschlechtliche Fortpflanzung. Neben derselben kommt
bei vielen Organismen in rhythmischer Abwechslung ungeschlechtliche
Fortpflanzung vor, bei keinem Organismus aber, wenigstens von den
Einzelligen angefangen, fehlt die geschlechtliche Fortpflanzung.

---

1) Der verschiedenartige Bau der weiblichen und männlichen Fortpflanzungskörper ist
für das Wesen der Befruchtung nur von secundärer Bedeutung. Diese Verschiedenheit beruht auf einer Theilung der Arbeit. Der weibliche Fortpflanzungskörper, die Eizelle, ist
von bedeutenderem Volumen und liefert die überwiegende Menge von Substanz für das
neue Individuum. Der männliche Fortpflanzungskörper, die Samenzelle, ist klein, sehr beweglich und wird in sehr grosser Zahl erzeugt, alles Eigenthümlichkeiten, die zur Sicherheit des Zusammentreffens von Ei und Samen dienen (O. Hertwig).

Wir werden uns die Frage stellen: welche Bedeutung hat die geschlechtliche Fortpflanzung für den Organismus? Dass ein wesentlicher Vortheil für den Organismus daraus erwächst, beweist schon das allgemeine, gesetzmässige Auftreten dieser Erscheinung; um diesen Vortheil zu erforschen, wollen wir zunächst die verschiedenen Erfolge der geschlechtlichen Fortpflanzung oder Kreuzung ins Auge fassen.

Es wurde besonders von DARWIN auf zahlreiche Thatsachen hingewiesen, aus welchen hervorgeht, dass allzu nahe Verwandtschaft der Eltern ungünstig auf die Natur der Nachkommen einwirkt. Selbstbefruchtung ist bei vielen (zwitterigen) Pflanzen entweder resultatlos oder führt zu schwächlicher Nachkommenschaft; bei zahlreichen Pflanzen sind auch Einrichtungen vorhanden, welche diesen Vorgang überhaupt verhüten. Aus einer grossen Anzahl von Thatsachen ist ferner ersichtlich, dass auch allzu nahe Verwandtschaft der Eltern („Inzucht") ganz allgemein schwächliche Nachkommenschaft zur Folge hat, besonders wenn die Inzucht durch mehrere Generationen fortgesetzt wurde. Das günstigste Resultat erfolgt bei einem gewissen Grade von Verschiedenheit der Eltern. Bei einem grösseren Unterschiede aber, wie er zwischen verschiedenen Rassen oder Arten besteht, machen sich wieder Störungen bemerkbar (Unfruchtbarkeit der Bastarde etc.), welche sich mit dem Grade der Verschiedenheit so weit steigern, dass die Befruchtung endlich wieder resultatlos erscheint. Das Gesetzmässige dieser Erscheinungen lässt sich dahin zusammenfassen, dass **ein gewisser Grad von Verschiedenheit der Eltern für die Lebensfähigkeit der Nachkommen günstig ist.**

Die erblichen Unterschiede zwischen den Individuen einer Art beruhen auf der Verschiedenartigkeit der äusseren Einflüsse (Lebensbedingungen), welche Generationen hindurch auf dieselben einwirkten. Diese Einflüsse können auch ungünstige Veränderungen hervorrufen. Es ist besonders hervorzuheben, dass ein Organismus, der zahlreiche Generationen hindurch allzu gleichartigen Lebensbedingungen ausgesetzt bleibt, ungünstig beeinflusst erscheint (erbliche Häufung der Schädlichkeiten). Dagegen wirken geringe Veränderungen der Lebensbedingungen günstig auf den Organismus ein. Ein ähnlicher Erfolg kann aber auch (für die Nachkommen) erzielt werden durch Kreuzung von Individuen, die in gewissem Grade verschieden sind (d. h. Generationen hindurch in gewissem Grade verschiedenartigen Bedingungen ausgesetzt waren). **Die Kreuzung erscheint daher als eine Correctur gegen die ungünstige und erbliche Wirkung einseitiger Lebensbedingungen.** Es wird der Einfluss mannigfacher Lebensbedingungen hierdurch ausgenützt, d. h. von verschiedenen Individuen auf eines übertragen [1]).

---

1) In ähnlicher Weise hat sich schon DARWIN geäussert, indem er darauf hinweist, dass ein „Parallelismus zwischen den Wirkungen der veränderten Lebensbedingungen und der Kreuzung" bestehe: „Es scheint mir, dass einerseits geringe Veränderungen in den Lebensbedingungen aller organischen Wesen vortheilhaft sind, und dass andererseits schwache Kreuzungen, nämlich zwischen Männchen und Weibchen derselben Art, welche unbedeutend verschiedenen Bedingungen ausgesetzt gewesen sind und unbedeutend variirt haben, der Nachkommenschaft Kraft und Stärke verleihen. Dagegen haben wir aber gesehen, dass bedeutendere Veränderungen der Verhältnisse die Organismen, welche lange Zeit an gewisse gleichförmige Lebensbedingungen im Naturzustande gewöhnt waren, oft in gewissem Grade unfruchtbar machen, wie wir auch wissen, dass Kreuzungen zwischen sehr weit oder specifisch verschieden gewordenen Männchen und Weibchen Bastarde hervorbringen, die beinahe immer einigermaassen unfruchtbar sind. Ich bin vollständig überzeugt, dass dieser Parallelismus durchaus nicht auf einem blossen Zufalle oder einer Täuschung beruht."

Wir können nun die vorhin erwähnten verschiedenen Erfolge der
Kreuzung folgendermaassen erklären. Wenn gleichartige Individualitäten
(Fortpflanzungskörper, die von ein und demselben elterlichen Individuum
oder von nahe Verwandten herrühren) miteinander verschmelzen, so ist damit
keine direkte Schädlichkeit gegeben, sondern es ist nur die nützliche Correctur
in Wegfall gekommen (wie bei ungeschlechtlicher Vermehrung). Ein gewisser Grad von Verschiedenheit ist günstig, da die Wahrscheinlichkeit der
Correctur hier grösser ist. Der Misserfolg aber, der bei einem noch grösseren
Betrage von Verschiedenheit eintritt, beruht auf Gründen ganz anderer Art;
das Plasma der beiden Individuen ist nämlich hier schon derart verschieden,
dass die Mechanik der Lebensprocesse, wenn wir uns so ausdrücken dürfen,
hier durch die Vermischung gestört wird [1]).

Man wird hier die Frage aufwerfen, ob nicht jede Veränderung, also
auch eine neu auftretende, dem Organismus nützliche Eigenthümlichkeit,
durch die wiederholte Kreuzung aufgehoben werden müsse?

Diese Frage ist vom Standpunkte der später zu erörternden Descendenztheorie besonders wichtig.

Die fortgesetzte Kreuzung würde in der That zur Wiederaufhebung aller
neu auftretenden Eigenthümlichkeiten führen, wenn nicht die „natürliche Zuchtwahl" als ein selbständiger Faktor einwirken würde.

So wird eine Veränderung der Art in der Richtung der von der Zuchtwahl begünstigten Eigenschaften immerhin stattfinden, wenn auch ein Theil der
Veränderungen durch Kreuzung wieder aufgehoben wird. Die Wirksamkeit
der natürlichen Zuchtwahl wird demnach durch die Kreuzung verlangsamt,
aber nicht aufgehoben.

Contractilität und Irritabilität des Plasmas.

Als allgemeine Eigenschaften des Plasmas werden ferner die Contractilität und Irritabilität betrachtet.

Wir sehen am Plasma Gestaltsveränderungen vor sich
gehen, welche wahrscheinlich stets auf einer abwechselnden Verkürzung und Verlängerung seiner fädigen Bestandtheile beruhen,
während die flüssigen Bestandtheile mit den Körnchen dabei sehr auffallende, aber wahrscheinlich passive, Strömungserscheinungen
zeigen. Alle Bewegungsarten der Organismen sind von dieser Grund-
erscheinung abzuleiten.

Auf äussere Einflüsse („Reize"), z. B. chemische, mechanische,
Licht-, Wärmereize etc., sehen wir am Plasma Veränderungen, zumeist
Contractionserscheinungen, erfolgen. Es ist zu vermuthen, dass die
verschiedenartigen Reize innerhalb des Plasmas immer zunächst in
gewisse chemisch-physikalische Veränderungen des Plasmas („Erregung") umgesetzt werden, die unmittelbar oder mittelbar (Fortleitung

---

1) WEISMANN hat eine ganz andere Ansicht über die Bedeutung der geschlechtlichen
Fortpflanzung aufgestellt. Sie soll selbst die Ursache der Variabilität sein (welche das Substrat für die phylogenetische Vervollkommnung der Organismen bildet). Diese
Theorie des geistreichen Forschers gründet sich auf falsche Voraussetzungen. Erstens ist
die Annahme nicht richtig, dass ein Organismus, der sich längere Zeit nur ungeschlechtlich
vermehrt, nicht der Variabilität unterliegt (DARWIN hat darauf hingewiesen, dass Zweige
eines Baumes oder durch Stecklinge fortgepflanzte Gewächse variiren); zweitens ist die
Kreuzung, nach ganz allgemeiner und gut begründeter Anschauung, wohl geeignet, Verschiedenheiten zu verwischen und Mischcharaktere zu erzeugen, nicht aber neue Charaktere
entstehen zu lassen. Drittens ist noch einzuwenden: da viele Organismen innerhalb sehr
langer Zeitperioden keine merkbare phylogenetische Vervollkommnung erfahren, so ist der
etwaige Nutzen der Variabilität um ein viel zu indirekter (zeitlich entfernter), um eine so
allgemeine und gesetzmässige Einrichtung zu bedingen, wie es die Vermischung der Individuen ist.

der Erregung) den Anstoss zur Contraction etc. geben, letztere ist aber meist mechanisch viel mächtiger, als der Anstoss selbst.

Wir können im Thierreiche eine Stufenreihe beobachten von dem einfachen Folgevorgang (Abfolge) von Reiz, Erregung und Bewegung bis zu jenen complicirten Vorgängen, wo das Thier auf die Eindrücke der Aussenwelt mit complicirten zweckdienlichen Handlungen antwortet, unter Vermittlung complicirter Erregungsprocesse. Wir wollen hier in kurzem andeuten, worin diese complicirten Processe bestehen. Es treten besondere Organe auf, die als Vermittler der Erregung dienen (Nervensystem). Die durch einen Reiz bewirkte Erregung wird durch das Nervensystem fortgeleitet, sie läuft aber nicht einfach mit der Auslösung einer Thätigkeit in der oben angedeuteten Weise ab, sondern sie hinterlässt in einem entsprechenden Theile des Nervensystems (nämlich in den „Ganglienzellen") eine dauernde Nacherregung. Der einfachste Vortheil, der hieraus erwächst, ist, dass eine nachfolgende gleichartige Erregung schon bei geringerer Intensität die entsprechende Folgebewegung veranlasst. Da aber die verschiedenen Theile des Nervensystems mit einander in mannigfachster Weise in physiologischer Verbindung stehen, so kommt es, dass eine durch einen Reiz bewirkte Erregung auf dem Wege dieser mannigfachen Verbindungen auch mit einer ganzen Summe von Nacherregungen zur Interferenz kommen kann und das Resultat dieses complicirten Processes ist oft eine combinirte Handlung. Die Nacherregungen werden auch, ohne dass ein neuer Reiz hinzukommt, in Wechselwirkung treten; es wird dies zu veränderten Erregungszuständen führen; es können aus dieser letzten Wechselwirkung auch Handlungen erfolgen, die also das Resultat weit zurückliegender, früher stattgefundener, Reize sind.

Ueber die „geistigen Vorgänge".

Wir haben im Vorhergehenden kurz angedeutet, welcher Art die complicirten Vorgänge sind, die im Centralnervensystem der Thiere und des Menschen ablaufen. So oder ähnlich werden dieselben von allen Naturforschern aufgefasst.

Die materialistische Schule betrachtet nun diese Vorgänge als identisch mit den sogenannten geistigen Vorgängen. Andere Philosophen wollen diese Vorgänge, als materielle, streng unterschieden wissen von dem geistigen Leben, welches eine parallel einhergehende Begleiterscheinung dieser materiellen Vorgänge sein soll. Wieder andere wollen das Materielle und Geistige auf die verschiedene Betrachtungsweise eines und desselben Dinges zurückführen.

Wir können auf eine nähere Erörterung dieser Anschauungen hier nicht eingehen. Wir wollen nur eines hervorheben. Vom Standpunkte der mechanischen Weltanschauung (der sogenannten naturwissenschaftlichen) haben wir nichts anderes zu erklären, als den mechanischen Zusammenhang der Erscheinungen. So werden wir z. B. auch die Thätigkeit des Nervensystems als vollständig erklärt betrachten, wenn wir den Zusammenhang von Reiz, Erregung und Handlung in allen seinen Complicationen mechanisch erklärt haben. Es gilt dies auch, wenn wir uns selbst als Object betrachten [1]).

---

[1]) Bei dieser Betrachtungsweise ist die mechanische Bewegung unser Rechnungselement; wenn wir aber die Empfindung als Rechnungselement einsetzen (MACH), dann haben wir die Welt als reine Empfindungswelt zu betrachten, denn das, was wir Bewegung nennen, ist selbst nur Folgerung aus (oder entspricht) einem Complex von Empfindungen.

ZWEITES CAPITEL.

Descendenzlehre.

Constanzlehre und Descendenzlehre (LAMARCK, DARWIN) [1].

Die Lehre von der Constanz der Arten war bis in die jüngste Zeit die herrschende; die Arten galten als unveränderlich; jede Art sollte einzeln für sich erschaffen worden sein. Nach der Descendenzlehre, die gegenwärtig von beinahe allen Naturforschern anerkannt wird, halten wir dafür, dass die Arten veränderlich und demgemäss von anderen Arten abzuleiten seien. Wir betrachten alles Leben auf unserem Planeten als einen einheitlichen, durch die Abstammung mechanisch zusammenhängenden Process — von den einfachsten Lebenserscheinungen der ersten, durch Urzeugung entstandenen Organismen beginnend und innerhalb ungeheurer Zeiträume zu den überaus mannigfaltigen und complicirten Erscheinungen der Gegenwart hinführend. Der Zusammenhang dieses Processes in seinen grossen Zügen wird durch den Stammbaum der Organismen dargestellt.

Die Ideen der Descendenzlehre sind in ihren ersten Anfängen bis in das classische Alterthum zurückzuverfolgen. Die ausführliche Darlegung und Begründung der Descendenzlehre gehört aber unserem Jahrhunderte an. Die Geschichte dieser Theorie bildet einen wichtigen Theil der Geschichte der geistigen Bewegung unseres Jahrhundertes.

LAMARCK hatte im Jahre 1801 und dann bedeutend erweitert 1809 in seiner Philosophie zoologique die Lehre aufgestellt, dass alle Arten, den Menschen eingeschlossen, von anderen Arten abstammen. Er nahm ein Gesetz der fortschreitenden Entwicklung an. Als Ursachen der Umwandlung der Arten stellte er hauptsächlich die directe Einwirkung äusserer Einflüsse, ferner den Gebrauch oder Nichtgebrauch der Organe auf, da er die hiedurch hervorgerufenen Veränderungen — irriger Weise — für erblich hielt. Wir können LAMARCK's Theorie als die Theorie der direkten Anpassung bezeichnen.

---

1) Die Selectionstheorie DARWINS, welche den wesentlichen Inhalt dieses Capitels bildet, ist schon vielfach auszugsweise behandelt worden. In keiner dieser Darstellungen ist die treffende Ausdrucksweise für den Gegenstand in so bewunderungswürdiger Weise gefunden, wie in dem classischen Originalwerke. Dieser Einsicht folgend habe ich mich hier in diesem kurzen Auszuge beinahe ausschliesslich an die Worte des Originals gehalten (nach der Uebersetzung von BRONN, revidirt von V. CARUS, 5. Auflage, Stuttgart 1872) und war nur bestrebt, die demselben entnommenen Sätze sinngemäss aneinanderzureihen und zu verbinden. Ich hoffe dadurch die Jünger der Wissenschaft am besten dazu anzuregen, das Originalwerk selbst zur Hand zu nehmen.

Wenn auch sein denkwürdiger Versuch an der Unrichtigkeit dieses erklärenden Principes scheiterte und die Descendenzlehre nicht zu allgemeiner Anerkennung brachte, so ist dennoch LAMARCK stets als der erste zu nennen, der die Descendenzlehre in wissenschaftlicher und consequenter Weise vertrat.

In der Folgezeit wiederholen sich immer zahlreichere Versuche und Andeutungen, die sich auf die Abstammungstheorie beziehen, denn der Boden ward immer mehr für dieselbe vorbereitet: Die fortgeschrittene Physiologie lehrte, dass die Organismen denselben allgemeinen physikalischen Gesetzen unterworfen seien, wie die anorganischen Körper — und die morphologische Forschung, nämlich die vergleichende Anatomie und Entwicklungsgeschichte, hatte eine Summe von Thatsachen zusammengetragen, durch welche das allgemeine wissenschaftliche Bewusstsein sich unvermerkt jener Theorie immer mehr näherte.

Als nun DARWIN mit der fundamentalen Entdeckung des Selectionsprincips hervortrat und damit die Descendenzlehre aufs neue begründete, gelangte dieselbe in kürzester Zeit zu allgemeiner Anerkennung.

Darwin's Selectionstheorie.

DARWIN hat seine Theorie zunächst im Zusammenhang dargestellt in seinem Hauptwerk: „Ueber die Entstehung der Arten durch natürliche Zuchtwahl oder die Erhaltung der begünstigten Rassen im Kampf ums Dasein" (1859)[1]. In einer ganzen Reihe nachfolgender Werke werden viele wichtige hierhergehörige Fragen noch ausführlicher erörtert.

DARWIN geht von der Betrachtung der Bildung von Rassen unter dem Einflusse des Züchters (Abänderung im Zustande der Domestication) aus. Das Mittel, durch welches der Züchter seine Erfolge erzielt, ist die Zuchtwahl. Der Züchter kann seine Thiere nicht direkt verändern, sondern er benutzt die ohne sein Zuthun auftretenden Veränderungen. Es sind also folgende 2 Hauptpunkte hervorzuheben: 1) Bei den einzelnen Individuen treten mannigfache erbliche Veränderungen auf. 2) Der Züchter wählt diejenigen Individuen zur Nachzucht aus, welche ihm zusagende Eigenthümlichkeiten besitzen. Durch fortgesetzte Zuchtwahl können geringe Veränderungen zu einem bedeutenden Betrage gehäuft werden (accumulatives Wahlvermögen). Die durch den Züchter erzielten Rassen zeigen daher Eigenthümlichkeiten, welche nicht dem eigenen Nutzen der Pflanze oder des Thieres dienen, sondern dem Nutzen und der Liebhaberei des Menschen.

Die Umwandlung der Arten im Naturzustande beruht auf folgenden analogen Principien: 1) Auftreten mannigfacher erblicher individueller Abänderungen. 2) Natürliche Zuchtwahl oder Ueberleben der bevorzugten (passendsten) Individuen im Kampfe ums Dasein.

Die individuelle Abänderung der Organismen im Naturzustande ist allerdings weniger häufig und weniger auffallend, als im Zustande der Domestication; sie besitzen, wie man sich ausdrückt, einen weniger biegsamen Charakter. Die Gesetze der Abänderung sind noch wenig erforscht.

---

1) Nahezu gleichzeitig stellte auch WALLACE das Selectionsprincip auf.

Kampf ums Dasein.

Der Kampf ums Dasein unter den organischen Wesen der ganzen Welt geht unvermeidlich aus dem hohen **geometrischen Verhältnisse** ihrer Vermehrung hervor. Es ist dies die socialwissenschaftliche Lehre von MALTHUS auf das ganze Thier- und Pflanzenreich angewendet. Es giebt keine Ausnahme von der Regel, dass jedes organische Wesen sich auf natürliche Weise in einem so hohen Maasse vermehrt, dass, wenn nicht Zerstörung einträte, die Erde bald von der Nachkommenschaft eines einzigen Paares bedeckt sein würde. Selbst der Mensch, welcher sich doch nur langsam vermehrt, verdoppelt seine Anzahl in fünfundzwanzig Jahren, und bei so fortschreitender Vervielfältigung würde die Welt schon in weniger als tausend Jahren buchstäblich keinen Raum mehr für seine Nachkommenschaft haben. LINNÉ hat schon berechnet, dass, wenn eine einjährige Pflanze nur zwei Samen erzeugte (und es giebt keine Pflanze, die so wenig productiv wäre) und ihre Sämlinge im nächsten Jahre wieder zwei gäben u. s. w., sie in zwanzig Jahren schon eine Million Pflanzen liefern würde. Wird eine Baumart durchschnittlich tausend Jahre alt, so würde es zur Erhaltung ihrer vollen Anzahl genügen, wenn sie in tausend Jahren nur einen Samen hervorbrächte, vorausgesetzt, dass diesem einen die Sicherheit der Entwicklung und Existenz gegeben wäre.

Der Ausdruck Kampf ums Dasein wird von DARWIN im weitesten Sinne gebraucht. Vor allem ist hervorzuheben, dass dabei nicht nur das Leben des Individuums, sondern was noch wichtiger ist, der Erfolg in Bezug auf das Hinterlassen der Nachkommenschaft einbegriffen wird. Es ist ferner nicht nur ein unmittelbarer Kampf, sondern überhaupt die Wechselbeziehungen der Wesen zu einander hiermit bezeichnet. Man kann mit Recht sagen, dass zwei hundeartige Raubthiere in Zeiten des Mangels um Nahrung und Leben mit einander kämpfen. Von einer Pflanze, welche alljährlich tausend Samen erzeugt, unter welchen im Durchschnitt nur einer zur Entwicklung kommt, kann man sagen, sie kämpfe ums Dasein mit anderen Pflanzen derselben oder anderer Arten, welche bereits den Boden bekleiden. Die Mistel ist abhängig vom Apfelbaum und wenigen anderen Baumarten. Wachsen mehrere Sämlinge derselben dicht auf einem Aste beisammen, so kann man in zutreffender Weise sagen, sie kämpfen mit einander. Da die Samen der Mistel von Vögeln ausgestreut werden, so hängt ihr Dasein mit von dem der Vögel ab und man kann metaphorisch sagen, sie kämpfen mit anderen beerentragenden Pflanzen, damit sie die Vögel veranlassen, eher ihre Früchte zu verzehren und ihre Samen auszustreuen, als die der andern. — Es bestehen complicirte Beziehungen aller Pflanzen und Thiere zu einander im Kampfe ums Dasein. — Der Kampf ums Dasein ist am heftigsten zwischen Individuen und Varietäten derselben Art[1]).

---

1) DARWIN schreibt an einer Stelle: „Wir sehen das Antlitz der Natur in Heiterkeit strahlen, wir sehen oft Ueberfluss an Nahrung, aber wir sehen nicht oder vergessen, dass die Vögel, welche um uns her sorglos ihren Gesang erschallen lassen, meistens von Insecten oder Samen leben und mithin beständig Leben zerstören; oder wir vergessen, wie viele dieser Sänger oder ihrer Eier oder ihrer Nestlinge unaufhörlich von Raubvögeln und Raubthieren zerstört werden; wir behalten nicht immer im Sinne, dass, wenn auch das Futter jetzt im Ueberfluss vorhanden sein mag, dies doch nicht zu allen Zeiten jedes umlaufenden Jahres der Fall ist.

Natürliche Zuchtwahl.

Wenn wir uns daran erinnern, dass offenbar viel mehr Individuen geboren werden, als möglicherweise fortleben können, so ist nicht zu bezweifeln, dass diejenigen Individuen, welche irgend einen, wenn auch noch so geringen Vortheil vor anderen voraus besitzen, die meiste Wahrscheinlichkeit haben, die andern zu überdauern und wieder ihresgleichen hervorzubringen. Andererseits können wir sicher sein, dass eine im geringsten Grade nachtheilige Abänderung unnachsichtlich der Zerstörung anheim fällt. Diese Erhaltung günstiger individueller Verschiedenheiten und Abänderungen und die Zerstörung jener, welche nachtheilig sind, ist es was, Darwin natürliche Zuchtwahl nennt oder Ueberleben des Passendsten[1]).

Da der Mensch durch methodisch oder unbewusst ausgeführte Wahl zum Zwecke der Nachzucht so grosse Erfolge erzielen kann und gewiss erzielt hat, was mag nicht die natürliche Zuchtwahl leisten können? Der Mensch kann nur auf äusserliche und sichtbare Charaktere wirken; die Natur (wenn es gestattet ist, so die natürliche Erhaltung oder das Ueberleben des Passendsten zu personificiren) fragt nicht nach dem Aussehen, ausser wo es irgend einem Wesen nützlich sein kann. Sie kann auf jedes innere Organ, auf jede Schattirung einer constitutionellen Verschiedenheit, auf die ganze Maschinerie des Lebens wirken. Der Mensch wählt nur zu seinem eigenen Nutzen; die Natur nur zum Nutzen des Wesens, das sie erzielt.

Die natürliche Zuchtwahl wirkt nur durch und für den Vortheil eines jeden Wesens. Was die natürliche Zuchtwahl nicht bewirken kann, das ist: Umänderung der Structur einer Species ohne Vortheil für sie zu Gunsten einer anderen Species[2]).

Man kann figürlich sagen, die natürliche Zuchtwahl sei täglich und stündlich durch die ganze Welt beschäftigt, eine jede, auch die geringste Abänderung zu prüfen, sie zu verwerfen, wenn sie schlecht, und sie zu erhalten und zu vermehren, wenn sie gut ist. Still und unmerkbar ist sie überall und allezeit, wo sich die Gelegenheit darbietet, mit der Vervollkommnung eines jeden organischen Wesens in Bezug auf dessen organische und unorganische Lebensbedingungen beschäftigt.

Die natürliche Zuchtwahl wirkt immer mit äusserster Langsamkeit. Sie kann nur dann wirken, wenn in dem Naturhaushalte eines Gebietes Stellen vorhanden sind, welche dadurch besser besetzt werden können, dass einige seiner Bewohner irgend welche Abänderung erfahren. Durch diese Wirkung im Verlaufe langer Zeiträume ist der Umfang der Veränderungen, die Schönheit und endlose Verflechtung der Anpassungen aller organischen Wesen an einander und an ihre natürlichen Lebensbedingungen ermöglicht[3]).

---

1) In jüngster Zeit hat WEISMANN, einer der verdienstvollsten Fortbilder der Descendenzlehre, es wahrscheinlich gemacht, dass selbst auch zur Erhaltung des Organismus auf gleicher Stufe, die Thätigkeit der Zuchtwahl nöthig sei. Theile eines Organismus, die dem Einfluss der Zuchtwahl entrückt werden (z. B. Augen der Höhlenthiere) sollen nach dem Princip der „Panmyxie" der Degeneration anheimfallen.

2) Doch können zwei Organismen zu wechselseitigem Nutzen angepasst sein.

3) Der blosse Verlauf der Zeit an und für sich thut nichts für und nichts gegen die natürliche Zuchtwahl. DARWIN bemerkt dies ausdrücklich, weil man irrig behauptet hat, dass er dem Zeitelement einen allmächtigen Antheil bei der Modifikation der Arten zugestehe.

Ein specieller Fall der natürlichen Zuchtwahl ist die geschlechtliche Zuchtwahl, d. i. der Kampf der Individuen eines Geschlechtes,
meistens der Männchen, um den Besitz des anderen Geschlechtes. Ein
geweihloser Hirsch und spornloser Hahn haben wenig Aussicht, zahlreiche
Erben zu hinterlassen. Durch die sexuelle Zuchtwahl sind viele Eigenthümlichkeiten entstanden: so das prächtige Gefieder der männlichen
Vögel, der Gesang derselben etc. und in ähnlicher Weise bei vielen anderen Thierklassen besonders secundäre Geschlechts-Charactere, die nur
dem einen Geschlechte zukommen (Schmuck, Waffen, Vertheidigungs-
mittel).

Divergenz des Charakters. Artenzahl der Organismen.

Wir müssen uns nun die Frage stellen, aus welchem Grunde bei
den organischen Wesen eine so mannigfaltige und bedeutende Verschiedenheit der Organisation zu finden ist. Um hierin einen Einblick zu
gewinnen, gehen wir zunächst von der specielleren Frage aus: Auf
welche Weise wächst die kleinere Verschiedenheit der Varietäten zur
grösseren specifischen Verschiedenheit an?

DARWIN ist auch hier von der Betrachtung der Züchtungserzeug-
nisse ausgegangen. Die Bildung so weit auseinanderlaufender Rassen,
wie die des Renn- und Karrenpferdes, der verschiedenen Taubenrassen
u. s. w. sind dadurch zu Stande gekommen, dass die Züchter Mittel-
formen nicht bewundern, sondern Extreme lieben, und weil durch die
grössere Verschiedenheit der Rassen dem Menschen ein mannigfaltigerer
Nutzen erwächst.

Auch die Natur begünstigt, wenn man so sagen will, die Extreme,
denn je weiter die Abkömmlinge einer Species im Bau, Constitution und
Lebensweise auseinandergehen, um so besser werden sie geeignet sein, viele und sehr verschiedene Stellen im Haushalte der Natur einzunehmen und somit befähigt werden,
an Zahl zuzunehmen.

Es ist durch Versuche dargethan worden, dass, wenn man eine
Strecke Landes mit Gräsern verschiedener Gattungen besäet, man eine
grössere Anzahl von Pflanzen erzielen und ein grösseres Gewicht von
Heu einbringen kann, als wenn man eine gleiche Strecke nur mit einer
Grasart aussäet. — Die Landwirthe wissen, dass sie bei einer Frucht-
folge mit Pflanzenarten aus den verschiedensten Ordnungen am meisten
Futter erziehen können, und die Natur bietet, was man eine simultane
Fruchtfolge nennen könnte.

Die Wahrheit des Princips, dass die grösste Summe von Leben
durch die grösste Differenzirung der Structur vermittelt werden kann,
lässt sich unter vielerlei natürlichen Verhältnissen erkennen. Je verschiedener die Wesen sind, eine um so grössere Zahl derselben kann
an einer gegebenen Oertlichkeit neben einander bestehen. Der Vortheil
einer Differenzirung der Structur der Bewohner einer und derselben
Gegend ist in der That derselbe, wie er für einen individuellen Organismus aus der physiologischen Theilung der Arbeit unter seine Organe
entspringt [1]. Natürliche Zuchtwahl führt also zur Diver-

---

1) Daraus ist auch zu erklären, wie es kommt, dass die einen Formen viel höher als
die anderen entwickelt sind. Warum haben diese höher ausgebildeten Formen nicht schon
überall die minder vollkommenen ersetzt und vertilgt? Weil sie verschiedene Stellen im

genz der Charaktere und zu starker Austilgung der minder vollkommenen und der mittleren Lebensformen. Wir müssen andererseits fragen: Was ist es nun, das die unendliche Zunahme der Artenzahl beeinträchtigt? Da nur eine bestimmte Anzahl von Individuen auf der Erdoberfläche existiren kann, so würde bei einer sehr grossen Artenzahl jede Art aus einer geringen Individuenzahl bestehen. Eine durch wenige Individuen vertretene Form unterliegt aber der Gefahr des Aussterbens durch vorkommende Schwankungen der Lebensbedingungen. Wird eine Art sehr selten, so muss auch die Paarung unter nahen Verwandten, die nahe Inzucht, zu ihrer Vertilgung mitwirken [1]). Auf diese Weise kommen auch stets noch Arten zum Erlöschen.

Darwin hat gezeigt, dass die Fauna und Flora einer bestimmten Oertlichkeit von bestimmten Bedingungen geregelt sei. Wenn wir Büsche und Pflanzen betrachten, welche ein dicht bewachsenes Ufer überziehen, so werden wir versucht, ihre Arten und deren Zahlenverhältnisse dem zuzuschreiben, was wir Zufall nennen. Doch wie falsch ist diese Ansicht! Jedermann hat gehört, dass, wenn in Amerika ein Wald niedergehauen wird, eine ganz verschiedene Pflanzenwelt zum Vorschein kommt, und doch ist beobachtet worden, dass die Bäume, welche jetzt auf den alten Indianerruinen im Süden der Vereinigten-Staaten wachsen, deren früherer Baumbestand abgetrieben worden sein musste, jetzt wieder eben dieselbe bunte Mannigfaltigkeit und dasselbe Artenverhältniss wie die umgebenden unberührten Wälder darbieten,

In ähnlicher Weise ist auch die Artenzahl der gesammten organischen Welt in jedem Zeitabschnitte als ein nothwendiges Resultat der mannigfachen Wechselbeziehungen der Organismen und der Lebensbedingungen aufzufassen.

Allgemeine Bedeutung des Nützlichkeitsprincips.

Darwin sagt in der Einleitung seines Hauptwerkes: „Wenn ein Naturforscher über den Ursprung der Arten nachdenkt, so ist es wohl begreiflich, dass er in Erwägung der gegenseitigen Verwandtschaftsverhältnisse der Organismen, ihrer embryonalen Beziehungen, ihrer geographischen Verbreitung, ihrer geologischen Aufeinanderfolge und anderer solcher Thatsachen zu dem Schlusse gelangt, die Arten seien nicht selbständig erschaffen, sondern stammen wie Varietäten von anderen Arten ab. Demungeachtet dürfte eine solche Schlussfolgerung, selbst wenn sie wohl begründet wäre, kein Genüge leisten, so lange nicht nachgewiesen werden könnte, auf welche Weise die zahllosen Arten, welche jetzt unsere Erde bewohnen, so abgeändert worden sind, dass sie die jetzige Vollkommenheit des Baues und der gegenseitigen Anpassung innerhalb ihrer jedesmaligen Lebensver-

---

Haushalte der Natur einnahmen. Unter sehr einfachen Lebensbedingungen ist eine hohe Organisation ohne Nutzen, ja sogar von wirklichem Nachtheil. Es gibt Fälle, wo auch das eingetreten ist, was wir einen Rückschritt in der Organisation nennen müssen. (Man hat in letzter Zeit diese Fälle in viel grösserer Ausdehnung constatirt und es wird daher bei Betrachtung der Verwandtschaftsverhältnisse stets auch die Frage der Rückbildung erwogen; besonders zahlreiche Beispiele liefern die festsitzenden Thiere und die Parasiten.)
1) Man kann behaupten, dass die geschlechtliche Fortpflanzung eine Hauptursache davon ist, dass es abgegrenzte Arten gibt. Ich habe diesen Satz in präciser Weise zuerst von Prof. Hering aussprechen gehört.

hältnisse erlangten, welche mit Recht unsere Bewunderung
erregen."

In der That erfüllt DARWIN's Theorie diese Bedingung. Durch
ihn ist die teleologische Weltanschauung, die Anerkennung eines vorbe-
dachten Zweckes, widerlegt, dabei aber das Nützlichkeitsprincip in ver-
schärfter Weise begründet worden. Wir sehen, dass alle Eigenthümlichkeiten der Organismen nur durch ihren eigenen Nutzen bestehen. Darin
erblicken wir einen der Hauptgrundsätze der gegenwärtigen Philosophie
der Organismen.

Dieses allgemeine Princip hat auch weit über das Gebiet der Natur-
wissenschaften in den verschiedensten historischen Disciplinen Anwendung
gefunden.

Für die Descendenztheorie liefern noch eine Reihe von Beweisen:
1) Die Palaeontologie (geologische Aufeinanderfolge der Wesen).
2) Die Thier- und Pflanzen-Geographie (geographische Verbreitung
   der Wesen).
3) Die Morphologie (vergleichende Anatomie und Embryologie der
   Thiere und Pflanzen).

Wir können auf die grosse Menge der diesbezüglichen Thatsachen
hier nicht näher eingehen. Nur auf die Thatsachen der thierischen
Morphologie werden wir noch vielfach zurückkommen, da dieser Gegenstand den Hauptinhalt dieses Buches bildet.

Fortschritte der Selectionstheorie seit DARWIN.

Von grösster Bedeutung für die Selectionstheorie ist die Frage,
welche Veränderungen erblich sind, denn nur diese kommen für die
Veränderung der Art in Betracht, nicht erbliche Veränderungen sind
ohne Bedeutung.

Nach DARWIN können die Lebensbedingungen auf zweierlei Weise
auf den Organismus verändernd wirken: direkt auf den ganzen Organismus oder seine Körpertheile — und indirekt durch Affection der
Reproductionsorgane. Letzteres äussert sich zumeist als Wirkung auf
die Nachkommen, indem erst an diesen die Veränderung sichtbar wird.
Schon Darwin hielt diese Art von Veränderungen (mit welchen auch
die an Knospen auftretenden verwandt sind) für besonders wichtig, doch
wollte er in einzelnen Fällen auch dem Einfluss der Gewohnheit und
des Gebrauchs und Nichtgebrauchs der Organe (also direkten Wirkungen
auf den Organismus) erbliche Veränderungen zuschreiben.

Da gegenwärtig diese letzteren Fälle mit Recht in Zweifel gezogen
werden, so hat das Selectionsprincip noch wesentlich verschärfte und
ausschliesslichere Bedeutung gewonnen (WEISMANN).

Im Einzelnen wurden ferner manche phylogenetische Entwicklungs-
gesetze neu aufgedeckt oder auch schärfer präcisirt, so die Lehre vom
„Kampf ums Dasein der Organe" innerhalb des Organismus (ROUX),
das „Princip des Functionswechsels" (DOHRN), die „Substitution der
Organe" (KLEINENBERG).

DRITTES CAPITEL.

Principien der Morphologie.

Die Biologie, oder Wissenschaft von den Organismen, zerfällt in zwei Wissensgruppen: die Physiologie, welche sich mit den Lebenserscheinungen beschäftigt, und die Morphologie, oder Lehre von den Formen (äusserer und innerer Formgestaltung) der Organismen. Die Physiologie beschäftigt sich mit der Bewegung, Empfindung, dem Stoffwechsel, der Fortpflanzung, kurz mit allen Lebenserscheinungen; sie beschäftigt sich auch mit den Formen, insofern sie nach ihrer Beziehung zu den physiologischen Leistungen frägt. Dieselbe kann ganz im speziellen die Beziehungen zwischen der Form eines Organes und seiner physiologischen Leistung erforschen — diesen besonderen Wissenszweig nennen wir „physiologische Anatomie" — oder auch die allgemeinsten Formgesetze nach demselben Prinzipe begründen, indem sie z. B. die Leistungen des bilateralen, des radiären Baues erklärt („physiologische Morphologie"). Die Physiologie frägt ferner nach der Mechanik, der Ernährung, dem Wachsthum etc. bei der Entwicklung der Form (physiologische Embryologie).

Als Morphologie im engeren Sinne, oder genealogische Morphologie, bezeichnen wir jene Wissenschaft, welche sich mit den Formen an und für sich beschäftigt, um ihre Verwandtschaft zu ergründen. Der Ausdruck Verwandtschaft wurde in früherer Zeit metaphorisch gebraucht; gegenwärtig wird die Erforschung der Stammesgeschichte (Phylogenie) der Organismen als klares Ziel der Morphologie betrachtet.

Die Morphologie zerfällt in die vergleichende Anatomie und in die vergleichende Entwicklungsgeschichte (vergl. Ontogenie).

Principien der vergleichenden Anatomie.

Die Principien der vergleichenden Anatomie wurden wohl auch schon früher in folgerichtiger Weise angewendet; dennoch sind sie erst durch die Descendenztheorie mit viel schärferer Klarheit festgestellt worden. Von besonderer Wichtigkeit ist hier die Unterscheidung von Homologie und Analogie.

Homologie nennen wir eine Uebereinstimmung, die auf gemeinsamer Abstammung der betreffenden Organismen beruht. Der Ausdruck Homologie wird demnach vollkommen im Sinne der Homophylie gebraucht. Analogie nennen wir eine Uebereinstimmung, die bei einer verschiedenen Abstammung der Organismen in gleichartigen physiologischen Verhältnissen ihren Grund hat. Z. B.: Homolog sind die vorderen Extremitäten aller Wirbelthiere, mögen sie auch physiologisch

2*

verschiedenartig als Flossen, Füsse, Flügel fungiren. Homolog sind
ferner die Schwimmblase der Fische und die Lunge der höheren
Wirbelthiere. Analog dagegen sind die Füsse eines Wirbelthieres und
die eines Insectes oder die Flügel eines Vogels und die eines Insectes;
auch die Flügel der Fledermaus und des Vogels sind nur als vordere Extremitäten homolog, in Bezug auf ihre Ausbildung als Flügel sind sie
analog. Ferner sind analog die Lungen eines Wirbelthieres und die Luftgefässe (Tracheen) eines Insectes; ebenso das hochentwickelte Auge
eines Cephalopoden und das der Wirbelthiere.

Als **homodynam** werden gleichartige Organe, die sich am Körper
ein und desselben Thieres in gewisser Art wiederholen, bezeichnet. So z. B.
die vorderen und hinteren Extremitäten eines Wirbelthieres, die aufeinanderfolgenden Beinpaare eines Krebses. Als **homotyp** werden Organe
bezeichnet, die sich als Gegenstücke zu einander verhalten, z. B. die gleichartigen Organe der beiderseitigen Körperhälften eines bilateralen Thieres, oder
die in Mehrzahl um die Achse angeordneten Organe eines radiären Thieres.

Principien der vergleichenden Entwicklungsgeschichte (biogenetisches Grundgesetz).

Auch bei der vergleichenden Entwicklungsgeschichte handelt es sich
im wesentlichen um die Unterscheidung von Homologien und Analogien.
Doch gewinnt die Frage hier eine grössere Vielseitigkeit.

Mit Ausnahme der allereinfachsten unter den einzelligen Organismen
gilt es für alle übrigen (Pflanzen und Thiere), dass sie nicht durch
einen einzigen Formzustand repräsentirt werden, sondern dass dieselben
während ihrer individuellen Lebensperiode von einem einfachen Zustande
aus zu höherer Ausbildung sich **entwickeln** und demnach eine bestimmte Reihe von Formzuständen durchlaufen, — wenn sie auch meist
auf einem dieser Formzustände (in der Regel auf demjenigen, in welchem
sie sich fortpflanzen) viel längere Zeit verweilen, als auf den übrigen.

Besonders scharf ausgeprägt ist diese Erscheinung bei den vielzelligen
Organismen, wo von dem einzelligen Ei ausgehend bei steter Vermehrung
der Zellen vielzellige Stadien folgen, die durch ein sich schrittweise
complicirendes Lagerungsverhältniss der Zellen, mit welchem zugleich eine
histologische Differenzirung der verschiedenen Zellgruppen einhergeht,
zu dem Endstadium hinführen, welches den zusammengesetztesten Bau hat.
Bei der vergleichenden Embryologie handelt es sich daher nicht
nur um die Vergleichung von Einzelformen, sondern um die Vergleichung
von Formenreihen.

Schon zu Anfang dieses Jahrhunderts findet sich in vielen zoologischen Schriften die Bemerkung, dass **die höheren Thiere bei
ihrer Entwicklung Stadien durchlaufen, welche ihrem
Baue nach gewissen niedrigeren Thierformen entsprechen.**
KARL ERNST v. BAER weist auf diesen Satz schon als auf einen
allgemein bekannten hin [1]); er bekämpft aber diese Meinung in ge-

---

1) KARL ERNST v. BAER, Ueber Entwicklungsgeschichte der Thiere, 1828, p. 199 etc. —
Das Capitel, welches betitelt ist: „Die herrschende Vorstellung, dass der Embryo höherer
Thiere die bleibenden Formen der niederen Thiere durchlaufe" gibt uns ein Bild der damaligen Auffassung dieser Frage. Diese Lehre ist nach BAER „mehr eine Entwicklungs-
stufe der Wissenschaft als das Eigenthum eines einzelnen Mannes". — „Diese Idee, lebendig
geworden zu einer Zeit, wo ausser MALPIGHI und WOLFF noch keine zusammenhängenden
Untersuchungen über die früheren Perioden der Entwicklungsgeschichte irgend eines Thieres

wissem Sinne, indem er anführt, dass ein Embryo niemals einem entwickelten Thiere gleiche und daher immer wieder nur mit einem anderen Embryo verglichen werden könne. Von der Vergleichung der Embryonen lehrt er: „Je verschiedener zwei Thierformen sind, um desto mehr muss man in der Entwicklungsgeschichte zurückgehen, um eine Uebereinstimmung zu finden." Er kömmt endlich zu dem Schlusse, dass die Anfangsstadien der Entwicklung bei allen Thieren sehr ähnlich seien („beim ersten Auftreten sind vielleicht alle Thiere gleich und nur hohle Kugeln") und mit der weiteren Entwicklung immer speciellere Unterschiede, zunächst typische, dann Classen-, Ordnungs-, Familien- und Speciesmerkmale hervorträten; so dass bei näher verwandten Thieren die Uebereinstimmung sich bis auf entsprechend spätere Stadien erstrecke. („Die individuelle Entwicklung ist ein Fortschreiten aus einer allgemeineren Form in eine mehr specielle".)

Wenn auch in den Ausführungen v. BAER's manche Frage noch nicht aufgeklärt erscheint und im einzelnen auch einige Widersprüche sich finden, so sind doch durch seine Sätze die thatsächlichen Erscheinungen klar formulirt.

Durch die Erneuerung der Descendenztheorie mussten diese Beziehungen der embryonalen Formen wieder erhöhtes Interesse gewinnen. Schon bei Vorgängern BAER's findet sich ja die Ansicht deutlich ausgesprochen, dass bei der Entwicklung des Individuums die historische Entwicklung der Thierreihe wiederholt würde. Dieser Ansicht mussten die Anhänger der Descendenztheorie naturgemäss sich wieder zuwenden. DARWIN selbst hat darauf hingewiesen, dass in den Erscheinungen der Embryonalentwicklung eine Stütze der Descendenztheorie zu finden sei, und hat dieselben so gedeutet, dass bei der individuellen Entwicklung die Zustände der Ahnenformen wiederholt würden.

Im Jahre 1864 hat FRITZ MÜLLER in einer geistreichen Schrift diesem Gegenstande eine eingehendere Erörterung gewidmet und besonders seine Ausführungen, die sich auf Abkürzung und Veränderung der Embryonalentwicklung im Verlaufe der historischen Descendenz beziehen, sind als ein bleibender Fortschritt unserer Anschauungen zu betrachten:

„Die in der Entwicklungsgeschichte (der Individuen) erhaltene geschichtliche Urkunde (von der Entwicklung der Vorfahren) wird allmählich verwischt, indem die Entwicklung einen immer geraderen Weg vom Ei zum fertigen Thiere einschlägt, und sie wird häufig gefälscht durch den Kampf ums Dasein, den die freilebenden Larven zu bestehen haben. Die Urgeschichte der Art (Phylogenesis) wird in ihrer Entwicklungsgeschichte (Ontogenesis) um so vollständiger enthalten sein, je länger die Reihe der Jugendzustände ist, die sie gleichmässigen Schrittes durchläuft, und um so treuer, je weniger sich die Lebensweise der Jungen von der der Alten entfernt, und je weniger die Eigen

angestellt waren und vorzüglich durchgeführt von einem Manne, der über die Entwicklungsgeschichte der höheren Organismen wohl die meisten Kenntnisse besass [damit ist wohl MECKEL gemeint], konnte nicht umhin, grosse Theilnahme zu erregen, da sie von einer Menge specieller Beweise unterstützt wurde". Eine Bemerkung, die sich an dieser Stelle findet, mag auch heute noch interessant scheinen: „Einige Vertheidiger wurden so eifrig, dass sie nicht mehr von Aehnlichkeit, sondern von völliger Gleichheit sprachen, und thaten, als ob die Uebereinstimmung überall und in jeder Einzelheit nachgewiesen wäre. Noch kürzlich lasen wir in einer Schrift über den Blutlauf des Embryo, nicht eine Thierform lasse der Embryo des Menschen aus."

thümlichkeiten der einzelnen Jugendzustände als aus späteren in frühere
Lebensabschnitte zurückverlegt oder als selbstständig erworben sich
auffassen lassen". (Für DARWIN. Leipzig 1864. S. 77, 81). Jetzt erst
erscheint der Einwand VON BAER's entkräftet, dass ein Embryo niemals einer entwickelten Form gleichen könne, denn diese Verschiedenheit ist nach FRITZ MÜLLER ein Resultat der Anpassung an das verschiedenartige Lebensverhältniss: wir können hinzufügen, dass gewisse
Eigenthümlichkeiten des Embryo, seine „embryonale Beschaffenheit",
speciell mit seiner Fähigkeit der Weiterentwicklung zusammenhängen.
    Als einer der erfolgreichsten Vertreter der durch F. MÜLLER weiter-
entwickelten Theorie ist ERNST HAECKEL zu nennen, der dieselbe in
zahlreichen wissenschaftlichen und populären Schriften mit vielem Nach-
druck vertreten hat und dadurch die allgemeine Aufmerksamkeit wieder
auf diesen Gegenstand lenkte. HAECKEL hat den von F. MÜLLER aufgestellten Sätzen wohl keine neuen theoretischen Gesichtspunkte hinzugefügt, doch war er der erste, der diese Theorie in ausgedehntester
und erfolgreicher Weise in der Wissenschaft methodisch angewendet hat,
wie z. B. in der „Gastraeatheorie", wo er die ersten Entwickelungs-
vorgänge, die Furchung und Keimblätterbildung, phylogenetisch zu erklären suchte und die Zurückführung aller Metazoen auf eine gemeinschaftliche Stammform, die „Gastraea", darlegte.
    Die Theorie von dem Parallelismus der individuellen
Entwicklung mit der historischen Entwicklung der
Art, welche wir schon von den Vorgängern v. BAER's ausgesprochen,
dann von v. BAER kritisch beleuchtet und von F. MÜLLER weiter entwickelt finden, wurde von HAECKEL mit dem Namen „biogenetisches
Grundgesetz" [1] bezeichnet und in dem Satze zusammengefasst:
„Die Ontogenie (Keimesgeschichte) ist eine kurze
Wiederholung der Phylogenie (Stammesgeschichte)". Die
Ausführungen FRITZ MÜLLER's über die Modificationen der Entwicklungs-
geschichte finden bei HAECKEL ihren Ausdruck darin, dass er die ontogenetischen Erscheinungen in „palingenetische", welche die Erscheinungen einer ehemaligen entwickelten Stammform wiederholen, und
„cenogenetische", welche durch Anpassung an das Embryo- oder
Larvenleben entstanden sind, eintheilt.

Kritische Begründung der morphogenetischen Theorie.

    Wir können die Hauptsätze unserer gegenwärtigen morphogene-
tischen Theorie (oder des biogenetischen Grundgesetzes) mit einiger
Aenderung der HAECKEL'schen Sätze folgendermaassen formuliren:
    1) Die ontogenetische Formenreihe ist auf die phylo-
genetische Reihe der Endstadien zurückführbar. [Die Ontogenie (Keimesgeschichte) ist eine kurze Wiederholung der
Phylogenie (Stammesgeschichte), HAECKEL].
    2) Bei jeder ontogenetischen Formenreihe sind „palin-
genetische Charaktere", welche den Eigenthümlichkeiten
der phylogenetischen Endstadien entsprechen, und „cenogenetische Charaktere", die als larvale oder embryonale
Modificationen aufgetreten sind, zuunterscheiden [2]). Der

---

1) Diese HAECKEL'sche Bezeichnung wurde oft als nicht ganz passend erklärt, sie wäre
vielleicht besser durch den Ausdruck „morphogenetische Theorie" zu ersetzen.
2) Für das Verständniss der primären oder palingenetischen zu den secundären oder
cenogenetischen Charakteren ist folgendes in Betrachtung zu ziehen: „Wir müssen es

erste dieser Sätze stützt sich zunächst auf die **Thatsachen des morphogenetischen Parallelismus**, die wir in folgenden Sätzen zusammenfassen:

1) „Je näher zwei Thiere mit einander verwandt sind, bis zu einem um so späteren Stadium lässt sich in ihrer Entwicklung Uebereinstimmung nachweisen" (C. E. v. BAER).

2) Die Embryonen höherer Thiere zeigen morphologische Uebereinstimmung mit den Endstadien niederer Thiere (Ergänzungssatz).

Wir werden nun noch weiter nach den Ursachen dieser thatsächlichen Erscheinungen selbst zu fragen haben, aus welchen das „biogenetische Grundgesetz" abgeleitet ist.

Sie sind nicht so ohne weiteres aus sich selbst erklärt, wie HAECKEL glaubt, indem er den Satz ausspricht: „Die Ontogenesis ist unmittelbar bedingt durch die Phylogenesis" (Generelle Morphologie II) oder: „Die Phylogenesis ist die mechanische Ursache der Ontogenesis" (Gastraeatheorie p. 7).

Aus dem Vorhergehen einer phylogenetischen Formenreihe soll nach HAECKEL mit Nothwendigkeit eine entsprechende ontogenetische Reihe sich ergeben. Es ist erweislich, dass auch ein anderer Fall möglich wäre. Gehen wir beispielsweise von einem Organismus aus, der in seiner Ontogenie die Stadien A-B-C durchläuft. Es wäre nun ganz wohl denkbar, dass eine phylogenetische Veränderung stattfände, welche folgendem Schema entspräche:

Phylogenetische Stadien
$$\begin{cases} C, & \text{Ontogenie dieser Form:} & A \mid B \mid C \\ C_1, & \text{Ontogenie dieser Form:} & A_1 \mid B_1 \mid C_1 \\ C_2, & \text{Ontogenie dieser Form:} & A_2 \mid B_2 \mid C_2 \\ C_3, & \text{Ontogenie dieser Form:} & A_3 \mid B_3 \mid C_3 \\ C_4, & \text{Ontogenie dieser Form:} & A_4 \mid B_4 \mid C_4 \end{cases}$$

Es hätte also die phylogenetische Formenreihe $C—C_1—C_2—C_3—C_4$ stattgehabt, ohne dass sie in der Ontogenie der Form C_4 zum Ausdruck käme.

Die phylogenetische Veränderung erfolgt aber thatsächlich meist in einer anderen Weise, welche dem hier folgenden Schema entspricht.

Gehen wir wieder von demselben Ausgangspunkte der ontogenetischen Reihe ABC aus:

Phylogenetische Stadien
$$\begin{cases} C, & \text{Ontogenie dieser Form:} & A \mid B \mid C \\ D, & \text{Ontogenie dieser Form:} & A_1 \mid B_1 \mid C_1 \mid D \\ E, & \text{Ontogenie dieser Form:} & A_2 \mid B_2 \mid C_2 \mid D_1 \mid E \\ F, & \text{Ontogenie dieser Form:} & A_3 \mid B_3 \mid C_3 \mid D_2 \mid E_1 \mid F \\ G, & \text{Ontogenie dieser Form:} & A_4 \mid B_4 \mid C_4 \mid D_3 \mid E_2 \mid F_1 \mid G \end{cases}$$

Dies scheint die häufigste Art der phylogenetischen Veränderung zu sein. Die phylogenetische Veränderung geht also in den

---

als ein aus dem Causalitätsprincip ableitbares Gesetz betrachten, dass bei der phylogenetischen Veränderung einer Thierform niemals allein das Endstadium verändert wird, sondern immer die ganze Reihe von der Eizelle bis zum Endstadium. — Jede Veränderung des Endstadiums oder das Hinzukommen neuer Stadien wird eine Veränderung der Eizelle selbst zur Bedingung haben." Dieser Satz, den ich früher schon (Entw. v. TEREDO, Wien 1880, p. 26) aufgestellt hatte, wurde mit Rücksicht auf Anpassungsveränderungen der Larven- oder Embryonalformen von GÖTTE dahin schärfer gefasst: „jede erbliche Abänderung innerhalb einer einzelgeschichtlichen Reihe setzt diejenige aller vorangehenden Glieder voraus und bewirkt eine solche aller folgenden Glieder." (GÖTTE, Abhandl. z. Entwicklungsgesch. d. Tiere, 2. Heft.)

meisten Fällen so vor sich, dass eine Hinzufügung neuer
Stadien an das Ende der ontogenetischen Formenreihe
erfolgt.

Wir werden auch hier noch weitergehen und die Frage stellen:
Warum ist diese Art der phylogenetischen Veränderung die häufigste?

Wenn man (wie HAECKEL) annimmt, dass die Veränderungen, welche das entwickelte Individuum direct durch
äussere Einflüsse und Uebung erwirbt, sich auf seine
Nachkommen vererben, so gestaltet sich die Erklärung sehr einfach.
Die neuen Erwerbungen der Eltern bewirken unmittelbar eine (im einzelnen
sehr geringfügige, im Verlaufe der Generationen aber sich summirende)
Verlängerung der ontogenetischen Formenreihe bei den Descendenten.

Wenn man aber an der Ansicht festhält, dass nur diejenigen neu auftretenden Charactere sich vererben, welche
durch Variiren der Fortpflanzungszellen (Variiren durch
Einfluss auf die Generationsorgane, nach DARWIN) entstanden
sind, so erscheint eine andere Erklärung nothwendig. Man wird „über-
schreitende Varietäten" annehmen müssen. Mit diesem Namen
möchte ich solche Variäteten bezeichnen, welche in einer Verlängerung
der ontogenetischen Formenreihe bestehen. (Dieselben werden am häufigsten bei besonders lebenskräftigem Plasma auftreten und auch durch ihre
besondere Eigenthümlichkeit oft Nutzen gewähren und daher vorzugsweise
erhalten werden).

Die Bedeutung der Ontogenie für die Erforschung der Phylogenie.

Es wurde oftmals die Frage aufgeworfen, ob der vergleichenden Anatomie oder der vergleichenden Embryologie grössere Wichtigkeit für die
Erforschung des verwandtschaftlichen Zusammenhanges, d. i. der Phylogenie,
der Thiere zukomme. Die Frage ist gewiss eine müssige, denn es ist nothwendig, beide Forschungsweisen zu verbinden und gleichmässig zu berücksichtigen. Da der individuelle Organismus nicht durch einen einzigen Formzustand, sondern durch eine Formenreihe repräsentirt ist, die er während
seines individuellen Lebens durchläuft, so kann es auch nicht genügen, allein
die Endformen zu vergleichen, sondern es muss die ganze Formenreihe berücksichtigt werden. Die vergleichende Anatomie verfügt über die grosse
Menge der Details, die der Bau des entwickelten Thieres darbietet; sie wird
in der Beurtheilung derselben durch die vergleichende Ontogenie unterstützt,
die oft ein Hilfsmittel ist, um den verschiedengradigen Werth der Einzelheiten besser zu erkennen, und in vielen Fällen die letzte Entscheidung
abgibt, ob bei einer anatomischen Uebereinstimmung Homologie oder blosse
Analogie vorliege. Alle ontogenetischen Erscheinungen können zur Erforschung der Verwandtschaft wichtig werden. Auch specielle embryologische
oder larvale Charaktere (Typus der Furchung, Embryonalhüllen, secundäre
Larvenformen etc.) sind oft für einen Thierkreis charakteristisch und ebenso
wie die anatomischen Charaktere für die verwandtschaftliche Zusammengehörigkeit dieser Gruppe beweisend. Eine Anzahl Beispiele hierfür bieten
die Wirbelthiere, bei welchen nach secundären Embryonal-Organen die
Gruppen der *Anamnia* und *Amniota*, *Aplacentalia* und *Placentalia* unterschieden
werden; so spielen auch bei der Charakteristik der Insectengruppen secundäre Larvencharaktere eine Rolle und in noch höherem Maasse bei den
Crustaceen (*Nauplius*, *Zoëa*).

Es liegt etwas irrthümliche Auffassung in den diesbezüglichen Ausführungen HAECKEL's, die wir hier citiren wollen :

„Für die Palingenesis oder „Auszugs-Entwicklung" sind von hervorragender Bedeutung die Gesetze der ununterbrochenen (continuirlichen), der befestigten (constituirten), der gleichörtlichen (homotopen) und der gleichzeitlichen (homochronen) Vererbung (Generelle Morphologie, Vol. II. p. 180 bis 190). Diese höchst wichtigen Vererbungsgesetze gestatten uns noch heute, aus den vorliegenden Thatsachen der Keimesgeschichte ganz positive Schlüsse auf den ursprünglichen Gang der Stammesgeschichte zu thun. Hingegen sind für die Cenogenesis oder die „Fälschungsentwicklung" ganz besonders wichtig die Gesetze der abgekürzten (abbreviirten) und der gefälschten (modificirten), ganz besonders aber der ungleichörtlichen (heterotopen) und der ungleichzeitlichen (heterochronen) Vererbung. Diese Vererbungsgesetze haben für die Phylogenie nur einen negativen Werth. Für die gesammte Morphologie, und speciell für die Phylogenie, ist selbstverständlich die Palingenesis von ganz anderer Bedeutung als die Cenogenesis. Die Morphologie, welche ihre Aufgabe richtig begriffen hat, wird den versteckten Pfad der Phylogenie in dem schwierigen Gebiete der Ontogenie nur dann finden, wenn sie die palingenetischen Processe möglichst hervorsucht, die cenogenetischen möglichst eliminirt". (Gastraeatheorie II. p. 70, 71). Insofern als die Unterscheidung von Palingenie und Cenogenie überhaupt hervorgehoben wird, müssen wir HAECKEL beipflichten. Wir haben aber darauf hingewiesen, dass nicht nur die primären (palingenetischen [HAECKEL]), sondern auch die secundären (cenogenetischen [HAECKEL]) Charaktere der Ontogenie für die Erforschung des verwandtschaftlichen Zusammenhanges der Thiere von Bedeutung sind. Es wird auch am Platze sein, noch einige Ausführungen über die Beurtheilung ontogenetischer Erscheinungen hinzuzufügen.

Wenn wir eine Larven- oder Embryonalform als charakteristisch für einen ganzen Thierkreis erkennen, so dürfen wir daraus nicht folgern, dass nothwendigerweise durch dieselbe ein ähnliches phylogenetisches Stadium repräsentirt werde. Wir sind nur zu dem Schlusse berechtigt, dass die Stammform dieses Thierkreises bereits jenes charakteristische Entwicklungsstadium besessen habe. FRITZ MÜLLER, der scharfsinnige Begründer der Lehre von den Modificationen der Ontogenie, hat gerade an dem Beispiel, an welchem er die Theorie erläuterte (Entwicklung der Crustaceen), den erwähnten Fehlschluss begangen. Wenn die Naupliuslarve als charakteristisch für den Kreis der Krebsthiere (Crustaceen) nachgewiesen ist, so folgert daraus nur, dass bereits die Stammform der Crustaceen in ihrer Ontogenie jenes charakteristische Stadium besass; es ist aber nicht erwiesen, dass der Nauplius selbst eine Stammform repräsentire, wie MÜLLER glaubte; und in der That hat sich diese Ansicht als irrig erwiesen. — Ebenso ist für die höheren Crustaceen (die Malakostraken) ein späteres Larvenstadium, die Zoëa-Larve charakteristisch; daraus folgt nur, dass die Larve bereits der Stammform der Malakostraken eigenthümlich war; MÜLLER hielt sie ebenfalls für die Wiederholung dieser Stammform selbst, was ebenfalls später als irrig erwiesen wurde.

Wenn aber eine Larven- oder Embryonalform höherer Thiere eine grosse Uebereinstimmung mit dem entwickelten Zustande niederer Thiere zeigt, dann kann man mit grosser Wahrscheinlichkeit schliessen, dass dieselbe einer ähnlichen Stammform entspreche. — So sehen wir, dass

die Trochophora-Larve der Anneliden und Mollusken eine grosse Uebereinstimmung mit den entwickelten Räderthieren zeigt und wir schliessen
daraus, dass wahrscheinlich eine ähnliche Ahnenform existirt habe. — Bei
sämmtlichen Metazoen können wir ein charakteristisches zweischichtiges
Entwicklungsstadium, die Gastrula, nachweisen. Daraus allein könnte
man aber noch nicht auf ein ähnliches Ahnenstudium schliessen, sondern
diese Ansicht stützt sich auch darauf, dass viele niedere Metazoen (z. B. die
Hydroiden) in ihrem Bau der Gastrula noch sehr nahe stehen.

Aber auch dieser Schluss kann nicht mit vollkommener Sicherheit
gezogen werden. Denn eine niedere Thierform kann durch
Unterdrückung der Endstadien aus einer höheren hervorgegangen sein. Es können z. B. manche Salamandrinen, welche einen
kiementragenden Jugendzustand durchlaufen, in welchem sie den niedrigeren
Kiemenmolchen gleichen, ausnahmsweise auf diesem Stadium geschlechtsreif werden. In gewissen Fällen (z. B. beim Axolotl) wird das Endstadium
in der Regel unterdrückt und tritt nur ausnahmsweise wieder auf. Wir
müssen uns daher auch bei der Betrachtung anderer (echter) Kiemenlurche in
jedem Falle die Frage vorlegen, ob die betreffende Art ihrer Abstammung nach
wirklich tiefer stehe als die Salamandrinen, oder ob sie etwa durch Unterdrückung des Endstadiums erst von einer *Salamandrinen*form aus entstanden sei. — Unter den *Ascidien* kennen wir eine Gruppe, die *Copelaten*, welche den Larven der anderen Ascidien ähnlich ist, wie diese
freischwimmend, geschwänzt und sonst auch niedrig organisirt ist. Wenn
es nun auch wahrscheinlich ist, dass die Copelaten der Stammform nahe
stehen, so ist doch auch die Möglichkeit nicht vollkommen widerlegt, dass
sie von festsitzenden Ascidien durch Unterdrückung der Endstadien abstammen. — In derselben Weise könnte auch eine secundäre
Larvenform Uebereinstimmung mit einer niederen Thierform zeigen, weche phylogenetisch durch Unterdrückung
der Endstadien aus einer höheren Form hervorgegangen
wäre.

Diese typischen Beispiele lehren uns, dass eine unmittelbare Construction der Phylogenie eines Thieres aus seinen ontogenetischen Stadien
allein, ohne Kenntniss der niederen Thierformen, nicht möglich ist. Die
Erfahrung lehrt, dass bei der vergleichenden Ontogenie überhaupt keine
andere Methode anwendbar ist, als bei der vergleichenden Anatomie:
durch Vergleichung das Gemeinsame hervorzuheben, und bei möglichster
Berücksichtigung aller Umstände daraus Schlüsse auf die Verwandtschaft
der Formen zu ziehen. Doch wendet die vergleichende Ontogenie diese
Methode zur Vergleichung von Formenreihen an und erzielt daher
grössere Erfolge. Die Methode der vergleichenden Ontogenie
ist eine Erweiterung der vergleichend anatomischen Methode (Feststellung von Homologie und Analogie) durch
Anwendung derselben auf Formenreihen.

Die Ergebnisse der vergleichenden Ontogenie haben stets nur den
Werth von Wahrscheinlichkeitsschlüssen, genau in demselben Grade wie
die der vergleichenden Anatomie. Die relative Sicherheit hängt in beiden
Fällen nur von der Menge der Praemissen und von der Schärfe des
Schliessens ab.

System.

Begriff des Systems. Categorien des Systems.

Es ist leicht einzusehen, dass das System sich auf die ver-
schiedengradige Aehnlichkeit der Organismen stützt. Da man
die Ursache dieser Aehnlichkeit früher nicht kannte, so wurde oftmals
die Ansicht ausgesprochen, das System sei nur das Resultat einer ab-
strahirenden menschlichen Anschauungsweise; man erklärte den Ausdruck „natürliches System" als an und für sich widersinnig. Gegenwärtig, da wir als Ursache der Aehnlichkeit die Abstammung erkannt
haben, sind wir zu der Ansicht gekommen, dass dem System ein that-
sächliches Verhältniss zu Grunde liege, nämlich der Stammbaum der
Organismen. Das System bildet den Ausdruck unserer
Anschauungen über die Verwandtschaft der Organismen, und zwar haben wir, vom Standpunkte der Descendenztheorie,
eine reale, auf Abstammung beruhende Verwandtschaft im Sinne. Die
Anordnung des Systems nach übergeordneten grösseren und darin ent-
haltenen kleineren Abtheilungen entspricht den Aesten und Zweigen
des Stammbaumes. Die gebräuchlichsten [1]) Abtheilungen oder Categorien
des Systems sind:

Reich (Regnum).

Unterreich (Subregnum) auch Kreis, Typus oder Phylum genannt.

Klasse (Classis).

Ordnung (Ordo).

Familie (Familia).

Gattung (Genus).

Art (Species).

Um die Stellung eines Organismus im System vollständig zu de-
terminiren, müsste man seine Zugehörigkeit nach allen diesen Categorien
des Systems angeben. Nach der von LINNÉ eingeführten binären
Nomenclatur wird Art und Gattung schon in der Namensbezeich-
nung jedes Organismus angegeben.

---

1) Es erweist sich im einzelnen das Bedürfniss mannigfacher Zwischenstufen.

Begriff der Species.

Alle Categorien stützen sich auf den Aehnlichkeitsgrad der Organismen; zu je tieferer Categorie wir herabsteigen, desto grösser ist die Aehnlichkeit, und sie ist am grössten bei den Individuen, die zu ein und derselben Species gehören.

Der Begriff der Species stützt sich aber nicht nur, wie der Begriff der anderen Categorien, auf die A e h n l i c h k e i t d e r F o r m, sondern es kommt hier auch noch ein anderes Moment in Betracht, nämlich das Verhältniss der g e s c h l e c h t l i c h e n V e r m i s c h u n g, welches innerhalb der Species statt hat.

1) A e h n l i c h k e i t d e r I n d i v i d u e n e i n e r S p e c i e s.

Wir müssen zunächst hervorheben, dass es sich bei der Species nicht nur um die Übereinstimmung eines einzelnen Formzustandes, sondern um die eines Formencyclus handelt. Denn wir wissen, dass die meisten Organismen nicht durch einen Formzustand repräsentirt werden, sondern durch eine Reihe von Formen, welche bei der Ontogenie (individuellen Entwicklung) durchlaufen werden. Der Formencyclus wird oft noch complicirter durch die Erscheinung des Generationswechsels, welche wir später genauer kennen lernen werden; es wiederholt sich nämlich die Einzelform nicht im Cyclus jeder Generation, sondern im Cyclus zweier oder mehrerer Generationen. Eine fernere Complication kennen wir in dem Polymorphismus; unter den Gesichtspunkt des Polymorphismus fällt erstens der geschlechtliche Dimorphismus und Polymorphismus; es können zu einer männlichen Form nicht nur eine, sondern auch zwei, ja drei verschiedene weibliche Formen gehören, oder umgekehrt zu einer weiblichen zwei verschiedene männliche Formen; zweitens der functionelle Polymorphismus, wie er z. B. bei den Bienen ausgeprägt ist, wo neben den Weibchen und Männchen noch Arbeiter vorkommen, oder bei Ameisen und Termiten, wo es sogar mehrere Arbeiterformen gibt.

Wenn wir nun den Aehnlichkeitsgrad untersuchen, welcher zwischen Individuen des adäquaten Formzustandes bei einer und derselben Species herrscht, so müssen wir zunächst jene Unterschiede als unwesentliche (oder zufällige) bezeichnen, die nicht erblich sind, sondern nur von den jeweiligen äusseren Verhältnissen abhängen. So sehen wir, dass bei Pflanzen Veränderungen je nach dem Standorte auftreten, bei Insecten je nach der Nährpflanze; durch entsprechenden Wechsel der Verhältnisse wird ein Individuum oder seine Nachkommen verändert, und es können diese Veränderungen ebenso wieder aufgehoben werden. Derartige Veränderungen bezeichnen wir nach NÄGELI als V a r i a - t i o n e n.

Wir finden ferner, dass die Individuen einer und derselben Species auch erbliche Verschiedenheiten zeigen; wir nennen solche Veränderungen V a r i e t ä t e n. Wenn die Varietät vereinzelt auftritt, so wird sie als „individuelle Varietät" bezeichnet; wenn aber die gleichartige Varietät in einer grossen Anzahl von Individuen vorkömmt, so wird sie „Rassenvarietät" oder kurz „Rasse" oder „Unterart" genannt. Die Rassen werden nach der Descendenzlehre als Anfänge der Bildung neuer Arten betrachtet.

Die B r e i t e d e r V e r ä n d e r l i c h k e i t ist bei verschiedenen Arten eine sehr verschiedene; es gibt Arten, deren Charaktere mehr constante sind, während andere grössere Schwankungen zeigen. Die

Erscheinung kann aber, wie wir nun einsehen, auf zwei wesentlich verschiedenen Ursachen beruhen. Einmal kann dieselbe darauf zurückgeführt werden, dass die Art eine besondere Fähigkeit hat, V a r i a t i o n e n zu b i l d e n , d. h. je nach Standort, Ernährungsverhältnissen etc. zeitliche Veränderungen zu erleiden; dies scheint bei vielen niederen Organismen, z. B. den Spongien, der Fall zu sein. Das andere Mal kann es der Fall sein, dass die Art die Neigung besitzt zu variiren, d. h. individuelle (erbliche) V a r i e t ä t e n zu b i l d e n ; bei solchen Arten sind meist auch bereits ausgeprägte R a s s e n v a r i e t ä t e n aufgetreten. Es kann auch bei einer Art die Fähigkeit der Variation und die Neigung zum Variiren gleichzeitig vorhanden sein.

Wir sehen also, dass die Breite der Veränderlichkeit einer Art in jedem einzelnen Falle erst Gegenstand genauer Untersuchung und des Züchtungsexperimentes sein müsste, um ihrem Wesen nach verstanden zu werden. Es ist begreiflich, dass wir über diesen Gegenstand nur erst spärliche Erfahrung besitzen [1]).

2) V o l l k o m m e n e F r u c h t b a r k e i t i n n e r h a l b d e r S p e c i e s.

Cuvier war der erste, der als ein wichtiges Criterium der Species die vollkommene Fruchtbarkeit bei Kreuzung ihrer Individuen hervorgehoben hat.

Als v o l l k o m m e n e F r u c h t b a r k e i t bezeichnen wir diejenige, welche bei fortgesetzter Kreuzung sich durch viele Generationen gleichmässig erhält. Die Individuen ein und derselben Species sind stets untereinander vollkommen fruchtbar — vorausgesetzt, dass ihre Geschlechtsorgane durchaus functionsfähig sind. (Durch fortgesetzte Inzucht wird die Fruchtbarkeit beeinträchtigt.)

Die Individuen verschiedener Arten derselben Gattung sind nur u n v o l l k o m m e n f r u c h t b a r , d. h. die Fruchtbarkeit erlischt innerhalb der nächsten oder innerhalb weniger Generationen; meist sind schon die Bastarde erster Generation, wenn auch vollkommen lebenskräftig, doch nicht mehr fortpflanzungsfähig (Maulesel, Maulthier.)

Bei noch entfernterer Verwandtschaft (Individuen verschiedener Ordnungen etc.) findet eine fruchtbare Kreuzung überhaupt nicht mehr statt.

Es sind einige Ausnahmen bekannt, dass die Individuen verschiedener Species doch untereinander vollkommen fruchtbar sind. Der bestverbürgte Fall ist die Kreuzung von Hase und Kaninchen, deren Bastarde durch viele Generationen weitergezüchtet, sich als vollkommen fruchtbar erwiesen. Während wir also im Allgemeinen mit dem Grade der Aehnlichkeit auch den Grad der Kreuzungsfähigkeit in gleichem Maasse abnehmen sehen, so finden wir in derartigen einzelnen Fällen, dass der Aehnlichkeitsgrad schneller abnimmt als die Kreuzungsfähigkeit.

Wenn wir die Thatsache der geschlechtlichen Vermischung innerhalb der Species ins Auge fassen, so kommen wir zu der Anschauung, dass die Species nicht bloss eine Summe von Individuen ist, sondern

[1] Darwin hat folgende allgemeine Gesetze aufgefunden: „Weit verbreitete und gemeine Arten variiren am meisten. — Arten der grösseren Genera variiren häufiger als die der kleineren Genera. — Viele Arten der grossen Genera gleichen den Varietäten darin, dass sie sehr nahe, aber ungleich mit einander verwandt sind und beschränkte Verbreitungsbezirke haben."

eine von denselben gebildete physiologische Einheit. Wie etwa — um ein Bild zu gebrauchen — ein Fluss nicht eine blosse Summe von Tropfen ist, sondern auch insofern eine Einheit, als die Tropfen in ihm sich fortwährend miteinander vermischen. Wir müssen hier auch in Betracht ziehen, dass für den dauernden Bestand der Art eine gewisse Anzahl von Individuen physiologisch nothwendig ist (zur Hintanhaltung der Inzucht etc.).

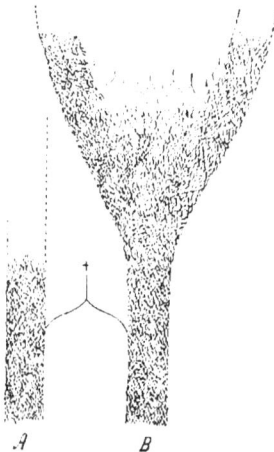

Fig. 1.

Wir können uns die Verhältnisse der Species graphisch in einem vereinfachten Schema darzustellen versuchen, indem wir sie als ein bandförmiges System von anastomosirenden Linien zeichnen. Die Kreuzung zwischen verwandten Arten *A* und *B*, die kein dauerndes Produkt liefert, stellen wir als Anastomose dar, die bei † endigt. Bei der Entstehung zweier neuer Arten aus einer alten [1]) müssen wir uns das Netzwerk in zwei Aeste gespalten denken (*B*), welche Anfangs durch Anastomosen verbunden sind, die immer spärlicher werden und endlich ganz verschwinden. Durch diese Anastomosen sind die Zwischenformen, die durch die Zuchtwahl ausgerottet werden, und die Kreuzungsprodukte der Rassen dargestellt, die allmählich erlöschen. Denn die Kreuzungsfähigkeit hört nicht plötzlich auf, sondern nimmt allmählich ab.

Thierreich und Pflanzenreich.

Die Eintheilung der gesammten Organismenwelt ist eine systematische Frage, also eine Frage der Abstammung. Thierreich und Pflanzenreich sind in ihren höher entwickelten Typen (den vielzelligen) scharf von einander unterschieden, bei den niedersten Formen dagegen (den einzelligen) ist der Gegensatz nur ein geringer. Dies rührt daher, dass diese beiden Hauptstämme an der Basis aus gemeinsamer Wurzel entspringen. Der Zusammenhang ist dadurch gegeben, dass sowohl die Pflanzen als auch die Thiere auf den Elementarorganismus der Zelle zurückzuführen sind.

Es gibt auch Organismen, die noch tiefer stehen als die Zelle, da ihr Körper ein gleichartiger ist, ohne die Differenzirung von Zellkern und Zellleib, durch welchen die Zelle sich auszeichnet. Solche Organismen sind z. B. die Spaltpilze und andere Organismen, die meist zum Pflanzenreich gezogen werden. Die Kernlosigkeit gewisser amöbenartiger Organismen (Moneren HAECKEL's) ist nicht endgiltig festgestellt.

Die Zelle zeigt bestimmte Differenzirungen, an welche sich bestimmte Vorgänge bei der Fortpflanzung und Conjugation der Zelle

---

1) Vereinzelt auftretende individuelle Varietäten haben für die Bildung neuer Arten im Naturzustande keine wesentliche Bedeutung, sondern es ist das häufige wiederholte Auftreten gleichartiger (wenn auch unbedeutender) individueller Varietäten nothwendig.

knüpfen; und alle diese Erscheinungen sind ihr sowohl im Thierreich als auch im Pflanzenreich eigenthümlich. Es tritt nun die Frage auf, in welcher Weise schon innerhalb des Kreises der einzelligen Wesen Thierreich und Pflanzenreich auseinandergehen. Da hier die Verwandt- schaftsverhältnisse oft schwer zu beurtheilen sind, so ist diese Frage noch keineswegs endgiltig beantwortet.

E. Haeckel machte den Vorschlag, die einzelligen Wesen als Pro- tistenreich zusammenzufassen und sie als drittes Reich den viel- zelligen Pflanzen und vielzelligen Thieren gegenüberzustellen. Doch hat man bisher meist daran festgehalten, einen Theil der Einzelligen dem Pflanzenreich, einen andern Theil dem Thierreich zuzuordnen. Man stützt sich bei der Unterscheidung zumeist auf die physiologischen Charaktere, die aber von der Anschauung der höheren Pflanzen und Thiere abgeleitet sind, und bei den einzelligen nicht immer mit gleicher Schärfe sich geltend machen.

1) Als wichtigster Unterschied wird der Gegensatz des Stoff- wechsels hervorgehoben (vergl. pag. 3). Daran knüpft sich auch das Vorhandensein von Chlorophyll in den die Kohlensäure assimi- lirenden Pflanzentheilen. Doch gibt es sowohl chlorophyllfreie Pflanzen (Schmarotzer-, Humuspflanzen) und Pflanzen, die gelegentlich Ei- weissnahrung aufnehmen ("fleischfressende Pflanzen"), als auch anderer- seits Thiere mit Chlorophyll (*Vortex*, *Hydra*, *Stentor*). Letztere be- treffend wird in jüngster Zeit vielfach die Ansicht aufgestellt, dass ihr Chlorophyll auf Algen zurückzuführen sei, die in den Geweben dieser Thiere leben (Symbiose).

2) Es ist bei den Thieren Empfindung und Bewegung in höherem Grade ausgebildet. Diese Functionen sind aber auf die Irritabilität und Contractilität zurückzuführen, die wir als allgemeine Eigenschaften des Plasma kennen. Es ist daher der Gegensatz namentlich bei niedrigen Formen weniger ausgeprägt. Bei niederen Pflanzen kommen vielfach bewegliche Zustände vor (Schwärmsporen, Plasmodien) [1].

3) Die Ausbildung einer Cellulosemembran ist für die Pflanzen- zelle charakteristisch. Damit steht auch in Zusammenhang die eigen- thümliche Anordnung des Plasmas und die grossen Flüssigkeitsräume in der Pflanzenzelle. Eine ähnliche Anordnung des Plasma kommt aber auch häufig in thierischen Zellen vor; und auch Cellulose ist im Thierreich nachgewiesen (im Gewebe des Mantels bei den *Ascidien*).

Bei den höheren (vielzelligen) Thieren und Pflanzen treten nicht nur diese Gegensätze schärfer hervor, sondern es hat auch die ge- sammte Organisation sich in verschiedenartiger Richtung entwickelt. Es wird besonders hervorgehoben, dass die Organe der Pflanzen einer Flächenentwicklung durch äussere Entfaltung zustreben, während bei den Thieren eine innere Flächenentwicklung durch Einstülpungsprocesse vorherrscht.

Die Thiere sind zu definiren als Organismen, die organi- sche Nahrung aufnehmen, Sauerstoff verbrauchen und Kohlensäure abgeben, bei denen die Functionen der Be- wegung und Empfindung in gesteigerter Weise auftreten.

---

1) Intensivere Bewegungen höherer Pflanzen, z. B. der Mimosen beruhen nicht auf Contractilität des Plasma, sondern auf plötzlichen Schwankungen des Wasserinhaltes der Pflanzentheile (Brücke).

Die Pflanzen sind Organismen, die im Allgemeinen Kohlensäure als Nahrung aufnehmen und Sauerstoff abgeben, und bei welchen die Functionen der Bewegung und Empfindung von sehr geringer Intensität sind.

Das zoologische System.

1. Grundanschauungen des zoologischen Systems.

LINNÉ, dessen System als der Ausgangspunkt der modernen Systeme angesehen wird, betrachtete die ganze Thierwelt als eine einzige aufsteigende Reihe von Formen, er fasste alle Arten und daher auch die grösseren Abtheilungen als einander in einer Reihe übergeordnet auf. Wir bezeichnen daher LINNÉ's Lehre als die Lehre von der einreihigen Anordnung des Thierreichs.

CUVIER's Auflassung von den verschiedenen Bauplänen der Thiere bahnte eine neue Epoche des zoologischen Systems an. Er sah in jedem seiner typischen Kreise eine selbstständig aufsteigende Reihe von Thieren. Wir können CUVIER's Lehre als die Lehre von den parallelen Reihen bezeichnen. Einen sehr präcisen Ausdruck findet diese Lehre in den Worten CARL ERNST V. BAER's: „Vor allen Dingen muss man, um eine richtige Einsicht in die gegenseitige Verwandtschaft der Thiere zu erlangen, die verschiedenen Organisationstypen von den verschiedenen Stufen der Ausbildung stets unterscheiden."

Die Lehre CUVIER's bildet eine Vorstufe für die Lehre DARWIN's. Wohl war auch früher schon vielfach die Idee eines gewissen Zusammenhanges der Typen ausgesprochen [1]) und unter mannigfachen Versuchen der Anordnung sogar auch die Verwandtschaft der Thiere nach dem Schema eines Stammbaums angedeutet. Dennoch kann man die neue Epoche in der Auffassung des Systems erst auf DARWIN zurückführen, der die Lehre von den verschiedenen Graden der Verwandtschaft von überaus erweiterten Gesichtspunkten betrachtet und dieselbe in erklärendes Licht gerückt hat. Wir können diese Lehre nach ihrem allgemeinsten systematischen Resultate als die Lehre von der stammbaumförmigen Anordnung des Systems benennen. Man betrachtet das zoologische System seit DARWIN als einen Ausdruck für die reale Verwandtschaft der Thiere. Bei der Unvollkommenheit unserer Kenntnisse können wir kaum erst Bruchstücke des zoologischen Stammbaumes aufstellen; man hat daher (und auch aus Gründen der Uebersichtlichkeit) allgemein die Anordnung in Form der systematischen Eintheilung beibehalten und es werden nur erklärende Stammbäume, nach unseren Vorstellungen, hinzugefügt. Wir betrachten nun die Typen nicht mehr als parallele Reihen, sondern als verzweigte Aeste, die selbst wieder an ihrer Basis mit dem gemeinsamen Stamme, entweder unmittelbar oder mittelbar, zusammenhängen.

Durch DARWIN's Lehre wurde nicht nur eine veränderte allgemeine Anschauung über das System begründet, sondern es wurde dadurch

---

[1]) R. LEUCKART, „Ueber die Morphologie und die Verwandtschaftsverhältnisse der wirbellosen Thiere", 1848, p. 3. Von LEUCKART wurde auch eine bestimmte Aufeinanderfolge der Typen, entsprechend der allmählichen Vervollkommnung der organischen Baustile ausgesprochen. Wie weit aber die damaligen Anschauungen noch von den heutigen entfernt waren, zeigen die Anführungen LEUCKART's auf p. 10—13.

auch eine bedeutende Verbesserung in der Methode der Systematik angebahnt. Denn da man eine reale Verwandtschaft als Grundlage des Systems erkannte, wurden die Kriterien der Systematik in viel schärferer und klarerer Weise festgestellt.

2. Specielle systematische Eintheilung des Thierreichs (Geschichte des Systems).

Alle Systeme (mit scheinbaren Ausnahmen) gründeten sich auf die Kenntniss der Formen und veränderten sich stetig mit der Erweiterung der morphologischen Erkenntnis. In der Geschichte des zoologischen Systems spiegelt sich daher die Geschichte der morphologischen Forschung wieder.

Da die morphologische Erkenntnis der höheren Thiere schon frühzeitig bis zu einem gewissen Grade gediehen war, zu einer Zeit, da die Kenntnis der niederen Thierformen noch in den ersten Anfängen sich befand, so sehen wir in den älteren Systemen die höheren Thiere in eine Anzahl von Classen geordnet, während die niederen Thierformen in eine grosse Sammelgruppe vereinigt erscheinen. Später erkannte man, daß die unterschiedenen einzelnen Gruppen der höheren Thiere eine gewisse Zusammengehörigkeit zeigen und man vereinigte sie immer weiter in grössere gemeinsame Kreise, während man in den grossen Sammelgruppen der niederen Thiere allmählich den heterogenen Inhalt unterscheiden lernte und daher dieselben in immer zahlreichere Kreise auflöste. Dies ist ein Hauptzug, welcher trotz mancher Schwankungen in der Geschichte des zoologischen Systems sich stetig verfolgen lässt. Wir werden sehen, dass auch die hier darzulegenden Veränderungen des Systems, die sich gegenwärtig als angemessen erweisen, noch diesem Zuge unterworfen sind. Ja es lässt sich vielleicht schon jetzt vermuthen, dass unser hier aufgestelltes System in einiger Zeit in manchen Punkten wieder in ähnlichem Sinne modificirt werden wird.

System des Aristoteles.

Aristoteles theilte die Thiere ein in A. Blutthiere: 1) Lebendig gebärende Vierfüsser (Säugethiere), 2) Vögel, 3) eierlegende Vierfüsser (Reptilien und Amphibien), 4) Walthiere, 5) Fische; B. Blutlose: 6) Weichthiere (Cephalopoden), 7) Weichschalthiere (Kruster), 8) Kerfe, 9) Schalthiere (Schnecken, Muscheln und einige andere Formen). Bis zum Ende des Mittelalters fanden diese Anschauungen dogmatische Anerkennung, und auf diesem System fussen auch die neueren Systeme seit Ray und Linné.

System Linné's und Cuvier's.

Den Ausgangspunkt der neueren Systeme bildet das System Linné's. Vergleichen wir das System Linné's (1707—1778) mit dem fortgeschrittenen Cuvier'schen Systeme (1812), welches auf ausgedehnte anatomische Kenntnisse sich gründete (pag. 34), so sehen wir die vier ersten Classen Linné's bei Cuvier schon zum Kreise der Vertebraten vereinigt [1]), auch Linné's Insecta (unseren jetzigen Arthropoden entsprechend) sind mit den Anneliden zu dem grösseren Kreise der Articulaten vereinigt. Von den aufgelösten Linné'schen Vermes sind

---

[1]) Die Trennung der Amphibien und Reptilien geschah erst später durch Blainville (1816).

ausserdem die Mollusken als selbstständiger Kreis gesondert. Der Rest von LINNÉ's Vermes bleibt aber als „Radiata" beisammen und erscheint späteren Forschern ebenso als eine Sammelgruppe heterogener Formen, wie wohl der Anschauung CUVIER's LINNÉ's Vermes erschienen. Auch im einzelnen wiederholt sich derselbe Vorgang. So z. B. bilden die ersten sechs Ordnungen von LINNÉ's Insecta (die Coleoptera, Hemiptera, Lepidoptera, Neuroptera, Hymenoptera, Diptera) noch mit Hinzuziehung der Myriopoden den Inhalt von CUVIER's Classe der Insects, die siebente Ordnung aber, die Aptera, ist aufgelöst in die Arachnida und Crustacea, die nun als selbstständige Classen neben den Insects stehen und selbst in eine grössere Anzahl von Ordnungen eingetheilt sind.

SIEBOLD's (1845) und LEUCKART's (1848) System.

Die Fortschritte, welche das System seit CUVIER erfahren hat, bestehen, wie schon angedeutet, vor allem wieder in der fortgesetzten Auflösung des untersten Kreises, nämlich der Radiaten. Wir wollen

LINNÉ's System:	CUVIER's System:
1. Cl. *Mammalia.* Ord. Primates, Bruta, Ferae, Glires, Pecora, Belluae, Cete.	1. Kreis: **Vertebrata.**
	1. Cl. *Mammalia.* (Ord......)
	2. Cl. *Aves.* (Ord.....)
2. Cl. *Aves.* Ord. Accipitres, Picae, Anseres, Grallae, Gallinae, Passeres.	3. Cl. *Reptilia.* (Ord......)
	4. Cl. *Pisces.* (Ord. .....)
3. Cl. *Amphibia.* Ord. Reptiles, Serpentes, Nantes.	2. Kreis: **Mollusca.**
	1. Cl. *Cephalopoda.* (Ord......)
	2. Cl. *Pteropoda.* (Ord......)
4. Cl. *Pisces.* Ord. Apodes Jugulares, Thoracici, Abdominales.	3. Cl. *Gasteropoda.* (Ord......)
	4. Cl. *Acephala.* (Ord.....)
5. Cl. *Insecta.* Ord. Coleoptera, Hemiptera, Lepidoptera, Neuroptera, Hymenoptera, Diptera, A p t e r a.	5. Cl. *Brachiopoda.* (Ord......)
	6. Cl. *Cirrhopoda.* (Ord.....)
6. Cl. *Vermes.* Ord. Intestina, Mollusca, Testacea, Lithophyta, Zoophyta.	3. Kreis: **Articulata.**
	1. Cl. *Annelides.* (Ord.....)
	2. Cl. *Crustacea.* 1. Sect. Malacostraca. (Ord........) 2. Sect. Entomostraca. (Ord.....)
	3. Cl. *Arachnides.* (Ord.....)
	4. Cl. *Insecta.* (Ord. Myriapoda, Thysanura etc. . . . . Diptera).
	4. Kreis: **Radiata.**
	1. Cl. *Echinodermata.* (Ord.....)
	2. Cl. *Intestina.* Ord. Nematoidea, (Parenchymatosa.....)
	3. Cl. *Acalephae.* (Ord. Simplices, Hydrostaticae).
	4. Cl. *Polypi.* (Ord.....)
	5. Cl. *Infusoria.* (Ord. Porifera, Homogenea).

hier besonders die Systeme von Siebold (1845) und Leuckart (1848) betrachten (die in vielen Punkten schon durch Burmeister, 1843, vorbereitet waren).

Der Kreis der Radiaten enthielt bei Cuvier die Classen der *Echinodermata*, *Acalepha*, *Entozoa*, *Polypi*, *Infusoria*. Die blosse Trennung dieses unnatürlichen Verbandes (und damit die Erhebung der einzelnen Classen zu Typen) brachte schon das System Cuvier's jenen Systemen nahe, welche mit einigen Modificationen bis in die jüngste Zeit (Anfang der 70er Jahre) allgemein anerkannt waren. In der That beruhen die wesentlichen Verbesserungen des Systems durch v. Siebold und Leuckart in einer solchen Auflösung. Doch war eine grosse Summe neuer morphologischer Erkenntnis nöthig, um dieselbe zu begründen. Auch ward die Stellung einzelner kleinerer Abtheilungen (Rotatoria, Bryozoa) wesentlich berichtigt, wogegen andere Veränderungen (Stellung der Hirudinei, Nematodes) sich nicht stichhaltig erweisen.

v. Siebold's System (1845):

I. Protozoa.
  1. Cl. Infusoria.
  2. Cl. Rhizopoda.
II. Zoophyta.
  3. Cl. Polypi (Anthozoa, Bryozoa).
  4. Cl. Acalephae.
  5. Cl. Echinodermata.
III. Vermes.
  6. Cl. Helminthes.
  7. Cl. Turbellarii.
  8. Cl. Rotatorii.
  9. Cl. Annulati.
IV. Mollusca.
  10. Cl. Acephala (Tunicata, Brachiopoda u. Lammellibranchiata).
  11. Cl. Cephalophora.
  12. Cl. Cephalopoda.
V. Arthropoda.
  13. Cl. Crustacea.
  14. Cl. Arachnida.
  15. Cl. Insecta.
VI. Vertebrata.

Leuckart's System (1848):

a. Protozoa (von den übrigen Thieren zu sondern!).
I. Coelenterata.
  1. Cl. Polypi.
  2. Cl. Acalephae.
II. Echinodermata.
  3. Cl. Pelmatozoa (Ord. Cystidea, Crinoidea).
  4. Cl. *Actinozoa* (Ord. Echinida, Asterida).
  5. Cl. *Scytodermata* (Ord. Holothuriae u. Sipunculida).
III. Vermes.
  6. Cl. Anenterati (Ord. Cestodes, Acanthocephali).
  7. Cl. Apodes (Ord. Nemertini, Turbellarii, Trematodes, Hirudinei).
  8. Cl. Ciliati (Ord. Bryozoa, Rotiferi).
  9. Cl. Annelides (Ord. Nematodes, Lumbricini, Branchiati).
IV. Arthropoda.
  10. Cl. Crustacea.
  11. Cl. Insecta.
V. Mollusca.
  12. Cl. Tunicata (vielleicht selbständiger Typus!).
  13. Cl. Acephala.
  14. Cl. Gasteropoda.
  15. Cl. Cephalopoda.
VI. Vertebrata.

So sehen wir bei SIEBOLD (auch schon bei früheren Autoren z. B. CARUS) aus der Auflösung der CUVIER'schen Radiata die Aufstellung der *Protozoa*, *Zoophyta* und *Vermes* erfolgen. Die Aufstellung der Protozoa hat sich in der Folge als ein überaus bedeutungsvoller Schritt erwiesen. Die Vermes in neuerem Sinne nach dem Vorgange GRAVENHORST'S, BERTHOLD's und BURMEISTER's aufgestellt (und verschieden von den Vermes LINNÉ's) sind aus CUVIER's Entozoa hervorgegangen, zu welchen die Rotatorien und Turbellarien und auch die Anneliden zugezogen wurden, welche letztere dadurch von den „Arthropoden" (mit welchen sie bei CUVIER als Articulata vereinigt waren) entfernt wurden. So ward die CUVIER'sche Abtheilung der Articulaten wieder aufgelöst, ein Vorgang, der lange allgemein anerkannt blieb und erst in allerjüngster Zeit sich als unberechtigt erwies, so dass wir gegenwärtig auf dem Punkte stehen, zur Restitution von CUVIER's Articulaten zu schreiten. LEUCKART ging noch weiter, indem er die bei v. SIEBOLD noch als Zoophyten vereinigte Gruppe auflöste. Sein grosses Verdienst ist es, den Gegensatz der Coelenteraten und Echinodermen in richtiges Licht gesetzt zu haben. Diese Trennung hat die allgemeinste Anerkennung gefunden, und Versuche einer Wiedervereinigung sind vereinzelt geblieben (z. B. AGASSIZ). Auch fügte LEUCKART den Vermes noch die Bryozoen hinzu, indem er sie in die unmittelbare Nähe der Rotatorien stellte (nach dem Vorgange von FARRE und v. BAER). Früher schon hatte EHRENBERG die Bryozoen den eigentlichen Polypen gegenübergestellt, und dann MILNE-EDWARDS sie von denselben ganz entfernt und den Mollusken zugeordnet. Bis in die neueste Zeit schwanken die Ansichten über die Stellung der Bryozoen zwischen der Auffassung LEUCKART's und MILNE-EDWARDS', wenn es auch nicht an verfehlten Versuchen mangelt, dieselben wieder den Polypen zu nähern.

Es bilden die Abtheilungen der *Protozoen, Coelenteraten, Echinodermen, Vermes, Arthropoden, Mollusken, Vertebraten*, wie sie nach ihrem Inhalt und typischen Charakter besonders von LEUCKART abgegrenzt wurden, den Hauptzügen nach die Grundlage aller allgemeiner anerkannten Systeme bis zu Anfang der siebziger Jahre.

In speciellen Punkten erfuhr das System in dieser Zeit durch neuere morphologische Entdeckungen wohl noch wichtige Veränderungen.

Die wesentlichste Aenderung wurde durch die Entdeckung KOWALEVSKY's angebahnt, dass die Ascidien dem Vertebratentypus nahestünden. Man glaubte eine Zeit lang dadurch ein Verbindungsglied zwischen den Vertebraten und anderen Typen erwiesen zu sehen, doch ist man allmählich zur Ansicht gekommen, dass die früher angenommenen Beziehungen der Tunicaten zu den Mollusken oder Würmern ganz unklar seien und dass diese Thiere eben nur einen veränderten Platz im Anschluss an die Wirbelthiere finden, ohne aber als Uebergangsform zu anderen Typen gelten zu können (DOHRN). Der oberste Typus ist nun zu der Abtheilung der „Chordonii" erweitert.

Die Sipunculiden wurden von den Holothurien entfernt und, mit den Echiniden vereinigt, als „Gephyreen" in die Nähe der Anneliden gestellt. Auch die Stellung der Hirudineen bei den Trematoden (LEUCKART) erwies sich als nicht stichhaltig und sie wurden zu den Anneliden zurückversetzt.

Die Spongien, über deren Natur man lange Zeit im Unklaren war, wurden in jüngster Zeit, namentlich durch HAECKEL's Forschungen, zu den Coelenteraten gezogen.

Die auch gegenwärtig am meisten gebrauchten Systeme entsprechen
also noch dem System LEUCKART's mit einigen Modificationen. Als Beispiel
wollen wir das System von CLAUS (vergl. Lehrbuch der Zoologie
4. Auflage 1887) anführen:

1. Protozoa.
2. Coelenterata (Spongiaria, Cnidaria, Ctenophora.)
3. Echinodermata, Anh. Enteropneusta.
4. Vermes (Platyhelminthes, Nemathelminthes [mit den Chaeto-
   gnathen], Annelides, Rotatoria).
5. Arthropoda (Crustacea, Arachnoidea, Onychophora, Myriopoda,
   Hexapoda).
6. Mollusca.
7. Molluscoidea (Bryozoa [endoprocta u. ectoprocta], Brachiopoda).
8. Tunicata.
9. Vertebrata.

Wenn wir den Einfluss der Descendenztheorie auf das specielle System
während dieser Jahrzehnte (von DARWIN [1859] bis in die 70er Jahre) ins
Auge fassen, so sehen wir, dass durch diese Lehre nicht unmittelbar eine
Aenderung des zoologischen Systems bewirkt wurde. Und dies ist leicht
begreiflich. Die Principien der Systematik waren früher wohl weniger
klar und deutlich erkannt, aber dennoch soweit richtig angewendet, dass
sich nach vielfacher Durcharbeitung ein System ergab, dessen Zusammenhang durch die Descendenztheorie wohl ganz überraschend erhellt, aber
nicht verändert wurde, denn die morphologischen Erkenntnisse, deren
Ausdruck das System auch früher schon war, wurden durch die Descendenztheorie an und für sich nicht vermehrt.

Die Versuche, das System unter dem Einflusse der neuen Ideen sofort
umzugestalten, mussten daher verfehlte sein. In der That bringen HAECKEL's
erste systematische Versuche in der „generellen Morphologie", welche den
neuen Ideen Rechnung tragen sollen, eigentlich nur von den herrschenden
Ansichten abweichende, zum grossen Theil aber irrige Auffassungen der
speciellen morphologischen Verhältnisse zum Ausdruck.

Ungleich fruchtbarer waren in nächster Zeit die Bestrebungen GEGEN-
BAUR's, das Verhältniss der Typen zu einander durch stete Vertiefung
der morphologischen Erkenntnis zu ergründen. So ist durch
ihn die Anschauung eines näheren verwandtschaftlichen Zusammenhanges
zwischen den Würmern einerseits und den Arthropoden und Mollusken
immer mehr gefördert worden, was uns endlich dahin führen musste, diese
Gruppen in einem vereinigten Stamme den anderen Stämmen gegenüberstellen, wie wir es hier (vergl. pag. 40) ausgeführt haben.

Diese Fortschritte hängen aber auch wesentlich damit zusammen, dass
der Begriff des Typus selbst verändert erschien. GEGENBAUR betonte, „dass
die starre Auffassung der Stämme, wie sie von der ersten Typenlehre her
bestand, bedeutend nachgiebiger werden müsse, indem wir die Beziehung
der Typen zu einander in keiner anderen Weise treffen, als die Abtheilungen innerhalb der Typen: in genealogischer Gliederung" (Grundzüge
d. vergl. Anat. 1872, p. 77). Sehr zutreffend bemerkt auch HAECKEL:
„Der „Typus" hat danach seine frühere Bedeutung vollständig verloren
und besitzt als Kategorie des Systems keine andere philosophische
Bedeutung als die niederen Kategorien der Klasse, Ordnung, Genus, Species,

u. s. w.; er ist nur relativ (durch seine Höhe), nicht absolut von letzteren verschieden" (1874).

Von Haeckel's Gastraeatheorie (1874) bis zur Gegenwart.

Mit den siebziger Jahren beginnt ein neuer Abschnitt der Morphologie, welcher dadurch charakterisirt ist, dass die embryologische Forschung bedeutend in den Vordergrund tritt. Dieser Abschnitt wird eingeleitet durch die epochemachenden embryologischen Untersuchungen Kowalevsky's, welche nach dem Ziele hinsteuerten, den noch vielfach anerkannten Gegensatz der Typen auf embryologischem Wege zu widerlegen und zwar durch den Nachweis der Homologie der Keimblätter in allen Typen. Dieselben embryonalen Keimblätter sollten überall die Grundlage des Körperbaues bilden.

Die Entdeckungen Kowalevsky's waren nur von ganz allgemeinen theoretischen Bemerkungen und Andeutungen begleitet. Erst Haeckel hat die Kowalevsky'schen Entdeckungen in ihrer vollen Tragweite gewürdigt und die systematischen Schlussfolgerungen daraus gezogen. Seine Ausführungen sind von grösster Bedeutung für die Weiterbildung des Systems geworden. Die systematische Bedeutung der Gastraeatheorie gipfelt in folgendem wichtigsten Punkte: „Das ganze Thierreich zerfällt zunächst in zwei grosse Hauptgruppen, deren scheidende Grenzmarke die Gastrula bildet: einerseits die Stammgruppe der Urthiere (Protozoa), andererseits die sechs höheren Thierstämme, die wir jenen als Keimblattthiere (Metazoa oder Blastozoa) gegenüberstellen." So geringfügig im System diese Zusammenfassung der Metazoa und ihre Gegenüberstellung zu den Protozoen (übrigens schon von Leuckart hervorgehoben) erscheinen mag, so ist sie doch von der grössten Bedeutung für das Verständnis der allgemeinen verwandtschaftlichen Beziehungen der Thierstämme und es findet eine grosse Summe neuerer morphologischer Erkenntnisse darin ihren Ausdruck. Sie sind in den einfachen Worten zusammengefasst: dass alle höheren Thierstämme von der gemeinsamen Stammform der Gastraea abstammen, welche einen einachsigen Körper besitzt, dessen Höhle an einem Pole durch den Urmund sich öffnet und dessen Körperwand aus zwei Zellenschichten, dem Exoderm und Endoderm besteht.

Haeckel versuchte auch innerhalb der Metazoa die Beziehungen der einzelnen Gruppen zu einander aufzuklären. Er sah ganz richtig, nach welchen Principien das System nun weiter entwickelt werden müsse, da er als oberstes Classificationsprincip die Homologie der Keimblätter und des Urdarms und demnächst die Differenzirung der Kreuzachsen und des Coeloms hervorhob; dafür hat die Folgezeit die Bestätigung geliefert. In der Anwendung dieser Principien war er aber weniger glücklich. So erscheint die Eintheilung der Metazoa in Anacmaria und Haemataria als ein Missgriff, und ebenso die Art, wie Haeckel die Trennung der Vermes in Acoelomi und Coelomati im speciellen durchführte. Die Fehler, welche Haeckel in diesen Punkten beging, wurden besonders von Claus in zutreffender Weise nachgewiesen.

Die kritische Schrift von Claus, wenn auch in Bezug auf die Negation der Haeckel'schen Fortschritte viel zu weit gehend, hat doch vielfach die Anschauungen gefördert. Hier ward zuerst auf die Bedeutung des der Gastrula vorhergehenden einfachen blasenförmigen Stadiums hingewiesen. Wenn auch Claus selbst die älteren diesbezüglichen Andeutungen C. E. v.

Baer's citirt, so hat doch er zuerst klar erkannt, dass in dieser einfachsten epithelartigen Anordnung der Zellen die Grundbedingung des Körperbaues der Metazoen vorliege. Haeckel hat sich dieser Anschauung auch sogleich angeschlossen, und so selbst den Beweis geführt, dass die Bedeutung der „Blastula" ganz wohl mit der Gastraeatheorie vereinbar sei.

Auch auf den bedeutungsvollen Gegensatz von primärer und secundärer Leibeshöhle wird von Claus hingewiesen und dadurch Haeckel's Coelombegriff corrigirt.

Die Ableitung der Bilateralthiere von einer „kriechenden Gastraea" wird zurückgewiesen und auf die grosse Bedeutung, welche den freischwimmenden, pelagischen Thierformen für die Phylogenie des Thierreichs zukömmt, hingewiesen.

Wenn auch die Versuche Haeckel's, die Beziehungen zwischen den einzelnen Typen noch weiter aufzuklären zum Theil verfehlt waren, so haben sie doch weiter Veranlassung gegeben zu einer Reihe ähnlicher Versuche, welche die systematischen Bestrebungen der nächstfolgenden Zeit kennzeichnen. Es wurde aufs eifrigste nach Homologieen zwischen den verschiedenen Typen gesucht und hierbei eine grosse Zahl von Hypothesen aufgestellt. Einige derselben werden vielleicht, wenn auch mit wesentlichen Abänderungen, bleibenden Werth behalten; zu den bedeutendsten dieser Hypothesen zählt die Ableitung der Wirbelthiere von den Anneliden, welche von Semper begründet wurde (Entdeckung der Segmentalorgane bei Wirbelthieren; vergl. auch die Arbeiten von Dohrn, Balfour u. a.). Wenn auch manche dieser Hypothesen für den Fortschritt der Wissenschaft von grosser Wichtigkeit sind, so ist es doch geboten, bei den gegenwärtig so schrankenlos geübten Vergleichungen den verschiedengradigen Werth derselben nicht ausser Acht zu lassen. Wir können bei den Metazoen eine Anzahl von Gruppen, sei es als Typen oder Phylen, aufstellen; innerhalb dieser Typen ist die Vergleichung auch speciellerer Organe durchführbar, während derartigen specielleren Vergleichungen zwischen diesen Typen derzeit nur ein weitaus geringerer Wahrscheinlichkeitsgrad (nur ein hypothetischer oder heuristischer Werth) zuerkannt werden kann. Mit anderen Worten: Die Abstammung dieser Typen (oder Phylen) von der Gastraea ist anzuerkennen, die specielleren Verwandtschaftsverhältnisse derselben zu einander sind noch unsicher [1]). In der nachfolgenden Tabelle sind unsere Anschauungen über das System zum Ausdruck gebracht. Unsere Typen sind abweichend von denjenigen der üblichen Systeme, indem einerseits der Kreis der Coelenteraten in 3 Typen aufgelöst wurde (aus später zu erörternden Gründen) wogegen die anderen Typen aus der Zusammenziehung bisher getrennter Gruppen resultiren. Als nächste Unterabtheilungen unterscheiden wir 12 Cladus, die sich möglichst den gebräuchlichen Abtheilungen anlehnen, zum Theil aber zeitgemässen Veränderungen Rechnung tragen.

---

1) Die Hertwig'sche Coelomtheorie, die (wie wir später noch erörtern), viele überaus wichtige Fragen angeregt hat, ist in Bezug auf die systematische Frage zu keinem befriedigenden Resultat gekommen; von einem einzigen Gesichtspunkte aus lassen sich eben diese complicirten Fragen nicht lösen.

A. Protozoa.

B. Metazoa.

α) Protaxonia (= Coelenterata) * [1])

I. Typ. **Spongiaria**	1. Clad. *Spongiaria*

II. Typ. **Cnidaria**	2. Clad. *Cnidaria*
	  1. Class. Hydrozoa
	  2. Class. Scyphozoa
	Anh. *Planuloidea* (Dyciemidae, Orthonectidae).

III. Typ. **Ctenophora**	3. Clad. *Ctenophora*

β) Heteraxonia (= Bilateria)

IV. Typ. **Zygoneura** [2])
  1. Subtyp. **Autoscolecida**
    (= Protonephridozon) * [3])
	4. Clad. *Scolecida*
	  1. Class. Platodes
	  2. Class. Rotifera
	  3. Class. Endoprocta
	  4. Class. Nematodes
	  5. Class. Acanthocephali
	Anh. *Nemertini*

2. Subtyp. **Aposcolecida**
    (= Metanephridozoa) * [4])
	5. Clad. *Articulata*
	  1. Class. Annelida
	    Anh. Sipunculoidea
	    Anh. Chaetognathi
	  2. Class. Onychophora
	  3. Class. Arthropoda
	6. Clad. *Tentaculata* (= *Molluscoidea*) * [5])
	  1. Class. Phoronida
	  2. Class. Bryozoa (ectoprocta)
	  3. Class. Brachiopoda
	7. Clad. *Mollusca*
	  1. Subclad. Amphineura
	  2. Subclad. Conchifera

V. Typ. **Ambulacralia** * [6])	8. Clad. *Echinodermata* 9. Clad. *Enteropneusta*

VI. Typ. **Chordonii** * [7])	10. Clad. *Tunicata*
	11. Clad. *Leptocardii*
	12. Clad. *Vertebrata*
	  1. Subclad. Cyclostomata
	  2. Subclad. Gnathostomata

1) Protaxonia und Heteraxonia werden von uns nur als zusammenfassende Bezeichnungen, nicht als sichere systematische Begriffe gebraucht. — Ueber die Auflösung der

Coelenteraten vergl. CARL HEIDER, Metamorphose der Oscarella lobularis, Arb. zool. Inst. Wien 1885.

2) Die Zygoneura sind eine Gruppe, welche durch zahlreiche Homologien sicher begründet erscheint. Sie ist zurückführbar auf die Grundform der Trochophora und der Protrochophora (Platodes). Die Zusammenfassung der hier vereinigten Classen ist durch zahlreiche Ausführungen GEGENBAUR'S vorbereitet. Der Name Zygoneura, Paarnervige, ist nach den paarigen Längsnerven gewählt. die entweder in ganzer Länge oder wenigstens im Bereich der Schlundkommissur zeitlebens getrennt bleiben.

3) Der Name Protonephridozoa (seiner Länge wegen nur als Synonym gebraucht) bezieht sich auf den dauernden Besitz des Protonephridiums; die ausführlichere Begründung dieser Gruppe folgt im speciellen Theile.

4) Zur Erklärung des Namens Metanephridozoa ist zu bemerken: das Protonephridium tritt hier nur als Larvenorgan auf; dafür ist das characteristische Metanephridium aufgetreten und nur bei einigen Gruppen secundär wieder unterdrückt. Damit ist aus der grossen Zahl von Merkmalen nur eines betont.

5) Die Gruppe der Tentaculata ist provisorisch aufgestellt und bedarf noch einer besseren Erforschung (man vergl. die ähnlichen Aufstellungen von CALDWELL und RAY-LANKESTER). Es ist namentlich die Stellung der Bryozoa (ectoprocta) hier noch sicherer zu begründen.

6) Im Sinne METSCHNIKOFFS.

7) Die Gruppe der Chordonii wird gegenwärtig von zahlreichen Autoren anerkannt. Sachlich ist sie zuerst begründet durch die Untersuchungen KOWALEVSKY'S.

FÜNFTES CAPITEL.

Zelle und Zelltheilung.

Zelle.

Sowohl der thierische als auch der pflanzliche Körper besteht aus elementaren Gebilden, welche wir Zellen nennen.

Gegenwärtig wissen wir, dass es, wie unter den Pflanzen so unter den Thieren, einzellige Formen giebt, deren Körper auf den Bau einer Zelle zurückführbar ist, und vielzellige Formen, die aus zahlreichen derartigen Zellen bestehen, welche die sogenannten Gewebe des Körpers zusammensetzen.

Die Form der Zelle ist im einfachsten Falle kugelig, in anderen Fällen — in Zusammenhang mit der Function und dem Lagerungsverhältnis — mannigfach verändert.

Die wesentlichen Theile der Zelle sind: 1) der Zellleib oder das Plasma (auch Protoplasma genannt) und 2) der darin eingeschlossene Zellkern.

Die Zusammensetzung des Körpers aus Zellen wurde zuerst bei den Pflanzen nachgewiesen. Man hatte schon früher mikroskopisch kleine Hohlräume in denselben bemerkt; da zeigte DUTROCHET, dass diese Hohlräume von eigenen Wänden begrenzt sind, dass kleine bläschen- oder schlauchförmige Gebilde vorliegen, aus welchen der ganze Pflanzenkörper aufgebaut ist. Dies bildete die Grundlage der von SCHLEIDEN ausgebildeten Zellentheorie. Der Botaniker ROBERT BROWN entdeckte ein innerhalb der Zelle liegendes Gebilde, den Zellkern. Man betrachtete damals als typische Theile der Zelle die Zellwand, den flüssigen Inhalt und den Zellkern. Darnach erst wurde durch Th. SCHWANN die Lehre begründet, dass der thierische Körper, ähnlich wie derjenige der Pflanzen, aus Zellen bestünde. SCHWANN glaubte aber, dass die thierische Zelle gleich der pflanzlichen bläschenförmig sei, eine irrige Vorstellung, die später corrigirt wurde. Erst nachdem HUGO v. MOHL als einen wesentlichen Bestandtheil der Pflanzenzelle den plasmatischen Primordialschlauch, welcher der Zellwand innen anliegt, entdeckte, ward ein richtiger Vergleich der compacten thierischen und der bläschenförmigen Pflanzenzelle ermöglicht. Die Zellwand, welche aus Cellulose besteht, ist eine besondere, der Pflanzenzelle eigenthümliche Bildung. Auch der Flüssigkeitshohlraum, der in der Pflanzenzelle sich findet, kömmt der thierischen Zelle in der Regel nicht zu. Der der Zellwand anliegende plasmatische Primordialschlauch der Pflanzenzelle ist es, welcher dem Zellleib der thierischen Zelle entspricht. Der Zellkern der thierischen und pflanzlichen Zelle sind gleichwerthige Gebilde. Die jugendliche compacte und membranlose Pflanzenzelle gleicht vollkommen der thierischen Zelle.

Das Plasma der Zellen ist von zähflüssiger Consistenz und zeigt in mehr oder weniger deutlicher Weise die Fähigkeit der Contractilität. Es ist kein gleichartiger, homogener Körper, sondern lässt stets verschiedene Structuren erkennen. Man unterscheidet nach neueren Beobachtungen (KUPFFER, FLEMMING u. a.) feinste Fäden, die sich vielleicht zu einem Netzwerk verbinden, als F i l a r s u b s t a n z des Plasma, und eine hellere, weiche (wasserreiche) Masse, in welche diese Fäden eingebettet sind, die I n t e r f i l a r s u b s t a n z. Die Fäden machen, wenn man sie im optischen Querschnitt sieht, den Eindruck von Körnchen; ausser diesen falschen Körnchen finden sich im Plasma wohl in allen Fällen auch wirkliche feinere oder gröbere Plasmakörnchen.

Fig. 2.　　　　　　　　Fig. 3.

Fig. 2. **Lebende Knorpelzelle der Salamanderlarve,** stark vergrössert, mit deutlicher Filarsubstanz (nach FLEMMING).

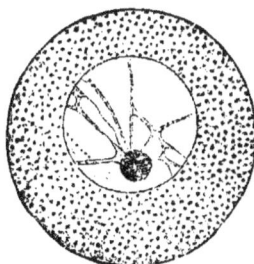

Fig. 3. **Unreife Eizelle aus dem Eierstock eines Echinodermen.** Die Structur des Kernes ist hier sehr deutlich (nach HERTWIG).

Der Zellkern (Nucleus) findet sich in der Zelle in einfacher, seltener in mehrfacher Zahl.

Der häufigste typische Bau des Zellkernes ist folgender: Der Kern besitzt die Form eines runden Bläschens und besteht aus 1) der K e r n - m e m b r a n , einer dünnen Membran, welche die äussere Begrenzung des Kernes bildet, 2) dem K e r n s a f t , welcher den flüssigen Inhalt des Bläschens bildet und 3) dem K e r n g e r ü s t , einem Netzwerk von derberen Fäden, welches zum Theil der Kernmembran innen anliegt, zum Theil durch den Hohlraum des Kerns ausgespannt ist; dem Netzwerk sind ein oder mehrere derbere Körnchen eingefügt, oft in der Mitte des Kernhohlraumes liegend, als sogen. N u c l e o l i ; sie sind von der Substanz des Kerngerüstes kaum verschieden.

Das Kerngerüst und die Nucleoli bestehen aus sogenannter c h r o - m a t i s c h e r S u b s t a n z oder C h r o m a t i n. Diese Bezeichnung gründet sich auf eine eigenthümliche Reaction, welche diese Substanz, wenn die Zelle durch geeignete Mittel getödtet worden ist, vielen organischen Farbstoffen (Carmin, Haematoxylin, Anilinfarben etc.) gegenüber zeigt; sie imbibirt nämlich lebhaft den Farbstoff und hebt sich dadurch optisch sehr auffallend von den übrigen Theilen der Zelle ab. — Im übrigen zeigen diese festeren Theile des Kernes eine ähnliche zähflüssige Beschaffenheit wie das Plasma der Zelle.

In den Zellen der vielzelligen Organismen zeigt der Kern zumeist den hier beschriebenen typischen Bau, oder er weicht nur wenig von dieser Form

ab; so ist er oft im Zusammenhang mit der Gestalt der Zelle gestreckt
oder abgeplattet. Selten sind bedeutendere Formveränderungen zu beobachten (z. B. verästelte Kerne in den Zellen der Spinndrüsen der Seidenraupe). Bei den einzelligen Thieren, besonders den Infusorien, zeigt der Kern
häufiger eine abweichende mannigfaltige Form und Structur; so erscheint
er langgestreckt, perlschnurförmig, wurstförmig, verästelt etc.; auch ist er
oft compact, was wohl darauf beruht, dass hier der Kernsaft durch eine
spärlichere und zugleich zähere Substanz ersetzt ist.

Bei Betrachtung der zahlreichen secundären Einrichtungen (Differenzirungen), die im Zusammenhang mit der mannigfachen Function
der Zellen auftreten und die wir später an vielen Beispielen kennen
lernen werden, sehen wir, dass alle die auffallenden functionellen
Differenzirungen nur vom Plasma ausgehen, während der Bau des
Kernes nur geringfügige, aber bestimmte Veränderungen zeigt. Es ist
auch hervorzuheben, dass wir zahlreiche Lebenserscheinungen nur am
Plasma beobachten, während der Kern sich relativ indifferent verhält.
Es ist daher begreiflich, dass uns die Function des Kernes noch sehr
dunkel ist. — Dass diese aber zweifellos von grösster Wichtigkeit für
das Leben der Zelle ist, wird sowohl aus seinem constanten Vorkommen,
als auch besonders aus den Vorgängen, die wir bei der Zelltheilung
kennen, ersichtlich. — In jüngster Zeit wurde auch aus der wechselnden
Lagebeziehung des Kernes auf sein Verhältnis zur Thätigkeit der Zelle
geschlossen (HABERLANDT).

Bewegungserscheinungen werden an der chromatischen Substanz nicht
wahrgenommen, ausser bei dem Theilungsprocesse. Feste Nahrungstheilchen
gelangen nie in das Innere des Kerns; er scheint in Bezug auf seine Ernährung in einem Abhängigkeitsverhältnis zum Plasma zu stehen; ob er
vom Plasma vorbereitete Nahrung assimilirt, oder ob sogar Theilchen von
Kernsubstanz im Plasma entstehen und zum Kerne hinzutreten, ist gegenwärtig kaum zu entscheiden.

Zelltheilung.

Die Zelltheilung ist die einzige Vermehrungsart der Zellen. Die
früher vermuthete „freie Zellbildung" im Körper der Organismen hat
sich als Irrthum erwiesen. Die Zelltheilung wird stets durch eine
Theilung des Kerns eingeleitet. Dem früher schon aufgestellten Satze
„omnis cellula e cellula" lässt sich nach den gegenwärtigen
Forschungsergebnissen der Satz hinzufügen: „omnis nucleus e
nucleo".

Die Theilungsvorgänge des Zellkerns sind in den letzten Jahren
Gegenstand der eingehendsten Studien gewesen. — Früher schilderte
man den Vorgang allgemein so, dass sich der Zellkern einfach ein-
schnüre und in zwei Theile zerfalle, worauf die Theilung des Zellleibes
folge. — Es hat sich nun gezeigt, dass ein solcher Vorgang nur in
wenigen Fällen, z. B. bei den einfachsten einzelligen Organismen, stattfindet. Wir nennen diese Art der Theilung direkte Zelltheilung.
Im Gegensatz hierzu steht die indirekte Zelltheilung (auch
karyokinetische oder mitotische genannt). Bei dieser Art
der Theilung unterliegt der Kern einer Reihe charakteristischer Veränderungen.

Man kam erst allmählich zur Erkenntnis dieser Vorgänge. Der erste Fortschritt gegenüber der ältern Ansicht von der allgemeinen direkten Theilung des Kernes war die Behauptung, dass bei der Zelltheilung der Mutterkern verschwinde und die Tochterkerne neu entstünden. Diese Ansicht war nur auf die Beobachtung des lebenden Objectes gestützt, an welchem der Kern während seiner Veränderungen undeutlich wird. Bald entdeckte man aber, dass der Kern nicht verschwindet, sondern sich in einen hellen spindelförmigen Körper, die Kernspindel, verwandelt, welche eine feine Längsstreifung und eine mittlere Anhäufung von festerer Substanz, die Axenplatte erkennen lässt. Die Axenplatte theilt sich, und ihre Hälften rücken als Polplatten an die Enden der Spindel. Im Zellplasma sind in diesem Stadium von den Polen ausgehende Strahlenfiguren, als Ausdruck von Bewegungserscheinungen, zu beobachten. Die Polplatten geben die Grundlage zur Bildung der neuen Kerne (BÜTSCHLI).

Die Veränderungen des Kernes bei der mitotischen Theilung sind nach den neueren Forschungen folgende:

a) **Ruhender Kern.** Bei den Vorgängen der karyokinetischen oder mitotischen Theilung, wie sie besonders FLEMMING aufgedeckt hat, können wir eine Reihe von Stadien unterscheiden. Bei der Betrachtung derselben gehen wir von der oben beschriebenen Form des ruhenden Kernes aus.

b) **Knäuelform des Kernes (Spirem).** Die erste Veränderung ist das Schwinden der Kernmembran und die Umwandlung des Kerngerüstes (chromatische Substanz) in einen gewundenen, an der Kernperipherie gelagerten Faden.

c) **Sternform des Kernes (Aster).** Sodann wandelt sich der Knäuel in eine flache, sternförmige Figur um, welche senkrecht zur späteren Theilungsebene gestellt ist; der chromatische Faden zerfällt nämlich in einzelne Stücke, die schleifenförmig geknickt sind (Kernschleifen), deren Umbiegungsstelle gegen das Centrum, deren freie Enden gegen die Peripherie des Sternes liegen. Zugleich tritt im Bereiche des Kernes die „achromatische Figur" auf, eine aus hellen, zarten, achromatischen Fäden zusammengesetzte Spindel, deren Enden (oft mit hellen sogenannten Polarkörperchen zusammenhängend [1])) nach den Theilungspolen der Zelle gerichtet sind, und deren Mitte von der chromatischen Sternfigur eingenommen wird; hier stehen die zarten Fäden mit den einzelnen Kernschleifen in Zusammenhang. Im Zellleib ist in der Regel eine Plasmastrahlung um zwei Centren, nämlich um die Pole der Spindel, zu beobachten, eine Erscheinung, welche wahrscheinlich auf Bewegungsvorgänge des Plasma zurückzuführen ist.

d) **Stadium der Um-Ordnung (Metakinesis).** Die Kernschleifen erfahren nun eine Spaltung in der Längsrichtung des Fadens, so dass nun Doppelfäden vorliegen (die Spaltung ist nach neueren Beobachtungen selbst schon im Knäuelstadium vorbereitet). Die Spalthälften der einzelnen Schleifen werden dann — bei allen gleichzeitig auf eigenthümliche Weise von einander getrennt, nämlich so, dass die Spalt-

---

[1] Diese Polarkörperchen sind besonders in den neuesten Arbeiten hervorgehoben; sie werden als die Attractionscentren betrachtet, die für die Mechanik der Zelltheilung von wesentlicher Bedeutung sein sollen.

hälften je einer Schleife aneinanderrücken und nach den ungleich-
namigen Polen der Spindel wandern; es geschieht dies durch active Zusammenziehung der achromatischen Spindelfäden. Das Wesentliche
dieses Processes, die Vertheilung von Spalthälften, wurde besonders
durch die Untersuchungen von VAN BENEDEN und RABL aufgeklärt.

e) **Tochtersterne (Dyaster).** So entstehen aus dem früheren einfachen
Sterne zwei parallel gelagerte Sternfiguren, die Tochtersterne. Die
zwischen denselben ausgespannten Theile der Spindelfäden schwinden;
ebenso später auch die übrige Spindelfigur und die Plasmastrahlung.

f) **Tochterknäuel (Dispirem).** Die Tochtersterne gehen den umge-
kehrten Weg der Verwandlung; sie gehen zunächst in Tochterknäuel und sodann in

g) **Ruhende Tochterkerne** über. Zugleich mit diesen letzten Stadien

a.   b.   c.

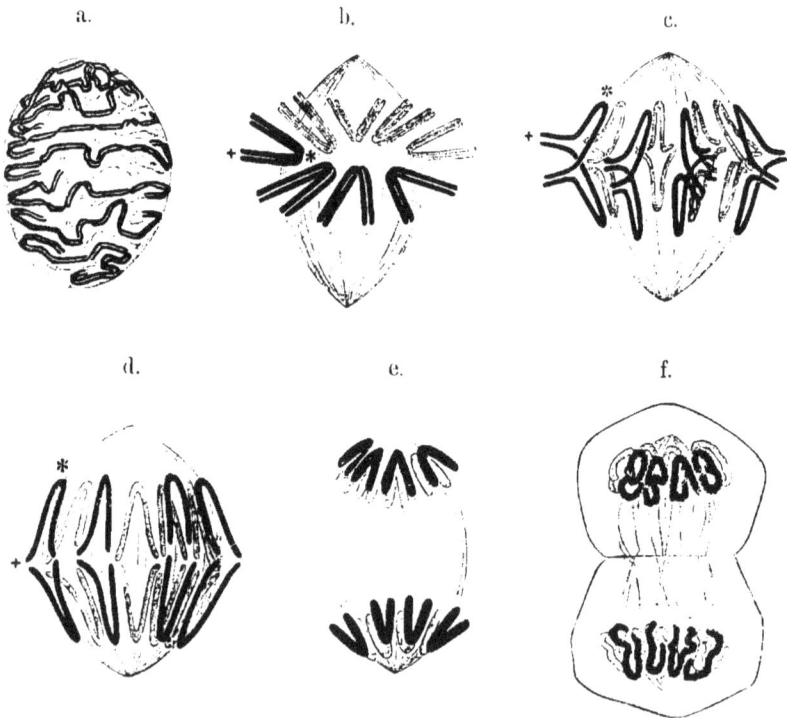

d.   e.   f.

Fig. 4. **Schematische Darstellung der Mitose** (nach FLEMMING). Die Spaltung des
chromatischen Fadens ist schon im Knäuelstadium vorbereitet.

a. Knäuel, b. Aster, c. und d. Metakinese, e. Dyaster, f. Die Tochterzellen mit den
Tochterknäueln.

der Kerne erfolgt auch die Theilung des Zellleibes durch eine
von Aussen nach Innen vordringende Einschnürung (wenn eine solche
Einschnürung unterbleibt, entstehen vielkernige Zellen).

Flemming stellt folgendes Schema für die Verwandlungsstadien des Kernes auf:

Mutterkern	Tochterkern
(progressiv)	(regressiv)
Ruhe (Gerüst)	Ruhe (Gerüst)
↑ 1. Knäuel	5. Knäuel ↓
↑ 2. Stern.	4. Stern ↓
↠ 3. Metakinese ↠	

Van Beneden und Rabl haben gezeigt, dass in bestimmten Zellen die Anzahl der Kernschleifen eine bestimmte ist. Auch wurde von Rabl wahrscheinlich gemacht, dass schon im ruhenden Kerne die Anordnung des Knäuels vorbereitet sei.

Wenn wir so complicirte Vorgänge in gesetzmässiger Weise an den thierischen und auch an den pflanzlichen Zellen auftreten sehen, so werden wir zu der Frage gedrängt, welche Bedeutung, welcher Zweck denselben zu Grunde liege. Roux hat in scharfsinniger Weise hierfür eine Erklärung angebahnt: Wenn das Kerngerüst von durchwegs gleichartiger Beschaffenheit wäre, so könnten wir kaum den Zweck so complicirter Vorgänge bei der Zerlegung desselben in zwei Theile einsehen. Wir sind zu der Annahme gedrängt, dass das Kerngerüst verschiedenartige, für die Lebensthätigkeit der Zelle nothwendige Qualitäten besitze. Die Um-

Fig. 5. **Ruhender Zellkern aus dem Hoden des Salamanders** (nach Flemming).

wandlung des Gerüstes in einen Faden und die Längsspaltung des Fadens (oder seiner Schleifenstücke) erscheint uns nun als ein äusserst zweckentsprechender Mechanismus, um die nach der Länge des Fadens aneinandergereihten, verschieden qualificirten Bestandtheile in gleicher Weise auf beide Tochterkerne zu vertheilen. — Es ist hier zu erwähnen, dass der Kernfaden nach mehrfachen Beobachtungen aus aneinandergereihten Körnchen besteht, so dass bei der Längsspaltung jedes Körnchen getheilt wird.

SECHSTES CAPITEL.

Protozoa.

Die Protozoa sind einzellige (solitäre oder zu gleichartigen Zellcormen vereinigte) Organismen mit thie-
rischem Stoffwechsel. Die Fortpflanzung erfolgt durch
Theilung der differenzirten oder rückdifferenzirten
Zelle. Vorübergehende oder dauernde Verschmelzung
entweder gleichartiger oder heteromorpher Zellindi-
viduen (Conjugation) kömmt überall gesetzmässig vor.

Grundform und Haupttypen.

Die Protozoen sind meist von mikroskopischer Grösse; bedeutend
überschreiten sie dieselbe nur in wenigen Fällen (einige Foraminiferen).
Ihr Körper ist auf den Grundtypus der einfachen Zelle zurückzuführen.
Die morphologisch wichtigste Sonderung ist daher die von Zellleib und
Zellkern.

Der Kern ist meist in Einzahl, oft aber auch mehrfach vorhanden.
Die Vielkernigkeit kann jedoch in manchen Fällen als eine lang an-
dauernde Vorbereitung zur Theilung aufgefasst werden, denn die vielkernigen Individuen zerfallen schliesslich in Stücke, die nur je einen
Kern besitzen (z. B. *Actinosphaerium Eichhornii*, *Opalina ranarum*)[1].
Die meisten Infusorien (*Ciliaten*) aber besitzen neben dem „Grosskern"
einen oder mehrere „Ersatzkerne" (unpassenderweise auch als „Nucleoli" bezeichnet); letztere sind hier die eigentlichen Dauerkerne. Bei
den sogenannten *Moneren* (amöbenähnlichen Organismen) wurden keine
Kerne gefunden, doch hofft man solche noch nachweisen zu können.
Meist ist der Zellkern der Protozoen compact und aus zahlreichen Chro-
matinkörnchen bestehend, die durch eine hellere Substanz verbunden
werden; er ist rundlich oder langgestreckt, gewunden, perlschnurförmig,
ja sogar verästelt. In vielen Fällen ist der Kern aber auch von typisch-
bläschenförmiger Gestalt.

Die wesentlichen Differenzirungen des Protozoenkörpers betreffen
stets das Plasma als den arbeitenden Theil der Zelle, wie dies ja ein
allgemeines histologisches Gesetz für alle Arten von Zellen ist. Bei
den niedersten Protozoenformen kann das Plasma wohl auch gleichartig
sein in der Regel ist aber selbst bei niederen Formen ein äusseres,

---

1) Neuerdings wurde besonders bei einigen *Rhizopoden*formen das Vorhandensein zahlreicher sehr kleiner Kerne beobachtet: man vermuthet, dass dieses Verhalten von ursprünglicher Bedeutung sei (GRUBER).

helleres, körnchenarmes Ectoplasma und ein inneres, dunkleres, grob-
körniges Endoplasma zu unterscheiden. Bei höher entwickelten Protozoenformen finden wir im Plasma die mannigfaltigsten und complicirtesten Differenzirungen. Wir sehen äussere Wimpern, Muskelfibrillen,
Haken, Borsten, Skeletbildungen, Trichocysten etc. auftreten. Die Zelle
erreicht hier einen complicirteren Bau, eine grössere Summe von Differenzirungen, als bei vielzelligen Organismen, da sie bei letzteren in
Folge der Arbeitstheilung nur im Sinne einer oder einiger bestimmter
Functionen differenzirt ist.

Wir unterscheiden folgende Haupttypen
der Protozoen: Erstens die *Rhizopoden*, deren
zähflüssiger Plasmakörper seine Form und
die Lage seiner Theilchen bedeutend zu verändern im Stande ist, indem er lappenförmige oder fadenförmige verästelte Fortsätze
(Pseudopodien) an beliebigen Punkten
der Oberfläche unter Strömungserscheinungen
des Plasma aussendet und dieselben ebenso
wieder einzieht, wir finden, dass er ver-

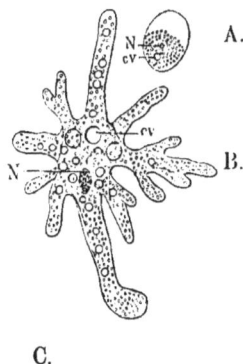

Fig. 6. **Zwei nackte Rhizopoden** mit *N* Kern;
cv Contractile Vacuole.

A. *Amoeba guttula* (nach AUERBACH).
B. *Amoeba proteus* (nach LEIDY).
N Kern, *cv* contractile Vacuole.

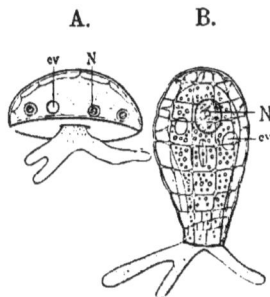

Fig. 7. **Gehäusebildende Rhizopoden.**
A. *Arcella vulgaris* (nach BÜTSCHLI). Chitingehäuse Brodlaib-förmig mit unterer
Oeffnung.
B. *Quadrula symmetrica* (nach F. E. SCHULZE). Chitingehäuse aus viereckigen Platten
zusammengesetzt.
C. *Rotalia venata* (nach M. SCHULTZE), eine reticulate Rhizopodenform mit kalkigem,
vielkammerigem Gehäuse, welches von zahlreichen Poren durchsetzt ist (daher *Fora-
miniferen*).

mittelst derselben sich fortbewegt und auch durch ähnliche Vorgänge — Umfliessen mittelst der Pseudopodien — an beliebiger Stelle der Oberfläche feste Nahrungstheilchen in das Innere des Plasma aufnimmt. Trotz der unbeständigen Form des Weichkörpers bilden viele Rhizopoden Kalk-, Kiesel- oder Chitinskelete von sehr regelmässiger nach

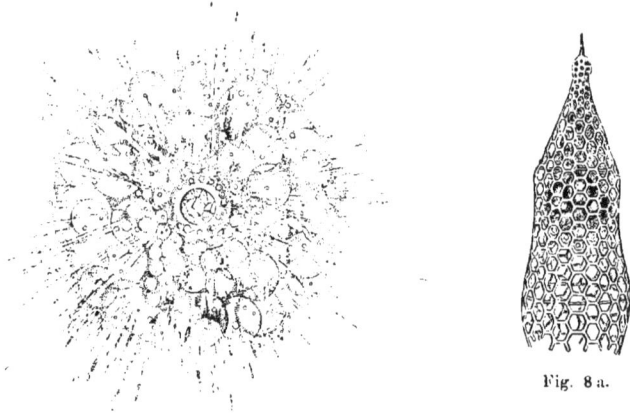

Fig. 8 a.

Fig. 8.

Fig. 8. **Thalassicolla pelagica**, eine unbeschalte Radiolarie (nach HAECKEL).

Fig 8a. **Eucyrtidium lagena**, Radiolarie mit heteropolem Skelet (nach HAECKEL).

den Arten überaus mannigfacher Gestaltung. Den niedriger stehenden *Foraminiferen*, die aber trotz ihrer Einfachheit schon durch die Mannigfaltigkeit ihrer Skeletbildungen (Kalk, Chitin) auffallen, stehen die *Radiolarien* als höchstentwickelter Rhizopodentypus gegenüber, da sie sowohl durch die complicirteren Skelettbildungen (Kiesel) sich auszeichnen, als auch durch das Vorhandensein einer häutigen, porösen Kapsel (Centralkapsel), welche das „intracapsuläre" Plasma mit dem Kern von dem „extracapsulären" Plasma mit den Pseudopodien abgrenzt.

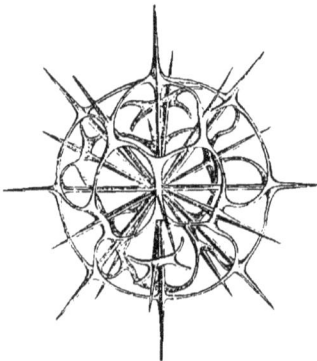

Fig. 9. **Skelett einer regulären Radiolarie, Dorataspis bipennis** (nach HAECKEL).

Ein ganz anders gearteter Typus ist in der überaus mannigfaltigen Gruppe der *Ciliaten* (oder *Infusorien*) ausgeprägt. Der Körper ist hier von einem festeren Ectoplasma, oft auch von einer äusseren Zellmembran (Cuticula) begrenzt und es ist dadurch trotz einer gewissen Contractilität eine b e s t i m m t e r e (formbeständige) Gestalt bedingt. Stets ist ein Vorder- und Hinter-

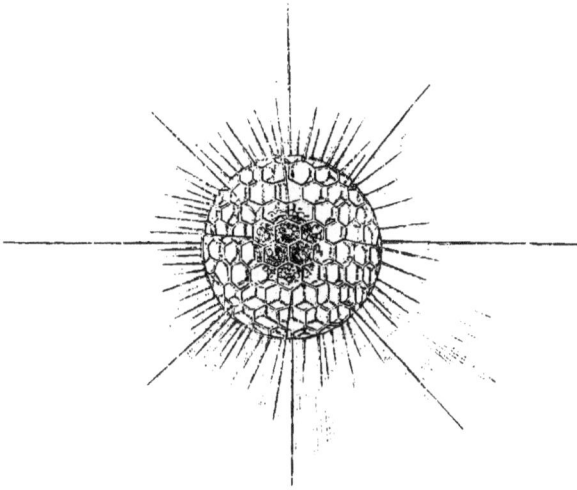

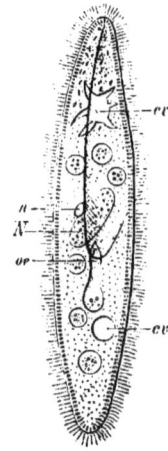

Fig. 10. Fig. 11.

Fig. 10. **Heliosphaera actinota**, Radiolarie mit regulärem Skelet (nach HAECKEL).

Fig. 11. **Paramaecium aurelia** (nach BLOCHMANN), eine gleichmässig bewimperte *Ciliaten*form.

N Grosskern; *n* Ersatzkern; *cv* contractile Vacuolen, die vordere im Zustand der Diastole; *oe* Mund in den Schlund übergehend; im Ectoplasma liegen Trichocysten (vorschnellbare Nesselfäden).

ende, meist auch eine Bauch- und Rückenseite ausgeprägt; dabei ist merkwürdiger Weise zumeist die rechte und linke Körperseite asymmetrisch ausgebildet. Die Bewegung, welche in bestimmter Richtung erfolgt, wird durch schwingende Cilien, oft auch durch bewegliche Haken und Borsten vermittelt. Feste Nahrung wird in der Regel durch eine bestimmte Mundöffnung aufgenommen. Das con-

A. B.

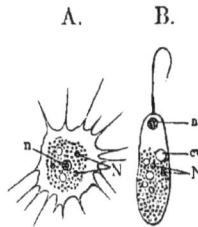

Fig. 12.

Fig. 12. **Ciliophrys infusionum** (nach BÜTSCHLI) in ihren beiden Zuständen.
A. Amöboider Zustand.
B. Flagellaten-Zustand.

Fig. 13. **Peranema trichophorum** (nach BÜTSCHLI).
N Kern; *cv* contractile Vacuole; *oe* Mund und Schlund.

Fig. 14. **Actinocephalus oligacanthus** (nach STEIN) aus dem Darme eines Insects, mit Hackenkranz am Epimerit (*Ep*).

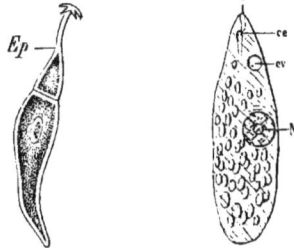

Fig. 14. Fig. 13.

4 *

sistentere Ectoplasma ist oft mit Muskelfibrillen ausgestattet. Nur das Endoplasma zeigt eine gewisse Plasmaströmung.

Ein Typus, der den Rhizopoden trotz der auffallenden äusseren Verschiedenheit sehr nahe steht, sind die *Flagellaten* (oder *Mastigophora*). Es gibt Uebergänge zwischen beiden Typen; ferner ist hervorzuheben, dass sowohl die Rhizopoden (z. B. die Radiolarien) vorübergehend Flagellaten ähnliche Lebenszustände besitzen, als auch die Flagellaten amöboide (d. h. Rhizopoden ähnliche). Der Körper der Flagellaten ist formbeständig und zeigt ein bestimmtes Vorder- und Hinterende und besitzt meist eine Mundöffnung, alles wie bei den Infusorien, er ist aber nur mit einer oder wenigen Geisseln als Bewegungsapparaten versehen. Die niedrigsten Formen dieser Gruppe schliessen sich unmittelbar an die Rhizopoden an (da sie amöboide Formzustände durchlaufen), während andere durch ihre complicirte Gestaltung (*Noctiluca*) oder durch die weit entwickelte Cormenbildung (*Volvox*) die höchste Stufe unter den Protozoen einnehmen.

Die parasitischen *Gregarinen* (*Sporozoa*) sind ebenfalls formbeständig, mit bestimmtem Vorder- und Hinterende; sie haben weder Cilien noch Pseudopodien und bewegen sich durch wurmförmige Contractionen; sie ernähren sich endosmotisch; charakteristisch ist eine Scheidewandbildung in der Zelle.

Die Verwandtschaft dieser Typen ist aus folgendem Schema ersichtlich:

Rhizopoda

Flagellata ?

Gregarinen

Ciliata

Lebenserscheinungen (Functionen) des Protozoenkörpers.

Stoffwechsel.

a) **Ernährung.** Bei den Protozoen werden allgemein feste Nahrungstheilchen in das Innere des Körpers aufgenommen. Eine Ausnahme machen gewisse parasitische Protozoen (*Gregarinen, Opalina*), die — ähnlich wie auch höhere parasitisch lebende Thiere — durch Endosmose flüssige Nahrung aufnehmen. Die *Rhizopoden* können die Nahrung an jeder Stelle der Oberfläche in den Körper aufnehmen, indem sie dieselbe mittelst der Pseudopodien umfliessen und durch die Plasmaströmung nach Innen befördern. Ebenso werden die unbrauchbaren Reste an beliebiger Stelle ausgestossen. Bei den marinen Rhizopodenformen, den *Reticulaten* und ähnlich auch bei den *Radiolarien,* findet die Verdauung hauptsächlich in den peripheren Plasmanetzen statt. Die *Ciliaten,* die in der Regel eine feste äussere Membran besitzen, zeigen an einer bestimmten Stelle dieser Membran eine Oeffnung, den Mund (Zellenmund), der oft nach Innen schlundartig vertieft und mit besonderen Structureigenthümlichkeiten ausgestattet ist. Auch die Umgebung dieses Mundes zeigt oft besondere Gestaltung (Peristom) und ist mit besonderen Wimpereinrichtungen ausgestattet (adorale Wimperreihe). Durch den Mund gelangen die Nahrungskörper in das Endoplasma, in welchem sie durch die Plasmaströmung umhergetrieben und wo sie verdaut werden. Auch die Ausstossung der unbrauchbaren Reste erfolgt bei vielen Infusorien

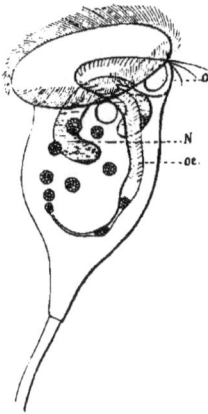

Fig. 15.

Fig. 15. **Vorticella** (nach GREEFF).
Eine gestielte *Ciliate* mit adoraler Wimper-
zone und mit wurstförmigem Kerne (*N*), die
Mundöffnung (*o*) führt in eine schlundartige
Vertiefung (*oe*), welche sich in eine enge
Speiseröhre fortsetzt, von dort gelangen die
Nahrungsballen in das innere Plasma.

Fig. 16. **Gestielte Acinete mit vier Büscheln von Saugtentakeln** (nach STEIN).
N Kern, *cv* contractile Vacuole.

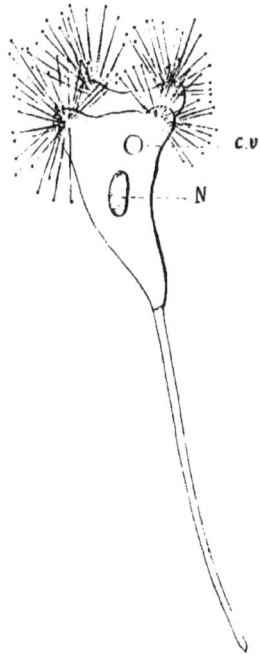

Fig. 16.

an bestimmter Stelle durch eine „Afteröffnung", dieselbe ist meist nur
im Momente der Ausstossung der Fäces wahrnehmbar. Aehnlich wie
bei den Ciliaten verhält sich die Nahrungsaufnahme bei den meisten
Flagellaten. Die *Acineten* nehmen mittelst einer Mehrzahl von Saugtentakeln ihre Nahrung auf.

b) Die Excretion wird in vielen Fällen (bei marinen Protozoen) wohl einfach durch die Körperoberfläche vermittelt; bei den
Protozoen, die das Süsswasser bewohnen, bei Rhizopoden, Infusorien und Flagellaten findet sich aber eine besondere, in Beziehung
zur Excretion stehende Einrichtung als „pulsirende Vacuole". Die mit
Flüssigkeit erfüllte Vacuole zieht sich energisch zusammen (Systole) bis
zum vollkommnen Verschwinden, wobei die Flüssigkeit durch eine sich
bildende Oeffnung nach Aussen entleert wird; die Vacuole erscheint
dann an derselben Stelle wieder, sich langsam vergrössernd (Diastole);
diese Veränderungen wiederholen sich in regelmässigem Rhythmus. Oft
steht die Vacuole mit gefässartigen Lacunen im Zusammenhang. Die
solchermassen fortwährend aus dem Körper entleerte Flüssigkeit wird
durch stetige, allseitige Wasseraufnahme aus dem umgebenden Medium
erneuert und führt wahrscheinlich Excretionsprodukte in gelöster Form
aus dem Körper aus.

c) Die Athmung erfolgt allgemein durch Vermittlung der gesammten Körperoberfläche. Bei der geringen Grösse der Protozoen ist

das Verhältnis von Oberfläche zur Körpermasse ein so günstiges, dass dies zur Sauerstoffaufnahme vollkommen ausreicht.

Bewegung. Jede Massenbewegung oder Bewegung des Gesammtkörpers ist durch eine Bewegung kleinerer Theilchen verursacht. Wenn wir diese in Betracht ziehen, so erkennen wir im ganzen Thierreich eine Anzahl verschiedener Phänomene als Grunderscheinungen der Bewegung. Innerhalb des Kreises der Protozoen kommen schon alle Grunderscheinungen vor, die wir überhaupt kennen.

1. Die Plasmaströmung oder amöboide Bewegung. Die ursprünglichste Bewegungserscheinung ist die Plasmaströmung, sie spielt die grösste Rolle bei den Rhizopoden. Wir sehen das zähflüssige, von Körnchen durchsetzte Plasma einer Amöbe bald in Ruhe, bald wieder in lebhafter Strömung begriffen; dabei sendet der Körper an beliebigen Stellen lappige Fortsätze (die Pseudopodien) aus und zieht dieselben wieder ein; unter diesem steten Wechsel der äusseren Form erfolgt die Fortbewegung. — Bei den marinen Rhizopodenformen, den *Reticulaten* und *Radiolarien*, sind die Pseudopodien dünn und lang und haben die Neigung, zu Netzen und Platten zusammenzufliessen; an diesen fadenförmigen Pseudopodien ist das Phänomen der „Körnchenströmung“ überaus lebhaft. Die Körnchen bewegen sich an der einen Seite des Fadens in centrifugaler, an der anderen Seite in centripetaler Richtung; die Strömung erfolgt immer in beiden Richtungen, ob nun das Pseudopodium dabei sich verlängert oder verkürzt; es wird aber in dem einen Falle die Menge des zufliessenden Plasmas, in dem anderen die des abfliessenden grösser sein. — Bei den formbeständigen Protozoen findet Plasmaströmung nur im Inneren, z. B. bei den *Ciliaten* im Endoplasma statt. — (Auch im Pflanzenreich ist die Plasmaströmung eine allgemein verbreitete Lebenserscheinung: sie ist an dem inneren Plasmanetz der Pflanzenzellen zu beobachten.)

2. Die Flimmerbewegung. Die Flimmerbewegung wird entweder durch Geisseln oder durch Cilien vermittelt. Die ersteren sind längere, peitschenförmig schwingende Plasmahärchen, die immer nur vereinzelt oder in geringer Anzahl an der Zelle vorhanden sind. Die Cilien (Wimperhaare) sind kürzere Plasmahärchen, die stets zahlreich, oft in regelmässigen Reihen angeordnet sind und in den meisten Fällen nach einer bestimmten Richtung schwingen; beide Formen können willkürlich in Ruhe oder in Thätigkeit gesetzt werden. Bei den hypotrichen Ciliaten ist die adorale Wimperzone von eigenthümlichen Wimperplatten (Membranellen) gebildet, die Büscheln von verklebten Wimpern entsprechen. Die Geisseln sind für die *Flagellaten* charakteristisch, finden sich aber auch schon bei einigen *Rhizopoden* (nämlich bei *Heliozoen* und auch bei den Schwärmsporen der *Heliozoen* sowie der *Radiolarien*).

Von F. E. Schulze und Bütschli wurde zuerst die Beobachtung gemacht, dass bei Rhizopoden ähnlichen Organismen (*Rhizomastiginen*) ein dünnes Pseudopodium plötzlich eine erhöhte Beweglichkeit zeigt und zu einer Geissel sich umwandelt; dieselbe kann wieder zum Pseudopodium rückgebildet und eingezogen werden. — Diese Beobachtung ist für die Auffassung der phylogenetischen Entstehung der Geissel- und Flimmerhaare von grösster Wichtigkeit. Wir betrachten dieselben als umgewandelte Pseudopodien.

3. Contractilität des Plasmas. Dies ist eine überaus verbreitete Erscheinung und findet sich überall, wo das Plasma schon eine etwas festere, zähere Consistenz zeigt. Sie besteht darin, dass ein Plasmakörper sich in irgend einer beliebigen Richtung verkürzt und senkrecht zu derselben entsprechend dicker wird; wenn die Contraction aufhört, nimmt der Körper wieder seine ursprüngliche Form an. Bei diesem Processe findet also eine Verschiebung der Massentheilchen statt. Die Verschiebung ist nur enger begrenzt als bei der Plasmaströmung und von bestimmterer Natur, wenn auch die Richtung der Contractilität noch eine beliebige ist. Die Contractilität des Plasmas ist daher wahrscheinlich auf die Plasmaströmung zurückführbar.

4. Differenzirung von contractiler Muskelsubstanz. Ueberall, wo bei den Protozoen die Contractilität eine raschere Energie zeigt, und namentlich wo dieselbe in einer bestimmten Richtung erfolgt, sind es gewisse Differenzirungen im Plasma, an welche dieselbe gebunden ist; es sind dies die Muskelfibrillen, fadenförmige Gebilde, die in der Richtung ihrer Längsachse contractil sind; sie sind von stärker lichtbrechender Beschaffenheit als das Plasma und sind (wie eine Untersuchung in polarisirtem Lichte zeigt) doppelt brechend. Muskelfibrillen sind bei vielen *Infusorien* im Ectoplasma als parallele, meist der Längsachse nach, oft auch spiral verlaufende Streifen zu beobachten. Die *Vorticellinen* besitzen einen kräftigen Stielmuskel. Oft werden die Haken und Borsten der hypotrichen Ciliaten durch besondere Muskelfibrillen bewegt. Auch bei manchen *Gregarinen* finden sich ähnliche Muskelstreifen. Selbst bei einigen *Radiolarien* wurden Muskelfibrillen gefunden. Die Bildung von Muskelsubstanz, die in Form von Fibrillen auftritt, ist als eine höhere Differenzirung von dem niedreren Zustande der Plasmacontractilität abzuleiten.

Die phylogenetische Beziehung der verschiedenen Grunderscheinungen der Bewegung können wir folgendermaassen darstellen:

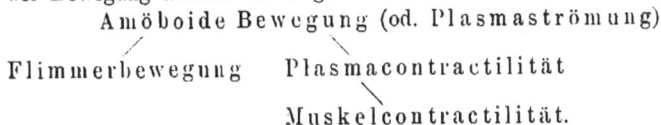

Amöboide Bewegung (od. Plasmaströmung)

Flimmerbewegung   Plasmacontractilität

Muskelcontractilität.

Je nachdem die Bewegung des Gesammtkörpers auf einer oder der anderen der hier geschilderten Grunderscheinungen beruht, sehen wir dieselbe entweder als ein Kriechen mittelst fliessender Pseudopodien *(Rhizopoden)* oder als ein Fortgleiten (od. Schwimmen) durch Vermittlung schwingender Wimpern oder Geisseln *(Ciliaten, Flagellaten)* oder als eine durch Contraction (Plasmacontraction, Muskelcontraction) vermittelte wurmförmige Bewegung des Körpers; letztere kann neben der Wimperbewegung bestehen *(Ciliaten, Flagellaten)* oder auch allein für sich *(Gregarinen)*.

Empfindung. Beobachtung und Experiment lehren, dass selbst die niedrigsten Protozoen *(Rhizopoden* und ähnliche Organismen) auf mechanische und chemische Reize mit Bewegungserscheinungen antworten. Bei den Infusorien ist die Tastempfindung oft sehr entwickelt (Empfindung mechanischer Reize) und es sind ferner Geschmacksempfindung, Wärmeempfindung und Lichtempfindung nachweisbar, die wohl auf der chemischen Reizbarkeit des Plasmas beruhen.

Wenn auch gewisse Theile des Körpers besonders empfindlich erscheinen, wie z. B. das Vorderende gewisser Infusorien, so kömmt es doch nicht zur Entwicklung eigentlicher Sinnesorgane. Die Deutung gewisser Pigmentflecke als Augen (bei *Euglena*) ist zweifelhaft. Nur bei einem acinetenähnlichen Wesen wurde von R. HERTWIG ein Auge beobachtet. Die Fortleitung der Erregung scheint durch das Plasma überhaupt zu erfolgen. Nervenfibrillen sind nicht beobachtet.

Fortpflanzung. Die Fortpflanzung des einzelligen Protozoenkörpers beruht stets auf Zelltheilung. Dabei wurde sowohl mitotische als auch direkte Theilung beobachtet. Wenn nun auch alle Fortpflanzung der Protozoen auf Zelltheilung zurückzuführen ist, so lassen sich doch verschiedene Modificationen dieses Processes, die auf anderen Momenten beruhen, beobachten. — So sehen wir z. B., dass eine Amöbe ohne sonstige Veränderungen sich theilt, indem zunächst der Zellkern und sodann auch der umgebende Zellleib in zwei Stücke zerfällt. Die Theilung kann aber auch von besonderen Umständen begleitet sein, indem die Amöbe ihre Fortsätze einzieht und als ruhende Zelle sich mit einer Cyste umgibt und sodann in zwei oder auch successive in mehrere Zellen sich theilt. Mit Rücksicht auf ähnliche Umstände können wir die Fortpflanzungserscheinungen der Protozoen überhaupt eintheilen in:

a) Theilungsvorgänge am differenzirten Organismus, und

b) Theilungsvorgänge am rückdifferenzirten Organismus, der die Form der ruhenden Zelle angenommen hat.

Betrachten wir zunächst den ersten Typus, die Theilungsvorgänge, welche am differenzirten Organismus vor sich gehen. Hier können wir wieder zwischen „eigentlicher Theilung" und „Knospung" unterscheiden. Bei der eigentlichen Theilung (oder Spaltung) wird der Körper in zwei beiläufig gleich grosse Stücke zerfällt, wobei dann beide Theilstücke die ihnen nun fehlenden Abschnitte durch Reproduktion ersetzen. Von Knospung sprechen wir, wenn eine beschränkte Stelle des Körpers zur Bildung eines neuen Individuums herangezogen wird, ohne dass dabei die Individualität des alten Körpers bedeutend beeinträchtigt wird. Die Neubildungen treten dann hauptsächlich nur an der Knospe auf.

Theilung. Man hat versucht, Infusorien künstlich zu theilen. Wenn man z. B. einen **Stentor**, ein grosses Infusor mit perlschnurartigem Nucleus und vorderer Wimperspirale, der Quere nach in zwei Hälften schneidet, so kann jedes Stück sich zu einem vollkommenen Individuum ergänzen, wenn darin nur ein Theil des Nucleus enthalten war. Das vordere Stück muss einen Hinterkörper regeniren, das hintere Stück muss eine neue Wimperspirale und Mundöffnung erhalten. Wir sehen hier eine Theilung mit nachfolgender Reproduktion. — Bei den meisten Infusorien kömmt nun eine Quertheilung als normaler Fortpflanzungsprocess und in gewissem Sinne in vervollkommneter Weise vor. Wir sehen z. B. bei demselben Stentor die Theilung normaler Weise so vor sich gehen, dass in der Mitte der Bauchseite eine neue Wimperspirale entsteht, bevor noch die Theilung erfolgt. Nachdem auch der Kern unter gewissen Veränderungen sich getheilt hat, erfolgt erst die Spaltung in zwei neue Individuen. Betrachten wir ferner z. B. eine *Stylonichia* mit ihren verschiedentlichen bestimmten Differenzirungen: der adoralen Wimperzone, der Mundöffnung, den gesetzmässig angeordneten Griffeln und Haken, dem Nucleus und den Nucleolen. Letztere Bildungen spielen nun wie bei jeder Zelltheilung eine wichtige Rolle, indem sie für jede Hälfte ein Theilstück

abgeben. Aber auch an der
Oberfläche des Körpers beobachten wir wichtige Erscheinungen: eine adorale Wimperzone wird für die hintere
Körperhälfte neugebildet, und
ebenso werden die Apparate
der Griffel und Haken durch
neu auftretende Bildungen für
zwei Individuen ergänzt. Dies
alles geschieht, bevor noch die
Trennung der beiden Theile
wirklich erfolgt ist. Wir können diesen Vorgang als Theilung mit vorzeitiger Re-
production bezeichnen. Die
Theilung ist bei den Infusorien

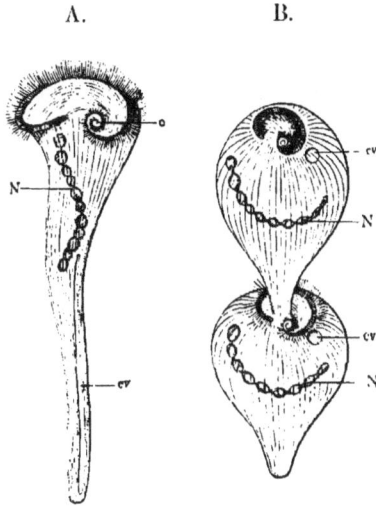

A.   B.

Fig. 17. **Stentor polymorphus** (nach
Stein).
A. Im gewöhnlichen Zustande.
B. In Theilung begriffen.
(Längs der Streifen sind feine Flim-
merhaare angeordnet, die in dieser Ab-
bildung nicht ersichtlich sind.)

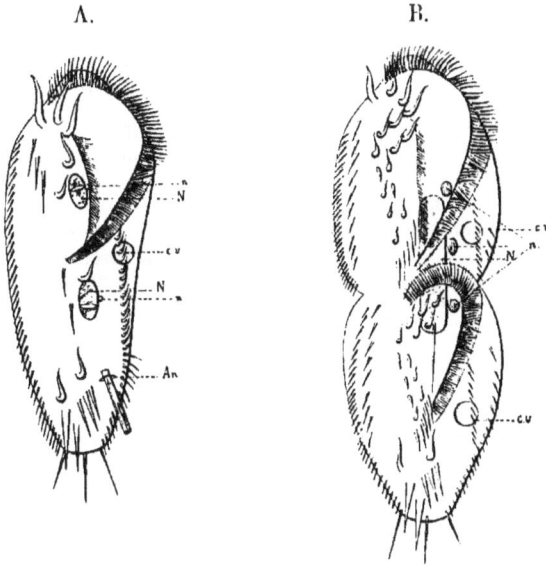

A.   B.

Fig. 17 a. **Stylonichia mytilus** (nach Stein).
A. Gewöhnliches Individuum mit zwei Kernen (N), zwei Ersatzkernen (n) und einer
contractilen Vacuole (cv). An After, aus dem ein Fremdkörper entleert wird.
B. In Vorbereitung zur Theilung. Die beiden Grosskerne sind zunächst verschmolzen,
um sich später zu theilen. Drei spindelförmige Ersatzkerne. Die contractile Vacuole ist
bereits verdoppelt u. s. w.

sehr verbreitet. Meist ist es Quertheilung, seltener, z. B. bei den Vorticellinen, eine Theilung nach der Längsachse.

Knospung. Wir betrachten hier als Beispiel die Knospung der *Spirochona gemmipara*. Es ist dies ein festsitzendes Infusor, dessen keulenförmiger Körper einen eigenthümlichen trichterförmigen Aufsatz trägt, welcher ungefähr die Form einer zusammengerollten Papierdüte hat, deren Windungen etwas von einander abstehen. In der Tiefe des innen bewimperten Trichters liegt die Mundöffnung. Spirochona besitzt einen Grosskern und zwei Ersatzkerne. Die Knospe tritt an der Basis des Trichters auf und bildet anfangs einen kleinen Höcker.

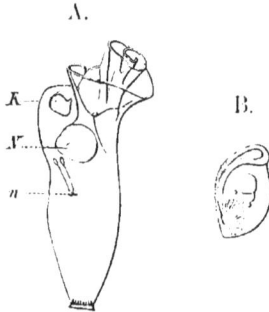

Fig. 18. **Spirochona gemmipara**
(nach Hertwig).

A. Ein Individuum mit Knospe (*K*), Nucleus (*N*) und zwei in Theilung begriffenen Ersatzkernen (*n*)
B Eine freigewordene Knospe.

Der Gesammtorganismus wird durch die Bildung der Knospe nur unbedeutend beeinträchtigt. Trotzdem gehen Theile der wesentlichsten Differenzirungen auf die Knospe über. Der Grosskern sowohl als auch die Nebenkerne geben je einen Theil für die Knospe ab. An dem Wimperorgan bildet sich eine kleine Ausbuchtung, die sich auf die Knospe fortsetzt und sich mit dieser abschnürt. Die Knospe erhält demnach einen Theil des Zellenleibes, ferner einen Nucleus, drei Nucleoli und ein Wimperorgan; nach ihrer Abschnürung wird sie als sogenannter Schwärmsprössling frei. Wenn wir die Knospe mit dem ursprünglichen Organismus vergleichen, so sehen wir, dass wohl die wichtigsten Differenzirungen in dieselbe aufgenommen sind, dass aber die Gestalt von der des entwickelten Organismus noch sehr verschieden ist, während der mütterliche Organismus in seiner Gestalt kaum verändert erscheint. Es müssen daher noch wesentliche Veränderungen an der abgelösten Knospe erfolgen, um dieselbe zur definitiven Form überzuführen. — Ein anderes Beispiel bietet uns *Podophrya gemmipara*, eine Acinete mit verästeltem Kern, die zahlreiche Knospen auf einmal erzeugt, in die je ein Kernstück aufgenommen wird.

Fortpflanzung am rückdifferenzirten Organismus. Ein einzelliger Organismus, beispielsweise ein Infusor, das eine Anzahl bestimmter Differenzirungen besitzt, kann sich so umbilden, dass er die äusseren Differenzirungen aufgibt und die Form einer ruhenden Zelle annimmt, an der nur der Gegensatz von Kern und Plasma zu beobachten ist. Diesen Vorgang, durch welchen eine complicirter organisirte Zelle zur ruhenden Zelle wird, bezeichnen wir als Rückdifferenzirung (Kataplasis). Eine solche ruhende Zelle scheidet in der Regel eine schützende Hülle, eine Cyste aus. Innerhalb der Cyste zerfällt die einfache Zelle durch fortgesetzte lebhafte Theilung in eine grosse Anzahl von Tochterzellen. Die Anzahl dieser Tochterzellen ist sehr verschieden; bei den Gregarinen beläuft sie sich auf viele hundert, bei manchen Infusorien beträgt sie 4—8. Jede einzelne Tochterzelle ist eine ruhende Zelle und unterscheidet sich nur durch die Grösse von der Mutterzelle.

An jeder dieser Zellen wird nun der Differenzirungsprocess für sich von neuem eingeleitet und es wird, oft nach einer Reihe von Verwandlungen, jene Differenzirung erreicht, die der mütterliche Organismus vor der Rückdifferenzirung besessen hatte (Aufdifferenzirung, Anaplasis). Bei der Aufdifferenzirung durchläuft das neue Individuum oft eine Reihe von Formzuständen, die von dem definitiven Zustand auffallend verschieden sind. So sehen wir, dass bei den *Radiolarien* aus dem in die Centralkapsel zurückgezogenen Zellleib eine grosse Zahl von Geisselschwärmern entstehen. Auch bei *Noctiluca* sehen wir nach einer (eigenthümlichen unvollkommenen) Rückdifferenzirung den Zellleib in Geisselschwärmer sich theilen. Merkwürdige Stadien der Aufdifferenzirung durchlaufen die *Gregarinen* (Pseudonavicellenstadien).

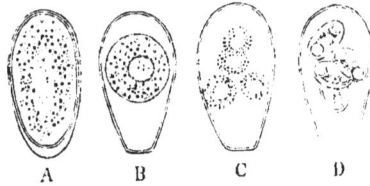

Fig. 19.

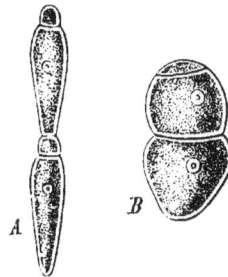

Fig. 19. Sporenbildung von Coccidium oviforme, aus der Leber des Kaninchens (nach LEUCKART). Es werden nur 4 Sporen gebildet.

Fig. 20. Conjugation und Sporenbildung von Gregarina polymorpha (nach KOELLIKER). Die Conjugation scheint einer vorübergehenden zu entsprechen, da die Individuen auch innerhalb der gemeinsamen Cyste wohl gesondert erscheinen. Die Anzahl der „Sporen" ist eine bedeutende.

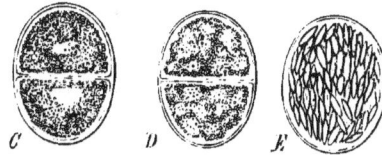

Fig. 20.

Blicken wir auf die Arten der Fortpflanzung bei den Protozoen zurück, so finden wir:

I. **Fortpflanzung am differenzirten Organismus** beruht auf den Vorgängen 1. der Theilung und 2. Reproduction. Man unterscheidet:

    a) **Eigentliche Theilung (Spaltung)**, d. i. Theilung mit Reproductionserscheinungen an beiden Theilstücken.

    b) **Knospung**, d. i. Theilung mit einseitigen Reproductionserscheinungen, nur an der Knospe.

II. **Fortpflanzung am rückdifferenzirten Organismus** beruht auf der Aufeinanderfolge von 1. Rückdifferenzirung (Kataplasis), 2. Theilung, und 3. Aufdifferenzirung (Anaplasis) der einzelnen Tochterzellen.

Es gibt vielfache Modificationen der hier betrachteten typischen Fälle. Die Theilung der rückdifferenzirten Zelle hat für uns besonderes

Interesse, da wir später sehen werden, dass dieser Vorgang den Ausgangspunkt bildet für die Fortpflanzungs- und Entwicklungserscheinungen
der Metazoen.

Conjugation. Die Conjugation ist ein Vorgang, der so vielfach bei
allen genauer erforschten Protozoen beobachtet wurde, dass man zur
Annahme eines allgemeinen, gesetzmässigen Vorkommens desselben berechtigt ist. Die Conjugation ist der Verschmelzungs-
process zweier oder mehrerer Protozoen-Individuen, die
zusammentreten und ihre Substanz mit einander vermischen. In der
Regel sehen wir auf eine Conjugation eine Reihe von Theilungen folgen;
doch folgt nicht immer auf eine bestimmte Anzahl von Theilungspro-
cessen die Conjugation, sondern die letztere ist auch von anderen Umständen (Lebensbedingungen) abhängig, so dass dieser Vorgang ursprünglich gewissermassen als ein selbstständiger zu betrachten ist. In
anderen Fällen aber sehen wir die Conjugation in regelmässiger Weise
den Ausgangspunkt lebhafter fortgesetzter Theilungsprocesse bilden und
so in einem bestimmten Verhältnis zum Fortpflanzungsprocess stehen.
Wir unterscheiden:

a) **Dauernde Conjugation**, bei welcher die Individuen thatsächlich zu einem einzigen verschmelzen, und

b) **Vorübergehende Conjugation**, wobei zwei Individuen
mit einander verschmelzen und Theile ihrer Substanz austauschen, aber
nach aufgehobener Conjugation doch wieder zwei Individualitäten repräsentiren; dieser Fall ist nur bei den *Ciliaten* beobachtet,
vielleicht ist auch die Conjugation der *Gregarinen* so aufzufassen.

Von dem überaus wichtigen Vorgang der dauernden Conjugation
besitzen wir nur spärlich genauere Beobachtungen. Doch ist aus diesen
zu ersehen, dass hierbei Zellleib mit Zellleib und Zellkern mit Zellkern
verschmilzt *(Spirochona gemmipara, Vorticellen)*. Bei amöbenähnlichen
Organismen ist beobachtet worden, dass auch eine Mehrzahl von Individuen zu einem sogenannten Plasmodium verschmelzen. Das Plasmodium nimmt die Form einer ruhenden Zelle an, scheidet eine Cyste
aus und zerfällt innerhalb derselben durch fortgesetzte Theilung in eine
grosse Anzahl von Individuen. Die Conjugation der *Ciliaten* wurde
schon von Leuwenhoeck und O. Fr. Müller beobachtet, aber irr-
thümlich für einen Begattungsprocess gehalten. Diese Ansicht erhielt
sich lange aufrecht; die eigenthümlichen Veränderungen von Nucleus
und Nucleolus gaben Anlass, dieselben als Ovarien und Hoden zu deuten.
Erst Bütschli hat die wahre Bedeutung dieser Vorgänge aufgedeckt.
Viele Infusorien verschmelzen bei der Conjugation mit ihren Bauch-
flächen *(Paramaecium, Stentor, Spirostomum)*, manche mit ihren
Seitenflächen (laterale Conjugation bei den *Oxytrichinen, Chilodonten*),
andere wieder vereinigen sich in der Längsachse *(Enchelis, Halteria,
Coleps)*. Bei der Conjugation mischt sich sowohl das Plasma, welches
man von einem Individuum in das andere überströmen sieht, aber auch
die Kernsubstanz. Der Ersatzkern nimmt nämlich die streifige Spindel-
form an und theilt sich wiederholt. Zwei dieser Theilstücke legen sich
— wie neuerdings Prof. Gruber beobachtet hat — an der Berührungs-
fläche der Individuen innig an einander (Austausch von Kernsubstanz?).
Nach einer Anzahl von Stunden trennen sich die Individuen und es erfolgt nun nach aufgehobener Conjugation ein Zerfall und Zugrundegehen
des Grosskerns. Aus den Kernspindeln (Theilstücken des Ersatzkernes)

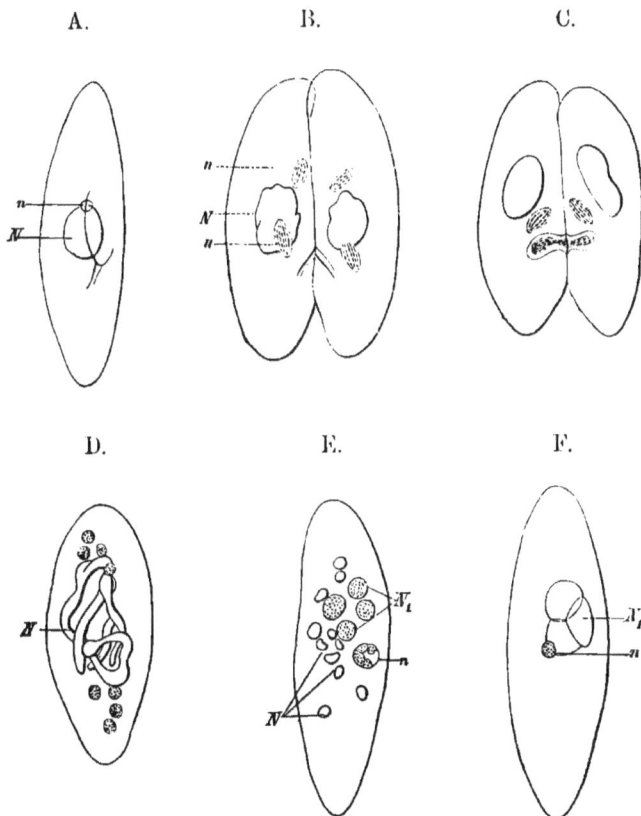

Fig. 21. **Conjugationsprocess bei Paramaecium aurelia** (nach GRUBER). *N* Grosskern, *n* Ersatzkerne.

A. Ein Individuum im gewöhnlichen Zustande.

B. Erstes Stadium der Conjugation, die Ersatzkerne haben sich getheilt und jedes Stück ist in einen spindelförmigen Körper umgewandelt.

C. Zwei spindelförmige Körper haben sich bis zur Berührung genähert.

D. Stadium nach aufgehobener Conjugation. Der Grosskern wurstförmig gewunden. Die Ersatzkerne auf acht vermehrt.

E. Weiteres Stadium. Der alte Grosskern in Zerfall begriffen. N_1 Vier Ersatzkerne, welche zur Bildung des neuen Grosskerns zusammentreten. Bildung des neuen Ersatzkerns nahezu beendet.

F. Auch der neue Grosskern nahezu vollendet.

entsteht sowohl der neue Grosskern als auch der neue Ersatzkern. Wir können das Wesentliche des Conjugationsprocesses dahin zusammenfassen, dass dabei eine Vermischung der Zellsubstanz und Kernsubstanz stattfindet und dass darauf eine Regeneration des Grosskerns erfolgt.

Dimorphismus der conjugirenden Individuen. Von grossem Interesse ist es, dass in vielen Fällen von dauernder Conjugation grössere Individuen (**Makrogonidien**) mit besonders gestalteten kleineren Individuen (**Mikrogonidien**) sich verbinden (knospenförmige Conjugation der *Vorticellen*). Oft sind diese conjugirenden Individuen von dem dauernden Formzustande auffallend verschieden (Schwärmsprösslinge der Radiolarien). Bei der coloniebildenden Flagellate *Volvox* haben die Makrogonidien die Form der ruhenden Zelle, während die Mikrogonidien (Spermatogonidien) beweglich und den übrigen Individuen dieser Flagellatencolonie in gewissem Grade ähnlich sind. (Vergl. p. 67.)

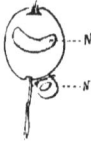

Fig. 22. **Conjugationsprocess von Vorticella** (nach (ENGELMANN). Ein gestieltes Makrogonidium (der Stiel nur theilweise dargestellt) verschmilzt mit dem freischwärmenden Mikrogonidium.

N Die Kerne des Makrogonidiums und des Mikrogonidiums.

Cormenbildung der Protozoen. Die Vermehrung d u r c h S p a l t u n g (b e s o n d e r s L ä n g s s p a l t u n g) und K n o s p u n g führt bei festsitzenden Protozoen sehr oft zur Cormenbildung, indem die Individuen durch verzweigte Stiele mit einander in Verbindung bleiben; so entstehen die Stöckchen von *Epistylis* und *Carchesium*, sowie die mannigfaltigen Cormen der *Flagellaten*. Auch bei den flottirenden *Radiolarien* gibt es cormenbildende Formen (Polycyttaria).

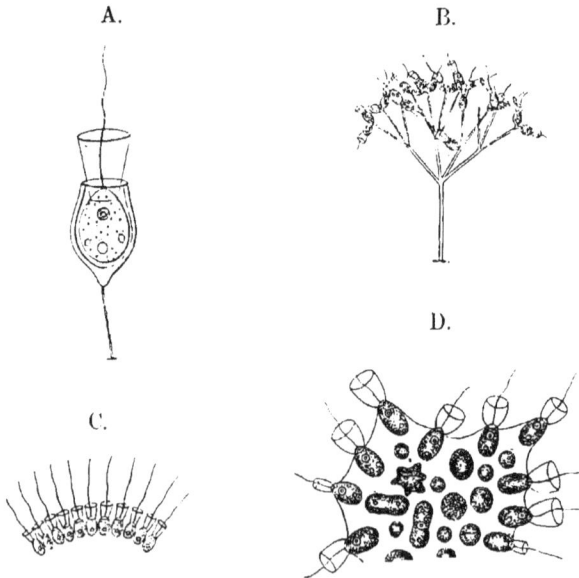

A.   B.

D.

C.

Fig. 23.   **Verschiedene Cormen von Choanoflagellaten.**

A. **Salpingoeca convallaria.**   Gestielte solitäre Form mit Gehäuse (nach STEIN).

B. **Codonocladium umbellatum,** ein baumförmiger Cormus (nach STEIN).

C. **Codonodesmus phalanx,** reihenförmiger Cormus (nach STEIN).

D. **Protospongia Haeckelii** (nach KENT) Theil eines Cormus. Zahlreiche Individuen in eine gemeinsame flache Gallertmasse eingebettet; dieselben sind theils im differenzirten, theils im ruhenden Zustande.

Auch durch Vermehrung aus der ruhenden Zelle können Cormen entstehen, indem die Theilstücke auch nach ihrer Aufdifferenzirung noch mit einander verbunden bleiben. Diese (mit Rücksicht auf die Metazoen besonders interessante) Cormenbildung kennen wir bei den *Catallacten* und den *Volvocineu*. Diese, welche oft die Form von Kugelcormen haben, zerfallen zum Zwecke der Fortpflanzung in die Einzelindividuen, die (eventuell nach erfolgter Conjugation) zur ruhenden Zelle werden und dann wieder durch Theilungsprocesse je einen neuen Cormus liefern (*Gonium* [Plattencormus], *Eudorina*). Bei *Volvox* aber ist eine weitere Differenzirung des Cormus aufgetreten, indem nur bestimmte Zellen zur Fortpflanzung befähigt erscheinen, während die übrigen Zellen, die im Verbande bleiben, steril sind und nach Ablösung der Fortpflanzungszellen zu Grunde gehen. In diesem einen Falle kömmt also innerhalb des Cormus schon der Unterschied zwischen Arbeitszellen und Fortpflanzungszellen zur Erscheinung. (Vergl. pag. 67.)

Systematische Uebersicht der Protozoen.

a) Cytomorpha.

I. Cl. *Die Rhizopoda (Sarcodina)* sind Protozoen, deren zähflüssiges Plasma Pseudopodien bildet und an beliebigen Stellen der Oberfläche feste Nahrungskörper in das Innere aufnimmt.

1. Ord. *Die Foraminifera (Rhizopoda s. str.)* sind einfache Rhizopoden, meist mit Gehäusebildung (Kalk, Chitin) von überaus mannigfaltiger Form.

Lobosa. Meist Süsswasserbewohner, mit lappigen Pseudopodien, meist mit pulsirender Vacuole. *Amoeba, Arcella, Difflugia, Euglypha.*

Reticularia. Meist Meeresbewohner, mit fadenförmigen, Netze bildenden Pseudopodien. *Gromia, Miliola, Rotalia.*

2. Ord. *Die Heliozoa* sind Rhizopoden (zumeist des Süsswassers) mit radiären, wenig beweglichen Pseudopodien, mit contractilen Vacuolen, oft mit radiären Skeletbildungen.

Actionosphaerium, Clathrulina (bildet aus der ruhenden Zelle Geisselschwärmer).

3. Ord. *Die Radiolaria,* sind pelagische Rhizopoden mit Centralkapsel und meist mit complicirtem radiären Kieselskelet. Bei Fortpflanzung aus der ruhenden Zelle bilden sie Geisselschwärmer, welche den Conjugationsprocess eingehen.

Monozoa, Einzelthiere: *Thallassicolla, Acanthometra, Eucyrtidium.*

Polycyttaria cormenbildend: *Collozoum inerme.*

Fig. 24. **Clathrulina elegans, eine Heliozoë mit Stiel und kieseliger Gitterkugel** (nach GREEFF).

II. Cl. *Die Flagellata* (*Mastigophora*) sind Protozoen, deren Körper meist formbeständig von einem festeren Ectoplasma begrenzt ist, sie sind in der Regel mit Mundöffnung versehen und besitzen eine einzige oder eine geringe Zahl von Geisseln.

1. Ord. *Nudoflagellata* mit einer oder mehreren Geisseln.

Rhizomastigina: Mastigamoeba, Ciliophris infusionum. — *Cercomonas intestinalis, Euglena viridis, Trichomonas vaginalis, Peranema, Bodo, Hexamitus.*

Fig. 26.   Fig. 27.

Fig. 25.

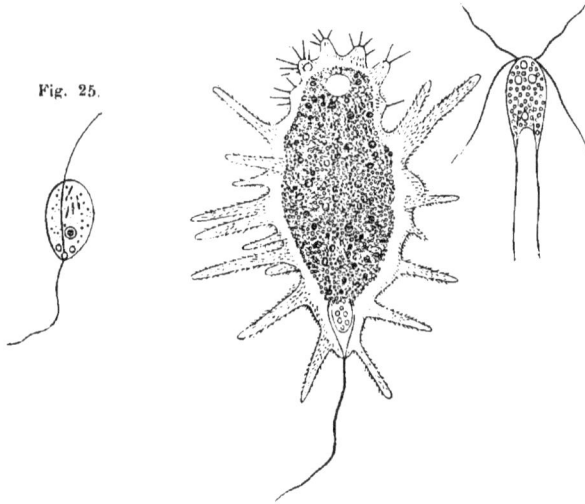

Fig. 25. **Bodo caudatus** (nach BÜTSCHLI).
Fig. 26. **Mastigamoeba aspera** (nach F. E. SCHULZE).
Fig. 27. **Hexamitus inflatus** (nach BÜTSCHLI).

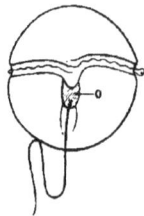

Fig. 28.

Fig. 28. **Panzer von Peridinium divergens** (nach STEIN).
Fig. 29. **Die beiden Geisseln einer einfachen Cilioflagellatenform** (nach BÜTSCHLI).
  o Mundöffnung.

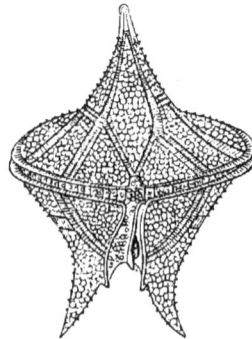

Fig. 29.

2. Ord. *Choanoflagellata*, mit einer, an ihrer Basis von einem trichterförmigen Kragen umgebenen Geissel.

Salpingoeca convallaria, Codosiga botrytis, Codonocladium, Codonodesmus, Protospongia Haeckelii.

3. Ord. *Cilioflagellata*, mit einer freien Geissel und einer zweiten, die einen scheinbaren Wimperkranz bildet, mit kieseligem Panzerskelet.

Peridinium, Glenodinium, Ceratium.

4. Ord. *Cystoflagellata*, mit netzförmig angeordnetem Endoplasma, mit contractilem Tentakel und einer mundständigen Geissel; von ansehnlicher Grösse.

Noctiluca miliaris, bläschenförmig; ist häufig Ursache des Meerleuchtens.

III. Cl. Die *Sporozoa* sind parasitische Protozoen, deren formbeständiger Körper von einer Cuticula und festerem Ectoplasma begrenzt ist; Mundöffnung fehlt, Ernährung endosmotisch; sie besitzen weder Cilien noch Pseudopodien, Körper meist contractil; nach erfolgter Conjugation zerfällt die encystirte, ruhende Zelle in spindelförmige Sporen (Pseudonavicellencyste).

Gregarina polymorpha, Stylorhynchus, Psorospermien, Sarcocystis.

b) Cytoidea.

IV. Cl. Die *Ciliata* (*Infusoria*) sind Protozoen, deren formbeständiger Körper von einer Cuticula und festerem Ectoplasma begrenzt ist, sind in der Regel mit Mund und After versehen, bewegen sich mittelst zahlreicher Cilien. In der Regel mit Grosskern (Nucleus) und Ersatzkern (Nucleoli).

1. Ord. *Holotricha.* Körper gleichmässig mit Wimpern bedeckt.
Opalina ranarum, Paramaecium.

2. Ord. *Heterotricha.* Körper gleichmässig mit reihenweise angeordneten Wimpern bedeckt und mit adoraler Wimperzone.
Spirostomum ambiguum, Bursaria truncatella, Balantidium coli, Stentor coeruleus.

3. Ord. *Hypotricha.* Nur die Bauchfläche bewimpert und mit Griffeln und Stielen besetzt; mit adoraler Wimperzone.
Stylonichia mytilus. Chilodon cucullulus, Euplotes.

4. Ord. *Peritricha.* Körper drehrund, oft gestielt. Mit adoraler Wimperzone und oft auch einem hinteren Wimperkranz.
Vorticella, Epistylis, Spirochona gemmipara.

5. Ord. *Suctoria.* Körper meist drehrund und gestielt, mit Saugtentakeln; nur im Jugendzustand mit einem Wimperkranz versehen.
Acineta, Podophrya gemmipara.

Anhang. Volvocina.

Die Volvocina gehören zu der den Flagellaten sich anschliessenden Gruppe der Phytomastigoda; es sind dies Flagellaten-ähnliche Protozoen mit zwei bis vier Geisseln, die sich durch pflanzlichen (holophytischen) Stoffwechsel auszeichnen und von den meisten Botanikern zu den einzelligen Algen (*Protococcoideae*) gezogen werden. Doch zeigen unter denselben namentlich die *Volvocinen* in ihrer Cormenbildung und ihrer Fortpflanzung solche Erscheinungen, die geradezu als eine Vorstufe der bei den Metazoen vorliegenden Verhältnisse betrachtet werden müssen. Vielleicht haben sowohl die höheren Pflanzen als auch die Metazoen von derartigen Formen ihren Ausgang genommen (Bütschli). Die verschiedenen Fälle, die wir bei den *Volvocinen* kennen, sind von grösstem Interesse, da sie eine successive Stufenreihe darstellen.

Gonium pectorale. Die Colonien sind in der Regel aus 16 tafelförmig vereinigten Individuen zusammengesetzt. Zum Zwecke der Fortpflanzung zerfällt die Colonie in die Einzelindividuen, welche (durch successive Theilung aus der ruhenden Zelle) je eine neue Colonie bilden.

Aehnlich verhalten sich die mit einer Colonialhülle versehenen Kugelformen von *Pandorina* (Conjugation nahezu gleichartiger

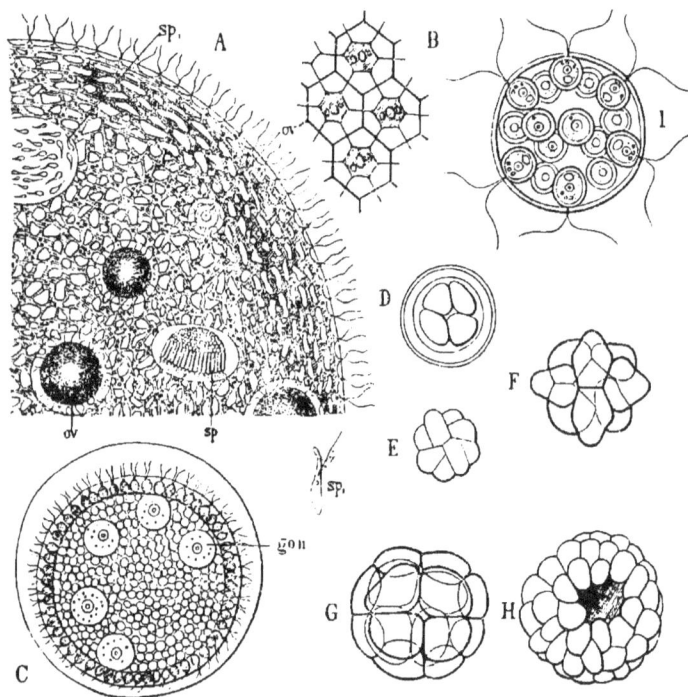

Fig. 30. A. **Volvox globator.** Quadrant eines hermaphroditischen Individuums (nach Cohn).

oc Ovogonidien; *Sp* Spermatozoenbündel, bei *Sp*₁ in die einzelnen Spermatozoen aufgelöst.

B. **Volvox globator.** Theil der Oberfläche; zeigt die hexagonalen Grenzen der Separathüllen, sowie die plasmatischen Verbindungsfäden zwischen den Individuen (nach Bütschli).

C. **Tochterindividuum (aus der Colonie entnommen) noch von der Separathülle umschlossen**, von Volvox minor (nach Stein).

gon die jungen Fortpflanzungszellen.

D. E. F. G. H. **Furchungsstadien von Volvox** (nach Kirchner etc.).

1. **Eudorina elegans** (nach Stein).

Individuen wurde beobachtet) und *Eudorina* (die conjugirenden Individuen sind verschieden [Makro- und Mikrogonidien]).

Volvox. Die grossen Kugelcolonien von Volvox sind von sehr zahlreichen Individuen gebildet (bis 1200), die, ähnlich wie bei Eudorina, an der Innenfläche einer Colonialhülle in gleichen Abständen von einander liegen, aber in diesem Falle durch feine Plasmafäden verbunden sind. Ueberdies kommen den einzelnen Individuen Separathüllen zu, welche durch gegenseitigen Druck die Form von sechsseitigen Waben annehmen und miteinander verwachsen. Zwischen den zweigeisseligen Individuen finden sich geissellose Fortpflanzungszellen, die allmählich durch Wachsthum die übrigen Zellen an Grösse vielfach übertreffen und mittelst ihrer Separathülle in die Centralhöhle hineinhängen. Diese Fortpflanzungszellen bilden sich als Ovogonidien und Spermatogonidien aus (entweder in einer Colonie oder auf zwei Colonien vertheilt, monöcisch — diöcisch). Die Ovogonidien, welche die Form einer ruhenden Zelle haben, entstehen aus einer indifferenten Fortpflanzungszelle durch einfaches Wachsthum, die Spermatogonidien, welche als viel kleinere, schlanke, zweigeisselige Zellen mit Augenfleck und zwei kleinen contractilen Vacuolen sich erweisen, entstehen dadurch, dass eine indifferente Fortpflanzungszelle zunächst erst durch successive Theilung eine bündelartige Spermatogonidienplatte liefert, welche in die zahlreichen Spermatogonidien zerfällt. Nicht alle Cormen liefern geschlechtliche Fortpflanzungszellen, denn auf eine geschlechtlich sich fortpflanzende Generation folgen eine Anzahl parthenogenetischer; bei letzteren bilden sich nämlich Parthenogonidien, das sind Fortpflanzungszellen, die den Ovogonidien gleichen, sich aber ohne vorhergegangene Conjugation (parthenogenetisch) entwickeln. Bei der Entwicklung liefern die Parthenogonidien oder die befruchteten Ovogonidien durch fortgesetzte Theilung („Furchung") je eine junge Volvoxcolonie, die in die Centralhöhle der Muttercolonie gelangt und dort weiter wächst, bis sie endlich ausgestossen wird. Durch diese Theilung („Furchung") entsteht zunächst eine Zellplatte, die schon auf dem achtzelligen Stadium sich zur Kugelgestalt zusammenzukrümmen beginnt; die Kugelgestalt vervollkommnet sich allmählich, doch bleibt eine Oeffnung, welche gegen die Oberfläche der Muttercolonie gewendet ist, noch bis zum Ende der Entwickelung sichtbar. Die Fortpflanzungszellen sind an der jungen Colonie schon sehr frühzeitig wieder nachweisbar.

Nach Ablösung sämmtlicher Fortpflanzungszellen geht die übrige Colonie zu Grunde. Bei Volvox ist demnach eine wirkliche Differenzirung zwischen Arbeitszellen (Körperzellen) und Fortpflanzungszellen vorhanden.

SIEBENTES CAPITEL.

Metazoa.
(I. Grundform, Entwicklung der Grundform.)

Die Metazoen sind vielzellige Thiere, die auf die Grundform der Gastrula zurückführbar sind; mit localisirten Keimlagern, in welchen die heteromorphen Fortpflanzungszellen (Ei- und Samenzellen) sich bilden, welche beim Befruchtungsvorgang verschmelzen. An der reifen Eizelle sind zwei differente Pole ausgebildet (animaler und vegetativer Pol). — Die Entwicklung wird durch die Furchung eingeleitet und es wird das Stadium der Blastula und Gastrula durchlaufen.

Der Bau des ausgebildeten Thieres ist im einfachsten Falle der Gastrula sehr nahestehend — oder er erhebt sich durch mannigfache Complicationen weit über diese Grundform.

Grundform der Metazoen.

Der vielzellige Körper aller Metazoen ist seinem Bau und seiner Entwicklung nach auf die Grundform der Gastrula zurückführbar (HAECKEL 1873); diese Form ist bei der Entwicklung aller Metazoen, wenn auch unter mancherlei Modificationen, nachweisbar.

Die Gastrula, Fig. 31, hat die Form eines doppelschichtigen, aus einer äusseren und einer inneren Zellschichte bestehenden Sackes. Wir nennen solche Zellschichten, welche freie Flächen — sei es an der äusseren Oberfläche oder an inneren Höhlen des Körpers — begrenzen, Epithelien.

Das äussere Epithel, welches die Oberfläche der Gastrula bildet, wird als Ectoderm (Ur-Haut), das innere Epithel, welches den centralen Hohlraum begrenzt, wird als Endoderm (Ur-Darm) bezeichnet. Die centrale Höhle (Urdarmhöhle oder Gastrocoel) ist an dem einen Pole durch den Ur-

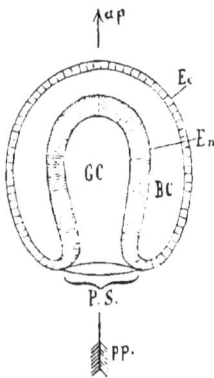

Fig. 31. **Diagramm der Gastrula.**

Ec Ectoderm; *En* Endoderm; *PS* Protostoma; *GC* Gastrocoel; *BC* Blastocoel; *ap* Apicalpol; *pp* Protostompol.

mund (Protostoma) nach aussen geöffnet. Dort gehen die beiden Schichten, das Ectoderm und Endoderm, ineinander über. Zwischen Ectoderm und Endoderm findet sich oft ein Spaltraum, der als Blasto-coel oder primäre Leibeshöhle bezeichnet wird. — Die Gastrula ist in allen ursprünglichen Fällen (vor Allem bei den Protaxoniern) eine einachsige, heteropole Form; wir unterscheiden einen Apicalpol und einen Protostompol; die Achse, welche wir durch diese beiden Pole ziehen, nennen wir die Primärachse.

Die Theorie einer gemeinsamen Grundform aller Metazoen entwickelte sich aus der Lehre von der „Homologie der Keimblätter", d. i. der embryonalen Körperschichten bei den verschiedenen Typen. Die erste Anregung ging von Huxley aus, welcher die zwei Körperschichten niederer Thiere (Polypen und Quallen) mit den embryonalen Schichten oder Keimblättern der Wirbelthiere, die durch C. F. Wolff und besonders durch C. E. v. Baer bekannt geworden waren, verglich (1849). Eine weitere Begründung erfuhr diese Idee durch die bahnbrechenden Untersuchungen Kowalevsky's, welcher den exacten Nachweis führte, dass bei den verschiedenen Typen die frühesten Embryonalstadien in ihrem Bau im wesentlichen übereinstimmen (1870). Von grösster Bedeutung wurden dann die theoretischen Erörterungen Haeckel's, der den Unterschied zwischen den primären und secundären Charakteren bei den ersten Entwicklungserscheinungen besonders hervorhob, und den Grundtypus der zweischichtigen Sacklarve, der „Gastrula", mit Hinweis auf die verschiedenen Modificationen derselben, auf-stellte; die Gastrula wird als Wiederholung eines ent-sprechenden phylogenetischen Stadiums, der „Gastraea", betrachtet, welche als hypothetische Stammform der *Metazoen* angenommen wird. Dadurch wurde die „Homologie der primären Keimblätter und die Ueber-einstimmung der primären Achse bei allen Metazoen nicht nur bestimmter formulirt, sondern auch er-kläreud begründet" (Gastraeatheorie 1874).

Die einfachsten Metazoenformen sind sowohl in Bezug auf die Schichtung, als auch in Bezug auf die Achsenverhältnisse ihres Körpers der Ga-strulaform noch sehr nahe verwandt (Hydroid-polypen), Fig. 33. Bei den höheren Typen aber erfährt der Körper, nachdem er das Gastrula-stadium durchlaufen hat, noch bedeutende Com-plicationen und Umgestaltungen. Hierbei sind zwei wesentliche Punkte besonders zu berücksichtigen: 1) Veränderungen der Primärachse und des Proto-stoma und 2) Complicirung der Körperschichten.

Bei den Protaxoniern ist die Primäraxe auch die bleibende Hauptachse des Körpers. In Bezug auf das Protostoma zeigen zunächst die *Spongien* ein eigenthümliches Verhältnis, indem das Proto-stoma im Verlaufe der Entwicklung sich schliesst

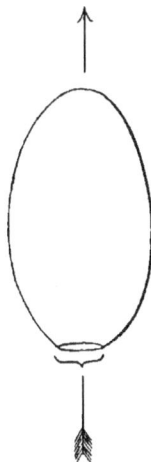

Fig. 32. Diagramm der Gastrulaachse und des Protostoma.

und durch secundäre Oeffnungen ersetzt wird. Die *Hydrozoen* zeigen die ursprünglichsten Verhältnisse, da bei denselben das Protostoma der dauernden Mundöffnung entspricht, Fig. 33. Auch bei den *Scypho-zoen* und den *Ctenophoren* persistirt das Protostoma, doch wird es hier

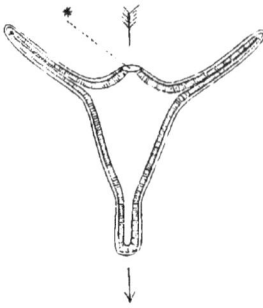

Fig. 33.   Fig. 34.

Fig. 33. Diagramm eines Hydroidpolypen mit Tentakeln in der Umgebung der
Mundöffnung, im übrigen aber den einfachen Schichtenbau einer Gastrula zeigend. Das
Protostoma (*) fällt hier mit der Mundöffnung zusammen.

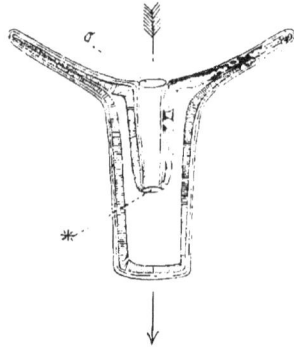

Fig. 34. Diagramm eines Scyphopolypen. Die Mundöffnung (o) führt in eine Schlundröhre. Die innere Schlundpforte (*) entspricht dem Protostoma.

durch die Bildung eines ectodermalen Schlundes mehr in die Tiefe des
Körpers verlegt, es persistirt als Schlundpforte, * Fig. 34.

Bei den Heteraxoniern oder Bilaterien zeigt sowohl die Primärachse
als auch das Protostoma meist bedeutend veränderte Verhältnisse.
So ist z. B. bei den *Anneliden* (Fig. 35) nachgewiesen, dass das bleibende Vorderende des Thieres wohl mit dem Apicalpole der Gastrula
übereinstimmt; das Hinterende aber entspricht nicht dem Protostoma,
da letzteres während der Entwicklung nach der Bauchseite sich verschiebt
und dort der Länge nach verwächst; es schliesst sich bis auf einen
kleinen vorderen Rest, der, durch die Bildung eines ectodermalen Schlundes
in die Tiefe verlegt, zur Schlundpforte wird. — Bei den *Chordoniern*,
Fig. 36, ist es dagegen die Rückenseite, nach welcher das Protostoma
verschoben wird; es schliesst sich bis auf einen kleinen hinteren Rest,
der durch einen eigenthümlichen Process auf die Bauchseite gelangt. Es
ist nicht unwahrscheinlich, dass dieser Protostomrest zur Afteröffnung
in Beziehung steht. Durch die Verschiebung des Protostoma erfährt in
diesen beiden Fällen die Primärachse eine Knickung.

In Bezug auf die Complicirung des Schichtenbaues bei den Metazoen
ist von besonderer Wichtigkeit das Auftreten einer Mesodermschichte.
Bei allen Metazoen, mit Ausnahme der *Hydrozoa*, wird nämlich der
Schichtenbau des Körpers über das Gastrulastadium hinaus ein complicirterer, indem zunächst eine mittlere Schichte, ein Mesoderm auftritt.
Wir unterscheiden dann drei secundäre Blätter: das (secundäre) Ectoderm, das (secundäre) Endoderm und das Mesoderm. Das Mesoderm ist
durchaus nicht in allen Phylen von homologer Bedeutung, obzwar es
überall durch Sonderung vom primären Endoderm entsteht.

Bei den niedrigeren Metazoen, den *Spongien*, den *Scyphozoen* und
den *Ctenophoren* beobachten wir ein mesenchymartiges Mesoderm,
Fig. 37. Als Mesenchym bezeichnen wir nämlich nach dem Vorgange

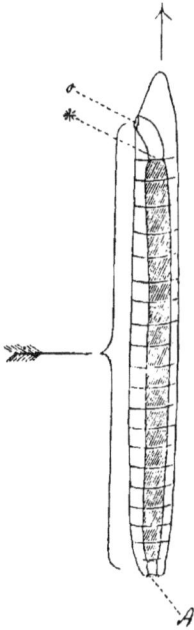
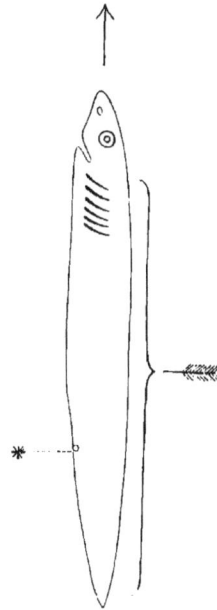

Fig. 35.   Fig. 36.

Fig. 35. **Diagramm eines Anneliden.** Die Region zwischen Mund (*o*) und After (*A*), welche auf der Bauchseite liegt, entspricht dem verwachsenen Theile des Protostoma. Die Mundöffnung führt in ein ectodermales Schlundrohr; die innere Schlundpforte (*) entspricht einem Rest des Protostoma.

Fig. 36. **Diagramm eines Wirbelthieres.** Der grösste Theil des Rückens entspricht der Region des verwachsenen Protostoma. Der After (*) ist wahrscheinlich ein Rest des Protostoma.

von O. und R. Hertwig Zellen, die aus den Epithelien in das Blastocoel einwandern, und durch ihre Isolirung eine gewisse grössere Selbstständigkeit gewinnen, als die Epithelzellen. Die amöboide Form der Zelle tritt hier typisch auf.

Bei allen höheren Metazoen, die wir als *Heteraxonier* oder *Bilaterien* bezeichnen, besteht das Mesoderm aus zweierlei Gebilden, die aus einer gemeinsamen Anlage entstehen: 1.) aus paarigen Epithelsäcken und 2.) aus Mesenchym.

Bei den *Scoleciden* sind die Epithelsäcke nur durch die paarigen Sackgonaden

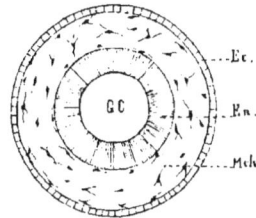

Fig. 37. **Diagramm des Schichtenbaues bei Spongien, Scyphozoen und Ctenophoren** (Querschnitt).

Ec Ectoderm; *En* Endoderm; *Mch* Mesenchym; *GC* Gastrocoel.

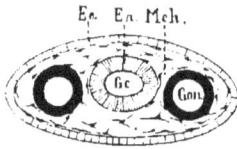

(d. i. sackförmige Keimlager) repräsentirt. Das Mesenchym ist sehr ausgebildet und spielt eine wichtige Rolle im Organismus dieser Thiere, Fig. 38.

Fig. 38. Diagramm des Schichtenbaues bei Scoleciden (Querschnitt).
Ec Ectoderm; *En* Endoderm; *Mch* Mesenchym; *GC* Gastrocoel; *Gon* Sackgonade.

Bei den *Anneliden*, die wir hier als Repräsentanten der *Aposcoleciden* in Betracht ziehen wollen, sehen wir den epithelialen Theil des Mesoderms in Form paariger C o e l o m s ä c k e auftreten. [Die Coelomsäcke sind bei den gegliederten Formen — und davon sind die Anneliden ein ausgeprägtes Beispiel — in zahlreichen hintereinander liegenden Paaren vorhanden, bei ungegliederten *Aposcoleciden* (*Mollusca, Phoronis*) dagegen nur in einem Paare.] Die eine Wand des Coelomsackes legt

A.

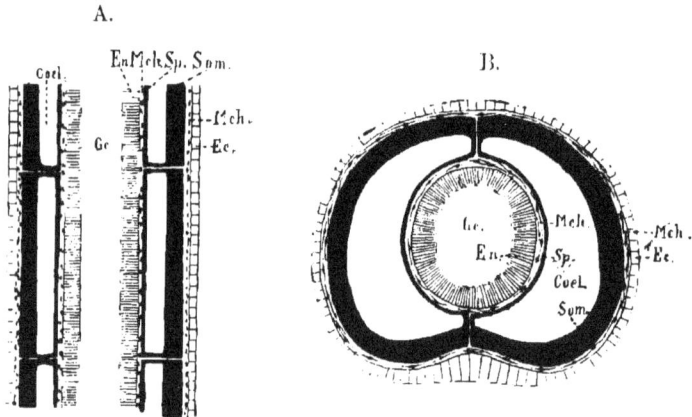

B.

Fig. 39. Diagramm des Schichtenbaues der Anneliden.
A. Längsschnitt durch einen Abschnitt (Segment) des Körpers.
B. Querschnitt des Körpers.
Von aussen nach innen folgen: *Ec* Ectoderm; *Mch* Mesenchym; *Som* somatisches Blatt; *Coel* Coelomhöhle; *Sp* splanchnisches Blatt; *Mch* Mesenchym; *En* Endoderm; *GC* Gastrocoel.

sich als s o m a t i s c h e s B l a t t an das Ectoderm, die andere als s p l a n c h n i s c h e s B l a t t an das Endoderm; in der dorsalen und ventralen Mittellinie gehen diese Blätter in einander über und bilden die Aufhängebänder des Darmes, die sogenannten M e s e n t e r i e n (Fig. 39 B). Zwischen somatischem Blatt und Ectoderm, sowie zwischen splanchnischem Blatt und Endoderm finden wir Mesenchym, welches hier eine viel untergeordnetere Rolle spielt, als bei den *Scolociden*.

Bei einer Gruppe der *Aposcoleciden*, bei den *Mollusken*, erlangt das Mesenchym eine mächtigere Ausbildung, so dass es hier im Gesammtorganismus wieder eine grössere Bedeutung erlangt. Bei anderen Formen aber ist das Mesenchym sehr reducirt, z. B. bei *Sagitta*, sowie bei *Polygordius*.

Wir haben hier das Grundschema des Schichtenbaues der *Aposcoleciden* dargelegt; im Bau des entwickelten Thieres kommen aber noch mancherlei Complicationen hinzu.

Der Schichtenbau der *Ambulacralier* ist dem Grundtypus nach ähnlich demjenigen der *Aposcoleciden*.

Auch bei den *Chordoniern* besteht das Mesoderm aus paarigen Coelomsäcken und Mesenchym. Die Coelomsäcke erfahren hier zahlreiche typische Complicationen, so dass der Schichtenbau der *Chordonier* nur in den frühesten Stadien, nicht aber am entwickelten Thiere mit jenem der *Metascoleciden* und *Ambulacralier* verglichen werden kann.

Entstehung des Mesoderms. Bei den *Spongien*, *Scyphozoen* und *Ctenophoren* entsteht das mesenchymartige Mesoderm wohl allgemein (*Actinozoen?*) vom primären Endoderm aus, aber in jeder dieser Gruppen auf besondere Art.

Die Entwicklung des Mesoderms bei den *Heteraxoniern* ist auf zwei Haupttypen zurückzuführen, die selbst bei nahe verwandten Thieren vorkommen können. So ist zum Beispiel der eine Bildungsmodus bei den *Anneliden*, der andere bei der den Anneliden nahestehenden *Sagitta*, sowie bei den *Brachiopoden* zu beobachten. Wir vermuthen daher, dass beide Modificationen von einem gemeinsamen Grundtypus abzuleiten seien. Wir werden erst später die Frage erörtern, welche von diesen beiden Entstehungsweisen des Mesoderms die ursprünglichere sei und wollen zunächst dieselben in ihren Hauptzügen kennen lernen.

In dem einen Falle, z. B. bei den *Anneliden*, entsteht das Mesoderm dadurch, dass zwei Endodermzellen, die am Protostomrande paarig, die eine rechts, die andere links von der Medianebene gelegen sind,

A.   B.

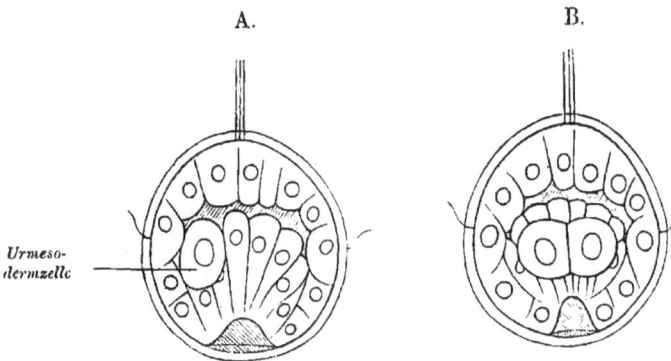

Urmeso-dermzelle

Fig. 40. **Gastrula einer Serpulide, noch von der Eihülle umgeben, die von Wimperbildungen durchsetzt ist.**
A. Längsschnitt, median. Eine Urmesodermzelle sichtbar.
B. Längsschnitt, frontal. Beide Urmesodermzellen sichtbar.

aus dem Verbande des Endoderms sich sondern und zwischen die beiden primären Blätter als paarige Urmesodermzellen hineinrücken (Fig. 40). Aus diesen beiden Zellen entstehen durch Zellvermehrung sowohl Mesenchymzellen, als auch jederseits eine bandförmige Zellmasse, die

Mesodermstreifen, welche durch Aushöhlung in die paarigen Coelomsäcke sich verwandeln (und zwar bei den *Anneliden* in eine Mehrzahl hintereinanderliegender Paare), Fig. 41.

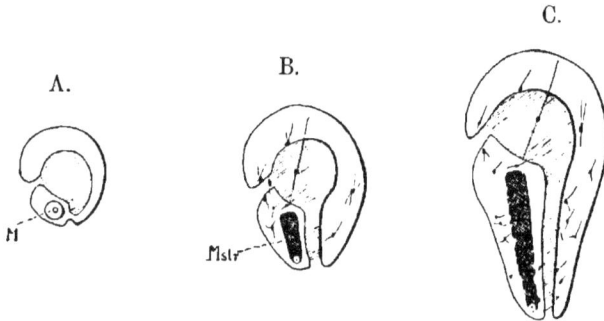

Fig. 41. **Diagramm der weiteren Mesodermentwicklung bei Anneliden, drei Profilansichten.**

A. Urmesodermzelle (*M*), an der Bauchseite zwischen Mund und After liegend.
B. Die Urmesodermzelle hat auf jeder Körperseite einen Mesodermstreifen (*Mstr*) und ferner Mesenchymzellen geliefert.
C. Jeder Mesodermstreifen zerfällt in eine Anzahl Ursegmente (= segmentale Coelomsäcke).

Wir können diesen Vorgang als „Mesodermbildung aus paarigen Urmesodermzellen" bezeichnen. Nach diesem Typus erfolgt die Mesodermbildung bei den meisten *Zygoneuren*, nur dass bei den *Scoleciden* aus den Urmesodermzellen die paarigen Sackgonaden und das Mesenchym entsteht, während bei den *Aposceleciden* (*Anneliden, Mollusken* etc.) die Coelomsäcke und das Mesenchym sich daraus bilden.

Bei gewissen Plattwürmern, den *Tricladen*, werden vier regelmässig um das Protostoma angeordnete Urmesodermzellen beschrieben, aus welchen vier Mesodermstreifen sich bilden.

Den anderen Modus der Mesodermbildung finden wir beispielsweise bei *Sagitta*. Durch Längsfalten werden vom Urdarm unmittelbar die paarigen Coelomsäcke abgeschnürt (Fig. 42). Die Coelomsäcke erweisen sich hier als Absackungen des Urdarmes; ihre Höhlen stehen ursprünglich mit der Urdarmhöhle in Zusammenhang. Das Mesenchym [1]) tritt meist erst später auf, wahrscheinlich durch Auswanderung von Zellen des Coelomepithels. Wir können diesen Modus als „Mesodermbildung durch Abfaltung" bezeichnen. — Bei gegliederten Thieren, wo eine Mehrzahl von Coelomsackpaaren entsteht, kömmt es vor, dass jedes Paar gesondert vom Urdarm sich abfaltet, z. B. bei *Amphioxus*.

Die Verbreitung dieser beiden Typen der Mesodermbildung ist folgende. Unter den *Zygoneuren* ist die Bildung des Mesoderms aus zwei Urzellen der häufigere Fall, doch kömmt auch die Abfaltung in ausgeprägter Weise vor, nämlich bei *Sagitta* und *Brachiopoden (Argiope)*, und ferner in etwas modificirter Form bei den *Tracheaten*.

---

1) Speciell bei *Sagitta* äusserst spärlich entwickelt.

A.

B.

C.

D.

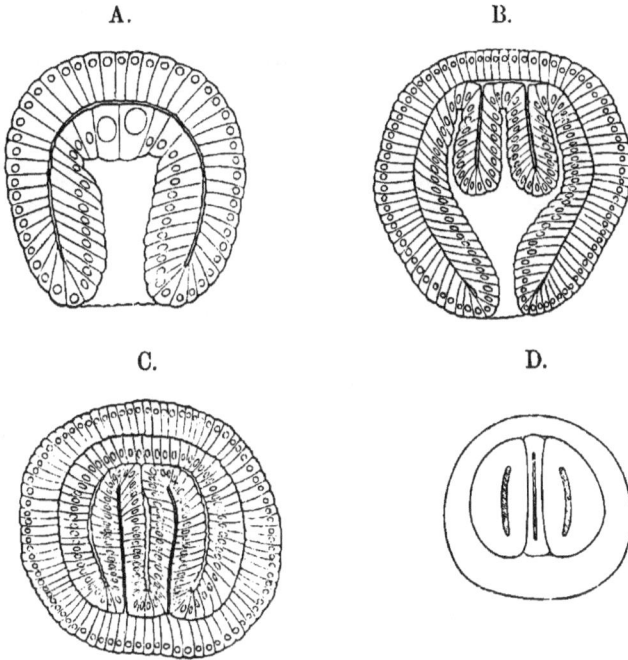

Fig. 42. **Bildung der Coelomsäcke bei Sagitta** (nach Hertwig).

A. Gastrula im frontalen Längsschnitt.

B. Im vorderen Theile ist am Endoderm eine unpaare Falte als Epithel des Darmes und paarige Falten als Coelomsäcke gebildet.

C. Querschnitt durch das Vorderende desselben Stadiums.   Man sieht den Zusammenhang des Darmsackes und der Coelomsäcke.

D. Coelomsäcke und Darmsack sind vollkommen voneinander gesondert (Querschnitt).

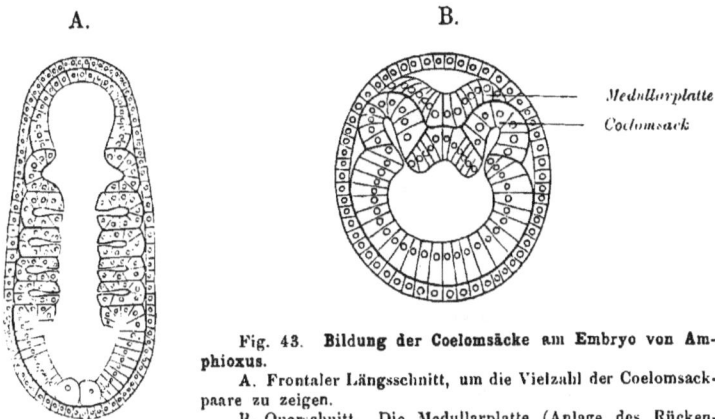

A.

B.

Medullarplatte

Coelomsack

Fig. 43. **Bildung der Coelomsäcke am Embryo von Amphioxus.**

A. Frontaler Längsschnitt, um die Vielzahl der Coelomsackpaare zu zeigen.

B. Querschnitt. Die Medullarplatte (Anlage des Rückenmarkes) hat sich vom Ectoderm gesondert; die Coelomsäcke entstehen als Falten des Entoderms.

Bei *Ambulacraliern* ist die Mesodermbildung durch Abfaltung die Regel. Bei den *Chordoniern* ist die Abfaltung der Grundtypus; sie findet sich in sehr ausgeprägter Weise bei *Amphioxus* und alle Vorgänge der Mesodermbildung bei den Wirbelthieren sind als Modificationen des bei Amphioxus vorliegenden Processes zu betrachten. Die Frage, welcher Bildungsmodus des Mesoderms bei den Heteraxoniern der ursprünglichere sei, lässt sich noch nicht mit Sicherheit beantworten. Doch ist es in hohem Grade wahrscheinlich, dass die Abfaltung der ursprünglichere Fall sei. Die zwei Urmesodermzellen würden den Coelomsäcken entsprechen, von welchen sie durch Reducirung der Anzahl der Zellen abgeleitet wären. In der That findet sich dieser Bildungsmodus n u r d o r t, w o d i e A n z a h l d e r Z e l l e n des E m b r y o e i n e g e r i n g e i s t. Und es ist lehrreich, dass in solchen Fällen bei sehr geringer Zellenzahl des Embryo auch das Endoderm, der Urdarm, in ganz analoger Weise durch wenige, z. B. durch zwei Zellen vertreten sein kann, die erst später durch Zellvermehrung zu einem Epithelsack sich umwandeln.

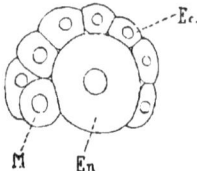

Fig. 44. **Medianschnitt durch die Gastrula einer Muschel** (Teredo), sie ist aus einer geringen Zahl von Zellen zusammengesetzt. Man sieht eine von den zwei Endodermzellen (*En*) und eine von den zwei Mesodermzellen (*M*).

Vielleicht waren es im ursprünglichen Bildungsmodus ein paar kleine durch Abfaltung entstehende Cölomsäcke mit je einer hinteren Polzelle, die den Wachsthumspunkt der Cölomsäcke bildete. Davon hätte sich secundär die excessiv grosse Abfaltung bei Sagitta und andererseits durch Reducirung die Bildung des Mesoderms aus zwei Urzellen abgeleitet.

Geschlechtliche Fortpflanzung der Metazoen.

1. Die Fortpflanzungszellen.

Der Metazoenkörper hat die Bedeutung eines Zellencormus. Die Zellen sind in demselben nicht gleichartig, sondern in höherem oder geringerem Grade polymorph, denn in Zusammenhang mit der vielfachen Arbeitstheilung der einzelnen Zellen (z. B. als Muskelzellen, Sinneszellen, Nervenzellen, Drüsenzellen) zeigen dieselben auch verschiedenartige D i f f e r e n z i r u n g e n ihres Plasma („histologische Differenzirung der Zellen"). Nur bestimmte Zellen in diesem Zellencormus dienen zur Fortpflanzung, indem sie befähigt sind, aus dem Verbande des Zellcormus auszutreten und wieder einen gleichartigen Cormus aus sich hervorgehen zu lassen[1]). Diese Zellen, die wir als F o r t p f l a n z u n g s - z e l l e n bezeichnen, haben d e n C h a r a k t e r r u h e n d e r (d. h. un-differenzirter) Z e l l e n (Eizelle, Samenmutterzelle). Sie verhalten sich

1) Es ist bei den höheren, vielzelligen Organismen eine Theilung der Arbeit eingetreten, der zufolge nur einige wenige Zellen die Fortpflanzung des Individuums besorgen, während alle übrigen weit differenzirten Zellen, welche die complicirtesten Organe zusammensetzen, nur dienstbare Arbeiter im Zellenstaate sind; indem sie die Existenz des Gesammtorganismus oft durch die complicirtesten Functionen ermöglichen, bewirken sie in letzter Instanz eigentlich nur die Existenz (den Schutz und die Ernährung) und Entwicklung der Fortpflanzungszellen.

ihrem Bau nach (wahrscheinlich auch in Bezug auf ihre wesentliche Structur) zu den Arbeitszellen ähnlich, wie die ruhende (rückdifferenzirte) Protozoenzelle zu der thätigen (differenzirten) Protozoenzelle sich verhält. Nach Abstossung der Fortpflanzungszellen gehen die Arbeitszellen des Cormus zu Grunde (beschränkte Lebensdauer der Metazoenperson [Weismann]).

Wir werden nun fragen: Ist es ähnlich wie bei den Protozoen der Fall, dass eine Arbeitszelle, die gewisse histologische Differenzirungen zeigt, sich durch Rückdifferenzirung zur ruhenden Zelle verwandelt und Fortpflanzungszelle wird? Es scheint dies thatsächlich, besonders bei den niedersten Metazoen (*Spongien*, *Cnidarier*) vorzukommen. Wenn auch nicht alle Zellen des Körpers diesen Process eingehen können, so ist das doch bei gewissen in einem bestimmten Grade differenzirten Zellen möglich. In anderen Fällen sehen wir aber, dass die Fortpflanzungszellen aus dem Kreise der Differenzirungen von Anfang an ausgeschlossen sind. Es kann da keine Muskelzelle, Nervenzelle, Drüsenzelle etc. zur Fortpflanzungszelle werden oder eine solche durch Theilung liefern; wenn wir zurückgreifen und die Entstehung eines Organismus aus der Fortpflanzungszelle verfolgen, so sehen wir, dass durch Theilung derselben zahlreiche Zellen entstehen, welche die verschiedensten Differenzirungen erfahren, dass aber auch undifferenzirte Zellen zurückbleiben, die wieder zu Fortpflanzungszellen werden. Diese Zellen haben gewissermassen in direkter Descendenz von der Fortpflanzungszelle die Structur derselben beibehalten und zeigen auch, nachdem sie wieder herangewachsen sind, dieselbe Fähigkeit wie jene. Diese Erscheinung, die auch schon bei niederen Formen (selbst bei *Volvox*) auftritt und bei den höheren *Metazoen* Regel ist, bezeichnen wir als Con ti - nuität der Keimzellen.

Keimepithel und Gonaden. Bei den *Spongien* sind die Fortpflanzungszellen durch vereinzelte (im Mesenchym zerstreute) Zellen repräsentirt. Bei allen übrigen Metazoen finden wir begrenzte Keimlager (Gonaden), die auf die Grundform des ein- oder mehrschichtigen Epithels zurückzuführen sind (Keimepithel).

Wir können die Gonaden im Allgemeinen in Flächengonaden und Sackgonaden eintheilen. Im ersteren Falle ist das Keimepithel nur eine besonders entwickelte Stelle an einer grösseren Epithelfläche (es bildet oft einen vorspringenden Wulst), sei es nun die äussere ectodermale Fläche (*Hydrozoa*), oder die endodermale Fläche (*Scyphozoa*) oder die mesodermale Fläche des Coeloms (*Anneliden*, Eierstöcke der *Vertebraten*). Im anderen Falle bildet das Keimepithel die innere Aus-

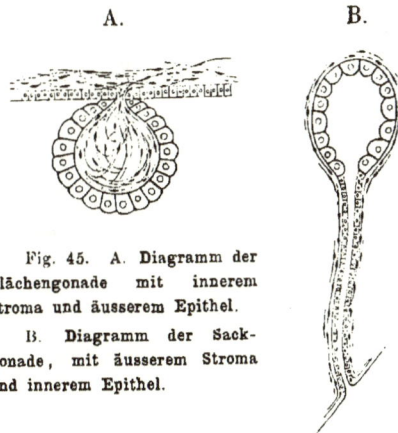

A.   B.

Fig. 45. A. Diagramm der Flächengonade mit innerem Stroma und äusserem Epithel.

B. Diagramm der Sackgonade, mit äusserem Stroma und innerem Epithel.

kleidung abgesonderter sackförmiger Organe (Sackgonaden), die stets
mit eigenen Ausführungsgängen versehen sind. Als eine Modification
dieser letzteren Form finden sich oft compacte, aber doch mit Ausführungsgängen versehene Gonaden. Das Keimepithel bildet den wesentlichen Theil der Gonaden; es kommen aber meist noch als sogenanntes
„Stroma" accessorische Gewebe (Bindegewebe, Muskeln, Blutgefässe)
hinzu (Fig. 45. A, B).

Eizelle und Samenzelle. Die Gonaden liefern entweder weibliche Zellen (Eier, Ova) und werden als Ovarien bezeichnet, oder männliche Zellen (Spermatozoen) und werden dann Hoden genannt. Die Eier
sind in der Regel die grössten, die Spermatozoen die kleinsten Zellen
des Metazoenkörpers. Ovarien und Hoden sind entweder auf verschiedene Individuen vertheilt (getrenntgeschlechtliche Thiere) oder in einem
Individuum vereinigt (Zwitter). In seltenen Fällen werden beiderlei Geschlechtsprodukte an gemeinschaftlicher Keimstätte erzeugt (Zwitter-
drüse bei gewissen Mollusken). Besonders in diesem Falle erfolgt oft
die Reifung der einen Art von Keimzellen früher als die der anderen.

Das Ei. A.) Bau des Eies.

Am thierischen Ei können wir zweierlei Bestandtheile unterscheiden.
Erstens als wesentlichen Theil der stets und oft allein vorhanden ist,
die Eizelle, und zweitens secundäre Theile, die auch fehlen können,
nämlich Hüllenbildungen, äussere Eiweissmassen etc.

1. Die Eizelle. Der wesentliche Theil des Eies (auch „Dotter"
genannt) hat morphologisch die Bedeutung einer Zelle. Die reifen Eizellen sind in der Regel die grössten Zellen des Metazoenkörpers. Wir
unterscheiden an der Eizelle einen Zellkern,
einen Zellleib und meist auch eine Zellmembran.

Der Zellkern des Eies, der auch
Keimbläschen genannt wird, zeigt den
typischen Bau, welchen wir im allgemeinen
an Zellkernen kennen; wir unterscheiden
eine Kernmembran, ein Kerngerüst meist
mit einem (oder auch mehreren) ansehnlichen Kernkörperchen, welches hier als
Keimfleck bezeichnet wird, und den
Kernsaft. Der Kern liegt am reifen Ei stets
etwas excentrisch, dem „animalen Pole"
genähert; besonders auffallend ist diese
Lagerung meist bei dotterreichen Eiern;
der gegenüberliegende Pol wird als „vegetativer Pol" bezeichnet.

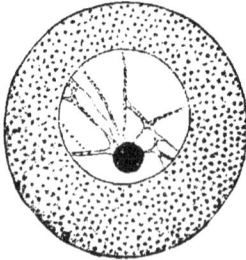

Fig. 46. Unreifes Ei aus
dem Eierstock eines Echinodermen (nach Hertwig).

Der Zellleib des Eies besteht aus Plasma und in dasselbe
eingelagerten Dottersubstanzen. Es sind dies Reservenahrungs-
stoffe, welche später während der Embryonalentwicklung wieder resorbirt werden; sie finden sich entweder als flüssigere eiweissartige
oder fettartige Tropfen, zumeist aber als festere eiweissartige
Substanzen, sogenannte Dotterkörnchen. Dies sind meist kleine
rundliche Körnchen, oft sind sie aber auch unregelmässig gestaltet,

selbst von der Form eckiger Plättchen (Amphibienei). Im Hühnerei
finden sich zweierlei Dotterkörnchen, die gelben und weissen, erstere
in den peripheren Theilen der Zelle (des „Dotters"), letztere mehr im

Fig. 47. **Dotterelemente aus dem Ei des Huhnes.** A gelber Dotter. B weisser
Dotter (nach BALFOUR).

Centrum angehäuft. Von eigenthümlicher Form sind die Dotterkörnchen im Ei von *Hydra* (sog. Pseudozellen). Die Menge der Dottersubstanzen ist sehr verschieden; dotterarme Eizellen sind stets von geringer, oft nahezu mikroskopischer Grösse (z. B. bei vielen niederen
Thieren *Cnidarier, Scoleciden* etc. und auch bei den *Säugethieren*); durch
mächtige Anhäufung von Dotterkörnchen erreicht die Eizelle bedeutende,
oft colossale Grösse (bei zahlreichen Wirbellosen, z. B. bei *Krebsen,
Insecten, Cephalopoden*, ferner bei Wirbelthieren, nämlich *Fischen,
Amphibien, Reptilien* und *Vögeln*).

Bei den meisten dotterreichen Eiern, wie z. B. beim Vogelei, ist
das Plasma mit dem darin eingeschlossenen Kerne nach dem animalen
Pole zusammengedrängt (teloleci thaler Typus) und im extremen
Falle enthält der übrige grösste Theil
des Eies beinahe nur Dotterkörnchen,
zwischen die sich wahrscheinlich ein feines
Plasmanetz erstreckt. Speciell bei den
Arthropoden findet sich aber selbst
bei bedeutender Menge von Dottersub-
stanz der Kern mit Plasmaanhäufung
nahezu im Centrum des Eies (man könnte
diesen Typus des Eies, der auch ganz
unpassender Weise „centrolecithal" genannt wird, besser als „perilecitha-
len Typus" bezeichnen).

Das Ei bleibt in allen diesen Fällen
eine einfache Zelle; denn wenn sogar
andere Zellen in dasselbe aufgenommen
werden, wie z. B. bei *Hydra*, so gehen
dieselben als Zellen zu Grunde und ihre
Substanzen werden zu integrirenden Bestandtheilen der Eizelle umgewandelt.

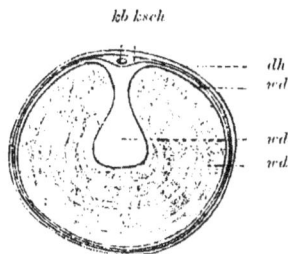

Fig. 48. **Eizelle (Eidotter) des
Huhns aus dem Eierstock** (nach
HERTWIG).
ksch Keimscheibe (Plasma); *kb*
Keimbläschen; *wd* weisser Dotter,
im Centrum und in concentrischen
Lagen angeordnet; *dh* Dotterhaut.

Eine Zellmembran, das ist eine Membran, welche von der Eizelle selbst ausgeschieden wird, kommt beinahe allen Eiern zu; wir
bezeichnen dieselbe als Dottermembran. Wir kennen nur wenige
Fälle von ganz nackten Eiern (bei manchen *Hydromedusen* und
Spongien), ferner fehlt die Dottermembran manchmal in solchen Fällen,
wo ein Chorion vorhanden ist; bei sogenannter folliculärer Eibildung
kommt nämlich meist noch eine zweite, vom angrenzenden Follikelepithel

ausgeschiedene Membran, das sogenannte Chorion zur Ausbildung. Die
Dottermembran ist oft nur ein sehr zartes Häutchen, oft ist sie aber auch
von ansehnlicher Dicke; sie ist entweder von weicher, ja sogar schlei-
miger oder auch von derberer Consistenz, oft ist sie von radiären Poren durchsetzt. Das Chorion kann in vielen Fällen eine ganz ähnliche
Structur zeigen und es ist daher manchmal zweifelhaft, ob eine Membran als Dottermembran oder als Chorion aufzufassen ist. In anderen
Fällen erscheint das Chorion von derberer Consistenz, oft sogar mit
besonderen Skulpturen und Anhängen ausgestattet (*Insecten*). Diese
beiden Arten von Hüllen, die in den Ovarien selbst entstehen, von
welchen aber nur die erstere als Zellmembran aufzufassen ist, werden
als primäre Hüllen bezeichnet.

Es sind nicht nur beiderlei primäre Hüllen von zahlreichen radiären
Poren durchsetzt, sondern es kann auch an denselben eine besondere
Oeffnung vorkommen, die man als Mikropyle bezeichnet. Diese Oeffnung kann aber verschiedenartige Bedeutung haben; sie kann einerseits
mit der Nahrungszufuhr des Eies während seiner Reifung im Zusammenhang stehen, oft dient dieselbe als Weg, durch welchen das
Spermatozoon in das Ei eintritt. Vielleicht dient die Mikropyle in
einigen Fällen auch beiden Zwecken (?).

2.) Secundäre Hüllen und Nährmaterialien. Bei vielen
Eiern kommen secundäre Hüllen und auch secundäre Nähr-

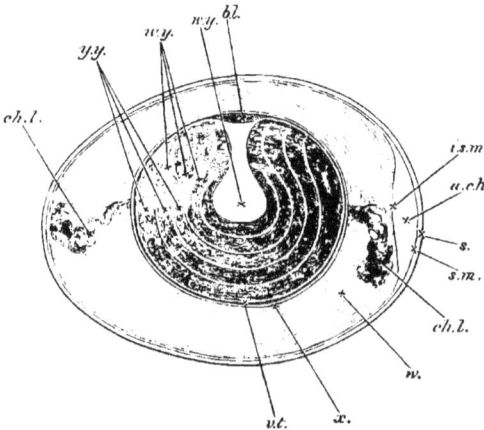
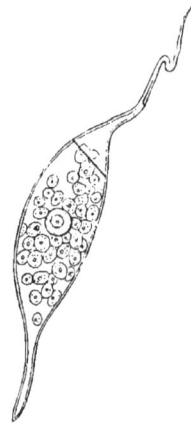

Fig. 49.   Fig. 50.

Fig. 49. **Schematischer Längsschnitt eines unbebrüteten Hühnereies**. (Nach ALLEN
THOMSON, etwas verändert, aus HERTWIG).
bl. Keimscheibe; *w.y.* weisser Dotter, derselbe besteht aus einer centralen flaschen-
förmigen Masse und einer Anzahl concentrisch aber um den gelben Dotter *y.y.* umgebender Schichten; *v.t.* Dotterhaut; *x.* etwas flüssige Eiweissschicht, welche den Dotter unmittelbar um-
giebt; *w.* Eiweiss aus abwechselnd dichteren und flüssigeren Lagen zusammengesetzt;
ch.l. Chalazen (Hagelschnüre); *a.ch.* Luftkammer am stumpfen Ende des Eies. Sie ist einfach ein Zwischenraum zwischen den beiden Schichten der Schalenhaut; *i.s.m.* innere,
s.m. äussere Schicht der Schalenhaut; *s.* Schale.

Fig. 50. **Ei von Microcotyle mit secundärer Hülle**, die sich deckelartig öffnen kann
und mit **secundären Dotterzellen** (nach LUDW. LORENZ).

ungsstoffe zur Eizelle hinzu, die den Leitungswegen und accessorischen Drüsen des Geschlechtsapparates oder auch anderen Theilen
des Mutterthieres ihre Entstehung verdanken. Wir können als Beispiel
das *Vogel*-Ei betrachten, dessen Dotter zunächst von spiralig geschichteten Eiweissmassen mit zusammengedrehten, festeren Eiweissschnüren
(Hagelschnüre oder Chalazen), ferner von äusseren häutigen und kalkigen Schalenschichten umgeben ist. Ein anderes sehr interessantes
Beispiel bieten die meisten *Plattwürmer;* bei diesen wird ein secundäres Nahrungsmaterial in Form einer Anzahl von Dotterzellen, die sich von den sogenannten Dotterstöcken ablösen, zusammen
mit der Eizelle von einer secundären Hülle eingeschlossen, welche an
einer bestimmten Stelle der Leitungswege (dem sogenannten Ootyp)
gebildet wird; der aus der Eizelle sich entwickelnde Embryo verbraucht
diese Dotterzellen als seine erste Nahrung. — Bei vielen Thieren (z. B.
Oligochaeten, Hirudineen) werden mehrere Eier gemeinschaftlich von
einer secundären Hülle eingeschlossen.

B. Eibildung.

1.) **Eibildung im Allgemeinen.** Das jugendliche Ei hat den
Bau einer einfachen undifferenzirten Zelle, die dem Keimlager der
Ovarien angehört. Die Reifung des Eies beruht vornehmlich auf der
allmählichen Isolirung der jugendlichen Eizelle vom Keimlager, dem
Heranwachsen derselben zu bedeutenderer Grösse und der Bildung der
primären Eihüllen.

Das **Keimlager** der Ovarien erscheint in vielen Fällen als eine
Plasmamasse mit zahlreichen darin eingeschlossenen Zellkernen; erst
allmählich grenzt sich um je einen heranwachsenden Zellkern, die
Plasmamasse je einer Zelle ab. Dies ist wohl so aufzufassen, dass die
Zellgrenzen zwischen den dichtgedrängten membranlosen Zellen anfangs
nicht wahrnehmbar waren. Man hat diesem Verhalten früher eine ge-
wisse Bedeutung zugeschrieben. Doch besteht wohl kein prinzipieller
Unterschied zwischen diesen „vielkernigen Plasmamassen" und solchen
Keimlagern, wo man von Anfang an die Zellgrenzen zwischen den einzelnen Zellkernen deutlich sehen kann.

Die **Isolirung** der Eizelle wird dadurch eingeleitet, dass dieselbe
eine sphärische Form anzunehmen beginnt. Die vollkommene Loslösung
vom Keimlager erfolgt meist erst, nachdem das Wachsthum der Eizelle
vollendet ist, in anderen Fällen aber auch früher, so dass die frei in
der Ovarialhöhle oder im Coelom liegende Eizelle noch bedeutend
wächst.

Das **Wachsthum** spielt in allen Fällen eine bedeutende Rolle.
An den jungen Eizellen ist in der Regel der Zellkern relativ sehr gross
und das Plasma spärlich. Beim späteren Wachsthum nimmt daher das
Plasma mehr zu als der Kern. In die Periode des Wachsthums fällt
auch die **Bildung der Dottersubstanzen.** Dieselben entstehen
in den meisten Fällen als Ausscheidungsprodukte der Zelle selbst. In
einigen Fällen aber scheint es, dass bereits geformte Dotterkörnchen
von den benachbarten Follikelzellen an die Eizelle abgegeben werden.

Hüllenbildung. In der Regel entstehen erst zu Ende der
Wachsthumsperiode die Hüllen, und zwar wird, wie schon erwähnt, die
Dottermembran von der Eizelle selbst gebildet, während das Chorion,

welches nur bei folliculärer Eibildung vorkommt, wohl im Ovarium selbst
entsteht, aber von den die Eizelle umhüllenden Follikelzellen ausgeschieden wird.

2.) Modificationen der Eibildung (Solitäre und folliculäre Eibildung). Die überaus mannigfachen Modificationen, welche
bei der Bildung des Eies vom Keimlager aus vorkommen, kann man
in zwei Hauptabtheilungen bringen: 1. die solitäre Eibildung und 2. die
folliculäre Eibildung.

Solitäre Eibildung.

Bei der solitären Eibildung löst sich je eine einzelne Zelle vom
Keimepithel oder Keimlager und wandelt sich zur Eizelle um. In vielen
Fällen ist die junge Eizelle vor ihrer vollständigen Ablösung noch mit
ihrer Basis wie mit einem Stiele am Keimlager befestigt, und meist
wird von dieser Stelle aus die Ernährung derselben vermittelt (*Echiniden*, *Lamellibranchiaten* etc.). Bei den *Nematoden* bildet das Keimepithel eine strangförmige, von dem blinden Ende des Ovarialschlauches

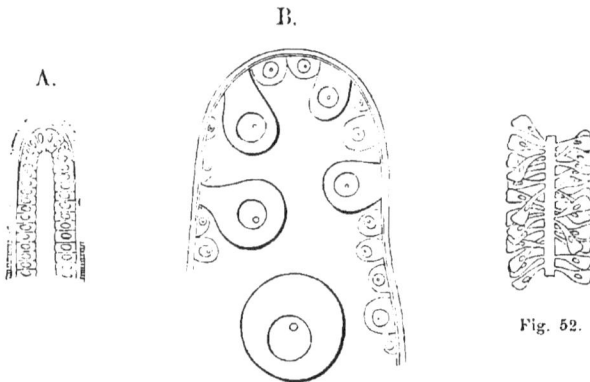

Fig. 51.

Fig. 51. **Eibildung eines Seeigels** (nach H. Ludwig).
A. Stück eines jungen Ovarialschlauches, mit innerem Keimepithel und zwei äusseren
Hüllschichten (Durchschnitt).
B. Stück eines älteren Ovarialschlauches mit Eizellen in verschiedenen Bildungsstadien
(Durchschnitt).

Fig. 52. **Eizellen, an einer gemeinsamen Rhachis befestigt, aus dem Ovarium des
Spulwurmes** (nach Leuckart).

ausgehende Zellenmasse (die sogenannte Rhachis); an dem freien Ende
der Rhachis sondern sich die reifen Eier; vor ihrer Ablösung sind
die gestielten Eier rings um die Achse des Stranges mit ihren Stielen
befestigt.

Die solitäre Eibildung ist am meisten bei den niedrigen Typen
verbreitet; sie findet sich mit wenigen Ausnahmen bei (den *Spongien*)
den *Cnidariern*, *Ctenophoren*, bei den *Echinodermen* (mit Ausnahme
der *Holothurien*?), bei den *Scoleciden*, ferner bei vielen *Anneliden*, den
Tentaculaten, bei den meisten *Mollusken* (mit Ausnahme der *Cephalopoden*) und bei einigen niedrigeren *Tracheaten* (?).

Folliculare Eibildung.

Die folliculare Eibildung ist ein complicirterer Process, der von dem erstgenannten Modus abgeleitet zu denken ist. Es wandeln sich in diesem Falle nicht alle Zellen des Keimepithels in Eizellen um, sondern es ist im Keimepithel selbst eine Theilung der Arbeit eingetreten. Es bilden sich nämlich Gruppen von ursprünglich gleichartigen Keimzellen; in jeder Zellgruppe hat aber nur je eine Zelle die Bestimmung Eizelle zu werden, während die übrigen die Ernährung dieser heranwachsenden Eizelle vermitteln und oft auch eine Hülle für dieselbe (das sogenannte Chorion) secerniren.

In Bezug auf die Gruppirung der Zellen und ihre Funktion giebt es mannigfache Arten der Follikelbildung. In manchen Fällen sind die Follikelzellen der Eizelle nur angelagert. In sehr vielen Fällen sind die Follikelzellen epithelartig rings um die central gelegene junge Eizelle angeordnet; oft ist die Theilung der Arbeit eine mehrfache, so dass wir nebst dem Follikelepithel noch specielle Nährzellen finden.

Wir wollen die Mannigfaltigkeit der Follikelbildungen an einigen Beispielen betrachten.

Cnidarier. Als eine Art der follicularen Bildung ist die Eibildung bei *Hydra* aufzufassen; das Ovarium wird von einer Anhäufung gleichartiger Zellen gebildet, aber nur eine einzige dieser Zellen wird zur Eizelle, die übrigen dienen ihr zur Nahrung; sie werden von derselben geradezu auf amöboide Weise gefressen (KLEINENBERG). Aehnliche Verhältnisse finden sich, wie BALFOUR gezeigt hat, bei *Tubularia*.

Bei Anneliden kommen mancherlei Follikelbildungen vor. Bei *Bonellia* sitzt eine eigenthümlich angeordnete Gruppe von Nährzellen an dem einen Pole der jungen Eizelle. — Als Beispiel einer „freien Follikelbildung" ist *Piscicola* (zu den *Hirudineen* gehörig) anzuführen; hier liefert nämlich je eine vom Keimepithel bereits losgelöste Zelle durch Theilung einen Zellenhaufen; dieser sondert sich in Hüllzellen, Nährzellen und eine Eizelle, die zuletzt allein als Product des Follikels übrig bleibt.

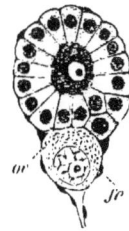

Fig. 53. **Folliculare Eibildung von Bonellia** (nach SPENGEL).

ov Eizelle, über derselben eine eigenthümliche Gruppe von Follikelzellen; *fe* platte Hüllzellen des Ovariums.

a.   b.   c.   d.   e.   f.

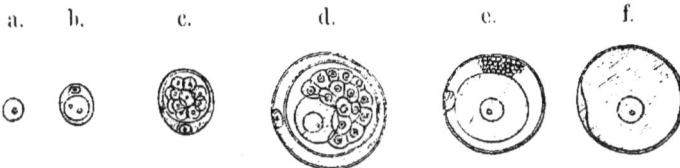

Fig. 54. **Freie Follikelbildung bei Piscicola** (nach H. LUDWIG).

a. Freie Zelle aus der Ovarialhöhle.

b. Hüllzelle und Inhaltszelle.

c. Letztere in einen Zellhaufen verwandelt.

d. Sonderung des Inhalts in kleinere Nährzellen und eine grössere Eizelle.

e. Die Nährzellen degeneriren.

f. Die Eizelle füllt allein die Hülle aus.

Unter den Crustaceen wollen wir *Apus* betrachten; hier bilden sich aus dem regelmässigen einschichtigen Keimepithel Follikel von je vier Zellen; die drei anfangs grösseren Nährzellen werden allmählich

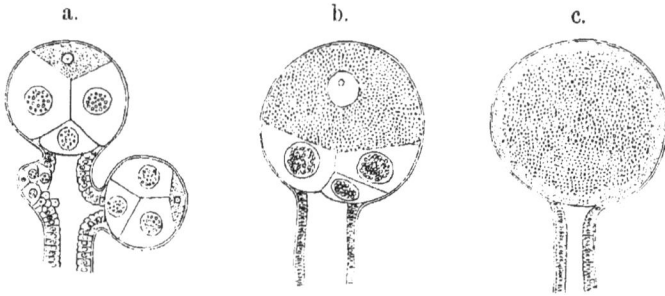

a.   b.   c.

Fig. 55. **Eibildung von Apus cancriformis** (nach H. Ludwig).

a. Stück eines Ovarialschlauches mit einem sehr jungen und zwei etwas älteren Follikeln, die Eizelle ist stets die kleinste von den vier Zellen.

b. Die Eizelle ist schon grösser als die Nährzellen.

c. Die Nährzellen sind ganz aufgebraucht.

resorbirt. Bei den *Daphnien* finden sich „freie Follikel" von je vier in einer Reihe liegenden Zellen, von welchen stets die dritte zur Eizelle wird. Bei *Sacculina* ist mit der Eizelle nur eine Nährzelle (Follikelzelle) verbunden.

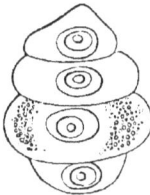

A.

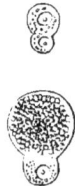

B.

Fig. 56. **Eibildung einer Daphnienform;** die dritte Zelle des freien Follikels wird zur Eizelle (nach Weismann).

Fig. 57. **Eibildung von Sacculina** (nach H. Ludwig).

A. Freier Follikel aus zwei Zellen bestehend.

B. Eizelle, bereits viel grösser als die Follikelzelle.

Fig. 56.   Fig. 57.

Bei allen Insecten kommt eine eigenthümliche Form der Follikelbildung vor. Das Ovarium zerfällt in eine Anzahl Gebilde, die mit einem nicht ganz passenden Namen als „Eiröhren" bezeichnet werden; dieselben hängen mit dem gemeinschaftlichen Ausführungsgang (Eileiter) zusammen. Die einzelne Eiröhre besteht aus einer Reihe hintereinanderliegender Follikel („Eifächer"). An dem blinden Ende der Eiröhre in der „Endkammer" findet sich das Keimepithel, welches immer neue Follikel bildet; an dieser Stelle wächst also die Eiröhre in die Länge. Jeder Follikel enthält eine Eizelle, die von Follikelepithel umgeben ist, welches die Ernährung der Eizelle vermittelt und eine derbe Membran, das Chorion, für dieselbe absondert. Das reife Ei wird in den Eileiter ausgestossen, das Follikelepithel geht sodann zugrunde und das nächste Eifach rückt, durch Schrumpfung der äusseren Bindegewebshülle der Eiröhre, bis an den Eileiter heran. — Dies ist die einfachere Form der Eiröhren, die bei den *Orthopteren, Libellulinen* und *Puliciden* vorkömmt. Bei den anderen Insecten wird der Bau der Eiröhre dadurch complicirt, dass

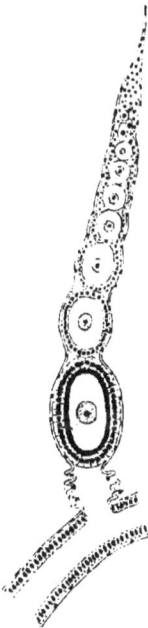

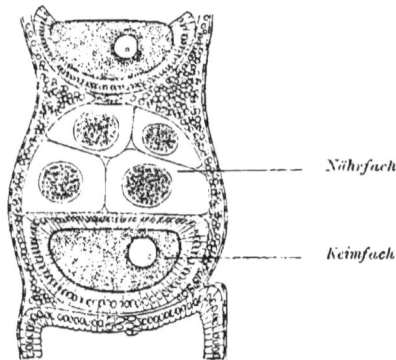

Nährfach

Keimfach

Fig 58.   Fig. 59.

Fig. 58. Eiröhre vom einfachen Typus im Längsschnitt (Schema).

Fig. 59. Unteres Ende einer Eiröhre vom zusammengesetzten Typus aus der Puppe von Zerene grossulariata (nach H. Ludwig).

auf jedes Eifach noch eine Gruppe „specieller Nährzellen" folgt (sog. Dotterfach), welche während des Wachsthums der Eizelle resorbirt werden; oft ist die Eizelle durch einen plasmatischen Strang mit diesen Nährzellen verbunden.

Wirbelthiere. Das Keimepithel des Wirbelthierovariums wird von einem besonderen Theil des allgemeinen Coelomepithels gebildet. Diese Ovarien sind daher, ihrem Typus nach, Flächenovarien. Sie bestehen aus einer bindegewebigen Stützsubstanz (dem „Stroma"), in welchem auch die Gefässe und Muskelfasern liegen, und dem an der Oberfläche des Ovariums gelegenen Keimepithel. Von diesem Keimepithel aus wuchern die Follikel in das Stroma ein; in der Regel werden alle Follikel schon während des embryonalen Zustandes angelegt und es ist damit die Funktion des Keimepithels beendigt. Sehr übersichtlich ist der Process der Follikelbildung bei *Raja batis*, wo je eine einzelne Eizelle mit umgebenden Zellen in die Tiefe rückt. — In den meisten Fällen wuchern grössere Zellenmassen in die Tiefe (Pflüger'sche Schläuche, Zellennester [Balfour]), welche in eine Anzahl von Follikeln zerfallen. — Die Follikelzellen ordnen sich epithelartig um die centrale

Eizelle. — Am heraureifenden Ei bildet sich eine von senkrechten Poren durchsetzte Membran, die Zona radiata, die wahrscheinlich (in den meisten Fällen) als Chorion zu deuten ist. — Bei den Säugethieren tritt

A.

B.

C.

D.

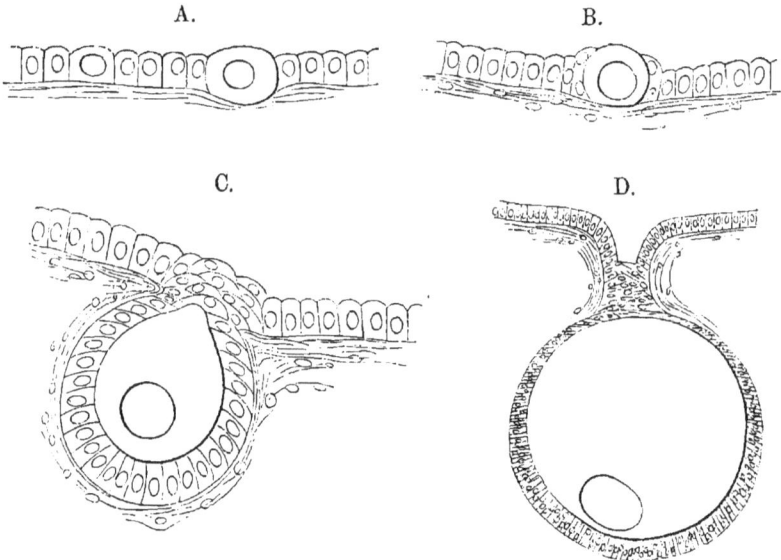

Fig. 60. **Follikelbildung bei Selachiern** (nach H. Ludwig).
A. Keimepithel mit einzelnen grösseren Zellen (von **Acanthias**) im Durchschnitt.
B. C. D. Die verschiedenen Stadien der Follikelbildung von **Raja** an Durchschnitten dargestellt.

esch *ue* *ue*

ke

gg

f

gg

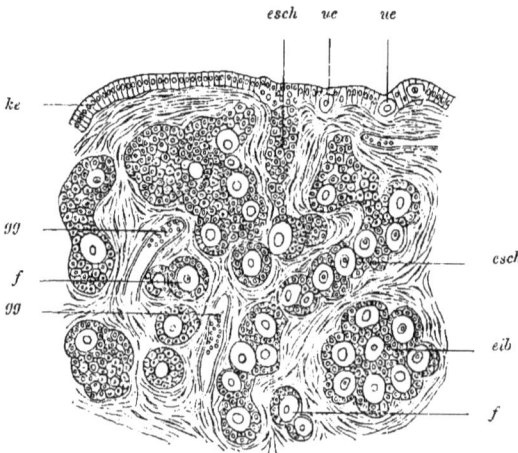

esch'

eib

f

Fig. 61. **Theil eines sagittalen Durchschnittes vom Eierstock eines neugeborenen Kindes.** Stark vergr. (nach Waldeyer)

ke Keimepithel; *esch* Pflüger'sche Schläuche; *ue* im Keimepithel gelegene Ureier; *esch'* langer in Follikelbildung begriffener Pflüger'scher Schlauch; *eib* Eiballen, ebenfalls in der Zerlegung in Follikel begriffen; *f* jüngste, bereits isolirte Follikel; *gg* Gefässe.

In den Schläuchen und Eiballen sind die Primordialeier und die kleineren Epithelzellen, das spätere Follikelepithel, zu unterscheiden.

im reifen Follikel durch Flüssig-
keitsabsonderung eine Höhle
auf. Das Ei bleibt anfangs an
einer Stelle der Follikelwan-
dung (Discus proligerus) befestigt; bei der Loslösung fällt
es dann in die Follikelhöhle,
und wird von dort in die Coelomhöhle wie bei den Wirbelthieren im allgemeinen entleert
(bei Knochenfischen hat das
Ovarium eine innere Höhle, die
durch einen Eileiter direkt nach
Aussen führt).

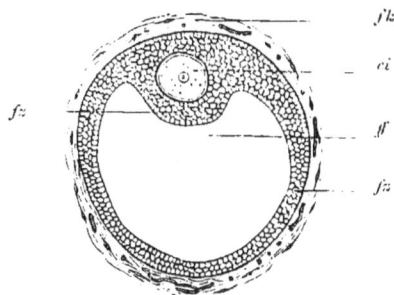

Fig. 62. Follikel vom Säugethier (Graaf'sches Bläschen) mit grösserer Ansammlung von Flüssigkeit zwischen den Follikelzellen (aus HERTWIG).

ei Ei; *fz* Follikelzellen; *fz′* Follikelzellen, welche das Ei einhüllen und den Discus proligerus bilden; *fl* Follikelflüssigkeit (Liquor folliculi); *fk* Follikelkapsel (Theca folliculi).

Bau und Entwicklung der Spermatozoen.

Die Hoden sind ihrer Anlage nach den Ovarien gleichwerthig. Bei vielen Thieren ist es nicht möglich, an den jugendlichen Gonaden Ovarien von Hoden zu unterscheiden. Auch hat man bei manchen Thieren die interessante Beobachtung gemacht, dass zuweilen in dem Hoden sich einzelne Eier bilden, deren Entwicklungsfähigkeit allerdings nicht constatirt ist. — So mannigfaltig der Bau der Hoden in den verschiedenen Fällen sich gestaltet, so ist es meist doch nur ein gleichartiges Keimepithel, von welchem die Entwicklung der männlichen Fortpflanzungszellen, der Spermatozoen, ausgeht.

Bau der Spermatozoen. Die gewöhnliche Form, welche die Spermatozoen besitzen, ist die einer kleinen Geisselzelle, sie gehören meist zu den kleinsten Zellen des Körpers; in ihrer Grösse stehen dieselben stets weit hinter der Eizelle zurück. Der Zellkörper oder sogenannte „Spermatozoenkopf" besteht aus der Kernsubstanz und einer sehr spärlichen Plasmaschichte; daran schliesst sich oft unter Vermittlung eines sogenannten Halses oder Zwischenstückes die bewegliche Geissel oder der sogenannte „Spermatozoenschwanz". Bei den verschiedenen Thieren finden sich vielfache Variationen in Bezug auf die Grösse und die speciellen Eigenthümlichkeiten der Spermatozoen. Bei einigen Thierformen, die in ihrem ganzen Organismus keine Flimmer- oder Geisselzellen besitzen, haben merkwürdiger Weise auch die Spermatozoen nicht die normale Form der Geisselzelle; so sind sie bei den *Nematoden* kegelförmig und amöboid beweglich; bei den *Crustaceen* finden sich sternförmige Spermatozoen (bei den Insecten aber zeigen sie den normalen Typus).

Entwicklung der Spermatozoen. Die Keimepithelzelle des Hodens wandelt sich nicht unmittelbar in ein Spermatozoon um, sondern in eine sogenannte Samenmutterzelle (Spermatoblast, Spermatogonie). Aus dieser entstehen durch Theilung in der Regel sehr zahlreiche (oft maulbeerförmig angeordnete) Spermatocyten, die sich in je ein Spermatozoon umwandeln. Gewöhnlich hängen die Sper-

matocyten anfangs alle gemeinschaftlich mit der Mutterzelle zusammen
(Maulbeerform der Spermatogonie) und erst nach ihrer Verwandlung in
Spermatozoen fallen sie auseinander.

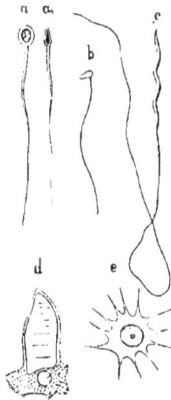

Fig. 63.

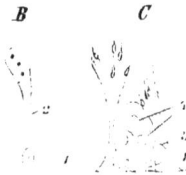

Fig. 65.   Fig. 64.

Fig. 63. **Spermatozoen.** a. vom Menschen, Köpfchen von der Breitseite; a₁. Köpfchen
von der Schmalseite; b. von einer Spongie; c. von einem Rochen; d. vom Spulwurm;
e. von einer Krabbe (nach verschiedenen Autoren).

Fig. 64. **Spermatogenese eines Plattwurmes (Axine)** (nach L. Lorenz).
A. Maulbeerform; B. Spermatozoen beginnen sich loszulösen. a. Zellkern der Spermatogonie; b. Zellkern der Spermatocyten.

Fig. 65. **Spermatogenese des Stieres** (nach Stöhr).
B. 1. Junge Spermatogonie; 2. ältere Spermatogonie mit Spermatocyten am freien Ende.
C. 1. und 4. junge Spermatogonien; 3. ältere Spermatogonie mit weit entwickelten
Spermatocyten.

In einer grossen Zahl von Fällen wurde beobachtet, dass der Zellkern der Spermatogonie bei der Spermatocytenbildung nicht ganz aufgebraucht wird, sondern dass ein Theil unverbraucht übrig
bleibt und dann zu Grunde geht.

Als Aequivalent des Eies wird nach der herrschenden Anschauung
nicht das Spermatozoon oder die Spermatocyte betrachtet, sondern die
Spermatogonie (daher auch als „männliches Ei" bezeichnet). Die Spermatozoen treten stets in viel bedeutenderer (oft tausendfacher) Anzahl auf
als die Eier. Oft werden die Spermatozoen durch secundäre (meist in
den Leitungswegen gebildete) Secrete zu eigenthümlichen Gebilden ver-

einigt, die man als Spermatophoren bezeichnet. Im einfachsten Falle sind es nur verklebte Samenmassen (z. B. beim *Flusskrebs*), in anderen Fällen sind es complicirte Bildungen mit zweckdienlichen Einrichtungen (z. B. die patronenähnlichen Spermatophoren der *Cephalopoden*).

So auffallend auch die Verschiedenheit in Grösse und in Gestalt zwischen weiblicher Eizelle und männlicher Samenzelle erscheint, so ist sie doch nur von untergeordneter Bedeutung, denn wir wissen, dass in Bezug auf die wesentliche Leistung, nämlich die Verursachung der Eigenschaften des neuen Individuums, die Eizelle und Samenzelle sich gleichartig verhalten; die väterlichen und mütterlichen Eigenschaften werden in gleichem Ausmasse vererbt. Die Verschiedenheit von Eizelle und Samenzelle beruht in einer Arbeitstheilung in Bezug auf gewisse Nebenleistungen. Die Eizelle bringt den weitaus grösseren Antheil von Substanz für das neue Individuum mit, während das Spermatozoon sowohl durch seine grosse Anzahl als auch durch seine Beweglichkeit die Wahrscheinlichkeit des Zusammentreffens bewirkt. Es ist leicht einzusehen, dass durch die einseitige Vermehrung der Anzahl bei gleicher Wahrscheinlichkeit des Zusammentreffens ein vielfaches an Substanz erspart wird.

2. Bildung der Richtungskörper und Befruchtung.

Nachdem das reife Ei das Ovarium verlassen hat (nur in wenigen Fällen schon innerhalb des Ovariums) erfährt dasselbe gewisse Veränderungen, die eine nothwendige Vorbedingung der Befruchtung sind. Es wird nämlich ein Theil des Keimbläschens aus dem Ei ausgestossen (dieser Process wird oft auch als letztes Stadium der Eireifung bezeichnet). — Der Vorgang ist folgender: das Keimbläschen wandelt sich in eine Kernspindel um — von derselben Beschaffenheit, wie sie bei einer karyokinetischen Zelltheilung zu beobachten ist — und diese rückt an die Oberfläche des animalen Eipoles. Unter Strahlungserscheinungen des Plasmas wird ein Theil der Spindel, umgeben von einer geringen Plasmamenge, in Form eines hellen Kügelchens ("Richtungskörper") ausgestossen. In den meisten Fällen folgt noch die Ausstossung eines zweiten Richtungskörpers. Der Rest der Kernspindel nimmt wieder die Form eines ruhenden Kernes an und rückt in die Tiefe, wobei auch die Strahlenfigur im Plasma verschwindet. Diesen Rest des Keimbläschens bezeichnen wir nach O. Hertwig als „Eikern“ oder „weiblicher Pronucleus“. Die Richtungskörper gehen später durch Zerfall zu Grunde.

Die Bildung der Richtungskörper wird mit Rücksicht auf die karyokinetischen Erscheinungen von manchen Forschern als Zelltheilung aufgefasst; dieselben werden als Zellen betrachtet und „Polzellen“ genannt. Die Richtigkeit dieser Auffassung ist nicht sichergestellt. Das Wesentliche des Processes ist die Ausstossung eines Theils des Keimbläschens.

Auch bei parthenogenetisch sich entwickelnden Eiern (vergl. Cap. IX) hat man die Ausstossung eines Richtungskörpers beobachtet (und wie Weismann hervorhebt, stets nur eines einzigen, während nach demselben Autor sonst gesetzmässig zwei Richtungskörper auftreten sollen).

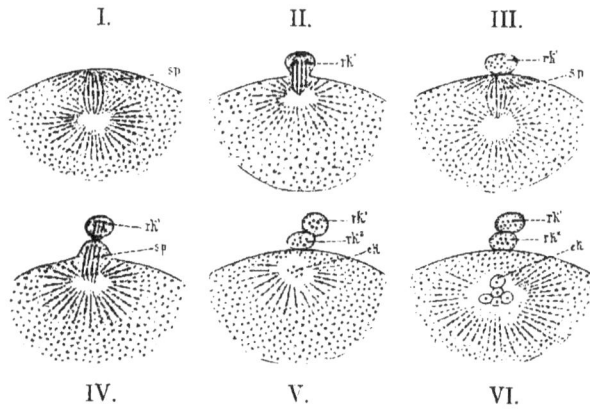

Fig. 66. **Bildung der Richtungskörper bei Asterias glacialis** (nach Hertwig).
sp Kernspindel; *rk¹ rk²* erster und zweiter Richtungskörper; *ek* Eikern aus dem Rest
der Spindel sich bildend.

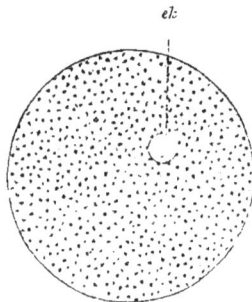
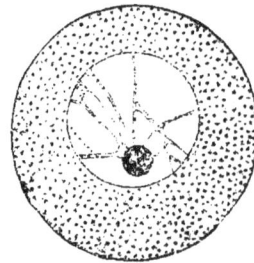

Fig. 67.   Fig. 68.

Fig. 67. **Reifes Ei mit Eikern** (*ek*) **eines Echinodermen** (nach Hertwig).
Fig. 68. **Unreifes Ei mit Keimbläschen eines Echinodermen** (nach Hertwig).

Die Kenntnis der eigentlichen Befruchtungsvorgänge ist erst in
den letzten Jahren besonders durch die Untersuchungen von Bütschli,
O. Hertwig und Fol begründet worden. Am genauesten sind die Vorgänge an den Eiern von Seeigeln und Seesternen studirt, welche ein
überaus günstiges Object bilden. weil sie klein und durchsichtig sind,
so dass man mit starken Vergrösserungen die inneren Veränderungen
beobachten kann, und weil man durch Mischung von Eiern und Sperma,
die den reifen Geschlechtsorganen entnommen werden, jederzeit die sogenannte künstliche Befruchtung einleiten kann. — Zahlreiche Untersuchungen an anderen Objecten haben aber auch gezeigt, dass der Befruchtungsvorgang bei allen Metazoen typische Uebereinstimmung zeigt.

Bei Toxopneustes sieht man am lebenden Ei folgende Erscheinungen: die Spermatozoen sammeln sich an der Oberfläche der galler-

tigen Dottermembran, und mittelst activer Bewegung beginnen sie dieselbe zu durchbohren; eines derselben wird, sobald es mit dem Köpfchen die Dottermembran passirt hat, von einem an der Eizelle sich bildenden Plasmahöcker ("Empfängnisshügel") aufgenommen. Im Plasma der Eizelle entstehen nun Strahlungen um zwei helle Centren (sog. Sonnenfiguren), nämlich um den Eikern und den eben aufgenommenen noch

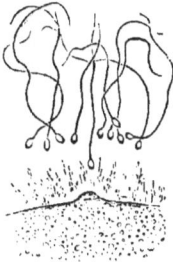

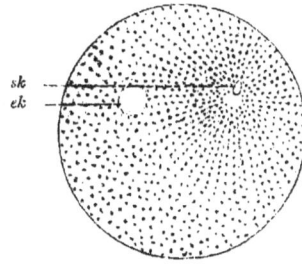

sk
ek

Fig. 69. Fig. 70 A.

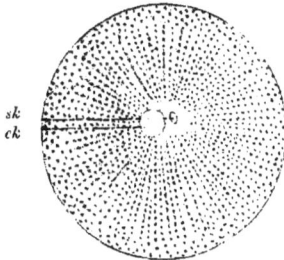

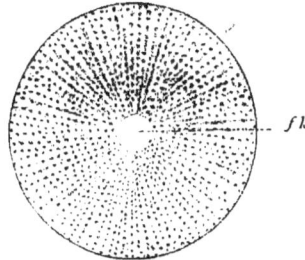

sk
ck

f k

Fig. 70 B. Fig. 70 C.

Fig. 69. **Rand des Eies von Asterias glacialis, während der Befruchtung** (nach Fol).

Fig. 70. **Befruchtung des Seeigeleies** (nach Hertwig).

A. Der Kopf des eingedrungenen Samenfadens hat sich in den von einer Protoplasmastrahlung eingeschlossenen Samenkern (*sk*) umgewandelt und ist dem Eikern (*ck*) entgegengerückt.

B. Der Samenkern *sk* und der Eikern *ek* sind nahe zusammengerückt und sind beide von einer Protoplasmastrahlung umgeben.

C. Ei- und Samenkern sind zum Furchungskern verschmolzen, der im Centrum einer Protoplasmastrahlung liegt.

peripher gelegenen Spermakern (oft auch nur um letzteren). Diese hellen Centren beginnen gegen einander zu rücken, bis sie sich zum Centrum einer einzigen Strahlenfigur vereinigen. Die Strahlenfigur verschwindet und das helle Centrum erscheint als der primäre Zellkern (sog. "Kern der ersten Furchungskugel"). Durch Fixirung und Kernfärbung ist genauer nachgewiesen worden, dass thatsächlich eine Vereinigung der chromatischen Substanz von Eikern und Spermakern stattfindet. Das blosse Eindringen des Spermatozoon in das Ei wirkt noch

nicht als Befruchtung, dieselbe ist erst durch die Vereinigung der beiden
Kerne vollzogen. (Die allgemeine Giltigkeit des letzteren Satzes wird
in neuerer Zeit angefochten [VAN BENEDEN]).

Die wichtigsten Sätze der HERTWIG'schen Befruchtungslehre sind:
1) Die Befruchtung beruht auf einer Vereinigung von Eikern (weiblicher Pronucleus) und Spermakern.
2) Es wird nur ein einziges Spermatozoon vom Ei aufgenommen.

———

Nach Untersuchungen an *Ascaris megalocephala* betrachtet VAN BENEDEN
das Ei nach Ausstossung der Richtungskörperchen nicht als vollständige
Zelle, sondern gleichsam als Theil einer Zelle. Da bei der Entstehung des
Spermatozoons aus der Samenmutterzelle ebenfalls Theile der Zelle abgestossen werden, so wird auch das Spermatozoon ähnlich als Zelltheil aufgefasst. Bei der Befruchtung vereinigen sich diese Theile mit einander
zu einem Zellganzen.

Es erfolgt ferner die eigentliche Vereinigung von Eikern und Spermakern erst nach Ablauf der ersten Theilung der Eizelle (wobei Eikern und
Spermakern die Theilung mitmachen); auch ist der männliche und weibliche Antheil der Kerne noch weiter nachweisbar, ja es erstreckt sich
dieser Nachweis auf alle Zellen des entwickelten Thieres, so dass eigentlich
nur eine Aneinanderlagerung, nicht aber eine Vermischung der beiden
Antheile statt hat.

3. Entwicklung der Gastrula aus dem Ei.

Furchung.

Die Entwicklung der Metazoen beginnt mit einem fortgesetzten Zell-
theilungsprocess, den wir als Furchung bezeichnen. Es herrscht dabei
eine gesetzmässige Richtung und zeitliche Folge der Theilungsebenen,
wodurch eine gesetzmässige Anordnung der Zellen bedingt ist.

Für die bestimmte Gestaltung eines vielzelligen Körpers ist die
Richtung auch schon der ersten Zelltheilungsebenen von Bedeutung.
Wenn z. B. die Theilungsebenen alle parallel zu einander liegen, so
entsteht eine fadenförmige Zellreihe (Fadenalgen, Diatomeenketten);
wenn die Theilungsebenen in wechselnder Richtung aber alle senkrecht
auf einer gemeinschaftlichen Ebene stehen, so bildet sich eine Zellplatte
wie z. B. bei Gonium pectorale.

Die Furchung der Metazoen aber ist dadurch charakterisirt, dass
meridionale (durch die Hauptachse gehende) und sogenannte „äquatoriale" (eigentlich Parallelkreisen entsprechende) „Furchen" (Zelltheilungsebenen) in gewisser Reihenfolge auftreten, woraus eine Anordnung der Zellen in allseitiger einfacher Schichte rings um ein gemeinsames Centrum resultirt. Im Centrum bildet sich in der Regel durch
Auseinanderweichen der Zellen ein Hohlraum, die Furchungshöhle
oder BAER'sche Höhle (Blastocoel). Aus dem Verhalten der
Theilungsebenen ist ersichtlich, dass die Primärachse, welche schon an
der Eizelle nachweisbar war, bei der Furchung ausgeprägt bleibt. Auch
die Pole sind verschieden, denn am animalen Pole sind die Zellen stets
kleiner und ärmer an Dotterkörnchen, als am vegetativen Pole. Der
Grössenunterschied der Zellen beruht meist auf einer ungleichen Theilung

beim Auftreten schon der ersten äquatorialen Furche, wozu in späteren Stadien noch ein Zurückbleiben des Theilungsprocesses (geringere Zahl von Theilungen) an der vegetativen Seite kömmt. Eine „äquale" Furchung, bei welcher alle Theilstücke gleich gross sind, ist in keinem Falle mit Sicherheit beobachtet. Die Furchungszellen haben in der Regel eine sphärische Form, doch sind sie an den gegenseitigen Berührungsstellen in einem gewissen Grade abgeplattet und zeigen dadurch schon von allem Anfang an einen Zusammenhang als beginnende Tendenz zur Gewebsbildung. Sie haben nicht die Neigung sich zu isoliren, wie dies bei dem ähnlichen Vermehrungsprocess aus der undifferenzirten Zelle bei den Protozoen der Fall ist.

Wir kennen mannigfache Modificationen der Furchung, welche vornehmlich auf folgenden Punkten beruhen:

a) Menge und Lagerungsverhältnis des Nahrungsdotters und davon abhängiges Grössenverhältnis der Furchungszellen. (Das Grössenverhältnis der Furchungszellen kann aber auch von anderen Ursachen abhängen.)

b) Richtung, Zeitfolge und Zahl der Theilungen.

c) Verschiedene Ausdehnung oder Fehlen der Furchungshöhle.

E. Haeckel hat mit besonderer Berücksichtigung des ersten Punktes eine vortreffliche Eintheilung der Furchungsarten begründet, die bis auf geringe Aenderungen noch immer aufrecht zu halten ist. Wir wollen dieselbe zunächst an einigen Beispielen kennen lernen.

I. Adäquale Furchung (= Reguläre Furchung = Primordiale Furchung [Ernst Haeckel]). Dies ist der einfachste und wahrscheinlich ursprünglichste Typus der Furchung bei den Metazoen, der nur in solchen Fällen vorkömmt, wo das Ei klein ist und eine relativ geringe Menge von Nahrungsdotter enthält, der Kern solcher Eier liegt nahezu central. Die Furchungszellen sind in Bezug auf Grösse und Beschaffenheit nur in geringem Grade von einander verschieden. Die Furchungshöhle ist in der Regel wohl ausgebildet. — Beispiel: Furchung von *Amphioxus*. Wir sehen zunächst eine meridionale Theilungsebene vom animalen Pole ausgehen, dann eine zweite meridionale Furche senkrecht zur ersten auftreten. So entstehen 4 regelmässig um die Hauptachse angeordnete Zellen. Die erste äquatoriale Furche theilt die Zellen in ungleiche Theile, so dass dann die vier Zellen am animalen Pole etwas kleiner sind als die vier entgegengesetzten; letztere enthalten die reichlichere Menge von Dotterkörnchen. Dann folgen wieder meridionale Furchen, so dass 8 obere und 8 untere Zellen entstehen. Durch weitere äquatoriale Furchen kömmt es zum 32zelligen Stadium, das aus vier Kreisen zu je acht Zellen aufgebaut ist. Die Furchungshöhle, die schon im vierzelligen Stadium sichtbar war, hat sich vergrössert und dehnt sich später noch mehr aus. Bei den weiteren Furchungsstadien ist ein Zurückbleiben des Theilungsprocesses an der vegetativen Hälfte zu beobachten, wodurch der Grössenunterschied der Zellen an den beiden Polen noch ausgeprägter wird.

II. Inäquale Furchung kömmt meist dort vor, wo reichlichere Mengen von Nahrungsdotter in der vegetativen Hälfte des Eies angehäuft sind; der Kern solcher Eier liegt stark excentrisch gegen den animalen Pol zu (telolecithaler Typus). — Der Unterschied der Furchungs-

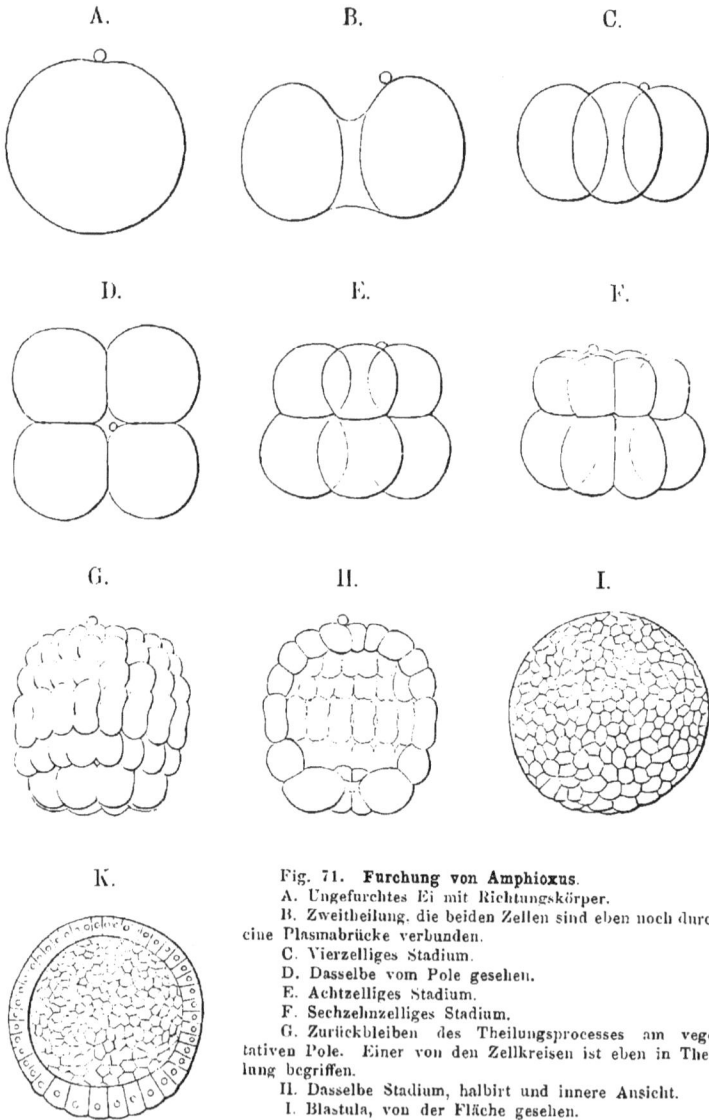

Fig. 71. **Furchung von Amphioxus.**
A. Ungefurchtes Ei mit Richtungskörper.
B. Zweitheilung, die beiden Zellen sind eben noch durch eine Plasmabrücke verbunden.
C. Vierzelliges Stadium.
D. Dasselbe vom Pole gesehen.
E. Achtzelliges Stadium.
F. Sechzehnzelliges Stadium.
G. Zurückbleiben des Theilungsprocesses am vegetativen Pole. Einer von den Zellkreisen ist eben in Theilung begriffen.
H. Dasselbe Stadium, halbirt und innere Ansicht.
I. Blastula, von der Fläche gesehen.
K Dieselbe halbirt und von Innen gesehen.

zellen in Bezug auf Grösse und Beschaffenheit ist bedeutend: und zwar liegen kleinere dotterarme Zellen nach dem animalen Pol, grössere mit Dotter beladene Zellen nach dem vegetativen Pole zu. Die Furchungshöhle ist verkleinert und ist stark excentrisch gegen den animalen Pol verschoben. (Auch bei sehr kleinen dotterarmen Eiern von „oligomerem"

Furchungstypus zeigt sich oft ein inäqualer Charakter der Furchung, welcher meist mit vollkommenem Mangel der Furchungshöhle einhergeht.) Als Beispiel wollen wir die Furchung von *Petromyzon* betrachten. Am Ei unterscheidet sich schon vor der Furchung die animale Seite, welche reicher an Plasma erscheint, in auffallender Weise von der vegetativen Seite, welche von Dotterkörnchen erfüllt ist. Der Furchungsprocess selbst beginnt auch hier mit dem Auftreten einer ersten und

A. B. C. D.

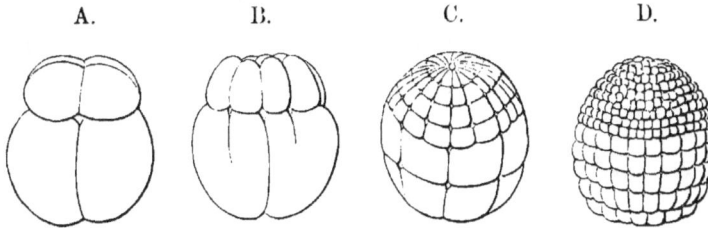

Fig. 72. **Vier Furchungsstadien von Petromyzon** (A. und B. nach SHIPLEY, C. und D. nach M. SCHULTZE).

zweiten meridionalen Furche. Erst bei der dritten, äquatorialen, Furche tritt hier der inäquale Charakter auf, indem durch dieselbe vier kleinere obere und vier grössere untere Zellen entstehen. Bei den späteren Stadien steigert sich die Ungleichheit der Zellen, indem die Zellen der animalen Hälfte sich viel rascher theilen. Bei den Wirbelthieren sind die Zellen rings um das Blastocoel oft mehrschichtig angeordnet; doch ist dies für das Wesen der Furchung nur von untergeordneter Bedeutung.

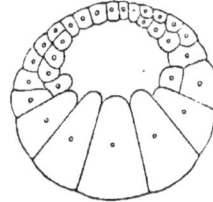

Fig. 73. **Meridionalschnitt durch ein Furchungsstadium von Petromyzon** (nach SHIPLEY).

III. **Discoidale Furchung** findet ebenfalls an Eiern von telolecithalem Typus statt, und zwar in solchen Fällen, wo sehr bedeu-

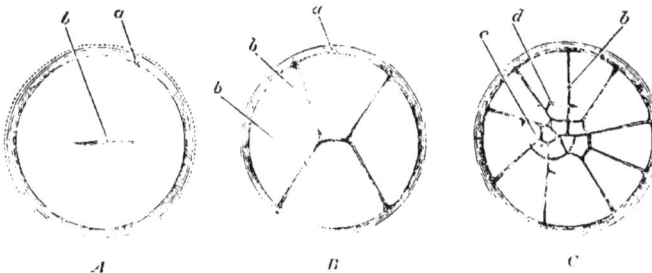

Fig. 74. **Oberflächenansichten der ersten Furchungsstadien der Keimscheibe des Hühnchens** (nach COSTE).
a Rand der Keimscheibe, *b* radiäre Furche, *c* kleines centrales, *d* grosses peripheres Segment.

tende Massen von Nahrungsdotter vorhanden sind und das Plasma mit dem Kerne in noch schärferer Weise schon vor der Furchung am animalen Pole concentrirt ist. Dasselbe sondert sich schon vor der Furchung von dem Nahrungsdotter vollständig ab (bei *Wirbelthieren*) oder erst während der Furchung (bei den *Cephalopoden*.)

Nur der plasmatische Theil, der „Bildungsdotter", wird von der Furchung betroffen, während der Nahrungsdotter zunächst als nichtzellige Masse von den Furchungszellen gesondert ist. Bei der Furchung unterscheiden wir radiäre und circuläre Furchen, welche den meridionalen und äquatorialen der anderen Furchungsarten entsprechen. — Während der Furchung wandern secundär Zellen in den Nahrungsdotter ein (Dotterzellen). Das Resultat der Furchung ist daher: 1. Eine scheibenförmige Zellmasse (Keimscheibe), die am Rande dem Dotter direkt aufliegt, in der Mitte durch die Furchungshöhle von demselben getrennt ist, und 2. die in den Dotter eingewanderten Dotterzellen. Die Bedeutung dieser Dotterzellen für den Aufbau der Keimblätter ist noch nicht sichergestellt (und auch ihre Herkunft ist noch nicht ganz zweifellos).

Die discoidale Furchung ist aus der inäqualen abzuleiten. Der gesonderte Nahrungsdotter und die Dotterzellen entsprechen Theilen, die bei der inäqualen Furchung in der vegetativen Hälfte der Keimblase enthalten sind.

Als Typus betrachten wir die Furchung des *Vogel*-Eies. Die discoidale Furchung findet sich ferner bei den *Reptilien* und bei vielen *Fischen*. Unter den wirbellosen Thieren kömmt discoidale Furchung nur bei den *Cephalopoden* und bei den *Asseln* vor.

IV. Superficiale Furchung. Dieser Furchungstypus ist ebenfalls durch Anhäufung grösserer Dottermengen bedingt; doch liegt hier der Kern mit Plasmaanhäufung nahezu im Centrum des Eies. (Die Eier sind daher nicht „centrolecithal", wie sie einige Forscher nennen.) Auch hier sondern sich die Furchungszellen während des Furchungsprocesses von dem Nahrungsdotter. Die Zellen kommen an die ganze Peripherie zu liegen, während der Nahrungsdotter jetzt erst eine centrale Lagerung gewinnt und die Stelle der Furchungshöhle einnimmt. Dieser Furchungstypus findet sich nur bei *Arthropoden*; er ist sowohl bei den *Crustaceen* als auch bei den *Tracheaten* sehr verbreitet.

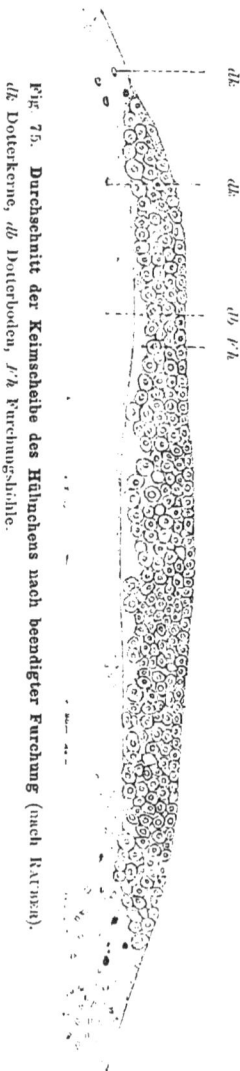

Fig. 75. Durchschnitt der Keimscheibe des Hühnchens nach beendigter Furchung (nach RAUBER). *dk* Dotterkerne, *db* Dotterboden, *f'h* Furchungshöhle.

Bei den *Crustaceen*, z. B. bei dem Flusskrebs, ist die Furchung äusserlich einer adäquaten Furchung sehr ähnlich. An Durchschnitten ist aber der wesentliche Unterschied bemerkbar. Die Furchen greifen nicht durch und die Furchungszellen bleiben daher mittelst einer gemeinsamen Dottermasse im Centrum in Zusammenhang und es kommt nicht zur Bildung einer Furchungshöhle; die Kerne mit Plasmaanhäufung rücken gegen die Oberfläche der Furchungszellen; diese haben bei vorgeschrittener Furchung (Fig. 76 A) die Gestalt hoher dünner Pyramiden.

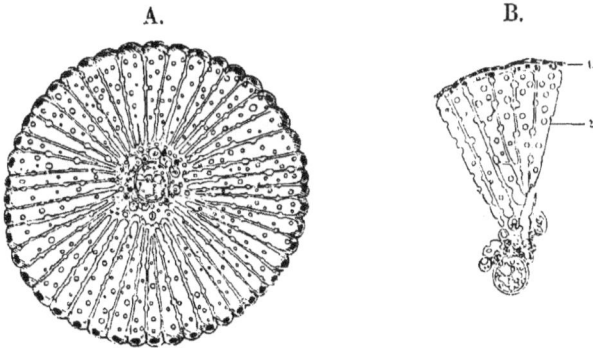

A.

B.

Fig. 76. **Furchung vom Flusskrebs** (nach Reichenbach).
A. Durchschnitt eines Furchungsstadiums. Die Furchungszellen sind pyramidenförmig. Das Plasma mit dem Zellkern ist gegen das äussere Ende der Zelle gedrängt, im Centrum findet sich eine ungefurchte Dottermasse mit eigenthümlichen Dottergebilden.
B. Die äusseren Enden der Zellen haben sich als Blastoderm (1) von den „Dotterpyramiden" (2) gesondert.

Der periphere Theil derselben, welcher das Plasma und den Kern enthält, sondert sich nun in Form von cubischen oder platten Zellen als Blastoderm von dem centralen Theil, der die sogenannten Dotterpyramiden darstellt (Fig. 76 B).

Noch weiter modificirt erscheint die Furchung der *Insecten, Spinnen* etc. Wir vermissen hier ganz die äusserlichen Furchen und sehen an der Oberfläche unvermittelt eine Zellenschichte, das Blastoderm, auftreten. Querschnitte lehren, dass anfangs im Inneren durch Theilung des primären Kernes sich zahlreiche Kerne bilden, um welche amöboide Plasmamassen concentrirt sind; diese Gebilde wandern allmählich gegen die Oberfläche und treten, dort angelangt, als zusammenhängende, epithelartige Zellschichte auf. Es bleiben aber Zellen (Dotterzellen) im Nahrungsdotter zurück, die denselben in sich aufnehmen, so dass er dann in Form von grossen dottererfüllten Zellen, sogenannten Dotterschollen, erscheint. Wir unterscheiden daher bei den Insecten ausser dem Zellmateriale des Blastoderms, aus welchem die Keimblätter hervorgehen, noch besondere Dotterzellen, die den Dotter zur Assimilation vorbereiten und dann im Verlaufe der Entwicklung zu Grunde gehen.

Die beiden ersten Furchungsarten, die adäquale und inäquale, fassen wir unter dem Namen der **totalen Furchung** zusammen, während die beiden anderen Modificationen, die discoidale und superficiale, als **partielle** Furchungsarten bezeichnet werden; denn bei letzteren wird nur ein Theil des Eies, der sogenannte Bildungsdotter, in Furchungszellen umgewandelt, während der Nahrungsdotter als nicht zelliges Material sich sondert (allerdings kann derselbe auch secundär in das Innere von Zellen gelangen [Insecten] und dadurch zelligen Charakter erhalten). Wir haben demnach folgende Eintheilung der Furchungsarten:

A. Totale Furchung. { 1. Adäquale Furchung.
{ 2. Inäquale Furchung.

B. Partielle Furchung. { 3. Discoidale Furchung.
{ 4. Superficiale Furchung.

Die adäquale Furchung findet sich häufiger bei den niedrigen Thierformen, während die höheren Thierformen meist die modificirteren Furchungsarten zeigen; in jenen Fällen aber, wo in einem Phylum sehr verschiedene Furchungsarten vorkommen (wie z. B. bei den Chordoniern adäquale, inäquale, discoidale Furchung), sehen wir im allgemeinen, dass die niedrigsten Formen den ursprünglichsten Modus zeigen, und in einzelnen höheren Reihen die secundären Furchungsarten auftreten, dies wird am besten aus nachfolgender tabellarischer Uebersicht [1]) ersichtlich:

Adäqual:	*Spongien* *Cnidarier*	*Scolecida*	Anneliden Crustaceen Mollusken	*Echino-dermen*	*Tunicaten* *Amphioxus* (bei *Säugethieren* in secundärer Form)
Inäqual:	Spongien Cnidarier *Ctenophora*	Scolecida	*Anneliden* Crustaceen Mollusken	Echino-dermen	*Petromyzonten* *Ganoiden* *Amphibien*
Discoidal:			*Cephalo-poda*		*Selachier* *Teleostier* *Reptilien* *Vögel* *Monotremen* (?)
Superficial:			*Arthro-poden*		

Blastula. Als Resultat der Furchung sehen wir die Keimblase oder Blastula entstehen, die je nach der Furchungsart gewisse Modificationen zeigt, die sich demnach auf die Menge und Vertheilung des Nahrungsdotters, die Anzahl der Zellen, die Grösse der Furchungshöhle beziehen. Wir können als Grundtypus jene Blastula betrachten, die in der Regel nach adäqualer Furchung auftritt, und sich besonders durch den Besitz einer grossen Furchungshöhle auszeichnet.

---

1) Der fette Druck zeigt an, dass die Furchungsart für diese Abtheilung die vorherrschende ist.

In diesem Falle besteht bie Blastula aus einer Schichte von Zellen (dem Blastoderm), die eng an einander schliessen und in Folge dessen die Form polygonaler Prismen besitzen. Im allgemeinen nennen wir eine solche Schichte flächenhaft angeordneter Zellen ein Epithel. Das Blastoderm umschliesst den centralen als Blastocoel (oder primäre Leibeshöhle) bezeichneten Hohlraum. Wir unterscheiden an der Blastula einen animalen Pol mit in der Regel kleineren, einen vegetativen Pol mit grösseren Zellen.

Man hat mit Recht darauf hingewiesen, dass in dieser einfachen Zellblase der Grundtypus des Metazoenkörpers in seiner grössten Vereinfachung vorliege (CLAUS, HAECKEL). HAECKEL, der für dieses ontogenetische Stadium den Namen „Blastula" eingeführt hat, bezeichnet das entsprechende phylogenetische Stadium (welches wir theoretisch annehmen) als „Blastaea". Die Uebereinstimmung aller Metazoen erstreckt sich aber auch noch auf ein späteres Stadium, nämlich die Gastrula.

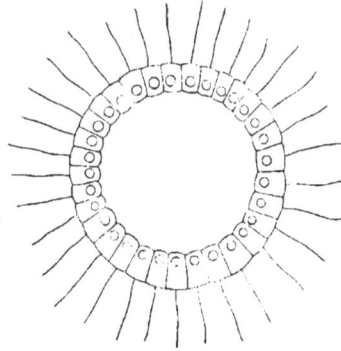

Fig. 77. **Keimblasenstadium eines Seeigels** (nach SELENKA). Die Blastodermzellen sind mit Geisseln versehen, mittelst welcher die Keimblase frei umherschwimmt.

Gastrulation.

Den Vorgang, durch welchen die einschichtige Blastula in die zweischichtige Gastrulaform verwandelt wird, bezeichnen wir als Gastrulation. Bei adäqualer Furchung, wo eine Blastula mit grosser Furchungshöhle vorliegt, findet in sehr zahlreichen Fällen die Gastrulation derart

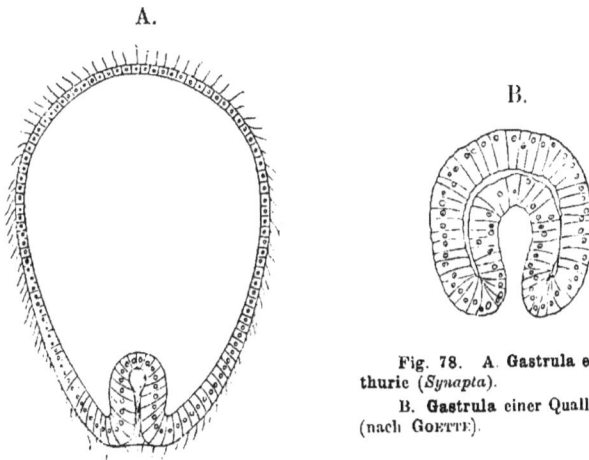

A.

B.

Fig. 78. A. **Gastrula einer Holothurie** (*Synapta*).
B. **Gastrula einer Qualle** (*Aurelia*) (nach GOETTE).

7*

statt, dass ein Theil des Blastoderms und zwar jener Bezirk, welcher
an der vegetativen Seite liegt, gegen die Furchungshöhle sich einstülpt
und das Entoderm bildet (Invagination), während der übrige Theil,
also die animale Hälfte der Blastula, aussen bleibt und das Ectoderm
repräsentirt. Das Blastocoel wird durch das eingestülpte Entoderm entweder theilweise verdrängt oder auch gänzlich, so dass es dann nur
einen Spaltraum zwischen den beiden Blättern bildet. Die durch Einstülpung (Invagination) entstandene Höhle ist die Urdarmhöhle
(Gastrocoel). Der Umschlagsrand, wo das Endoderm und Ectoderm zusammenhängen, bildet den Rand des Protostoma. — Wir beobachten in
anderen Fällen zahlreiche Modificationen der Gastrulation, welche von
der Verschiedenartigkeit der Keimblasen und daher auch von der voraus-
gehenden Furchung abhängig sind und in letzter Instanz meist auf der
verschiedenartigen Anhäufung von Dotter im Eie beruhen. Es gibt aber
auch Modificationen, die unabhängig von der Menge des Nahrungsdotters sind, da sie nach adäqualer Furchung auftreten. Wir finden
solche Modificationen bei den *Hydrozoen*, einer Thiergruppe, die in
Bezug auf den Schichtenbau ihres Körpers dauernd der Gastrulaform
sehr nahe steht; diese Modificationen sind daher von besonderer Wichtigkeit für die Entscheidung der Frage, welche Art der Gastrulation der
ursprüngliche Typus sei.

Gastrulation bei den Hydrozoen. Wir können die Modificationen, welche die Gastrulation bei den Hydrozoen zeigt, in zwei
Hauptgruppen eintheilen.

1. Die polare Gastrulation. Jener Typus der polaren Gastrulation, welcher sonst bei den Metazoen so allgemein verbreitet ist,
nämlich die Invagination, ist bei den Hydrozoen noch nirgends
mit Sicherheit beobachtet worden, dagegen finden wir hier zumeist einen
Prozess, welchen wir als polare Einwucherung bezeichnen wollen.
An der Blastula, welche deutlich zwei verschiedene Pole erkennen lässt,
wandern nämlich am vegetativen Pole Zellen aus dem Blastoderm in
das Blastocoel ein, indem sie dabei rundliche oder amöboide Form annehmen, und zwar findet diese Einwucherung entweder in zusammenhängenden Massen statt, oder es wandern einzelne Zellen ein. Diese
Zellen erfüllen allmählich das gesammte Blastocoel und bilden eine centrale Entodermmasse. Erst secundär entsteht innerhalb dieser Zellmasse
ein Spaltraum (das Gastrocoel), um welchen sich die Endodermzellen
epithelartig anordnen.

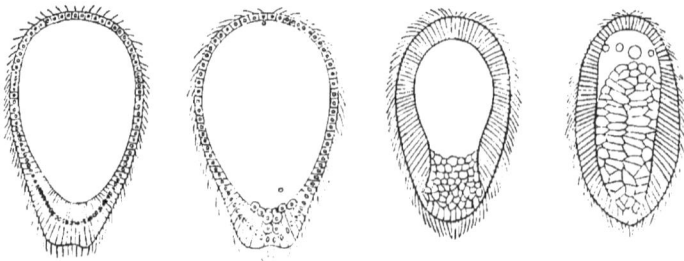

Fig. 79. **Gastrulation durch polare Einwucherung bei einer Hydroidqualle** (*Aequorea*)
(nach Claus).

II. Die apolare Gastrulation oder allseitige Entodermbildung. Es werden zweierlei Processe beschrieben, die hier zu betrachten sind.

a. Die multiloculäre (allseitige) Einwucherung. Die Zellen, welche die centralen Entodermmassen bilden, wandern nicht allein vom vegetativen Pol, sondern einzelweise von den verschiedensten Stellen des Blastoderms in das Blastocoel ein (*Eucope* etc.). (METSCHNIKOFF glaubt diesen Vorgang mit genügender Sicherheit festgestellt zu haben.)

b. Die Delamination. Die Delamination wurde früher als ein sehr allgemein verbreiteter Modus der Gastrulation nicht nur bei den *Cnidariern*, sondern auch bei vielen anderen Thieren betrachtet, es hat sich dies aber in den meisten Fällen als ein Irrthum herausgestellt; nur für *Geryonia*, eine Hydromedusenform (also in einer einzigen Gattung unter allen Metazoen), wird dieser Vorgang von mehreren Forschern angegeben (FOL, METSCHNIKOFF). Das einschichtige Blastoderm soll hier, indem jede Zelle sich parallel zur Oberfläche theilt, in zwei Schichten zerfallen, von welchen die äussere das Ectoderm, die innere das Entoderm bildet.

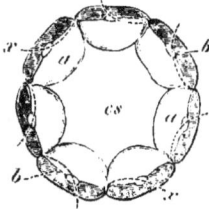

Fig. 80.   Fig. 81.

Fig. 80. **Blastula von Geryonia** (nach FOL).
c_1 Blastocoel, *a* helles inneres Plasma, *b* äusseres dunkles Plasma der Blastodermzellen, die punktirten Linien deuten die nächsten Theilungsebenen an.

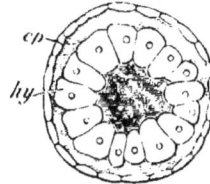

Fig. 81. **Embryo von Geryonia nach der Delamination** (nach FOL).
ep Ectoderm, *hy* Endoderm.

(So wie FOL den Vorgang darstellt (schiefe Theilung), würde er übrigens eine gewisse Verwandtschaft mit der multiloculären Einwucherung zeigen). Die Höhle, welche von dem delaminirten Entoderm eingeschlossen wird, nämlich das ursprüngliche Blastocoel, wird hier zur Urdarmhöhle. Das Protostoma bricht erst secundär durch.

Mit Beziehung auf die hier geschilderten Verhältnisse wird von einigen Forschern die Delamination (RAY-LANKESTER) oder die multiloculäre Einwucherung (METSCHNIKOFF) als der phylogenetisch ursprüngliche Vorgang der Gastrulation überhaupt erklärt. METSCHNIKOFF hebt hervor, dass dieser Vorgang gerade bei den Hydrozoen sich findet, die unter allen Metazoen in ihrem entwickelten Zustande der Gastrula noch am nächsten stehen und zu den ursprünglichsten Metazoen gehören. Er betrachtet die polare Einwucherung nur als einen speciellen Fall, von welchem dann weiter die Invagination abzuleiten sei.

Nach den Ausführungen HAECKEL's aber, welchen die meisten Zoologen sich anschliessen, wird die Invagination als ursprünglicher Modus der Gastrulabildung betrachtet. Diese Ansicht wird dadurch sehr ge-

stützt, dass wir bei den Metazoen eine Oberflächenvergrösserung der
Epithelien durch Faltung auch bei der weiteren Complication des Organismus und der Bildung neuer Organe die grösste Rolle spielen
sehen. Auch mit anderen allgemeinen Erscheinungen der Epithelien
steht diese Lehre im Einklang, so dass sie vorläufig als die best-
begründete angesehen werden kann.

Gastrulation bei den übrigen Metazoen. Bei allen
übrigen Metazoen ist die Gastrulation durchweg als eine polare zu
bezeichnen. Die Modificationen dieses Processes stehen zumeist im Zusammenhang mit der Furchungsart.

1. Die Invagination findet sich, wie schon früher erwähnt,
am deutlichsten ausgeprägt in jenen Fällen, wo nach einer adäqualen
Furchung eine grosse Furchungshöhle auftritt, also bei
Thieren aus den verschiedensten Abtheilungen. (*Scyphomedusen, Actinien, Sagitta, Echinodermen, Amphioxus* u. s. w.) Die Invagination
kömmt aber auch nach allen anderen Furchungsarten vor, z. B. bei
den *Wirbelthieren* sowohl nach inäqualer als auch nach discoidaler
Furchung; ferner tritt die Invagination regelmässig auf nach super-
ficialer Furchung bei den *Arthropoden*. Die Modificationen, unter welchen sich die Invagination in diesen Fällen vollzieht, werden wir weiterhin an einigen Beispielen noch genauer kennen lernen.

2. Die Epibolie. Während besonders bei den Wirbelthieren
selbst bei reichlichstem Nahrungsdotter noch Invagination nachweisbar
ist, wurde bei manchen wirbellosen
Thieren, z. B. *Ctenophoren, Anneliden*, nach inäqualer Furchung ein
anderer Modus der Gastrulation beobachtet, den wir als Epibolie bezeichnen. Die kleinen, dotterarmen
Zellen des animalen Poles bedecken
in Form einer kleinen Scheibe die
grossen dotterreichen Entodermzellen.
Eine Invagination ist aus mechanischen Gründen nicht möglich; es erfolgt aber eine Umwachsung der soliden Entodermmasse durch das flächenhaft sich ausbreitende Ectoderm,
indem das letztere unter steter Vermehrung seiner Zellen allmählich
gegen den vegetativen Pol sich ausdehnt. Eine scharfe Abgrenzung

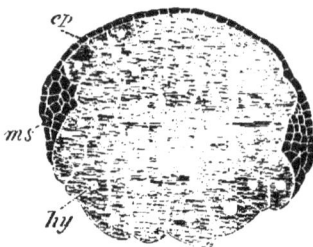

Fig. 82. **Epibolie von einem Ringel-
wurme** (*Euaxes*), Querschnitt (nach KowA-
LEVSKY).

ep Ectoderm, *hy* Entoderm, *ms* Mesoderm.

zwischen Blastulastadium und Beginn der Gastrulation ist hier nicht zu
ziehen aus dem Grunde, weil die Furchungshöhle meist schon von Anfang an sehr reducirt ist. Die Urdarmhöhle fehlt selbst nach Beendi-
gung des Umwachsungsprocesses; das Entoderm ist eine solide Zellmasse, die oft erst viel später (zu Ende der Embryonalentwicklung)
eine secundäre Aushöhlung gewinnt. Während des Umwachsungsprocesses ist die Grenze des sich ausbreitenden Ectoderms als Protostomrand zu betrachten, sie entspricht dem Umschlagsrande einer Invagi-
nationsgastrula. (Anders ist dies aber in jenen Fällen, wo von den
unteren grossen Zellen fortwährend neue Zellen abgegeben werden, die
sich dem Rande der Ectodermscheibe anschliessen.)

Ueber einige besondere Modificationen der Gastrulabildung.

Die mannigfachen Modificationen der Gastrulabildung beruhen z. Th. wohl auf dem verschiedenen Verhalten des Nahrungsdotters und der daraus resultirenden verschiedenartigen Furchung und Blastulabildung, zum Theil beruhen sie aber auch darauf, dass gewisse anderweitige Entwicklungserscheinungen vorzeitig auftreten und die Gastrulabildung beeinflussen. Wir werden diese Modificationen nur an einigen Beispielen betrachten.

Gastrulation des Flusskrebses. Die Invagination findet an einer beschränkten Stelle des Blastoderms (die später zur Bauchseite des Thieres auswächst) statt. Das spätere Vorderende des Thieres geht nicht aus jenem Theile des Blastoderms hervor, welcher dem Gastrulamunde diametral gegenüberliegt — solches ist bei nahe verwandten, ursprünglicheren Thieren (bei vielen *Anneliden*) der Fall — sondern aus einem Theile, der dem Gastrulamunde (seinem vorderen Rande) ganz nahe liegt. Diese Verschiebung ist aus der Anhäufung des Nahrungsdotters zu erklären. Es ist ferner von Interesse zu sehen, wie die ursprünglich im Blastocoel gelegene Dottermasse (vergl. pag. 97) in das Gastrocoel gelangt. Die Entodermeinstülpung

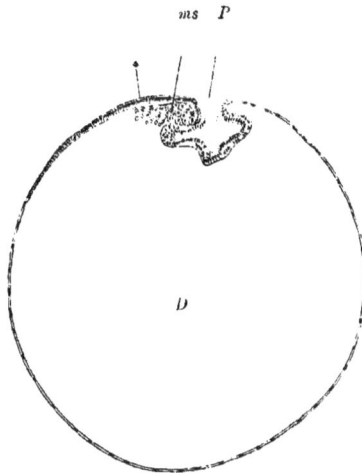

Fig. 83.   Fig. 84.

Fig. 83. **Gastrulastadium vom Flusskrebs** im Längsschnitt (nach REICHENBACH).
P Protostoma, *ms* Mesoderm, * bezeichnet die Stelle, an welcher das Vorderende des Körpers sich entwickelt, *D* Dotter.

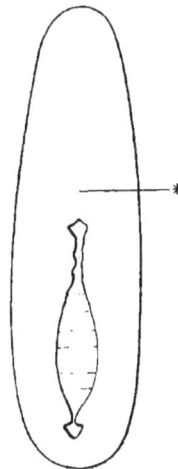

Fig. 84. **Flächenansicht vom Embryo eines Käfers** (*Hydrophilus*) im Gastrulastadium (nach HEIDER).
* bezeichnet die Stelle, an welcher das Vorderende des Körpers sich entwickelt.

senkt sich in die centrale Dottermasse ein; der Dotter liegt also ausserhalb des Urdarmes im Blastocoel. Die Entodermzellen beginnen sodann an ihrer Basalfläche mittelst amöboider Fortsätze den Dotter aufzunehmen und wachsen in Folge dessen zu hohen pyramidenförmigen dottererfüllten Zellen an. Die Kerne dieser Zellen mit einem sie umgebenden Plasmakörper sind der

Basis des Epithels genähert. Diese Zellen stossen, nachdem sie den Dotter
ganz aufgenommen haben, denselben wieder ab und zwar gegen die Darmhöhle zu, und er findet sich nun innerhalb derselben in Form der sogenannten secundären Dotterpyramiden (zu unterscheiden von den
primären Dotterpyramiden, die aus der Furchung hervorgegangen sind),
und diese werden sodann allmählich resorbirt.

    Gastrulation bei Insecten. Die Gastrulaeinstülpung erscheint
hier in Form einer langgestreckten Rinne. Nahe dem Vorderende dieser
Rinne entwickelt sich das spätere Vorderende des Thieres. Der Gastrulamund schliesst sich in Form eines langgestreckten Spaltes, und dementsprechend wird die Bauchseite des Thieres sofort langgestreckt angelegt
(während sie bei den meisten *Anneliden* und beim *Flusskrebs* erst secundär in
die Länge wuchs). Auch hier liegen die „Dotterschollen" (vergl. pag. 97)

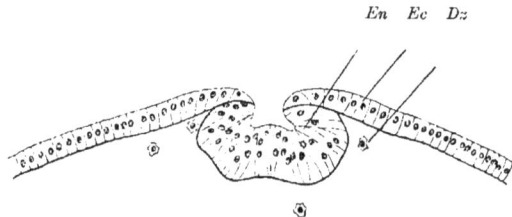

Fig. 85.   Stück eines Querschnittes der Gastrula von Hydrophilus (nach HEIDER).
Ec Ectoderm, *En* Entoderm, *Dz* Dotterzellen, die in der centralen Dottermasse verbleiben.

anfangs ausserhalb des Urdarmes; das Endoderm verliert dann seinen ursprünglichen Zusammenhang und breitet sich in Form einer lockeren Zell-
schicht um den Dotter aus, diese ordnet sich secundär wieder zum Darmepithel, welches nun den Dotter umschliesst.

               Gastrulation der Wirbelthiere.

    Bei *Amphioxus* erfolgt eine reine Invagination, wobei sich eine
mützenförmige Gastrula mit weitem Protostoma bildet. Sodann folgt ein
Process, den wir als Schliessung des Gastrulamundes bezeichnen.
Die Gastrula streckt sich, wobei der Gastrulamund enger wird und nach
der abgeflachten Rückenseite verschoben erscheint. Wahrscheinlich ist
diese Verengerung so aufzufassen, dass eine spaltförmige, von vorn nach
hinten fortschreitende Schliessung des Gastrulamundes längs der so entstehenden Rückenseite stattfindet. (Nach dieser Auffassung würde das
spätere Vorderende nicht aus dem animalen Pol des Blastoderms entstehen;
diese Verschiebung wäre aber ähnlich wie bei den Arthropoden als ceno-
genetisch zu betrachten.) — Wir haben hier also zwei Processe aus einander
zu halten, die Invagination und die Gastrulaschliessung.

    Bei den *Amphibien* (sowie bei *Petromyzon* und den *Ganoiden*) finden
wir als Resultat der inäqualen Furchung eine Blastula mit excentrischem
Blastocoel und mit dünner animaler und bedeutend verdickter dotterreicher
vegetativer Hälfte (Fig. 87 A). Während der Gastrulation und Gastrulaschliess-
sung behält der Embryo, der dicht von der Dotterhaut eingeschlossen ist,
die Kugelgestalt; die Wände der Blastula, die ursprünglich sehr dick sind,
breiten sich, dünner werdend, zu grösserer Fläche aus, indem das Ectoderm,

welches ursprünglich die animale Hälfte der Keimblase einnahm, allmählich
bis zum vegetativen Pole herabreicht, während das ebenfalls flächenhaft ausgedehnte Entoderm dadurch nach Innen gedrängt wird (Fig. 88). Wenn wir
den Invaginationsprocess selbst genauer ins Auge fassen, so sehen wir, dass
die Einstülpung nicht concentrisch erfolgt, sondern von der einen Seite,

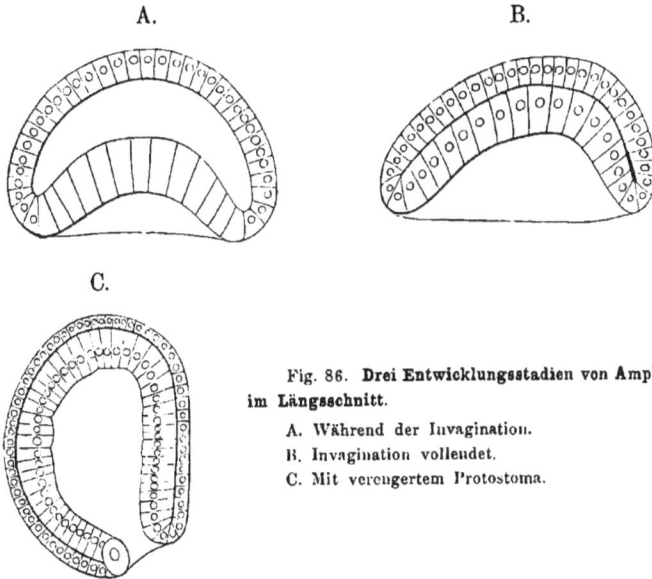

A.   B.

C.

Fig. 86. **Drei Entwicklungsstadien von Amphioxus
im Längsschnitt.**

A. Während der Invagination.
B. Invagination vollendet.
C. Mit verengertem Protostoma.

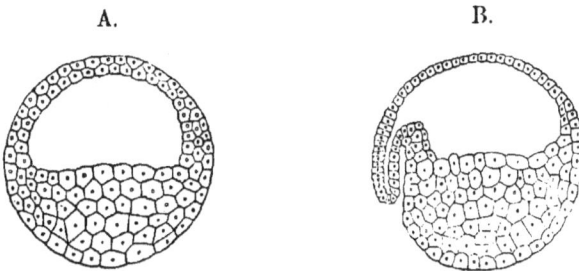

A.   B.

Fig. 87. **Zwei Entwicklungsstadien von Petromyzon im Längsschnitt** (nach SHIPLEY).
A. Blastula.
B. Beginn der Invagination.
(NB. In dieser Figur ist die spätere Rückenseite des Thieres links gelegen, während
sie in den Figuren 88—91 rechts zu liegen kommt).

der dorsalen, des Aequators der Keimblase ausgeht und nach der entgegengesetzten Seite des Aequators fortschreitet (Fig. 90). Der dorsale Theil des Entoderms, der zuerst zur Einstülpung gelangt, ist bedeutend dünner und ärmer
an Dottermasse, während der ventrale Theil, der zuletzt eingestülpt wird,
aus einer geschichteten Masse grosser, dotterreicher Zellen besteht (Fig. 87 B).

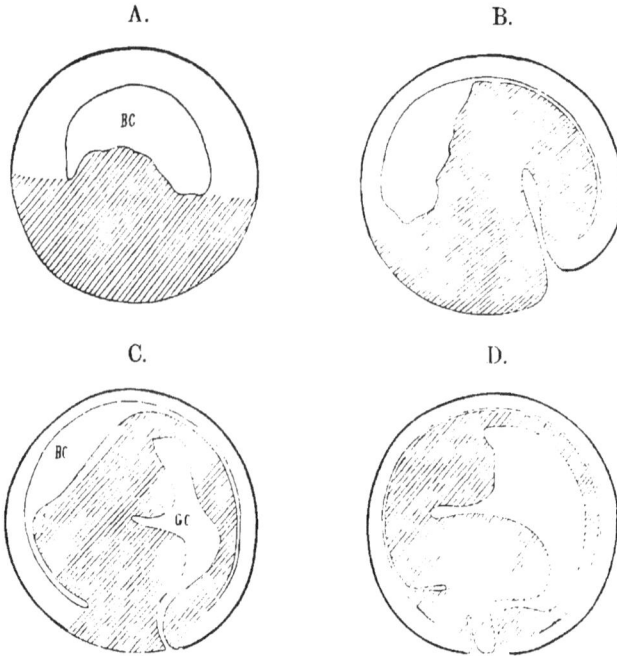

Fig. 88. **Vier Stadien der Gastrulation von Triton im Längsschnitt** (nach HERTWIG) (schematisch).
BC Blastocoel, *GC* Gastrocoel.

Zum Verständnis dieses Processes ist es auch wichtig, die Configuration des Gastrulamundes bei Oberflächenansicht zu betrachten (**Fig. 89**). Wir sehen, dass sich zuerst an der dorsalen Seite in der Nähe des Aequators eine halbmondförmige Rinne bildet (S i c h e l r i n n e), diese bildet den Eingang in das Einstülpungslumen. Erst während des Herabwachsens vervollständigt

A.   B.   C.

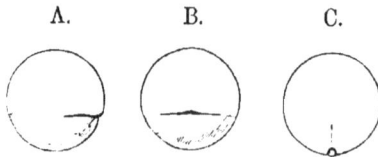

Fig. 89.

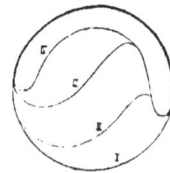

Fig. 90.

Fig. 89. **Flächenansicht der Gastrulation von Amphibien, schematisch.**
A. Stadium der Sichelrinne von der Seite.
B. Dasselbe Stadium vom Rücken gesehen.
C. Schliessung des Protostoma.

Fig. 90. **Schema der excentrischen Invagination bei den Amphibien; der Nahrungsdotter und die gleichzeitig mit der Invagination erfolgende Schliessung des Protostoma sind eliminirt gedacht.**

sich die Sichelrinne zu einer kreisförmigen Falte (sog. Rusconischer After); man findet hier noch eine kleine Oeffnung des Urdarmes (Rest des Protostoma, der bei den Wirbelthieren meist zum neurenterischen Porus wird), und hinter derselben sieht man grosse dotterreiche Entodermzellen noch in Form eines Pfropfes vorragen (Dotterpfropf). — Wir müssen auch hier im Auge behalten, dass neben der Invagination eine Verengerung des Gastrulamundes einhergeht. Wahrscheinlich erfolgt die Verengerung nicht von allen Seiten her in gleicher Weise, sondern so, dass längs der Rückenlinie die Ränder des Protostoma mit einander verwachsen. Die Stelle dieser Nathlinie (Gastrularaphe) ist durch eine Rinne (die Primitivrinne) gekennzeichnet; dort erfolgen dann wichtige Entwicklungsprocesse (zunächst die Mesodermbildung).

Gastrulation nach discoidaler Furchung (bei *Selachiern*, *Knochenfischen* und *Amnioten*). In allen Fällen handelt es sich erstens darum, dass die einschichtige Keimscheibe zu einer zweischichtigen wird und zweitens um die Umwachsung des Dotters.

a) *Bei den Selachiern* wird ebenfalls ein excentrischer Invaginationsvorgang beobachtet, indem von dem hinteren Rande der Keimscheibe eine Epithellamelle unter die oberflächliche Schichte hineinwuchert. Zwischen dieser Schichte und dem Dotter ist eine Höhle zu beobachten, die am hinteren Rande der Keimscheibe sich nach aussen öffnet. In Betreff der Herkunft dieses Entodermblattes herrscht noch nicht vollkommene Uebereinstimmung; während die einen dasselbe für einen Umschlagsrand der Keimscheibe halten, wird von anderen dargelegt, dass es „Dotterzellen" (vergl. pag. 96) sind, welche dem Rande der Keimscheibe sich anschliessend, eine

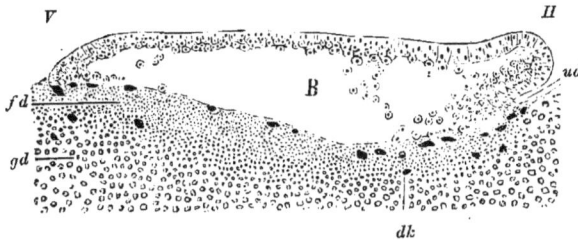

Fig. 91. **Medianschnitt durch eine Keimscheibe von Pristiurus, an welcher die Gastrulaeinstülpung beginnt** (nach Rückert).
ud erste Anlage des Urdarms, *B* Furchungshöhle, *dk* Dotterkerne, *fd* feinkörniger Dotter, *gd* grobkörniger Dotter, *V*, *H* vorderer, hinterer Rand der Keimscheibe.

epithelartige Anordnung gewinnen und so das Entoderm bilden. Die Uebereinstimmung dieser Entodermbildung mit dem Beginn der Invagination bei den Amphibien etc. (Fig. 88 B) ist unverkennbar. Diese Entodermschichte breitet sich sodann unterhalb der gesammten Keimscheibe aus, so dass dieselbe zweischichtig wird.

Wenn wir die Keimscheibe im Stadium der Gastrula von der Fläche betrachten, so finden wir, dass der ganze Rand der Keimscheibe dem Protostoma entspricht. Nur der hintere Theil dieses Randes erscheint als „Sichelrinne", und bildet den Eingang in die Höhle des Urdarmes. Im weiteren Verlaufe der Entwicklung erweisen sich die Theile des Protostoma als von wesentlich verschiedener Bedeutung. Die Sichelrinne, die wir als Gastroporus bezeichnen wollen, verengert sich bis auf eine kleine

Oeffnung (Rest des Gastroporus, welcher sodann zum neurenterischen Porus wird). Vor dieser Oeffnung ensteht in der Mittellinie die Primitivrinne, wahrscheinlich durch spaltförmige Verwachsung des Protostomrandes (bei

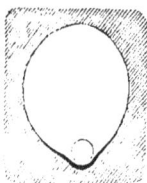

Fig. 92.   Fig. 93.

Fig. 92. **Keimscheibe mit Embryonalschild eines Haies** (*Pristiurus*) (nach BALFOUR).

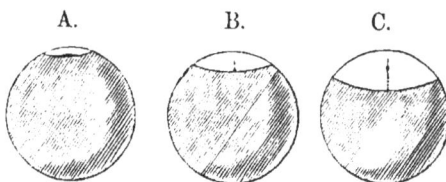

Fig. 93. **Ausbreitung der Keimscheibe schematisch dargestellt.**

A. Stadium der Sichelrinne.

B. Stadium mit Primitivrinne und Gastroporusrest.

C. Diese Gebilde haben sich vom Rande der Keimscheibe entfernt.

den *Selachiern* ist sie allerdings wenig ausgeprägt). Auch der übrige Theil des Protostoma, den wir als L e c i t h o p o r u s bezeichnen wollen, schliesst sich allmählich, indem die Keimscheibe den Dotter umwächst. Bei diesem Processe ist zunächst zu bemerken, dass der Primitivstreif mit dem Rest des **Gastroporus**, die anfangs randständig an der Keimscheibe sich fanden, nun vom Rande entfernt werden und mittelständig erscheinen, wahrscheinlich in Folge von spaltförmiger Schliessung des Lecithoporus (BALFOUR).

G a s t r u l a t i o n   n a c h   d i s c o i d a l e r   F u r c h u n g   b e i   d e n   A m - n i o t e n   (R e p t i l i e n ,   V ö g e l). Auch hier, z. B. beim Hühnchen, sehen wir die Sichelrinne als Ausdruck des Einstülpungsprocesses auftreten. Die Sichelrinne liegt aber nicht am Keimscheibenrande, sondern in einiger Entfernung von demselben. Auch hier wird die Sichelrinne bis auf einen kleinen Rest verengert und vor diesem entsteht die Primitivrinne. P r i m i t i v r i n n e

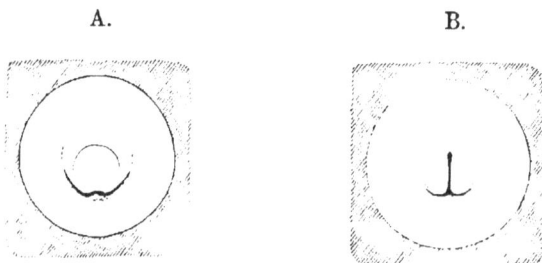

Fig. 94. **Zwei Stadien der Keimscheibe des Hühnchens** (nach KOLLER).

A. Mit Sichelrinne und Embryonalschild.

B. Sichelrinne verkleinert, davor die Primitivrinne.

und G a s t r o p o r u s   e r s c h e i n e n   h i e r   a l s o ,   s c h o n   v o n A n f a n g ,   a n d e r   K e i m s c h e i b e   m i t t e l s t ä n d i g. Wenn wir dies mit dem Verhalten bei den Selachiern vergleichen, so kommen wir zu der Vorstellung, dass von der entgegengesetzten Seite des Blastoderms sich schon sehr frühzeitig Theile vorgeschoben haben, durch welche das Bildungsmaterial der Sichelrinne vom Blastodermrande abgedrängt wurde, oder mit anderen Worten, es haben die Wachsthumserscheinungen am Lecithoporus schon sehr frühzeitig begonnen, bevor noch die Invagination sich bemerkbar machte.

Gastrulation der Säugethiere. Nach der übereinstimmenden Meinung der Forscher sind die Entwicklungsvorgänge der Säugethiere von denjenigen der anderen Amnioten ableitbar, aber durch den Verlust des Nahrungsdotters wieder in eigenthümlicher Weise modificirt. Eine Aufklärung der Vorgänge im Speciellen verdanken wir namentlich den neuesten Untersuchungen van Beneden's. Aus der adäqualen Furchung

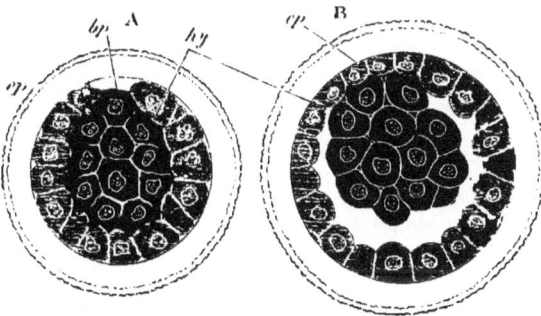

Fig. 95. **Entwicklungsstadien des Kaninchens im Durchschnitt** (nach van Beneden). *ep* Blastoderm, *hy* erstes Entoderm.

geht eine epibolische Pseudogastrula hervor, die sich vollkommen schliesst. Diejenigen Zellen, welche an der Oberfläche liegen, bezeichnen wir als Blastoderm, die inneren Zellen wollen wir erstes Entoderm nennen (dasselbe entspricht wohl den „Dotterzellen" der anderen Wirbelthiere). Dieser Keim dehnt sich dann zur Form einer Blase aus (Keimblase); das Blastoderm umschliesst die geräumige Höhle, während das „erste Entoderm" als eine Anhäufung von dunklen Zellen an einer beschränkten Stelle liegt; es breitet sich dann aber allmählich an der Innenfläche der Blase aus. Jetzt erst entsteht eine Einwucherung des Blastoderms, die sich als zweites Entoderm zwischen die

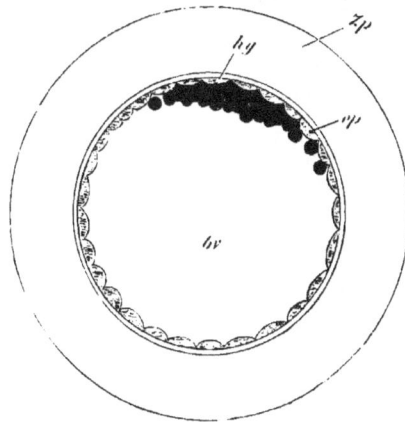

Fig. 96. **Keimblase des Kaninchens** (nach van Beneden). *ep* Blastoderm, *hy* erstes Entoderm.

Zellen des „ersten" drängt. Dieses zweite Entoderm liefert alle wichtigeren Gebilde, die bei den anderen Amnioten vom Entoderm aus entstehen. An der Stelle der Einwucherung tritt auch die Primitivrinne und der Gastroporusrest auf, so dass die Uebereinstimmung mit den Entwicklungsstadien anderer Wirbelthiere hergestellt ist[1]).

A n m. Wir haben in unserer ganzen Darstellung angenommen, dass der Gastroporusrest (der zum neurenterischen Porus wird) stets am Hinterende der Primitivrinne gelegen sei. Einige Autoren geben aber an, dass in manchen Fällen der erst spät nachweisbare neurenterische Porus am Vorderende der Primitivrinne liege. Wenn man in Erwägung zieht, dass die Umgebung der Primitivrinne (der Primitivstreif) vorn stetig durch Weiterbildung aufgebraucht wird, während sich dieselbe hinten durch Wachsthum fortwährend erneuert, so ergibt sich, dass es in diesem späten Stadium etwa nur ein abortiver R e s t der Primitivrinne sein kann, der hinter dem neurenterischen Porus liegt, während der grössere bereits aufgebrauchte Theil derselben vor dieser Stelle lag. (Aehnlich fasst dies auch O. Hertwig auf.)

Erste Differenzirungserscheinungen der primären Keimblätter.

In den meisten Fällen, wo der Nahrungsdotter in der Eizelle nur einigermaassen beträchtlich ist, geht bei der Furchung die überwiegende Menge von Nahrungsdotter in die zukünftigen Entodermzellen über; die Entodermzellen sind reicher an Nahrungsdotter und sie haben die Aufgabe, denselben zur Assimilation (d. i. zur Umwandlung in Plasma) und zwar für das Wachsthum des gesammten Embryo vorzubereiten. Der functionelle Charakter, der den Entodermzellen zukommt, ist demnach schon frühzeitig in ihrem Verhältnis zum ersten Nahrungsmateriale, den Dotterkörnchen ausgeprägt. Aber auch in jenen Fällen, wo wenig Dotterkörnchen vorhanden sind, ist eine Verschiedenartigkeit von Ectoderm- und Entodermzellen in Bezug auf Grösse und Plasmabeschaffenheit vorhanden. In der Regel sind die Ectodermzellen kleiner und besitzen ein dichteres, durchsichtiges Plasma, während die Entodermzellen grösser und deren Plasma lockerer und wenig durchsichtig ist. Es findet demnach eine verschiedenartige Differenzirung der anfangs meist gleichartigen Furchungszellen statt.

Dieses Entwicklungsgesetz der Differenzirung, welches sich schon bei der Entstehung der primären Keimblätter geltend macht, indem das einfache Blastoderm in zwei durch Lage und Structur verschiedenartige Theile, Ectoderm und Entoderm sich sondert, ist dasselbe, welches auch dort sich ausprägt, wo in dem weiteren Entwicklungsgange ein viel complicirterer Bau erreicht wird. Ursprünglich einfach erscheinende Anlagen sondern sich in verschiedenartige Theile, so dass der Bau allmählich vom Einfachen zum Zusammengesetzteren fortschreitet. „D i e i n d i v i d u e l l e E n t w i c k e l u n g ist ein Fortschreiten aus einer allgemeineren Form in eine mehr speciellere" (C. E. v. Baer).

---

1) Obige Darstellung folgt einem Vortrage, den van Beneden bei der anatomischen Versammlung in W ü r z b u r g kürzlich gehalten hat; erst während der Correctur dieses Buches liegt uns die ausführlichere gedruckte Mittheilung vor, deren Nomenclatur daher hier noch nicht berücksichtigt werden konnte.

ACHTES CAPITEL.

Metazoa (II. Histologie).

Bei den Metazoen zeigen die Zellen in verschiedenen Körpertheilen einen verschiedenartigen Bau, welcher mit ihrer verschiedenartigen Function zusammenhängt. Es ist darin die Arbeitstheilung des Zellenstaates (Zellencormus) ausgeprägt. In bestimmter Weise verbundene Zellen und deren Umwandlungsprodukte bilden die sogenannten Gewebe. Je höher ein Thier (Metazoon) organisirt ist, um so mannigfaltiger erscheinen seine Gewebe und umso mehr aber sind diese Gewebe in Bezug auf ihre Beschaffenheit und physiologische Leistung specialisirt, und es ist daher jedes einzelne dieser mannigfaltigen Gewebe in sich gleichartiger. — Aus den Geweben sind die Organe des Körpers zusammengesetzt. Ein Organ kann aus einerlei oder aus mehrerlei Geweben bestehen.

Wir haben bei Betrachtung der Gewebe zwei Hauptpunkte zu berücksichtigen: 1) das Lagerungsverhältnis der Zellen und 2) die Structur der Zellen und ihrer Produkte.

Grundformen der Zelllagerung.

1. Das Epithel (epitheliales Gewebe).

Die älteste und wichtigste Grundform des Metazoengewebes finden wir schon im Blastoderm der Blastula, welches von einer einfachen Zellenlage gebildet wird, ausgeprägt. Solche flächenhaft angeordnete Zellmassen werden als Epithel bezeichnet und wenn die Zellen, wie in dem vorliegenden Falle, in einfacher Schichte liegen, nennen wir das Epithel ein einschichtiges. Wir unterscheiden am Blastoderm zweierlei Flächen, eine freie Fläche, welche der Aussenwelt und eine Basalfläche, die dem Blastocoel zugewendet ist. Dementsprechend unterscheiden wir an der einzelnen Zelle des epithelialen Mosaiks einen freien Pol und einen basalen Pol [1]). Diese beiden Flächen des Epithels zeigen einen verschiedenartigen Charakter. So können z. B. an der

---

1) Wir wollen hier darauf hinweisen, dass man die Blastula auf ein entsprechendes phylogenetisches Stadium, die Blastaea (HAECKEL, CLAUS) zurückführt, welches als eine volvoxähnliche Flagellatencolonie dargestellt wird. Die einzelligen Vorfahren der Metazoen sollen Flagellaten gewesen sein (BÜTSCHLI). Die polare Differenzirung des Flagellatenindividuums wäre also in der entsprechenden Eigenthümlichkeit der Epithelzelle erhalten. Das geisseltragende Ende des Flagellatenkörpers würde dem freien Pol der

freien Fläche Geissel- oder Flimmerhaare (selbst schon im Blastulastadium) sich bilden, niemals aber an der Basalfläche; und in ähnlicher
Weise kommt — wie sich im speciellen erweisen wird — der ursprüngliche typische Gegensatz der Flä-
chen bei sehr zahlreichen Differenzirungen der Epithelzellen zur
Erscheinung. Wenn von dem primären Blastoderm noch so mannigfache Faltungen ausgehen, so
bleibt doch immer, selbst an den
complicirtesten Bildungen, dieser
gegensätzliche Charakter der beiden Flächen in gesetzmässiger
Weise gewahrt.

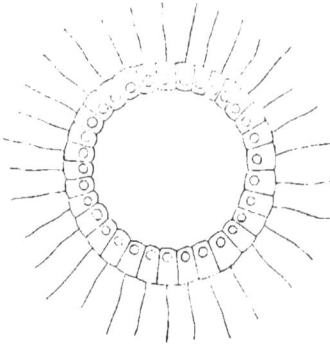

Fig. 97. **Blastulastadium eines Echinodermen** (nach SELENKA). Im Durchschnitt
gesehen. Das einfache Epithel trägt an
seiner freien Fläche Geisselhaare (welche
den Embryo im Meerwasser schwebend erhalten).

Die einschichtigen Epithelien werden je nach der Form
ihrer Zellen als Cylinderepithel, kubisches Epithel, Plattenepithel bezeichnet.

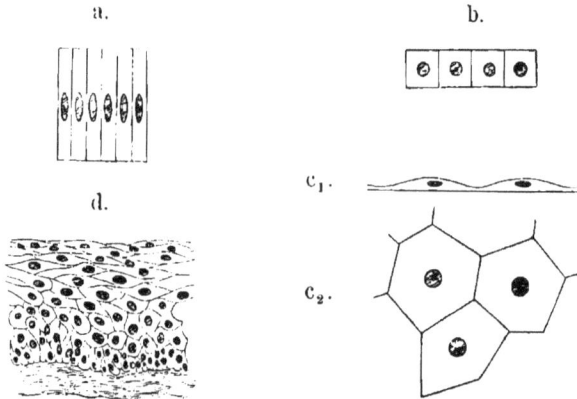

Fig. 98. **Verschiedene Epithelformen.**
a. Cylinderepithel, Durchschnitt. b. Kubisches Epithel, Durchschnitt. c_1. Plattenepithel, Durchschnitt. c_2. Dasselbe, Flächenansicht. d. Geschichtetes Epithel, Durchschnitt.

Epithelzelle entsprechen. — Von grossem Interesse wäre nun die Frage, ob die Polarität
der Fortpflanzungszellen, die sowohl an der reifen Eizelle, als auch an der reifen Samenzelle sich bemerkbar macht, in einem bestimmten Verhältnis zu den Flächen des Keimepithels stehe. In Bezug auf die Spermatozoen kann man schon jetzt, auf eine grosse
Reihe von Thatsachen gestützt, den Satz aussprechen, dass ihre Geisselanhänge der freien
Fläche des Keimepithels entsprechen. Die Eizelle betreffend ist eine Anzahl von Fällen
bekannt, in welchen der animale Pol des Eies mit der freien Fläche des Keimepithels
übereinstimmt (z. B. Lamellibranchiaten). Es ist aber noch zu untersuchen, ob dieses
Verhalten durch die ganze Thierreihe sich gleichartig wiederholt.

Es gibt auch mehrschichtige (od. geschichtete) Epithelien, z. B. in der Oberhaut der Wirbelthiere. Die geschichteten Zellen
sind nicht in der ganzen Dicke des Epithels gleichartig; in der Regel
sind die oberflächlichen Zellen mehr abgeplattet. In der mittleren
und unteren Schichte des Epithels ist die Polarität der Zellen oft
wenig ausgeprägt.

In seltenen Fällen leitet sich aus der Schichtung des Epithels eine
vollkommene Spaltung in gesonderte Lamellen (Delamination)
ab. (vergl. pag. 122 und 134.)

2. Epithelogenes Gewebe.

Wir kennen Gewebe, welche aus zusammenhängenden Epi-
thelstücken sich bilden, dabei aber entweder ihre Lagerung oder
ihren flächenhaften Charakter so weit verändern, dass wir sie nicht mehr
schlechtweg Epithelien nennen können. Wir werden sie als epithelogene Gewebe bezeichnen.

3. Mesenchymgewebe.

Von der Basis des Epithels aus können einzelne Zellen in das
Blastocoel (oder in demselben entsprechende Räume) einwandern, indem
sie zunächst amöboide Beschaffen-
heit annehmen und daher in der
Regel mit einfachen oder verästelten Fortsätzen ausgestattet
sind. Sie büssen dabei ihre frühere
polare Differenzirung ein und sin-
ken so secundär zum Charakter von
apolaren Zellen herab. Wir nennen
diese Zellen Mesenchymzellen (O. und R. Hertwig). Die
Mesenchymzellen können wieder
zur Bildung von Geweben in bestimmten Formen zusammentreten
und mancherlei Differenzirungen
annehmen. Wir bezeichnen solche
Gewebe als Mesenchymge-
webe. Der Charakter der Mesenchymzelle kann dabei wieder
in höherem oder geringerem Grade
verwischt werden, ja sie können
sich sogar wieder epithelartig zur
Begrenzung von Hohlräumen (oder
von Gewebsmassen) anordnen;

Fig. 99. **Frühes Entwicklungsstadium
eines Echinodermen** (nach Selenka).
Nebst ectodermalem und entodermalem
Epithel sind im Blastocoel liegende Mesenchymzellen vorhanden.

wir wollen derartige Bildungen als Pseudoepithelien (oder besser
Epitheloide) bezeichnen [1]).

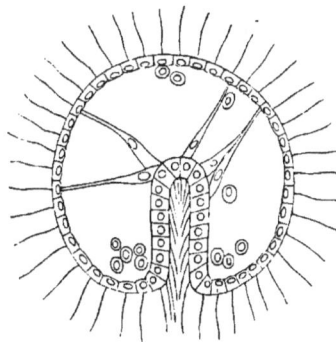

---

1) His war der Erste, der die Entstehung derartiger Bildungen ins Auge fasste und
hiefür den Namen Endothel eingeführt hat; da aber von ihm das Auskleidung des Coeloms,
die jetzt als echtes Epithel anerkannt wird, besonders unter den Begriff des Endothels
gestellt wurde, so möchte die Beibehaltung dieses Terminus zu Missverständnissen führen,
und nur aus diesem Grunde möchte ich einen neuen Terminus vorziehen.

Gewisse maskirte Invaginationsprocesse — z. B. die Entodermbildung
durch Einwanderung von Zellen in das Blastocoel mit späterer Anordnung derselben zu
einem Epithel — haben grosse Aehnlichkeit mit der Bildung von Pseudoepithelien, so
dass die Beurtheilung solcher Vorgänge in jedem einzelnen Falle noch mancherlei Schwierig-
keiten darbietet.

Wir müssen hier hervorheben, dass wir mesenchymähnliche Zellen auch
in der Inhaltsflüssigkeit solcher geschlossener Körperhöhlen finden, die von
echten Epithelien ausgekleidet sind (z. B. in den Cölomhöhlen). Derartige
isolirte, in Flüssigkeit suspendirte Zellen haben sich in vielen Fällen gewiss
auch von der freien Fläche des Epithels abgelöst; sie stimmen
also mit dem oben erörterten Wesen der Mesenchymzellen nicht ganz überein und man möchte sie daher mit besonderem Namen bezeichnen. Es ist
aber die Entstehung dieser Zellen an und für sich schwer zu beobachten
(Mesenchymzellen wandern auch durch Epithelien hindurch) und andererseits sind Blastocoelhöhlen mit coelomatösen Höhlen oft secundär in Verbindung getreten, so dass ihr Inhalt sich mischt; zur Zeit ist daher ein Gegensatz nur in einzelnen Fällen nachweisbar.

Grundformen der Structur.

So wie bei den *Protozoen* gehen auch bei den *Metazoen* alle
histologischen Differenzirungen vom Zellplasma aus. Der Kern zeigt
selbst bei hochdifferenzirten Zellen meist unverändert seine typische
Beschaffenheit und in anderen Fällen nur unbedeutende Veränderungen.

Bei stark abgeplatteten Zellen erscheint auch der Kern
abgeplattet, bei gestreckten Zellen verlängert. Seltener sind
andere Formveränderungen; so besitzen z. B. die grossen
Zellen in den Spinndrüsen der Seidenraupe Kerne von
verästelter Form; in den rothen Blutkörperchen der Säugethiere ist der Kern geschwunden.

Fig. 100. **Epithelzelle mit verästeltem Zellkern** von der Fläche
gesehen, aus der Spinndrüse der Seidenraupe (nach HELM).

Unter den Differenzirungen, die vom Plasma aus entstehen, kennen wir solche, die nur als besondere Plasmaarten gelten
können, an welchen gewisse Plasmafunktionen (Contractilität, Reizbarkeit etc.) in erhöhtem Masse zur Erscheinung kommen (Muskelsubstanz,
Nervensubstanz).

Andere Differenzirungen wieder erweisen sich vom Plasma selbst
so verschieden, dass sie nur als Produkte desselben betrachtet werden
können. Wir wollen die ersteren als autoplasmatische, die letzteren
als apoplasmatische Structuren bezeichnen.

I. *Autoplasmatische Structuren.*

A. *Aeussere plasmoide Bildungen der Zelle.*

Pseudopodien. Die Pseudopodien spielen eine ähnliche Rolle,
wie bei der Protozoenzelle. Sie ermöglichen eine Gestaltveränderung
und Fortbewegung der Zelle (amöboide Zellen, Wanderzellen) und sie
dienen ferner dazu, feste Nahrungskörper in das Innere der Zelle aufzunehmen.

1) Amöboide Epithelzellen. An embryonalen Epithelien kommt Pseudopodienbildung vielfach vor, namentlich zum Zweck
der Dotteraufnahme, — ebenso bei pathologischen Processen
(Entzündungsprozess). Bei dem entwickelten Thiere finden wir Pseudo-

podienbildung am ectodermalen Epithel nur bei den niedersten
Metazoen, den Spongien. Am Endodermepithel aber ist Pseudopodienbildung an der freien Epithelfläche, zum Zwecke der Nahrungsaufnahme, bei Thieren aus den verschiedensten Classen (selbst bei
Wirbelthieren) beobachtet worden; besonders häufig ist diese Erscheinung bei niedrigeren Metazoen *(Cnidarier, Turbellarien).*

2) Amöboide Mesenchymzellen.
Hier ist die Pseudopodienbildung schon für
die Grundform der Mesenchymzelle, die als
amöboide Zelle erscheint, typisch, und es
bleibt diese Eigenthümlichkeit auch bei vielen
Modificationen der Mesenchymzelle erhalten;
wir wollen als wichtigste Beispiele anführen:
zunächst die embryonale Mesenchymzelle, welcher ganz allgemein die amöboide
Beweglichkeit zukömmt, ferner die „freie
Bindegewebszelle" (Fig. 101), die noch
einen ähnlichen ursprünglichen Charakter besitzt und oft als „Wanderzelle" innerhalb
des Organismus ihren Ort wechselt. Dieser
Zellenart nahe verwandt sind die amöboiden Pigmentzellen (Fig. 102), die
in vielen Fällen durch abwechselnde Ausbreitung und Zusammenziehung der Pseudopodien die Erscheinung des Farbenwechsels
der Thiere hervorrufen. Sie liegen als Me-

Fig. 101. Freie Bindegeweba-
zellen vom Frosche (nach FREY).

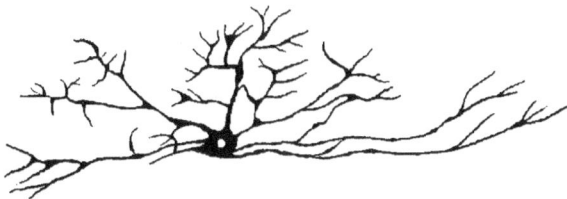

senchymgebilde ursprünglich unterhalb der Epithelien, wandern aber
oft secundär wieder in dieselben ein. Endlich finden wir amöboide
Zellen als „amöboide Blutkörperchen" in der Blutflüssigkeit

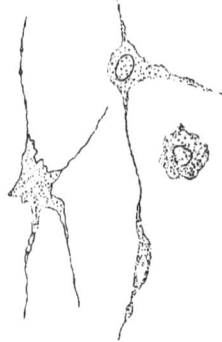

Fig. 102. Pigmentzelle aus dem Eierstock von Piscicola (nach LEYDIG).

vieler Thiere (z. B. bei *Arthropoden, Mollusken;* bei den *Wirbelthieren* sind sie als „weisse Blutkörperchen" (Fig. 103) neben den nicht
amöboiden sog. „rothen Blutkörperchen" vorhanden) und
als „Lymphkörperchen" in der Coelomhöhle und in Gewebslücken. In jenen Fällen, wo Blutgefässsystem und
Coelomhöhle in Communication stehen, sind amöboide
Blutkörperchen und Lymphzellen identisch.

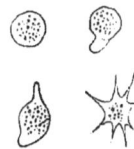

Fig. 103. Weisse Blutkörperchen vom Menschen in verschiedenen Bewegungszuständen (nach FREY).

8 *

Flimmerhaare. Flimmerhaare finden wir nur an der freien
Fläche von Epithelien, und zwar sowohl an geschichtetem Epithel, als
auch an Cylinder-, cubischem und Plattenepithel. [Eine Ausnahme
bilden die Kanälchen des Protonephridiums bei den *Scoleciden* und den
Larven der *Metascoleciden*, die ihrer Entstehung nach auf ausgehöhlte
Mesenchymzellen zurückzuführen sind (?), und dennoch in ihrem Lumen
Flimmerbildungen zeigen.]

Wir unterscheiden Geisseln, das sind Flimmerhaare, die einzeln
auf je einer Zelle sitzen, und meist von ansehnlicher Länge sind (dies
scheint die phylogenetisch älteste Form der Flimmerhaare bei den Metazoen zu sein) und Wimpern, die zahlreich die freie Fläche je einer
Zelle bedecken und meist kürzer sind; wir kennen auch Zwischenstufen,

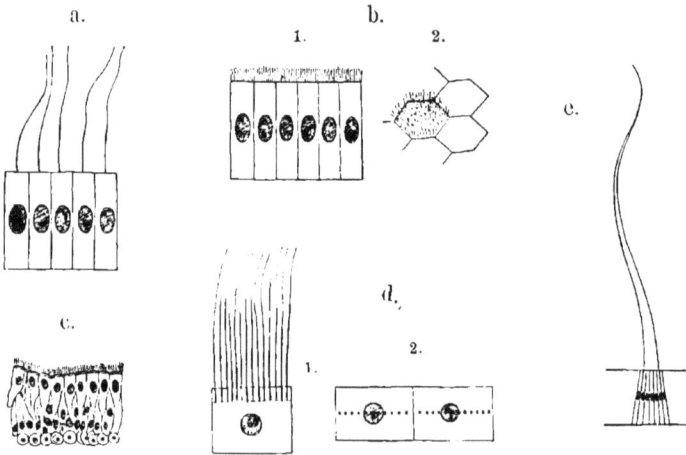

Fig. 104. **Verschiedene Flimmerhaare.**
a. Geisselepithel, Durchschnitt.
b. Wimperepithel. 1) Durchschnitt. 2) Flächenansicht; die Wimpern sind nur an
einer Zelle dargestellt.
c. Geschichtetes Wimperepithel, Durchschnitt.
d. Zellen mit reihenweis gestellten Wimpern aus dem Wimperkranz einer *Annelidenlarve*. 1) Zelle von der Seite gesehen. 2) Zwei Zellen von der freien Fläche gesehen,
mit den Ansatzstellen der Wimpern.
e. Zusammengesetzte Geissel von einer Mehrzahl von Zellen getragen.

da wir z. B. je eine einfache Reihe von Wimpern an einer Zelle finden.
Es giebt auch zusammengesetzte Flimmerhaarbildungen:
zahlreiche Geisseln (oder Wimpern) können zu einer dickeren zusammengesetzten Geissel verschmelzen. Durch Verschmelzung reihenweis
gestellter Wimpern entstehen die eigenthümlichen schwingenden Wimperplatten der *Ctenophoren*.

In einigen Thiergruppen fehlen die Flimmerhaare nicht nur in der Organisation des ausgebildeten Thieres, sondern auch in der Entwicklung. Es
sind dies die *Arthropoden*, *Nematoden* (und *Acanthocephalen*). Es ist auffallend, dass bei diesen Thieren zugleich cuticulare Bildungen in hohem

Grade ausgebildet sind. Interessant ist es ferner, dass bei der Mehrzahl dieser Thiere, wie schon früher erwähnt, selbst die Spermatazoon ihre Geissel eingebüsst haben.

Sinneshaare (Stifte, Stäbchen). Wir bezeichnen als S i n n e s - z e l l e n epitheliale Zellen, die in der Regel an ihrem freien Ende mit S i n n e s h ä r c h e n (Stiften, Stäbchen) versehen sind und an ihrem basalen Ende mit Nerven in Verbindung stehen.

(Es gibt auch Gebilde die man als Zwischenstufe von Geissel und Sinneshaar ansehen könnte; es ist daher die Anreihung dieser Gebilde an die Wimpergebilde eine naturgemässe.)

Wir unterscheiden: 1) S i n n e s h ä r c h e n; das sind starre feine Härchen von ansehnlicher Länge, die einzeln oder auch in Mehrzahl auf dem freien Ende je einer Sinneszelle sitzen. Diese Gebilde haben namentlich bei den Wirbellosen die weiteste Verbreitung, sie finden sich an der Körperoberfläche der Tastwerkzeuge, sowie in den Gehörorganen etc.

2) Ganz ähnliche Bildungen, die aber kürzer und dicker als die Sinneshärchen sind, werden als S t i f t e bezeichnet.

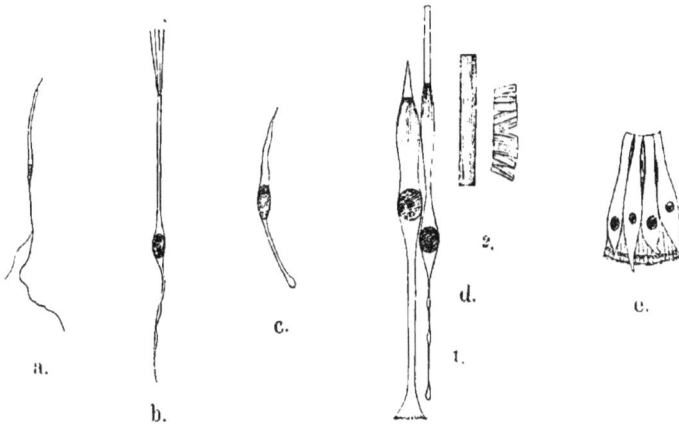

Fig. 105. **Verschiedene Sinneszellen.**

a. Sinneszelle einer *Actinie*, mit e i n e m Sinneshärchen am freien Ende der Zelle und mit zwei Ausläufern an der Basis, von welchen der eine nervöser Natur ist (nach HERTWIG).

b. Sinneszelle aus dem Riechepithel des *Frosches* (nach M. SCHULTZE).

c. Sinneszelle aus dem Geschmacksorgan des *Kaninchens* (nach ENGELMANN).

d. 1) Stäbchen- und Zapfen tragende Zellen aus der Retina des *Menschen*, 2) Stäbchen aus der Retina des *Frosches* im frischen und im macerirten Zustande (nach M. SCHULTZE).

e. Durchschnitt aus der Retina des *Skorpions*. Zwischen den grossen Sehzellen liegen die Rhabdome (nach RAY-LANKESTER).

3) Endlich gehören hierher die sogenannten S t ä b c h e n, welche sich am freien Ende der Sehzellen (Sinneszellen des Auges) finden. Diese ansehnlichen Bildungen lassen oft besondere Structuren (Querschichtung, Längsfaserung) erkennen. Hier gibt es auch vom Grund-

typus weiter abweichende Bildungen. So können die Stäbchen benachbarter Sehzellen miteinander verschmelzen ("Rhabdome", z. B. bei *Arthropoden*). Derartige Rhabdome haben ihre Lage meist zwischen den Seitenflächen der Sehzellen. Endlich sind auch stäbchenartige Gebilde sogar im Inneren des Plasmas der Sehzellen gelagert (Skorpion, Kreuzspinne).

Cnidocil. Cnidocils sind den Sinneshaaren ähnliche, starre Fortsätze, die an der freien Fläche der N e s s e l z e l l e n (bei den *Cnidariern*) sitzen und zu der Entladung dieser Zellen in Beziehung stehen.

Fig. 106. **Nesselzelle von Hydra** (nach F. E. Schulze).
Im Inneren die Nesselkapsel, welche den Zellkern zur Seite gedrängt hat; an der freien Fläche das C n i d o c i l.

B. *Innere plasmoide Bildungen der Zelle.*

Muskelfibrille und Muskelgewebe.

S t r u c t u r e l e m e n t. Die Muskelfibrille ist das contractile Element, welches innerhalb des Plasmas der Muskelzellen (M y o b l a s t e n) entsteht. Sie ist in der Regel fadenförmig, mit zugespitzten oder stumpfen Enden (sehr selten gegabelt oder gar netzförmig). Ihre Länge ist sehr mannigfach; es gibt kurze, beinahe spindelförmige Fibrillen; andererseits gibt es sehr lange Fibrillen, da sie selbst in grossen Muskeln continuirlich durch die ganze Länge desselben sich erstrecken. Sie sind von derber, stark lichtbrechender Substanz. Die Fibrillen bilden, parallel in Bündeln oder in einer einfachen oder mehrfachen Schichte angeordnet, den Inhalt einer einzelnen oder einer Summe von Zellen.

Die Muskelfibrillen sind entweder g l a t t e oder q u e r g e s t r e i f t e.

Die g l a t t e M u s k e l f i b r i l l e besteht aus gleichmässiger contractiler Substanz.

Bei der q u e r g e s t r e i f t e n M u s k e l f i b r i l l e ist die contractile Substanz in einzelne Theilchen getrennt — S a r c o u s e l e m e n t s von doppelt-lichtbrechender Beschaffenheit — welche durch nicht contractile Z w i s c h e n s c h e i b e n unterbrochen sind. Diese Querstreifung betrifft eine Summe von Fibrillen (z. B. die in einer "Muskelfaser" vereinigten) in der Regel in derartig übereinstimmender Weise, dass die Sarcous elements in gleichen Ebenen aneinandergereiht sind und dementsprechend die Zwischenscheiben zusammenhängende Platten bilden (Fig. 107 b. c und Fig. 110).

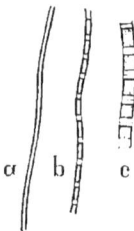

Fig. 107. **Muskelfibrillen.** a. glatte Fibrille, b. quergestreifte Fibrille. c. eine solche sehr stark vergrössert mit den Krause'schen Linien in den Zwischenscheibchen.

Muskeln von lebhafter und kräftiger Function besitzen in der Regel quergestreifte Fibrillen. Wir finden solche selbst schon bei *Protozoen*, ferner bei *Cnidariern, Rotatorien* etc.'; bei den *Arthropoden* ist typischer Weise alles Muskelgewebe (Leibesmuskeln und Eingeweidemuskeln) quergestreift; bei den *Wirbelthieren* enthalten die willkürlichen Körpermuskeln und die des Herzens quergestreifte, die Muskeln des Darmes, der Eingeweide, der Blutgefässe etc. glatte Fibrillen.

Zellelement. Die Muskelfibrillen entstehen in den Muskelzellen (Myoblasten). Wir unterscheiden hiervon: 1) **Epithelmuskel-zellen** (bei den *Cnidariern*). Das sind Zellen, welche ihrer Lagerung nach Epithelzellen sind, und an ihrer Basis einen queren Fortsatz, den Muskelfortsatz besitzen; neben der Function als Muskelzellen haben diese Zellen zugleich auch noch die Function von Deckzellen (oder auch eine andere den Epithelzellen eigenthümliche Function). 2) Zellen, die ausschliesslich die Function von Muskelzellen versehen; diese bilden die sogenannten **Muskelfasern** und sind stets mehr im Inneren des Körpers gelegen. Die Muskelfasern sind meist einfach strangförmige (spindel-förmige, faden- oder bandförmige), seltener verästelte Gebilde. Wir

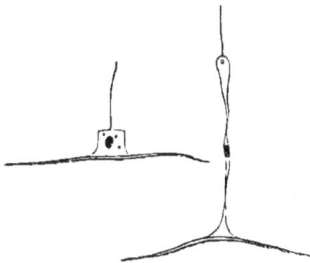

Fig. 108.

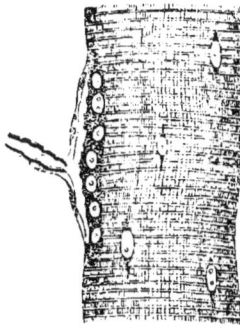

a   b

Fig. 109.

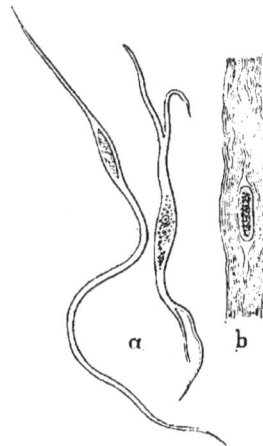

Fig. 110.

Fig. 108. **Epithelmuskelzellen**, die zugleich mit Geisselhaaren versehen sind, aus dem Endo-derm einer *Actinie* (nach HERTWIG).

Fig. 109. a. **Glatte Muskelfaser** vom Men-schen (nach ARNOLD), b. **die fibrilläre Structur** durch Maceration dargestellt (nach ENGELMANN).

Fig. 110. **Quergestreifte Muskelfaser** der Eidechse (nach KÜHNE), mit zahlreichen Zell-kernen; links an derselben eine Nervenendplatte.

unterscheiden an der Muskelfaser eine äussere Membran (**Sarco-lemma**), welche die Bedeutung einer Zellmembran hat, ferner den **fibrillären Inhalt** und endlich einen Rest von unverändertem Plasma mit dem Zellkern (das sog. **Muskelkörperchen**). Es gibt auch Muskelfasern mit zahlreichen Muskelkörperchen (quergestreifte Muskelfaser der *Wirbelthiere* und *Arthropoden*, glatte, zugleich ver-ästelte Muskelfaser der *Ctenophoren*); in vielen dieser Fälle (z. B. Wirbelthiere) ist es nachgewiesen, dass eine solche vielkernige Muskel-faser aus einer Zelle durch Vermehrung der Kerne sich bildet (dagegen ist eine Concrescenz von Zellen bis jetzt nirgends beobachtet).

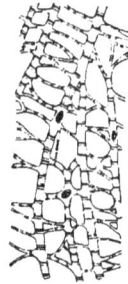

Fig. 111. **Theil einer glatten Muskelfaser** einer *Ctenophore*,
verästelt mit zahlreichen Zellkernen (nach HERTWIG).

Fig. 112. **Quergestreifte
Muskelfasern** von der Darmdrüse
einer *Assel*, netzartig mit zahlreichen Kernen (nach WEBER).

Fig. 111.   Fig. 112.

Man hat bisher die Muskelfasern nach der Beschaffenheit ihrer
Fibrillen in glatte und quergestreifte eingetheilt, doch haben O. und
R. HERTWIG neuerdings darauf hingewiesen, dass dieser Charakter
morphologisch von untergeordneter Bedeutung ist. Sie unterscheiden
dagegen von genetischem Gesichtspunkte eine Art von Muskelfasern,
welche dem epithelialen Muskel näher verwandt ist, während die andere
Art mesenchymatösen Ursprungs ist. Da aber in Bezug auf den Bau
der Muskelfaser selbst ein Unterschied nicht in allen Fällen nachweisbar ist — wenn auch z. B. die verästelte Form nur bei der Mesenchym-
muskelfaser vorkömmt — so ist der Gegensatz vornehmlich durch die
Genese und die gewebliche Anordnung der Muskelfasern begründet.

Muskelgewebe. O. und R. HERTWIG haben also hervorgehoben, dass gewisse Muskelgewebe, die vom Cölomepithel abstammen,
dem echten epithelialen Muskel der Cnidarier verwandt sind und haben
beide als „Epithelmuskel" zusammengefasst und dem „Mesenchymmuskel" gegenübergestellt. Im Epithelmuskel sind die Muskelfasern
stets in Massen und zwar parallel verlaufend angeordnet. Die Mesenchym-
muskelfaser tritt vereinzelt auf oder auch in Massen; in letzterem Falle
können die Fasern mannigfach verflochten und gekreuzt verlaufen o d e r
a u c h p a r a l l e l angeordnet sein. Wir sehen also, dass auch in Bezug auf die Anordnung der Fasern der Unterschied verschwinden kann.
Es gibt dann die Genese des Muskels allein das Criterium ab [1]).

Wir werden demnach folgende Arten von Muskelgewebe unter-
scheiden: 1) E p i t h e l i a l e r M u s k e l, 2) E p i t h e l o g e n e r M u s k e l
(diese beiden sind von HERTWIG als „Epithelmuskel" zusammengefasst)
und 3) M e s e n c h y m m u s k e l.

Epithelialer Muskel bei den Cnidariern.

Epithelialer Muskel kommt ausschliesslich bei den *Cnidariern* vor
und zwar sowohl am ectodermalen als auch am endodermalen Epithel.
Die Muskelfibrillen entstehen stets a n d e r B a s a l f l ä c h e der

---

1) Die Gegner dieser Eintheilung werden die grosse Schwierigkeit hervorheben, auf
welche die Unterscheidung von Mesenchymmuskel und Epithelmuskel in manchen Fällen
stösst; doch ist dagegen einzuwenden, dass hier nicht eine ursprüngliche Uebereinstimmung
vorliegt, sondern eine Convergenz der Erscheinungen in den extremen Fällen.

Epithelzellen und verlaufen längs dieser Fläche in bestimmter Richtung zu einander parallel. In den meisten Fällen findet sich an jeder Epithelzelle je eine Muskelfibrille, die einen queren Fortsatz bildet, welcher von der Basis der Zelle ausgeht [1]).

Fig. 113. Muskelepithel aus dem Endoderm einer *Actinie*, die Zellen durch Maceration isolirt. Jede Zelle mit einer Fibrille versehen (nach HERTWIG).

Fig. 114. Muskelepithel einer *Meduse*. Die Fibrillen sind gemeinsames Product der Epithelzellen (?). Schematisch.

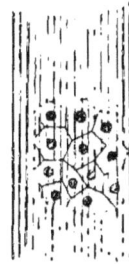

Fig. 113.

Fig. 114.

In manchen Fällen hat es den Anschein, als ob sich eine Mehrzahl von Zellen gemeinschaftlich an der Bildung einer Mehrzahl von Fibrillen betheiligte; jede Fibrille durchzieht zahlreiche Zellen und dabei kommen auf die Breite einer Zelle mehrere Fibrillen nebeneinander zu liegen; die Fibrillen durchziehen also die Basis der Zellen, ohne von den Zellgrenzen abhängig zu sein. Dieses Verhalten scheint aber nicht genügend sichergestellt zu sein.

Massenzunahme der Fibrillen erfolgt beim epithelialen Muskel selten durch Schichtung der Fibrillen, sondern zumeist durch Faltenbildung einer einfachen Fibrillenschichte. Die fibrillenerzeugende Basis des Epithels, an welcher die Fibrillen in einfacher Schichte aneinandergereiht sind, bildet nämlich Längsfalten (d. h. Falten parallel zur Längsrichtung der Fibrillen), welche unter Umständen eine sehr bedeutende Höhe erreichen und so eine bedeutende Mächtigkeit der Fibrillenschichte bedingen. Die Myoblasten bilden dann häufig eine besondere tiefe Schichte des (geschichteten) Epithels und kommen innerhalb der Fibrillenfalten zu liegen.

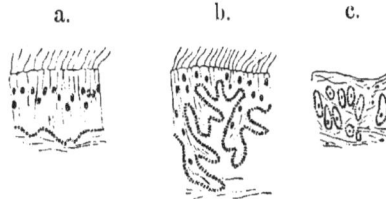

a.   b.   c.

Fig. 115. Faltung des Muskelepithels vom Endoderm einer *Actinie*, Durchschnitte (nach HERTWIG).
a. Faltung angedeutet, b. stärker entwickelt, c. abgelöste, epithelogene Muskelstränge.

Epithelogener Muskel bei den Cnidariern.

Wenn solche Fibrillenfalten mit ihren Myoblasten vom Epithel sich abschnüren, so entstehen subepitheliale, strangförmige Gebilde, die an der Peripherie eine einfache Schichte von Fibrillen, in der Achse die

---

1) Ob dieses Gebilde wirklich eine einfache Fibrille ist (wie allgemein angenommen wird), dies mag dahingestellt bleiben; wir wollen nur hervorheben, dass sonst stets eine Summe von Fibrillen je einer Muskelzelle (Muskelfaser) angehört.

Myoblasten zeigen. An ein und derselben Körperstelle können alle Uebergänge zwischen epithelialem Muskel und derartigen epithelogenen Muskelsträngen vorkommen.

In seltenen Fällen findet einfache De l a m i n a t i o n statt, wodurch eine oberflächliche Deckschichte und eine tiefere Myoblastschichte scharf von einander gesondert werden.

a.

b.

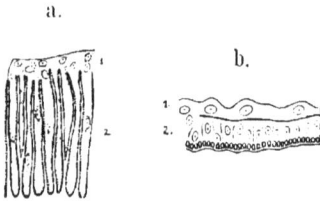

Fig. 116. a) **Muskelepithel** einer *Meduse* im Durchschnitte mit 1. Deckschichte und 2. gefalteter Muskelschichte (nach HERTWIG).

b) **Muskelepithel** einer *Meduse* im Durchschnitte mit 1. Deckschichte und 2. durch Delamination gesonderter Muskelschichte (nach HERTWIG).

Epithelogener Muskel bei Coelomaten.

Bei den meisten *Coelomaten* (den *Articulaten, Ambulacraliern* und *Chordoniern*) entsteht ein bedeutender Theil der Körpermuskulatur (in der Regel Längsmuskeln) aus dem Coelomepithel. Die Art und Weise, wie diese Muskeln vom Epithel sich sondern, ist im allgemeinen auf dieselben Gesetze zurückzuführen, die bei den ectodermalen und endodermalen Muskeln der *Cnidarier* sich zeigen. Wir finden die verschiedensten Stufen der Sonderung; in den ursprünglichsten Fällen könnte man die Muskeln sogar noch als epitheliale bezeichnen. Wir wollen einige typische Beispiele hier kennen lernen.

Reihe der Articulaten.

A n n e l i d e n. Die Längsmuskeln der Leibeswand sind Differenzirungen des Coelomepithels, und zwar des somatischen Blattes. — Im einfachsten Falle schon tritt eine Sonderung dieses ursprünglich einfachen Epithels in zwei Schichten ein, nämlich in eine Deckschichte (gegen die Coelomhöhle gewendet), welche wir als P e r i t o n e a l s c h i c h t e (oder Somatopleura) bezeichnen, und eine basale Schichte, welche aus Muskelfasern besteht (M u s k e l s c h i c h t e). Die Muskelfasern sind bandförmige Gebilde, welche wie die Blätter eines Buches aneinandergereiht sind; ihre Muskelkörperchen liegen nach der Deckschichte zu.

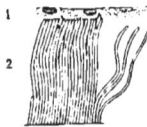

Fig. 117. **Längsmuskelschichte aus der Leibeswand von Polygordius.** Querschnitt.
1. Deckschichte (Peritonealschichte), 2. Muskelschichte.

Dieses Verhalten bildet den Ausgangspunkt für sehr verschiedenartige Modificationen. Um dieselben zu verstehen, müssen wir zunächst den Bau der Muskelfaser in den verschiedenen Fällen genauer betrachten. Die Muskelfaser ist in den meisten Fällen bandförmig, kann aber auch einen rundlichen Querschnitt zeigen; sie lässt in der Regel keine Querstreifung erkennen. Der fibrilläre Bau ist oft schwer nachweisbar, so dass die Fibrillenmasse wie eine einzige, sehr grosse Fibrille erscheint; genauere Untersuchung lehrt aber die Fibrillen unterscheiden (RHODE), die in einfacher Schichte rings um einen von Plasma erfüllten Centralraum angeordnet sind; derselbe ist meist sehr eng und spaltförmig; von ansehnlicher Ausdehnung ist er bei den rundlichen Muskelfasern der *Hirudineen*. Der Zellkern liegt entweder an der einen Kante der bandförmigen Muskelfaser, und zwar an derjenigen, welche der Deckschichte zugewendet ist (wie oben beschrieben wurde), oder er liegt an der Fläche des Bandes, und er kann endlich auch im centralen Hohlraum gelegen sein (besonders auffallend bei den *Hirudineen*). In ein und demselben Muskel kann verschiedene Lage der Kerne an den Muskelfasern beobachtet werden.

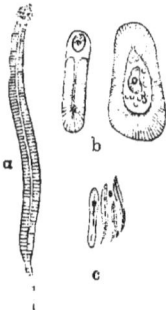

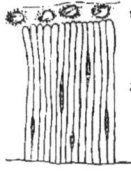

Fig. 119.

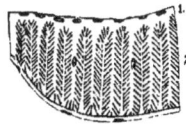

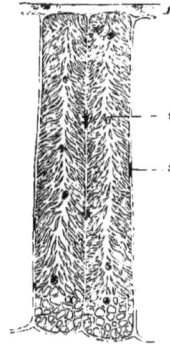

Fig. 118.

Fig. 120.   Fig. 121.

Fig. 118. Muskelfasern von Anneliden im Querschnitt gesehen (nach Ruode). a. von *Lumbriculus*, b. von *Branchiobdella*, c. von *Polynoe*, bei letzterer liegen die Kerne bald im Centrum, bald an der Peripherie der Muskelfasern.

Fig. 119. Längsmuskelschichte aus der Leibeswand von Lumbriculus im Querschnitt. 1. Deckschichte (Peritonealschichte), 2. Muskelschichte.

Fig. 120. Längsmuskelschichte von Sagitta im Querschnitt (nach Hertwig). 1. Deckschichte, 2. gefaltete Muskelschichte, unterhalb derselben ectodermales Epithel.

Fig. 121. Längsmuskelschichte eines Regenwurmes im Querschnitt. 1. Deckschichte (Peritonealschichte), 2. Muskelkästchen mit rundlichen Zellkernen (Muskelkörperchen) zwischen den Muskelfasern, 3. Bindegewebshülle der Muskelkästchen mit platten Zellkernen.

Unterhalb der Peritonealschichte können die Muskelfasern sich zu einer geschichteten Masse häufen. Es kann aber auch der Bau des gesammten Muskels sich über den obenerwähnten einfachen Typus zunächst dadurch erheben, dass er eine **Massenzunahme durch Faltung** erfährt (bei zahlreichen *Polychaeten*, bei *Sagitta* etc.) Die Deckschichte kann über die Falten der Muskelschichte glatt hinweggehen, oder sie ist betheiligt sich an der Faltung. — Bei den regenwurmartigen (*Lumbriciden*) haben sich die Falten von einander isolirt, so dass sie gesonderte, aneinandergereihte Muskelstränge (Muskelkästchen, Vejdovsky) bilden. Sie sind durch bindegewebige Scheidewände (längs welcher auch Blutgefässe eindringen) von einander getrennt; diese sind Differenzirungen der Peritonealschichte. Bei manchen Arten sind die Muskelfasern in jedem Muskelstrang noch regelmässig in einfacher Schichte um einen centralen Spaltraum (dem Hohlraum der Falten entsprechend) angeordnet, bei anderen Arten ist der einzelne Muskelstrang aus einer regelloser geschichteten Masse von Muskelfasern zusammengesetzt. — Aehnlich diesem letzteren Falle verhalten sich auch die *Hirudineen*; da aber hier die Peritonealschichte (Deckschichte) bedeutende Veränderungen erfahren hat, ferner die Bindegewebsscheide-

wände reicher ausgebildet sind und endlich längs derselben nebst Blut-
gefässen auch heterogene Muskelfasern (die Transversalmuskeln) hinein-
gewachsen sind, so ist in dem Bau dieser Längsmuskeln der ursprüngliche
epitheliale Charakter kaum mehr ersichtlich. Analoge Verhältnisse finden
wir auch schon bei manchen *Chaetopoden*[1]).

    A r t h r o p o d e n. Die somatische Muskulatur der Arthropoden (vor
allem die Längsmuskelzüge) ist zweifellos von dem Hautmuskelschlauch
der Anneliden abzuleiten; hier ist aber die Zerfällung des Muskelblattes
in strangförmige Gebilde weiter gediehen und typisch geworden. Auch in
der Längsrichtung ist die Muskulatur in kürzere Stücke gegliedert, die nur
mittelst ihrer Enden an die Körperwand angeheftet sind. Im Einzelnen
ist die Vergleichung des Anneliden- und Arthropodenmuskels noch wenig
durchgeführt, so z. B. das Verhalten der Peritonealschichte noch kaum
erforscht.

    Die somatischen Muskelfasern der Arthropoden ähneln in hohem Grade
den „quergestreiften Muskelfasern" der Wirbelthiere. Sie haben quergestreifte Fibrillen, ein deutliches Sarcolemm und zahlreiche Muskelkörperchen, die entweder an der Oberfläche oder in der Achse der Muskelfaser liegen. Ueber ihre Entwicklung (ob aus einer Zelle entstehend?) ist
wenig bekannt.

Reihe der Chordonier.

    Wir wollen uns hier speciell auf die Betrachtung des S e i t e n r u m p f-
m u s k e l s des *Amphioxus* und der *Wirbelthiere* beschränken, da derselbe den
Ausgangspunkt für die Verhältnisse der somatischen,
q u e r g e s t r e i f t e n Muskulatur dieses Typus bietet.
Der segmentirte (in Myomeren getheilte) Seitenrumpfmuskel geht aus dem Coelomepithel hervor. Es sind
eigenthümlich ausgezogene Epithelzellen, die durch
die ganze Länge je eines Körpersegmentes sich erstrecken, welche denselben bilden. Aus jeder dieser
Zellen entsteht eine u r s p r ü n g l i c h e i n k e r n i g e
Muskelfaser.

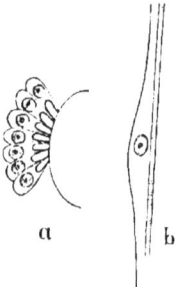

Fig. 122. **Entwicklung der Muskelfaser von Amphioxus.**
a. Querschnitt durch mehrere Myoblasten, welche an der
Chorda liegen; in der Basis der Zellen sind die Querschnitte
der Fibrillen zu sehen. b. Myoblast der Länge nach gesehen.

    A m p h i o x u s. Der Seitenrumpfmuskel, der aus dem einschichtigen
Coelomepithel hervorgeht, ist auch im entwickelten Zustande noch auf
ein solches einschichtiges Epithel zurückführbar. An der freien Fläche des
Epithels finden sich die Zellkerne mit Plasmaresten, die übrige Masse ist
von Muskelfibrillen mit spärlicher Zwischensubstanz gebildet. Die Fibrillen
sind derartig geschichtet, dass sie reihenweise übereinanderliegen; die dadurch zusammengesetzten bandförmigen Gebilde (S y m f i b r i e n) liegen wie
die Blätter eines Buches nebeneinander; die Breite der Bänder entspricht
der Dicke des Muskels. Mehrere Symfibrien kommen auf je eine Muskelfaser; die Abgrenzung der Muskelfasern ist nicht deutlich (leichter nachweisbar in jüngeren Stadien und im lebenden Zustande). Ein Sarcolemm

    1) Für die Auffassung der epithelogenen Natur der Anneliden-Längsmuskeln ist es
besonders wichtig, dass die Muskelfibrillen ontogenetisch zu einer Zeit entstehen, wo das
somatische Blatt noch einschichtig ist. Die weitere Sonderung desselben in Muskelschichte
und Deckschichte ist aber ontogenetisch noch nicht genügend klargestellt.

wurde nicht beobachtet. Die Basalfläche dieses Epithelmuskels ist von einem secundär angelagerten Plattenepithel, dem Fascienblatte, überzogen.

Fig. 123. Querschnitt durch den Seitenrumpfmuskel eines jungen Amphioxus. Die hohen bandförmigen Symfibrien, wie die Blätter eines Buches aneinandergereiht; in der Nähe der freien Fläche sind Zellkerne zwischen denselben gelegen, der Basalfläche ist die platte Fascienschichte angelagert.

Bei den *Wirbelthieren* s. *str.* (*Cranioten*) ist der Seitenrumpfmuskel in gewissem Sinne einem geschichteten Epithel zu vergleichen; die Muskelfasern liegen zahlreich übereinander. Die ursprünglich einkernigen Muskelfasern werden vielkernig; die Kerne liegen meist an der Oberfläche der Fibrillenmasse; es ist ein Sarcolemma vorhanden. Die Muskelfasern sind hier ferner durch eingewuchertes Fasciengewebe einzelweise eingehüllt und so von einander gesondert. Dadurch ist die ursprüngliche epitheliale Anlage in ihre Zellelemente aufgelöst. — Die Verhältnisse bei den *Cyclostomen* bilden einen Uebergang zwischen denjenigen des *Amphioxus* und der *Cranioten*.

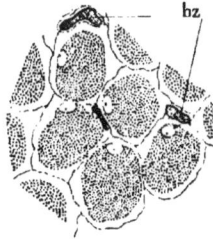

Fig. 124. Querschnitt durch die Muskulatur einer Salamanderlarve. *bz* Bindegewebszellen, welche die Hüllen der einzelnen Muskelfasern bilden.

Mesenchymmuskel.

Die Mesenchymmuskelfasern sind phylogenetisch wahrscheinlich aus den Bindegewebszellen der Gallerte abzuleiten, welche bei den niedersten Metazoen das Blastocoel erfüllt [1]). Die vereinzelt verlaufende Muskelfaser ist hier der Grundtypus, während das Zusammentreten zu Gewebsmassen das secundäre Verhältnis ist.

Schon bei den *Spongien* sind vereinzelte Mesenchymmuskelfasern beobachtet worden. Bei den *Cnidariern* scheinen sie zu fehlen. Bei den *Ctenophoren* durchsetzen sie in grosser Anzahl die Gallerte. Den *Scoleciden* kommen ausschliesslich Mesenchymmuskelfasern zu; sie bilden hier oft schon regelmässig angeordnete Schichten, besonders an der Leibeswand (Ringmuskelschicht und Längsmuskelschicht), deren Anordnung derjenigen von epithelogenem Muskel sehr ähnlich ist.

Fig. 125. Querschnitt durch die Muskelschichte des gemeinen Spulwurmes. An einer der Muskelfasern ist das riesige Muskelkörperchen getroffen, in der Rindenschichte derselben liegt der Zellkern.

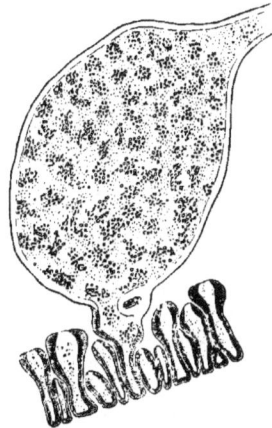

1) Nach dieser Auffassung hätten die Zellen auf Grund einer anderen Function sich vom Epithel isolirt, und wären erst durch **Functionswechsel** zu Muskelzellen geworden (HERTWIG).

Bei den *Nematoden* (deren systematische Stellung überhaupt noch zweifelhaft ist), hat die Längsmuskelschicht der Leibeswand grosse Aehnlichkeit mit Epithelmuskeln, und wird auch von HERTWIG dafür

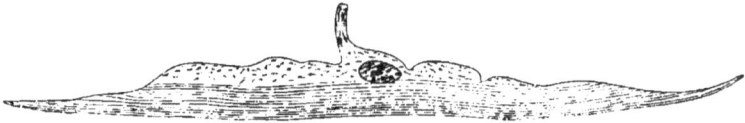

Fig. 126. **Isolirte Muskelfaser eines Spulwurmes** (nach HERTWIG).

gehalten ; gegen diese Auffassung spricht aber der Umstand, dass die Nerven an die freie Fläche dieses epitheloiden Muskels herantreten (im Gegensatz zu dem Verhalten jedes echten epithelogenen Muskels).

Bei den *Aposcoleciden* ist der Mesenchymmuskel durch den epithelogenen mehr in den Hintergrund gedrängt. Im Allgemeinen scheint die Muskulatur des Darmes, der Blutgefässe, der Geschlechtsorgane etc. und die Ringmuskeln der Leibeswand mesenchymatösen Ursprungs zu sein (z. B. *Anneliden*). Bei den *Mollusken* erreicht der Mesenchymmuskel wieder erhöhte (vielleicht ausschliessliche) Bedeutung und bildet namentlich im „Fusse“ mächtige Muskelmassen.

Auch bei den *Ambulacraliern* und *Chordoniern* ist die Muskulatur der Eingeweide und ein kleiner Theil der äusseren Muskeln mesenchymatöser Natur.

Nervengewebe.

Durch das Nervensystem sind bei den Metazoen (mit Ausnahme der *Spongien?*) die einzelnen Theile des Körpers derart in Verbindung gesetzt, dass die Erregung, die durch einen Reiz an irgend einer Stelle des Körpers bewirkt wird, auch anderen Theilen des Körpers mitgetheilt wird. Es wird z. B. ein Reiz, der ein Sinnesorgan trifft, in Erregung umgesetzt und als solche durch das Nervensystem auf einen Muskel fortgepflanzt, der dadurch zur Thätigkeit veranlasst wird. Es ist so eine Beziehung zwischen den einzelnen Körpertheilen hergestellt; das Nervensystem wird daher auch als Beziehungsapparat bezeichnet.

Die für das Nervensystem wesentlichen Gewebselemente sind die Ganglienzellen und die Nervenfasern. Die letzteren sind die eigentlichen Leitungsbahnen der Erregung, den ersteren wird ein gewisser Einfluss auf die Erregung (Regulirung derselben) zugeschrieben.

Das Nervensystem tritt nicht in allen Fällen als ein gesondertes Organsystem auf. In seinem niedrigsten (uns bekannten) Zustande breitet es sich als ein Ganglienplexus (Ganglien-Nerven-Netz) über grosse Körperstrecken nahezu gleichartig aus, und zwar innerhalb der Epithelien selbst, als ein Bestandtheil derselben *(Actinien)*. Bei höherer Entwicklung des Nervensystems treten die Ganglienzellen in Massen gehäuft auf, als sogenannte „Ganglien“, und die Nervenfasern, welche von ihnen ausgehen, sind zu Bündeln vereinigt, die als „Nerven“ bezeichnet werden; die Nerven verzweigen sich derart, dass sie gegen die Peripherie in immer kleinere Bündel sich auseinanderlegen, so dass sie zuletzt nur eine Nervenfaser enthalten. Die Nervenfasern

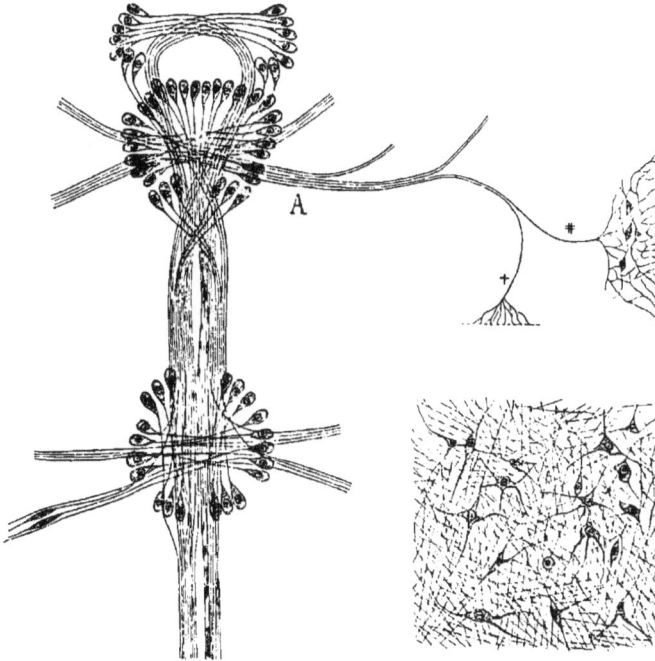

Fig. 127.   Fig. 128.

Fig. 127. Vorderer Abschnitt des centralisirten Nervensystems eines *Anneliden.*
Schema zur Demonstrirung des Faserverlaufes (nach LEYDIG, mit einigen Veränderungen).
Von den abgehenden Nerven ist nur einer (bei A) weiter verfolgt, um die Art der
Verästelung zu zeigen; zuletzt geht auch die N e r v e n f a s e r eine Verästelung ein; bei
+ ist eine direkte Endigung der Endästchen, bei ♯ eine solche durch Vermittlung eines
Nervenplexus schematisch dargestellt.

Fig. 128. Eine Stelle aus dem acentrischen Nervensystem einer *Actinie* (nach
HERTWIG).

selbst verästeln sich nur in der Nähe der Ganglienzellen und in der Nähe
der Peripherie. Hier schliessen sich oft auch periphere Ganglienplexus' an.
Als das S t r u c t u r e l e m e n t des Nervengewebes wird besonders
seit MAX SCHULTZE die N e r v e n f i b r i l l e (N e r v e n p r i m i t i v f i-
b r i l l e) betrachtet. Die Nervenfibrillen sind überaus feine, unverästelte
Fäden, die oft charakteristische Varicositäten (Knötchen) zeigen. Sie
finden sich als Inhalt (1) der Ganglienzelle, in welcher sie concentrisch
den Kern umkreisen und auch radiär verlaufend in (2) den Inhalt der
Nervenfaser sich fortsetzen, welche bei ihrer peripheren Verästelung
in die einzelnen Fibrillen sich auflöst. Und endlich können wir sie
auch (3) bis in das Innere der peripheren Zellen, z. B. der Sinneszelle
oder der Muskelfaser, verfolgen.

Neuerdings wurde die nervöse Natur der Primitivfibrille bestritten.
Die zwischen den Fibrillen gelagerte helle, schleimige (ja sogar als flüssig

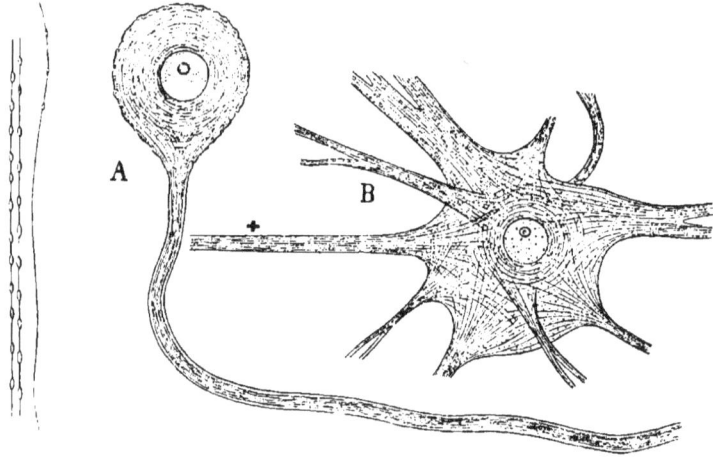

Fig. 129.   Fig. 130.

Fig. 129. **Nervenprimitivfibrillen** (nach Max Schultze).

Fig. 130. **Fibrilläre Structur von Ganglienzellen und Nervenfasern.**

A Ganglienzelle mit Nervenfortsatz aus dem Nervensystem eines *Anneliden* [*Sthenelais*] (nach Rhode).

B. Ganglienzelle aus dem „electrischen Lappen des Gehirn des *Zitterrochens*; der mit + bezeichnete Fortsatz ist der Nervenfortsatz („Achsencylinderfortsatz"), alle anderen sind sogen. Plasmafortsätze (nach M. Schultze).

bezeichnete) Substanz soll die eigentliche Nervensubstanz sein, auch sollen die „Primitivfibrillen" nicht selbständige Fäden sein, sondern im Querschnitt netzförmig zusammenhängen und dementsprechend im Längsschnitt als Wände von Röhren sich erweisen, in welche die eigentliche Nervensubstanz eingelagert wäre (Leydig, Nansen).

Gewebselemente. 1) Die Ganglienzellen sind von rundlicher Gestalt und mit einem oder mehreren Fortsätzen versehen; mit Rücksicht auf die Anzahl der Fortsätze unterscheidet man unipolare, bipolare, multipolare Ganglienzellen. Die Fortsätze können entweder in einen Nerven übergehen („Nervenfortsatz oder Achsencylinderfortsatz") oder in ein feines Netzwerk sich verästeln, dessen nervöse Natur zweifelhaft ist („Plasmafortsatz oder verästelter Fortsatz"). Nach der Meinung einiger Autoren soll der Achsencylinderfortsatz stets nur in Einzahl vorhanden sein (das gilt aber sicherlich nicht ausnahmslos). Die Ganglienzelle besitzt in der Regel einen grossen runden Zellkern und reichliches Plasma, dessen fibrilläre Structur bereits erwähnt wurde. — 2) Nervenfaser. Der wesentliche Bestandtheil der Nervenfaser ist der Achsencylinder. Die Achsencylinder

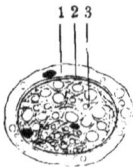

Fig. 131. **Querschnitt durch einen peripheren Nerven eines Regenwurmes.**
1. Peritonaeum, 2. Membrana propria, 3. Gllasubstanz, in welche die hellen Achsencylinder eingebettet sind.

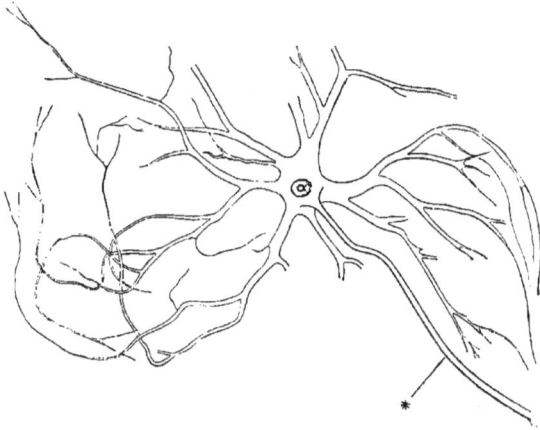

Fig. 132. **Multipolare Ganglienzelle** aus dem Rückenmark des Rindes (nach DEITERS). Bei * ist der Nervenfortsatz zu sehen, alle anderen Fortsätze sind Plasmafortsätze.

sind von verschiedenem Durchmesser, von ansehnlicher Dicke bis zu kaum messbarer Feinheit. Ihre Beschaffenheit ist zart, schleimig, dabei hell und von blassen Contouren (in Folge des geringen Lichtbrechungsvermögens); unter starken Vergrösserungen ist eine überaus feine Längsstreifung als Ausdruck der schon erwähnten fibrillären Structur zu beobachten. — Zu dem Achsencylinder kann noch eine Hülle von fettartiger Substanz (Markscheide) hinzukommen, das sogenannte Nervenmark oder Myelin. Die erstere Art von Achsencylindern nennen wir marklose oder einfach contourirte, die letztere Art markhaltige oder doppeltcontourirte Achsencylinder. — Markhaltige Nervenfasern finden sich nur bei den Wirbelthieren, doch sind auch bei diesen die Nerven des sympathischen Systems (die Eingeweidenerven) und der Olfactorius (Riechnerv) mit marklosen Fasern versehen. Die *Cyclostomen* und *Amphioxus,* sowie alle Wirbellose haben nur einfach contourirte Nervenfasern.

Fig. 133. A. **Einfach contourirte Nervenfaser.**

B. **Doppelt contourirte Nervenfaser.**

Fig. 134. A. **Einfach contourirte Nervenfaser mit Schwann'scher Scheide.**

B. **Doppeltcontourirte Nervenfaser mit Schwann'scher Scheide.**

A   B   A   B

Fig. 133.   Fig. 134.

Die Achsencylinder stehen in den meisten Fällen in bestimmter Beziehung zu eigenthümlichen Stütz- oder Hüllgeweben. In den peripheren Nerven sowohl der Wirbelthiere als auch vieler Wirbelloser (*Arthro-*

poden) finden wir die (einfach oder doppeltcontourirten) Achsencylinder
noch umgeben von je einer bindegewebeähnlichen (manchmal deutlich
geschichteten). mit Zellkernen versehenen Hülle, welche wir als Schwann-
sche Scheide bezeichnen. Innerhalb des centralen Nervensystems
dagegen sind die Achsencylinder in ein zusammenhängendes Gewebe von faserig structurirten Zellen (Gliazellen oder Neuroglia)
eingebettet. In ähnlicher Weise aber sind bei wirbellosen Thieren *(Anneliden, Mollusken)* auch in den peripheren Nerven die Achsencylinder nicht
mit besonderen Schwann'schen Scheiden ausgestattet, sondern mit
einem gemeinsamen Hüllgewebe versehen. — In der Regel finden wir
auch die Ganglienzellen in Gliasubstanz eingebettet. — Auf die Bedeutung dieser Hüll- oder Stützsubstanzen werden wir noch zurückkommen.

In Bezug auf die Frage nach dem zelligen Charakter der Achsencylinder wollen wir zunächst diejenige Anschauung vortragen, welche
von der Mehrzahl der Autoren vertreten wird. Die Achsencylinder der peripheren Nerven sind trotz ihrer bedeutenden Ausdehnung zumeist nur ver-
längerte Fortsätze der centralen Ganglienzellen. Wir müssen uns daran
erinnern, dass beim Embryo die Dimensionen viel geringer sind, und
die oft enorme Länge der Nervenfaser erst durch späteres Wachsthum
erreicht wird. Bei manchen Nerven sind bipolare Ganglienzellen in den
Verlauf der Faser eingeschaltet und sie werden vielfach nur als zellige
Verdickungen der Nervenfaser betrachtet; es gibt auch alle Abstufungen von rundlichen bis zu spindelförmig gestreckten Zellen und dies
führt uns hinüber zu jenen Formen von
Achsencylindern, die zahlreiche Zellkerne enthalten und vielleicht aus aneinandergereihten,
gestreckten Ganglienzellen abzuleiten sind,
wie z. B. die Nerven des sympathischen
Systems bei den Wirbelthieren. Auch bei
Wirbellosen sind derartige Nervenfasern,
besonders in den Nervenplexus' vielfach zu
beobachten.

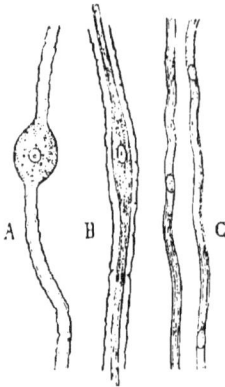

Fig. 135. A. **Bipolare Ganglienzelle** in den Verlauf eines markhaltigen Nerven eingeschaltet, aus dem
Ganglion Gasseri vom *Hecht* (nach Bidder).

B. **Bipolare Ganglienzelle** in den Verlauf eines
markhaltigen Nerven eingeschaltet, sie ist von spindel-
förmiger Gestalt und nur als kernhaltige Anschwellung
des Achsencylinders zu betrachten. aus dem Nervus acusti-
cus vom *Hecht* (nach M. Schultze).

C. **Nervenfasern** aus dem Sympathicus des *Rindes*
mit zahlreichen Kernen (nach M. Schultze).

In der vorhergehenden Darstellung über das Verhältnis der Nervenfaser zur Zelle habe ich die herrschenden Anschauungen berücksichtigt,
wenn ich auch einer anderen Ansicht die Möglichkeit offen halten will,
welche ich besonders bei Gegenbaur, wenn ich ihn richtig verstehe,
wenigstens angedeutet finde. — Wir wollen von der Thatsache ausgehen,
dass wir die Achsencylinder zumeist in Gliasubstanz eingebettet sehen; in
den Nervenmassen der Centraltheile sind es zusammenhängende Gliamassen
(sowohl bei *Wirbelthieren* als bei *Wirbellosen*), und ebenso auch in den
peripheren Nerven niederer Wirbelloser (*Anneliden, Mollusken*); nur in den
peripheren Nerven der *Arthropoden* und der *Wirbelthiere* ist die Gliasubstanz derart gesondert, dass sie für jeden Achsencylinder eine eigene

Hülle, die Schwann'sche Scheide, bildet; ich betrachte diese als den Gliasubstanzen gleichwerthig. Es ist nun denkbar, dass die Gliazellen nicht nur als Bildner der Stützsubstanz aufzufassen wären, sondern auch als Nervenkörperchen, auf deren Kosten die Achsencylinder entstanden wären. Diese Neuroblasten hätten demnach sowohl Stützsubstanz (Glia), als auch Nervensubstanz (Achsencylinder) differenzirt. — Wir würden nun unterscheiden: 1) Achsencylinder, die von Neuroblasten gebildet worden sind, und daher stets in Begleitung von Gliasubstanz auftreten (centrale und periphere Nervenmassen); 2) Achsencylinder, die von Ganglienzellen gebildet worden sind, entweder als Ausläufer derselben oder durch bedeutendere Streckung von ganglienähnlichen Zellen (Nervennetze, Nerven des Sympathicus). — Gegen obige Ausführungen könnte man einwenden, dass auch die Ganglienzellen von faserigem, mit Zellkernen versehenen Gliagewebe eingehüllt werden; darauf ist zu erwidern, dass wir in Consequenz der erörterten Ansicht diese Zellen als solche, welche nur Stützsubstanz bilden, von jenen unterscheiden müssten, die zugleich auch Nervensubstanz liefern. Zur Entscheidung dieser hypothetischen Fragen sind noch eingehende Untersuchungen nöthig. Nach den vorliegenden Beobachtungen über Entwicklung ist es kaum zu entscheiden, ob die Achsencylinder als Ausläufer der Ganglienzellen in die Gliasubstanz hineinwachsen (nach der herrschenden Ansicht) oder ob sie auf Kosten der letzteren bei ihrer fortschreitenden Verlängerung entstehen.

Die peripheren Nervenenden verbinden sich mit Zellen verschiedenster Function, Sinneszellen, Muskelzellen, Drüsenzellen etc. Oft ist ein peripherer Ganglienplexus zwischen die Nervenendigung eingeschoben. Für die Wirbelthiere werden auch vielfach freie Nervenendigungen zwischen den Epithelzellen angegeben.

Von besonderer Wichtigkeit ist für unsere Betrachtung die Nervenendigung an den Sinneszellen und Muskelzellen. Die Sinneszelle, welche in ihrer einfachsten typischen Form als eine schmale, hohe, an ihrem freien Ende mit Sinneshärchen versehene Zelle erscheint, ist stets an ihrem basalen Pole mit einem Nervenende in Verbindung, oft ist in ihrem Inneren eine aufsteigende Nervenfibrille zu verfolgen.

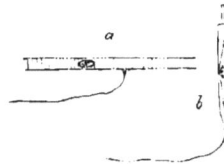

Fig. 136. **Schema der Nervenendigung.** a. an der Muskelfaser und b. an der Sinneszelle.

Die Innervirung des Muskels ist besonders bei der quergestreiften Muskelfaser der *Wirbelthiere* und *Arthropoden* genauer bekannt. Der Nerv tritt stets an die Längsseite der Muskelfaser und endet hier mit einer eigenthümlichen Nervenendplatte. Auch bei der glatten Muskelfaser der Wirbelthiere und bei den Mesenchymmuskeln der Wirbellosen sieht man den Nerven stets seitlich an die Muskelfaser herantreten. (Die glatten Muskelfasern der Wirbelthiere sind von einem feinsten Nervennetz umsponnen.)

Nervengewebe. Ihrer Lagerung nach können wir die Gewebe des Nervensystems in epitheliale und epithelogene eintheilen; es wurde wohl auch vermuthet, dass das gesammte Nervensystem gewisser Thiere mesenchymatöser Natur sei, doch hat diese Ansicht bis jetzt keine Bestätigung erfahren.

9*

Epitheliales Nervensystem der Cnidarier.

Für die Phylogenie des Nervensystems überhaupt und zunächst
für das Verständnis der epithelialen Nervengewebe sind die Zustände,
die bei den Cnidariern nachgewiesen wurden (O. und R. HERTWIG), von
besonderer Wichtigkeit.

1) Bei den *Actinozoen* finden sich Gewebe des Nervensystems sowohl im ectodermalen als auch im endodermalen Epithel, aber in ersterem
in viel reicherem Masse; und dieses wollen wir hier eingehender betrachten. Das Ectodermepithel der *Actinien* hat einen gemischten
Charakter; wir finden in demselben nebeneinander Myoblasten, Drüsenzellen, Nesselzellen, Deck-Stützzellen (welche letztere die ganze Höhe des
Epithels durchsetzen und mit einer Geissel versehen sind) und ferner die

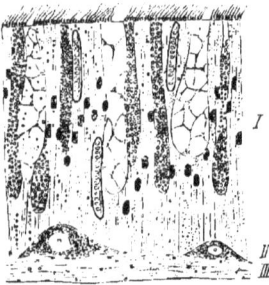

Fig. 137.

Fig. 137. **Querschnitt vom Ecto-
derm einer** *Actinie* (nach HERTWIG).
I Deckschichte, *II* Ganglienschichte,
III Nervenschichte.

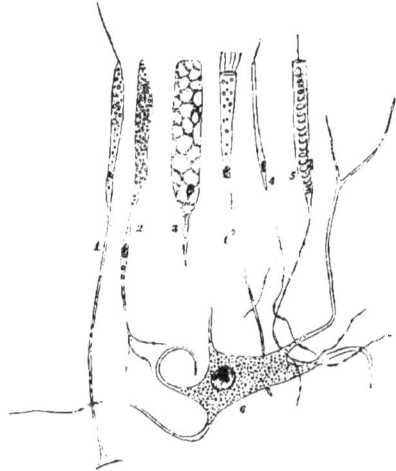

Fig. 138.

Fig. 138. **Isolirte Elemente** eines ebensolchen Epithels (nach HERTWIG).
1. Stützzellen, 2. und 3. Drüsenzellen (Körnchenzelle, Becherzelle), 4. Sinneszelle,
5. Nesselzelle, 6 Ganglienzelle.

uns hier speciell interessirenden Sinnes- und nervösen Elemente. Diese
sind: I) Sinneszellen, II) Ganglienzellen und III) Nervenmassen. Das
Lagerungsverhältnis dieser drei verschiedenen Elemente ist stets ein
derartiges, dass die Sinneszellen die oberste Lage, an der freien
Fläche des Epithels einnehmen, dabei reichen sie in die Tiefe bis
nahezu an die Basis des Epithels (ähnlich wie die Deck-Stützzellen);
darauf folgen in der mittleren Schichte des Epithels vereinzelte oder
dichter angeordnete Ganglienzellen und endlich zu unterst, nächst der
Basalfläche des Epithels, jene Schichte, die wir als Nervenmasse bezeichnen (wenn das Epithel auch Muskelfibrillen besitzt, so bilden diese
die tiefste Schichte noch unterhalb der Nervenmasse). Diese Nerven
bilden eine netzförmige Verbindung zwischen den Ganglienzellen, den
Sinneszellen und wohl auch den Muskelzellen.

2) Centralisirtes Nervensystem bei *Medusen*. Bei anderen Cnidariern und zwar bei den *Hydroidmedusen* und *Scyphomedusen* finden wir schon die Einrichtung eines centralisirten Nervensystems. Die Centralisirung des Nervensystems steht immer im innigsten Zusammenhang mit dem Auftreten von Sinnesorganen. Bei Bildung eines Sinnesorganes finden sich an der betreffenden Stelle des ectodermalen Epithels die Sinneszellen und die nervösen Elemente gehäuft, und zwar in dem schon bei den *Actinien* beobachteten Schichtungsverhältnis; es finden sich dazwischen auch Stützzellen; die anderen Zellenarten des Epithels (Muskel-, Drüsen-, Nesselzellen) fehlen aber an dieser Stelle. Wir werden ein solches, functionell in höherem Grade specialisirtes Epithel als Nerven-Sinnesepithel bezeichnen.

Bei den *Scyphomedusen* finden wir acht radiär vertheilte Ganglien-centra in Zusammenhang mit acht Sinnesorgangruppen. — Bei den *Hydroidmedusen* hat das Centralnervensystem die Form eines am Rande der Scheibe verlaufenden, doppelten gangliösen Ringes, welchem in grösserer oder geringerer Anzahl Sinnesorgane angelagert sind. Einzelne Sinneszellen finden sich aber auch in der ganzen Ausdehnung des Ganglienringes zwischen den mit Geisselhaaren versehenen Deck-Stützzellen zerstreut. — Die Verbindung dieser Nervencentren mit den anderen Körpertheilen wird durch einen spärlicheren, im Epithel gelegenen Ganglien-Nervenplexus hergestellt, also nicht durch regelmässig verzweigte periphere Nerven, wie solche bei den höheren Thieren vorkommen.

Epitheliales Nervensystem bei Heteraxoniern.

Bei den *Heteraxoniern* ist das Nervensystem stets ein centralisirtes, dabei kann es aber seine epitheliale Lage noch vollkommen bewahren. — Kowalevsky, der zuerst nachgewiesen hat, dass die Entwicklung des Centralnervensystems aus dem Ectoderm auch für die Wirbellosen Geltung habe, hat auch die damals überraschende Thatsache festgestellt, dass bei *Sagitta* das Centralnervensystem zeitlebens eine ectodermale Lage beibehält. Seither wurde ein ähnliches Verhalten bei vielen anderen Thiergruppen nachgewiesen. Wir führen hier an: Zahlreiche *Anneliden*, *Sagitta*, *Phoronis*, manche *Brachiopoden*, viele *Echinodermen*, *Balanoglossus*. Nicht nur das Centralnervensystem und die Sinnesorgane, sondern auch die peripheren Nerven liegen innerhalb des Epithels. Nur die Endzweige, welche zu den Muskeln ziehen, müssen das ectodermale Epithel verlassen, da die Muskeln bei diesen Thieren einem anderen Blatte (dem somatischen Blatte) angehören; doch liegen über das Verhalten dieser Endzweige nur sehr spärliche Angaben vor. Die Verhältnisse dieses epithelialen Nervensystems lassen sich auf diejenigen der Cnidarier zurückführen, doch hat die Specialisirung hier einen höheren Grad erreicht. So finden wir in den Sinnesorganen die Sinnesepithelien, welche vorwiegend aus Sinneszellen, Ganglienzellen und Nervenfasern und daneben aus Stützzellen bestehen. Ferner im Bereich des centralen Nervensystems Nervenepithelien, welche Ganglienzellen, Nervenfasern nebst Deckstützzellen enthalten, und endlich im Bereich des peripheren Nervensystems solche Nervenepithelien, die nur aus Nervenfasern und Deckstützzellen zusammengesetzt sind. Das Schichtungsgesetz ist dasselbe wie bei den Cnidariern: Die

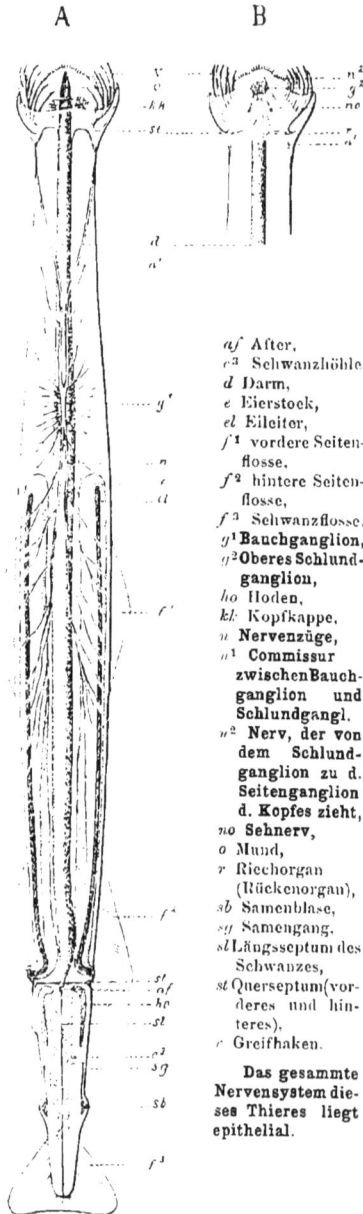

Deckstützzellen (und die Sinneszellen) nehmen in der Regel die
ganze Höhe des Epithels ein, die
Ganglienzellen sind auf eine tiefere Lage beschränkt und die
Fasermassen liegen an der Basis
des Epithels.

Fig. 139. A. **Sagitta hexaptera**, von
der Bauchseite gesehen (nach O. Hertwig). Vergr $\frac{4}{1}$.

B. **Vorderende desselben Thieres**,
von der Rückenseite gesehen (combinirt
nach Detailzeichnungen von O. Hertwig)

Epithelogenes Nerven-system bei Heteraxoniern.

Bei den höheren Thieren
hat das Nervensystem seine ursprüngliche epitheliale Lage aufgegeben und eine geschütztere
Stelle im Inneren des Körpers
erhalten. Dadurch hat die anatomische Sonderung desselben einen
vollkommeneren Grad erreicht.

Für die Vergleichung von
epithelialem und epithelogenem
Nervensystem sind jene Thiergruppen von besonderem Interesse, wo bei verwandten
Gattungen und Arten, ja sogar
innerhalb eines und desselben
Thierkörpers alle Uebergänge
vom epithelialen zum epithelogenen Nervensystem zu be-
obachten sind. Hier sehen wir
deutlich, dass die Gliasubstanzen des Nervensy-
stems unmittelbar auf
die epithelialen Stütz-
gewebe zurückführbar
sind. Es zeigt sich, dass in
dem epithelial gelagerten Nervensystem schon die charakteristische Ausbildung nicht nur
anatomisch, sondern auch histologisch vorbereitet ist.

af After,
c³ Schwanzhöhle.
d Darm,
e Eierstock,
el Eileiter,
f¹ vordere Seiten-
flosse.
f² hintere Seiten-
flosse,
f³ Schwanzflosse.
g¹ **Bauchganglion**,
g² **Oberes Schlund-
ganglion,**
ho Hoden,
kk Kopfkappe,
n **Nervenzüge,**
n¹ **Commissur
zwischen Bauch-
ganglion und
Schlundgangl.**
n² **Nerv, der von
dem Schlund-
ganglion zu d.
Seitenganglion
d. Kopfes zieht,**
no Sehnerv,
o Mund,
r Riechorgan
(Rückenorgan),
sb Samenblase,
sg Samengang,
sl Längsseptum des
Schwanzes,
st Querseptum(vor-
deres und hin-
teres),
r Greifhaken.

**Das gesammte
Nervensystem die-
ses Thieres liegt
epithelial.**

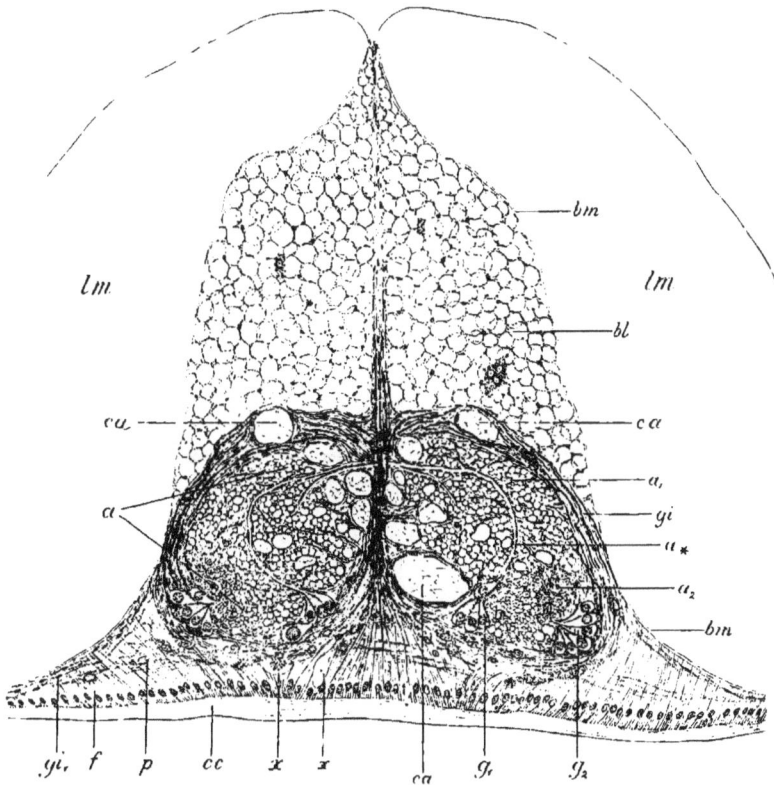

Fig. 140. **Querschnitt durch das epithelial gelagerte Centralnervensystem, und zwar durch das Bauchmark eines Anneliden** (*Sigalion squamatum*).

a Achsencylinder, welche die centrale Nervenmasse zusammensetzen.

a_1 Achsencylinder von mittlerer Dicke.

a_2 Achsencylinder von geringer Dicke.

a_* Achsencylinder, welcher der Länge nach und in Zusammenhang mit einer Ganglienzelle getroffen ist.

bm Basalmembran.

bl Blasiges epitheliales Stützgewebe; es sind regelmässig zerstreute, kleine, dunkle Zellkerne von je einer Gruppe von Bläschen umgeben, und ausserdem sind grössere Zellkerne, einzeln oder zu mehreren von dunkelkörnigem Plasma umgeben, zu finden.

ca Colossale Achsencylinder; dieselben sind aus kleineren Strängen zusammengesetzt, denn sie zeigen im Querschnitt eine netzartige Zeichnung, welche der Ausdruck eines längsverlaufenden Fachwerkes ist.

cc Aeussere Cuticula, Schichtungslinien zeigend.

f Epitheliale Matrix der Cuticula; die Zellen haben ovale, helle Kerne und zeigen eine deutliche Faserstructur, welche stellenweise direct in diejenigen der Gliazellen übergeht.

g_1 Mediane Gruppe von Ganglienzellen.

g_2 Laterale Gruppe von Ganglienzellen.

gi Gliasubstanz von faseriger Structur mit länglichen dunklen Zellkernen. Sie umgibt in circulären Zügen die Masse des Bauchmarks, und ein senkrechter Zug bildet eine mediane Scheidewand in demselben; sie dringt ferner auch zwischen die Masse der Achsencylinder ein und umgibt die colossalen Achsencylinder in Form von derberen Hüllen, die auch Glia-Zellkerne enthalten, zwischen den kleineren Achsencylindern erscheint sie auf dem Querschnitte als ein **Netzwerk mit derberen Knotenpunkten** (dieses Querschnittsbild ist der Ausdruck eines Fachwerks mit derberen Längsfasern). Zwischen den Achsencylindern sind auch einige wenige **rundliche** Zellkerne eingestreut.

gi_1 Gliazellen seitlich vom Nervensystem gelegen (die Nähe eines abzweigenden Nerven anzeigend).

lm Längsmuskelmassen des Körpers (nicht näher ausgeführt).

p Verästelte, gelbliche Pigmentzellen, welche besonders häufig zwischen äusseren Matrixzellen und Gliahülle eingeschaltet sind, aber auch vereinzelt in der ganzen Circumferenz des Nervensystems in der Glinsubstanz sich finden.

x Helle Gebilde (Zellen?) oft mit einer hellen Faser (Nervenfaser?) verbunden, von unbekannter Bedeutung.

Die Sonderung des Centralnervensystems wollen wir zunächst in Betrachtung ziehen. Sie geschieht nach den zwei Haupttypen der Delamination und Invagination.

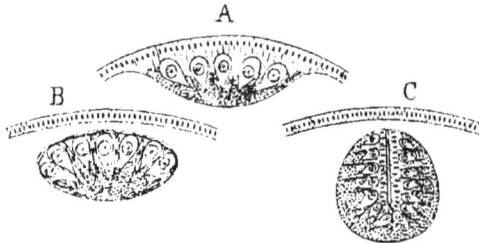

Fig. 141. Schematische Querschnitte durch das centrale Nervensystem.
A. Epithelialer Typus. B. Delaminations-Typus. C. Invaginations-Typus.

1. Delamination. Dieser Modus spielt bei den Wirbellosen eine grosse Rolle. Die Ganglien und Nervenschichte mit einer tieferen Lage von Stützzellen löst sich durch Spaltung des Epithels von der oberen oder Deckschichte ab, welche als dauernder epithelialer Theil an der Oberfläche bleibt. Auch an einem solchen durch Delamination entstandenen Centralnervensystem ist das bekannte Schichtungsgesetz zu beobachten, indem die Ganglienschichte stets dem äusseren Körperepithel zugewendet ist, während die Nervenmasse an der entgegengesetzten Seite liegt.

An dieser Stelle wollen wir eine Erörterung einschieben über den histologischen Bau der Nervenfasermasse im Centralnervensystem der Wirbellosen. Es ist dies eine Frage, die gegenwärtig zu zahlreichen Meinungsverschiedenheiten der Autoren geführt hat.

In der centralen Nervenmasse finden wir Achsencylinder von verschiedener Dicke, meist in längsverlaufenden Zügen; diese werden von anderen Zügen gekreuzt, die theils von den Ganglienzellen, theils zu den peripheren Nerven ziehen. Die Achsencylinder sind in eine Substanz eingebettet, welche als ein dichtes Netzwerk feinster Fädchen sich erweist (Gliasubstanz); dazu gehören kleine, meist längliche Zellkerne mit Plasmaresten (Gliakörperchen oder Gliazellen), welche am häufigsten rings um die centrale Nervenmasse angeordnet sind, aber auch einzeln innerhalb derselben sich finden. Von einem ähnlichen Gewebe sind auch die Ganglienzellen eingehüllt. Denselben Bau wie die centrale Nervenmasse (Achsencylinder in zusammenhängendem Gliafachwerk) zeigen auch die peripheren Nerven bei vielen Wirbellosen (*Anneliden* etc.).

Diese feinfaserige Substanz, welche wir als Gliasubstanz bezeichnet haben, ist der Ausgangspunkt der Controverse. Leydig, der Altmeister der vergleichenden Histologie, war es, der schon vor Jahren jenes Netzwerk feinster Fäserchen für die nervöse Substanz hielt, wobei die zwischenliegenden Achsencylinder von ihm übersehen wurden. Er bezeichnete dieses feine Netzwerk nach dem Querschnittsbilde als „fibrilläre Punktsubstanz" (man pflegte sie dann auch als „Leydig'sche Substanz" oder Fibrillenmasse zu bezeichnen). Dieselbe soll einerseits mit den Ausläufern

der Ganglienzellen, andererseits mit den peripheren Nervenfasern zusammenhängen. — Leydig hat in jüngster Zeit diesen Standpunkt verlassen und das Faserwerk als Stützsubstanz erkannt und Nansen ist in seinen

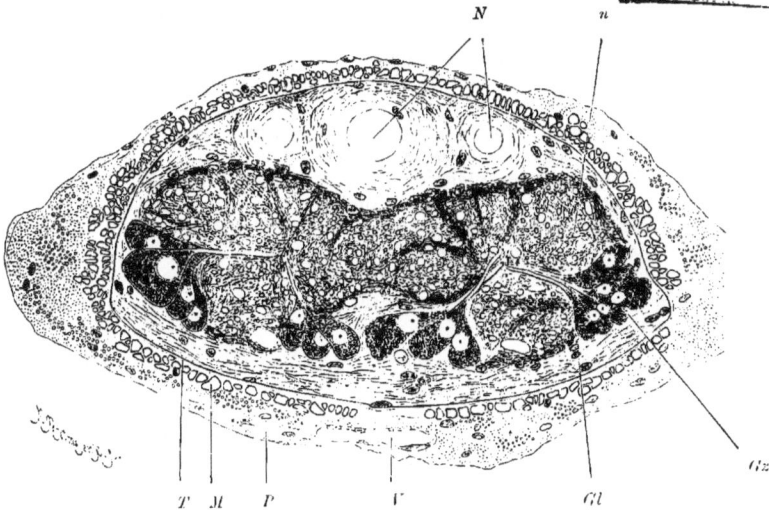

Fig. 142. **Querschnitt durch das Bauchmark eines Regenwurmes** (*Allolobophora*).
Das Bauchmark ist von Hüllen umgeben, nämlich: *T* eine structurlose Tunica propria; *M* Muskelschichte und *P* Peritonealschichte, in letzterer das Gefäss *V*; *N* colossale Axencylinder; *n* Nervenmasse, von verschieden dicken Axencylindern zusammengesetzt, die in Gliasubstanz eingebettet sind; *Gz* Ganglienzellen in zwei seitlichen und zwei mittleren Paketen angeordnet; *Gl* äussere Schichte von Gliasubstanz.
NB. Die Achsencylinder wurden im Holzschnitt hell gelassen, um das Bild nicht zu compliciren.

ausgezeichneten Untersuchungen auf diesem Wege fortgeschritten. Andere Forscher aber halten an der alten Leydig'schen Ansicht fest und vertheidigen sie nun gegen ihn selbst. Im einzelnen sind die Meinungen noch mannigfach verschieden. Viele Forscher haben die eigentlichen Achsencylinder zum grössten Theil übersehen, die Gliasubstanz als feinst verästeltes Nervennetz und die Gliakörperchen als „kleinere Ganglienzellen" betrachtet [1]).

An Stelle der Anschauung eines relativ einfachen Faserverlaufes, der schon vor vielen Jahren am lebenden Gewebe annähernd richtig beurtheilt wurde, hat die Vorstellung eines Netzwerks von Millionen Fäserchen Platz gegriffen, welches wohl auch physiologisch kaum verständlich wäre.

Für die Auffassung der Nervenmasse im centralen Nervensystem der Wirbellosen ward noch ein anderer Irrthum verhängnissvoll. Es bezieht sich nämlich eine ähnliche Controverse auch auf das Nervensystem der Wirbelthiere und zwar auf ein feinstes „Nervennetz", welches in diesem Falle nicht in der Nervenmasse („weissen Substanz"), sondern in

---

1) Einen Standpunkt, der sich immerhin vertheidigen lässt, vertritt Rhode, indem er nebst den Achsencylindern noch ein Fibrillennetz annimmt; ähnlich wie es viele Histologen für die Wirbelthiere angeben.

der Ganglienmasse („grauen Substanz") des Rückenmarkes sich findet. Dies veranlasste LEYDIG, die Fasermasse der wirbellosen Thiere mit der Ganglienmasse oder „grauen Substanz" der Wirbelthiere zu vergleichen: ein Vergleich, der allgemein üblich wurde und stets einer richtigen Beurtheilung im Wege stand. In Wirklichkeit entspricht die Fasermasse der Wirbellosen der „weissen Substanz", die Ganglienmasse derselben der „grauen Substanz" im Rückenmark der Wirbelthiere.

Diese Erörterungen haben für das Centralnervensystem der meisten Wirbellosen gleiche Geltung. Speciell für die *Anneliden* kommt noch die Controverse über die Natur der sogenannten „colossalen Nervenfasern" hinzu. LEYDIG hat diese Gebilde seit vielen Jahren für Nerven erklärt und seine Ansicht ist kaum mehr zu bezweifeln, seitdem SPENGEL gezeigt hat, dass sie mit zahlreichen grossen Ganglienzellen zusammenhängen (was ich für den Regenwurm aus eigener Anschauung bestätige) [1]; ihre Structur stimmt mit derjenigen der anderen Achsencylinder vollkommen überein; durch ihre mächtige Gliahülle setzen sie sich von der übrigen Fasermasse schärfer ab. Von vielen Forschern wird dennoch ihre Nervennatur bestritten.

2) Invagination. Beispiel: Chordonier. Bei den Chordoniern stülpt sich ein Theil des Ectoderms an der Rückenfläche des Embryo in Form einer Rinne gegen das Innere des Körpers ein und diese kommt sodann zur Ablösung, so dass sie ein selbständiges Epithelrohr (das Medullarrohr) bildet. Dasselbe gewinnt durch histologische Differenzirung den Charakter eines Nervenepithels. (In der ontogenetischen Entwicklung folgt die histologische Differenzirung der Sonderung, während es in der phylogenetischen Entwicklung zweifellos umgekehrt der Fall war; dasselbe ist oft auch beim Delaminationstypus zu beobachten). Im Medullarrohr ist die Schichtung der histologischen Elemente genau dieselbe, wie wir sie schon im Nervenepithel der Cnidarier fanden. Am übersichtlichsten ist diese Anordnung bei den einfachen Verhältnissen des Amphioxus. Wir finden hier auf dem Querschnitte des Medullarrohres 1) nächst der freien Fläche des Epithels (d. i. gegen das Lumen des Medullarrohres) Geisselzellen, welche nach der Basis des Epithels (d. i. die äussere Fläche des Medullarrohres) strangförmige, derbe Fortsätze aussenden. Diese Zellen repräsentiren die Deckstützzellen; längs des Verwachsungsspaltes finden sie

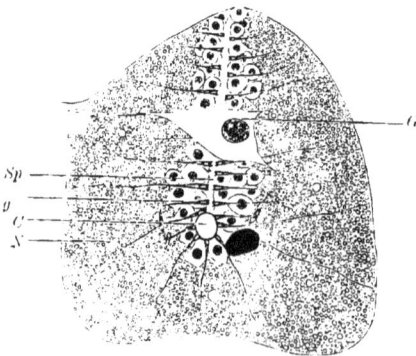

Fig. 143. **Querschnitt durch das Medullarrohr eines jungen Amphioxus.**

C Centralcanal, unterhalb desselben eine Pigmentmasse; *Sp* Verwachsungsspalt; beide von Stützzellen umgeben; *G* grosse Ganglienzelle, welche aus der Reihe der anderen Ganglienzellen heraustritt; *g* Ganglienschichte (graue Substanz); *N* Nervenschichte (weisse Substanz).

1) Während des Druckes dieses Buches erschien eine Arbeit von B. FRIEDLAENDER, deren gleich lautende Angaben ich hiermit bestätige, während ich in Bezug auf die Structur der centralen Fasermasse nicht ganz mit jenem Autor übereinstimme.

sich in mehr modificirter Form. 2) Unterhalb der Deckzellen findet sich die Ganglienschichte. nur einzelne Zellen durchbrechen die Reihe; und 3) sehen wir an der Basis des Epithels die sehr beträchtliche Nervenmasse. Ausser den Deckstützzellen ist nur äusserst spärliche Gliasubstanz vorhanden, während sie bei den höheren Wirbelthieren bedeutende Entwicklung zeigt.

Sonderung der Sinnesepithelien. Die Sinnesepithelien liegen entweder dauernd in derselben Fläche mit dem anderen ectodermalen Epithel, oder sie bilden vertiefte Einstülpungen, was nicht nur eine geschütztere Lage bezweckt, sondern oft auch mit der Function der Sinnesorgane zusammenhängt, oder aber schnüren sich diese Einstülpungen vollständig ab, meist in Form von Blasen, und stellen nun gesonderte Derivate des ectodermalen Epithels dar (Augenblasen, Gehörblasen, Tastkörperchen). Es gibt geschichtete Sinnesepithelien, das sind solche, die unterhalb der Sinneszellen eine Gang-

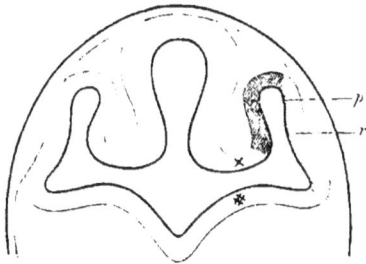

Fig. 144.

Fig. 144. Querschnitt durch den Stirntheil eines Fisch-Embryos (*Lepidosteus*), schematisch (nach BALFOUR).

Von den Seiten des Medullarrohres gliedern sich die Augenblasen ab. *r* ist derjenige Theil der Augenblase, der zur Retina wird; *p* ist der Theil. der die Pigmentschichte liefert; + und ♯ Stiel der Augenblase, der theilweise zum Sehnerven wird. — Sowohl die freie Fläche des äusseren Epithels, als auch die freie Fläche des Medullarrohres, die nach innen gewendet ist, sind in der Zeichnung durch eine kräftigere Contour hervorgehoben.

Fig. 145. Zellelemente und Schichtung der menschlichen Retina, schematisch (nach M. SCHULTZE).

1. Sehzellen; 2a und 2b erste und zweite Ganglienschichte (Ganglion retinae und Ganglion nervi optici); 3. Nervenschichte; 4. Stützzellen, die ganze Höhe des Epithels einnehmend.

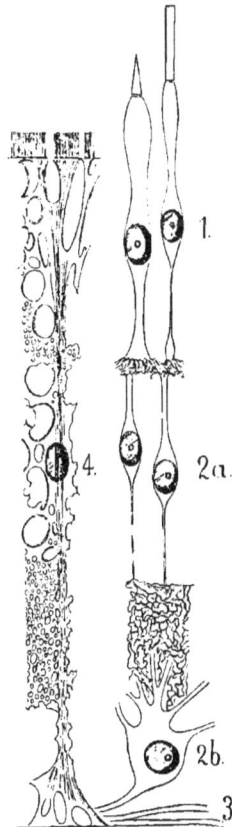

Fig. 145.

lienschichte und eine basale Nervenschichte besitzen, und einfache Sinnesepithelien, die bloss Sinneszellen enthalten, an deren basales Ende Nerven herantreten. Oft liegt aber in der Nähe des einfachen Sinnesepithels ein sogenanntes peripheres oder Sinnesganglion, welches als abgelöster tieferer Theil des Epithels aufzufassen ist. Als ein interessantes Beispiel für die gesetzmässige Schichtung der Sinnesepithelien ist der Vergleich zwischen der Retina des Wirbelthierauges und des Cephalopodenauges hervorzuheben. Wenn wir bei den Wirbelthieren die Entwicklungsgeschichte der epithelartigen Retina (als Derivat des Medullarrohres) verfolgen, so finden wir, dass ihre der Oberfläche des Körpers zugekehrte Seite die basale ist, während die entgegengesetzte — dem Körperinneren zugekehrte — der freien Fläche entspricht. Es finden sich daher die Sinneszellen an dieser hinteren Fläche, während die Nervenmasse nach vorne liegt. Die Lichtstrahlen müssen, um die Sinneszellen zu treffen, die durchsichtige Nerven- und Ganglienschichte passiren. (Die Stützzellen, welche die ganze Höhe des Epithels durchsetzen, sind interessant in Bezug auf die Frage der epithelialen Natur der Retina).

Im *Cephalopodenauge*, das in seinem ganzen Baue dem Wirbelthierauge scheinbar sehr ähnlich ist, finden wir eine entgegengesetzte Schichtung der Retina (nach GRENACHER ist der Schichtenbau einfacher als man bisher glaubte), und die Entwicklung des Auges lehrt uns, dass es hier die freie Epithelfläche des Sinnesepithels ist, welche der Körperoberfläche zugewendet ist.

Die Entwicklung der peripheren Nerven ist nur bei den Wirbelthieren bekannt; dieselben entstehen als Auswüchse des Centralnervensystems und treten secundär mit ihren Endorganen in Verbindung. Die phylogenetische Deutung dieser Vorgänge ist noch kaum klargelegt und ist um so schwieriger, da ja in vielen Fällen primäre Nervenbahnen zu Grunde gegangen und durch secundäre Nervenverbindungen ersetzt sein können.

II. *Apoplasmatische Structuren.*

A) *Innere Abscheidungen der Zellen:*

1) **Flüssigkeitsvacuolen** können sich in den verschiedensten Zellen (sowohl in epithelialen als auch in Mesenchymzellen) bilden. Als Beispiel ist hier anzuführen, dass die Endodermzellen der *Cnidarier* meist ansehnliche Flüssigkeitsvacuolen enthalten (Fig. 146). Eine besondere Rolle spielen die Flüssigkeitsvacuolen in den Zellen gewisser Stützgewebe (oft auch als „Bindegewebe" bezeichnet); die Zellen gewinnen durch die Vacuolenbildung eine bedeutendere Ausdehnung und ihre strafferen peripheren Theile fungiren als Stützsub-

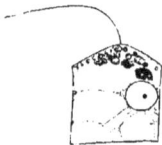

Fig. 146. **Eine Endodermzelle von** *Hydra fusca* mit grossen Flüssigkeitsvacuolen, ausserdem finden sich pigmentirte und unpigmentirte Körner, welche als Producte der Assimilation zu betrachten sind (nach F. E. SCHULZE).

Fig. 147. **Endodermale Stützzellen aus der Tentakelachse von Cordylophora** (nach F. E. SCHULZE).

Fig. 146.   Fig. 147.

stanz. Derartige Gewebe sind: die endodermalen Tentakelachsen der *Hydroidpolypen* und der *Medusen*, ferner die ebenfalls vom Endoderm abstammende Chorda dorsalis (das primäre Achsenskelet) der *Wirbelthiere*; von Mesenchymbildungen ist das sogenannte „blasige Bindegewebe" zu erwähnen, welches besonders bei den *Plattwürmern* und *Mollusken* eine weite Verbreitung besitzt. Auch knorpelähnliche Bildungen sind bei Mollusken mitunter (Zungenknorpel) wohl auf Modificationen des blasigen Bindegewebes zurückzuführen, doch kömmt auch echtes Knorpelgewebe vor.

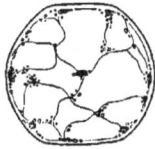
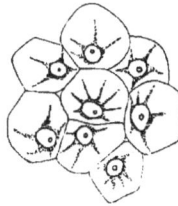
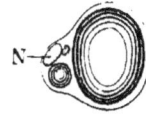

Fig. 148.

Fig. 150.

Fig. 149.

Fig. 148. **Querschnitt durch die Chorda dorsalis der Unkenlarve** (nach GÖTTE). Das blasige Gewebe ist von einer structurlosen Membran (Chordascheide) eingehüllt, welche die Bedeutung einer Basalmembran hat.

Fig. 149. **Blasiges Bindegewebe eines Plattwurmes** (*Axine*) (nach LORENZ).

Fig. 150. **Fettzelle vom Weissfisch** (nach LEYDIG) mit einem Zellkern (*N*) und einem grossen und zwei kleineren Fetttropfen.

2) **Fetttropfen** finden sich in den verschiedensten zelligen Gebilden, namentlich in den Endodermzellen niederer Thiere (*Cnidarier, Turbellarien* etc.) meist in Form von zahlreichen kleinen Tröpfchen. Specielle Ablagerungsorte für diese Reservestoffe des Körpers bilden die Fettzellen, welche im sogenannten Fettgewebe besonders bei den *Insekten* und *Wirbelthieren* ganz allgemein vorkommen. Das sind Zellen, die einen ähnlichen Bau besitzen wie etwa die oben erwähnten Zellen des blasigen Bindegewebes; nur enthält der Hohlraum der Zelle hier nicht eine wässrige Flüssigkeit, sondern einen oder mehrere grosse Fetttropfen. Je nach dem Ernährungszustande des Thieres kann der Inhalt dieser Zellen schwinden oder zunehmen.

3) **Pigmentkörner.** Bei vielen Thieren ist sowohl die äussere Färbung, als auch die Färbung mancher innerer Organe auf das Vorhandensein specieller Pigmentkörnchen im Plasma der Zellen zurückzuführen. Diese Körnchen sind wohl mannigfaltiger Natur, gewiss sind sie aber in vielen Fällen der eigentlichen Plasmasubstanz als secundäre andersartige Bildungen gegenüberzustellen. Pigmentkörner können in allen Arten von Zellen vorkommen. Von besonderem Interesse ist ihr Vorkommen: 1) In den Augen der verschiedensten Thiere, wo sie dazu dienen, von dem percipirenden Theil der Sinneszellen solches Licht abzuhalten, welches aus anderer Richtung als aus derjenigen des Sehens kömmt; die Pigmentkörner können innerhalb der Sinneszellen selbst gelegen sein, oder in benachbarten Zellen. Manchmal bilden die Pigmentzellen eine zusammenhängende Schichte an der Peripherie des Auges. 2) Wie schon an anderer Stelle erwähnt wurde, gibt es bei vielen Thieren amöboide Pigmentzellen, die unterhalb des Körperepi-

thels liegen. Das Vermögen des Farbenwechsels beruht meist auf der selbständigen Contractilität solcher Zellen; bei den *Cephalopoden* dagegen bedingen radiär an die Zelle herantretende Muskelfasern die Gestaltveränderung derselben zum Zwecke des Farbenwechsels; wenn die Zellen ihre Fortsätze ausstrecken, erscheint die Gesammtfärbung des Thieres dunkler, und umgekehrt bei Contraction der Zellen heller.

4) **Intracelluläre Skeletbildungen.** Aehnlich wie bei vielen *Protozoen (Foraminiferen, Radiolarien)* kann auch die Metazoenzelle in ihrem Inneren Skelettbildungen ausscheiden. Am häufigsten sind es Mesenchymzellen, welche diese Erscheinung zeigen. Derartige Skelet-bildungen sind die Kalknadeln und Kieselkörper, die wir bei den *Spongien* in sehr mannigfaltiger Gestaltung vorfinden; sie liegen nur in ihren ersten Entwicklungsstadien im Inneren der Zelle und durchbrechen bei ihrem bedeutenden Heranwachsen die Continuität derselben. Es ist daher keine scharfe Grenze zwischen diesen i n t r a cellulären und anderen i n t e r cellulären Gebilden zu ziehen. Vielleicht sind auch die Kalkskelette der E c h i n o d e r m e n l a r v e n und auch die der erwachsenen Echinodermen auf einen ähnlichen Typus zurückzuführen; es sind aber hier die netzartigen Kalkmassen das Produkt zahlreicher Zellen.

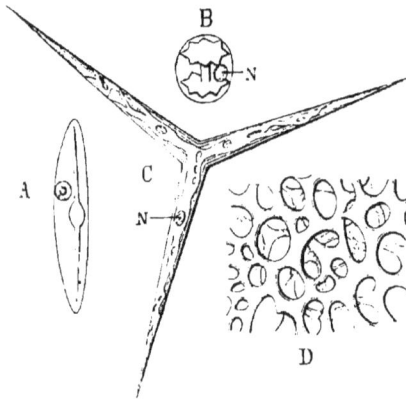

Fig. 151.

Fig. 152 A.

Fig. 152 B.

Fig. 151. A. **Kieselnadel** von *Spongilla* mit der Bildungszelle.
B. **Skeletbildung (Amphidiscus)** aus einem Winterkeime v. *Spongilla* mit der Bildungszelle.
C. **Dreistrahlige Kalknadel** eines Kalkschwammes mit der Bildungszelle, welche verzweigte Ausläufer besitzt. *N* Zellkern (bei A, B u. C).
D. **Kalknetz** aus dem Skelet eines Seeigels
(nach verschiedenen Autoren).

Fig. 152. A **Cnidoblast** mit eingeschlossener Nesselkapsel.
B. **Eine explodirte Nesselkapsel** noch stärker vergrössert.
Beides von *Hydra fusca* (nach F. E. SCHULZE).

Im Anschluss daran können wir die Erscheinung betrachten, dass Zellen in ihrer ganzen Ausdehnung einer Chitinisirung (z. B. bei *Arthropoden*) oder einem Verhornungsprocess unterliegen: letzteres ist namentlich bei den epidermoidalen Bildungen der höheren Wirbelthiere (hornige Oberhaut, Nägel, Schuppen, Haare, Federn) der Fall.

5) **Die Nesselkapseln** sind eigenthümliche complicirte Einschlüsse

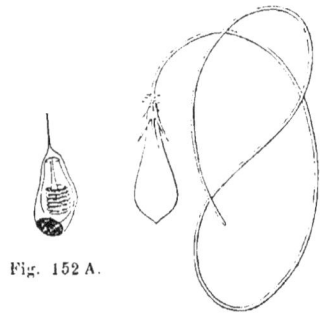

gewisser Zellen; sie bestehen aus einem derbwandigen Bläschen, welches nebst einem Flüssigkeitsinhalt noch einen spiralig eingerollten, vorstülpbaren, an seiner Basis mit Widerhaken versehenen Nesselfaden enthält. Derartige Nesselzellen sind typisch für die Epithelien der *Cnidarier;* sie finden sich aber auch bei einigen anderen Thierformen, z. B. bei *Turbellarien* (*Prostomum*) und marinen *Nacktschnecken* (*Aeolidia*).

B) Secrete der Zellen.

Drüsengewebe.

In ähnlicher Weise wie die vorhin erwähnten Einschlüsse, entstehen in Zellen auch Secrete, das sind solche Einschlüsse, die nicht im Inneren der Zelle verbleiben, sondern zunächst aus derselben, und in der Regel aus dem thierischen Körper überhaupt, entleert werden. Die secernirenden Zellen bezeichnen wir als Drüsenzellen, sie sind stets Epithel-

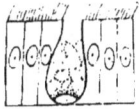

Fig. 153.

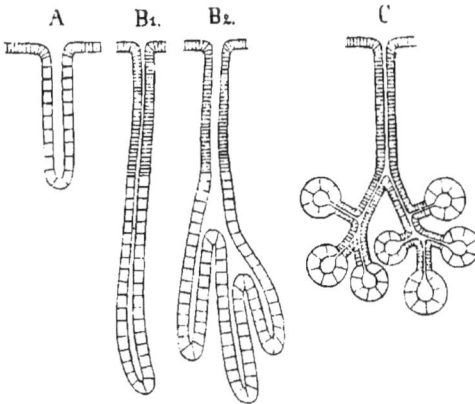

Fig. 155.

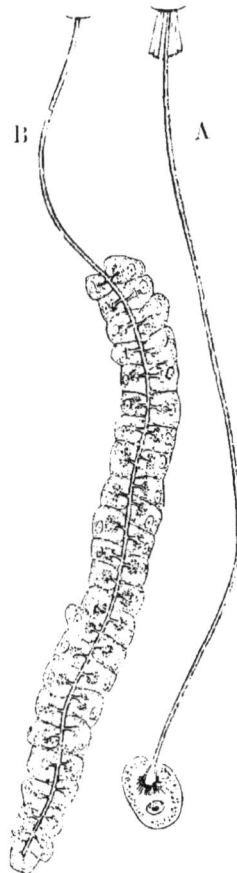

Fig. 154.

Fig. 153. Epithel mit Becherzelle, im Querschnitt (nach GROBBEN).

Fig. 154. Drüsen eines Krebses (*Podoceros*) (nach NEBESKI).

A. Eine einzellige Drüse. Benachbarte Zellen sind dicht bei der Ausmündungsstelle abgeschnitten.

B. Modification des einzelligen Drüsentypus, bei derselben Krebsart vorkommend. Hier sind zahlreiche einzellige Drüsen an einem gemeinsamen Ausführungsgang befestigt.

Fig. 155. Schema der vielzelligen Drüsen.

A. Tubulöse Drüse. B_1. Drüsiger Theil und Ausführungsgang sind differenzirt. B_2. Verzweigte tubulöse Drüse. C. Acinöse Drüse.

zellen [vielleicht mit Ausnahme des Protonephridiums der *Zygoneura*]. Wir unterscheiden: 1) einzellige Drüsen; im einfachsten Falle liegen solche drüsige Zellen innerhalb der Reihe der anderen Epithelzellen (Becherzellen, Körnchenzellen etc.): es gibt aber auch einzellige Drüsen, welche aus der Reihe der angrenzenden Epithelzellen herausgetreten sind und, unterhalb des Epithels liegend, nur mit ihrem freien Ende zwischen die Epithelzellen hineinragen; bei diesen ist die Zelle in der Regel in einen drüsigen Abschnitt und in einen Ausführungsgang differenzirt; solche einzellige Drüsen können auch in Büscheln angeordnet sein. 2) Vielzellige Drüsen entstehen dadurch, dass an einer Epithelstelle sämmtliche Zellen drüsige Beschaffenheit annehmen; meist geht dies mit einer Einstülpung der betreffenden Stelle einher. In der Regel differenzirt sich die Drüseneinstülpung in einen eigentlich drüsigen Endabschnitt und einen Ausführungsgang, dessen Zellen nicht secretorisch fungiren. Die Drüsen können schlauchförmig, und zwar einfach oder verästelt sein (tubulöse Drüsen), oder die Drüse hat eine traubige Form, wobei die Drüsenepithelien auf die bläschenförmigen Endabschnitte beschränkt sind (acinöse Drüsen).

Die Secrete haben nicht immer die Bedeutung von Auswurfsstoffen des Körpers, sondern sie können auch bestimmten Zwecken dienen, z. B. Verdauungssecrete, Secrete von Giftdrüsen etc. — Die Secrete können auch eine schützende Hülle für den Körper bilden: so liefern sie bei zahlreichen Würmern schleimige oder auch derbere membranöse Gebilde, als eine Art Gehäuse: oft werden auch zu diesem Zwecke Fremdkörper (Steinchen u. dgl.) durch die Secrete zusammengekittet. Hier schliessen sich endlich auch die typischen Gehäusebildungen der *Mollusken* und *Brachiopoden* und die Ectocyste der *Bryozoen*, welche trotz ihrer oft complicirten Structur nur als Secrete der darunter liegenden Epithelien zu betrachten sind.

C) Aeussere Abscheidungen der Zelle.

Hierher gehören zunächst jene festeren Abscheidungen, die an der Peripherie der Zellen entstehen und zumeist den eigentlichen Bindesubstanzen des Körpers den Ursprung geben. Als primitivste Form derselben haben wir die Zellmembran zu betrachten, die häufig als ein dünnes Häutchen an der Oberfläche der einzelnen Zellen nachweisbar ist: die Dottermembran der Eizellen, das Sarcolemma der Muskelfasern ist eine solche Bildung. Wir finden ferner ähnliche Abscheidungen an Zellverbänden und zwar:

1) **Abscheidungen an Epithelien.** a) Kittsubstanz der Epithelien nennen wir jene meist spärliche Substanz, welche zwischen den Epithelzellen nachweisbar ist: nur selten gewinnt dieselbe eine beträchtliche Mächtigkeit, wodurch die Zellen des Epithels weit auseinander gedrängt werden und dabei die Charaktere isolirter Zellen (sternförmige Gestalt) gewinnen können (Mantel der *Tunicaten*). b) Als Basalmembran bezeichnen wir eine an der Basis der Epithelien sehr allgemein vorfindliche Membran, die meist nur von geringer Dicke, aber beträchtlicher Festigkeit ist: sie ist als eine gemeinsame Abscheidung des darüber liegenden Epithels zu betrachten: meist erscheint sie structurlos, manchmal aber ist eine faserige Structur an derselben zu erkennen. c) Cuticula. Membranen, die an der freien Fläche der Epithelien sich bilden, bezeichnen wir als Cuticularbildungen; bei einigen

Thiergruppen sind sie nicht entwickelt (z. B. *Spongien, Wirbelthiere*), bei anderen gewinnen sie aber eine typische Bedeutung, ja sie können sogar durch ihre mächtige Ausbildung eine wichtige Rolle in der Gesammtorganisation des Thieres spielen. Eine Cuticula an der äusseren Körperoberfläche ist für die meisten *Scoleciden* charakteristisch; während sie aber in vielen Fällen nur ein zartes, schwer nachweisbares Häutchen bildet, erreicht sie in anderen Fällen, z. B. bei den *Nematoden* eine bedeutende Dicke, sie ist hier geschichtet, zeigt eine bestimmte faserige Structur und trägt oft mannigfaltige äussere Sculpturen und Anhänge, während des Wachsthums des Thieres wird sie mehrmals abgeworfen und wieder erneuert (cuticulare Häutung). Aehnliche Gegensätze finden wir bei den *Articulaten;* während nämlich die Cuticula der *Anneliden* nur von geringer Mächtigkeit ist, erreicht sie bei den *Arthropoden* eine bedeutende Dicke und Festigkeit (Einlagerung von Kalksalzen bei den *Crustaceen*); sie zeigt auch hier charakteristische Structureigenthümlichkeiten und wird durch Häutung gewechselt. Die Einrichtung beeinflusst hier aufs tiefste die gesammte Organisation. — An den endodermalen Epithelien kommt bei den verschiedensten Thieren eine sogenannte Stäbchencuticula vor, d. i. ein cuticularer Saum, der von senkrechten Poren durchsetzt wird und manchmal in prismatische Theilchen zerfällbar ist.

Zwischen Cuticularbildungen und Secreten ist nicht in allen Fällen eine scharfe Unterscheidung möglich.

2. Grundsubstanz der Bindegewebsarten. Eine reichliche Zwischensubstanz wird auch von mesenchymartigen Zellen ausgeschieden und bildet die sogenannten echten Bindesubstanzen, besonders bei den *Wirbelthieren*. Die verschiedenen Arten von Bindegewebe zeigen verschiedene Structur der Grundsubstanz: 1) Der H y a l i n k n o r p e l besitzt eine homogene Grundsubstanz von elastischer, aber ziemlich fester Beschaffenheit; auch sind für das Knorpelgewebe die rundlichen Knorpelzellen charakteristisch; in das Knorpelgewebe dringen keine Blutgefässe ein. Der F a s e r k n o r p e l ist ein verwandtes Gewebe, bei welchem

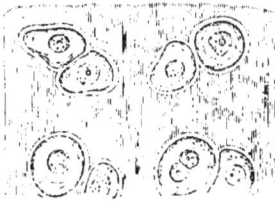

Fig. 156. Fig. 157.

Fig. 156. **Hyalinknorpel** eines Säugethieres.

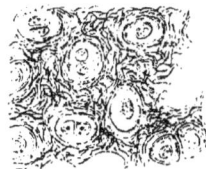

Fig. 157. **Faserknorpel** eines Säugethieres.

auch faserige Structuren in der Grundsubstanz auftreten. 2) Das f i b r i l l ä r e B i n d e g e w e b e ist von weicher Beschaffenheit, jedoch gewinnt es durch die parallelfaserige Structur seiner Grundsubstanz eine bedeutende Zugfestigkeit: hier sind die Zellen („Bindegewebskörperchen") klein und von spindelförmig gestreckter Gestalt. Als eine verwandte Gewebsform ist das e l a s t i s c h e G e w e b e zu erwähnen. 3) Das

Knochengewebe gewinnt durch Ablagerung von Kalksalzen in der
Grundsubstanz eine bedeutende Festigkeit und Härte; es ist dem fibrillären Bindegewebe am nächsten verwandt; ausser seiner Consistenz ist
dasselbe durch seine charakteristische Schichtung (in der Regel rings um
blutgefässführende Hohlräume) und durch die charakteristische, verästelte
Form und Anordnung seiner Knochenkörperchen ausgezeichnet. — Man hat
daher wohl zu unterscheiden zwischen incrustirtem Knorpel, d. i.

Fig. 158.

Fig. 160.

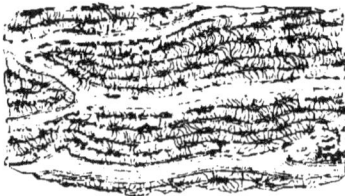

Fig. 159. A.

Fig. 159. B.

Fig. 158. **Fibrilläres Bindegewebe eines Säugethieres.**
Fig. 159. **Knochenstructur.**

    A. aus dem Längsschnitt eines Röhrenknochens vom Säugethiere.

    B. aus dem Querschnitte desselben.

Fig. 160. **Gallertgewebe einer Scyphomeduse** (nach CLAUS). Man sieht in der Grundsubstanz verästelte faserige Structuren und Zellen.

Knorpel, dessen Grundsubstanz durch Ablagerung von Kalksalzen ver-
härtet ist und dem ganz anders gearteten Knochengewebe. Denn dort
wo knorpelig präformirte Skelettheile wirklich ossificiren, geschieht dies
derart, dass das eine Gewebe (Knorpel) zerstört wird und das andere
Gewebe (nämlich das Knochengewebe) an dessen Stelle eindringt.

    Das Gallertgewebe der *Cnidarier*, welches besonders bei
den Medusenformen eine so bedeutende Entwicklung erreicht, dass es
den grössten Theil der Körpermasse bildet, nimmt den Raum zwischen
den beiden primären Blättern ein. Bei den *Hydromedusen* ist es meist
vollkommen zellenfrei und seine Structur kann nur auf den Einfluss
der angrenzenden Blätter zurückgeführt werden[1]). Bei den *Scyphomedusen*

---

    1) Auch das Bindegewebe von *Amphioxus* zeigt ursprünglich ein derartiges Verhalten,
da es als Ausscheidung einer epithelialen Lamelle („Grenzlamelle des Bindegewebes") auftritt.

enthält es mesenchymartige Zellen und in der Gallerte selbst finden sich meist viel deutlichere Faserstructuren; in diesem Falle zeigt es daher schon eine gewisse Verwandtschaft mit dem fibrillären Bindegewebe. Dieses Gallertgewebe repräsentirt eine Zwischenstufe zwischen Bindegewebe und zellenführenden Körperflüssigkeiten (vielleicht den phylogenetischen Ausgangspunkt nach beiden Richtungen).

D) Körperfluida.

Drei morphologisch verschiedenartig umgrenzte Hohlraumsysteme enthalten Körperflüssigkeiten, diese sind: 1) die primäre Leibeshöhle; 2) die Coelomhöhle und 3) das Blutgefässsystem [1]. Auch die zelligen freien Inhaltskörper dieser Flüssigkeiten können morphologisch sehr verschiedenartiger Abkunft sein, da sie von den Wänden dieser Hohlräume abgelöst sind. Es ist aber nicht immer eine scharfe Unterscheidung zwischen den verschiedenen Inhaltskörpern möglich, da in vielen Fällen, wie z. B. *Mollusken, Arthropoden*, die Hohlräume confluiren.

Die Flüssigkeit, die sich in der primären Leibeshöhle oder in Gewebslücken befindet, nennen wir Lymphe, die Inhaltsflüssigkeit des Coeloms wird ebenfalls als Lymphe oder auch speciell als Leibeshöhlenflüssigkeit bezeichnet und endlich heisst jene Flüssigkeit, die innerhalb der Blutgefässe circulirt, Blut. — Diese Flüssigkeiten bestehen aus Wasser, das aber stets Eiweisskörper und Salze gelöst enthält; das Wasser ist von aussen in den Körper aufgenommen, gelangt aber nicht direkt in diese Höhlen, sondern durch Vermittlung der umgebenden Gewebe, auf deren Thätigkeit auch die specielle chemische Beschaffenheit dieser Flüssigkeiten zurückzuführen ist; oft kommen aber hiefür noch besondere Zellen in Betracht, nämlich freie (mesenchymartige) Zellen, welche von den Wänden der Hohlräume abgelöst, in diesen Flüssigkeiten enthalten sind; am weitesten verbreitet sind amöboide Zellen (sogenannte weisse Blutkörperchen oder Lymphkörperchen). Im Blute finden wir in vielen Fällen daneben auch rothe Blutkörperchen, deren Farbstoff, das Haemoglobin, zum Gasaustausch, welcher durch das Blut vermittelt wird, in Beziehung steht; sie kommen bei wenigen Wirbellosen (einigen *Anneliden*, bei *Phoronis*) und bei allen *Wirbelthieren* vor, mit Ausnahme des *Amphioxus*, dessen Blut keine Zellen enthält. Viele Wirbellose, besonders *Anneliden*, haben gefärbtes Blut, dessen Farbe an die Blutflüssigkeit gebunden ist.

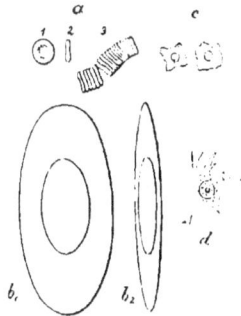

Fig. 161. **Blut- und Lymphzellen.**
a 1 Rothes Blutkörperchen des Menschen von der flachen Seite gesehen (ohne Zellkern), 2 von der Kante gesehen, 3 mehrere solche, geldrollenförmig aneinander gereiht. b Rothes Blutkörperchen vom Grottenolm (Proteus), bei demselben Vergrösserung wie obige (mit deutlichem Zellkern). 1 von der Fläche, 2 von der Kante gesehen. c Weisse Blutkörperchen des Menschen. d Blutkörperchen eines Krebses (nach verschiedenen Autoren.)

1) Viele Forscher neigen gegenwärtig zu der Ansicht, dass das Blutgefässsystem auf die primäre Leibeshöhle zurückzuführen sei, indem es als Rest jener Höhle bei den Coelom-

Phylogenetische und ontogenetische Entwicklung der
Gewebe.

In der phylogenetischen Entwicklung der Gewebe können wir folgenden Gang nachweisen:

1) Ursprünglich finden wir einfache Gewebe, die aus gleichartigen Zellen zusammengesetzt sind. Jede Zelle verhält sich anatomisch
und physiologisch wie die benachbarte. Wenn auch die Zellen der
beiden Blätter eine gewisse Verschiedenheit zeigen, so sind doch innerhalb jedes Blattes die Zellen gleichartig, da jede derselben an den
mannigfachen Functionen ihres Blattes gleichen Antheil nimmt.

2) Der nächste Schritt ist eine Theilung der Arbeit zwischen
den einzelnen Zellen, die nebeneinander innerhalb eines Epithel-
gewebes sich finden. Wir haben dann gemischte Gewebe vor uns.
Diese Gewebe sind aus Zellen zusammengesetzt, die ihrem Bau und ihrer
Function nach verschieden sind.

3) Sodann wird ein weiteres Stadium der Differenzirung erreicht,
indem die einzelnen Gewebstheile sich in der Mannigfaltigkeit ihrer
Leistung beschränken und dafür sich in einer Richtung speciell
ausbilden. Es ist nun auch eine Theilung der Arbeit zwischen
den Zellcomplexen, den Geweben, eingetreten.

Während wir früher gemischte Gewebe fanden, die sich nur insofern von einander unterschieden, als der eine oder der andere
Charakter überwiegend wurde, finden wir jetzt wieder einfache und
zwar specialisirte Gewebe. Es hat sich aber eine Mannigfaltigkeit der Gewebe herausgebildet; denn jedes einzelne dieser Gewebe ist, indem es in Bezug auf seinen Bau und seine physiologische
Leistung specialisirt erscheint, in sich gleichartiger.

4) Endlich kommt es auch vor, dass verschiedenartige specialisirte
Gewebe einander secundär durchwachsen. Hierher gehört die Durch-
wachsung von Muskel und Bindegewebe bei Wirbelthieren und manchen
Wirbellosen, die wir an anderer Stelle erörtert haben (pag. 123—125)
und auch die Vascularisirung der Gewebe. So entstehen die zusammengesetzten Gewebe[1]).

Diese phylogenetischen Stufen sind nicht nur für die epithelialen,
sondern auch für die Mesenchymbildungen anzunehmen. Auch das Mesenchymgewebe tritt phylogenetisch ursprünglich als einfaches Gewebe auf. Das
Mesenchym nimmt sodann einen gemischten Charakter an und liefert endlich auch specialisirte Gewebe. Hier müssen wir aber besonders hervorheben, dass der Process der Mesenchymbildung in der Phylogenie sich wohl
mehrfach wiederholt hat, so dass z. B. das dermale und axiale Bindegewebe
der Wirbelthiere wahrscheinlich eine erst innerhalb des Typus entwickelte
Bildung ist, während das Bindegewebe und die Mesenchymmuskeln im Bereiche der Splanchnopleura ältere Bildungen sind.

In der Ontogenie der Gewebe (Histogenese) ist der Process im
einzelnen sehr abgekürzt, indem aus dem einfachen embryonalen Gewebe nicht etwa erst ein Gewebe gemischten Charakters entsteht und

---

thieren persistire. Andere halten das Gefässsystem für eine Endodermbildung (RADL). Es
ist auch nicht feststehend, dass das Gefässsystem bei allen Phylen von gleicher morphologischer Bedeutung sei.

1) HIS war wohl der erste, der diesen Vorgängen speciell bei den Wirbelthieren
grössere Aufmerksamkeit zugewendet hat, indem er das Hineinwachsen nicht nur des Bindegewebes, sondern auch der Blutgefässe in andere Gewebe beobachtete. Die eigenthümliche
Parablasttheorie, die er daran knüpfte, hat aber heute wohl nur historische Bedeutung.

dieses erst in specialisirte Gewebe sich verwandelt, sondern an den Geweben direkt die specifischen Charaktere sich herausbilden. Dagegen können wir im Allgemeinen eine graduelle Ausbildung der Verschiedenheit beobachten, z. B. zeigt zunächst das gesammte Ectoderm einen gemeinsamen Charakter, es tritt dann eine Verschiedenheit zwischen Epithel und Centralnervensystem auf und in letzterem können ursprünglich gleichartige Theile sich wieder verschieden ausbilden. In diesem graduellen Auftreten der Verschiedenheit (dem graduellen Differenzirungsprocesse) der Gewebe ist eine Wiederholung phylogenetischer Processe zu erkennen.

Ueber das Verhältniss der Keimblätter zu den Geweben.

Die Frage, ob die verschiedenen Gewebe der Metazoen gesetzmässig aus verschiedenen Keimblättern entstünden, bildete stets einen wichtigen Theil der Keimblättertheorie und war seit Jahrzehnten der Gegenstand eingehender Erörterungen.

Zunächst wurde nur die Histogenese der Wirbelthiere in Betrachtung gezogen und es gründete sich darauf die Anschauung, dass die drei Keimblätter einen besonderen, sich gegenseitig ausschliessenden histogenetischen Charakter besässen. Das äussere oder Hautsinnesblatt (Ectoderm) sollte nur Deckepithelien (Epidermoidalbildungen) und Drüsenepithelien, ferner Nerven- und Sinnesgewebe liefern, das innere oder Darmdrüsenblatt (Endoderm) nur Epithelien des Darmes und der Darmdrüsen, das mittlere Blatt oder Hautmuskel- und Darmfaserblatt nur Muskel, Bindesubstanzen und Blut.

Wir müssen nun mit Rücksicht auf die neueren Forschungen fragen: 1) Ob für den Kreis der Wirbelthiere dieses Gesetz eines besonderen histogenetischen Charakters der drei Keimblätter seine Bestätigung gefunden hat, 2) ob es gelungen ist, dieses Gesetz auch auf die Metazoen im Allgemeinen auszudehnen?

In Bezug auf den ersteren Punkt ist hervorzuheben, dass neue Thatsachen bekannt wurden, welche den früher betonten histogenetischen Gegensatz der drei Blätter weniger scharf ausgeprägt erscheinen lassen. Es ist zunächst von Wichtigkeit, dass das Mesoderm seiner Anlage nach als epitheliale Bildung erkannt wurde; und es wurde auch sichergestellt, dass die Drüsenepithelien der Niere und die Keimepithelien vom Mesoderm abstammen. Andererseits sind Bildungen, die man früher für mesodermal hielt, als heterogen erwiesen worden; so wurde gezeigt, dass die Chorda eine selbständige Endodermbildung sei, und in neuester Zeit wurde sogar die Abkunft der zelligen Gefässauskleidung (Gefässendothelien) und des Blutes vom Endoderm wahrscheinlich gemacht.

Wenn nun auch unsere Anschauung in manchen Punkten verändert erscheint, indem wir z. B. sehen, dass Drüsenepithelien von allen drei Blättern abstammen, so bleibt doch bei Uebersicht der gesammten Histogenese der Sondercharakter der Keimblätter anzuerkennen, der sich in der Beschränkung gewisser wichtiger gewebilicher Leistungen auf ein Blatt ausprägt (es werden z. B. Muskel und Bindesubstanzen nur vom Mesoderm, Nervengewebe nur vom Ectoderm geliefert).

Wir geben beispielsweise eine Uebersicht der histogenetischen Leistung der Keimblätter bei den Wirbelthieren:

Ectoderm: Aeussere Epithelgebilde und Epithel der Hautdrüsen,
Nervengewebe, Sinneszellen.

Endoderm: Epithel des Darmes, seiner Anhänge und der Darmdrüsen,
Chorda, Blutgefässepithel und Blut (?).

Mesoderm: Epithel der Leibeshöhle, Keimepithel, Drüsenepithel der
Niere, Muskelgewebe, Bindesubstanzen.

Das Beispiel der Wirbelthiere lehrt uns, dass die Keimblätter als
Gewebebildner in wichtigen Punkten einen besonderen, gegensätzlichen
Charakter zeigen und dass sich derselbe gesetzmässig in dieser ganzen
grossen Thiergruppe wiederholt.

In Bezug auf den zweiten Punkt können wir Folgendes hervorheben. Nachdem die Keimblätterlehre auf die gesammten Metazoen
ausgedehnt worden war, glaubte man zuerst, dass auch die histogenetischen Gesetze eine gleiche Verallgemeinerung erfahren würden. Diese
Anschauung hat eine wesentliche Verbesserung erfahren, indem man
nachwies, dass der histogenetische Sondercharakter der Keimblätter
nicht von Anfang an in gleicher Weise bestand, sondern sich phylogenetisch erst allmählich herausbildete.

Mit der Sonderung der Keimblätter sind auch gewisse Functionen
(z. B. Nahrungsaufnahme durch das Endoderm) localisirt worden. Im
Zusammenhang damit stehen besondere histologische Eigenthümlichkeiten
der Blätter (z. B. die vacuolenreiche Beschaffenheit der Endodermzellen). Im übrigen finden wir aber bei den Cnidariern jene Gewebe,
deren Localisirung auf gewisse Keimblätter später so bedeutungsvoll
wird, nämlich das Nervengewebe und Muskelgewebe noch in beiden
Blättern vor. Dabei haben die Gewebe der Cnidarier einen vorherrschend
gemischten Charakter.

Nach dem Princip der Localisirung der Differenzirungen sehen wir
dann bei den Heteraxoniern das Centralnervensystem ausschliesslich
vom Ectoderm aus sich bilden. Ebenso beruht darauf die Muskelbildung derselben. Während bei den Cnidariern typischer Weise Epithelmuskeln im Ectoderm und Endoderm auftreten, haben bei allen
Heteraxoniern die äusseren Epithelien und die des Darmes die Fähigkeit der Muskelbildung verloren. Es hat zunächst das Mesenchym die
Bildung der Muskeln übernommen, später aber wird seine Leistung
in überwiegendem Maasse ersetzt durch die Bildung von Muskeln aus
dem epithelialen Theile des Mesoderms (den Coelomsäcken).

Trotz der grossen Summe von Beobachtungen, die früher schon vorlagen, hat doch erst in jüngster Zeit die Histologie auch für die Erforschung
der Phylogenie eine grössere Bedeutung gewonnen. Andererseits hat nun
die phylogenetische Betrachtung auch zurückgewirkt auf unsere Auffassung
von den Geweben. Diese Tendenz findet sich schon in KLEINENBERG's Neuromuskeltheorie und verschiedenen Schriften HAECKEL's. Als bahnbrechender
Versuch in dieser Richtung ist die „Coelomtheorie" der Brüder HERTWIG zu
nennen, wo auch der Gegensatz von Epithel und Mesenchym zum ersten-
male aufgestellt wurde. Ob dort (so wie auch in unserer, mehrfache Modificationen enthaltenden Darstellung) im einzelnen das Richtige getroffen ist,
mag dahingestellt bleiben; es ist aber als nächstes Ziel der vergleichenden
Histologie erkannt: die phylogenetische Entwicklung der Gewebe zu erforschen.

NEUNTES CAPITEL.

Functionen des Metazoenkörpers.

Die Functionen des Metazoenkörpers sind stets nach dem Princip der Arbeitstheilung auf seine verschieden ausgebildeten Organe und in letzter Instanz auf die verschieden ausgebildeten Zellen vertheilt. Der Grad, bis zu welchem die Arbeitstheilung gediehen ist, erscheint je nach der Höhe der Organisation überaus verschieden. Der phylogenetisch ursprünglichste Gegensatz ist, sowie morphologisch, so auch functionell, derjenige von Ectoderm und Endoderm (Primitivorgane der Gastraea). Je höhere Metazoen wir betrachten, um so mehr finden wir die speciellen Leistungen auf mannigfaltige Organe vertheilt; diese Verhältnisse werden wir in nachfolgendem eingehender erörtern.

Die Arbeitstheilung zwischen Ectoderm und Endoderm bezog sich zunächst nur auf gewisse Functionen. Die Fortbewegung des Körpers (durch Flimmerhaare) und die Empfindung waren besonders dem Ectoderm, die Nahrungsaufnahme dem Endoderm eigenthümlich. Andere Functionen aber kamen beiden Blättern in gleicher Weise zu (HAECKEL). Bei der weiteren phylogenetischen Entwicklung kam es 1) zu einer Steigerung des Gegensatzes zwischen beiden Blättern; 2) zu weiterer Arbeitstheilung innerhalb jedes derselben. Das Problem der allmählichen Ausbildung der Arbeitstheilung ist an und für sich ein schwieriges und es ist ferner dadurch noch schwieriger und verwickelter, dass hierbei auch die Erscheinungen des „Functionswechsels" und der „Substitution" vielfach in Frage kommen.

Stoffwechsel.

a) Ernährung.

Der wesentliche Vorgang der Assimilation findet in allen Fällen in den Geweben selbst statt. Jedes Gewebe hat seine charakteristische Assimilation, indem es die für seinen Aufbau nothwendigen Substanzen der Nahrung entnimmt. Eine weitere Frage aber ist es, wie die Nahrung zu den Geweben gelangt und in welcher Weise sie für die Assimilation vorbereitet wird? In der Regel spielen hierbei die endodermalen Epithelzellen des Darmkanales die wichtigste Rolle, indem sie erstens Verdauungssecrete liefern, welche die in die Darmhöhle aufgenommene Nahrung verändern (verflüssigen) — d. i. die verdauende

Thätigkeit des Darmes — und zweitens, indem sie die veränderte
Nahrung aufsaugen, um sie sodann zunächst an die Körperflüssigkeiten
abzugeben — d. i. die resorbirende Thätigkeit desselben. —
Es sind somit gewisse Functionen, welche ursprünglich bei den
Protozoen und *Blastaeaden*
allgemeine Functionen der
Zellen waren, speciell auf
die Endodermzellen über-
tragen worden; doch ist
diese Arbeitstheilung bei den
niedersten *Metazoen* noch
keineswegs so vollkommen
durchgeführt, als bei den
höheren Typen.

Bei den *Spongien* gelangt
die Nahrung, welche aus mikroskopisch kleinen Körperchen besteht, in das innere
Hohlraumsystem des Spon-
gienkörpers und wird von den
dort befindlichen endodermalen Epithelzellen aufgenommen, und zwar in un-
verändertem, festem Zu-
stande, und sie wird ferner
in eben demselben Zustande
an die anderen Gewebe des
Körpers weiter gegeben.

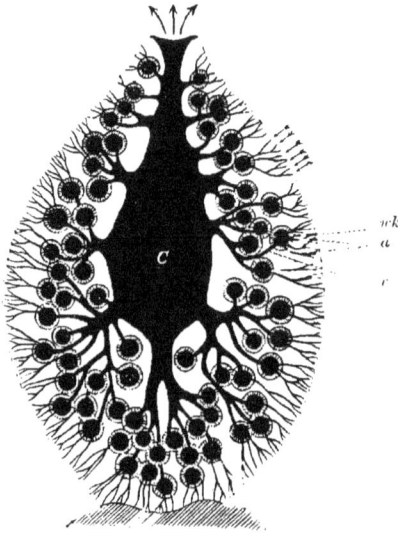

Fig. 162. **Hohlraumsystem einer Kalkspongie vom Leucontypus**, nach E. HAECKEL.
Das Wasser strömt (wie dies durch die Pfeile angedeutet wird) in die zahlreichen Poren
des Körpers ein und durch die endständige Auswurfsöffnung aus. *C* centraler Hohlraum,
wk Wimperkammern mit Geisselzellen, *a* zuführende Kanäle, *r* abführende Kanäle

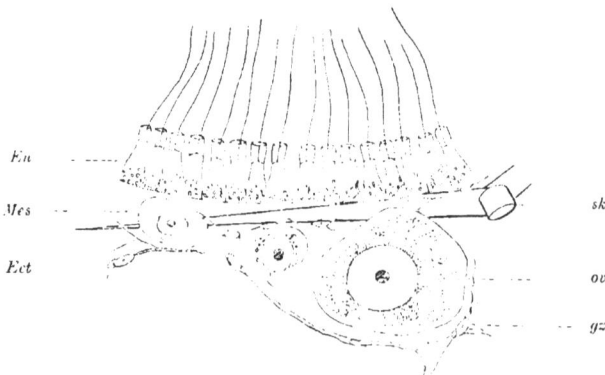

Fig. 163. **Körperschichten einer Spongie** (*Sycon raphanus*) nach F. E. SCHULTZE.
Ect Ectoderm, *Mes* Mesoderm, *En* Endoderm (Geisselzellen finden sich nur in den Geisselkammern), *gz* Bindegewebszellen der Gallertschichte, *ov* junge Eizellen, *sk* Theil einer dreistrahligen Kalkskelettnadel.

Es gelangen die festen Nahrungstheilchen in das Innere der Gewebezellen, um dort erst dem Verdauungsprocess unterworfen zu werden; derselbe ist also nicht auf die Endodermzellen beschränkt, sondern erscheint hier noch als eine allgemeine Thätigkeit der Körperzellen (allgemeine intracelluläre Verdauung).

Von vielen Forschern wird behauptet, dass die Nahrung bei den *Spongien* auch nicht einmal auf dem Wege der Endodermzellen in die Gewebe gelangt, sondern an beliebigen Stellen der Körperoberfläche aufgenommen werde. Nach der Anschauung anderer Forscher ist es wohl nicht zu bezweifeln, dass Fremdkörper auch auf anderem Wege in die Gewebe eindringen, für die Nahrungsaufnahme wird aber doch den Endodermzellen (und zwar den sogenannten Kragenzellen) die weitaus überwiegende Hauptrolle zugeschrieben; ich schliesse mich dieser Ansicht an und erinnere mich hierbei der Fütterungsversuche von Spongien mittelst Carmin, welche mir vor einigen Jahren von meinem Freunde, Herrn Dr. C. HEIDER demonstrirt wurden.

Die Aufnahme fester Nahrungstheilchen in die Endodermzellen und ihre Verflüssigung innerhalb derselben, welche als (speciell endodermale) intracelluläre Verdauung bezeichnet wird, finden wir besonders bei den *Cnidariern* und *Turbellarien* und in geringerem Maasse selbst auch bei höheren Thieren; bei allen diesen Thierformen werden daher feste Nahrungstheilchen niemals mehr vom Endoderm an die anderen Gewebe weitergegeben, sondern nur verflüssigte Nahrung (emulgirte Fette, lösliches Eiweiss); die erste Umwandlung (Verflüssigung der Nahrung) ist hier also schon eine specielle Leistung des Darmepithels.

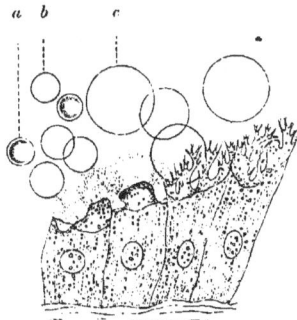

Fig. 164. Darmepithel des Leberegels nach SOMMER.

Die Epithelzellen sind an ihrer freien Fläche mit amöboiden Fortsätzen ausgestattet. *a* rothe Blutkörperchen des Schafes, die vom Leberegel als Nahrung aufgenommen wurden, *b* derartige Blutkörperchen etwas gequollen, *c* Chylustropfen.

Bei den höheren Thieren wird die Nahrung schon innerhalb der Höhlung des Darmkanales der Einwirkung der Verdauungssecrete ausgesetzt (extracelluläre Verdauung) und sie wird von den Darmepithelien selbst nur in verflüssigter Form aufgesaugt (resorbirt).

An den Verdauungsorganen kommt es ferner noch zu mehrfacher Arbeitstheilung. Schon bei den *Cnidariern* hat ein Theil des Darmapparates in überwiegendem Maasse die Bildung von Verdauungssecreten übernommen; derselbe wird als Magen bezeichnet. — Bei den höheren Thieren ist die Arbeitstheilung im Darmkanal meist noch viel weiter ausgebildet, indem der Anfangstheil des Darmes (Mundhöhle und Speiseröhre) meist nur zum Verschlingen der Nahrung dient, indem ferner verschieden beschaffene Verdauungssecrete von den Speicheldrüsen, Magendrüsen (Labdrüsen), Leber [1]), Bauchspeicheldrüsen geliefert wer-

1) Seitdem nachgewiesen wurde, dass die Function der Leber bei den Wirbelthieren weniger zur Verdauung als vielmehr zu weiteren vorbereitenden Processen der Assimilation

den, sodann auch ein besonderer Darmabschnitt vorwiegend resorbirend fungirt (Chylusdarm); die unbrauchbaren Reste der Nahrung, welche bei niederen Thieren (*Cnidarier, Ctenophoren, Platoden*) durch den Mund wieder entleert werden, sammeln sich bei den höheren Thieren im Enddarm und werden durch einen besonderen After entleert. — Es ist hervorzuheben, dass auch secundäre, von ectodermalen Epithelien ausgekleidete Theile (Vorderdarm, Hinterdarm) an diesem Aufbau des Darmes sich betheiligen und seine Functionen oft sogar in bedeutendem Maasse unterstützen.

Die Vertheilung der Nahrung im Körper erfolgt bei den verschiedenen Thiergruppen auf sehr verschiedenartige Weise.

Bei den *Spongien* geschah dies, wie wir sahen, unmittelbar durch amöboide Thätigkeit aller Körperzellen.

Bei den *Cnidariern* herrscht das Princip der allseitigen Verbreitung des Darmes. Derselbe sendet röhrenförmige Ausläufer aus, die nach Art eines Gefässsystems in alle Körpertheile sich erstrecken (sie sind, dem allgemeinen Bau des Körpers folgend, radiär angeordnet). Jedes Organ, welches seiner Leistung nach reichlicher Ernährung bedarf, wird von einem Ausläufer des Darmapparates versorgt. So ist z. B. jeder Fangfaden bei vielen Polypen und Medusen von einem gefässartigen Ausläufer des Darmapparates durchzogen etc. — Der Speisebrei wird in allen diesen gefässartigen Räumen durch Flimmerhaare fortbewegt. — Bei den *Cnidariern* kommt demnach jedem Körpertheil ein besonderer resorbirender Darmtheil zu und die Nahrung wird je nach Bedürfniss an Ort und Stelle resorbirt. O. und R. HERTWIG haben auch die wichtige Thatsache dargethan, dass in der Nachbarschaft nahrungsbedürftiger Organe (z. B. der Gonaden) die resorbirenden Darmepithelien eine bedeutendere Dicke zeigen. Früher hat man diese peripheren Darmverästelungen vielfach mit dem Blutgefässsystem höherer Thiere physiologisch verglichen. In der That dienen dieselben, da den Cnidariern sowohl Leibeshöhlen- als auch Blutflüssigkeit fehlt, in gewissem Sinne einer ähnlichen Function wie das Blutgefässsystem, ja es ist sogar möglich, dass letzteres sich phylogenetisch aus einer ähnlichen Einrichtung entwickelt hat. Wir dürfen aber nicht vergessen, dass die Art der Leistung beider Organe im Speciellen doch bedeutende Verschiedenheit zeigt, da die Blutgefässe niemals activ resorbirende Epithelien besitzen. Physiologisch ähnliche Verhältnisse des Verdauungsorganes wie bei den *Cnidariern* finden wir ferner auch bei den *Ctenophoren*.

Bei den *Turbellarien* (den *Dendrocoelen*) und bei manchen *Trematoden* (*Distomum hepaticum*) ist der Darmtractus (Fig. 166) ebenfalls mit zahlreichen Verästelungen versehen, und dieses Verhalten trägt wohl auch hier zur unmittelbaren Vertheilung der Nahrung an die verschiedenen Körpertheile bei; da aber diese Thiere eine primäre Leibeshöhle (in Form von Gewebslücken) besitzen, so ist wohl die Leibeshöhlenflüssigkeit, welcher vom Darme lösliche Nahrungssubstanzen überliefert wer-

---

und Vorgängen des Stoffwechsels in Beziehung steht, pflegt man mit der Bezeichnung „Leber" für Anhangsdrüsen des Darmes bei Wirbellosen zurückhaltender vorzugeben und ähnliche Organe derselben als Mitteldarmdrüsen oder Hepatopankreas zu bezeichnen. Unsere physiologisch chemischen Kenntnisse über die Verdauungssecrete bei Wirbellosen sind aber überhaupt noch sehr unvollständig.

B.

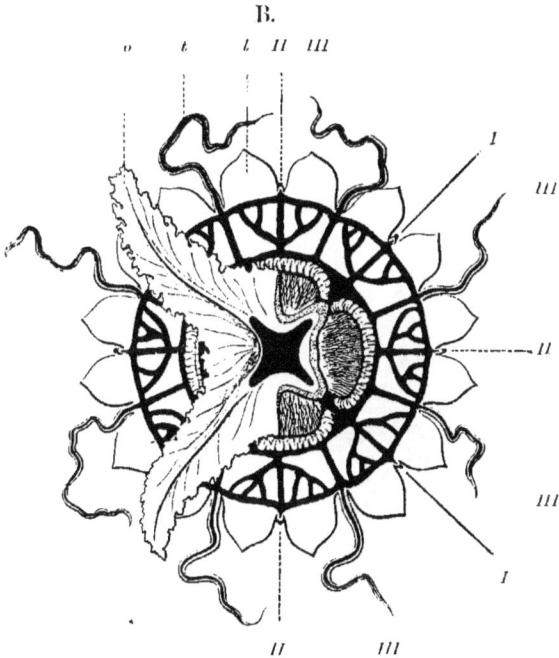

Fig. 165. Eine Scheibenqualle, *Ulmaris prototypus*, nach E. HAECKEL. Von unten gesehen.

O Mundarme (zwei derselben sind abgeschnitten), die sich von der centralen Mund-öffnung aus erstrecken, diese führt in den Centralmagen, der sich in das periphere Gastro-vascularsystem fortsetzt. *t* Tentakel, *l* Randlappen. *I* Radien erster Ordnung, *II* Radien zweiter Ordnung, *III* Radien dritter Ordnung.

den, und ihre Inhaltszellen bei der Verbreitung derselben im Körper mit betheiligt. Andererseits mögen die Darmverästelungen hier ihre Bedeutung nebenbei darin finden, dass durch dieselben eine Vergrösse-rung der inneren, secernirenden und resorbirenden Fläche des Darmes bedingt ist. Und dies ist wohl ihre ausschliessliche Bedeutung, wenn sie bei höheren Thieren sich finden, die zugleich eine vollkommene Leibeshöhle oder sogar Blutcirculation besitzen, wie z. B. bei manchen *Anneliden*, den *Hirudineen*, sowie bei den *Aeolidien* (marine Nackt-schnecken); sie erfüllen dann nur denselben Zweck, der z. B. bei anderen Thieren durch eine bedeutende Länge und vielfache Windungen des Darmkanales erreicht wird (Fig. 167).

Während bei vielen *Plattwürmern* die Darmverästelungen noch mit eine Rolle bei der Vertheilung der resorbirenden Nahrung spielen mögen, ist bei den übrigen *Scoleciden* die Flüssigkeit der primären Leibeshöhle hiefür von grösserer Bedeutung; wenn auch diese Flüssig-keit keinem regelmässigen Kreislauf unterliegt, so ist sie doch bei der geringen Grösse der betreffenden Organismen im Stande, den Stoffwechsel der von ihr umspülten Körperorgane zu vermitteln.

Bei den nächsthöheren Thieren, die schon eine bedeutendere Grösse erreichen, ist zur Vermittlung des Stoffwechsels eine viel vollkommenere Einrichtung durch das Auftreten des Blutgefässsystems getroffen. Es

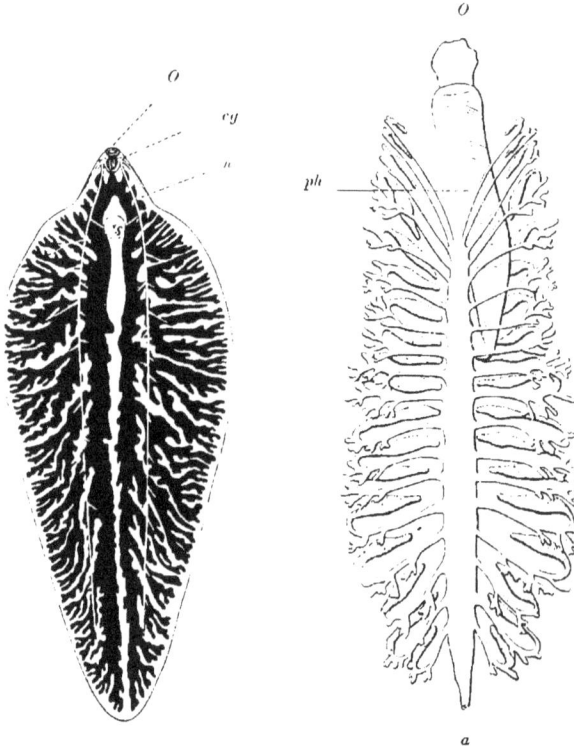

Fig. 166.   Fig. 167.

Fig. 166. **Darmkanal und Nervensystem vom Leberegel** (*Distomum hepaticum*) nach SOMMER.

O Mundsaugnapf mit der Mundöffnung, welche vermittelst einer kurzen Speiseröhre in den gabeltheiligen, reich verästelten Chylusdarm führt, *s* Bauchsaugnapf. *cg* Cerebralganglien, welche dorsal und ventral vom Schlunde durch Commissuren verbunden sind und nebst kleineren Nerven besonders je einen starken Längsnerven nach rückwärts senden.

Fig. 167. **Darmkanal** von *Aphrodite aculeata* nach MILNE-EDWARDS.

O Mundöffnung, *ph* Pharynx, der mittelst einer aufsteigenden Speiseröhre in den Mitteldarm führt, der mit zahlreichen blinddarmartigen Anhängen versehen ist, *a* After.

ist dies ein in sich zurücklaufendes Röhrensystem, dessen Inhaltsflüssigkeit mit ihren Zellkörperchen durch die Contractilität entweder längerer Gefässstrecken oder eines localen, als Herz ausgebildeten Gefässtheiles in regelmässige Circulation versetzt wird. Das Blut übernimmt die Nahrung vom Darme und gibt sie an die Körperorgane ab. — Wir finden ein Blutgefässsystem bei den *Aposcoleciden*, den *Ambulacraliern* und *Chordoniern*, bei welchen Thiergruppen zugleich auch die primäre

Leibeshöhle durch das Coelom verdrängt erscheint. Bei vielen dahingehörigen Thieren sehen wir aber das Blutgefässsystem in secundärer Weise wieder bedeutenden Umwandlungen unterliegen (*Arthropoden*, *Mollusken*), ja sogar zum Theil oder ganz der Rückbildung unterliegen. Speciell bei den Wirbelthieren ist noch ein besonderes Saugadersystem (Lymphgefässsystem) genauer erforscht, welches sowohl Flüssigkeit aus den Gewebslücken als auch besonders die resorbirte Nahrung vom Darme her dem Blutgefässsystem zuführt.

Wir haben hier die Vervollkommnung der die Nahrung aufnehmenden und im Körper verbreitenden Organe in phylogenetischer Reihenfolge betrachtet. Eine Sonderstellung aber nehmen gewisse parasitische Thiere ein; so finden wir, dass manche Endoparasiten bei vollkommenem Mangel des Darmes mittelst ihrer äusseren Körperoberfläche flüssige Nahrung resorbiren, welche sie von ihrem „Wirthe“ entnehmen; es sind hier besonders zu nennen die *Cestoden* und *Acanthocephalen*, sowie die *Distomeen* in gewissen Lebenszuständen. Die *Sacculinen* (parasitische Krebse) saugen flüssige Nahrung mittelst wurzelförmiger Organe aus ihrem Wirthe. In allen diesen Fällen handelt es sich um phylogenetische Rückbildung des ursprünglichen Darmapparates.

b) Athmung.

Als Athmung bezeichnen wir den Gasaustausch des Körpers und zwar vornehmlich die Aufnahme von Sauerstoff und die Abgabe von Kohlensäure. Diese Processe stehen bekanntlich in Beziehung zur Arbeitsleistung und Wärmeproduction des gesammten Körpers. Der eigentliche Ort des Sauerstoffverbrauches und der Kohlensäurebildung sind daher alle Gewebe, wenn auch die einzelnen Gewebe sich hierin quantitativ verschieden verhalten mögen.

Der Austausch der Gase zwischen dem Körper und dem ihn umgebenden Medium erfolgt stets durch Diffusion an äusseren oder inneren Körperflächen. Die Art und Weise aber, wie der Sauerstoff 1) in den Körper übergeführt und 2) in demselben vertheilt und ebenso die Kohlensäure ausgeschieden wird, ist bei den verschiedenen Thieren sehr mannigfaltig.

Jene Körpertheile, durch welche der Sauerstoff in den Körper aufgenommen und die Kohlensäure abgegeben wird, nennen wir Athmungsorgane. Bei sehr kleinen Thieren — oder bei solchen, die wohl etwas grösser sind, aber einen langsamen Stoffwechsel haben — wird der Gasaustausch durch die gesammte Körperoberfläche vermittelt, es fungiren demnach die gesammten Körperbedeckungen als Athmungsorgane. Bei grösseren Thieren kann die Körperoberfläche als Athmungsorgan nicht genügen, da die Masse in kubischem, die Fläche nur in quadratischem Verhältnisse wächst. Dieselben haben besondere Athmungsorgane in Form von Ausstülpungen oder Einstülpungen der Körperwand. Die erstere Form findet sich vorwiegend als Kiemen bei den wasserathmenden Thieren, die andere als Lungen und Tracheen (d. s. die Luftgefässe bei *Insecten* etc.) bei den luftathmenden Thieren; bei diesen ist eine innere Lage der Athmungsorgane nothwendig, um allzugrosse Wasserverdunstung zu vermeiden. — Durch diese Localisirung der Athmung ist einerseits eine Theilung der Arbeit eingetreten, so dass die Körperbedeckungen jetzt für ihre anderen Functionen eine grössere Vollkommenheit erhalten und ebenso die Athmungsorgane eine geeignete

Beschaffenheit für die Diffusion der Gase annehmen — und andererseits ist eine Oberflächenvergrösserung in der reichen Entfaltung dieser Organe gegeben.

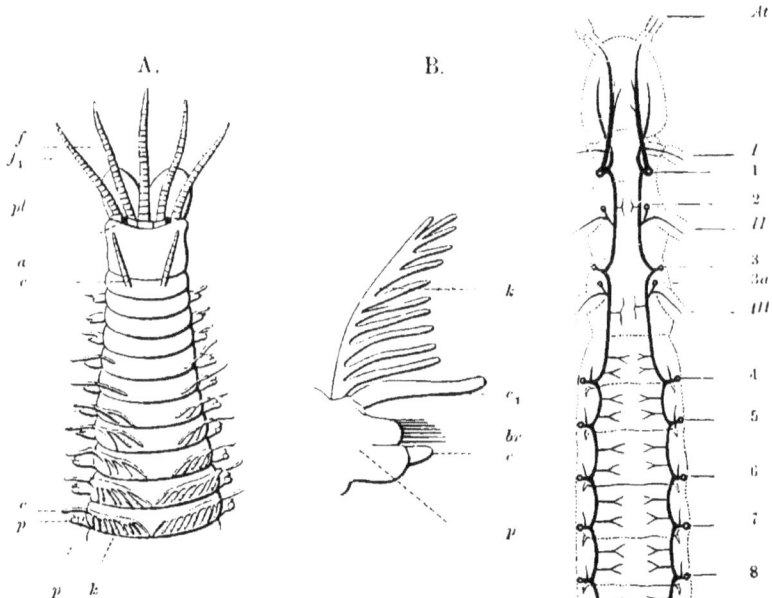

Fig. 168.

Fig. 168. Kiemenbildung eines Anneliden nach MILNE-EDWARDS.
A. Vorderes Körperende von *Eunice* vom Rücken gesehen; am Kopfe finden sich: $f f_1$ Fühler, pl polsterförmige Taster, a Augen; am zweiten Segmente c Rückencirren; an den nachfolgenden Segmenten wiederholen sich die kiementragenden Parapodien.
B. Ein einzelnes Parapodium stärker vergrössert; p stummelförmiger Körper des Parapodiums, br Borstenbüschel, c Bauchcirre, c_1 Rückencirre, k Kieme.

Fig. 169. Das Tracheensystem von Japyx mit seinen hauptsächlichen Verzweigungen (nach GRASSI).
At Antennen; *I, II, III* die drei Paar Thorakalfüsse; 1—10 die Stigmenöffnungen, welche in die seitlichen Hauptstämme des Tracheensystems führen.

Fig. 169.

Die Vertheilung des Sauerstoffes im Körper geschieht im einfachsten Falle auf dem Wege von Gewebe zu Gewebe oder durch die Leibeshöhlenflüssigkeit. Eine weit vollkommenere Einrichtung wird aber dort erreicht, wo die Blutcirculation hiefür verwendet wird. Kiemen und Lungen bedürfen zu ihrer Function nicht nur eines entsprechenden Wechsels des respiratorischen Mediums, sondern ebenso eines raschen Blutwechsels, wodurch die Gase vom oder zum Körper weitergeführt werden. Ohne diese Einrichtung wäre auch die Flächenausdehnung dieser Athmungsorgane noch ganz unzureichend für das Athmungsbedürfniss des Körpers. Die Blutgefässe bilden daher an diesen Athmungsorganen einen physiologisch hervorragenden Bestandtheil.

Diesem Verhalten gegenüber nehmen die Tracheen der *Insecten* u. s. w. eine Sonderstellung ein. Obzwar die *Insecten* einen Blutkreislauf besitzen, übernimmt derselbe hier doch nicht die Vertheilung des Sauerstoffes, sondern die mit äusseren Oeffnungen („Stigmen") beginnenden Tracheen erstrecken sich mit überaus reichen Verästelungen in alle Theile des Körpers, wo jedes Organ, ja sogar jedes kleine Gewebsstückchen von den dünnen Endästchen des Tracheensystems umsponnen und so direct mit Sauerstoff versehen wird. Wir können diese Einrichtung als allseitige Verbreitung des Athmungsorganes bezeichnen. Jedes Organ des Körpers hat seinen Antheil am Athmungsorgane.

Eine eigenthümliche Modification sind die „Tracheenkiemen", die bei einigen wasserbewohnenden Insectenlarven, nämlich bei *Ephemeriden*larven als äussere Anhänge des Hinterkörpers und bei *Libelluliden*larven (*Aeschna*) als innere, in das Lumen des Enddarmes hineinragende Anhänge sich finden. In diese kiemenartigen Bildungen erstrecken sich Aeste eines geschlossenen (äusserer Oeffnungen entbehrenden) Tracheensystems. Dasselbe ist hier nur als Verbreitungsapparat des von den Kiemen aufgenommenen Sauerstoffes zu betrachten.

Fig. 170. **Larve einer Eintagsfliege** (nach CLAUS).

Am Abdomen finden sich 7 Paar Tracheenkiemen, welche in rasche schwingende Bewegung versetzt werden. Von den Hauptstämmen des geschlossenen Tracheensystems gehen Verästelungen in die Tracheenkiemen.

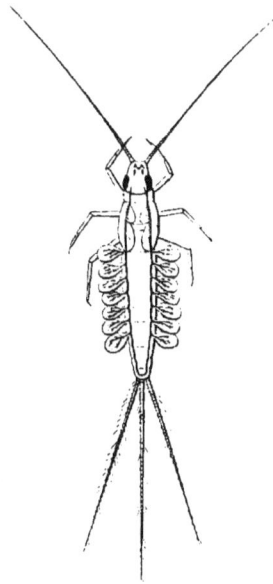

c) Excretion.

Als Excretionsprocess bezeichnen wir die Ausscheidung von Harnstoff und verwandten Substanzen (z. B. Harnsäure); dieselbe steht — wie früher schon erörtert wurde — in Beziehung zur Assimilation der Eiweissnahrung. Da diese in allen Geweben stattfindet, so ist die Annahme berechtigt, dass auch die Bildung jener stickstoffhaltigen Excrete in allen Geweben erfolgt. Von da werden sie auf verschiedene Weise zu den Excretionsorganen geführt, welchen nur die Function zukommt, diese Producte aufzunehmen und nach aussen zu befördern.

Viele physiologische Chemiker neigen gegenwärtig der Meinung zu, dass in den Geweben kohlensaures Ammoniak gebildet werde, aus welchem an zweitem Orte (in der Leber!) Harnstoff entsteht, welcher von da erst zur Niere geführt wird. Dies kommt aber für unsere weiteren Ausführungen nicht unmittelbar in Betracht.

Bei *Protaxoniern* ist ein einheitliches Excretionsorgan nicht vorhanden; bei den *Spongien* sind vielleicht alle Gewebezellen nahezu gleichmässig an der Excretion betheiligt, bei den *Cnidariern* und *Ctenophoren* haben zahlreiche einzellige Drüsen des Ectoderms oder Endo-

derms dieser Function zu dienen [1]). Bei *Hydroidmedusen* wurden Oeffnungen an den peripheren Aesten des Darmapparates beobachtet, die
zur Entleerung der Excretionsproducte in Beziehung stehen sollen.

Den *Scoleciden* kommt ein eigenthümlicher Excretionsapparat zu,
welcher meist als „Wassergefässsystem" bezeichnet wird und den
wir im allgemeinen (vom morphologischen Gesichtspunkte) Protonephridium nennen wollen. Es sind dies paarig vorhandene röhrenartige
Gebilde, die entweder einfach oder reich verzweigt erscheinen; der Hauptstamm des Rohres mündet mit einer Oeffnung nach aussen; am entgegengesetzten Ende des Rohres oder seiner zahlreichen Aeste finden sich sogenannte Terminalzellen (Terminalapparate), die mit einer zusammengesetzten Geissel (sog. Wimperflamme) versehen sind, welche in das
Lumen des Rohres hineinragt. Die Wände des darauffolgenden Excretionskanales sind von einer geringen Anzahl grosser, drüsiger
Zellen gebildet; oft sind es in einer einzigen Reihe angeordnete
„durchbohrte" Zellen. Auch diese tragen dem Lumen des Rohres zu-
gewendete Geisseln. So findet in den Röhren eine kräftige Wimperbewegung statt, welche continuirlich einen Flüssigkeitsstrom gegen die
äussere Oeffnung des Organes treibt. Zweifellos sind es die umgebenden

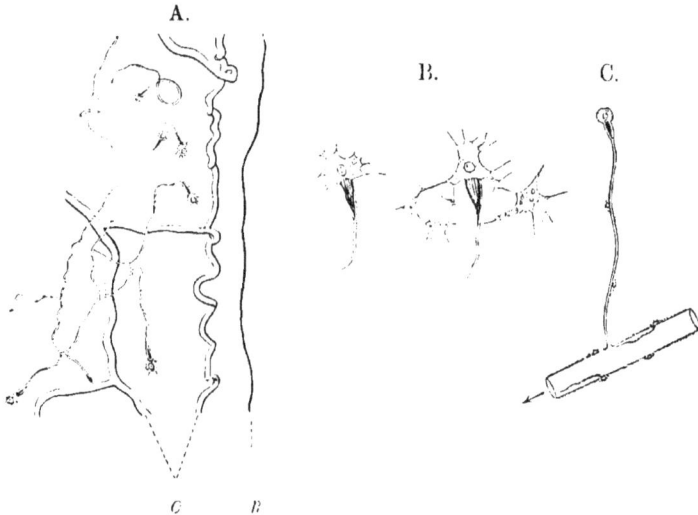

Fig. 171. **Bau des Protonephridiums.**
  A. Ein kleiner Theil des Excretionsapparates einer Taenie (nach PINTNER). *B* Rand
des Körpers, *C* grössere Sammelkanäle, in welche die capillaren Kanäle einmünden.
  B. Terminalzellen mit Wimperflammen vom Excretionsapparat einer Taenie (nach
PINTNER).
  C. Schematische Darstellung von Terminalzelle, Excretionscapillare und Excretionscanal.

Gewebeflüssigkeiten, welche besonders durch die Thätigkeit der
Terminalzellen in das Excretionsorgan transfundirt werden. Die drüsi-

---

1) Selbst bei den höchsten Organismen (Säugethiere) werden kleine Mengen von Harnstoff von Hautdrüsen (Schweissdrüsen) ausgeschieden, die hier also die Function der Niere
wenigstens unterstützen.

gen Wandungen der Kanäle aber liefern die eigentlichen Excretionsstoffe, die sie direkt den umgebenden Gewebsflüssigkeiten entziehen [1]); die Stoffe werden von dem Flüssigkeitsstrome innerhalb der Canäle fortwährend gelöst und rasch weggeführt. Oft schliesst sich eine muskulöse Endblase (Harnblase) dem Protonephridium an.

Das Protonephridium besitzt bei den *Platodes* überaus reiche Verästelungen, mit welchen es durch den ganzen Körper sich erstreckt und alle Organe umspinnt. In diesem Falle bezieht das Excretionsorgan die Excretionsstoffe unmittelbar aus allen Körpertheilen; ja wir können hier wieder sagen, dass jedem Körperorgan ein Antheil des Excretionsorganes zukommt (GROBBEN). In anderen Fällen, wo das Protonephridium weniger reich entwickelt ist, spielt die Leibeshöhlenflüssigkeit auch für die Zufuhr der Excretionsstoffe von den Geweben her eine grössere Rolle.

Bei den *Aposcoleciden* findet sich

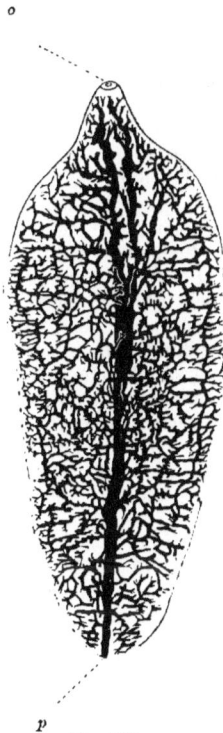

Fig. 172.

Fig. 172. **Excretionsapparat des Leberegels (Distomum hepaticum)** in seinen Hauptverzweigungen dargestellt (nach SOMMER).

p Mündung des Excretionsapparates, *o* Mundsaugnapf.

Fig. 173. **Metanephridium (Segmentalorgan) in seinem Lageverhältniss zur Leibeswand bei Anneliden (schematisch).**

A. Innerhalb der Leibeswand liegendes Organ. *l* Leibeswand, aus Epithelschicht, Muskelschicht und Peritonealschicht gebildet; zwischen letzteren Schichten liegt das Excretionsorgan; *i* dessen Trichteröffnung; *e* äussere Oeffnung; *d* Dissepiment, welches die Höhlen der aufeinanderfolgenden Körpersegmente von einander scheidet.

B. Innerhalb der Leibeshöhle liegendes Organ. Das mittlere Kanalstück des Excretionsorganes ist schleifenförmig verlängert und kommt, die Peritonealschichte vor sich stülpend, in die Leibeshöhle zu liegen.

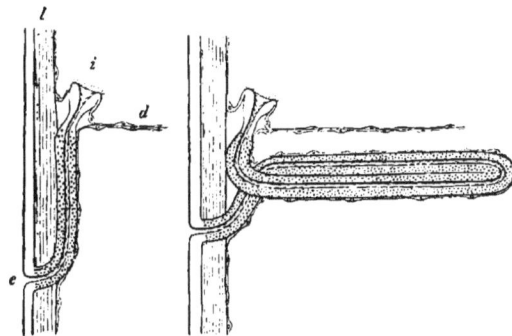

A.   B.

Fig 173.

---

1) Es ist hervorzuheben, dass die Stoffe, welche die Nierenepithelien an sich ziehen, schon als solche in den umgebenden Flüssigkeiten (oder im Blute) enthalten waren, während die Sekrete anderer Drüsen wohl meist dem Chemismus der Drüsenzellen selbst erst ihre chemische Zusammensetzung verdanken.

das Protonephridium nur noch als embryonales Organ und wird im erwachsenen Thiere durch ein anderes Organ ersetzt, welches wir als **Metanephridium** bezeichnen.

Die paarig vorhandenen Metanephridien haben den Bau von drüsigen, wimpernden Röhren, welche durch eine innere Oeffnung mit der Coelomhöhle in Verbindung treten und durch eine äussere Oeffnung an der Oberfläche des Körpers münden. Wir unterscheiden an dem Organe erstens den sogenannten **Wimpertrichter**, ein trichterförmiges Gebilde, dessen Lumen mit weiter Oeffnung in die Coelomhöhle beginnt und mit kräftigen Wimpern versehen ist; zweitens den **drüsigen Flimmerkanal**; derselbe liegt ursprünglich ausserhalb der Coelomhöhle, in vielen Fällen aber bildet er eine Schleife, die sich in die Coelomhöhle hineinstülpt und dabei einen Ueberzug von Coelomepithel (Peritonealüberzug) erhält. Als dritter Abschnitt kommt häufig, aber nicht typisch, eine **muskulöse Endblase** hinzu, die als secundäre Einstülpung von der äusseren Haut her entsteht. Der Flimmertrichter nimmt Flüssigkeit direct aus der Coelomhöhle auf, der drüsige Flimmerkanal liefert die eigentlichen Excretionsstoffe, die muskulöse Endblase fungirt als Reservoir (Harnblase). — In jüngster Zeit wurde von mehreren Forschern (besonders Eisig) darauf hingewiesen, dass mit Concretionen beladene Zellen aus den Coelomhöhlen durch Vermittlung der Metanephridien direct nach aussen geschafft werden. Diese Zellen stammen von drüsigen Wandungen der Coelomhöhle her.

Die *Mollusken* besitzen ein Paar von Metanephridien, oft auch nur ein einseitig ausgebildetes Organ.

Bei den *Anneliden* wiederholen sich die Metanephridienpaare in den aufeinanderfolgenden Körpersegmenten und werden daher auch Segmentalorgane genannt. Der Flimmertrichter jedes Organes ist in der Regel in dem nächstvorderen Körpersegmente gelegen.

Bei den *Crustaceen* sind die Metanephridien in ihrem Bau bedeutend modificirt; dies ist schon dadurch bedingt, dass bei diesen Thieren Flimmerhaare in der Gesammtorganisation fehlen. — Bei den *Trachealen* fehlt das Metanephridium (als Excretionsorgan) vollständig und ist durch zahlreiche, sehr lange fadenförmige Drüsenschläuche ersetzt, die als Differenzirungen des Hinterdarmes auftreten.

Organe von ähnlichem Baue wie die Metanephridien kennen wir auch bei den höheren Phylen, welche ebenfalls Coelomhöhlen besitzen, nämlich bei den *Ambulacraliern* und *Chordoniern*. Bei ersteren ist die Function der verschiedenen Nephridien-ähnlichen Gebilde noch nicht genügend aufgeklärt.

Bei den *Wirbelthieren* setzt sich der Apparat, welchen wir als **Urniere** bezeichnen, aus zweierlei Theilen zusammen: 1) Aus den **Segmentalcanälchen**, welche ähnlich gebaut sind wie die Segmentalorgane der Anneliden und 2) einem wahrscheinlich von dem äusseren Epithel (Ectoderm) abstammenden Sammelgang (**Urnierengang** oder Wolff'schen **Gang**), welcher jederseits in der Längsrichtung des Körpers verläuft, mit allen Segmentalröhren der Körperseite in Verbindung steht und selbst mit seinem hinteren Ende in die Kloake sich öffnet. — Das ganze Organ liegt jederseits unterhalb der Wirbelsäule in der Nähe der Leibeshöhle („Splanchnocoel"), jedoch stets ausserhalb derselben („retroperitoneal") und zwar in mehr oder weniger reichliches Bindegewebe („Stroma") eingebettet. Die Segmentalcanälchen sind ursprünglich nach der Zahl der Körpersegmente angeordnet; secundär ist aber ihre Anzahl oft bedeutend

vermehrt; ihr Lumen steht mittelst einer mit Wimpern versehenen Oeffnung (Nephrostoma) mit der Leibeshöhle in Verbindung. Es kommt
aber stets noch eine zweite characteristische Einrichtung hinzu, welche
die Flüssigkeitszufuhr mit übernimmt. An den Drüsenkanälen finden
sich nämlich seitliche bläschenförmige Erweiterungen, in welche ein netz-
artiges Blutgefässknäuel mit zuführendem und abführendem Blutgefäss
(ein sog. Wundernetz) hineingestülpt ist. Diese Bildungen werden als
MALPIGHI's che Körperchen bezeichnet.
Durch die Blutstauung in dem Gefässknäuel
kommt es dazu, dass Flüssigkeit durch die
dünnen Wände der Ampulle hindurchfiltrirt
und dem Segmentalcanälchen zugeführt wird.

Nur die niederen Wirbelthiere mit
Einschluss der *Amphibien* besitzen zeitlebens eine Urniere; bei den *Amnioten*
entwickelt sich im Embryo an einem Theil
der Urniere secundär die definitive Niere
und erstere unterliegt sodann der Rückbildung. Wenn schon bei der Urniere der
Anamnia die Function der Nephrostomen
durch die Thätigkeit der MALPIGHI'schen
Körperchen in den Hintergrund gedrängt
war, so sehen wir, dass nun bei der definitiven Niere der *Amnioten* die
Nephrostomen mit dem Anfangs-
stück der Kanälchen ganz in Wegfall gekommen sind; die Flüssigkeitszufuhr geschieht nun ausschliesslich durch
die terminal liegenden MALPIGHI'schen
Körperchen. Nephrostomen sind also bei
den *Amnioten* nur an der Urniere des
Embryo zu finden. Bei der *Amnioten*-
Niere ist auch die grosse Menge der Harn-
kanälchen zu einer concentrirteren drüsen-
artigen Masse zusammengedrängt, die in
den Harnleitern einheitliche Ausführungsgänge besitzt und diese münden hier direct
in die als Reservoir fungirende Harnblase.
Letztere ist noch bei den Amphibien von
den Harnleitern getrennt, als ein Anhang
der Cloake ausgebildet [1]).

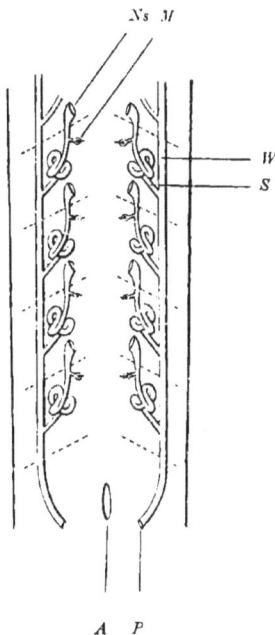

Fig. 174. **Schematische Darstellung der Urnieren eines Wirbelthieres.**

Die punktirten Linien bedeuten
die Grenzen der Muskelsegmente des
Körpers. *A* primäre Afteröffnung, *W*
WOLFF'sche Gänge, *P* Mündung
derselben, *S* Segmentalröhren (Segmentalcanälchen), *Ns* Nephrostom,
M MALPIGHI'sches Körperchen.

Die Segmentalorgane der *Anneliden*
und die ähnlichen Organe verwandter
Thierformen (*Phoronis*, *Brachiopoden*)
haben in vielen Fällen neben ihrer excretorischen Thätigkeit auch die
Function, die Geschlechtsproducte, welche von den Gonaden in die
Leibeshöhle entleert werden, nach aussen zu befördern. In anderen
Fällen sind es den Segmentalorganen ähnliche Gebilde mit innerer und
äusserer Oeffnung, welche hierzu dienen, und die man für umgewan-

---

1) Die morphologische Beziehung von Vorniere, Urniere und definitiver Niere wird an
anderer Stelle erörtert werden.

delte Segmentalorgane hält, wenn auch in manchen Fällen daneben noch echte Segmentalorgane in denselben Körpersegmenten vorkommen (*Lumbricus*). Es wird gegenwärtig als eine wichtige Aufgabe der Morphologie betrachtet, zu entscheiden, inwiefern auch die direct mit den Gonaden verbundenen Ausführungsgänge bei *Hirudineen, Arthropoden* etc. etwa auf Segmentalorgane zurückführbar seien. — Auch bei den Wirbelthieren wiederholen sich ähnliche Beziehungen zwischen Excretionsapparat und Geschlechtsorganen. Am auffallendsten erhält sich dies in dem Bau der Eileiter, welche typisch (mit wenigen Ausnahmen) mit einer inneren Wimperöffnung (Tuba) versehen sind, welche die in die Leibeshöhle entleerten Eier auffängt.

d) Blutcirculation.

Wir finden ein Blutgefässsystem nur bei jenen Thieren, die eine secundäre Leibeshöhle (Coelomhöhle) besitzen, das sind die *Aposcoleciden, Ambulacralier* und *Chordonier*. Es fehlt dagegen bei den niedrigeren Thieren (unterhalb der *Anneliden*); nur die *Nemertinen,* deren systematische Stellung übrigens noch nicht endgiltig aufgeklärt ist, besitzen schon ein Blutgefässsystem. Dagegen fehlt es wieder bei manchen *Aposcoleciden*, nämlich bei einigen *Anneliden* (*Aphrodite, Capitelliden, Glyceriden*) und *Sagitta*; bei gewissen kleineren Arthropodenformen, nämlich bei den meisten *Copepoden*, den meisten *Milben, Linguatuliden* und *Tardigraden*; endlich fehlt es auch den *Bryozoen*; wir sind der Ansicht, dass es in diesen Fällen durch Rückbildung secundär unterdrückt ist.

Die Blutgefässe sind Röhren mit eigenen Wandungen, welche aus zwei Schichten bestehen: einer inneren epithelialen Schichte (Gefässepithel, nach His als Endothel bezeichnet) und einer äusseren Muskelschichte; diese beiden Schichten können sich noch in untergeordnete Differenzirungen gliedern, auch können noch secundäre Schichten aussen sich anlagern. Den Inhalt der Gefässe bildet die Blutflüssigkeit mit oder ohne Blutkörperchen (vergl. p. 147).

Der ursprüngliche Typus ist ein geschlossenes Blutgefässsystem; wir finden ein solches bei den *Anneliden*. Die Hauptstämme sind hier ein Rücken- und ein Bauchgefäss, in welchen das Blut in entgegengesetzter Richtung strömt[1]); nämlich im ersteren von hinten nach vorne, in letzterem von vorne nach hinten; an ihren Enden gehen sie durch paarige Gefässschlingen in einander über, sie sind

Fig. 175. **Schema des Blutgefässsystems bei einem Anneliden.** *R* Rückengefäss, *B* Bauchgefäss, welche durch quere Gefässe verbunden sind und überdies durch *v* vordere Gefässbogen und *h* hintere Gefässbogen in einander übergehen. Die Pfeile zeigen die Richtung des Blutstromes an.

---

1) Eine unregelmässig wechselnde Richtung des Blutstromes kommt bei *Phoronis* vor, sowie bei den *Salpen*.

ferner durch zahlreiche Quergefässe verbunden, in welchen letzteren die
Richtung des Blutstromes nicht bei allen Anneliden dieselbe zu sein scheint.
Das Rückengefäss ist meist in seiner ganzen Länge contractil, es fungirt
als „Herz“, d. i. als Fortbewegungsapparat des Blutes; in manchen Fällen
wird es in seiner Function durch die Contractilität verschiedener anderer
Gefässe (z. B. einzelner Quergefässe, selten des Bauchgefässes) unterstützt.

Bei den *Arthropoden* und *Mollusken* zeigt das Blutgefässsystem in
gewisser Beziehung eine höhere Ausbildung, in anderer Hinsicht aber
eine Reduction. Das Rückengefäss hat sich nämlich zu einem vollkommeneren propulsatorischen Centralapparat ausgebildet; bei den *Arthropoden* ist es meist vielkammerig, den Segmenten entsprechend, und
mit einer entsprechenden Anzahl von paarigen, mit Klappenapparaten
ausgestatteten Einströmungsöffnungen versehen; bei den *Mollusken* besteht es aus einer Kammer mit unpaarer oder paarigen Vorkammern. Dagegen sind die peripheren Gefässe oft reducirt und das Blutgefässsystem
ist mit anderen Höhlen, nämlich Coelomhöhlen und Gewebslücken zu-
sammengeflossen, es ist demnach kein geschlossenes System. Bei
den meisten *Arthropoden* bleibt nur noch das Herz übrig (bei kleineren
Formen, Copepoden, Milben, fällt auch dieses hinweg), bei den *Mollusken*
dagegen sind nur die peripheren Theile des Gefässsystems durch lacu-
näre Räume ersetzt. Physiologisch ist der Kreislauf bei diesen Thieren
aber doch meist vollkommener als bei den *Anneliden*, denn der Blutstrom hält, obzwar er nur in den Zwischenräumen der Organe fliesst,
doch ziemlich regelmässige Bahnen ein und bei der vollkommeneren
Ausbildung des Herzens und der rascheren Pulsation desselben ist die
Circulation eine viel lebhaftere, und dies ist ein physiologisch sehr be-
deutsames Moment.

Die *Ambulacralier* besitzen ein ähnliches geschlossenes Gefässsystem
wie die *Anneliden*.

Bei den *Wirbelthieren* ist das Blutgefässsystem ein geschlossenes
und bei allen (mit Ausschluss des *Amphioxus*) ist ein Abschnitt desselben zu einem sehr vollkommenen Herzen differenzirt, welches aus
mehreren Abtheilungen besteht und mit mehrfachen Klappenapparaten
ausgestattet ist. Mit der Ausbildung eines sogenannten doppelten Kreislaufes — bei den luftathmenden Wirbelthieren — wird auch das Herz
durch eine Scheidewandbildung in ein doppeltes verwandelt (vgl. unten).
An dem Blutgefässsystem sind ferner in viel regelmässigerer Weise als
bei Wirbellosen dreierlei Abschnitte ausgeprägt: Arterien, welche
das Blut vom Herzen zu den Organen führen, Capillaren, welche
das feinste Blutgefässnetz innerhalb der
Organe bilden, und Venen, die das Blut
sammeln und zum Herzen zurückführen.

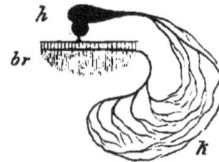

Fig. 176. **Schema des Blutkreislaufs bei Mol-**
lusken.
h Herz aus Vorkammer (eine oder auch zwei)
und Kammer bestehend, *k* Körpergefässe, *br* Kiemengefässe.

Das Verhältniss der Blutgefässe zu den Athmungsorganen ist von besonderem physiologischem Interesse. In der Regel

---

1) Nach neueren Angaben sollen in dem ursprünglichsten Gefässsystem, nämlich bei
Anneliden, Gefässepithelien fehlen; meine eigenen Erfahrungen stehen damit in Widerspruch;
die Gefässe von *Phoronis* besitzen ein inneres Epithel (C o r i); auch in der Herzröhre von
Arthropoden ist eine innere Epithelschichte nachzuweisen.

finden wir bei den Wirbellosen ein sogenanntes Körperherz, d. h. das Blut geht vom Herzen zum Körper, von da in die Kiemen und von diesen wieder zum Herzen (Fig. 176). Bei den *Cephalopoden* finden sich neben dem Körperherzen noch besondere Kiemenherzen (der Anzahl der Kiemen entsprechend), welche das Blut mit neuer Kraft in die Kiemen treiben. — Die *Anneliden* bilden unter den Wirbellosen eine Ausnahme, da bei denselben das Blut vom Rückengefässe direkt entweder durch die Quergefässe zu den seitlichen Kiemen [1]) oder durch die Kopfgefässe zu den Kopfkiemen geführt wird, und von da in das Bauchgefäss gelangt.

Bei den kiementragenden *Wirbelthieren*, den *Fischen*, ist das Herz ein Kiemenherz; es sind die Kiemen nach dem Herzen in den Kreislauf eingeschaltet; das Blut, welches sich aus den Kiemen sammelt,

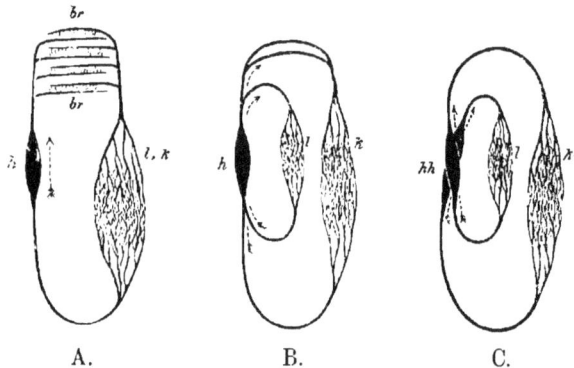

Fig. 177. **Schema des Blutkreislaufes bei Wirbelthieren.**
A. Kreislauf bei Fischen. *h* Herz, *br* Kiemengefässe, *l*, *k* Gefässe der Schwimmblase und des übrigen Körpers.
B. Kreislauf bei Amphibien. *l* Lungengefässnetz, *k* Körpergefässnetz.
C. Kreislauf bei Vögeln und Säugethieren. *hh* Das in zwei Theile gesonderte Herz

strömt dann zum Körper, um von da wieder zum Herzen zu gelangen. Mit dem Auftreten der Lungen gehen die Kiemen allmählich ein; durch Sonderung der Blutbahn der Lunge von der des Körpers wird der Kreislauf nun ein doppelter, indem ein Theil des Blutes vom Herzen zur Lunge und wieder zum Herzen zurück, ein anderer Theil vom Herzen zum Körper und wieder zum Herzen zurück führt; er ist so zunächst bei den *Amphibien* nur unvollkommen verdoppelt, insofern, als das Herz selbst ungetheilt ist und das Blut beider Bahnen in demselben sich mischt; gemischtes Blut geht somit durch die Lungenarterien zu den Lungen und kehrt sauerstoffreich als Lungenblut durch die Lungenvenen zurück; es geht auch gemischtes Blut durch die Körperarterien zum Körper und kehrt als sauerstoffarmes Körperblut durch die Venen zum Herzen zurück. Das Herz ist hier zugleich Körperherz und Lungenherz (*Amphibien*, die meisten *Reptilien*). — In-

---

1) Aeltere Autoren haben dies Verhältniss anders dargestellt; es wären darnach die Verhältnisse der Arthropoden leichter von jenen der Anneliden ableitbar als nach den neueren Angaben. Daher verdient die Frage noch eingehende Untersuchung.

dem die Scheidung des Kreislaufes endlich auch auf das Herz sich ausdehnt, ist der Kreislauf ein vollkommen doppelter geworden (*Crocodilier, Vögel, Säugethiere*). Wir können den gesammten Kreislauf einer Achtertour [∞] vergleichen, oder besser noch einer solchen, bei welcher der kleinere Kreis in den grösseren hineingelegt ist (Fig. 177 C.). Das Blut geht vom Körperherzen in den Körper, von diesem in das Lungenherz, durch dieses in die Lungen und von diesen wieder zum Körperherzen.

Um das Schema des Kreislaufes bei den verschiedenen Wirbelthieren zu vervollständigen, müssen wir auch die Form des Herzens berück-

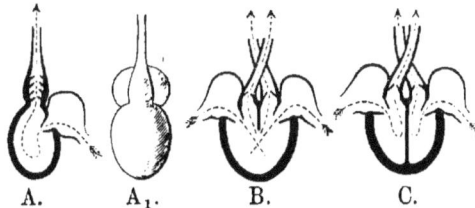

Fig. 178. **Schema des Herzens bei den Wirbelthieren.**

A. Herz der Fische von der Seite (Durchschnitt).
A₁. dasselbe von vorne gesehen.
B. Herz der Amphibien } von vorne gesehen (im frontalen Durchschnitt).
C. Herz der Vögel und Säuger

sichtigen. Das Blut strömt nicht am Hinterende des Herzens ein und am Vorderende aus, sondern beiderlei Oeffnungen befinden sich vorne. Das Herz ist nämlich schon bei den Fischen auf die Form eines schlingenförmig geknickten Schlauches zurückzuführen, der in mehrere Abtheilungen, die Vorkammer, Kammer und den Arterienstiel sich gliedert. Die Theilung des Herzens schreitet von der Peripherie nach dem Centrum fort, es werden zunächst die Vorkammern und der Arterienstiel getheilt, während die Kammer noch mehr oder weniger einheitlich erscheint (*Amphibien, Reptilien*). Erst durch die Entstehung einer Scheidewand innerhalb der Herzkammer wird das Herz zu einem vollkommenen Doppelherzen. Es entspricht nun zwei nebeneinander liegenden geknickten Schläuchen, deren Endtheile sich überkreuzen.

Bewegung.

Die Grunderscheinungen, auf welche alle Bewegung bei den *Metazoen* zurückzuführen ist, sind dieselben, welche wir schon bei den Protozoen kennen gelernt haben, nämlich: amöboide Bewegung, Plasmacontractilität, Wimperbewegung und Muskelcontractilität. Sie kommen nebeneinander in ein und demselben Thierkörper bei den meisten Metazoen und selbst bei den höheren Formen derselben vor; da aber die Bewegung grösserer Massen, wie wir sehen werden, nur durch Muskelcontractilität möglich ist, so spielt diese bei allen höheren Thieren, die ja eine bedeutende Grösse erreichen, die weitaus überwiegende Hauptrolle — und zwar nicht nur bei der Fortbewegung des Gesammtkörpers, sondern auch bei den inneren Bewegungsleistungen der Eingeweide.

Die amöboide Bewegung ist zunächst bei den *Spongien* den meisten Gewebezellen eigenthümlich; sie dient aber auch hier nicht zur Fortbewegung des Körpers, sondern steht wohl zumeist in Beziehung zu der besonderen Art und Weise, durch welche die Verbreitung der Nahrung im Körper geschieht. Interessanter Weise sind es auch im Körper der höheren Thiere speciell solche Zellen, welche die Function der Nahrungsverbreitung übernommen haben, die eine amöboide Beschaffenheit zeigen, nämlich die amöboiden Wanderzellen, Lymphzellen und weissen Blutkörperchen [1]. Diese Zellen dienen nicht nur zur Verbreitung der Nahrung im Körper, sondern sie haben — wie METSCHNIKOFF's schöne Entdeckungen gezeigt haben — auch die Aufgabe, schädliche Theilchen (eingedrungene Fremdkörper, parasitische Mikroorganismen [und auch Excretionsprodukte]) aufzunehmen und sie zu zerstören oder aus dem Körper zu entfernen; sie repräsentiren eine Art Sanitätspolizei im Körper.

Es ist hervorzuheben, dass auch der Resorptionsprocess im Darm vielleicht allgemein auf amöboide Vorgänge der Epithelzellen zurückzuführen ist.

Die amöboide Beweglichkeit der sternförmigen Pigmentzellen, welche schon mehrfach erwähnt wurde, ist deshalb von hervorragendem Interesse, weil hier eine Abhängigkeit der Bewegung vom Nervensystem vorliegt (wie zuerst BRÜCKE am *Chamaeleon* nachwies), wahrscheinlich verhalten sich in ähnlicher Weise auch viele andere amöboide Zellen; ein solches Verhältniss ist begreiflicher Weise bei manchen der früher erwähnten Zellen (Blutzellen etc.) nicht vorhanden, weil sie innerhalb des Organismus eine gewisse Selbständigkeit erlangt haben.

Bei embryonalen Zellen ist die amöboide Beweglichkeit eine sehr häufige Erscheinung; manchmal spielt auch eine Wanderung von Zellen bei dem Aufbau des Embryos eine gewisse Rolle (Aufbau des Mitteldarmes bei Insecten etc.); eine Verlagerung von Zellen aus einem Keimblatt in das andere kommt aber kaum so häufig vor, wie manche Forscher es vermuthen. Genauere Angaben besitzen wir nur über die Wanderung von Fortpflanzungszellen aus einem Keimblatt in das andere, die bei *Hydroiden* vorkommt (KLEINENBERG, WEISMANN).

Die Plasmacontractilität, welche, wie schon früher erörtert, der amöboiden Bewegung ihrer Natur nach sehr nahe verwandt ist (vergl. pag. 55), kommt in gewissem Grade allen Gewebezellen zu, welche noch Plasma enthalten.

Ich möchte hervorheben, dass sie bei den niederen *Metazoen* mehr als man gegenwärtig anzunehmen pflegt, auch für die Bewegungserscheinungen des Körpers in Betracht kommt. Man nahm z. B. früher an, dass die Gestaltsveränderungen, deren der Körper bei *Hydra* fähig ist, nur auf Plasmacontractilität beruhen; nach der Entdeckung von Muskelfibrillen an der Basis der Epithelzellen hat man dagegen diesen allein die Bewegungsleistung zuerkannt; wenn wir uns aber vor Augen halten, in welch hohem Grade z. B. ein Tentakel verkürzt werden kann, und dabei beobachten, wie die früher flachen Deckepithelien sich bedeutend verdicken, so kommen wir zu

---

1) Diese Verhältnisse sind auch für die phylogenetische Betrachtung der Gewebe bedeutsam; wir verweisen besonders auf die Betrachtungen METSCHNIKOFF's, wenn wir auch nicht allen (morphologischen) Schlussfolgerungen dieses Forschers zustimmen können.

dem Schlusse, dass deren Plasma nicht nur passiv zusammengedrückt wird, sondern auch durch active Zusammenziehung die Function der Muskelfibrillen unterstützt.

Die Flimmerbewegung kommt bei den niedrigeren Metazoen sehr häufig auch an der Körperoberfläche vor und dient vielfach zur Fortbewegung des Körpers (*Ctenophoren, Turbellarien, Rotatorien*) oder auch bei vielen festsitzenden Formen zur Erzeugung eines Wasserstromes, um Nahrung herbeizuschaffen (*Spongien, Rotatorien, Endoprocta, Tentaculata*). Sehr häufig sind auch zum Zwecke des Wasserwechsels die Kiemen bewimpert. Die Fortbewegung des Körpers durch Wimperbewegung ist ferner sehr verbreitet bei den Larven der Wirbellosen, auch solcher, die im ausgebildeten Zustande andere Bewegungsart besitzen — wie *Mollusken, Anneliden, Echinodermen*; es machen hiervon nur die *Nematoden* und *Arthropoden* eine Ausnahme.

Die Beschränkung dieser Art von Bewegung auf niedere Thiere und Larvenformen beruht vornehmlich auf zwei physiologischen Gründen. Erstens ist eine äussere Flimmerbedeckung nur bei Wasserthieren möglich oder bei solchen, die in einer beständig feuchten Atmosphäre leben (wie die *Landplanarien* in den tropischen Wäldern) und zweitens — was noch bedeutsamer ist — kann die an der Fläche wirkende Flimmerung nur kleinere Körper in Bewegung setzen, da bei grösseren Organismen das Verhältniss von äusserer Fläche zur Masse ein viel ungünstigeres ist. Die Vergrösserung der Wimpern selbst ist nur bis zu einem beschränkten Grade möglich; am mächtigsten sind sie bei den *Ctenophoren* entwickelt, wo sie gruppenweise zu Ruderplättchen verschmelzen; solche Plättchen erreichen eine bedeutendere Grösse als z. B. die Ruderfüsse kleinerer *Anneliden* und *Crustaceen*. Die zur Bewegung dienenden Wimperorgane erreichen auch oft eine grössere Wirksamkeit, indem sie auf Lappen-ähnlichen oder Tentakel-ähnlichen Bildungen sich ausbreiten, so dass eine grössere Ausdehnung der flimmernden Theile erzielt wird (Larven von *Mollusken, Phoronis, Echinodermen*), doch ist auch diesen Einrichtungen eine ziemlich enge Grenze gesetzt.

Auch die Fortbewegung des Darminhaltes geschieht bei kleineren Organismen meist durch Flimmerbewegung; doch wird sie bei vielen Thieren durch Muskelarbeit (peristaltische Bewegung des Darmes) unterstützt, und endlich bei grösseren Thierformen ganz durch dieselbe ersetzt. Zur Fortbewegung von Flüssigkeit in den Coelomhöhlen, den Nieren, oder wenigstens von Schleimmassen in den Luftwegen sehen wir die Flimmerbewegung selbst bei den höchsten Organismen in Verwendung.

Früher wurde allgemein angenommen, dass die Flimmerbewegung unabhängig vom Einflusse des Nervensystems sei; man glaubte dies besonders dadurch bewiesen, dass auch losgelöste Flimmerzellen, ja sogar Bruchstücke von Zellen Fortdauer der Flimmerbewegung zeigen. Bei den Ctenophoren und bei den Larven von Anneliden kann aber die Innervirung nicht nur aus der Art der Thätigkeit erschlossen werden, sondern es ist auch der Zusammenhang mit Nerven histologisch nachgewiesen worden. [1]

Muskelcontractilität, welche an das Muskelgewebe gebunden ist, finden wir bei allen *Metazoen*; nur bei den *Spongien* ist es

---

[1] Besonders instruktiv ist die Innervirung der Flimmerzellen bei den Räderthieren, welche kürzlich in unserem Laboratorium durch J. MASIUS entdeckt wurde.

fraglich, ob sie in allen Fällen Muskeln besitzen; bei einigen Arten
wurden spärliche Muskelfasern in Form von spindelförmigen Zellen beobachtet.

Physiologisch ist der Gegensatz von glattem und quergestreiftem
Muskelgewebe bedeutsam (es gibt aber auch Uebergänge zwischen beiden
Arten). Bei der glatten Muskelfaser läuft der Vorgang der Contraction
langsam ab, bei den quergestreiften hingegen rasch. Der Grad der
Zusammenziehung ist aber bei der ersteren oft viel bedeutender. So
sehen wir, dass niedere Thiere, die mit glatten Muskelfasern ausgestattet sind (Nemertinen, Anneliden, Hydroidpolypen) ihren Körper um
ein mehrfaches verkürzen können, während die energische Zusammenziehung unserer Extremitätenmuskeln eine viel geringere Elongation zeigt.

Die glatten Muskelfasern setzen meist contractile Häute zusammen
(z. B. den Hautmuskelschlauch bei *Scoleciden* und *Anneliden* oder die
Muskelschicht des Darmes und anderer Eingeweide bei verschiedenen
Thierclassen). Die quergestreiften Muskeln dagegen sind oft in der
Weise verwendet, dass sie mittelst ihrer Enden an Skelettheile fixirt
sind, welche die mannigfaltigsten Bewegungsapparate, meist in hebel-
artiger Anordnung, zusammensetzen; bei den Wirbelthieren heften sich
die Muskeln aussen an die Skelettheile, bei den Arthropoden sind sie
innen an den röhrenartigen Abschnitten des Hautskeletes befestigt.

Die Muskelbewegung ist wohl in allen Fällen vom Nervensystem
abhängig.

Bei den Wirbelthieren sind die willkürlichen Körpermuskeln quergestreift, die auf reflectorischem Wege reizbaren Muskeln der Eingeweide glatt, mit Ausnahme der quergestreiften Herzmuskeln.

Es ist in hohem Grade wahrscheinlich, dass bei der phylogenetischen Entwicklung der *Metazoen* ursprünglich die Flimmerbewegung
zur Fortbewegung des Gesammtkörpers vorherrschte und erst allmählich
durch die Muskelbewegung verdrängt wurde; die Flimmerapparate der
Larven scheinen in der That zum grossen Theil Einrichtungen, die bei
den Stammformen vorhanden waren, zu entsprechen; andererseits kommen
aber doch auch viele larvale Anpassungen in dieser Beziehung vor.

Empfindung.

Wir haben schon bei den *Protozoen* gefunden, dass Reize chemischer
oder mechanischer Natur, die auf das Plasma einwirken, mit Bewegungserscheinungen beantwortet werden. Wir sind zu dem Schlusse gekommen, dass die Umwandlung des Reizes in Erregung, ferner die Fortleitung der Erregung innerhalb des Körpers und die Auslösung von
Bewegungsphänomenen auf den Eigenschaften des einfachen Zellplasmas
beruhen; ja sogar das Unterscheidungsvermögen für verschiedenartige
Reize ist diesem Plasma zuzuerkennen. Aehnlich sind wohl auch die
Verhältnisse der niedrigst organisirten vielzelligen Thiere, der *Spongien*,
zu beurtheilen, nur dass hier auch eine Fortleitung der Erregung von
Zelle zu Zelle stattfindet [1]). Bei den anderen Metazoen aber ist mit

---

1) Diese Organismen stehen hierin durchaus nicht in fundamentalem Gegensatz zu den
höheren Thieren; denn wahrscheinlich gibt es auch bei diesen letzteren Körpertheile, wo
die Erregung nur von Zelle zu Zelle fortgeleitet wird.

dem Auftreten histologisch differenzirter Sinneszellen und Nervengewebe und Muskelgewebe eine Arbeitstheilung eingetreten, wodurch die oben erwähnten Functionen bedeutend vervollkommnet erscheinen. Die Sinneszellen besitzen eine gesteigerte Erregbarkeit, durch die Nerven werden die Erregungen viel rascher fortgeleitet und durch die Ganglienzellen in geeigneter Weise in Wechselwirkung gesetzt und endlich den Bewegungsorganen mitgetheilt. Durch die grössere Empfindlichkeit der Sinneszellen, sowie durch die gesonderte Fortleitung der Erregungen vermittelst des Nervensystems ist auch ein gesteigertes Unterscheidungsvermögen bedingt [1]). Dieses wird noch bedeutend vervollkommnet durch die Ausbildung specifisch verschiedener Sinnesorgane und eines entsprechend höher entwickelten centralen Nervensystems.

Die Zustände oder Vorgänge der umgebenden Aussenwelt spiegeln sich gleichsam in den inneren Zuständen oder Vorgängen des Centralnervensystems der Thiere. Je mannigfaltiger die Sinnesorgane und die zugehörigen nervösen Apparate sind, in desto zahlreichere Factoren werden aber die auf das Thier wirkenden Eindrücke zerlegt — d. h. mit desto mehr Einzelnheiten spiegelt sich das Bild der Aussenwelt in den Vorgängen des Nervensystems — und desto mannigfaltiger sind auch die Combinationen von Handlungen, mit welchen das Thier hierauf antwortet. Sinnesorgane, Nervensystem und Bewegungsorgane stehen in Bezug auf die Höhe ihrer Differenzirung, d. i. die Feinheit und Mannigfaltigkeit ihrer Ausbildung, stets in nothwendiger gegenseitiger Beziehung.

Bei allen Stufen der Ausbildung, von den einfachsten Protozoen bis zu den höchsten Metazoen, sehen wir, dass die Fähigkeit der Empfindung und die der zweckdienlichen Handlung stets in nothwendigem Zusammenhang stehen. Sie sind im Allgemeinen nicht ohne einander denkbar.

Sinnesorgane.

Die Sinnesorgane dienen dem Unterscheidungsvermögen, insofern als sie die Reize in Erregungen umsetzen, welche auf das Centralnervensystem übertragen werden, und zwar nach folgenden Gesetzen: 1) Eine gesonderte Empfindung von Reizen kommt dadurch zu Stande, dass dieselben sowohl von gesonderten Sinneselementen (Sinneszellen) aufgenommen, als auch durch gesonderte Nervenbahnen (Nervenfasern) zum Centralnervensystem fortgeleitet werden. 2) Verschiedenartige Reize werden von verschiedenartigen (specifischen) Sinnesorganen aufgenommen.

Die specifischen Sinnesorgane sind für besondere Arten von Reizen eingerichtet, welche wir als ihre adäquaten Reize bezeichnen. Die Specialisirung beruht auf folgenden Punkten: a) Die Sinneszellen besitzen für die adäquaten Reize eine gesteigerte Erregbarkeit, während sie für andere Arten von Reizen wenig empfindlich sind; so haben z. B. unsere Tastorgane wenig oder keine Empfindlichkeit für das Licht (Lichtwellen). b) Es sind Einrichtungen vorhanden, wodurch andere als die adäquaten Reize von den Sinneszellen des Organes ferngehalten werden: so ist z. B. unser Gehörorgan so eingerichtet, dass andere Reize als Schallreize (Schallwellen) schwer zu demselben gelangen.

---

1) Als Unterscheidungsvermögen bezeichnen wir (im weitesten Sinne) die Eigenschaft, auf verschiedenartige Reize mit verschiedenartiger Thätigkeit zu antworten; dasselbe beruht daher auf dem gesammten Empfindungs- und Bewegungsapparat.

Einen gewissen Grad von Empfindlichkeit besitzen diese specifischen Sinneszellen aber auch für andere als ihre adäquaten Reize. Es wird z. B. ein Druck, der auf unser Auge ausgeübt wird und auf die Netzhaut sich fortpflanzt, empfunden, und zwar als Licht empfunden; ebenso ruft eine heterogene Reizung unseres Gehörorganes Tonempfindung hervor. Die subjective Art dieser Empfindungen ist im Zusammenhang mit den Vorgängen des Centralnervensystems zu beurtheilen.

Primitiv-Sinnesorgane, Organe des Hautsinnes, Tastorgane.

Wir beobachten bei vielen niederen Thieren (z. B. *Actinien*, vielen *Scoleciden* etc.) nur eine Art von Sinneszellen, die (entweder vereinzelt oder gruppenweise) im ectodermalen Epithel sich finden. Da solche Thiere nicht etwa nur Tastempfindung haben, sondern auch Licht, Wärme, chemische Reize wahrnehmen, so werden wir ihre mit Sinneszellen ausgestattete Haut als ein primitives (nicht specialisirtes) Sinnesorgan betrachten.

Aus diesen Primitivsinnesorganen sind durch Arbeitstheilung die speciellen Sinnesorgane hervorgegangen; unter diesen letzteren ist aber die Specialisirung nicht bei allen in gleicher Weise vorgeschritten. Den Primitivorganen am nächsten steht wohl allgemein der Hautsinn, da derselbe nicht nur Tastempfindung, sondern auch Wärmeempfindung und in gewissem Grade auch chemische Empfindung vermittelt (bei vielen niederen Thieren kommt auch eine gewisse Lichtempfindung hinzu, selbst wenn sie nebstdem besondere Augen besitzen).

Nur in jenen Fällen, wo die Sinneszellen an besonderen Stellen des Körpers angebracht sind, die tastende Bewegungen ausführen (Tastfäden, Tentakel etc.) kann man denselben mit grösserem Rechte Tastempfindung zuschreiben; es sind wenigstens vorwiegend in dieser einen Richtung empfindliche Hautsinnesorgane. Wir können aber, wenn wir das Wort in allgemeinerer Weise gebrauchen, auch die Tastorgane noch als Hautsinnesorgane bezeichnen.

Bei den Wirbellosen erscheinen die Elemente der Hautsinnesorgane zumeist als im äusseren Epithel gelegene Sinneszellen, mit frei über die Oberfläche des Epithels hervorragenden Sinneshärchen. Morphologisch sind zwei Haupttypen zu unterscheiden: 1) Der ursprünglichere Typus sind isolirt stehende Sinneszellen; diese finden sich bei den Cnidariern und bei den verschiedensten anderen Thieren. 2) Die Sinnesknospen, das sind eigenthümliche Gruppen von Sinneszellen, die von einer concentrischen Zone, oft zwiebelschalenähnlich angeordneter Stützzellen umgeben werden. Die Vielzahl der Sinneszellen dient hier wahrscheinlich nur zu einer Verstärkung der Wirkung, denn sie sind wohl in gleicher Weise dem Reize zugänglich, den sie als Erregung einer gemeinsamen Nervenfaser mittheilen. Die Sinnesknospen kommen bei den meisten über den Cnidariern stehenden Thiergruppen vor, und zwar sind neben denselben oft auch einzelstehende Sinneszellen bei demselben Thiere vorhanden.

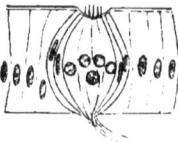

Fig. 179. **Sinnesknospe** (schematisch).

Eine Gruppe von Sinneszellen, an welche allein der Nerv herantritt, ist ringsum von Hüllzellen umgeben; daneben die gewöhnlichen Stützzellen des Epithels.

Bei den *Arthropoden* sind in Zusammenhang mit der besonderen Ausbildung des Integumentes veränderte Verhältnisse der Tastorgane zu beobachten. Das Epithel fungirt hier bekanntlich als Matrix, welche eine dicke chitinige Cuticula ausscheidet; diese ist typischer Weise mit mannigfachen, meist beweglich eingelenkten, hohlen Borsten und Härchen

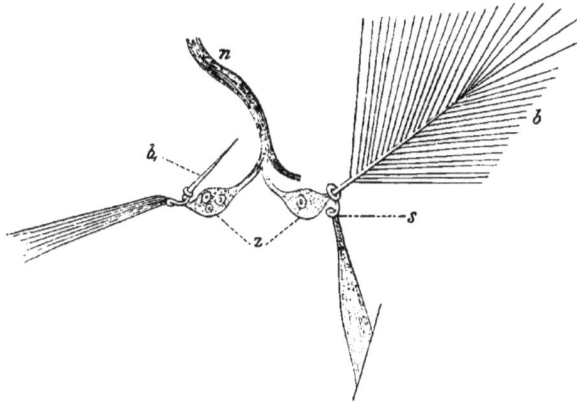

Fig. 180. **Cuticulare Tasthaare einer Mückenlarve** (*Corethra plumicornis*) nach LEYDIG.

b Tasthaare, *z* Sinneszellen, *n* Nerv, *s* ein spiraliges elastisches Bändchen, das die Basis des Tasthaares mit einer anderen Stelle des Integumentes verbindet (die Existenz dieses Bändchens wurde wieder in Abrede gestellt).

besetzt (Trichome), welche Fortsätze der Cuticula sind; zu denselben stehen besondere Zellen der Matrix in Beziehung, die einen dünnen Plasmafaden in das Innere des hohlen Härchens senden. Manche dieser Zellen fungiren als Tastzellen, indem sie an ihrer Basis mit einem Nerven verbunden sind; oft ist nahe von der Tastzelle eine Ganglienzelle in den Verlauf des Nerven eingeschaltet.

Bei den w a s s e r b e w o h n e n d e n Wirbelthieren sind die Hautsinnesorgane ähnlich denjenigen der Wirbellosen. Bei den Fischen, den perennibranchiaten Amphibien und bei allen Amphibienlarven finden wir Hautsinnesorgane, die nach dem Typus der Sinnesknospen gebaut sind. Die mannigfachen Modificationen derselben sind als Sinneshügel, Gallertröhren, becherförmige Organe bekannt; sie überragen die Oberfläche, oder sind in Vertiefungen des Integumentes eingesenkt. Neben solchen Organen können auch solitäre Sinneszellen in grosser Zahl vorkommen, z. B. die Stiftchenzellen bei Amphibienlarven (KÖLLIKER). Bei *Amphioxus* kommen, ausser an den Mundcirren, nur solitäre Sinneszellen vor. Auch freie Nervenendigungen zwischen den Epithelzellen werden beschrieben.

Zu dem Typus der Sinnesknospen gehören auch die eigenthümlichen „O r g a n e d e r S e i t e n l i n i e" bei Fischen und wasserbewohnenden *Amphibien*, welche entweder frei an der Körperoberfläche oder in kanalartigen Differenzirungen der Epidermis eingeschlossen liegen. Man hat dieselben verschieden gedeutet: als Organe eines sechsten Sinnes, als eine Art von Gehörorgan, oder auch als Organe, welche gröbere Erschütterungen des

Wassers (von geringer Schwingungszahl) wahrnehmen. In der That würde
ein Organ, welches eine solche Art von Erschütterung oder Bewegung
des Wassers anzeigt, einem Wasserthiere von grossem Nutzen sein [1]).
Bei den landbewohnenden Wirbelthieren sind besondere Tastkörperchen vorhanden, welche unterhalb des Epithels in der Cutis liegen und
aus einer eigenthümlichen Gruppe von Sinneszellen bestehen; vielleicht
sind es in die Tiefe verlegte umgewandelte Sinnesknospen (dies muss
erst die Entwicklungsgeschichte entscheiden). Auch Haare, an deren
basaler Papille sich reichliche Nervenendigungen finden, fungiren in
manchen Fällen als Tastorgane. Ferner sind feinste Nervennetze (freie
Nervenendigungen) in der Epidermis selbst beobachtet.

Geschmacks- und Geruchsorgane.

Die Geschmacks- und Geruchsorgane prüfen die chemische Beschaffenheit einerseits der Nahrung und andererseits des zum Athmen
dienenden Mediums, d. i. der Luft oder des Wassers.

Bei den niederen Thieren sind die Sinneszellen der Geschmacksorgane in der Regel ähnlich denjenigen der Hautsinnesorgane bei derselben Thierform. Wir erschliessen meist ihre specielle Function nur
aus ihrer Lage in der Mundhöhle oder am Eingange derselben.

Die Geruchsorgane der Wirbellosen haben meist die Form von
Grübchen mit lebhaft flimmerndem Epithel, welches wohl neben den
Flimmerzellen auch Sinneszellen enthalten muss. Ihre Lage ist in der
Nähe des Nervencentrums und der höheren Sinnesorgane (z. B. bei den
Scheibenquallen an den Randkörpern, bei den *Turbellarien, Nemertinen,
Anneliden, Cephalopoden* am Kopfe) oder auch in der Nähe der Ath-
mungsorgane (*Mollusken*).

Bei den *Arthropoden* zeigen wie auch die meisten anderen Sinnesorgane, so auch die Geschmacks- und Geruchsorgane ein ganz besonderes für diese Thiergruppe charakteristisches Gepräge. Betrachten wir
zunächst die *Crustaceen*; wir finden an dem ersten
Antennenpaar (nur ausnahmsweise bei *Nebalia* und
Cumaceen auch an der zweiten Antenne) sogenannte
Spürhaare oder Riechhaare (auch Spürschläuche genannt), meist büschelweise angeordnet. In der Regel
sind sie bei den Männchen stärker ausgebildet. Es
sind dies auf die gewöhnliche Form der hohlen Chitin-
haare zurückführbare Anhänge; sie sind stets unverästelt, von mässiger Länge und cylindrischer Form.
Ihre Chitindecke ist gegen das freie Ende zu meist in
ansehnlicher Ausdehnung sehr verdünnt; an der Spitze
findet sich oft ein stark lichtbrechendes Körperchen (es
wird auch angegeben, dass am freien Ende des Spür-
haares eine Oeffnung bestehe [LEYDIG], doch wird von
anderer Seite dieser Angabe widersprochen [CLAUS]).

Fig. 181. **Riechhaar** und daneben ein gewöhnliches cuticulares Haar von der ersten
Antenne eines Gammariden, nach LEYDIG.

---

1) Bei *Epicrium glutinosum* sind derartige Sinneshügel an der Kopfhaut zu eigenthümlichen kleinen Nebengehörorganen ausgebildet (P. u. F. SARASIN).

Das Innere des Spürhärchens ist von einer feinstreifigen Plasmasubstanz erfüllt, welche mit einer tiefer liegenden rundlichen Zelle zusammenhängt, und an diese tritt andererseits eine Nervenfaser heran. Diese Zelle wird von den Autoren als Ganglienzelle betrachtet; sie wäre wohl zutreffender als Sinneszelle zu bezeichnen [1]).

Bei den *Insekten* sind die Geruchsorgane meist an den Antennen, die Geschmacksorgane an den Palpen der Mundwerkzeuge und in der Mundhöhle zu finden. Seltener sind derartige Organe an anderen Körperstellen ausgebildet (z. B. an den Caudalanhängen von *Gryllotalpa* und *Periplaneta*). Die Sinneselemente dieser Organe sind auch hier, bei den Insekten, auf die Grundform des chitinigen Trichoms zurückzuführen. Es sind zarte, kurze, kegelförmige Gebilde (Sinneskegel), welche entweder frei an der Oberfläche der hier von einer Pore durchbohrten, Chitindecke oder in einem Grübchen derselben sitzen (so dass sie in letzterem Falle gegen Tastreize geschützt sind). Es finden sich auch Sinnes-

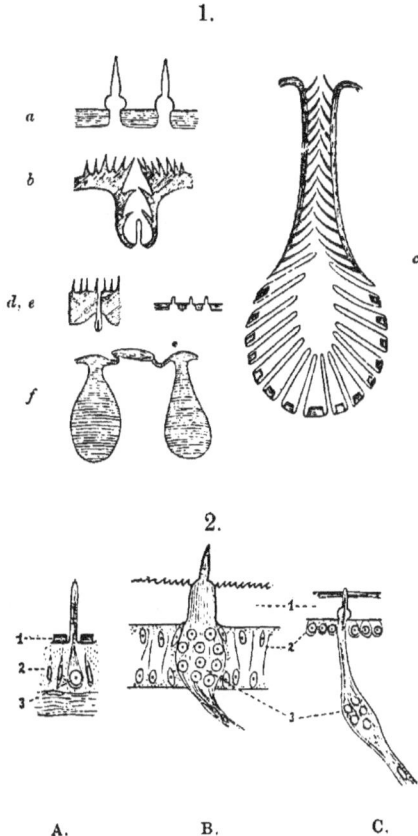

Fig. 182. Geschmacks- und Geruchsorgane von Insekten nach O. vom Rath.

1. Modificationen der Chitingebilde.

a zwei Sinneskegel von der Zungenspitze der *Vespa vulgaris*;
b Sinneskegel in der Tiefe einer Chitingrube aus der Antenne von *Vanessa urticae*;
c zahlreiche Sinneskegel in einer gemeinsamen Chitineinsenkung von der Spitze des Lippentasters des Kohlweisslings;
d sehr tief eingesenkte Chitingrube mit Sinneskegel von der Antenne von *Tabanus bovinus*;
e sehr verkürzter Sinneskegel von Lobus externus der Maxille von *Sialis*;
f Membrankanal von der Antenne von *Cetonia aurata*.

2. Modificationen der zugehörigen Sinneszellen.

A. Sinneszelle aus der Riechgrube an der Labialpalpe des Kohlweisslings (siehe c.).
B. Sinneskörper von der Antenne von *Gomphocerus rufus*.
C. Sinneskörper vom Geschmacksorgan des Rüssels von *Tabanus bovinus*. 1. Cuticularschicht, 2. Stützzellen, 3. Sinneszellen.

---

1) Bei den Insekten hat O. vom Rath in seiner schönen Arbeit über die Geruchs- und Geschmacksorgane diese Bezeichnung gebraucht.

gruben, welche eine grössere Zahl von Sinneskegeln bergen. Unterhalb der Sinneskegel findet sich seltener eine einzelne Sinneszelle, meist aber eine Sinneszellengruppe, die entweder noch innerhalb der Hypodermis liegt oder auch mehr in die Tiefe gerückt ist. — An den Antennen findet sich in manchen Fällen eine besondere Modification dieser Organe, die sogenannten Membrankanäle; bei diesen ist die Trichombildung reducirt, so dass nur eine zarte Membran den Porenkanal der Chitindecke, in welchen der Fortsatz der Sinneszellen hineinragt, verschliesst.

Die Geruchsorgane der Wirbelthiere haben ursprünglich den Bau von paarigen, am Vorderende des Kopfes gelegenen Flimmergruben. Sie rücken aber dann mehr in die Tiefe und es entsteht je ein Vorraum der Nasenhöhlen, welcher nicht mit Sinnesepithel versehen ist. Bei den luftathmenden Wirbelthieren münden diese Nasenhöhlen mit je einer hinteren Oeffnung (Choanen) in die Mundhöhle und dienen als Luftwege. Das Riechepithel der Wirbelthiere besteht aus hohen Flimmerzellen und einzeln dazwischen eingeschalteten Sinneszellen mit freien Sinneshärchen. In jüngster Zeit wurde gezeigt, dass auch diese Sinneszellen ursprünglich (bei Fischen) gruppenweise nach Art von Sinnesknospen im Riechepithel angeordnet waren (BLAUE).

Man hat früher die Geruchsorgane von Wasserthieren nicht als echte Geruchsorgane anerkennen wollen und zwar aus dem Grunde, weil unser Geruchsorgan unter Wasser gesetzt, nicht functionsfähig ist. Man wollte also strenge unterscheiden zwischen solchen Organen, welche die Beschaffenheit der Luft und solchen, welche Flüssigkeiten prüfen. Es ist aber zu bemerken, dass auch unsere Riechschleimhaut nur in feuchtem Zustande functionirt; ferner wurde gezeigt, dass, wenn man die Nasenhöhle statt mit reinem Wasser mit einer Kochsalzlösung füllt, unser Geruchsorgan die durch diese Flüssigkeit übermittelten Gerüche wahrnimmt. Der Gegensatz erscheint also bedeutend gemindert.

Gehörorgane.

Die Sinneszellen der Gehörorgane sind im allgemeinen den primitiven Tastzellen, sowohl in ihrer Form als auch in der unmittelbaren Art ihrer Function, sehr ähnlich. Die Schallwellen des umgebenden Mediums würden in den meisten Fällen als Reiz für diese Zellen nicht wirksam sein, wenn nicht Hilfseinrichtungen vorhanden wären, um die Schallwelle in einen geeigneteren mechanischen Reiz zu verwandeln. Die Art dieser Einrichtungen ist sehr mannigfaltig.

Bei den *Hydroidmedusen* finden wir in der Abtheilung der *Haplomorpha* (od. *Cordyliota*) Tentakelbildungen in eigenthümlicher Weise zu Gehörkölbchen (Cordylien) umgestaltet. Dieselben sind durch Otolithen beschwert, die in den entodermalen Achsenzellen des Kölbchens entstehen. Die Sinneshaare sitzen an ectodermalen Sinneszellen, die entweder einer Epithelverdickung an der Basis des Kölbchens (Hörpolster) angehören, oder die Oberfläche des Kölbchens selbst bilden. Wenn das Hörkölbchen durch Schallwellen in Schwingung versetzt wird, so werden die Sinneshärchen angeschlagen und ein Reiz auf dieselben ausgeübt. — Solche Kölbchen können auch in Vertiefungen des Ectoderms zu liegen kommen; dadurch wird ihre Function vervollkommnet

A.   B.

C.   D.

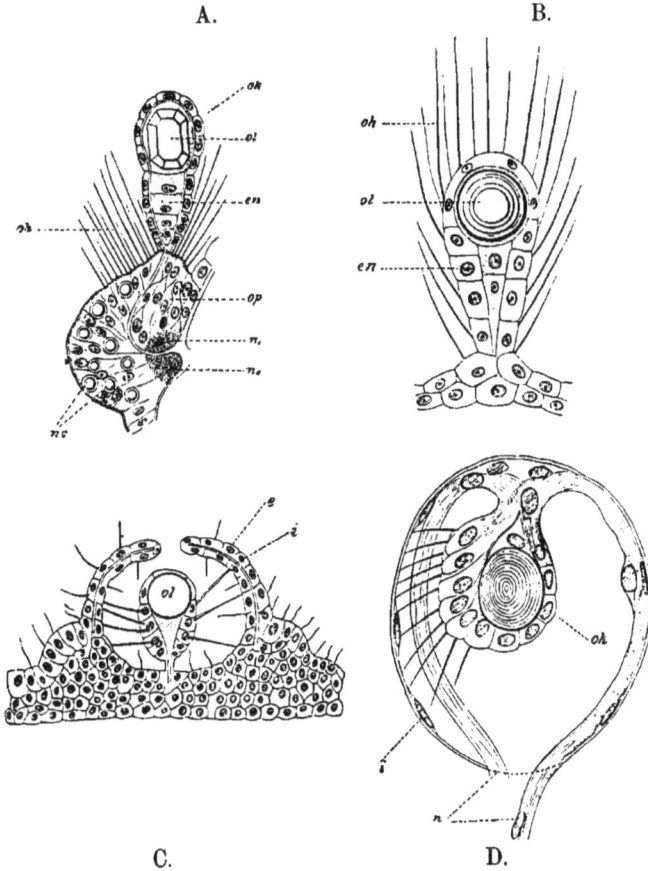

Fig. 183. A. Schnitt durch den Schirmrand und ein daran sitzendes Hörkölbchen von *Cunarcha aeginoides* (nach HAECKEL). *ok* Hörkölbchen, *ol* Otolith, *en* endodermale Tentakelachse, *oh* Hörbärchen, *op* Hörpolster, *nc* Nesselkapseln, n, $n_{,,}$ Durchschnitt des inneren und äusseren Ringnerven

B. Sinneskölbchen von *Pectis antarctica* (nach HAECKEL). Die Hörhärchen (*oh*) finden sich an der Oberfläche des Kölbchens, *ol* Otolith, *en* Endodermachse (der punktirte Strich bei *en* ist etwas zu kurz).

C. Durchschnitt eines Hörbläschens von *Rhopalonema velatum*, mit kleiner äusserer Oeffnung, in welches das Hörkölbchen eingesenkt ist; *e* äussere Wand, *i* innere Wand des Hörbläschens, *ol* Otolith des Hörkölbchens (nach HERTWIG).

D. Hörbläschen von *Camarina hastata*. *i* Wand des Hörbläschens, längs derselben tritt von zwei Seiten der Nerv (*n*) an das Hörkölbchen (*ok*) heran (nach HERTWIG).

und es werden dadurch auch mit grösserer Sicherheit andere mechanische Reize (die nicht von Schallwellen verursacht sind) von den Hörkölbchen abgehalten. Endlich können die Kölbchen auch in vollkommen geschlossenen Bläschen liegen, die vom Ectoderm abgeschnürt und tief in das Innere des Körpers gerückt sind.

Bei einer anderen Abtheilung der *Hydroidmedusen*, den *Lepto-medusen* finden wir einen anderen Typus von Gehörorganen. Hier sind es selbständig ohne Beziehung zu Tentakelbil-dungen entstandene Gehör-bläschen, die als zahlreiche Einstülpungen des Ecto-derms in radiärer Anordnung längs des Scheibenrandes entstehen. Die Otolithen liegen hier in ectodermalen Zellen des Bläschens und schlagen bei ihren Schwin-gungen an benachbarte Sinneszellen (Hörzellen) an.

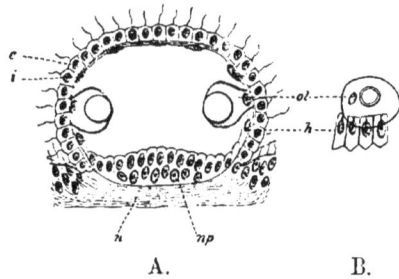

Fig. 184. **A. Hörbläschen** von *Euchilota*. Im Durchschnitt gesehen. *e* äusseres Epithel, *i* inneres Epithel des Hörbläschens, *n* Nervenfasern, *np* Sinnespolster, *ol* Otolithen-zellen, *h* Hörzellen. **B.** Eine Otolithenzelle mit den benachbarten Hörzellen von der Fläche gesehen. Nach O. und R. HERTWIG.

Der Typus von Gehörorganen, welcher bei den anderen wirbellosen Thieren am meisten verbreitet ist, sind vom Ectoderm abstammende Gehörbläschen, in deren Höhle ein grosser oder auch zahlreiche kleinere

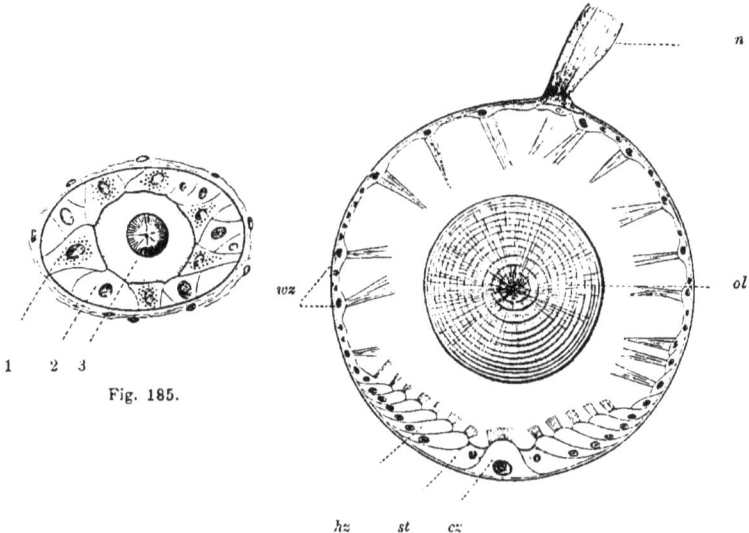

Fig. 185.

Fig. 186.

Fig. 185. **Gehörorgan einer Muschel.** *Cyclas cornea* (nach LEYDIG). Aussen findet sich eine Bindegewebsschichte; dann ein Epithel mit (1) Flimmerzellen und (2) Schaltzellen, innen (3) der Otolith.

Fig. 186. **Gehörorgan eines Heteropoden,** *Pterotrachea* (nach CLAUS). *n* Nervus acu-sticus, *ol* Otolith im Inneren der Hörblase, *wz* Wimperzellen an der Innenfläche der Blasen-wand, *hz* Hörzellen, *cz* centrale Hörzelle, *st* Stützzellen in der Umgebung der letzteren.

Otolithen frei liegen; dieselben sind in der Regel kalkige, geschichtete Ausscheidungsprodukte. Die Wandung des Bläschens, an welche der Nerv herantritt, enthält Sinneszellen, deren Härchen in das Lumen des Bläschens hineinragen und daneben finden sich oft auch Flimmerzellen, denen die Function zukommt, den Otolithen suspendirt zu erhalten. Solche Organe sind bei vielen *Turbellarien* und *Anneliden* bekannt und kommen den *Mollusken* regelmässig zu.

Bei den *Arthropoden* zeigen die Gehörorgane überall, wo sie uns bekannt geworden sind, sehr eigenthümliche Charaktere. Bei manchen Formen, z. B. Spinnen und Milben, sind Gehörorgane nicht entdeckt. Bei den höheren *Crustaceen* findet sich je ein Gehörorgan in dem Basalgliede der ersten Antenne. Es ist ein nach aussen offenes Epithelsäckchen, welches mit einem Chitinhäutchen ausgekleidet ist, das eine Fortsetzung des äusseren Chitinintegumentes ist. An der Wand des Säckchens finden wir in Reihen längs der sogen. Hörleiste angeordnet zarte Borsten, die in ihrem Baue jenen Tastborsten entsprechen, die ganz allgemein an der Körperoberfläche (als für die Arthropoden typische Gebilde) vorkommen. Die Hörborsten unterscheiden sich von den Tastborsten besonders durch ihre grössere Beweglichkeit und durch einige Eigenthümlichkeiten der Nervenendigung. Als Otolithen fungiren Sandkörnchen und andere Fremdkörper, die von aussen in das Hörsäckchen hineingebracht werden und an die Enden der Hörborsten ankleben. Bei *Mysis* findet sich ein geschlossenes Hörsäckchen im Schwanzfächer; der Otolith ist hier ein Ausscheidungsprodukt. Auch finden sich bei vielen Krebsen freie Hörhaare an der Oberfläche der Antennen und am Schwanzfächer. V. HENSEN hat experimentell nachgewiesen, dass, wenn man abwechselnd verschieden hohe Töne einwirken lässt, bald die einen, bald die anderen Hörhaare in Schwingung gerathen; für die Theorie der Unterscheidung von Tönen ist diese directe Beobachtung von grösstem Interesse.

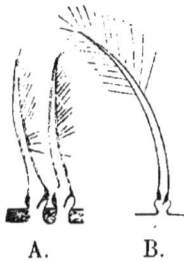

A. B.
Fig. 187. A. Hörhaare aus dem Gehörsack eines Krebses (*Crangon*). B. Hörhaare (?) von der Oberfläche des Schwanzes von *Mysis* (nach HENSEN).

Bei den *Insecten* sind nach GRABER in allgemeinster Verbreitung eigenthümliche Organe nachgewiesen, die in grosser Zahl und in den verschiedensten Körpertheilen vorkommen. Es sind Zellgruppen, welche saitenartig durch die Körperhöhlen ausgespannt sind (daher als c h o r d o t o n a l e Organe bezeichnet), indem sie an einem Ende direkt mit dem Integument verbunden an dem anderen Ende durch eine Art Ligament an einen entgegengesetzten Punkt des Integumentes befestigt sind. Dort wo sie an das Ligament grenzen, tritt ein Nerv quer an die Zellen heran; man unterscheidet in dieser Zellgruppe meist Ganglienzellen und Sinneszellen (Stiftchenzellen), welche letztere eigenthümlich gestaltete, als Hörstiftchen bezeichnete Körperchen[1]) enthalten (wo nur eine Art von Zellen vorhanden ist, sollte man sie als Sinneszellen und nicht als Ganglienzellen bezeichnen). Die saitenartig ausgespannten Sinnesorgane werden

1) Es ist sehr wahrscheinlich, dass die Stiftchen sehr tief eingesenkten Sinnesgruben mit ihren Sinneskegeln entsprechen (vgl. pag. 175, Fig. 182 *d*).

durch die Schallwellen in Schwingung versetzt und sind daher geeignet, als Gehörorgane zu fungiren.

Die eigenthümlichen Gehörorgane, die speciell bei den stimmbegabten Orthopterengattungen vorkommen (die Stimme wird als Lockmittel zwischen beiden Geschlechtern benutzt), sind von jenen bei den Insekten allgemein vorkommenden chordotonalen Gehörorganen abzu-

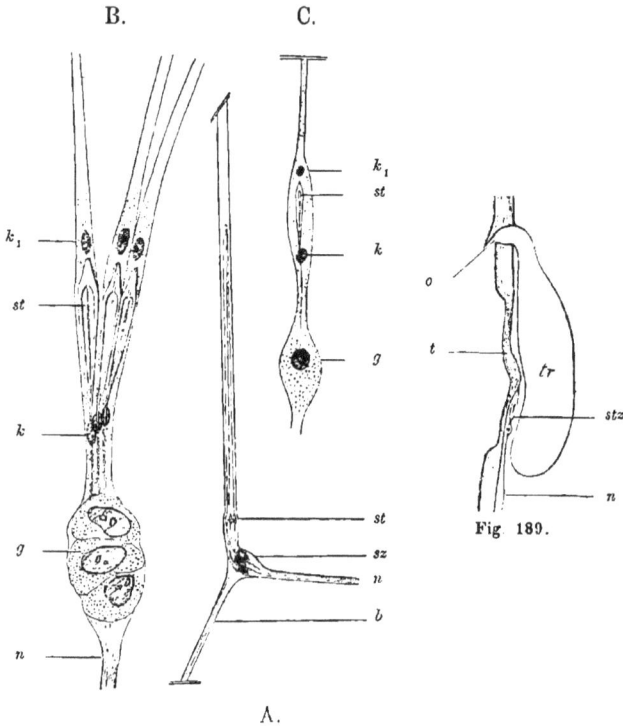

B. C.

Fig. 189.

Fig. 188. A.

Fig. 188. A. Ein (dreifaches) Chordotonalorgan aus der Larve von *Corethra*. *sz* Sinneszellen mit *st* ihren Stiften; *b* Bändchen, durch welche die Sinneszellen gespannt werden, *n* Nerv.

B. Ein dreifaches chordotonales Organ aus der Larve von *Tabanus*. *k*, *k*$_1$ Kerne der Sinneszellen, *st* Stiftchen, *g* Ganglienzellen.

C. Nervenendorgan aus dem tympanalen Gehörorgan eines Acridiers. *k*, *k*$_1$ Kerne der Sinneszelle, *st* Stiftchen, *g* Ganglienzellen.

Alle Figuren nach V. Graber.

Fig. 189. Schematische Darstellung des tympanalen Gehörorganes der Ortoptheren, im Durchschnitte gesehen. *t* der dünne, als Trommelfell fungirende Theil der Chitindecke, *tr* die unterhalb des Trommelfelles liegende Tracheenblase, *o* äussere Oeffnung der Trachea, *stz* Nervenendapparat (Stiftchenzelle), *n* Nerv. Nach V. Graber.

leiten, sie sind aber bedeutend vervollkommnet durch Ausbildung von schallverstärkenden Apparaten. Es ist nämlich die Chitindecke des Integumentes an einer Körperstelle verdünnt und ringsherum wieder in Form eines Ringes verdickt; indem dicht unter dieser verdünnten Chitinmembran eine Tracheenblase (blasenförmige Erweiterung des Tracheensystems) sich ausdehnt, stellt dieselbe eine über einem lufterfüllten Raume ausgespannte Membran dar, die durch Schallwellen in Schwingungen versetzt werden kann, d. i. ein Trommelfell (T y m p a n u m, daher auch „t y m p a n a l e O r g a n e"). An der Tracheenblase oder zwischen dieser und dem Tympanum liegen die reihenweise der Grösse nach angeordneten Stiftchenzellen. Die Lage dieser tympanalen Organe ist bei den *Acridiern* am Thorax dicht über dem dritten Fusspaar, bei den *Locustiden* und *Gryllodeen* an den Schienen der Vorderbeine. — Andersartig differenzirte Gehörorgane (ohne Tympanum) finden sich an der Wurzel der Hinterflügel bei *Käfern* und der Schwingkolben bei *Dipteren.*

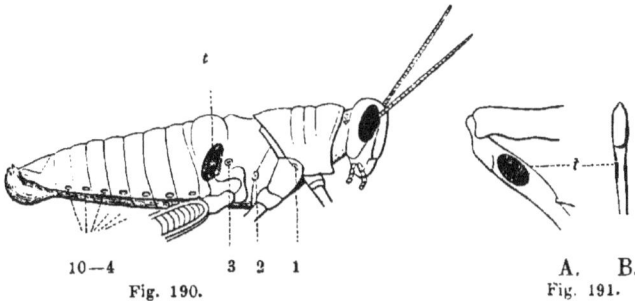

Fig. 190. A. B.
Fig. 191.

Fig. 190. Seitenansicht von *Acridium*, die Flügel sind entfernt. 1—10 die Stigmenöffnungen, t Trommelfell des tympanalen Organes. (Nach Fischer).
Fig. 191. Ein Stück des rechten Vorderfusses von einer Locustide, *Meconema varium*, mit den beiden Trommelfellen (t). (Nach Fischer.)
Bei A ist die Tibia von der Seite, bei B von vorne gesehen.

Bläschenförmige Gehörorgane von besonderer Einrichtung sind bei Insecten nur in vereinzelten Fällen (im Hinterleib von Dipterenlarven, im Antennenglied von Dipteren) beobachtet.

Das Gehörorgan der Wirbelthiere ist seiner Grundform nach auf den Typus des vom Ectoderm abgeschnürten Gehörbläschens zurückzuführen. Bei der Entwicklung durchläuft dasselbe den einfachen bläschenförmigen Zustand; ja es ist sogar in diesem Stadium in manchen Fällen schon mit einem inneren Otolithen versehen und zweifellos auch functionsfähig (Knochenfischembryonen). Dieses Bläschen erfährt bedeutende Complicationen, indem es zum häutigen Labyrinth auswächst, welches in den einzelnen Wirbelthierclassen wieder besondere Eigenthümlichkeiten zeigt. Es kommen auch verschiedene Hilfseinrichtungen, als schallleitende und schallverstärkende Apparate hinzu (äusserer Gehörgang, Trommelfell, Gehörknöchelchen) und zwar speciell bei den Landthieren, bei welchen die Schallwellen dem Organe nicht mehr durch das Wasser, sondern durch die Luft zugeleitet werden. Die bedeutende physiologische Vervollkommnung, das Unterscheiden von Tönen, beruht darauf, dass verschiedene hohe Töne durch verschiedene Hilfsapparate (Fasern der Membrana basilaris) auf verschiedene Hörzellen als Reize übertragen werden. In Bezug auf diese Verhältnisse des Gehörorganes der Wirbelthiere wollen wir uns hier nur mit einem Hinweise begnügen, da wir an anderer Stelle noch ausführlicher hierauf zurückkommen.

Es wurde besonders von E. Mach auf Grund zahlreicher Experimente die Theorie aufgestellt, dass ein Theil des Gehörlabyrinthes der Wirbelthiere, nämlich die Bogengänge, zur Orientirung des Körpers in Bezug auf die Schwerkraftrichtung und zur Empfindung der Bewegungen des Körpers dienen. Die Discussion hierüber ist noch nicht endgiltig abgeschlossen. Es wird aber in jüngster Zeit auch für die Gehörorgane der Wirbellosen in vielen Fällen die Frage gestellt, inwiefern dieselben ausschliesslich als Gehörorgane oder aber als Organe der Körperorientirung fungiren.

Augen.

I. Physiologische Uebersicht.

Wir finden bei den *Metazoen* Augen von sehr verschiedenartiger Ausbildung, vom einfachsten bis zum complicirtesten Bau und dementsprechend von sehr verschiedener Leistung.

Wir sehen, dass die einfachste Lichtempfindung auch ohne Augen zu Stande kommt; Thiere, welche keine Augen besitzen, können ganz wohl Hell und Dunkel unterscheiden. Wenn wir z. B. solche Thiere (augenlose Turbellarien, augenlose Larvenformen aus den verschiedensten Classen und auch Protozoen) in unseren Versuchsaquarien beobachten, so sehen wir, dass manche Arten sich an der Lichtseite ansammeln, andere wieder diese Seite fliehen. Auch gibt es Thiere, die ihrer Augen beraubt mittelst ihres Hautsinnes noch Hell und Dunkel unterscheiden können (nach Graber). — Wir werden daher vermuthen, dass die einfachsten Augen schon mehr leisten können, als Hell und Dunkel wahrzunehmen; und in der That lässt sich dies auch aus ihrem Bau erschliessen.

A. Richtungsaugen (Euthyskopische Augen).

Die einfachsten Augen bestehen aus einer geringen Anzahl von Sinneszellen (ja sogar aus einer einzigen), die von einer dunkeln undurchsichtigen Pigmentmasse becherförmig an der einen Seite eingehüllt werden, so dass das Licht nur von der anderen Seite her in einer Richtung, welche wir als S e h a c h s e bezeichnen wollen, in die Sinneszellen eindringen kann. Vermittelst dieser Augen kann das Thier daher auch die Richtung unterscheiden, aus welcher die Lichtwirkung kommt. Wir wollen solche Augen als Richtungsaugen (euthyskopische Augen) bezeichnen.

Das Pigment kann besonderen Zellen angehören, welche rings um die Sinneszellen angeordnet sind, oder es ist in den Sinneszellen selbst gelagert, doch in letzterem Falle wohl derartig, dass die Sehachse der Zellen im vorderen Theile frei bleibt [1]).

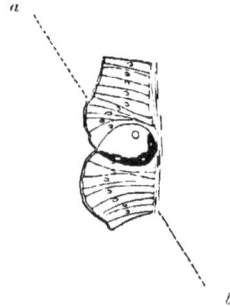

Fig. 102. Querschnitt des Epithels mit eingelagerter Augendifferenzirung, vom Kopfe der *Nais proboscidea* (nach Carrière). *a b* deutet die Richtung der optischen Achse an. Es ist fraglich, ob die grosse helle Zelle oder die pigmentirten kleinen Zellen die Sinneszellen sind.

1) Schon aus den Erörterungen Johannes Müller's zu Anfang unseres Jahrhunderts geht hervor, dass die Pigmentmassen, welche Licht absorbiren, nicht etwa zur Verstärkung

Bei den *Cnidariern* finden wir kleine pigmentirte Bezirke von Sinnesepithelien, an welchen die in Mehrzahl vorhandenen Sinneszellen jede von pigmenterfüllten Stützzellen umgeben ist. Diese als Pigmentflecke oder Ocellen bezeichneten Gebilde fungiren im einfachsten Falle als Richtungsaugen; wir werden aber später sehen, dass sie durch ganz geringe Veränderungen allmählich zu bildsehenden Augen hinführen.

Bei den *Scoleciden* (*Rotatorien*, *Turbellarien*) sind meist kleine Gruppen von Sinneszellen oder auch eine einzige von einem Pigmentbecher umhüllt. Oft ist bei diesen Augen ein lichtbrechender Apparat, eine Linse vorhanden, die aber hier in Verbindung mit einem so einfachen Apparat von Sinneszellen nicht zur Wahrnehmung eines Bildes, sondern nur zur Verstärkung der Lichtwirkung dient. In dem Aufbau dieser Augen gibt es übrigens mannigfache Unterschiede. Auch ihre Lagerung ist verschieden, entweder epithelial oder subepithelial, oft auch dem Nervencentrum angelagert; in letzteren Fällen ist das deckende Integument durchsichtig.

Um uns die Wirkungsweise der Richtungsaugen vorzustellen, wollen wir den Fall annehmen, dass wir in dunkler Nacht einem einzigen hell strahlenden Lichte nachgehen sollten; wenn wir dasselbe bereits ins Auge gefasst hätten, so würde uns ein einfaches Richtungsauge annähernd ebenso guten Dienst leisten, als unser hoch entwickeltes Auge. Es würde uns aber bedeutend weniger leisten, wenn der Lichtpunkt erst aufzusuchen wäre. Je kleiner die Oeffnung in der Pigmenthülle des Richtungsauges wäre, um so schärfer könnte es die Richtung sehen, um so weniger wäre es aber zum Suchen geeignet. Die Richtungsaugen besitzen in der Regel eine relativ grosse Oeffnung; was ihnen also an Genauigkeit abgeht, kommt ihnen an Fähigkeit des Suchens zu Gute.

Bei Thieren, deren Vorderende solche Augen trägt, macht dieser Körpertheil tastende Bewegungen, die auch zum Sehen in Beziehung stehen können; es kommt auch vor, dass die Augen selbst in zitternde Bewegung gesetzt werden (beides ist auch bei physiologisch höher stehenden Augen zu beobachten, z. B. die sehr auffallende zitternde Bewegung bei dem Auge der *Daphnien*, und hat dort ähnliche Bedeutung). Diese Bewegungen haben auf das Sehen zweifachen Einfluss: 1) Wir wissen, dass ein dauernder Eindruck von den Sinneszellen im allgemeinen viel weniger empfunden wird als eine Contrastwirkung; wenn wir z. B. eine kleine Erhabenheit eines Körpers tasten wollen, so werden wir unsere Fingerspitze an demselben hin und her bewegen; auf einem ähnlichen Grund beruhen jene Augenbewegungen. (Auf Contrastwirkung ist es auch zurückzuführen, dass auch bildsehende Augen, besonders von physiologisch niedriger Stufe, einen bewegten Körper viel leichter wahrnehmen als einen ruhenden; die Wahrnehmung eines bewegten Körpers wirkt aber auch psychisch mehr ein, was nicht zu verwechseln ist mit der Leistung des Auges.) 2) Es dienen diese Bewegungen auch dazu, das Sehfeld abzutasten (gleichsam ein Bild in zeitlichem Verlaufe zu sehen).

---

der Function dienen, sondern zur optischen Isolation. Zum Sehen gehöre, wie er hervorhebt, vor allem die specifische sensible Nervenendigung. Er wendet sich gegen GRUITHUSEN (Isis 1820), welcher annimmt, dass jede dunkle Stelle der Haut einigermassen mit der Natur eines Sehorganes in Beziehung stehe, weil sie mehr Licht absorbirt.

Wenn ferner manche Forscher glauben, dass ein „Wärmeauge" anders construirt sein könne, als ein Lichtauge. so liegt nur ein physikalisches Missverständniss vor. Wärme- und Lichtstrahlen unterliegen ähnlichen physikalischen Gesetzen.

Eine bedeutende Vervollkommnung der physiologischen Leistung kann dadurch zu Stande kommen, dass die Richtungsaugen zahlreich vorhanden und so angeordnet sind, dass ihre Schachsen divergiren. Wir können sogar sagen, dass so das Sehen eines Bildes zu Stande kommt. Wir müssen uns nur daran erinnern, dass jedes Gesichtsbild aus zahlreichen Sehpunkten sich zusammensetzt und nur um so detaillirter ist, je zahlreichere dieser Punkte auf ein gleiches Gesichtsfeld kommen. — Sehr häufig finden wir die Richtungsaugen in Zweizahl am Vorderende des Körpers (an der Oberfläche oder am Gehirn); oft sind sie dann zu einem sogenannten x-förmigen Augenfleck verschmolzen.

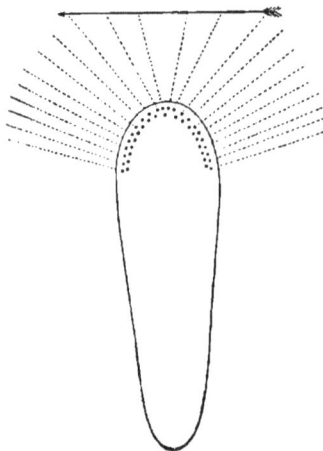

Fig. 193. **Schema,** um die Wirkungsweise zahlreicher Richtungsaugen am Vorderkörper z. B. einer *Turbellarie* zu erklären.

Der Uebergang von Richtungsaugen zu bildsehenden Augen kann durch Vervollkommnung (Vermehrung der Sehzellen u. s. w.) eines einzigen Richtungsauges geschehen oder durch Aggregirung zahlreicher Richtungsaugen zu einem bildsehenden Auge. Es gibt mannigfache Augen, die als Uebergangsformen in diesem Sinne zu deuten sind.

B) Bildaugen (Eidoskopische Augen).

Zur Wahrnehmung eines Bildes ist eine grössere Zahl von lichtempfindlichen Elementen — Sinneszellen mit ihren specifischen Endigungen, den Stäbchen oder Zapfen — die mit gesonderten Nervenelementen verbunden sind, nothwendig. Die Sinneszellen setzen ein Sinnesepithel zusammen, das hier als Retina bezeichnet wird. Je grösser die Anzahl der lichtempfindlichen Elemente der Retina (für ein gleiches Gesichtsfeld) ist, desto detaillirter ist das wahrgenommene Bild. In unserem Auge und dem der Wirbelthiere sind die percipirenden Elemente im Centrum der Retina (an einem kleinen Bezirke, der als Macula lutea bezeichnet wird) viel kleiner und daher viel zahlreicher angeordnet. Dementsprechend sehen wir in dem centralen Theil unseres Sehfeldes viel genauer als in der Circumferenz. — Wenn wir zwischen verschiedenen Thieren vergleichen, so finden wir, dass die Grösse der percipirenden Elemente sehr verschieden ist. Beim Menschen kommen 250000 Stäbchen auf einen Quadratmillimeter der Retina, beim Salamander nur 30000. Viel geringer noch ist die Anzahl der percipirenden Elemente bei den meisten wirbellosen Thieren, z. B. im zusammengesetzten Auge der *Arthropoden* (auf den entsprechenden Sehwinkel berechnet). Die grösste Zahl ist hier wohl 12 bis 20 Tausend für ein Auge insgesammt.

Auch die Unterscheidung von Farben ist in der Fähigkeit der Sehzellen begründet. Viele Physiologen nehmen verschiedene Arten von Stäbchen entsprechend einer Anzahl von Grundfarben an.

Wir finden also, dass beim Auge sowie bei jedem anderen Sinnes-organe (z. B. dem Tastorgane) zur Wahrnehmung gesonderter Empfin-dungen vor allem gesonderte Sinneszellen oder Gruppen von Sinneszellen, verbunden mit gesonderten Nerven nothwendig sind. Wir bezeichnen dies als die nervöse Isolation der percipirenden Elemente. Zur Wahrnehmung eines Bildes ist aber noch ein zweites nothwendig, nämlich die optische Isolation der percipirenden Elemente.

Stellen wir uns vor, dass die Retina ohne Hilfsapparate den ver-schiedenen von aussen kommenden Lichteindrücken ausgesetzt sei; es würden so zu je einem percipirenden Elemente (Stäbchen) Strahlen von den verschiedensten Punkten der Aussenwelt gelangen, allen Retina-elementen würden dieselben zahlreichen Reize zukommen und es wäre nur eine Gesammtempfindung in Bezug auf Helligkeit und Farbe möglich. Die optische Isolation besteht nun darin, dass die Lichtstrahlen, die von einem Punkte der Aussenwelt ausgehen, zu einem bestimmten Elemente der Retina hingeleitet, und dass die von anderen Punkten kommenden Strahlen von diesem Punkte abgehalten werden. — Die optische Isolation kommt auf verschiedenartige Weise zustande; wir unterscheiden darnach verschiedene physiologische Typen der Augen.

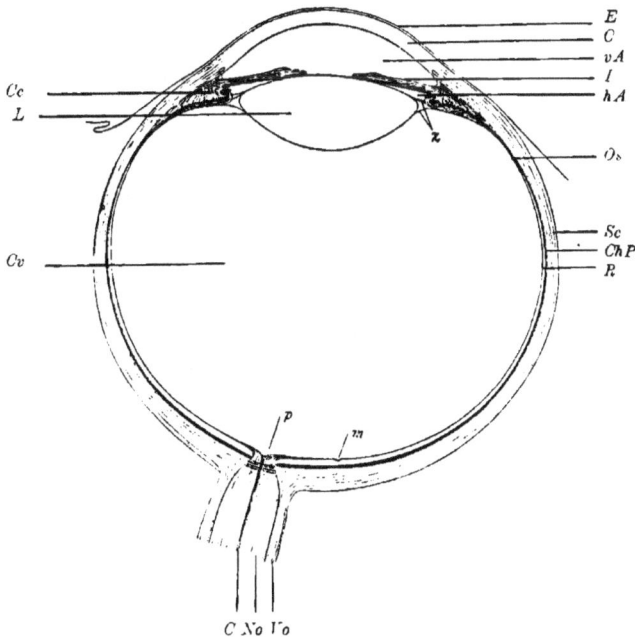

Fig. 194.   Horizontaldurchschnitt durch den menschlichen Augapfel (nach ARLT).

E äusseres Epithel der Cornea, C Cornea, vA vordere Augenkammer, I Iris, hA hintere Augenkammer, z Zonula Zinnii, Os Ora serrata, Sc Sklera, ChP Choroidea nebst Pigmen-epithel, R Retina, p Papilla nervi optici, m Macula lutea, Vo Bindegewebsscheide des Nervus opticus in die Sklera übergehend, No Nervus opticus, C Arteria centralis nervi optici, Cc Corpus ciliare, L Linse, Cv Corpus vitreum.

a) Camera-Augen.

Dies sind die vollkommensten Augen; hier dienen zur optischen Isolation lichtbrechende Apparate (collectiv dioptrische Medien). Zu diesem physiologischen Typus gehört z. B. das Wirbelthierauge (Fig. 194).

Am menschlichen Augapfel unterscheiden wir eine äussere feste Bindegewebsschichte als harte Haut (Sclera), sie geht nach vorne über in die uhrglasförmig gewölbte durchsichtige Hornhaut (Cornea), deren äusserstes Stratum eine ebenso durchsichtige Epithelschichte (modificirte Epidermis) ist. Innen von der Sclera folgt eine zweite Bindegewebsschichte, die blutgefässreich und dunkel pigmentirt ist, es ist dies die Aderhaut (Chorioidea), die wieder nach vorne in eine ringförmig durchbrochene contractile Membran, die Iris, sich fortsetzt. Die Wurzel der Iris bildet ein verdickter muskulöser Ring, der Ciliarkörper (Accomodationsmuskel). Die nächst innere Schichte ist das schwarze Pigmentepithel und dann folgt die glashelle Retina: unweit des Ciliarkörpers an einer als Ora serrata bezeichneten Linie hört die nervöse Beschaffenheit der Retina auf; sie wird bald ebenfalls zu einer pigmentreichen Schichte ähnlich dem Pigmentepithel; diese beiden erstrecken sich nun als eine Doppelschichte an der hinteren Fläche der Iris bis an den freien Rand derselben. Zwischen Hornhaut und Iris findet sich ein mit Flüssigkeit (Humor aqueus) erfüllter Lymphraum (vordere Augenkammer). Hinter der Iris (hintere Augenkammer) liegt die Linse (welche ontogenetisch ein Derivat des äusseren Epithels ist). Ihre Hülle, die Linsenkapsel (eine structurlose Membran) ist durch radiäre Bindegewebsfasern (Zonula Zinnii) an den Ciliarkörper befestigt. Hinter der Linse erfüllt den Hohlraum des Augapfels eine schwächer lichtbrechende, durchsichtige Bindegewebssubstanz, der Glaskörper (Corpus vitreum). Der Sehnerv, der etwas einwärts von der Sehachse in den Augapfel eintritt, durchbohrt die Retina (MARIOTT'scher blinder Fleck) und setzt sich in deren Nervenschichte fort, die bekanntlich das vordere Stratum der Retina bildet (vergl. pag. 139), auf welche die zwei Ganglienschichten und die Sehzellen und endlich die Stäbchen folgen, welche letztere nach hinten gegen das Pigmentepithel gewendet sind.

Beim Sehen mittelst collectiver Medien wird der Lichtkegel, der von je einem Punkte der Aussenwelt auf das Auge fällt, auf je einem Punkte der Retina gesammelt (Fig. 195).

Da bei diesen Augen, ähnlich wie bei einer photographischen Camera ein objectives Bild, und zwar ein umgekehrtes Bild der Aussenwelt auf der Retina zustande kommt, so werden sie als Camera-Augen bezeichnet[1]). Wenn man sich über die Beziehung der Retinapunkte zu den wahrgenommenen Punkten der Aussenwelt kurz ausdrücken will, so pflegt man zu sagen, das auf die Retina projicirte Bild werde empfunden: eigentlich ist das Zustandekommen eines objectiven Bildes physiologisch gleichgültig.

Beim Auge des Menschen und der landbewohnenden Wirbelthiere werden die Lichtstrahlen hauptsächlich dreimal gebrochen; erstens beim

---

1) J. CARRIÈRE hat in seinem trefflichen Buche „Die Sehorgane der Thiere" für diese Augen die Bezeichnung „Camera obscura-Augen" eingeführt, wir wollen sie abgekürzt Camera-Augen nennen. Doch ist unser Begriff, wie aus der folgenden Darstellung ersichtlich wird, ein enger gefasster.

Eintritt aus der Luft in die convexe Oberfläche der Cornea, zweitens beim Uebergang aus dem dünneren Humor aqueus in die dichtere Linsensubstanz, d. i. an der vorderen convexen Fläche der Linse, und

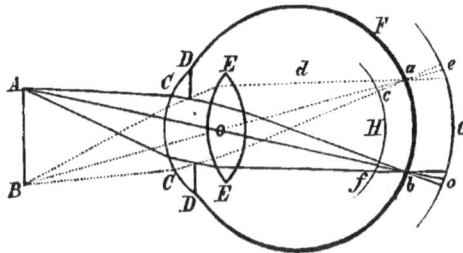

⟨⟨ Fig. 195. **Optisches Schema des menschlichen Auges.** Die Strahlen der Lichtkegel von A und B werden bei a und b wieder zu Punkten vereinigt. Wenn an dieser Stelle die Retina F' sich befindet, so werden A und B bei a und b als vollkommen entsprechende Punkte empfunden. Befände sich aber die Retina nicht in a und b, sondern vor und hinter dieser Stelle, z. B. in H oder G, so würden statt lichter Punkte vielmehr lichte Zerstreuungskreise, für H die Zerstreuungskreise c und f, für G die Zerstreuungskreise e und o gesehen werden, denn in H sind die Lichtkegel noch nicht zu einem Punkte vereinigt und in G sind sie es ebensowenig, da sie nach ihrer Vereinigung in a und b wieder divergiren (nach JOHANNES MÜLLER).

drittens, beim Uebergang aus der dichteren Linsensubstanz in das dünnere Medium des Glaskörpers, d. i. an der hinteren convexen Fläche der Linse. — Bei den Wasserthieren werden die Strahlen beim Uebergang aus dem Wasser in die Cornea sehr wenig abgelenkt, es fällt die Hauptleistung der Linse zu, die bei diesen Thieren daher eine viel stärkere Convexität besitzt.

Man kann berechnen, durch welchen Punkt der lichtbrechenden Medien die Achsenstrahlen aller Lichtkegel (beiläufig) ungebrochen durchgehen. Wir nennen diesen Punkt den **Knotenpunkt** oder Kreuzungspunkt der Achsenstrahlen. Wir können uns darnach zur Construction des Retinabildes eines vereinfachten Schemas bedienen, in welchem nur die Achsenstrahlen berücksichtigt sind. Den Winkel, welchen die Achsenstrahlen zweier Objectpunkte einschliessen, bezeichnen wir als **Sehwinkel**. Alles, was unter denselben Sehwinkel fällt, hat auch ein gleich grosses Netzhautbild $a\,b$. Die Gegenstände c, d, e u. s. w., welche sehr verschieden an Grösse in verschiedener Entfernung liegen, haben denselben Sehwinkel und **erscheinen** relativ gleich gross. Wenn wir das gleiche Object uns näher bringen, erscheint es unter grösserem Sehwinkel, sein Bild wird auf eine grössere Anzahl von Netzhautpunkten projicirt und wir nehmen daher auch mehr Details an demselben wahr.

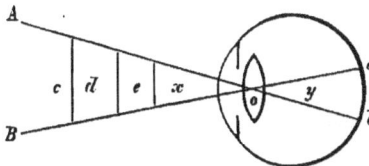

Fig. 196. **Schema zur Construction des Sehwinkels.** Man kann diese vereinfachte Figur der vorhergehenden Figur substituiren (nach JOHANNES MÜLLER).

Das Pigment, welches sowohl hinter der durchsichtigen Retina sich ausbreitet, als auch die innere Fläche des Ciliarkörpers und der Iris bedeckt, verhindert es, dass Licht von anderer Seite als von der Richtung des Sehens die Retina trifft; auch absorbirt es von der Retina etwa reflectirte Lichtstrahlen und bewirkt also, dass dieselben nicht zum zweiten Male zur Netzhaut gelangen und das Bild stören (Aehnliches leistet bei unseren optischen Instrumenten die Schwärzung der Innenflächen).

Thiere, die in der Dämmerung jagen (auch Wirbellose, z. B. Spinnen, sowie auch *Pecten*, Fig. 219) besitzen statt der Pigmentschichte hinter der Retina eine reflectirende Schichte (oft aus kleinen irisirenden Plättchen bestehend), die als T a p e t u m bezeichnet wird. Das reflectirte Licht durcheilt dieselben Stäbchen zum zweitenmale und dadurch wird der Reiz wahrscheinlich verstärkt. (Bei hellem Tageslicht fungiren diese Augen aber schlechter). Indem wir das Licht sehen, welches aus diesen Augen durch die Pupille zurückkommt, scheinen uns diese Augen zu leuchten.

Zum deutlichen Sehen ist es erforderlich, dass sich die Retina in richtiger Entfernung von der Linse genau im Vereinigungspunkte der Lichtstrahlen befindet; wäre sie näher oder entfernter, so würden statt lichter Punkte lichte Zerstreuungskreise auf die Retina projicirt werden.

Nach optischen Gesetzen wird der Strahlenkegel, der von einem in bestimmter Entfernung befindlichen Lichtpunkte auf eine Sammellinse fällt, in bestimmter Entfernung hinter der Linse in einem Sammelpunkte vereinigt. Wenn wir den Lichtpunkt nähern, so wird die Entfernung des Sammelpunktes grösser. Daraus geht hervor, dass für das deutliche Sehen in verschiedenen Entfernungen Veränderungen des Auges nöthig sind, die wir als A c c o m m o d a t i o n bezeichnen. Das normale menschliche Auge ist im Ruhezustand für grosse Entfernung eingestellt; die Grenze, bis zu welcher das Auge für die Nähe accommodirt werden kann, ist beim Normalauge 5 Zoll. Wir können nicht in dem Grade accommodiren, dass wir unser Auge auch im Wasser gebrauchen könnten. Ebensowenig können Wasserthiere so weit accommodiren, um in der Luft deutlich zu sehen.

Das Mittel der Accommodation ist eine F o r m v e r ä n d e r u n g d e r L i n s e durch Thätigkeit des Ciliarmuskels.

Für die vergleichende Physiologie ist es von Interesse zu erörtern, welche Mittel zum Zwecke der Accommodation überhaupt möglich wären. Erstens kann die Accommodation zu Stande kommen durch Veränderungen der Entfernung zwischen Linse und Netzhaut und zwar könnte entweder die Linse ihre Lage verändern oder auch die Retina (z. B. durch Formveränderungen des Augapfels) und zweitens kann sie zu Stande kommen durch Formveränderung der Linse (oder auch der Hornhaut). — Bei den Wirbelthieren im Allgemeinen spielt Formveränderung der Linse die Hauptrolle. Bei den Fischen fehlt der Ciliarkörper und hier wird durch eine andere Einrichtung (Campanula Halleri) die Accommodation besorgt, wobei wahrscheinlich auch eine Lageveränderung der Linse ins Spiel kommt.

Das Sehen eines einfachen Bildes mit beiden Augen und die daraus entspringenden Vortheile (stereoskopisches Sehen, Schätzen der Entfernungen) sind besonders beim Menschen und vielen Säugethieren ausgebildet; mit dem binoculären Sehen sind Eigenthümlichkeiten der Augenbewegung n o t h w e n d i g v e r b u n d e n. Schon bei vielen niedrigen Wirbelthieren sind die beiden Gesichtsfelder vollkommen getrennt und bei Wirbellosen kommt wohl nirgends binouläres Sehen zu Stande (es ist schon Mangels der coordinirten Augenbewegungen nicht möglich).

Bei vielen wirbellosen Thieren finden wir Augen, die nach demselben optischen Princip gebaut sind wie diejenigen der Wirbelthiere;

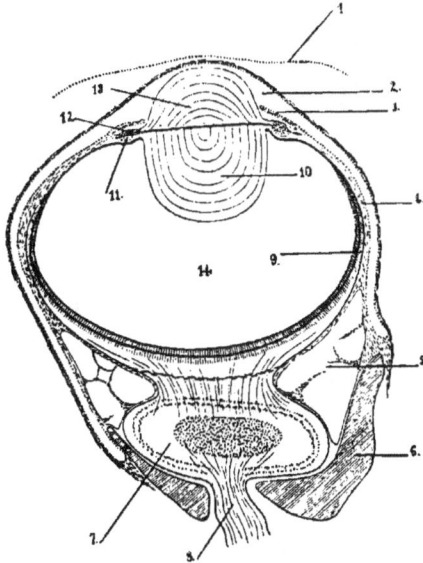
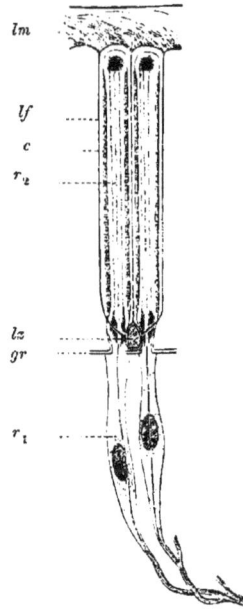

Fig. 197.

Fig. 198.

Fig. 197. **Auge von Sepia im Horizontaldurchschnitt** (aus mehreren Zeichnungen HENSEN's combinirt). 1. äusseres Epithel der Cornea, 2. vordere Augenkammer, die von Epithel ausgekleidet ist und nach rückwärts am Bulbus weit herabreicht, 3. Iris (mit Bindegewebe, Knorpel- und Muskelfasern), 4. Sklera aus Bindegewebe, Knorpel und Muskel aufgebaut), 5. weisse Körper (von unbekannter Bedeutung), zu beiden Seiten des Augenganglions, 6. Kopfknorpel, 7. Augenganglion, der Nerv, der von demselben zur Retina führt und an deren hinterer (d. i. äusserer) Fläche sich ausbreitet, ist von einer Fortsetzung der Argentea interna quer durchsetzt, 8. Nervus opticus, 9. Retina, 10. hintere Linsenhälfte, 11. dazu gehöriges inneres Corpus epitheliale, 12. äusseres Corpus epitheliale. 13. äussere Linsenhälfte, 14. Corpus vitreum.

Fig. 198. **Schema des Aufbaues der Retina der Cephalopoden** (nach GRENACHER). gr Grenzmembran, r_1 hintere Hälfte der Retinazellen mit dem Zellkern und einer axialen Nervenfibrille, mit welcher in n, der Nerv, in Verbindung tritt, r_2 vorderer Theil der Retinazellen, welchen die Nervenfibrille bis an das vordere Ende durchzieht, dieselbe ist mit Pigmentkörnchen umgeben, die besonders vorne und hinten sich häufen, c cuticulare stäbchenförmige Gebilde, welche diesem Vordertheil der Retinazellen seitlich anliegen; die einander benachbarten verschmelzen mit einander, so dass ein wabenartiges Fachwerk entsteht, in welches die Vordertheile des Retinazellen hineinragen*), lz Limitanszellen, dieselben scheiden lf, die Limitansfasern, aus, welche in lm die Limitansmembran übergehen.

---

*) GRENACHER hält die zu einem Wabenwerk verschmelzenden stäbchenförmigen Gebilde für die percipirenden Retinastäbchen; doch liesse sich wohl die Meinung verthei-

A.   B.

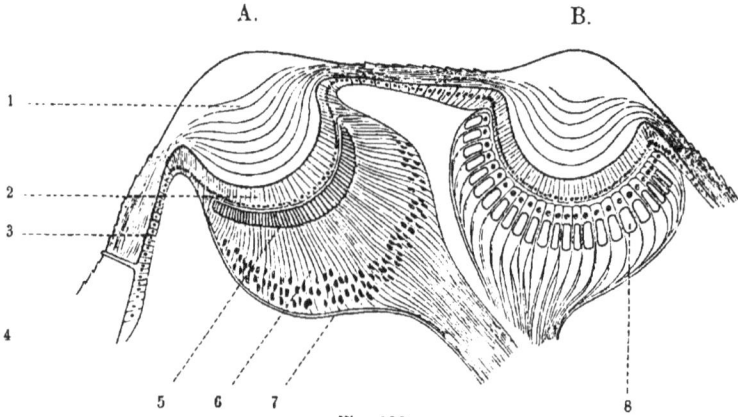

Fig. 199.

Fig. 199. Durchschnitt durch A. ein vorderes und B. ein hinteres Auge der Kreuzspinne, *Epeira Diadema* (nach GENACHER aus CARRIÈRE). 1 Cuticularlinse, 2 Glaskörperzellen, 3 Hypodermis, 4 Cuticula, 5 Stäbchen, 6 Retinazellen, 7 Basalmembran, die Augenkapsel bildend, 8 stäbchenartige Gebilde des hinteren Auges, welche im Innern der Retinazellen, hinter den Zellkernen liegen.

ja sie erreichen sogar bei den *Cephalopoden* eine ähnliche Vollkommenheit. Wir finden bei diesen eine ähnliche physiologische Einrichtung des Auges mit Linse, Glaskörper, Iris, Ciliarkörper; morphologisch ist der Aufbau aber ganz anders zu Stande gekommen, der Gegensatz ist schon darin ausgesprochen, dass die Stäbchen der Retina nach vorne (gegen die Pupille) gewendet sind.

Andere Camera-Augen sind einfacher gebaut; es fehlt die Accommodationseinrichtung (vielleicht ist sie in manchen Fällen nur unbekannt geblieben). Solche Augen sind wahrscheinlich nur zum Sehen in einer bestimmteren Entfernung befähigt. So sind die Camera-Augen bei Spinnen und Insecten (bei diesen meist neben den sogenannten zusammengesetzten Augen vorkommend) in der Regel für das Nahesehen bestimmt[1]).

Als zweiter physiologischer Typus der bildsehenden Augen sind die sogenannten musivischen Augen zu betrachten. Die optische Isolation der percipirenden Elemente ist hier durch zwei Momente bedingt, indem erstens jedes percipirende Element von einer Pigmentröhre eingehüllt ist und indem zweitens dieselben in verschiedener Richtung angeordnet sind, so dass ihre Achsen divergiren. Zwei verschiedene Arten

---

digen, dass dies nur Stützapparate seien, während als echte Stäbchen die Vorderhälften der Retinazellen zu betrachten wären; in der vorderen Pigmentanhäufung müsste in diesem Falle eine axiale Lücke vorhanden sein. — Wir müssen überhaupt bei der Frage, was als „Stäbchen" zu betrachten sei, in erster Linie den physiologischen Gesichtspunkt berücksichtigen; und es scheint fast, als hätte GRENACHER in seinen ausgezeichneten Untersuchungen über die Retina der *Cephalopoden* und auch der *Heteropoden* diese Frage zu viel vom morphologischen Standpunkte beurtheilt.

1) Wir schliessen dies mit grosser Wahrscheinlichkeit aus biologischen Beobachtungen; von einer genauen physikalisch-optischen Analyse dieser Augen sind wir noch weit entfernt; an und für sich wäre in den verschiedenen Fällen ein mannigfaches Verhalten möglich.

von musivisch sehenden Augen sind denkbar und beide kommen auch in der Natur vor und zwar 1) convexe und 2) concave musivische Augen.

b) Convexe musivische Augen (Fächeraugen).

Dieser Typus tritt uns in den sogenannten zusammengesetzten Augen bei *Crustaceen* und *Insecten* entgegen. Die percipirenden Elemente der Retina sind hier nicht durch einzelne Zellen repräsentirt, sondern durch Zellgruppen, die als Retinulae bezeichnet werden; im Centrum der Retinula findet sich ein stäbchenförmiges Gebilde, das Rhabdom, welches der Anzahl der Zellen entsprechend aus Rhabdomeren zusammengesetzt ist; zu jeder Retinula gehören bestimmt gruppirte Pigmentzellen, welche den Pigmentmantel derselben zusammensetzen. Die Retinula nimmt nur den hinteren Theil der Pigmentröhre ein; der vordere Theil ist von dem sogenannten Krystallkegel ausgefüllt. Die äussere, durchsichtige, cuticulare Chitindecke des Auges, die als Cornea bezeichnet wird, zerfällt meist in sehr regelmässige sechseckige Facetten, die in vielen Fällen convex verdickt sind, so dass sie eine Linse (Corneallinse) für jede einzelne Retinula darstellen. Die Wirkungsweise dieser Linse in Verbindung mit dem Krystallkegel ist die, dass nicht nur der Achsenstrahl zur Retinula gelangt, sondern ein etwas grösserer Strahlenkegel auf dieselbe gesammelt wird; es ist durch diese Einrichtung die Lichtstärke des Auges verbessert.

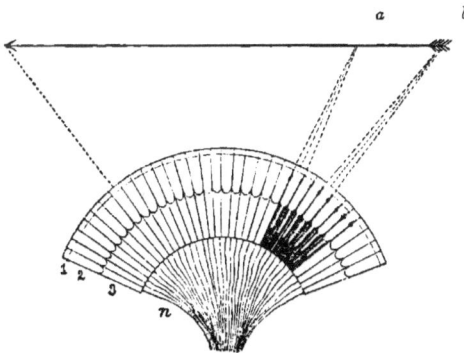

Fig. 200.

Fig. 200. **Schema eines convexen musivischen Auges.** Die Augenelemente (Ommatidien) bestehen aus 1 der Cornea, 2 Krystallkegel 3 Retinula. Auf der rechten Hälfte der Figur ist an einigen Augenelementen auch die Pigmentirung dargestellt.

Fig. 201. **Ein Ommatidium vom Flusskrebs** (nach CARRIÈRE). 1 Corneallinse, 2 Corneazellen, 3 Krystallzellen, 4, 5 äusserer und innerer Theil des Krystallkegels, *p* Pigmentzellen, *r* Retinula, *R* Rhabdom, *b* Basalmembran des Auges, durch welche die Nervenfaser hindurchtritt.

Den Sehwinkel, welcher uns die relative Grösse eines Gegenstandes anzeigt, bestimmen wir, indem wir von den Endpunkten des Objectes die Achsenstrahlen durch die betreffenden Augenkegel nach rückwärts ver-

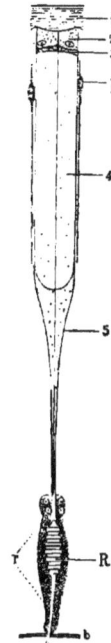

Fig. 201.

längern, wo sie in einem imaginären Punkte sich schneiden; der von denselben eingeschlossene Winkel (den wir in Winkelgraden ausdrücken können) ist der Sehwinkel; die Körper, welche unter gleich grossem Sehwinkel erscheinen, haben dieselbe relative Grösse. — Ein entfernterer Gegenstand wird von ebenso vielen Augenkegeln percipirt, als ein viel kleinerer aber näherer Gegenstand; mit der zunehmenden Entfernung eines Gegenstandes werden, wie bei unserem Auge, weniger Details gesehen. Wenn wir die Genauigkeit des musivischen Auges mit derjenigen eines Camera - Auges vergleichen wollen, so müssen wir berücksichtigen, wieviel Retinaelemente auf denselben Sehwinkel entfallen.

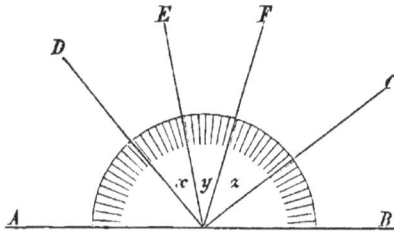

Fig. 202. **Optisches Schema des convexen musivischen Auges** (nach JOHANNES MÜLLER).

Ein von D bis E sich ausdehnender Körper erscheint unter dem Sehwinkel x; alle unter demselben Winkel x gesehenen Körper erscheinen gleich gross.

Die Grösse des Sehfeldes lässt sich genau aus der Form des Auges ableiten; man muss berechnen, einem wie grossen Theile der Kugeloberfläche die Oberfläche des Auges entspricht; ein Auge von halbkugelförmiger Gestalt überblickt die Hälfte des gesammten Raumes; je flacher das Auge ist, um so kleiner — je stärker gekrümmt es ist, um so grösser ist sein Sehfeld. Die Augen beider Körperseiten beherrschen je einen Theil des Sehfeldes, da die Richtung ihrer Retinulae divergirend ist.

Es ist klar, dass dieses Auge keines Accommodationsapparates für Nah und Fern bedarf. Auch kann dieses Auge ebenso gut in der Luft als im Wasser sehen. In Bezug auf Lichtstärke steht dieses Auge weit hinter dem Camera-Auge zurück; während bei diesem von einem Lichtpunkte aus ein grosser Strahlenkegel, der die ganze Cornea trifft, auf ein Retinaelement concentrirt wird, gelangt bei dem musivischen Auge nur ein sehr kleiner Strahlenkegel zu jeder Retinula.

Die Vollkommenheit dieses Auges hängt ab 1) von der absoluten Grösse des Auges, weil mit derselben die Länge der Augenkegel wächst und damit die optische Isolirung vollkommener wird; 2) von der Zahl der Kegel, die auf einen Sehwinkel entfallen; je mehr Kegel (je geringer also die Dicke derselben), desto detaillirter ist das Bild; 3) von der Grösse des Kugelabschnittes oder der Convexität des Auges, da hiedurch die Grösse des Sehfeldes bedingt ist[1]).

---

1) Die von JOHANNES MÜLLER aufgestellte Theorie des „musivischen Sehens" wurde eine Zeit lang verlassen, in den letzten Jahren aber wieder vollkommen in ihr Recht eingesetzt (BOLL, GRENACHER, EXNER). Auch die Erklärung der nicht geraden, sondern gekrümmten Krystallkegel, die oft am Rande des Auges vorkommen, wurde von EXNER gegeben; die Strahlen werden durch totale Reflexion an den Wänden des Kegels bis zur Retinula geleitet; für die Wahrnehmung eines geordneten Bildes ist daher nicht die bestimmte Stellung der Retinulae unbedingt nöthig, sondern nur die bestimmte Stellung des äusseren Theiles der Krystallkegel. Dagegen scheint die Anschauung EXNER's, „dass das

c) Concave musivische Augen.

Solche Augen sind in ihrer einfachsten Form bei *Medusen* und niedrigen *Gastropoden* beschrieben worden. Man hielt sie aber nicht für bildscheude Augen, sondern für solche, die nur Hell und Dunkel unterscheiden. Aus ihrem Bau lässt sich aber mit grosser Wahrscheinlichkeit schliessen, dass sie musivisch sehen.

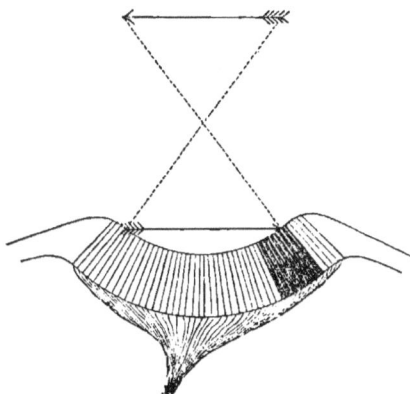

Fig. 203. Schema eines concaven musivischen Auges.

Die optischen Elemente sind derart mit Pigment ausgestattet, dass Strahlen nur in der Richtung ihrer Achse eindringen können.

Das Princip des Sehens ist hier im Wesen so übereinstimmend mit dem Vorigen, dass wir nur auf die Unterschiede hinzuweisen brauchen. Die Achsenstrahlen, welche von den äusseren Objecten zu den Retinaelementen gehen, kreuzen sich in einem ideellen Punkte, der vor der Retina gelegen ist. Das Sehen verhält sich daher so, als ob ein umgekehrtes Bild auf die Retinafläche geworfen würde.

Zur vollkommenen Sicherheit dieser Deutung sollte wohl der Bau der Retina noch bestimmter analysirt sein. Bei der *Gastropoden*-Retina sind dunkel pigmentirte Zellen vorhanden, zwischen welche in regel-

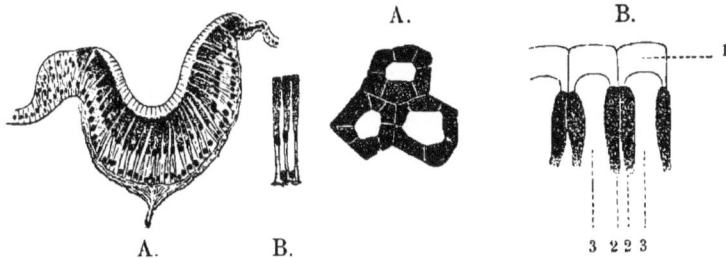

Fig. 204.   Fig. 205.

Fig. 204. Schnitt durch die Sehgrube von Patella (nach CARRIÈRE, der Nerv ist nach der Darstellung von HILGER hinzugefügt). Die Retina ist aus hellen Zellen und pigmentirten Zellen zusammengesetzt. B. Die zwei Arten von Retinazellen stärker vergrössert.

Fig. 205. A. Flächenschnitt und B. senkrechter Schnitt durch den vorderen Theil einiger Retinazellen (nach HILGER). 1 Helle Säume am vorderen Rand der hellen Retinazellen, 2 pigmentirte, 3 helle Zellen.

Facettenauge im Sehen von Bewegungen dem Wirbelthierauge voraus ist, ihm aber im Unterscheiden der Gegenstände, also in der Schärfe des Sehens nachsteht" besonders mit Rücksicht auf die Art seiner Darstellung nicht begründet; auch die Annahme binoculären Sehens bei den Insecten ist wohl irrig (vgl. pag. 183, Contrastwirkung, ferner pag. 188, coordinirte Augenbewegung).

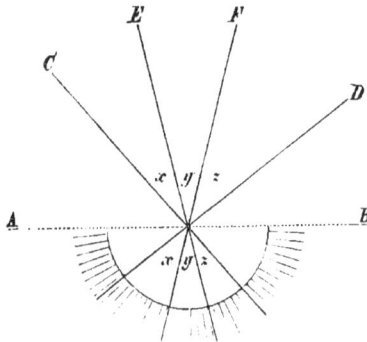

Fig. 206. **Optisches Schema eines concav musi-vischen Auges.** (Vergl. Fig. 202).

mässiger Weise helle Zellen ein-geschaltet sind. Ueber jeder Pigmentzelle ist an der freien Fläche der Retina ein heller cuticularer Saum zu beobachten; dass derselbe den Stäbchen entspreche oder dieselben einschliesse, scheint wohl wenig wahrscheinlich. Es frägt sich weiter, ob die hellen Zellen, die von Pigmentzellen umgeben sind (HILGER), oder die pigmentirten Zellen (CARRIÈRE) (in welchen dieser Forscher bei *Helix* eine pigmentfreie Achse wahrgenommen hat), oder ob beide Arten Sehzellen sind [1]).

Den Sehwinkel, unter welchem bei diesen Augen ein Gegenstand erscheint, finden wir, indem wir von den Endpunkten des Gegenstandes gerade Linien durch den ideellen Kreuzungspunkt ziehen. Die Grösse des Sehfeldes hängt von der Stärke der Krümmung ab; sie kann in Winkelgraden ausgedrückt 180 ^{0} nicht überschreiten. Die Deutlichkeit des Sehens hängt von der Zahl der Retinaelemente ab, die auf einen Sehwinkel entfallen, die Vollkommenheit des Auges hängt ferner von der Länge der Retinaelemente (nämlich der dioptrischen Röhren) ab.

Nach JOHANNES MÜLLER soll es folgende mögliche Arten von Augen geben: 1) Augen mit collectiv dioptrischen Medien (Camera obscura mit Linse), 2) convex musivische Augen, 3) Augen, die nach dem Princip der optischen Camera ohne Linse gebaut sind. Die Lichtstrahlen gehen durch eine kleine Oeffnung und die optische Isolation geschieht bei einer solchen Einrichtung auf die Weise, dass nur die Achsenstrahlen (oder vielmehr ein sehr kleiner Lichtkegel) von jedem Punkte des Gegenstandes zur Retina gelangen können und die anderen Strahlen abgeblendet werden. Die theoretische Betrachtung sowie das physikalische Experiment lehrt, dass dadurch ein objectives, umgekehrtes Bild des Gegenstandes *A* auf einer Fläche *C* zu Stande kommt, dessen Schärfe unabhängig von der Entfernung des Gegenstandes ist. JOHANNES MÜLLER sagt, die Natur habe von diesem Mittel keinen Gebrauch gemacht, wahrscheinlich weil

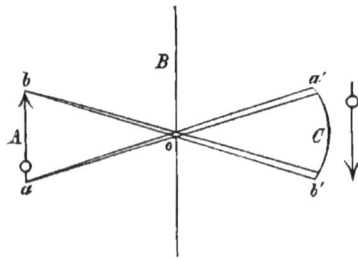

Fig. 207. **Optisches Schema eines Auges, welches nach dem Princip der optischen Camera ohne Linse gebaut ist.** *A* sei der leuchtende Körper, *C* sei die lichtempfindende Retina, *B* sei eine zwischen *A* und *C* befindliche undurchsichtige, oder für das Licht undurchdringliche Wand, nur der Punkt *o* in dieser Wand sei offen oder durchsichtig. (Nach JOHANNES MÜLLER.)

1) Nach eigenen Erfahrungen schliesse ich mich der Anschauung von CARRIÈRE an. Ich kann die hellen Säume nicht für Stäbchen halten. Bei *Haliotis* und *Patella* finde ich eine helle Axe in den pigmentirten Zellen.

die Bilder zu lichtschwach wären. Man hat später vermuthet, dass das Auge von *Nautilus* diesem Princip entspräche; diese Ansicht ist aber wohl irrig, denn die Oeffnung dieses Auges ist hierfür zu gross; es ist wahrscheinlich als ein concav musivisches Auge zu betrachten. Der Grund, warum solche Augen nicht vorkommen, scheint mir ein anderer zu sein, nämlich der, dass die phylogenetische Entwicklung solcher Augen schwer möglich ist, da der Entwicklungsweg viel leichter vorweg zu anderen Augenformen hinführt. 4) Die vierte mögliche Form, die der concav musivischen Augen, hat Johannes Müller übersehen, da zu jener Zeit ihr Vorkommen in der Natur nicht bekannt war.

Es ist nun leicht einzusehen, dass die unter 2) 3) und 4) angeführten Augenformen auf gleicher physikalischer Grundlage beruhen und eine gleiche Wirkung haben müssen.

Bei dem concav musivischen Auge gelangt von je einem Punkte des Objectes ein kleiner Strahlenkegel zu je einem Retinaelement. Wenn wir annehmen, dass in dem Kreuzungspunkt aller Strahlenkegel eine undurchsichtige Wand ausgespannt wäre, die eine Oeffnung besässe, genau von dem Durchmesser, den die Strahlenkegel an jener Stelle haben, so wäre eine Camera ohne Linse mit ebendemselben optischen Effect gegeben. Auch bei den convex musivischen Augen liegt dasselbe optische Verhältniss vor; nur dass hier wegen der divergirenden Richtung der dioptrischen Röhren die gemeinsame Oeffnung ideell zu nehmen wäre. Es ist nicht zu bezweifeln, dass in beiden Fällen, ebenso wie bei der optischen Camera ohne Linse, ein objectives Bild entworfen wird und zwar in dem einen Falle ein gerades, in dem anderen ein umgekehrtes Bild [1]).

Man hat oft hervorgehoben, dass die musivischen Augen Mosaikbilder sehen; aber auch die Camera-Augen mit Linse sehen nur feinere oder gröbere Mosaikbilder. Dass bei den letzteren ein objectives Bild auf der Retina zu Stande kommt, ist an und für sich physiologisch unwesentlich und überdies erkennen wir nun, dass dasselbe auch bei den musivischen Augen der Fall ist.

Wie bei den convex-musivischen Augen auf jedes Retinaelement durch je eine vorgesetzte Linse ein etwas grösserer Strahlenkegel gesammelt wird, wodurch diese Augen lichtstärker werden, so kann auch bei concav musivischen Augen ein ähnliches Verhältniss eintreten. Doch ist leicht einzusehen, dass hier eine Linse für alle Retinaelemente gemeinsam verwendet werden kann. Durch einen solchen lichtbrechenden Körper (der meist einfach als eine Cuticularbildung [*Arthropoden*] oder ein Ausscheidungsproduct [*Mollusken*], des Epithels entsteht) werden nun convergirende Strahlenkegel auf die Retinaelemente proji-

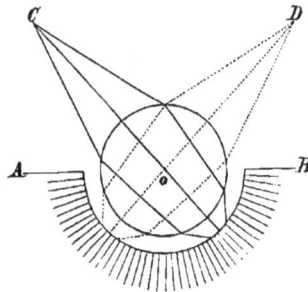

Fig. 208. **Optisches Schema eines concaven musivischen Auges mit lichtverstärkender Linse (oder Glaskörper).**

1) Ich schliesse mich in Bezug auf das Convex-Auge hierin ganz den schönen Ausführungen Exner's an; in Bezug auf obige Auseinandersetzung bin ich auch meinem Herrn Collegen, dem Physiker Dr. Tumlirz für seinen Rath zu Dank verpflichtet.

cirt; auch in diesem Falle kommen nur die centralen Strahlen zur Verwendung, während die stärker convergirenden Randstrahlen vom Pigment
absorbirt werden; dennoch ist durch die Convergenz die Anzahl der in
jedes Retinaelement eindringenden Strahlen viel grösser und die Lichtstärke des Auges daher sehr bedeutend verbessert. Alle Augen, bei
welchen der lichtbrechende Körper (der als Linse oder Glaskörper bezeichnet wird) der Retina unmittelbar anliegt oder sehr genähert ist —
so dass kein Bild entworfen werden kann — und wo zugleich die Retina
in ihrer ganzen Dicke pigmenthaltig ist, werden wahrscheinlich diesem
physiologischen Typus zugehören.

c) Physiologische Uebergangsformen.

Es ist von grösster Wichtigkeit, dass alle Uebergänge zwischen
concav musivischem Auge mit Beleuchtungslinse und vollkommenen
Camera-obscura-Augen mit bilderzeugender Linse nicht nur theoretisch
möglich sind, sondern auch in Wirklichkeit vorkommen. Die Linse muss
allmählich in die richtige Entfernung von der Retina rücken und in
Bezug auf ihre Form corrigirt werden; während sie ursprünglich nur
lichtverstärkend wirkte, hat sie nun sowohl die Lichtstärke als auch
die optische Isolation zu erzielen. In dem Maasse als dieselbe ein
schärferes Bild auf die Retina projicirt, in dem Maasse kann das Pigment von der vorderen Fläche der Retina zurückweichen, dasselbe
braucht nicht mehr eine Separathülle für jedes Retinaelement zu bilden,
sondern nur eine gemeinsame Umhüllung der gesammten Retina. Mit
anderen Worten: in dem Maasse als die
Linse auch die optische Isolirung der
Retinaelemente übernimmt, in dem
Maasse kann das Pigment diese specielle
Function aufgeben [1]) (vergl. Fig. 209 u.
216).

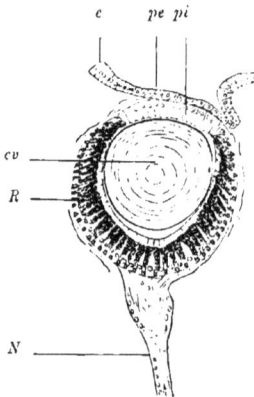

Fig. 209. **Auge der Weinbergschnecke.**
Helix pomatia (nach CARRIÉRE, etwas verändert);
**der lichtbrechende Körper liegt sehr nahe von
der Retina.**

e äusseres Epithel, *pe* Pellucida externa,
pi Pellucida interna, *cv* Glaskörper, *R* Retina, aus
pigmentirten Zellen und hellen Zellen zusammengesetzt, *N* Augennerv.

II. Morphologische Eintheilung der Augen.

Augen von physiologisch ähnlicher Leistung können morphologisch
sehr verschiedenartig aufgebaut sein. Um dies schon an einem einzigen

---

1) Vielleicht hat das Pigment selbst bei sehr vollkommenen Augen diese Function
nicht ganz aufgegeben; wir erinnern daran, dass bei Wirbelthieren im belichteten Auge
Pigmentfortsätze zwischen die Stäbchen und Zapfen sich erstrecken, die im Dunkeln wieder
zurückgezogen werden (BOLL, KÜHNE). Diese Physiologen schreiben allerdings dem
Vorgange eine andere Bedeutung zu.

Theile zu erläutern, wollen wir anführen, dass z. B. die Linse des
Camera-Auges in dem einen Falle eine cuticulare Bildung sein kann
(*Arthropoden*), oder ein Sekretkörper (*Mollusken*), oder eine zellige, vom
äusseren Epithel abgeschnürte Bildung (*Wirbelthiere*). Wir müssen daher neben der physiologischen auch eine morphologische Eintheilung
der Augenformen treffen.

1. **Napfaugen.** Dieselben bilden eine grubenförmige Einsenkung
des Epithels. Die Retina geht seitlich in die gewöhnlichen Epithelzellen
über. Diese Augen fungiren in ihrer einfachsten Form (z. B. bei *Patella*,
Fig. 210) als concav musivische Augen. In vielen Fällen kommt eine
cuticulare Linse (*Arthropoda*), oder eine sekretartige Linse (*Mollusca*)
hinzu (Fig. 212). Wenn die Linse in richtige Entfernung rückt, z. B.
durch Einschiebung eines Glaskörpers, so kann dieses Auge von einfach-
stem morphologischen Charakter als Camera-Auge fungiren (Fig. 211).

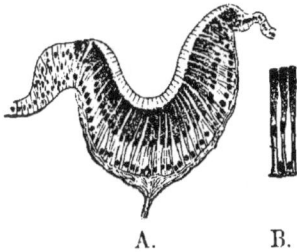

A. B.

Fig. 210.

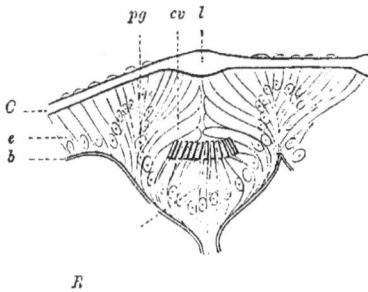

Fig. 211.

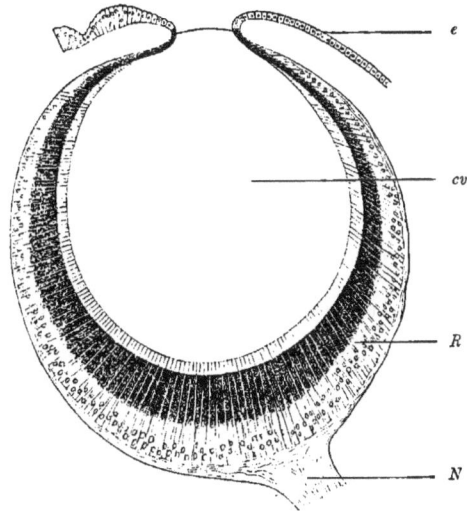

Fig. 212.

Fig. 210. **Schnitt durch die Sehgrube von Patella** (nach CARRIÈRE, der Nerv ist
ist nach der Darstellung von HILGER hinzugefügt). Die Retina ist aus hellen Zellen und
pigmentirten Zellen zusammengesetzt. B. Die zwei Arten von Retinazellen stärker vergrössert.

Fig. 211. **Schnitt durch das Auge einer Käferlarve,** *Hydrophilus* (nach GRENACHER).
C Chitincuticula, in *l* die Chitinlinse übergehend; *e* Epithelschicht, übergehend in *pg* die
Pigmentzellen, deren helle innere Enden *cv* als Glaskörper fungiren, und weiter in *R* die
Retina; *b* Basalmembran, übergehend in die structurlose Augenkapsel.

Fig. 212. **Schnitt durch den offenen Augenbecher von** *Haliotis* (nach HILGER).
Körperepithel, welches direct übergeht in *R*, die Retina, an deren hinterer Fläche sich *N*,
der Augennerv ausbreitet, *cv* Corpus vitreum.

Wir finden diese Augen bei *Medusen* (concav musivische Augen ohne oder mit Linse) bei den niedrigsten *Gastropoden*-Formen und bei *Tracheaten*. Bei den letzteren kommt ausser der ursprünglichen Form, die als e i n - s c h i c h t i g e s N a p f a u g e (bei Schwimmkäferlarven, Myriopoden, Seiten-augen des Scorpions) bezeichnet wird, häufiger eine höher differenzirte Form, das z w e i s c h i c h t i g e N a p f a u g e vor [1]), Fig. 213. Dieses findet sich bei *Myrio-poden* und *Spinnen*, ferner bei den *Insecten* neben den zusammengesetzten Augen oder auch für sich allein, nämlich bei flügellosen Insecten und Insectenlarven. Die Napfaugen bei den *Tracheaten* sind paarig oder unpaar und sind in der Regel in Mehrzahl vorhanden (Fig. 214).

A.   B.

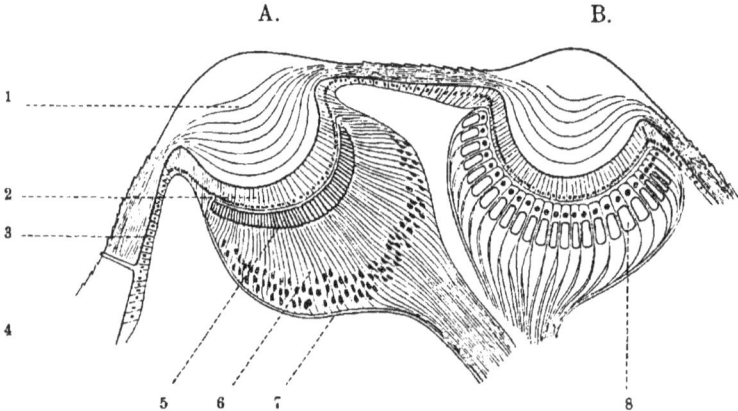

Fig. 213. Durchschnitt durch A. ein vorderes und B. ein hinteres Auge der Kreuz-spinne, *Epeira Diadema* (nach GRENACHER, aus CARRIÈRE). 1 Cuticularlinse, 2 Glaskörper-zellen, 3 Hypodermis, 4 Cuticula, 5 Stäbchen, 6 Retinazellen, 7 Basalmembran, die Augen-kapsel bildend, 8 stäbchenartige Gebilde des hintern Auges, welche im Innern der Retina-zellen, hinter den Zellkernen liegen. Dies sind z w e i s c h i c h t i g e N a p f a u g e n.

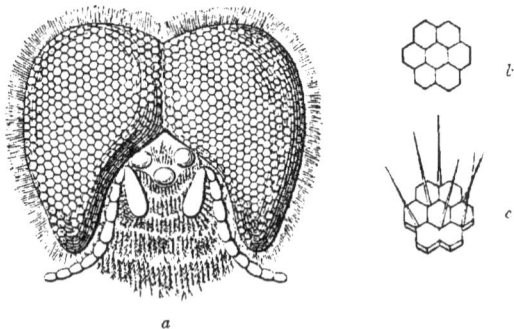

Fig. 214. *a* Kopf der Drohne (*Apis mellifica* ♂) von oben gesehen, nach SWAMMERDAM. Man sieht zwischen den grossen zu-sammengesetzten Augen vorne die drei Punkt-augen; *b* und *c* einige Augenfacetten der zu-sammengesetzten Augen stärker vergrössert.

1) Man möchte wohl die Zweischichtigkeit als Delamination oder (was am wahrschein-lichsten ist) als Ueberwachsung erklären. Beide Schichten wenden ihre freie Fläche nach derselben Richtung. — In jüngster Zeit wurden aber entwicklungsgeschichtliche Beob-achtungen gemacht, aus welchen ein viel complicirteres Verhalten gefolgert wird; wir wollen aber noch weitere Aufklärung abwarten.

2. Blasenaugen. Indem sich die Sehgruben in Form einer Blase schliessen und vom Epithel vollkommen ablösen, entstehen die Blasenaugen. Die innere Fläche der Epithelblase ist freie Epithelfläche, die äussere Basalfläche. Der hintere Bezirk dieser Blase wird zur Retina, an deren äusserer oder Basalfläche sich der Sehnerv ausbreitet. Die vordere, durch Verschluss zu Stande gekommene Blasenwand ist durchsichtig und wird als innere Pellucida bezeichnet, das äussere Epithel, welches darüber hinweggeht, ist ebenfalls durchsichtig und bildet die äussere Pellucida. Diese Augen sind mit einem lichtbrechenden Körper versehen, der in Linse und Glaskörper sich scheiden kann; er liegt stets innerhalb der Augenblase und ist ein Ausscheidungsprodukt derselben. In manchen

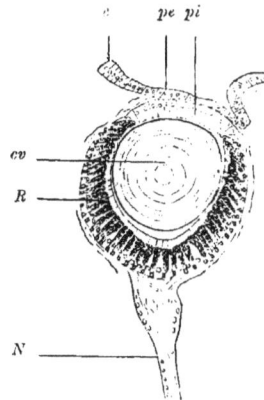

Fig. 215. Auge der Weinbergschnecke, *Helix pomatia* (nach CARRIÈRE, etwas verändert); der lichtbrechende Körper liegt sehr nahe von der Retina.

e äusseres Epithel, *pe* Pellucida externa, *pi* Pellucida interna, *cv* Glaskörper, *R* Retina, aus pigmentirten Zellen und hellen Zellen zusammengesetzt, *N* Augennerv.

Fällen entsteht die Linse als Umbildung der inneren Pellucida (*Charybdaea*, Epiphysenauge der *Wirbelthiere*, Fig. 218).

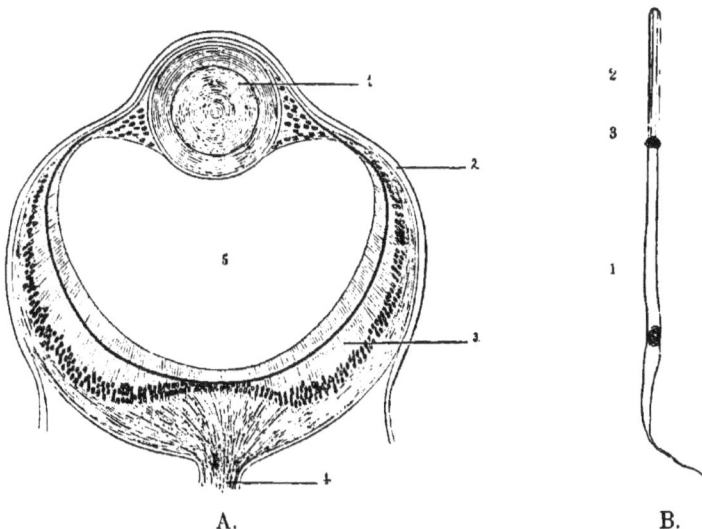

A.   B.

Fig. 216. Horizontaldurchschnitt des Auges eines pelagischen Anneliden *Nauphanta colex* (nach GREEFF).

A. 1 Linse, der Pellucida interna dicht angelagert, 2 äusseres Körperepithel, vor der Linse die Pellucida externa bildend, 3 Retina, von einer Pigmentzone durchsetzt, 4 Augennerv, 5 Glaskörper. B. eine Retinazelle; 1 der ausserhalb der Pigmentzone gelegene Zellkörper mit dem Zellkern, 2 das innerhalb der Pigmentzone gelegene Stäbchen mit dem Stäbchenmantel, 3 Pigmentzone.

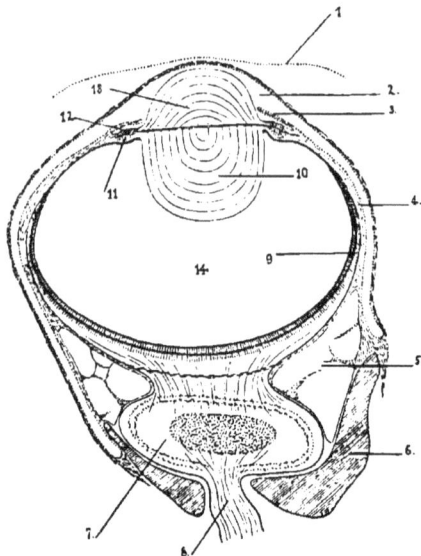

Fig. 217. **Auge von Sepia im Horizontaldurchschnitt**, aus mehreren Zeichnungen HENSEN's combinirt). 1. äusseres Epithel der Cornea, 2. vordere Augenkammer, die von Epithel ausgekleidet ist und nach rückwärts am Bulbus weit herabreicht, 3. Iris (mit Bindegewebe, Knorpel und Muskelfasern), 4. Sklera aus Bindegewebe, Knorpel und Muskel aufgebaut), 5. weisse Körper (von unbekannter Bedeutung), zu beiden Seiten des Augenganglions, 6. Kopfknorpel, 7. Augenganglion, der Nerv, der von demselben zur Retina führt und an deren hinterer (d. i. äusserer) Fläche sich ausbreitet, ist von einer Fortsetzung der Argentea interna quer durchsetzt, 8. Nervus opticus, 9. Retina, 10. hintere Linsenhälfte, 11. dazu gehöriges inneres Corpus epitheliale, 12. äusseres Corpus epitheliale, 13. äussere Linsenhälfte, 14. Corpus vitreum.

Bei den *dibranchiaten Cephalopoden* kommen einige Complicationen hinzu. Die eine Linsenhälfte wird hier von der inneren Pellucida ausgeschieden und es fügt sich eine zweite Linsenhälfte an, welche von der äusseren Pellucida secernirt wird; ferner entsteht durch neuerliche Faltenbildung des äusseren Epithels die ringförmige „Iris" und endlich eine als „Cornea" bezeichnete Bildung, welche vollkommen oder unvollkommen sich schliessend eine vordere Augenkammer überwölbt.

Die geschlossenen Blasenaugen sind in den einfachsten Fällen physiologisch noch als concav musivische Augen mit Beleuchtungslinse zu betrachten, und von da gibt es alle Uebergänge (besonders schön bei den *Mollusken* bekannt) bis zu sehr vollkommenen Camera-Augen.

Blasenaugen mit einer Pellucidalinse finden sich schon bei einer Meduse (*Charybdaea*). Typisch kommen Blasenaugen am Kopfe bei *Mollusken* (*Gastropoden, Cephalopoden*) vor, ferner bei polychaeten *Anneliden* und bei *Peripatus*. In jüngster Zeit wurde nachgewiesen, dass der Epiphysenanhang des Gehirns der Wirbelthiere ein mehr oder minder rudimentär gewordenes Auge vom Typus der Blasenaugen mit Pallucidalinse ist (bei manchen *Sauriern* vielleicht noch heute in einem gewissen Grade functionirend, nach anderer Meinung aber schon überall functionslos) (Fig. 218).

3. Inverse Blasenaugen. Diese Augen entwickeln sich aus einer blasenförmigen Anlage, die als primäre Augenblase bezeichnet wird. Bei den Wirbelthieren entsteht dieselbe als Abschnürung vom Medullarrohre und der Stiel derselben liefert den Augennerv; in anderen Fällen entsteht sie durch Einstülpung direct vom äussern Epithel.

Fig. 216. **Längsschnitt
durch die Bindegewebs-
kapsel mit dem Pinealauge
von Hatteria punctata.**
Schwach vergrössert. Nach
BALDWIN SPENCER.

Der vordere Theil der
Kapsel füllt das Scheitelloch
(Foramen parietale) aus.

K bindegewebige Kapsel;
l Linse; *h* mit Flüssigkeit
gefüllte Höhle des Auges;
r retinaähnlicher Theil der
Augenblase; *M* Molecular-
schicht der Retina; *g* Blutgefässe; *x* Zellen im Stiel
des Pinealauges; *St* dem Sehnerv vergleichbarer Stiel des
Pinealauges.

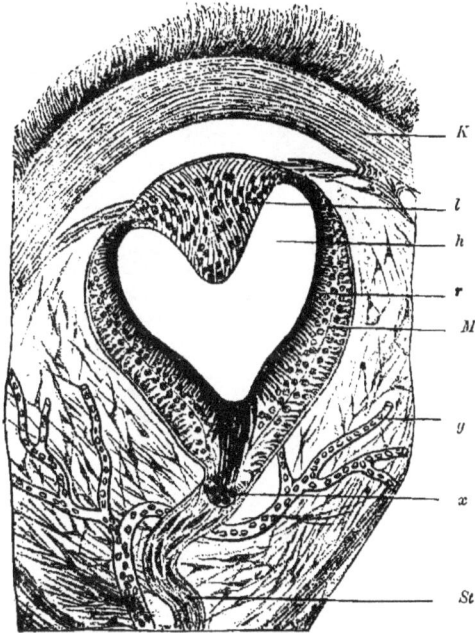

Die innere Fläche der Augenblase ist freie Epithelfläche, die äussere ist Basalfläche. Die vordere Hälfte dieser Blase stülpt sich in die hintere Hälfte ein, so dass ein doppelwandiger Becher entsteht, der als s e c u n d ä r e r   A u g e n b e c h e r (oder meist weniger zutreffend als „secundäre Augenblase") bezeichnet wird. Die vordere Schichte dieses Bechers liefert die Retina, die hintere Schichte ein umhüllendes Pigment-epithel, am Umschlagsrande gehen beide Schichten in einander über. Da die „freie" Fläche der Retina dem Pigmentepithel zugewendet ist, so finden sich an dieser Seite die Stäbchen und der Nerv breitet sich an der entgegengesetzten (vorderen) Fläche der Retina aus.

Die Linse dieser Augen ist stets ein zelliges Gebilde, welches ausser-halb der primären Augenblase unabhängig entsteht; speciell bei den Wirbel-thieren entsteht sie als besondere Epitheleinstülpung (Fig. 220, B_1, B_2).

Der Nerv tritt vom Rande an die Retina heran. Bei den Wirbel-thieren ist dieses ursprüngliche Verhalten der Nerven nur während der Ent-wicklung ausgeprägt, denn der Nerv entfernt sich alsbald vom Rande des Augenbechers, es besteht aber noch eine Zeit lang eine tiefe Spalte (das „Coloboma"), die vom Rande bis zur Ansatzstelle des Nerven sich erstreckt; Spuren dieser Spalte sind bei *Fischen*, *Reptilien* und *Vögeln* zeitlebens er-halten (Processus falciformis, Pecten).

Diese Augen finden sich nicht nur als typische paarige Augen bei den *Wirbelthieren*, sondern auch in Vielzahl bei manchen *Mollusken*, und zwar bei der Pilgermuschel (*Pecten*) am Mantelrande und bei einer die Philippi-nischen Inseln bewohnenden Lungenschnecke (*Onchidium*) als Rückenaugen.

Diese Augen sind in jedem der drei Fälle phylogenetisch unabhängig von einander entstanden. Es ist nicht zu verkennen, dass das inverse Auge

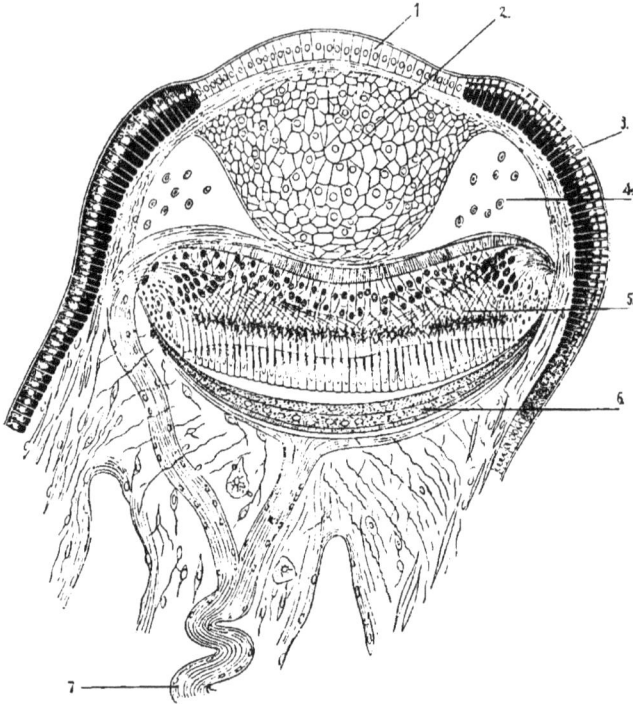

Fig. 219. A.

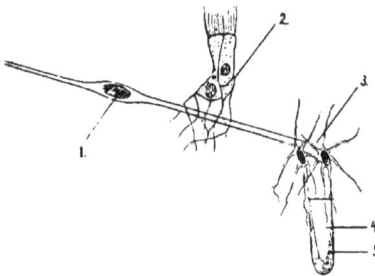

Fig. 219. B.

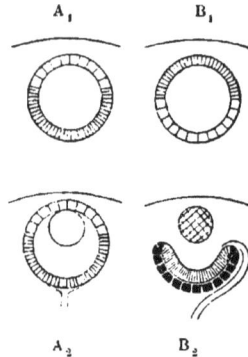

Fig. 220.

Fig. 219. **A. Schnitt durch ein Auge von** *Pecten* (nach PATTEN). 1. Cornea,
2. Linse, 3. äusseres Epithel, das in der Umgebung des Auges pigmentirt ist, 4. Blutsinus
rings um die Linse, 5. Retina, 6. Pigmentepithel und vor derselben das T a p e t u m, 7. Augennerv.

B **Histologische Elemente, aus welchen die Retina dieses Auges zusammengesetzt
ist** (nach PATTEN). 1. Retinazelle, deren Endstück in der Richtung der einfallenden
Lichtstrahlen umgebogen ist und (4) das Stäbchen mit (5) dem Stäbchenmantel trägt;
2 und 3 Ganglienzellen der Autoren, die aber vielleicht nur Stützzellen (und Limitanszellen) sind.

Fig. 220. **Schema der Entwicklung des Blasenauges** (A$_1$ A$_2$) **und des inversen
Blasenauges** (B$_1$ B$_2$).

mit dem einfachen Blasenauge in seiner ersten Anlage übereinstimmt; in dem einen Falle entsteht aber aus der vorderen Hälfte der Blase, in dem anderen Falle aus deren hinterer Hälfte die Retina. Man hat. versucht, das inverse Auge durch eine Drehung aus dem Blasenauge phylogenetisch abzuleiten; es scheint mir aber, dass dieser Deutung gewichtige physiologische Einwände gegenüberstehen.

4. Zusammengesetzte Augen. a) Fächeraugen bei Arthropoden. Diese Augen wurden früher in physiologischem Sinne zusammengesetzte genannt [was eigentlich seit der Theorie vom musivischen Sehen nicht mehr ganz passend scheint, obzwar auch JOHANNES MÜLLER selbst sie so nennt]. Neuerdings gewinnt dieser Name morphologische Berechtigung durch die Ausführungen GRENACHER'S, welcher für das zusammengesetzte Auge speciell der *Insecten* auf das überzeugendste nachgewiesen hat, dass jedes Augenelement [Retinula mit Krystallkörper, zusammen neuerdings als Ommateum (RAY-LANKESTER) bezeichnet] einem zweischichtigen Napfauge der *Myriopoden* entspreche. Durch Aggregation solcher Augen — mit Zunahme der Anzahl — sind die zusammengesetzten Augen der Insecten entstanden. Jedes Einzelauge ist in Bezug auf seine Einzelleistung zu tieferer Stufe herabgesunken, in Bezug auf das Zusammenwirken ist aber eine vollkommenere Stufe erreicht worden.

Die Entwicklungsgeschichte (CARRIÈRE) bestätigt diese Ansicht. Die erste Andeutung des Auges ist durch eine schwache Verdickung des Epithels gebildet, in welcher schon die Anlage der einzelnen Ommatea sichtbar ist, welche jedes von dem anderen durch eine be-

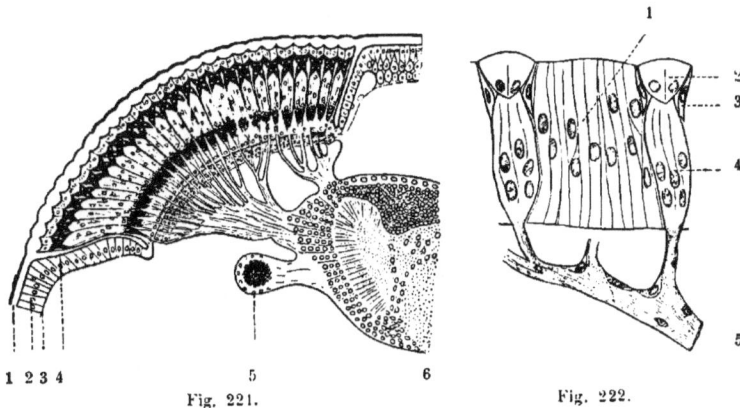

Fig. 221.   Fig. 222.

Fig. 221. **Schnitt durch ein zusammengesetztes Insectenauge** von *Forficula* (nach CARRIÈRE).
1 Chitincuticula, welche über dem Auge die Corneafacetten bildet, 2 äusseres Epithel, welches direct in die Differenzirungen des Auges sich fortsetzt, 3 Basalmembran, welche in die Augenkapsel sich fortsetzt, 4 einspringende Chitinlamelle am Rande des Auges, 5 Rudiment des Larvenauges, 6 Gehirn.

Fig. 222. **Schnitt durch das in Entwicklung begriffene zusammengesetzte Auge** von *Vespa* (nach CARRIÈRE). 1 Cylinderzellen, die später die Nebenpigmentzellen darstellen, 2 Crystallzellen, 3 Hauptpigmentzellen, 4 Retinula, 5 Nerv, der Aeste zu den einzelnen Ommatidien abgibt (nach CARRIÈRE).

trächtliche Reihe von Schaltzellen getrennt sind[1]); diese letzteren liefern die sogenannten Nebenpigmentzellen. Die Anlage des Ommateums selbst besteht aus dem oberen Stratum, das sind die Krystallzellen, umgeben von den Hauptpigmentzellen und dem unteren Stratum, das sind die Retinulazellen, an die ein Nerv herantritt. Die Weiterentwicklung besteht vor allem in dem sehr beträchtlichen Dickenwachsthum der Augenanlage, wobei die Ommatea sehr hoch und schmal werden, und dann in der Ausscheidung der Cuticula (sog. Cornea), die in vielen Fällen oberhalb jedes Auges zu einer Cornealinse anschwillt. — Je nach der Differenzirung der Krystallzellen unterscheidet man ferner 1) Acone Augen, wo die unveränderten Krystallzellen selbst den Krystallkörper repräsentiren (Fig. 223), 2) Eucone Augen, wo diese Zellen basalwärts einen Krystallkegel ausscheiden (Fig. 224), und 3) Pseudocone Augen, wo vor den Krystallzellen ein durchsichtiges Produkt, der Pseudoconus, sich einschiebt (bei Fliegen).

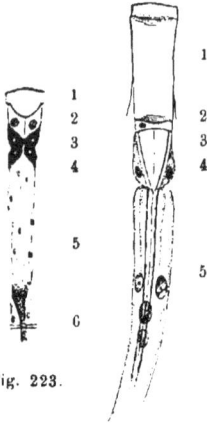

Die zusammengesetzten Augen der *Crustaceen* haben sich phylogenetisch unabhängig

Fig. 223.

Fig. 224.

Fig. 223. **Ommatidium des aconen Auges von** *Forficula* (nach CARRIÈRE). 1 Cornealinse, 2 Krystallzellen, 3 Hauptpigmentzellen, 4 die Nebenpigmentzellen, 5 Retinula, umgeben von fadenförmgen pigmentirten Zellen, 6 Interstitielle Zellen.

Fig. 224. **Ommatidium aus dem euconen Auge von** *Gryllotalpa* (nach GRENACHER) 1 Cornealinse, 2 Krystallzellen, hinter denselben 3 der Krystallkegel, 4 Hauptpigmentzellen, 5 Retinula, das Rhabdom einschliessend.

von jenen der Insecten entwickelt; sie gleichen denselben aber in hohem Grade. Sie besitzen stets besondere Cornea- und Krystallzellen und hinter den letzteren sehr ansehnliche Krystallkegel (Fig. 225).

b) Die mittleren Napfaugen des *Skorpions* zeigen eine Zusammensetzung aus Retinulae. Es wurde dies mit Unrecht als Einwand gegen die GRENACHER'sche Theorie geltend gemacht[2]). — Wahrscheinlich bilden die einfachen Napfaugen der *Myriopoden* den Ausgangspunkt für mehrere verschiedene Entwicklungsrichtungen bei den *Tracheaten*. Durch Vergrösserung und Vervollkommnung lieferten sie die Napfaugen der *Spinnen*, die seitlichen Napfaugen der *Skorpione* und die einfachen Mittelaugen der *Insecten*, durch Aggregirung einerseits die convexen zusammengesetzten Augen der *Insecten* und vielleicht auch die concaven — dann als zusammengesetzt zu deutenden — Mittelaugen des *Skorpions*.

---

1) So klar die morphologische Auffassung des zusammengesetzten Auges als Differenzirung der Epithelschichte scheint, so ist doch durch neuere embryologische Beobachtungen bei *Crustaceen* eine complicirtere Deutung veranlasst worden, deren Bestätigung wir aber noch abwarten wollen.

2) RAY-LANKESTER hält dafür, dass die Retinulabildung der mittleren Napfaugen des *Skorpions* durch höhere Differenzirung der einfachen Augen abzuleiten sei (nicht durch Aggregirung). Ferner will er von diesen Mittelaugen die zusammengesetzten Augen der Insecten ableiten. Letzteres ist gewiss verfehlt, denn es wären — wie GRENACHER hervorgehoben hat — die Uebergangsformen vom concaven zum convexen Auge functionsunfähig.

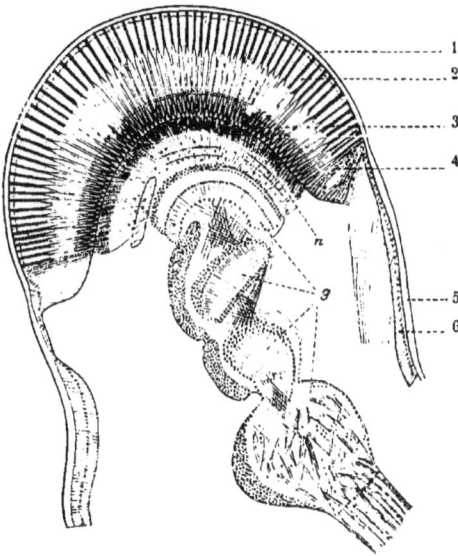

Fig. 225 A.

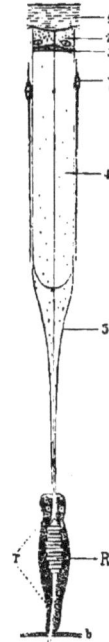

Fig. 225 B.

Fig. 225 A. **Schnitt durch das Auge des Flusskrebses** (nach CARRIÈRE). 1 Cornea, 2 Glaskörper, 3 Retinulae, 4 Pigmentirte Hypodermiszellen, welche den Uebergang zwischen den Differenzirungen des Auges und dem einfachen niedrigen Epithel bilden, 5 Cuticula, 6 Epithel, *n* Augennerv, *g...g* Augenganglien.

Fig. 225 B. **Ein Ommatidium vom Flusskrebs** (nach CARRIÈRE). 1 Cornealinse, 2 Corneazellen, 3 Krystallzellen, 4, 5 äusserer und innerer Theil des Krystallkegels. *p* Pigmentzellen, *r* Retinula, *R* Rhabdom, *b* Basalmembran des Auges, durch welche die Nervenfaser hindurchtritt.

Zur Morphologie der Richtungsaugen wollen wir noch bemerken, dass hier die verschiedensten Typen vorkommen, da sie sowohl den Typus der Napfaugen als auch den der Blasenaugen zeigen, und da sogar inverse Augen vorkommen (Turbellarien). Ihr Bau ist schwer zu analysiren und ihre morphologische Vergleichung gegenwärtig kaum durchführbar; in manchen Fällen sind es ursprüngliche Formen, in anderen Fällen rückgebildete. Auch ihre Lagerung ist verschieden, bald epithelial, bald subepithelial, oft auch mit dem Nervencentrum in die Tiefe verlegt. Im allgemeinen können wir hervorheben, dass der Bau der einfachsten Augen mit dem Bau der Hautsinnesorgane in den betreffenden Thierklassen oft eine gewisse morphologische Verwandtschaft erkennen lässt; und diese sind, wie früher gezeigt wurde, in dem einen Falle durch Zwischenzellen isolirte Hautsinneszellen, in dem anderen Falle zu Sinnesknospen aggregirte Zellen.

Nachtrag. Noch während des Druckes des vorliegenden Buches ist eine neue Theorie über das Zustandekommen des Netzhautbildes bei dem zusammengesetzten Auge der Insecten von S. Exner veröffentlicht worden. Es soll von jedem Linsensystem (Krystallkegel mit Cornealinse) eine Art aufrechten Bildes des Gegenstandes auf die Retina projicirt werden; aus der gegenseitigen Stellung der Krystallkegel resultirt eine Summation der Bilder. — Diese Theorie setzt ein durchsichtiges Stratum zwischen den Krystallkegeln und der Retina voraus und wird daher keinesfalls auf alle zusammengesetzten Arthropodenaugen Anwendung finden können. Aber selbst in dem speciellen Falle, bei *Lampyris*, sind nach unserer Meinung schwerwiegende Bedenken der Darstellung Exner's entgegenzusetzen.

ZEHNTES CAPITEL.

Functionen des Metazoenkörpers (Fortsetzung).

Fortpflanzung.

Fortpflanzung ist das Endziel der Lebensthätigkeit.

In dem Wesen des Organismus liegt das Streben, immer mehr Substanz in den Kreislauf seines Lebens hineinzuziehen — zu wachsen und sich zu vermehren. Es macht daher ein Organismus dem anderen den Platz (d. i. die Lebensbedingungen) streitig und durch diesen gegenseitigen Kampf ums Dasein sind in den Zeiten alle die merkwürdigen Eigenthümlichkeiten der Organismen gezüchtet worden, welche nicht nur die Existenz des Individuums, sondern auch insgesammt in letzter Instanz zur Sicherung der Nachkommenschaft dienen.

Das Vorkommen steriler Individuen, wie wir sie z. B. als Arbeiter im Bienenstaate antreffen, steht hierzu nur scheinbar im Widerspruch. Denn diese Erscheinung ist im Grunde auf dasselbe Princip der Arbeitstheilung zurückzuführen, welches wir schon im Aufbau des vielzelligen Metazoenkörpers ausgeprägt finden. Alle die Körperzellen, welche die complicirtesten und höchsten Functionen versehen, sind vergänglich und arbeiten nur für die Existenz der Fortpflanzungszellen, die ihr Wesen dann wiedererzeugen. Ebenso sind die unfruchtbaren Arbeitsbienen mit den schönsten socialen Instinkten ausgestattet, um die Fortexistenz ihrer Geschwister und so, wenn auch indirekt, der Familie zu besorgen. Nach ähnlichen Naturgesetzen sind in der menschlichen Gesellschaft die höchsten socialen Tugenden — der Sinn für das Gemeinwohl, die Aufopferungsfähigkeit für eine Idee — entstanden; der einzelne, der für seine Nation sich opfert, hinterlässt keine oder weniger Nachkommenschaft, der Stamm aber, der solche Individuen hervorbringt, siegt über andere Stämme.

Je niedrigere Organismen wir betrachten, um so unmittelbarer und unverhüllter erscheint uns das Wachsthum und die Fortpflanzung als das Endziel aller ihrer Lebensprocesse.

Die Sicherung der Nachkommenschaft wird auf sehr verschiedene Weise erreicht. Viele niedere Thiere erzeugen bei der geschlechtlichen Fortpflanzung eine ungeheure Menge sehr kleiner Eier; die Larve verlässt in Folge dessen das Ei in sehr geringer Grösse und in sehr unvollkommenem Zustande, sie muss noch bedeutend heranwachsen und sich noch sehr bedeutend verändern, um wieder die geschlechtsreife Form zu erreichen, es werden also viele Individuen erzeugt, die Existenz des Einzelnen ist aber wenig gesichert (Entwicklung mit Metamorphose). Andere und zwar höhere Thierformen erzeugen nur wenige, aber sehr grosse und mit vielem Nahrungsdotter versehene Eier (oft vertreten secundäre Nährmaterialien denselben Zweck); das junge Thier verlässt das Ei in bedeutender Grösse und in relativ vollkommenem Zustande, es kann in den wesentlichen Eigenthümlichkeiten schon dem Erzeuger gleichen (Entwicklung ohne Metamorphose): hier werden also wenige Individuen erzeugt, deren Existenz aber in viel höherem Grade gesichert ist. Dasselbe Resultat wird in noch viel vollkommenerer Weise durch Ernährung des Embryo im Mutterleibe erreicht. Endlich kann die Fortexistenz der Nachkommenschaft noch mehr gesichert werden, indem Brutpflege (Atzung der Vögel, Säugegeschäft der Säugethiere) hinzukommt und sociale Einrichtungen sich entwickeln (Heerdenleben, Familienleben).

Bei sehr vielen niederen Thieren wird die oben erwähnte Massenerzeugung von Nachkommen dadurch noch gesteigert, dass ungeschlechtliche Fortpflanzung hinzukommt. Manchmal werden nur wenige Eier erzeugt und die ungeschlechtliche Fortpflanzung bietet einen Ersatz für diese geringe Zahl (*Salpen*). Oft auch werden die einmal von der Larve aufgefundenen günstigen Lebensbedingungen durch solche rasche ungeschlechtliche Vermehrung besser ausgenutzt (Parasiten, festsitzende Thierformen).

Geschlechtliche Fortpflanzung.

Wir unterscheiden bei den Metazoen mannigfache Arten der Fortpflanzung. Bei der geschlechtlichen Fortpflanzung ist mit dem Fortpflanzungsgeschäfte eine zweite für die dauernde Existenz der Organismen überaus wichtige Function vereinigt, nämlich die Vermischung der Individualitäten. Daher fehlt die geschlechtliche Fortpflanzung bei keiner Thierart. Sie kann allein vorkommen oder neben ungeschlechtlicher Fortpflanzung, niemals kann aber die letztere ausschliesslich vertreten sein.

Es gibt getrenntgeschlechtliche Thiere und Zwitter. Bei den Zwittern findet nicht etwa in der Regel Selbstbefruchtung statt — dies kann nur ausnahmsweise geschehen, denn dadurch ist keine Vermischung individuell verschiedenen Plasmas erreicht und der Vorgang ist nur einer ungeschlechtlichen Fortpflanzung in Bezug auf seinen Erfolg gleichwerthig; in der Regel aber findet Wechselkreuzung zwischen zwei Individuen statt. Bei vielen Zwittern tritt eine ungleichzeitige Reife ihrer verschiedenen Geschlechtsprodukte ein, so dass zu einer Zeit ihre männlichen, zu anderer Zeit ihre weiblichen Organe fungiren und dadurch schon Selbstbefruchtung verhindert wird. Dies ist ein Verhalten, wie es ähnlich bei Pflanzen sehr häufig auftritt.

Es war früher die Anschauung allgemein verbreitet, dass das zwitterige Verhalten das phylogenetisch ursprünglichere sei, von welchem das getrenntgeschlechtliche dadurch abzuleiten wäre, dass bei den verschiedenen Geschlechtern einmal der weibliche, das andere Mal der männliche Theil des Geschlechtsorganes unterdrückt wäre. In jüngster Zeit aber hat STEENSTRUP die Ansicht vertheidigt, dass im Gegentheil das getrenntgeschlechtliche Verhalten das ältere sei und der Zwitterzustand secundär in Anpassung an besondere Lebensbedingungen sich ausgebildet hätte [1]).

Auswerfen der Geschlechtsproducte (Begattung).

Bei vielen niederen Thieren werden zur Zeit der Geschlechtsreife die Geschlechtsproducte einfach nach aussen in das Wasser entleert; das Zusammentreffen der männlichen und weiblichen Producte — die Befruchtung — ist in einem gewissen Grade dem Zufall überlassen; derselbe wird allerdings durch mancherlei Bedingungen paralysirt, z. B. durch das massenhafte Vorkommen der Thiere an einer Oertlichkeit.

Bei höheren Thieren ist ein ausgebildeter Begattungsprocess vorhanden, wodurch eine Ersparniss an Fortpflanzungsmaterial erreicht wird. Es gibt aber auch mannigfache Abstufungen und Uebergänge zwischen diesen beiden Fällen.

Sehr häufig kommt es vor, dass nur die männlichen Geschlechtsproducte frei entleert werden und mit dem Wasserstrome (Athemwasser etc.) in die Höhlungen des weiblichen Körpers (ja sogar bei den *Spongien* in das Innere der Gewebe) gelangen. In vielen Fällen werden die Eier schon innerhalb des mütterlichen Körpers befruchtet und können daselbst auch einen Theil ihrer Entwicklung durchlaufen (bei den *Spongien* an Ort und Stelle im Gewebe, bei manchen Quallen [*Chrysaora*] im Ovarium, bei Muscheln in den als Brutraum benutzten Kiemen). In anderen Fällen wird das Weibchen erst durch den Einfluss der Spermatozoen gereizt, die Eier abzulegen.

Als ein Uebergang zum Begattungsprocess ist folgendes Verhalten zu betrachten; zur Zeit der Geschlechtsthätigkeit leben Männchen und Weibchen vergesellschaftet, während das Weibchen die Eier ablegt, lässt das Männchen den Samen über dieselben fliessen, hier kommt auch schon vielfach gegenseitige Anreizung der Individuen vor. Diese Verhältnisse finden sich bei den meisten Knochenfischen (während bei den *Selachiern* wirkliche Begattung eintritt). Hieran schliesst sich die **äussere Begattung**, wie wir sie bei den Fröschen beobachten; während der Zeit der Eiablage, die oft mehrere Tage dauert, hält das

---

1) Beim Ueberblicken der Thatsachen kann man wohl hervorheben, dass festsitzende Thiere häufig Zwitter sind (*Ascidien, Bryozoen, Cirripedien* vgl. pg. 212, *Spongien*). Es gibt aber auch viele Ausnahmen und andererseits sind auch typisch freischwimmende Thiere Zwitter (*Ctenophoren, Sagitta*). — Bei den Schnecken finden wir, dass die ursprünglichen Meeresbewohner (*Prosobranchier, Heteropoden*) getrenntgeschlechtlich, andere Meeresbewohner (*Opisthobranchier, Pteropoden*) und die Land- und Süsswasser bewohnenden *Pulmonaten* Zwitter sind. Aehnlich verhalten sich die *Anneliden*, da die meisten Meeresannneliden getrenntgeschlechtlich, die *Oligochaeten* und *Hirudineen* Zwitter sind. Dass der Parasitismus zur Zwittrigkeit führt, kann kaum behauptet werden ; die parasitischen Plattwürmer sind Zwitter, ebenso wie die freilebenden Verwandten, während die parasitischen Nematoden wieder ebenso typisch getrenntgeschlechtlich sind. Wir können daher zusammenfassend hervorheben, dass gesetzmässige Ursachen für den Zwitterzustand nicht nachgewiesen sind. Die Ansicht, dass der Zwitterzustand der secundäre sei, lässt sich nur für manche Fälle mit einiger Wahrscheinlichkeit behaupten, z. B. für die *Cirripedien*. Folgende Thiere sind Zwitter: Viele *Spongien, Cnidarier* nur ausnahmsweise (*Cerianthus, Chrysaora, Hydra*) unter den *Ctenophoren, Plattwürmer, Oligochaeten, Hirudineen*; die oben angeführten *Gastropoden* (*Pulmonata, Opisthobranchia, Pteropoda*), einige *Bivalven* (z. B. die Auster), die *Bryozoa* und *Phoronis*, unter den *Arthropoden* nur die *Cirripedien* und die *Tardigraden*, unter den *Echinodermen* nur die *Synaptiden* und *Molpadiden* und manche *Ophiuriden* und unter den Wirbelthieren wenige Fische, nämlich *Serranus*-Arten. Als Abnormität kommt Zwitterbildung bei den verschiedensten Thieren vor.

Männchen das Weibchen umklammert und befruchtet die von letzterem abgehenden Eier.

Die echte oder i n n e r e Begattung kommt sowohl bei Zwittern (Wechselkreuzung) als auch bei getrenntgeschlechtlichen Thieren vor; sie dient — wie schon oben erwähnt — zur besseren Sicherung der Befruchtung und führt daher zu einer Ersparung von Geschlechtsproducten. In vielen Fällen ist sie durch gewisse Lebensverhältnisse nothwendig bedingt, wie z. B. bei a l l e n landbewohnenden Thieren und bei Parasiten. Der Begattungsprocess ist schon für viele Abtheilungen von wirbellosen Thieren typisch, z. B. für die *Scoleciden, Arthropoden,* die meisten *Mollusken* (ausgenommen sind *Bivalven, Chitonen, Scaphopoden*).

Bei den Wirbellosen wird in der Regel die empfangene Samenmasse vom Weibchen im Receptaculum seminis aufbewahrt und kommt erst während der Eiablage zur Verwendung, so z. B. bei den meisten *Insecten* (die meist ovipar, seltener vivipar sind).

Der Begattungsprocess steht nicht in nothwendiger Beziehung zur Entwicklung des Embryo innerhalb des mütterlichen Körpers. Dieses Entwicklungsverhältniss kommt auch vielfach ohne Begattungsprocess vor wie oben erörtert wurde; andererseits werden in jenen Fällen, wo echte Begattung vorkommt, die Eier sehr oft vor Entwicklung des Embryo abgelegt. Auch bei den Reptilien und Vögeln findet die Befruchtung zwar innerhalb des Eileiters vor Bildung der secundären Eihüllen statt, das Ei wird aber meist schon während der ersten Entwicklungsstadien abgelegt. Im abgelegten Vogelei ist die Furchung eben beendet und auf diesem Stadium bleibt das Ei bis zur Bebrütung stehen (selbst wenn diese eine Zeit lang verzögert wird, bleibt dasselbe entwicklungsfähig).

Ueberall, wo ein Begattungsprocess vorkommt, sind Begattungsorgane vorhanden, welche meist unmittelbar mit dem Endabschnitt der Ausführungswege verbunden sind. Zum männlichen Apparat gehört meist eine Vesicula seminalis, das ist ein Reservoir für die zu entleerenden Samenmassen — diese sind oft zu eigenthümlichen Gebilden, den Spermatophoren, verklebt — ferner ein Ductus ejaculatorius und meist ein vorstülpbarer Penis. Der weibliche Begattungsapparat besteht in der Regel aus einer Vagina, wozu häufig ein Receptaculum seminis kommt, das ist ein Reservoir für die aufgenommenen Samenmassen, die oft erst viel später, während der successiven Eiablage, zur Verwendung kommen.

Als Penis fungiren oft auch der männlichen Geschlechtsöffnung benachbarte heterogene Organe, z. B. bei den Krebsen benachbarte Beine, die hierzu umgestaltet sind. Auch entferntere Gliedmaassen können diesen Dienst versehen; so ist bei den *Spinnen* ein Maxillartaster zu einem complicirten Begattungsorgan umgestaltet. Eine der merkwürdigsten Einrichtungen kommt bei den *Cephalopoden* vor. Einer der Kopfarme ist in eigenthümlicher Weise zu einem als „Hectocotylus" bezeichneten Begattungsorgane umgewandelt; er nimmt die complicirten Spermatophoren auf und überträgt sie in die Mantelhöhle der Weibchen. In sehr hohem Grade ist dieser Arm bei einigen Arten (*Philonexis, Tremoctopus, Argonauta*) umgewandelt. Bei diesen reisst der Arm sogar beim Begattungsprocesse ab und lebt in der Mantelhöhle der Weibchen eine Zeit lang selbständig fort. Er wurde früher für einen Parasiten, dann selbst für ein merkwürdig gestaltetes Männchen gehalten, bis endlich der wahre Sachverhalt aufgeklärt wurde (Fig. 227).

Dimorphismus der Geschlechter.

Männchen und Weibchen unterscheiden sich in den einfachsten Fällen nur durch die männliche oder weibliche Differenzirung ihrer Gonaden. Oft sind aber auch andere Theile des Geschlechtsapparates (Ausführungsgänge etc.) verschieden gestaltet, und wo Begattungsorgane vorkommen, sind um so mehr auch diese ihrer Function entsprechend von einander sehr verschieden; oft sind alle Theile des Geschlechtsapparates bei beiden Geschlechtern der Anlage nach vorhanden und es kommen dann gewisse Theile bei dem Männchen, gewisse Theile beim Weibchen zu stärkerer Ausbildung, während die respectiven functionslosen Theile rudimentär werden (Wirbelthiere).

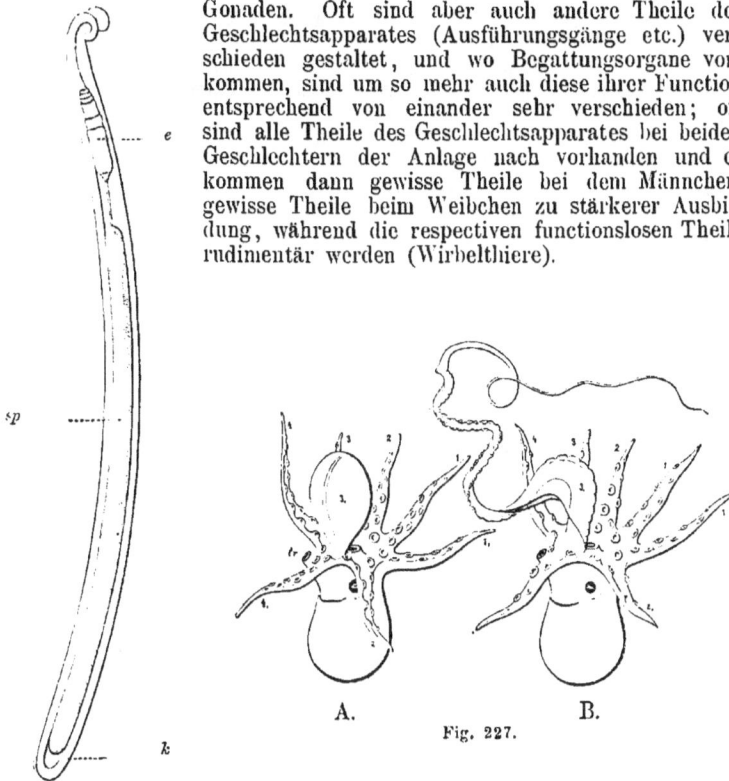

Fig. 227.

Fig. 226.

Fig. 226. **Spermatophor eines Cephalopoden,** *Sepia officinalis* (nach MILNE-EDWARDS). *k* kapselartige Hülle, *sp* Spermamasse, durch einen Verbindungsfaden mit *e* dem Ejaculationsapparat zusammenhängend.

Fig. 227. **Männchen von Argonauta, von der linken Seite gesehen** (nach H. MÜLLER.) A. Der Hectocotylusarm ist noch in ein häutiges Säckchen eingeschlossen. B. Der Hectocotylusarm ist bereits von dem häutigen Säckchen befreit, welches noch als Hautfalte demselben anhängt. 1, 2, 3, 4 Arme der rechten Seite (vom Rücken aus gezählt), 1_1, 2_1, 3_1, 4_1 Arme der linken Seite.

Es können aber auch noch andere Unterschiede zwischen Männchen und Weibchen auftreten, die oft nur in entfernterer Beziehung zum Fortpflanzungsgeschäft stehen und daher als secundäre Geschlechtscharaktere bezeichnet werden, wenn auch keine strenge Grenze zwischen diesen secundären und den zuerst genannten primären Geschlechtscharakteren sich ziehen lässt. Diese secundären Charaktere stehen ent-

14*

weder noch in gewisser Beziehung zur Begattung, Brutpflege etc. oder sie spielen eine Rolle bei der Bewerbung eines Geschlechtes um das andere (Schmuckfarben und andere Zierden, Ausbildung der Stimmorgane zum Lockruf und Gesang) oder auch bei den Kämpfen der Männchen um den Besitz der Weibchen (Angriffs- und Schutzorgane).

In vielen Fällen ist in der Oekonomie des Lebens eine Arbeitstheilung zwischen beiden Geschlechtern eingetreten, wodurch die Unterschiede einen sehr bedeutenden Grad erreichen können. Die auffallendsten Beispiele hierfür kommen bei einigen niedrigen Thierformen vor.

Bei den Räderthierchen (*Rotatoria*) sind die Männchen zwerghaft, sie entbehren des Darmkanales und haben während ihres kurzen Daseins im wesentlichen nur die geschlechtliche Thätigkeit zu erfüllen. Am auffallendsten ist wohl der von KOWALEVSKY entdeckte Dimorphismus von *Bonellia*, einer merkwürdigen Annelidenform; die Weibchen sind mehrere Centimeter gross, die Männchen dagegen sind nahezu mikroskopisch klein, ohne Darmkanal, sie leben in Mehrzahl parasitisch an den Weibchen, zur Zeit der Geschlechtsreife finden sie sich in der Vagina derselben. Bei einigen parasitischen *Copepoden* sind die Weibchen in Anpassung an den Parasitismus sehr verändert, wenig beweglich und von bedeutender Grösse, die Männchen dagegen sind von ursprünglicherer Gestalt, frei beweglich und viel geringer an Grösse.

Ueberaus interessante Verhältnisse wurden von DARWIN bei den *Cirripedien* entdeckt. Diese festsitzenden *Crustaceen* sind, wie bekannt, Zwitter und bilden hierdurch eine Ausnahme unter den typisch getrenntgeschlechtlichen *Arthropoden*. Es gibt aber, wie DARWIN entdeckte, auch getrenntgeschlechtliche *Cirripedien* und zwar mit ausgeprägtem Dimorphismus der Geschlechter; die Weibchen sind von relativ ansehnlicher Grösse und festsitzend, die Männchen dagegen sind zwergartig, ohne Darm, und sind Parasiten gleich in Mehrzahl an den Weibchen festgeheftet (*Ibla Cunningii, Scalpellum ornatum, Cryptophialus, Alcippe*). Es gibt ferner Arten von *Ibla* und *Scalpellum*, bei welchen einerseits Zwitterindividuen zu unterscheiden sind und daneben noch zwergartige Männchen, die an den Zwittern angeheftet leben. Die grossen Zwitterindividuen sind offenbar auf die ursprünglichen weiblichen Formen zurückzuführen. Von diesem Verhalten ist weiter, durch Wegfall der Männchen, dasjenige der gewöhnlichen zwitterigen *Cirripedien* abzuleiten.

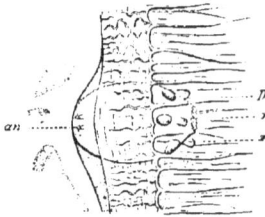

Fig. 228. **Complementäres Männchen** von *Scalpellum vulgare*, dem **Körperrande (Schlussrand des Scutum) des Zwitters angeheftet** (nach DARWIN). *an* die persistirenden Larvenantennen am vorderen Körperende, *O* Oeffnung der sackförmigen Hülle des Männchens, *D* rudimentäre Schalen, *x* dornige Fortsätze am hinteren Körperende.

Es ist auch die merkwürdige Erscheinung zu verzeichnen, dass bei einer und derselben Thierart zwittrige und getrenntgeschlechtliche Generationen abwechselnd aufeinander folgen (Heterogonie). Dies kommt nämlich bei gewissen *Nematoden* vor. Es ist z. B. die eine Generation, die sogenannte *Rhabditis*-Generation, getrenntgeschlechtlich (wie die Nematoden im allgemeinen), sie ist von geringer Grösse (1,5 bis 2 mm Länge) und lebt in feuchter Erde, die andere zwittrige Generation (mit ungleich-

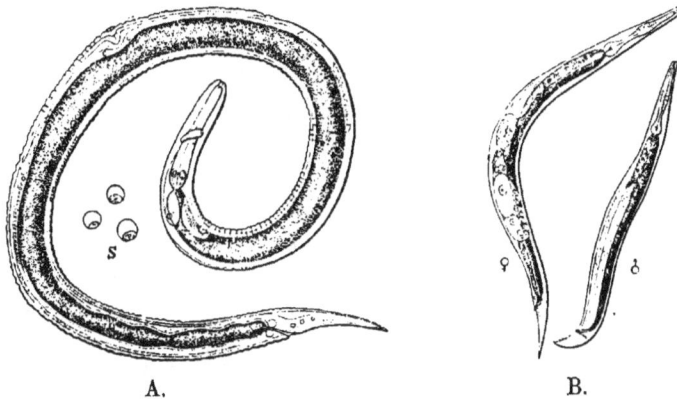

A.   B.

Fig. 229. Die zwei Generationen, A. Rhabdonema nigrovenosum (Zwitter) und B. Rhabditis nigrovenosa (Männchen und Weibchen), die alternirend aufeinanderfolgen. S einige Spermatozoen von Rhabdonema. (Aus CLAUS, Lehrb. d. Z.)

zeitiger Reife der Geschlechtsprodukte) lebt parasitisch in der Lunge des Frosches und ist bedeutend grösser (Länge 3,5 mm), sie wird als *Rhabdonema nigrovenosum* bezeichnet. Aehnliche Verhältnisse finden sich bei *Leptodera*.

Parthenogenese.

Die Parthenogenese oder Fortpflanzung aus unbefruchteten Eiern ist aus der geschlechtlichen Fortpflanzung durch Wegfall der Befruchtung abgeleitet [1]).

Da wir schon bei *Volvox* Parthenogenese antreffen, so möchte die Frage immerhin berechtigt erscheinen, ob dieselbe nicht schon gleichzeitig mit der geschlechtlichen Fortpflanzung aus den Zuständen, die wir bei den Protozoen antreffen, sich herausgebildet habe; es ist aber dagegen hervorzuheben, dass es nicht indifferente Fortpflanzungszellen, sondern dass es stets (auch schon bei *Volvox*) Eier mit allen ihren durch die Verhältnisse der geschlechtlichen Arbeitstheilung erworbenen Eigenthümlichkeiten sind, welche das Substrat für die Parthenogenese abgeben; es ist auch zu berücksichtigen, dass die Parthenogenese immerhin nur von geringer Verbreitung im Thierreiche ist.

a) Gelegentliche Parthenogenese kennen wir bei manchen Insecten. Bei Schmetterlingen, z. B. beim Seidenspinner, wurde beobachtet,

---

1) Neuerdings hat WEISMANN hervorgehoben, dass bei Parthenogenese nur ein Richtungskörper, bei Entwicklung mit Befruchtung dagegen stets zwei derselben gebildet werden; dieses „Zahlengesetz" muss noch durch ausgedehntere Untersuchungen geprüft werden und auch die Erklärungsversuche für dasselbe sind noch als provisorisch zu betrachten.

dass Weibchen, die vom Puppenstadium an isolirt gehalten wurden,
unbefruchtete Eier ablegen, aus welchen dennoch Räupchen auskriechen
(in anderen Fällen werden nur die Anfangsstadien der Entwicklung
durchlaufen, so dass es nicht zur wirklichen Production von Nachkommen kommt).

b) Normale Parthenogenese (Iso-Parthenogenese).

Bei vielen Insecten kommt auch Parthenogenese in regelmässiger Weise vor. Z. B. bei der Honigbiene entwickeln sich
Königinnen und Arbeiterinnen aus befruchteten Eiern, während Drohnen
parthenogenetisch d. i. aus unbefruchteten Eiern entstehen.

Die junge Bienenkönigin unternimmt, alsbald nach ihrer Verwandlung
aus dem Puppenstadium, ihren Hochzeitsflug und kehrt mit dem Begattungs-
zeichen und von Spermatozoen erfülltem Receptaculum seminis in den Stock
zurück. Während ihrer ganzen Lebensdauer von 4—5 Jahren reicht dieser
Vorrath von Spermatozoen für das Fortpflanzungsgeschäft aus. Die Königin
kann während der Eiablage Spermatozoen aus dem Receptaculum entleeren
oder dies unterlassen, so dass die abgelegten Eier befruchtet oder unbe-
fruchtet sind. Erstere legt sie in Königin- oder Arbeiterinnenzellen, letztere
in Drohnenzellen. Flügellahme, zum Begattungsflug untaugliche Königinnen
oder alte Königinnen, deren Receptaculum seminis schon entleert ist, können
nur unbefruchtete Eier legen, sie sind „drohnenbrütig". — Die Arbeiterinnen
sind bekanntlich reducirte Weibchen. Wenn eine Arbeiterlarve frühzeitig
genug reichlicher gefüttert wird — wie eine Königinlarve — so kann sie
zu einer normalen Königin sich entwickeln. Auch erwachsene Arbeiterinnen
legen ausnahmsweise Eier ab und zwar, da sie nicht begattet wurden, nur
Drohneneier (Drohnenmütterchen).

Bei vielen niederen Süsswasserthieren, z. B. Räderthieren und kleinen
Krebsthieren (*Cladoceren, Ostracoden*), wechselt die parthenogenetische
und die geschlechtliche Fortpflanzung je nach der Jahreszeit (siehe
unten), dabei sind die parthenogenetisch entwicklungs-
fähigen Eier von den befruchtungsfähigen verschieden
(in Bezug auf Schale, Dotter etc.), an den ersteren erfolgt auch die
Embryonalentwicklung schon im Mutterleibe, die letzteren werden abgelegt und überwintern als Eier.

c) Hetero-Parthenogenese.

Noch vollkommener ist die Anpassung an die Parthenogenese bei
den Blattläusen (*Aphiden*). Bei diesen folgen in der Regel während
des Sommers eine Reihe parthenogenisirender Generationen aufeinander,
im Herbste dagegen treten Männchen und Weibchen auf, die sich geschlechtlich fortpflanzen. Hierbei ist folgendes zu bemerken: Es sind
nicht nur die Eier je nach der Fortpflanzungsart verschieden, sondern
es sind auch die parthenogenetisch sich fortpflanzenden
Weibchen (sogenannte Ammen) von den begattungsfähigen
Weibchen (sogen. Weibchen) zunächst in Bezug auf den
Geschlechtsapparat verschieden; es fehlen den ersteren einige
Theile des Geschlechtsapparates, die in Beziehung zur Begattung stehen
(z. B. das Receptaculum seminis). Ferner sind sie auch äusserlich
von einander verschieden; z. B. sind bei *Aphis* die Ammen (sowie die Männchen) geflügelt, die Weibchen ungeflügelt, bei anderen

Gattungen, z. B. *Phylloxera*, tritt eine viel complicirtere Reihe geschlechtlicher und parthenogenisirender Formen auf.

d) Paedo-Parthenogenese.

Dieser Heteromorphismus zwischen parthenogenisirenden und geschlechtlich sich fortpflanzenden Weibchen erreicht bei anderen Thieren einen noch höheren Grad dadurch, dass die Parthenogenese mit der Erscheinung der Paedogenese, d. h. vorzeitigen (larvalen) Geschlechtsreife der Thiere, zusammenfällt. Hierher gehören die interessanten, von N. Wagner entdeckten Fortpflanzungsvorgänge einer Gallmückenlarve *Cecidomyia*, sowie die ähnlichen Vorgänge bei der Puppe von *Chironomus*.

Wahrscheinlich sind gewisse Fortpflanzungserscheinungen der *Distomeen*, nämlich die Erzeugung der Cercarien in den Sporocysten und Redien, nach demselben Princip als Parthenogenese in Verbindung mit Paedogenese zu erklären (C. Grobben). — Der Embryo der *Distomeen* verwandelt sich nämlich, nachdem er in den Körper einer Schnecke parasitisch eingewandert ist, in eine sehr einfach gebaute darmlose Sporocyste oder eine mit Darm versehene Redie; diese erzeugt parthenogenetisch aus kleinen einfachen Eizellen (früher meist als Keimkörper oder Sporen bezeichnet) die nächste Generation, nämlich die geschwänzten, als Cercarien bezeichneten Distomeenlarven, welche wieder in den ersten Wirth (meist ein Wirbelthier) direkt oder durch einen Zwischenwirth (Schnecke) gelangen und zu den Geschlechtsthieren auswachsen. Es können auch mehrere parthenogenisirende

Fig. 230. Larve einer Gallmücke (*Cecidomyia*) **mit parthenogenetisch erzeugten Tochterlarven** (nach Pagenstecher).

Generationen von Sporocysten oder Redien aufeinanderfolgen, deren letzte erst die Cercarienbrut erzeugt (Fig. 231).

Das Vorkommen der Parthenogenese im Thierreiche, in allen Abstufungen, von den einfachsten Fällen bis zu den vollkommenst angepassten, ist besonders in Zusammenhang mit gewissen Lebensverhältnissen zu beobachten. Die Parthenogenese findet sich vornehmlich bei niederen Süsswasser- und Landthieren, die dem Wechsel der Jahreszeiten ausgesetzt sind. In unseren Süsswässern sind es die *Rotatorien*, unter den niederen Crustaceen die *Cladoceren* und manche *Ostracoden*, die sich im Sommer durch Parthenogenese in rapider Weise vermehren, so dass die vorhandenen günstigen Lebensbedingungen rasch ausgenützt werden (auch ist der Wegfall der Männchen eine ökonomische Ersparung); bei Eintritt der ungünstigen Jahreszeit kommen auch Männchen zur Entwicklung und nun werden von den Weibchen zur geschlechtlichen Fortpflanzung die meist hartschaligen Wintereier erzeugt. Bei manchen *Phyllopoden*, z. B. *Apus*, hat die Parthenogenese sehr überhand genommen; die Männchen treten so selten auf, dass es erst nach längerem Forschen gelungen ist, dieselben zu finden. — Auf ähnlichen ökonomischen Principien beruht die Erscheinung der sommerlichen

a. b. c. d. e.

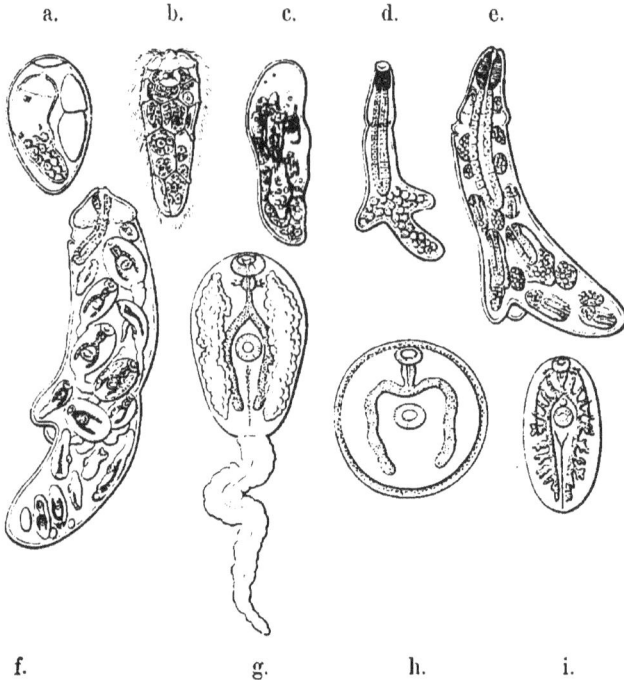

f. g. h. i.

Fig. 231. **Entwicklungscyclus von** *Distomum hepaticum* (nach LEUCKART). a. Embryo, noch innerhalb der mit einem Deckel versehenen Eikapsel, neben demselben liegen Reste der Dotterzellen; b. Wimperlarve mit Stirnzapfen, hinter diesem ein x-förmiges Auge einem Gehirnganglion aufgelagert; darunter dunkelkörnige Zellen, die als rudimentärer Darm gedeutet werden; im Hinterkörper Keimzellen, z. Th. schon in Entwicklung begriffen; c. Sporocyste, die sich aus der Wimperlarve entwickelt hat; Andeutungen der Augenflecken sind noch sichtbar, im Inneren Redien in verschiedenen Zuständen der Entwicklung; d. junge Redie mit einfachem Darmkanal, im Hinterkörper Keimzellen; e. Redie, weiter entwickelt, im Inneren eine neue Redienbrut; f. Redie mit Cercarienbrut; g. Cercarie; h. dieselbe eingekapselt; i. jugendliches Distomum aus der Leber des Schafes.

Parthenogenese bei den Blattläusen und einigen anderen Insecten. Dagegen müsste die Erzeugung der Drohnen aus anderen Gesichtspunkten erklärt werden. — Nur bei den *Distomeen* ist es wahrscheinlich das parasitische Lebensverhältniss, welches wenigstens eine Mitursache der Parthenogenese ist.

Theilung, Knospung.

Bei vielen Metazoen kommt Fortpflanzung durch Theilung und Knospung vor. Bei der Fortpflanzung durch Theilung zerfällt der Organismus meist in zwei in der Regel annähernd gleich grosse Stücke; es werden dann an beiden Theilstücken die ihnen nun fehlenden Körperabschnitte durch Regeneration wieder ersetzt. Bei der Fortpflanzung durch Knospung wird nur eine beschränkte Stelle des Körpers zur Bildung eines neuen Individuums herangezogen; es wird dabei die Integrität des alten Körpers nicht bedeutend beeinträchtigt und die Neubildungen betreffen dann hauptsächlich die Knospe. — Wir sehen, dass diese Vorgänge viele Analogie mit den gleichnamigen Vorgängen der Protozoen zeigen, doch sind sie nicht phylogenetisch von denselben abzuleiten; in dem einen Falle handelt es sich um Vorgänge an der Zelle, in dem anderen Falle um Vorgänge am vielzelligen Körper. Das wesentliche dieses Unterschiedes wird bei genauerer Betrachtung noch mehr hervortreten, ebenso aber auch noch manche Uebereinstimmung in der Physiologie des Vorganges.

Theilung.

Regeneration im allgemeinen.

Um die Fortpflanzung durch Theilung zu verstehen, ist es nothwendig, zunächst die überaus wichtigen und interessanten Vorgänge der Regeneration ins Auge zu fassen. Regenerationsvermögen ist die Fähigkeit, verloren gegangene Körpertheile wieder zu ersetzen. Wir können z. B. beobachten, dass bei einem Wassersalamander (*Triton*), dem wir eine Extremität abschneiden, dieselbe wieder neu gebildet wird und zwar in einer ähnlichen Weise, wie die Bildung derselben am Embryo vor sich ging. Damit dies geschieht, müssen zuerst die Zellen nächst der Schnittstelle ihre vorhandenen Differenzirungen in einem gewissen Grade aufgeben, sich lebhafter vermehren und das Material zur Neubildung der Extremität liefern; dabei ist deren Leistungsfähigkeit beschränkt: Epithelzellen liefern wieder Epithelien u. s. w.; die Zellen greifen nicht über die Sphäre des Keimblattes hinaus, aus welchem sie entstanden sind (es ist aber in vielen Fällen ihre Leistungsfähigkeit auch auf ein engeres Gebiet als das des Keimblattes eingeschränkt).

Wir finden im Thierreiche die verschiedensten Abstufungen des Regenerationsvermögens. Im allgemeinen kann man den Satz aufstellen, dass, je niedriger die Differenzirung, um so bedeutender das Regenerationsvermögen der Organismen ist. Das Regenerationsvermögen soll dementsprechend auch beim Embryo und selbst beim jungen Thiere bedeutender sein als beim erwachsenen.

Sehr bedeutend ist das Regenerationsvermögen unseres Süsswasserpolypen *Hydra*. Die Versuche, welche TREMBLEY im vorigen Jahrhundert hierüber angestellt hatte, erregten seinerzeit das grösste Aufsehen und wurden vielfach wiederholt. Wenn man den Körper dieser Thiere der Quere oder der Länge nach in Stücke schneidet, so sind selbst kleine Stücke im Stande, zu einem vollständigen Individuum sich zu ergänzen; nur abgeschnittene Tentakeln können nicht mehr zu einem vollständigen Thiere auswachsen (anders lautende Angaben sind zweifelhaft). — Durch Schnitte, welche den Körper unvollständig durchtrennen, werden ebenfalls Regenerationsvorgänge eingeleitet und so können mannigfaltige Monstrositäten erzeugt werden.

Auch bei Thieren, die eine viel complicirtere Organisation haben, als Hydra, z. B. bei vielen *Turbellarien* und *Anneliden*, ist die Leistung des Regenerationsvermögens noch ganz erstaunlich. Wenn wir einem Thiere den Vorderkörper abschneiden, welcher so complicirte Organe, wie Gehirn, Sinnesorgane, Oesophagus enthält, so sehen wir, dass dieser Körpertheil wieder ersetzt wird. Ebenso wird auch ein abgeschnittener Hinterkörper neugebildet. Es ist daher auch verständlich, dass ein querdurchschnittenes Thier sich zu zwei Individuen ergänzt, indem an

dem vorderen Theilstück das fehlende Hinterende neugebildet wird und
desgleichen an dem hinteren Theilstück das fehlende Vorderende.

Bei *Arthropoden* und *Mollusken* ist das Regenerationsvermögen im
allgemeinen gering; doch sehen wir beim Flusskrebs verloren gegangene
Extremitäten nachwachsen; am häufigsten ist dies an den Scheeren zu
beobachten, die beim Häutungsprocess leicht in Verlust gerathen; bei
den Landschnecken wurde Regeneration des Augenstieles mit dem Auge
beobachtet.

Bei den *Echinodermen* ist das Regenerationsvermögen oft sehr bedeutend; besonders bei Seesternen (vergl. unten) werden häufig Arm-
stücke oder ganze Arme, ja sogar Körperhälften wieder ersetzt.

Die *Holothurien*, welche leicht ihre gesammten Eingeweide ausstossen,
sollen dieselben wieder regeneriren (dieser Vorgang wäre einer genaueren
Untersuchung werth).

Bei den *Vertebraten* ist in den niedrigen Classen das Regenerationsvermögen in manchen Fällen noch bedeutend; so werden bei Triton
noch abgeschnittene Extremitäten oder der abgeschnittene Schwanz wieder
ersetzt, ebenso bei Eidechsen der leicht abbrechende Schwanz. Aber
auch den höheren Wirbelthieren fehlt das Regenerationsvermögen nicht
gänzlich; selbst beim Menschen wurde beobachtet, dass bei Verlust der
letzten Phalange eines Fingers in manchen Fällen an der vorletzten
Phalange ein verkümmerter Fingernagel entsteht. Und endlich sind die
Vorgänge der Wundheilung als bedeutsame Reste des Regenerationsvermögens zu betrachten.

Die Fortpflanzung durch Theilung beruht auf dem Regenerationsvermögen; aber nur in den ursprünglichsten Fällen ist dies ganz unmittelbar ersichtlich.

a) Theilung mit nachfolgender Regeneration.

Eine solche Vermehrung durch Theilung können wir bei vielen
Thieren (*Hydra*, viele *Turbellarien*, *Anneliden*) künstlich herbeiführen,
wie schon oben erörtert wurde. Es kommt auch in der Natur in ähnlicher Weise Selbsttheilung mit nachfolgender Regeneration vor, z. B.
unter den Anneliden bei *Lumbriculus, Ctenodrilus*; auch bei Seesternen
und Ophiuriden (*Ophiactis virens*) ist ein ähnlicher Vorgang beobachtet
worden; der fünfstrahlige Körper zerbricht z. B. in zwei Stücke, deren
eines dreistrahlig, das andere zweistrahlig ist; ersteres muss zwei, letzteres
drei neue Radien bilden. Bei diesem ganzen Vorgange ist ein Verlust
an Körpersäften unvermeidlich, ferner findet eine Durchreissung wichtiger Organe statt und es folgt eine wirkliche Wundheilung und eine
zeitweilige Functionsunfähigkeit des unvollständigen Organismus.

b) Theilung mit vorzeitiger Regeneration.

Diese Fortpflanzungsart ist beispielsweise für die Annelidenfamilie
der *Naïdeen* typisch. Wir sehen bei *Naïs* in der Mitte des segmentirten Körpers eine Wucherungszone — oder Regenerationszone — auftreten, welche alsbald durch eine scharfe Abgrenzung in einen vorderen
und hinteren Regenerationsabschnitt sich sondert. Der erstere liefert
eine Anzahl neuer Segmente, welche als neuer Hintertheil zur alten
Vorderhälfte sich hinzufügen, der letztere liefert ebenfalls eine Anzahl
neuer Segmente, welche einen neuen Vordertheil zur Ergänzung der
alten Hinterhälfte liefern. Wir sehen, dass in jedes der beiden Individuen alte Segmente und neugebildete eingehen. Erst wenn die Neu-

bildungen functionsfähig geworden sind, erfolgt die Trennung der beiden Individuen. — Dieser Fortpflanzungsprocess ist viel vollkommener als der vorher betrachtete; vor allem ist hier die zeitweise Functionsunfähigkeit des Organismus beseitigt: der zusammenhängende Darm fungirt für beide Theile bis zum Zeitpunkte der Trennung und dann treten sofort die neuen Darmtheile in Function, ebenso bleibt auch die nervöse Verbindung zwischen beiden Theilen durch das alte Bauchmark hergestellt, während das neue Bauchmark in der Regenerationszone schon weit ausgebildet ist, so dass es nach der Durchreissung der Theile sofort in Function ist. Auch der Verlust an Körpersäften und die Wundheilung ist durch die Art der Abschnürung nahezu eliminirt. — Dieser

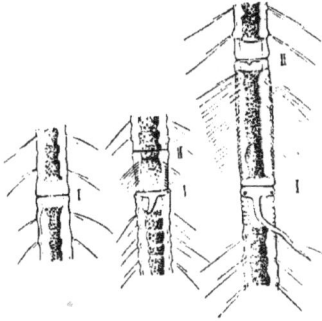

Fig. 232. Theilung von *Naïs proboscidea* (nach LEUCKART).

A. Die Regenerationszone ist durch eine Grenzlinie (*I*) in einen vorderen und hinteren Theil gesondert. B. Eine neue Regenerationszone ist aufgetreten und ist durch die neue Grenzlinie (*II*) wieder in die zwei Abschnitte gesondert. Das zwischen *I* und *II* gelegene Individuum ist mithin ganz aus Regenerationsgewebe aufgebaut. C. Noch älteres Stadium.

Process ist phylogenetisch aus dem ersteren abgeleitet, er ist aber durch Anpassung bedeutend verbessert. Dies zeigt sich auch noch in einem anderen Punkte, nämlich in der raschen Aufeinanderfolge des Processes, die in vielen Fällen zu beobachten ist.

Bevor noch die ersten Individuen sich in der Regenerationszone von einander trennen, beginnt bereits an jedem derselben eine Regenerationszone zweiter Ordnung sich zu bilden, ja sogar Regenerationszonen dritter und vierter Ordnung u. s. w. können schon auftreten, und es entstehen so zeitweilig verbundene Individuenketten (zeitweilige Thierstöcke oder Cormen). Je nach der Art, wie die Regenerationszonen gesetzmässig aufeinanderfolgen, ist der Typus dieser Individuenketten ein mannigfach verschiedener.

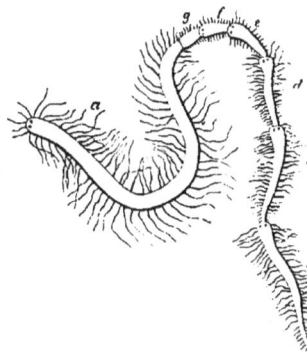

Fig. 233. Individuenkette von *Myrianida* (nach MILNE-EDWARDS).

Wir wollen drei Beispiele (nach SEMPER) anführen. Erstens, es wiederholt sich der Theilungsprozess in gleicher Weise an allen Theilstücken (regulär fortgesetzte Theilung). Zweitens, die Theilung wiederholt sich nur

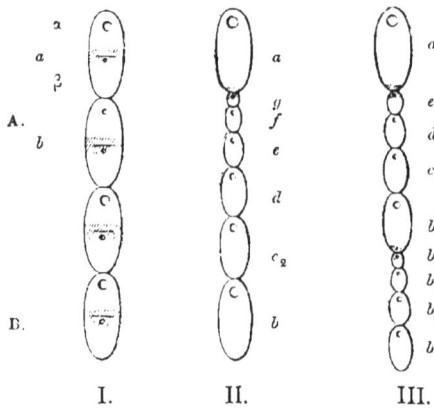

I.   II.   III.

Fig. 234.

I. Schema der regulär fortgesetzten Theilung (*Microstomum*, *Chaetogaster*).
II. Schema der serialen Theilung (*Nais proboscidea*, *Myrianida*).
III. Schema der wiederholten serialen Theilung (*Nais barbata*).
Diese Schemata stützen sich auf die Darstellung von Semper.

an dem ersten Individuum, so dass von demselben eine Serie graduell verschiedenartiger Individuen ausgeht (seriale Theilung). Drittens, die seriale Theilung wiederholt sich und zwar zunächst an dem ältesten (hintersten) neugebildeten Individuum (wiederholte seriale Theilung.) Der zweite, von uns als serial bezeichnete Typus kann auch als Strobilatypus bezeichnet werden. Die seriale Theilung gewinnt bei rascher Aufeinanderfolge grosse Aehnlichkeit mit Knospungsvorgängen, so dass sie oft schwer von denselben zu unterscheiden ist, besonders wenn das eine Theilstück des sich forttheilenden Individuums viel kleiner ist und beinahe als Neubildung erscheint.

Theilungsvorgänge kommen im Thierreiche besonders bei den niedrigeren Typen vielfach vor. Die Theilung kann eine vollständige sein oder eine unvollständige, d. h. es bleiben im letzteren Falle die Individuen in dauerndem Zusammenhang und es kommt zur Cormenbildung (siehe unten; ebenso kann auch Knospung zur Cormenbildung führen). Bei den *Spongien* kommen Theilungsvorgänge häufig vor (daneben auch Knospung). — Bei den *Cnidariern* sind neben der typischen Knospung auch Theilungsvorgänge sehr verbreitet und zwar Quertheilung (vollständige) und Längstheilung (vollständig oder unvollständig). — Bei vielen Turbellarien und Anneliden (Naïdeen, Syllideen etc.) findet sich der oben ausführlicher geschilderte Typus von Quertheilung. Theilungsvorgänge bei den Echinodermen wurden bereits erwähnt. Im übrigen kommt bei den höheren Thieren (über den Anneliden stehend) Fortpflanzung durch Theilung nicht mehr vor. Es wurde mit Recht darauf hingewiesen, dass sie nur bei jenen Thiergruppen sich findet, die auch sonst ein bedeutendes Regenerationsvermögen besitzen.

In jenen Fällen, wo die Theilungsvorgänge einen normalen Process im Lebenscyclus der Thiere bilden, finden sie stets an nicht geschlechtsreifen Individuen statt; mit dem Eintritt der Geschlechtsreife sistiren die Theilungsvorgänge (bei Süsswasserthieren steht oft der Wechsel auch dieser Fortpflanzungsarten in bestimmtem Zusammenhang mit dem Wechsel der Jahreszeiten). In vielen Fällen kommt es zum Dimorphismus zwischen den theilungsfähigen und den Geschlechtsindividuen. Oft kommt dies in sehr ausgeprägter Weise dadurch zu Stande, dass die Theilung an Larvenstadien vor sich geht, also in den Entwicklungsgang eingeschoben ist (siehe unten bei Generationswechsel).

c) Embryonale Theilung (mit vorzeitiger Regeneration).

Solche Thiere, die im entwickelten Zustande zu complicirt sind, um noch durch Theilung sich fortzupflanzen, können sich doch auf frühem embryonalen Stadium, also in einem einfacheren Zustande, durch Theilung vermehren. So ist auch bei Wirbelthieren und sogar beim Menschen eine Vermehrung durch Theilung möglich. Zwillingsgeburten beim Menschen können nämlich auf zweierlei Weise zustande kommen; erstens, indem zwei Eier zur Entwicklung kommen und zweitens, indem der Embryo auf frühem Stadium durch Längstheilung in zwei Embryonen sich sondert, die sich dann beide weiter entwickeln. Solche Zwillingsbildung durch Längstheilung ist bei vielen Wirbelthieren, z. B. bei der Forelle und beim Hühnchen genauer beobachtet. Die Theilung kann auch unvollständig erfolgen, so dass zwei Köpfe an einem Rumpfe oder zwei Hintertheile an einem Vorderkörper sich finden; es gibt alle Abstufungen von den ersten Andeutungen der Doppelmissbildung bis zu solchen Fällen, wo zwei Individuen nur noch durch unbedeutende Theile zusammenhängen, oder endlich vollkommen sich trennen.

Es ist auch ein Fall bekannt, wo die embryonale Theilung als regelmässiger Fortpflanzungsact auftritt. Nach der Entdeckung von KLEINENBERG theilt sich nämlich bei *Lumbricus trapezoïdes* der Embryo bald nach dem Gastrulastadium in zwei Embryonen, welche beide zu normalen Individuen sich weiter entwickeln.

Ueber einige andere auf Regeneration beruhende Vorgänge.

Einige Erscheinungen, die nicht direct als Fortpflanzungserscheinungen zu bezeichnen sind, die aber ebenfalls auf Regeneration beruhen, wollen wir am besten an dieser Stelle besprechen.

Die sogenannte Proglottidenbildung bei den *Cestoden* ist keine vollkommene Fortpflanzung durch Theilung, sondern nur die wiederholte Abstossung eines Körpertheiles, nämlich des Hinterleibes, mit vorzeitiger Regeneration desselben — oder mit anderen Worten Theilung mit einseitiger vorzeitiger Regeneration. Dass die abgestossenen Proglottiden nicht einem Individuum, sondern nur einem Hinterleib (also einer unvollständigen Individualität) entsprechen, lehrt die Vergleichung mit dem ungegliederten *Caryophyllaeus*. Bei Cestodenformen, welche nur eine Wiederholung von inneren Organen, äusserlich aber nur wenig ausgeprägte Proglottidenbildung zeigen (*Ligula*), wäre nach dieser Anschauung die Proglottidenbildung secundär unterdrückt oder verwischt. — Wenn auch in der Proglottidenbildung keine vollkommene Vermehrung der Individuen vorliegt, so leistet doch dieser Process das Gleiche in Rücksicht auf die Oekonomie des Organismus.

Die Abstossung von Körpertheilen mit Regeneration derselben ist auch in anderen Fällen ein normaler Vorgang geworden. Wir wollen hier nur an die Abwerfung des Hectocotylusarmes bei manchen *Cephalopoden*-Männchen erinnern. Die bedeutendste Verwendung hat dieser Process aber bei der Larvenmetamorphose vieler Thiere gefunden. Theile, die bei der Metamorphose einer bedeutenden Umbildung unterliegen müssten, werden oft abgeworfen (oder resorbirt) und durch andere, morphologisch gleichwerthige ersetzt. Es werden z. B. die Tentakel der *Phoronis*-Larve (Actinotrocha) bei der Metamorphose abgeworfen und durch neue ersetzt, die schon vorher an der Basis der ersteren hervorsprossen. Wir sind der Ansicht, dass dies morphologisch gleichwerthige Organe sind und dass ein Abwerfen der Organe mit vorzeitiger Regeneration vorliege. Bei der Metamorphose der Phoronislarve wird auch der ganze Kopflappen mit dem primären Kopfganglion abgeworfen (nach Angaben besonders von Caldwell); wir dürften aber daraus wohl nicht ohne weiteres schliessen, dass dieses Ganglion dem entwickelten Thiere fehle, denn es könnte durch Regeneration wieder ersetzt sein. — Bei vielen Thieren gehen sehr ansehnliche Theile des Larvenkörpers bei der Metamorphose zu Grunde. Oft sind es z. B. nur geringe Theile der Leibeswand, die den Darm umwachsen und den definitiven Körper liefern, während die übrigen Theile der Larve abgeworfen werden (*Pilidium*larven der *Nemertinen*, Larven der Seesterne, Seeigel etc.). Auch hier handelt es sich unserer Auffassung nach um vorzeitige Regeneration der abzuwerfenden Theile. Aehnliches liegt bei der Bildung der Embryonalhüllen bei Insecten und bei den höheren Wirbelthieren (*Amnioten*) vor, doch hier sind es nur weniger wesentliche Theile der embryonalen Leibeswand, die zur Bildung der vergänglichen Embryonalhüllen aufgebraucht werden [1]).

Bei der Metamorphose vieler Insecten unterliegt ein grosser Theil der Gewebe einem Zerfalle (Histolyse) und aus kleinen Theilen der ursprünglichen Organe findet eine Neubildung derselben statt. Auch hier ist also an Stelle einer bedeutenden Umbildung die Regeneration getreten.

Gewiss sind auch viele andere normale physiologische Processe aus dem Regenerationsvermögen abgeleitet, z. B. der Zahnwechsel bei Wirbelthieren, der Wechsel der Borsten bei den Anneliden. Wie weit sich dies überhaupt auf innere und äussere Vorgänge des Organismus anwenden lässt, bei welchen Zellen oder Zellkomplexe zu Grunde gehen und durch andere ersetzt werden, ist jetzt noch kaum abzusehen.

Knospung.

A) Primordiale Knospung. Wenn wir die Knospung bei *Hydra* betrachten, so sehen wir, dass die Knospe als eine kleine warzenförmige Erhebung auftritt; dieselbe wächst in die Länge und gewinnt die Form einer jungen Hydra, indem an ihrem freien Ende ein Tentakelkranz und die Mundöffnung entsteht; endlich löst sie sich vom Mutterthiere und stellt eine selbständige Individualität dar. Eine genauere Untersuchung lehrt, 1) dass die Knospe eine Ausstülpung der mütterlichen Leibeswand ist, so dass beide Körperschichten des Mutterthieres sich daran betheiligen und 2) dass die Differenzirungen, welche die benachbarte Leibeswand zeigt, an diesen wuchernden Schichten der jungen Knospe fehlen, und sich erst allmählich wieder herausbilden.

Diese Art von Knospung hat die grösste Verbreitung in der Abtheilung der *Cnidarier* (zumeist bei den Polypen, ausnahmsweise auch bei den Medusen). Die Knospen können beinahe an allen Stellen des Körpers entstehen, wo immer die zur Bildung der Knospe nothwendigen beiden Körperschichten vorhanden sind, oft sind besondere Ausläufer

---

1) Diese Vorgänge haben viele irrige Anschauungen veranlasst. — So wurde von manchen Forschern das definitive Thier als ein auf ungeschlechtlichem Wege (durch Knospung) erzeugter Sprössling der Larve betrachtet. — Bei Abstossung der Larventheile oder Embryonalhüllen müssen manche Theile secundär mit einander verwachsen, um die Continuität des Körpers wiederherzustellen. Es wäre nun irrig, daraus zu schliessen, dass solche Theile auch phylogenetisch aus getrennten Anlagen entstanden sind; es fehlt aber auch nicht an derartiger morphologischer Beweisführung (Kleinenberg).

des Körpers als Stolo prolifer zur Erzeugung der Knospen bestimmt; nur manche besonders differenzirten Körpertheile sind allgemein von der Erzeugung von Knospen ausgeschlossen, so z. B. die Tentakeln. Die Knospen lösen sich nicht immer vom Mutterthiere ab, sondern häufiger noch ist es der Fall, dass sie zur Cormenbildung verbunden bleiben. Je nach der Art und Weise, wie die Knospen gesetzmässig aufeinanderfolgen, nimmt der Cormus die verschiedenartigste Gestalt an, gerade so, wie bei Pflanzen der Wuchs und die Ramification von der Knospenfolge abhängt.

In vielen Fällen sind die knospenerzeugenden Individuen von den Geschlechtsindividuen verschieden; sie entsprechen oft persistirenden Larvenzuständen.

Aehnlich wie bei den *Cnidariern* spielt auch bei den *Spongien* die Knospung eine grosse Rolle und führt zur Cormenbildung.

B) Fortgesetzte Embryonalknospung. Bei complicirteren Organismen kann nicht mehr an irgend einer beliebigen Körperstelle durch Knospung eine neue Individualität entstehen, sondern nur an bestimmten, zur Knospung prädestinirten Körperstellen. Es muss in diesem Falle der Knospungsvorgang schon in einem Stadium beginnen, wo der ganze Organismus noch einfacher gebaut ist; es entsteht nämlich schon am Embryo eine Primärknospe, an deren Bildung sich die wichtigsten Primitivanlagen des Embryos (entweder die Keimblätter oder auch zahlreichere differente Anlagen) betheiligen, und von dieser Primärknospe spalten sich (direct oder indirect) alle späteren Knospenbildungen des Thieres ab. Die Entwicklung des Individuums aus den Knospenanlagen verläuft in ähnlicher Weise wie die Embryonalentwicklung des ersten Individuums. — Im übrigen ist die Erscheinung ähnlich der primordialen Knospung; die neuen Individuen kommen zur vollständigen Sonderung, oder sie bleiben zur Cormenbildung verbunden.

Wir finden diese Art von Knospung bei den *Endoprocten* und bei den *Bryozoen* (*ectoprocta*), ferner bei vielen *Tunicaten*. Wenn wir die Knospung mit der Theilung vergleichen, so wird uns die vielfache Uebereinstimmung beider Processe auffallen. In jenen Fällen von Theilung, wo die Theilstücke sehr ungleich sind, ist die Aehnlichkeit mit der Knospung eine sehr grosse, doch ist dies wahrscheinlich nur eine Convergenz zu jener Erscheinung, nicht aber ein Uebergang zu derselben. Es ist nicht ausgeschlossen, dass einige der Fälle, welche wir als Knospung betrachteten, bei genauerer Analyse als Theilung gedeutet werden mögen, wir neigen aber nicht zur Ansicht, dass die Knospung im allgemeinen einfach als ungleiche Theilung mit vorzeitiger Regeneration aufzufassen oder von derselben abzuleiten sei[1]). Wir möchten aber hervorheben, dass Regeneration und Knospung auf ähnlichen Grundursachen beruhen. Man kann in gewissem Sinne (wie dies oft geschehen ist) die Regeneration als Knospung eines Körperstückes bezeichnen.

Die Knospung ist im einfachsten Falle (primordiale Knospung) nichts anderes als die allmähliche Isolirung einer grösseren Gruppe von Körperzellen, die sich um eine neue Achse centriren, und ferner eine Wucherung und Neudifferenzirung dieses Materiales. (Die „Achse" ist

---

1) Anders ist dies bei den Protozoen; wir schliessen uns unbedingt der kürzlich von BÜTSCHLI vertretenen Ansicht an, dass dort die Knospung auf ungleiche Theilung zurückführbar sei.

ein ideeller Ausdruck für die Beziehung jeder Zelle zu ihrer Nachbar-
zelle und somit zum Ganzen.) Auf dieses selbe Princip sind auch die
Knospungsvorgänge mit Primärknospe zurückzuführen.

Generationswechsel. Individualitätslehre.

Wir haben bereits früher hervorgehoben, dass die mannigfaltigen
Arten der ungeschlechtlichen Fortpflanzung stets nur neben der geschlechtlichen vorkommen, und zwar in den meisten Fällen derart, dass
die geschlechtlich sich fortpflanzenden Generationen mit den ungeschlechtlich sich vermehrenden in gesetzmässiger Weise alterniren. Wir

A.   B.

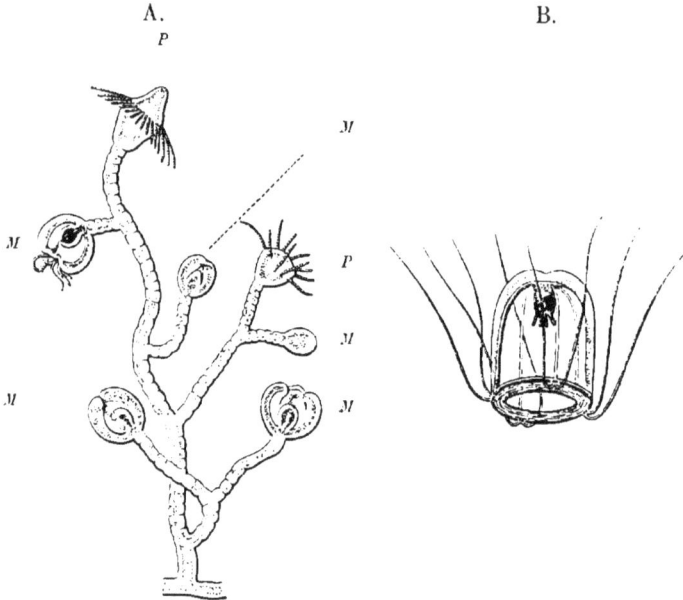

Fig. 235. A. **Stöckchen von** *Eudendrium ramosum.* *P* Polypenindividuen, *M* Medusenknospen. B. Eine junge, freigewordene Meduse (Geschlechtsthier) dieses Stöckchens (*Bou-
gainvillia*-Typus) (nach GEGENBAUR).

haben ferner gefunden, dass in vielen Fällen bedeutende Unterschiede
zwischen diesen (zwei oder mehreren) Generationen auftreten, und dass
diese Verschiedenheit oft dadurch zu Stande kommt, dass die ungeschlechtliche Fortpflanzung an frühen Stadien (Larvenstadien) vor sich geht,
also eine pädogenetische ist. — Wir bezeichnen als Generationswechsel die Erscheinung, dass zwei oder mehrere verschiedenartig sich fortpflanzende und auffallend verschiedenartig organisirte Generationen aufeinanderfolgen.

Der Generationswechsel wurde zuerst von dem Dichter und Naturforscher CHAMISSO bei den *Salpen* entdeckt und dies mannigfache Vorkommen dieser Erscheinung im Thierreiche wurde dann besonders von
STEENSTRUP genauer erforscht.

In jüngster Zeit, nachdem die Erscheinung der Heterogonie bei gewissen *Nematoden* entdeckt wurde, pflegt man auch die auf Parthenogenese beruhenden Vorgänge (bei Blattläusen, Distomeen etc.) vom Generationswechsel auszunehmen und zur Heterogonie zu rechnen. Es scheint aber dem Wortsinn und der historisch herkömmlichen Aus-

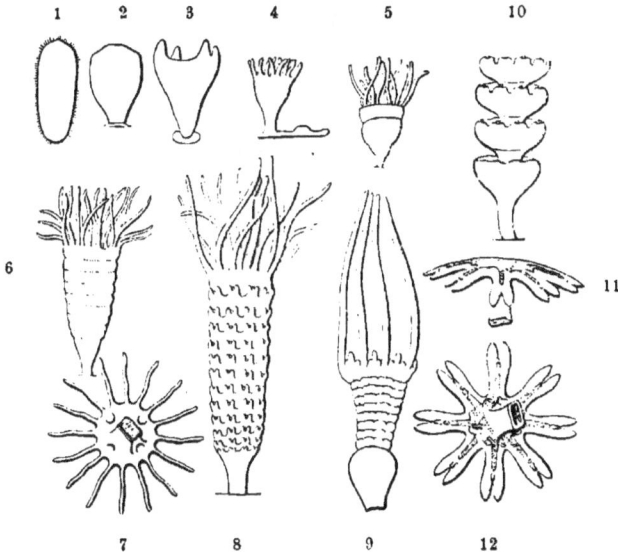

Fig. 236. **Entwicklungscyclus einer** *Scyphomeduse* (*Aurelia*) nach STEENSTRUP und anderen. 1 Die aus dem Ei entstandene Flimmerlarve (Planula). 2 Dieselbe kurz nach dem Festsetzen. 3 Es hat sich ein kleiner 4armiger Polyp entwickelt. 4 Es sind sechzehn Tentakel vorhanden, an der Basis des Polypen entsteht ein Stolo, aus welchem neue Polypen knospen. 5 Ein einzelner Polyp, an welchem die Quertheilung beginnt 6 Die Quertheilung ist weiter vorgeschritten. 7 Polyp, vom Mundpole gesehen. 8, 9 Die Querstücke beginnen sich zu jungen Medusen zu bilden. 10 Die jungen Medusen (sogenannten Ephyren) lösen sich allmählich ab. 11, 12 Die Ephyra von der Seite und von unten gesehen.

druckweise besser entsprechend, jede Aufeinanderfolge verschieden gebauter und verschieden zeugender Generationen als Generationswechsel zu bezeichnen; wir können in gewissem Sinne sogar die Heterogenie von *Rhabdonema nigrovenosa* und *Leptodera* unter den e r w e i t e r t e n B e g r i f f des Generationswechsels fassen. Es handelt sich hier selbstverständlich nicht um eine verschiedene Auffassung, sondern nur um ein Uebereinkommen in Bezug auf die Benennung.

Der Generationswechsel beruht demnach in den verschiedenen Fällen:

    1) auf Heterogonie (z. B. *Rhabdonema nigrovenosa*), (Fig. 229);
    2) auf Parthenogenese (z. B. *Blattläuse, Distomeen*), (Fig. 231);
    3) auf Theilung (z. B. *Scyphomedusen*), (Fig. 236);
    4) auf Knospung (z. B. *Hydromedusen*), (Fig. 235).

Dabei ergeben sich die mannigfachsten Combinationen in der Aufeinanderfolge und den besonderen Eigenthümlichkeiten der Generationen.

Wenn die durch Theilung oder Knospung entstandenen Individuen nicht zu vollständiger Trennung kommen, sondern organisch vereinigt bleiben, so entsteht ein Stock oder Cormus. Die Individuen desselben können gleichartig sein (homomorpher Cormus), oder aber im Sinne der Arbeitstheilung eine verschiedenartige Ausbildung erfahren (polymorpher Cormus). In dem letzteren Falle erscheint die ursprüngliche individuelle Bedeutung oft in hohem Grade verwischt.

Die Erscheinungen der Cormenbildung und des Polymorphismus hat vornehmlich Leuckart, und zwar besonders an dem klassischen Beispiele der *Siphonophoren*, dargelegt. Bei denselben finden sich locomotorische Individuen, Nährindividuen, Fortpflanzungsindividuen etc. in einem Cormus vereinigt und die Art ihrer Thätigkeit, ihr Zusammenwirken, ist ein derartiges, dass sie physiologisch nur noch wie Organe eines Individuums erscheinen. — Auch Haeckel hat diese Fragen eingehend erörtert. Er hat vor allem den Gegensatz von physiologischer und morphologischer Individualität hervorgehoben, und er hat eine Reihe von Graden der morphologischen Individualität aufgestellt. Einige dieser Grade haben sich aber nur als künstlich erwiesen und wir unterscheiden gegenwärtig wieder nur jene Grade der Individualität, welche schon aus den Auseinandersetzungen Leuckart's hervorgehen. Unsere gegenwärtige Eintheilung ist: a) Individuum ersten Grades, Zelle; b) Individuum zweiten Grades, Person; c) Individuum dritten Grades, Cormus. Durch weitere Zusammensetzung können auch Cormen höheren Grades entstehen. Jedes Individuum eines höheren Grades durchläuft bei der Entwicklung stets alle früheren Individualitätsgrade.

In der Natur finden sich die verschiedensten Fälle, die nicht strenge in diese Eintheilung eingereiht werden können, z. B. die Proglottidenbildung der *Cestoden* (vergl. pag. 220). Die Bedeutung des metamerischen Baues (*Articulaten*, *Wirbelthiere*) werden wir später noch zu erörtern haben; es ist die Frage zu beantworten, ob das metamerische Thier als Person oder Cormus, oder etwa ähnlich wie der Cestodenkörper als unvollkommen vervielfältigte Person zu betrachten sei.

Vererbung.

An die Betrachtung der Fortpflanzungserscheinungen wollen wir einige Bemerkungen über die Theorie der Vererbung anknüpfen. Aufgabe dieser Theorie ist es, den ursächlichen Zusammenhang zwischen den Erscheinungen einer Generation und den gleichartigen Erscheinungen einer nachfolgenden Generation zu erklären — oder mit anderen Worten die ganze Kette von Vorgängen zu erklären, welche zwischen diesen Erscheinungen liegen. Die Theorie hat nicht nur die Wiederholung der typischen Erscheinungen zu begründen, sondern sie hat auch auseinanderzusetzen, in welcher Weise neu auftretende Eigenschaften eines Organismus auf die nachfolgenden Generationen weiter vererbt werden (oder auch welche neu auftretenden Eigenschaften vererbt werden) und es wird mit Recht auf diesen Theil der Theorie grosses Gewicht gelegt.

Wir wollen die Vererbungstheorie zunächst nur von der einen Seite betrachten, indem wir uns zuvörderst darauf beschränken, vornehmlich die Wiederholung der typischen Erscheinungen zu erörtern. Wir sehen, dass das complicirte Individuum aus der einfachen Eizelle durch Differenzirungsprocesse sich entwickelt und dass wieder einfache Eizellen (oder Fortpflanzungszellen) von demselben gebildet werden; das Wesen dieser Processe zu erklären ist Aufgabe der Differenzirungstheorie. Ferner beobachten wir, dass die Charaktere zweier Individuen beim Befruchtungsprocesse vermischt werden; das Wesen dieser Vermischung soll durch die Befruchtungstheorie erläutert werden. Dies sind die beiden Theorien, in welche die Vererbungstheorie sich gliedert.

Die **Theorie der Differenzirung** hat eine zweifache Aufgabe; sie hat sowohl die Entwicklung des Organismus aus dem Ei zu erklären, als auch die Wiedererzeugung von Fortpflanzungszellen im Organismus.

Die alte Präformations- (oder Evolutions-) Theorie, welche annahm, dass im Ei der ganze Organismus bereits vorgebildet sei und durch blosses Wachsthum und Auswickelung der Organe in Erscheinung träte, kannte eigentlich keine Differenzirung. Erst CASPAR FRIEDRICH WOLFF, der uns in seiner Theoria generationis mit den Entwicklungsvorgängen im Ei des Huhnes bekannt machte (1759) hat die Differenzirungsvorgänge entdeckt und die Bedeutung derselben gewürdigt (Epigenesis-Theorie). Wir wollen nun einige neuere Theorien betrachten, welche den ursächlichen Zusammenhang der Differenzirungsvorgänge aufzudecken streben.

Es sind dies die „Pangenesis-Theorie" von DARWIN, die „Idioplasma-Theorie" von NÄGELI, und WEISMANN's „Theorie von der Continuität des Keimplasmas". Alle diese Theorien sind als Vererbungstheorien aufgestellt; wir wollen aber an dieser Stelle zunächst jene Theile der Theorien besonders berücksichtigen, welche sich auf die Differenzirung beziehen, um so diese wesentlichen Punkte besser hervorzuheben.

DARWIN nimmt an, dass von allen Zellen des Körpers, also von denjenigen der Haut, der Muskeln, der Knochen, des Gehirns, der Augen etc. kleinste Theilchen (in der deutschen Uebersetzung werden sie Keimchen genannt, man könnte vielleicht bezeichnender Keimtheilchen sagen) sich ablösen und nach den Generationsorganen transportirt werden, um dort in den Fortpflanzungszellen abgelagert zu werden. So kommt es, dass alle Qualitäten aus den verschiedensten Körpertheilen in den Fortpflanzungszellen enthalten sind — und zwar, wie wir besonders hervorheben wollen, neben einander vorhanden sind — und dass dieselben bei der Entwicklung nach den entsprechenden Körpertheilen vertheilt werden und dort in entsprechender Weise zur Geltung kommen. Die grosse Schwierigkeit dieser Theorie liegt darin, zu zeigen, wie alle diese Keimtheilchen, die zu den Fortpflanzungszellen gelangen, dort in eine solche Anordnung kommen, dass sie bei der Entwicklung wieder in entsprechender Weise vertheilt werden können; diese Theorie ist von DARWIN selbst als eine provisorische bezeichnet worden und hat gegenwärtig wohl nur wenige Anhänger.

NÄGELI nimmt an, dass als Ursache aller Differenzirungen eines Organismus das „Idioplasma" zu betrachten sei, eine (theoretisch construirte) Bildung von bestimmtem, complicirtem, und zwar je nach der Höhe der Organisation mehr oder weniger complicirtem Baue. Es wird angenommen, dass neben dem Nährplasma oder „Stereoplasma" das Idioplasma einen charakteristischen und wesentlichen Theil des Zellplasmas bildet. Das Idioplasma soll in gleichartiger Beschaffenheit in allen Zellen des Körpers enthalten sein, und zwar in Form eines Gerüstes von netzartig verzweigten Fäden, welches sich mit dem benachbarten Zellen verbindet, so dass es ein zusammenhängendes Ganze im gesammten Körper der Pflanze oder des Thieres bildet. Das fadenförmige Idioplasma soll aus einer ungeheuren Anzahl von Elementartheilchen aufgebaut sein, die als „Micelle" bezeichnet werden. In einem und demselben Idioplasma gibt es viele verschiedene Qualitäten von

Micellen und die gleichartigen sind zu einander in Längsreihen angeordnet; der Idioplasmafaden besteht daher aus einer grossen Zahl unter sich verschiedener Micellreihen. Bei der durchwegs gleichartigen Beschaffenheit des Idioplasmas ist die Mannigfaltigkeit der Differenzirungen in den verschiedenen Körpertheilen dadurch bedingt, dass in jedem dieser Theile verschiedene Combinationen von Micellreihen zur Geltung kommen (in Erregung oder Thätigkeit sind), während die übrigen Micellreihen in latentem Zustande verharren. Es sind demnach in allen Körperzellen wohl potentiell dieselben Qualitäten vorhanden, nur dass je nach den Umständen bald die einen, bald die andern derselben in Kraft treten. Die Eizelle enthält dasselbe Idioplasma wie alle Körperzellen, und so ist es erklärt, dass alle Qualitäten des Körpers schon in der Eizelle — und zwar, wie wir wieder hervorheben wollen, nebeneinander — vorhanden sind.

Auch WEISMANN nimmt an, dass es ein besonderer Bestandtheil der Zelle sei, der die Differenzirungserscheinungen derselben verursacht und beherrscht. Mit Rücksicht auf die bedeutungsvolle Rolle, die nach den neueren Forschungen der Zellkern bei der Zelltheilung und besonders bei der Befruchtung, sowie auch bei anderen Vorgängen spielt, glaubt WEISMANN in Uebereinstimmung mit vielen anderen Forschern im Kern (und zwar im Chromatin desselben) jenen wichtigen, die Differenzirungen beherrschenden Bestandtheil der Zelle zu finden. Er ist daher auch geneigt, den Namen Idioplasma auf jene Kernsubstanz, welcher ebenfalls eine complicirte Zusammensetzung zugeschrieben wird, anzuwenden; doch stimmen die übrigen Vorstellungen, die W. von der Kernsubstanz hat, wie er selbst auch hervorhebt, wenig zu dem Begriff des NÄGELI'schen Idioplasmas; abgesehen davon, dass die Kerne getrennte Gebilde sind und nicht etwa ein zusammenhängendes Gerüstwerk im Gesammtkörper der Pflanze oder des Thieres bilden, sind sie auch nach der Differenzirungstheorie WEISMANN's nicht von gleicher, sondern von verschiedener Beschaffenheit, denn alle die verschiedenen Qualitäten, die an den verschiedenartigen Zellen des Körpers beobachtet werden, sind begründet in den verschiedenen Qualitäten der zugehörigen Zellkerne. In dem Zellkerne der Eizelle (oder Fortpflanzungszelle) aber sind die Qualitäten jener verschiedenen Zellkerne alle nebeneinander vorhanden. Während der Entwicklung werden diese verschiedenen Qualitäten nach den verschiedenen Zellen vertheilt und zwar ganz entsprechend der successive und gruppenweise erfolgenden Differenzirung der embryonalen Zellen. Es hat demnach das Karyoplasma der Eizelle (oder Fortpflanzungszelle), welches von W. als K e i m p l a s m a bezeichnet wird, den complicirtesten Bau, es erfährt während der Entwicklung durch Auseinanderlegung eine successive Vereinfachung und es hat daher das Karyoplasma in den differenzirten Körperzellen den einfachsten Bau. Die Bildung von neuen Fortpflanzungszellen wird durch die „Continuität des Keimplasmas" erklärt. In gewissen Zellen des Embryo erhält sich nämlich das complicirte Keimplasma und diese Zellen liefern dann die Fortpflanzungszellen. Da dies keineswegs immer undifferenzirte Zellen sind, so wird der Vorgang als eine Versendung des Keimplamas auf dem Wege mehr oder auch weniger differenzirter Zellen betrachtet, die daher neben ihrem specialisirten Karyoplasma auch complicirtes, nicht specialisirtes Keimkaryoplasma enthalten. Also auch nach der Theorie von WEISMANN sollen 1) alle Qualitäten des Körpers in der Eizelle (oder Fortpflanzungszelle) n e b e n e i n a n d e r vorhanden sein. 2) Der complicirten Structur des Keimkaryoplasmas wird aber die einfache Structur des Karyoplasmas der differenzirten Zellen gegenübergestellt. 3) Es sind nach der Auffassung WEISMANN's alle die Arten von Karyoplasma, welche in den

Keimzellen gesammelt, in den differenzirten Körperzellen getrennt auftreten, an und für sich ontogenetisch unveränderliche Gebilde — in gewissem Sinne wieder ähnlich dem Idioplasma Nägeli's.

Wir wollen nun versuchen in folgendem unsere eigenen Anschauungen auseinander zu setzen. In manchen wichtigen Punkten können wir der Theorie Weismann's nicht zustimmen. Wenn wir uns gegen eine so scharfsinnige, festgefügte und mit Berücksichtigung der verschiedensten Erscheinungen aufgebaute Theorie wenden, so wissen wir wohl, dass dies nur aus zwingenden und sehr allgemeinen Gründen geschehen darf. In vielen Punkten finden wir uns in Uebereinstimmung mit den Anschauungen von Strasburger, v. Koelliker, Th. Eimer und Grobben, es ist aber hier nicht möglich im einzelnen darauf hinzuweisen.

a) Constitution der Zelle.

Unter Constitution der Zelle wollen wir die gesammten inneren Bedingungen (Mechanismus und Chemismus) der Zelle verstehen, welche sowohl ihre Thätigkeit, als auch — was wir hier speciell berücksichtigen — ihre Differenzirungserscheinungen verursachen. Wir unterscheiden an der Zelle jene Theile, welche stets schon an der jungen „undifferenzirten" Zelle vorhanden sind, als primäre Theile (primäre Differenzirungen) und andere Bildungen, die später hinzukommen, wie z. B. Einschlüsse, Abscheidungen, Umwandlungsprodukte des Plasmas, als secundäre Differenzirungen. Da die letzteren von den ersteren Theilen verursacht, oder genauer gesagt, erzeugt werden, so kommen nur die primären Bestandtheile als Factoren der Constitution in Betracht.

In jüngster Zeit hat sich vielfach das Bestreben geäussert, auch unter den primären Bestandtheilen der Zelle, dem einen Theile grössere Bedeutung für den Charakter der Zelle zuzuschreiben als den anderen, man hat denselben als überwiegenden, ja sogar als alleinigen Factor der Constitution hingestellt. Eine solche Tendenz liegt schon in der Aufstellung von Nägeli's Idioplasma vor. Eine greifbare Form hat die Annahme gewonnen, da man neuerdings den Zellkern als jenen wichtigen oder alleinigen Factor der Constitution bezeichnete.

Die Function des Zellkerns ist aber noch keineswegs durch die Beobachtung genügend klar gestellt. Während wir z. B. aus den anatomischen Verhältnissen eines Organismus die Function seiner einzelnen Organe erschliessen können, ist es gegenwärtig nicht möglich, aus dem Bau des Zellkerns seine Function zu erklären; unsere Kenntnisse des Baues der Zelle sind eben noch zu unvollkommen und sie sind auch noch fortwährenden Wandlungen unterworfen.

Für die Anschauung, dass der Zellkern allein die Differenzirungen der Zelle beherrsche, lässt sich nur die eine Beobachtung geltend machen, dass bei der Befruchtung der Kern des Spermatozoon in die Eizelle eindringt, dass dieser also — wie man annimmt — allein die Constitution der männlichen Fortpflanzungszelle zu übertragen vermag. Hier ist aber weder die Forschung noch die Erklärung endgiltig abgeschlossen. Wenn vollkommen festgestellt wäre, dass ein Zellbestandtheil allein die Constitution der Zelle übertragen kann, so möchte man aus allgemeinen Gründen zu der Annahme kommen, dass die Verschiedenheit der typischen Zellbestandtheile nur eine actuelle und nicht eine virtuelle wäre — oder aber, dass dieser eine Bestandtheil die übrigen Theile der Zelle aus sich wieder erzeugen könne so dass er dann eigentlich allein als der primäre Theil aufzufassen wäre.

Für die Theorie der Differenzirung ist damit nichts gewonnen, dass wir die Ursachen der Differenzirung statt in die ganze Zelle in einen Theil der-

selben verlegen, es sei denn, dass wir auch die Art seiner Wirkung dar-
legen könnten [1]); sonst ist die Erklärung damit nur zurückgeschoben. Wir
werden daher bei der Fortsetzung unserer Betrachtungen nur von der Constitution der Zelle im allgemeinen sprechen, es bleibt aber jedem unbenom-
men, die betreffenden Auseinandersetzungen auf die Constitution speciell des
Kernes (des Chromatins oder des ganzen Kernes, oder dazu noch der At-
tractionssphäre) zu beziehen.

b) Differenzirungsvorgänge.

Die Differenzirungsprocesse, welche wir bei Protozoen beobachten, sind
im Wesentlichen als Rückdifferenzirung und Aufdifferenzirung zu unterscheiden. So sehen wir z. B., dass bei der Encystirung eines Infusors
seine adorale Wimperzone, seine Griffel, Borsten, Muskelfibrillen rückgebildet
werden, das Infusor nimmt die Form der ruhenden (oder rückdifferenzirten)
Zelle an; diese kann dann unmittelbar wieder aufdifferenzirt werden. Es
kann aber auch zunächst eine wiederholte Theilung der rückdifferenzirten
Zelle erfolgen und erst die Theilstücke erfahren sodann jedes für sich die
Aufdifferenzirung. Wir führen diese fundamentalen Erscheinungen auf die
Constitution der Zelle — d. i. auf die constant bleibenden primären Differenzirungen zurück. Wenn wir einen Theil des Infusorienkörpers entfernen,
so kann derselbe durch eine partielle Aufdifferenzirung ersetzt werden
(Regeneration, Theilung des differenzirten Organismus); daraus sind wichtige Schlüsse auf das Wesen der Constitution zu ziehen, auf die wir hier
nicht näher eingehen können.

Die ursprünglichsten vielzelligen Organismen bestehen aus gleichartigen
Zellen, deren jede durch Rückdifferenzirung zur Fortpflanzungszelle werden
kann, um sodann durch Theilung und Aufdifferenzirung einen neuen Cormus
zu liefern. Die Vorgänge sind hier unschwer auf diejenigen der Einzelligen
zurückzuführen. Aehnlich sind die Verhältnisse bei vielen Pflanzen.

Bei den vielzelligen Organismen mit polymorphen Zellen (z. B. Metazoen)
findet bei der Entwicklung aus dem Ei ebenfalls eine Aufdifferenzirung statt.
Doch ist hierbei noch folgendes zu beachten. Die durch fortgesetzte Theilung aus der Eizelle hervorgegangenen Zellen erfahren nicht gleichartige,
sondern verschiedenartige Differenzirung. Der ganze Differenzirungsprocess
geht nicht an jeder einzelnen Zellindividualität vor sich, sondern die
graduelle Differenzirung betrifft zunächst grössere und bei weiterem Fortschreiten immer kleinere Complexe von Zellen; während dessen nimmt auch
die Zelltheilung noch ihren Fortgang. Die ersten Differenzirungsvorgänge
sind also noch für solche Zellcomplexe gemeinsam, die später verschieden
werden.

Die Bildung der Fortpflanzungszellen geschieht besonders bei den
niedrigeren Metazoen durch Rückdifferenzirung von Zellen, welche schon
in einem gewissen Grade differenzirt waren. Doch ist es bei keinem Metazoon
der Fall, dass alle Arten von Körperzellen befähigt wären, durch Rück-

---

1) Man könnte hierüber mancherlei Theorien aufstellen. Wenn man dem Zellkern
eine bestimmte Function zuschreiben wollte, so müsste man wohl an eine der fundamentalen Functionen, Assimilation, Irritabilität, Contractilität denken; eigentlich ist die Assimilation die ursprünglichste derselben. Durch die Annahme, dass der Zellkern ein Organ
der Assimilation (und somit des Wachsthums) der Zelle sei, liesse sich wohl die grosse
Bedeutung des Zellkerns für die charakteristische Beschaffenheit der Zelle darthun, da diese
ja wesentlich mit der charakteristischen Assimilation zusammenhängt. Wir werden aber
besser bei unseren weiteren Ausführungen von einer solchen oder einer anderen Hypothese
ganz absehen.

differenzirung zu Fortpflanzungszellen zu werden, sondern es gilt dies nur für gewisse Zellen, während die anderen diese Fähigkeit eingebüsst haben. Besonders bei höheren Metazoen kommt es endlich auch vor, dass diejenigen Zellen, welche Fortpflanzungszellen liefern, von den Differenzirungen ausgeschlossen sind, so dass zwischen den Fortpflanzungszellen der einen Generation und denjenigen der nachfolgenden eine continuirliche Reihenfolge undifferenzirter oder embryonaler Zellen besteht (Continuität der Keimzellen) [1]).

Rückdifferenzirung kommt übrigens bei den Metazoen nicht nur bei Bildung der Fortpflanzungszellen in Betracht, sondern auch bei verschiedenen anderen normalen und pathologischen Vorgängen; wir sehen namentlich bei den Regenerationserscheinungen und den verwandten Processen der Theilung und Knospung, durch Rückdifferenzirung von Gewebszellen, Zellmassen von embryonalem Charakter entstehen, welche dann neue Differenzirungen in ähnlicher Weise, wie solche am Embryo erfolgen, erfahren [2]). Sie haben nicht mehr die Fähigkeit, alle Arten der Differenzirung, die im Organismus vorkommen, wieder aus sich hervorgehen zu lassen, aber es ist doch ihre Fähigkeit eine weitere, als sie in ihrem früheren Differenzirungszustande Ausdruck fand. So sehen wir z. B. bei einem Anneliden, bei welchem äusseres Epithel und Centralnervensystem wohl gesonderte Bildungen sind, dass bei der Regeneration des verloren gegangenen vorderen Körperendes ein neues oberes Schlundganglion, Schlundcommissur und ein Stück des Bauchmarks vom Epithel aus entstehen; das äussere Epithel zeigt also jene Fähigkeit, welche beim Embryo das Ectoderm besass. Je niedrigere Metazoen es sind, die wir betrachten, um so allgemeiner können die einen Körperzellen für andere bei der Regeneration eintreten. Bei den Cnidariern sind nur noch die zwei primären Keimblätter die Differenzirungseinheiten, die einander nicht ersetzen können [3]). Bei den Spongien sind vielleicht auch diese noch so wenig different von einander, dass eine beliebige Zellgruppe vielleicht zur Erzeugung des ganzen Körpers ausreicht, wie dies gewiss bei vielen, selbst höheren Pflanzen (*Begonia*) der Fall ist. Wir können also eine actuelle und eine virtuelle Differenzirung der Körperzellen unterscheiden und wir können es als eine allgemeine Regel betrachten, dass die virtuelle Verschiedenheit der Körperzellen stets weniger weitgehend (weniger eng begrenzt) ist als die actuelle Verschiedenheit.

c) Differenzirungs-Ursachen.

Man kann sagen, dass die Differenzirungsvorgänge, die bei der Entwicklung eines Organismus ablaufen, in der Constitution der Fortpflanzungszellen begründet sind, so dass aus der befruchteten Eizelle in dem einen

---

1) Es lässt sich dieser Satz selbst für die höheren Metazoen nicht im strengsten Sinne behaupten, denn in den meisten Fällen erfolgt die Sonderung der Fortpflanzungszellen erst in solchen Stadien, wo der Embryo nicht mehr aus gleichartigen, sondern aus verschiedenartigen Zellen besteht, und wenn wir uns einer tendenziösen Deutung enthalten, so müssen wir in vielen Fällen auch jenen Zellen, welche die Fortpflanzungszellen liefern, einen gewissen Grad der Differenzirung zuerkennen. Oft zeigen schon frühzeitig alle Zellen gewisse Differenzirungen, wir sehen z. B., dass bei der Blastula eines Seeigels alle Zellen Geisselzellen sind und doch kann dies nicht hindern, dass gewisse dieser Zellen direct oder durch Theilung Fortpflanzungszellen liefern.

2) Es ist dies auch so erklärt worden, dass in allen Geweben undifferenzirte embryonale Zellen zurückbleiben.

3) Die Bedeutung der Keimblätter als virtuelle Differenzirungseinheiten ist schon vielfach betont worden; man hat dieselbe aber auch dogmatisch überschätzt und übersehen, dass dieser Charakter bei den niedersten Metazoen erst allmählich sich befestigen musste.

Falle ein Kaninchen, in dem anderen Falle ein menschlicher Organismus hervorgeht. Die Constitution jeder Körperzelle bedingt wieder ihre bestimmte Differenzirung, ihre Fähigkeit der Rückdifferenzirung u. s. f. —

Bei solchen Organismen, wo alle Zellen des Körpers Fortpflanzungs-zellen werden können, nehmen wir an, dass alle Zellen virtuell gleichartig sind und dass ihre Constitution die gleiche ist; wir werden selbst dann, wenn die Zellen actuelle Verschiedenheit zeigen, ihren Polymorphismus als verschiedene Erscheinungsform ein und derselben Constitution erklären können. Für diese Verhältnisse, wie sie bei den Pflanzen vorherrschen, möchten die Vorstellungen NÄGELI's in gewissem Sinne noch anwendbar erscheinen (aber besser noch diejenigen STRASBURGER's).

Bei jenen Organismen aber, wo auch eine virtuelle Verschiedenheit der Zellen auftritt, müssen wir eine verschiedene Constitution von Eizelle und Körperzellen, und auch von diesen unter sich, annehmen; hier er-scheint die Theorie NÄGELI's nicht mehr zutreffend. WEISMANN hat in der That eine Veränderung in der Constitution der Zellen bei der Entwicklung angenommen, doch hat er sie nur als eine Auseinanderlegung der Quali-täten erklärt, welche in der Eizelle vereint, in den Körperzellen gesondert wären. Schon mit Rücksicht auf die Vorgänge der Regeneration müsste aber auch die Theorie W.'s modificirt oder ergänzt werden. Wir können aber auch aus allgemeineren Gründen seinen Ausführungen nicht beipflichten.

Es scheint mehr naturgemäss, nicht eine Auseinanderlegung, sondern eine wirkliche Veränderung der Qualitäten anzunehmen. Die Qualitäten, die in der Eizelle sich finden, verändern sich in der einen Zellgruppe in dieser, in der anderen in jener Richtung. So können wir in der Eizelle eine relativ geringe Zahl von Qualitäten annehmen; die Summe von Quali-täten braucht in der Eizelle nicht grösser angenommen zu werden als in der differenzirten Körperzelle. Wir sehen überhaupt die Bedeutung der polymorphen Vielzelligkeit zum grossen Theil darin, dass trotz der be-schränkten Mannigfaltigkeit der Qualitäten innerhalb der einzelnen Zelle (auch der Eizelle) doch eine viel complicirtere Gesammtleistung des Kör-pers durch Variirung des einen Grundthemas erreicht wird [1]). Eine solche Vorstellung erscheint im Hinblick auf die unendliche Variationsfähigkeit im Chemismus der organischen Verbindungen als wohl begründet. Es sind — um einen Vergleich zu gebrauchen — alle Anilinfarbstoffe nicht etwa im Anilin neben einander vorhanden, sondern sie sind durch geringe Ver-änderung aus einer Grundverbindung ableitbar [2]).

Die Entstehung der Fortpflanzungszellen erklären wir daraus, dass in jedem Organismus virtuell undifferenzirte Zellen bei der Differenzirung zurückbleiben, um die Fortpflanzungszellen zu liefern (Continuität virtueller Keimzellen). Auffallend ist es immerhin, dass z. B. bei den Cnidariern gewisse differenzirte Zellen (entweder endodermale oder ectodermale), welche nach den gegenwärtigen Anschauungen derart beschaffen sind, dass sie nicht unmittelbar für Zellen des anderen Blattes eintreten können, gleich-

---

1) Der Polymorphismus der Zellen ist wohl nach denselben allgemeinen Gesetzen des Polymorphismus zu beurtheilen, welche in so zahlreichen Erscheinungen bei den Organismen zum Ausdruck kommen, und welche wohl zuerst GOETHE in der „Metamorphose der Pflanzen" erkannt hat.

2) Hier müssen wir eine gewisse Uebereinstimmung mit den Anschauungen NÄGELI's hervorheben, nämlich in Bezug auf die Annahme einer Aehnlichkeit in der Constitu-tion aller Körperzellen, welche wir als Homoioplasie bezeichnen wollen. Dieses Princip, welches ich für den richtigen Kernpunkt von NÄGELI's Theorie halte, ist von grösster Bedeutung für die Erklärung zahlreicher Erscheinungen der Organismen (z. B. die corre-lative Abänderung.

wohl Fortpflanzungszellen liefern, aus welchen alle Differenzirungen hervorgehen. Es scheint mir aber hierin für unsere Anschauung keine principiell unüberwindliche Schwierigkeit vorzuliegen.

Es ist hier auch auf den Parallelismus der ontogenetischen und phylogenetischen Entwicklungsweise hinzudeuten. Auch in der phylogenetischen Entwicklung sind die ursprünglich gleichartigen Körperzellen allmählich ungleichartig geworden; sie haben sich aber nicht etwa in ungleichartige Stücke getheilt (wie dies z. B. von der Neuromuskeltheorie für einen speciellen Fall angenommen wird), sondern sie haben sich in verschiedener Richtung ausgebildet.

Man kann wohl annehmen, dass die differente Beschaffenheit der Theile schon vor der Theilung der Eizelle in derselben in gewisser Weise vorbereitet war; wenn man aber die Beziehungen von Fortpflanzungszellen und Körperzellen im Auge behält, so erscheint eine vorzeitige Ausbildung der Veränderungen in diesem Sinne nur in sehr beschränktem Grade möglich.

Wenn wir also die Frage aufstellen, warum die eine Körperzelle diese, die andere jene Veränderung erfährt, so werden wir als eine Hauptursache die Beziehung der Zelle zunächst zu ihren Nachbarzellen und weiter zum Ganzen des Körpers bezeichnen.

Dies wird uns zunächst in Bezug auf die actuelle Differenzirung klar, wenn wir die Regenerationserscheinungen in Berücksichtigung ziehen. Wir wollen versuchen, dies an einem Beispiel zu erörtern. Wenn wir eine Hydra in der Richtung I quer durchschneiden, so sehen wir, dass die Stelle *a* einen neuen Stiel, die Stelle *b* eine neue Mundscheibe mit Tentakelkranz liefert; wenn wir den Schnitt etwas weiter hinten, in der Richtung II, geführt hätten, so würde eben dieselbe Stelle *b* nicht in eine Mundscheibe, sondern in einen Stiel sich verwandelt haben. — Aehnliches gilt auch für die virtuelle Differenzirung der Zelle; hier kommen aber alle Beziehungen in Betracht, unter deren Einfluss die Zelle bei der embryonalen Entwicklung successive sich befindet.

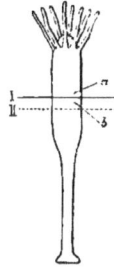

An dieser Stelle wollen wir darauf hinweisen, dass eine vollkommen scharfe Unterscheidung zwischen actueller und virtueller Differenzirung wohl nicht möglich ist; die eine ist als Vorstufe der anderen zu betrachten. In unserer ganzen Darstellung ist der Gegensatz der Verständlichkeit wegen in etwas zu schematischer Weise betont.

Die **Befruchtungstheorie** hat in jüngster Zeit durch die umfassenden Untersuchungen des Befruchtungsprocesses von Seite zahlreicher ausgezeichneter Forscher erst ihr wissenschaftliches Fundament erhalten. Wir wissen gegenwärtig, dass die Befruchtung auf eine Conjugation der Fortpflanzungszellen zurückzuführen ist. Es kann nun nicht mehr von einer blossen Einwirkung des Spermatozoon auf das Ei die Rede sein, sondern es ist die Fortexistenz seiner Organisation im befruchteten Ei und in seinen Producten erkannt worden. Dadurch ist die gleichartige Vererbung von Seite beider Eltern erklärt. Wir wollen uns hier mit diesem Hauptresultat begnügen. Man hat versucht, auch die Einzelheiten der Befruchtungsphänomene, die Bildung der Richtungskörper, Persistenz der Kernschleifen etc. in ihrer Bedeutung für die Vererbung zu erklären. Da die Forschung auf diesem Gebiete noch lange nicht zu einem Abschluss gekommen ist, so haben diese Erklärungen in vieler Beziehung noch einen mehr hypothetischen Charakter, und es ist in dem engen Rahmen unserer Darstellung nicht möglich, das Für und Wider zu erörtern. Wir wollen

hier nur die wichtigsten Erscheinungen hervorheben, welche die Befruchtungstheorie zu berücksichtigen hat: 1) Die Constitution des Kindes ist eine
Mischung der Constitutionen beider Eltern; in ihr ist zur Hälfte die väter-
liche, zur Hälfte die mütterliche Constitution ausgeprägt. 2) Bei den nachfolgenden Generationen (Enkel, Urenkel etc.), welche wieder durch andere
Kreuzung geschlechtlich erzeugt worden sind, ist der Antheil dieser Constitution successive vermindert. Die Züchter bezeichnen gewöhnlich diesen
Antheil eines Erzeugers bei der ersten Generation als Halbblut, bei der
zweiten als $\frac{1}{4}$ Blut, dann als $\frac{1}{8}$, $\frac{1}{16}$ Blut u. s. w. — Wenn auch nicht er-
weisbar ist, dass die Abnahme des Antheiles genau diesem Zahlenverhält-
nisse entspricht, so erscheint doch die Thatsache einer successiven Abnahme
vollkommen sicher begründet. 3) Es sind die Erscheinungen, welche Darwin
als latente Vererbung bezeichnet hat (überspringende Vererbung, Atavismus),
zu erklären. 4) Es sind ferner die Erscheinungen der Bastardirung zu berücksichtigen, und zwar a) Unfruchtbarkeit der Bastarde, b) Rückschlag in
Folge von Kreuzung (!), und endlich 5) die noch sehr räthselhaften und zum
Theil noch zweifelhaften Erscheinungen der Pfropf-Hybride und andere verwandte, von Darwin mitgetheilte Erscheinungen.

Um nun speciell die Frage der **Vererbbarkeit der individuellen Eigenschaften** näher in Betracht zu ziehen, werden wir zunächst das Wesen
dieser individuellen Eigenthümlichkeiten und die Ursachen derselben zu
erörtern suchen.

Darwin betrachtet als Ursache der individuellen Abänderungen die
Einwirkung der äusseren Einflüsse (Lebensbedingungen) auf den Organismus [1]). Er unterscheidet 1) d i r e k t e E i n w i r k u n g, das ist solche, die
den Organismus im allgemeinen betrifft und Veränderungen desselben unmittelbar hervorruft; sie kann a) den ganzen Organismus und b) nur gewisse Theile desselben betreffen; 2) i n d i r e k t e E i n w i r k u n g, das ist
solche, welche die Fortpflanzungsorgane afficirt; die dadurch hervorgerufenen
Veränderungen treten für unsere Beobachtung erst als Veränderungen der
Nachkommen in Erscheinung.

Wie sich diese verschiedenen Fälle in Bezug auf ihre Vererbbarkeit
verhalten, das hat Darwin nicht näher erörtert, er neigt aber zu der Ansicht
hin, dass in den m e i s t e n F ä l l e n Vererbbarkeit anzunehmen wäre.

Darwin sucht daher in seiner Pangenesis-Theorie auch die Vererbung
der direkten Veränderungen des Körpers dadurch zu erklären, dass ja
während des ganzen individuellen Lebens Keimtheilchen von den etwa
veränderten Körpertheilen nach den Fortpflanzungsorganen wandern sollen.
— Auch Nägeli sucht die Vererbung directer Veränderungen zu erklären,
indem er annimmt, dass die Einflüsse, welche an irgend einer Körperstelle
eine Micellreihe treffen, sich als Erregung auf alle gleichnamigen Micell-

1) Manche Naturforscher haben früher behauptet, dass alle individuellen Abänderungen
von der geschlechtlichen Fortpflanzung herrühren, also zumeist nur auf dem immer neuen
Mischungsverhältnisse der Charaktere beruhen. Darwin hat diese Ansicht mit Hinweis
auf die Knospungsvarietäten bei Pflanzen zurückgewiesen. Neuerdings hat Weismann diese
Ansicht wieder aufgenommen, scheint aber dieselbe dann wieder verlassen zu haben. Wie
auch Darwin schon hervorhebt, können die Veränderungen z u m T h e i l auf Kreuzung
beruhen, denn die bei der Befruchtung stattfindende Einwirkung zweier verschiedener Constitutionen aufeinander ist in gewissem Sinne dem Effect veränderter Lebensbedingungen zu
vergleichen (Kölreuter). Doch ist in letzter Instanz die verschiedene Constitution immer
auf die Einwirkung der Lebensbedingungen zurückzuführen.

Man hat ferner versucht, die individuellen Abänderungen als allein aus inneren
Bedingungen der Organismen hervorgehend zu erklären; auch diese Anschauung ist irrig.
Hierauf werden wir noch zurückkommen.

reihen des Körpers fortpflanzen und überall gleichnamige Veränderungen bewirken.

Es ist ein grosses Verdienst Weismann's, diese Frage in jüngster Zeit eingehend erörtert und bedeutend gefördert zu haben. Weismann kommt, entgegen jenen Forschern, zu dem Schlusse, dass die directen Veränderungen des Körpers (die er als somatogene bezeichnet) nicht vererbbar wären. Er erklärt nur die indirekten Veränderungen, welche zunächst die Keimzellen betreffen (die er germogene nennt) als vererbbare. W. begründet diese Anschauung in Zusammenhang mit seiner Theorie von der Continuität des Keimplasmas. Wir wollen aber hervorheben, dass sie von derselben unabhängig auf viel allgemeinerer Basis beruht.

Es wird von W. zunächst dargelegt, dass eine Vererbung directer Veränderungen in keinem der bisher angenommenen Fälle wirklich nachweisbar sei, sondern dass überall eine andere Erklärung möglich oder wahrscheinlich wäre. 1) Die Vererbung von Verletzungen wurde früher oft behauptet, es ist aber nun bei genauerer Prüfung noch kein einziger thatsächlicher Fall bekannt geworden. Angeborene Verstümmelungen (also indirect durch Veränderung der Keimzellen erworbene) sind vererbbar. 2) Die Vererbung von Krankheiten, welche während des individuellen Lebens erworben wurden, sind zurückzuführen a) auf eine infectiöse Uebertragung von Generation zu Generation, indem sogar die Keimzellen als Träger der Infectionskeime dienen können (Syphilis, Krankheit der Seidenraupen u. s. w., die Frage ist eine recht complicirte und es fehlt meist noch der direkte Nachweis der inficirenden Mikroorganismen); b) es kann in vielen Fällen angenommen werden, dass nicht die Krankheit vererbt wurde, sondern die Disposition für dieselbe, welche eine indirect erworbene (angeborene) war. 3) Die Vererbung von Fähigkeiten, welche angeblich durch Uebung erworben wurden, ist anderweitig zu erklären. Wenn z. B. berühmte Musikerfamilien angeführt werden, in welchen das Talent durch viele Generationen sich vererbte, so ist einzuwenden, dass schon der Stammvater dieser Familie ein angeborenes Talent besass, welches ihn zur Wahl dieses Berufes veranlasste. — Die Rückbildung von Fähigkeiten durch Nichtgebrauch der Organe, z. B. die Flugunfähigkeit der Hausente, ist z. Th. aus dem Princip der „Panmixie", z. Th. durch die Zuchtwahl des Menschen zu erklären.

Ferner wird von Weismann gezeigt, dass zur Erklärung der phylogenetischen Abänderung die Annahme der Vererbung directer Veränderungen nicht nothwendig ist; ja in einzelnen Fällen, wie z. B. bei dem Instinct der Bienen, ist es überhaupt nicht möglich, mittelst dieser Annahme (Vererbung directer Veränderungen) eine Erklärung zu erzielen, da die mit dem Instincte ausgestatteten Arbeiterinnen selbst steril sind. Andererseits reicht die Vererbung der indirecten Veränderungen vollkommen zur Erklärung der phylogenetischen Abänderung aus. Ja es ist dies ganz im Sinne der Selectionstheorie, welche mannigfaltige unbestimmte Veränderungen als Substrat der Selection annimmt. Da Darwin dem Gebrauch oder Nichtgebrauch der Organe und der directen Einwirkung des Klimas noch eine gewisse geringe Bedeutung für die phylogenetische Veränderung zugestehen wollte, so sind wir gegenwärtig durch Weismann zu einer schärferen und ausschliesslicheren Anwendung des Selectionsprincips gekommen.

Wir stimmen der von Weismann vertretenen Ansicht vollkommen bei und wollen in unserer folgenden Darstellung dieselbe nur in einigen Punkten erweitern.

Schon bei den Protozoen sind nicht etwa alle Veränderungen des Körpers als vererbbar zu betrachten, sondern nur diejenigen, welche in einer Veränderung der Constitution der Zelle ihren Grund haben [1]). Ueber die Natur derartiger Veränderungen werden wir uns weiterhin noch äussern.

Bei den Metazoen genügt es nicht, dass die Constitution irgend welcher Körperzellen von der Veränderung betroffen werde, sondern es werden nur jene individuellen Veränderungen für vererbbar gelten, welche auf einer Veränderung der Constitution der Fortpflanzungszellen beruhen. Mit anderen Worten: Veränderungen in der Constitution der Körperzellen können nicht derart auf die Fortpflanzungszellen wirken, dass bestimmte, gleichnamige Veränderungen in der Constitution dieser letzteren entstehen [2]). Veränderungen des Körpers wirken gewiss auch auf die Fortpflanzungszellen, doch in mehr unbestimmter Weise, indem sie Variiren derselben veranlassen, also ebenso wie äussere Einflüsse im allgemeinen wirken (wie wir später erörtern werden).

Aeussere Einflüsse sehr allgemeiner Natur, wie Klima, Ernährung, welche in mehr bestimmter Weise auf den ganzen Körper wirken, indem sie z. B. Veränderungen in der Behaarung, Farbe, Grösse veranlassen, werden auch in den Fortpflanzungszellen gleichnamige latente Veränderungen bewirken (in Folge der Homoioplasie der Zellen), welche erst in der nächsten Generation zur Geltung kommen. Es hat hier nun den Anschein, als ob directe Veränderungen des Körpers vererbt würden, in Wirklichkeit werden aber die gleichnamigen indirecten Veränderungen der Fortpflanzungszellen vererbt.

In Bezug auf die Natur der Veränderungen, welche durch äussere Einflüsse in der Constitution der Eizelle hervorgebracht werden, müssen wir folgendes besonders hervorheben.

1) Schon DARWIN hat gezeigt, dass die äusseren Einflüsse a) bestimmte Veränderungen bewirken können (die vorerwähnten Beziehungen von Klima, Nahrung zur Behaarung, Farbe, Grösse etc.), dass aber b) unbestimmte Variabilität ein viel häufigeres Resultat veränderter Bedingungen sei, und er hebt hervor, dass gerade diese das wichtigste Material für die natürliche Zuchtwahl liefert. Das, was von der unbestimmten Variabilität ausgesagt wird, scheint mir nun besonders für die indirecten Veränderungen Geltung zu haben.

2) DARWIN erklärt weiter (in Uebereinstimmung mit einer Aeusserung von WEISMANN), dass beim Variiren zweierlei Factoren thätig sind, nämlich die Natur des Organismus und die Natur der Bedingungen. Das Erstere

---

1) Wir werden dies am besten an einem wohl etwas schematischen Beispiele versinnlichen: Eine locale Veränderung z. B. am vorderen Ende eines Infusors würde bei Vermehrung desselben durch Quertheilung nur in das vordere neue Individuum direct übergehen und nach wiederholter Theilung also nur auf einen von den zahlreichen Theilsprösslingen direkt überkommen; bei allen anderen müsste diese Veränderung neugebildet werden und dies wäre nur dann möglich, wenn sie auf der Constitution der Zelle beruhte. Ebenso wird diese Veränderung bei der Encystirung aufgehoben und müsste dann wieder neu gebildet werden.

2) Die Vererbbarkeit von Verletzungen muss auch denjenigen Naturforschern unwahrscheinlich scheinen, die im übrigen wohl eine Vererbbarkeit directer Veränderungen anzunehmen geneigt sind; denn man sieht, dass Verletzungen sehr allgemein schon am selben Individuum durch Regeneration wieder aufgehoben werden. Es ist auch schon mehrfach hervorgehoben worden, dass die negative Beobachtung weder für die eine, noch für die andere Anschauung etwas beweist. Anders wäre es allerdings, wenn die positive Beobachtung der Vererbung einer Verletzung gemacht würde, was aber bei dem gegenwärtigen Stande der Frage wohl niemand mehr ernstlich erwartet.

scheint bei weitem das Wichtigere zu sein. Die Organismen haben also selbst unter verschiedenartig veränderten Bedingungen d i e N e i g u n g, in g e w i s s e r m a a s s e n b e s t i m m t e r R i c h t u n g zu v a r i i r e n [1]).

3) Von grösster Bedeutung für unsere Anschauung über das Wesen des Variirens sind die Erscheinungen des c o r r e l a t i v e n A b ä n d e r n s, auf welche Darwin in scharfsinnigster Weise hingewiesen hat. Das Variiren der verschiedensten Körpertheile steht in gegenseitiger Beziehung. Es sind z. B. lange Beine — wie die Thierzüchter glauben — beinahe immer von einem verlängerten Kopfe begleitet; Farbe und Eigenthümlichkeit der Constitution stehen mit einander in Verbindung u. s. w. [2]).

Die Correlation des Abänderns zeigt uns wieder die Beschränktheit der Mittel, welche der Natur zur Verfügung stehen und mit welchen sie doch so grosse Erfolge erzielt. Es kann nicht der eine Körpertheil in dieser, der andere in jener Richtung variiren, sondern es herrscht eine bedeutende Gebundenheit und Begrenztheit der Variabilität. In merkwürdigster Weise machen sich die Gesetze des correlativen Abänderns in der gleichartigen phylogenetischen Veränderung homodynamer Organe geltend (man vergleiche die Uebereinstimmung der vorderen und hinteren Extremitäten bei den verschiedenen Wirbelthieren). Die Homoioplasie gibt dem ganzen Körper sein einheitliches Gepräge.

Die Erscheinungen des correlativen Abänderns sind vorwiegend aus der Homoioplasie der Zellen zu erklären. Die Abänderung einer Qualität der Eizelle (Fortpflanzungszelle) verursacht gleichnamige Abänderungen in allen bei der Entwicklung von ihr abstammenden Körperzellen, die aber in den verschiedenen Körpertheilen in verschiedener Weise in Erscheinung treten. E i n e V e r ä n d e r u n g i n d e r C o n s t i t u t i o n d e r E i z e l l e b e d i n g t e i n e V e r ä n d e r u n g i n d e r C o n s t i t u t i o n j e d e r K ö r - p e r z e l l e, d. i. d e s g e s a m m t e n K ö r p e r s.

---

1) Dieselbe Thatsache haben auch andere Forscher beachtet (Nägeli), doch hat dies dieselben zu der irrigen Theorie von der „phylogenetischen Entwicklung aus inneren Bedingungen" geführt (Zielstrebigkeit der Phylogenie). Thatsächlich zeigen uns diese Erscheinungen nur die engen Grenzen der Veränderlichkeit; trotz dieser Beschränkung wird der phylogenetischen Veränderung ihre ganz bestimmte Richtung durch die Selection gegeben. Diese allein kann uns die mannigfaltigen gegenseitigen Anpassungen der Organismen erklären.

2) Man hat im allgemeinen diese scharfsinnigen Andeutungen Darwin's noch wenig beachtet. Ja ich habe sogar folgenden, allerdings aus einer vergangenen Epoche stammenden Ausspruch gelesen: „Die Hinweisungen auf unbekannte Wechselbeziehungen des Wachsthums sind unzulässig .... Es ist ein Verstoss gegen die exacte Methode und unsere Zeit rechnet nicht mit nebelhaften Wechselbeziehungen" (Schmarda, Z o o l o g i e, 1871). Man darf ferner das correlative Abändern nicht etwa zusammenwerfen mit dem Gesetz des bestimmten gegenseitigen Verhältnisses der Organe in Bezug auf Grösse, Ausbildung etc., welches von Geoffroy-St. Hilaire als „principe du balancement des organes" und vielfach wohl auch als „Correlation der Theile" bezeichnet wurde, denn dieses ist vorwiegend ein Resultat der beständig wirkenden Naturzüchtung (vergl. Roux' „Kampf der Theile im Organismus").

ELFTES CAPITEL.

1. Cladus der Metazoa.

Spongiaria.

Die Spongien sind Metazoen mit persistirender Primärachse; — mit obliterirtem Protostoma, — am Protostompol festsitzend; — mit einer Auswurfsöffnung (Osculum) am Apicalpol; — mit zahlreichen, verschliessbaren, an der Körperoberfläche zerstreuten Poren, die mittelst wassereinführender Kanäle in das Urdarmsystem münden; — sie besitzen eine vom primären Endoderm abstammende Mesodermschichte, welche aus einer gallertigen Grundsubstanz und eingelagerten Zellen besteht; die Mesodermzellen erzeugen die Skeletbildungen und liefern die Geschlechtsproducte; — meist cormenbildend.

Allgemeine Formgestaltung.

Die Spongien sind festsitzende Metazoen von überaus mannigfacher Körperform; ihre Grösse schwankt von wenigen Millimetern bis zu etwa einem Meter.

Die Grundform des Einzelindividuums ist die eines einachsigen Hohlkörpers, der an dem einen Pole festsitzt, an dem anderen Pole mit einer Oeffnung (der Auswurfsöffnung oder Osculum) versehen ist. Zahlreiche kleinere, mit freiem Auge kaum sichtbare Oeffnungen sind über die Körperoberfläche zerstreut und stehen mit dem centralen Hohlraum in Verbindung (Einfuhröffnungen oder Poren). — Je nachdem die Hauptachse eine langgestreckte oder verkürzte ist, erscheint die Form des Individuums als eine langgestreckt schlauchförmige, oder als die eines ovoiden oder kugeligen Hohlkörpers, oder selbst einer hohlen Platte, die mit breiter Fläche festgewachsen die jeweilige Unterlage krustenartig überzieht. Selten treten Andeutungen eines radiären Baues auf.

Fig. 237. Einzelindividuum eines Kalkschwammes, *Ascortis* (nach E. Haeckel).

Die Formgestaltung wird auch noch durch die häufige Cormenbildung beeinflusst, wobei die verschiedenartige Anordnung und die mehr oder minder ausgeprägte Sonderung der Einzelindividuen maassgebend ist. Wir kennen rasenförmige oder baumförmig verästelte Cormen, bei welchen die Einzelindividuen nur an der Basis mit einander zusammenhängen. In anderen Fällen, wo die Wandungen der Einzelindividuen nur unvollkommen von einander gesondert sind, bildet der Cormus eine compacte Masse, an der äusserlich die Vielzahl der Individuen nur durch die vermehrten Oscula angedeutet ist. — Im allgemeinen können wir die Anzahl der Individualitäten nach der Anzahl der Oscula bestimmen; doch gibt es auch Cormen, bei welchen ein Theil der Individuen keine Oscula besitzt, wodurch die Unterscheidung derselben oft sehr erschwert wird. —

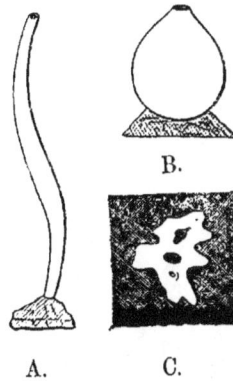

Fig. 238. A. Ein röhrenartig verlängerter Kalkschwamm (vergrössert). B. Eine knollenförmige *Chondrosia*. C. Eine krustenartige *Plakina*. (Nach verschiedenen Autoren.)

Principiell ist die Anzahl der Hauptachsen für die Anzahl der Individuen bestimmend [1]). Die Gastralhöhlen der Einzelindividuen stehen mit einander meist an der Basis in Verbindung.

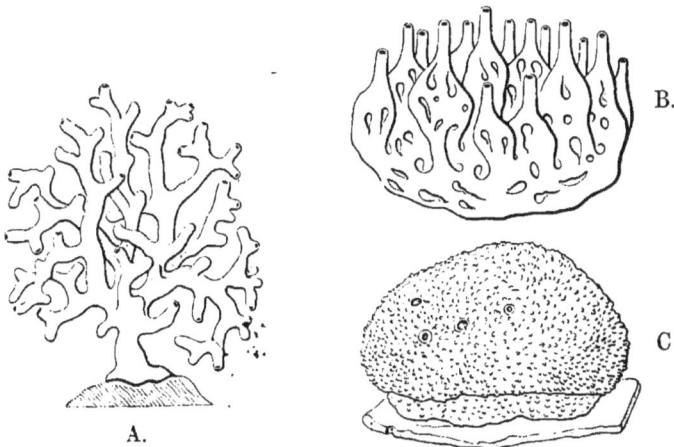

Fig. 239. A. Ein baumförmig verästelter Cormus eines Kalkschwammes, *Ascyssa*, vergrössert, nach HAECKEL. B. Ein rasenförmiger Cormus eines Kalkschwammes, *Leucandra*, vergrössert nach HAECKEL. C. Compacter Cormus mit mehreren Oscula vom Badeschwamm. *Euspongia*, nach F. E. SCHULZE.

1) HAECKEL geht aber wohl zu weit, wenn er den durch tiefe Einbuchtungen zertheilten Körper mancher Kalkspongien (*Nardorus*form) für einen einmündigen Cormus hält.

Schichtenbau und histologische Differenzirung.

Die Wandung des Spongienkörpers ist aus drei Schichten, dem Ectoderm, Mesoderm und Endoderm aufgebaut.

Das Ectoderm ist eine einschichtige Zellenlage von sehr dünnen, platten Zellen (bei *Oscarella* sind diese Zellen etwas ansehnlicher und mit je einer Geissel versehen).

Das Endoderm kleidet als ein durchwegs einschichtiges Epithel die einfache oder complicirtere Urdarmhöhle aus. Im einfachsten Falle sind alle Zellen desselben gleichartig und besitzen die ganz charakteristische Form der Kragenzellen. Es sind dies hohe Zellen, die mit einer Geissel versehen sind, deren Wurzel ein eigenthümlicher protoplasmatischer Kragen umgibt. Von Interesse ist die Aehnlichkeit dieser Zellen mit den Choanoflagellaten. In den meisten Fällen sind diese Kragenzellen aber nur auf gewisse Stellen der complicirter gestalteten Urdarmhöhle beschränkt (Geisselkammern), während das übrige Endoderm aus dünnen abgeplatteten Zellen besteht, ähnlich denjenigen des Ectoderms.

Fig. 240. **Schematischer Durchschnitt eines rasenförmigen Cormus** (nach HAECKEL, etwas verändert).

Das Mesoderm bildet die Hauptmasse des Körpers; es besteht aus einer gallertigen Grundsubstanz und darin eingelagerten Zellen,

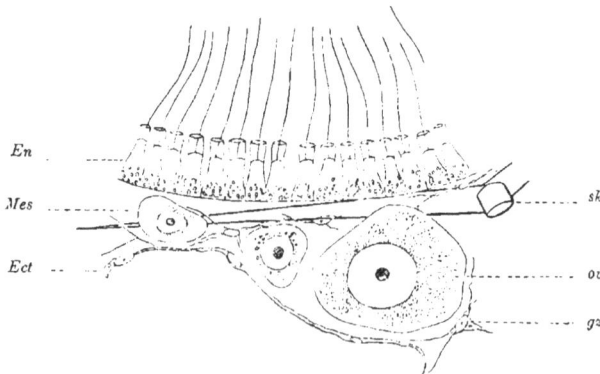

Fig. 241. **Körperschichten einer Spongie** (*Sycon raphanus*) nach F. E. SCHULZE. *Ect* Ectoderm, *Mes* Mesoderm, *En* Endoderm (Geisselzellen finden sich nur in den Geisselkammern), *gz* Bindegewebszellen der Gallertschichte, *ov* junge Eizellen, *sk* Theil einer dreistrahligen Kalkskelettnadel.

ferner speciellen, von den Mesodermzellen ausgeschiedenen Skelettbildungen und den durch Umwandlung von Mesodermzellen entstandenen Geschlechtsproducten.

Die Mehrzahl der Mesodermzellen hat demnach die Bedeutung von Bindegewebszellen, da sie theils als Matrixzellen der Gallerte fungiren, theils auch die speciellen Skelettbildungen liefern, die in dem Spongienkörper in der Regel eine bedeutende Rolle spielen und entweder als Kalk- oder Kieselgebilde in grosser Anzahl und oft sehr bestimmter Anordnung das Gewebe durchsetzen oder als ein zusammen-

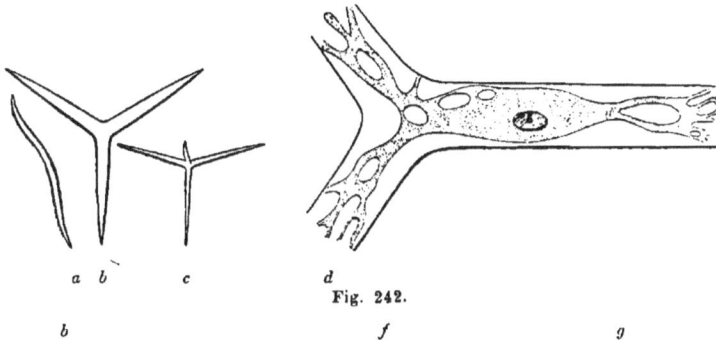

a b   c   d
Fig. 242.

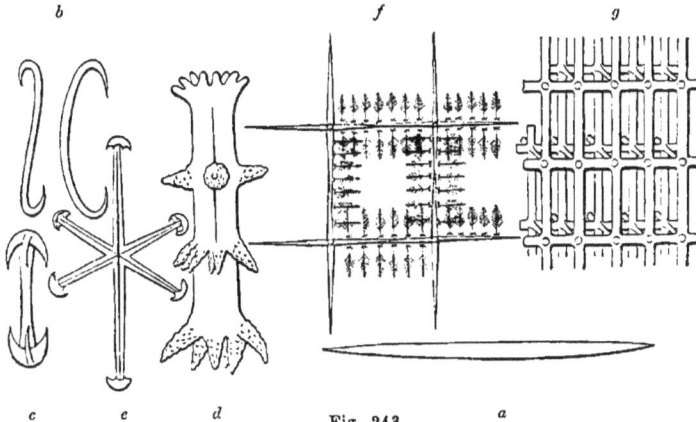

b   f   g

c   e   d   Fig. 243.   a

Fig. 242. **Kalkspicula von Kalkschwämmen.** a Stabnadeln, b Dreistrahler, c Vierstrahler, d Stück eines Dreistrahlers mit Bildungszelle.

Fig. 243. **Kieselgebilde.** a, b, c, d einachsige Kieselkörperchen, e triaxiales Kieselkörperchen, f, g nach dem triaxialen Typus aufgebaute Skeletttheile von *Hexactinelliden*.

Fig. 244. **Stückchen eines Durchschnittes aus dem Mesoderm einer Hornspongie.** Man sieht eine verästelte Spongiolinfaser, die von epithelartig angeordneten Spongioblasten umgeben ist; daneben verästelte Mesodermzellen (Fig. 242, 243 noch versch. Autoren, Fig. 244 nach F. E. Schulze).

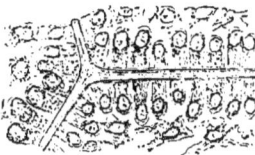

Fig. 244.

hängendes Gerüstwerk von Spongiolinfasern auftreten. Bei den Kalkschwämmen finden sich sowohl einfache, als dreistrahlige und vierstrahlige Kalknadeln, die zum Theil auch die Gewebe durchbrechen und nach aussen vorragen. Viel mannigfaltiger sind die Kieselgebilde der Glasschwämme und Kieselhornschwämme, die oft im Inneren je einer Zelle gebildet

werden. Die Hornfasernetze (Spongiolinfasern) der Hornschwämme sind
von zahlreichen Spongioblasten, die um dieselbe eine vollständige Zellschichte bilden, überzogen [1]).

Gewisse spindelförmige Mesodermzellen in der Umgebung der Poren
sind als Muskelzellen gedeutet worden. (In jüngster Zeit wurden
auch mesodermale Ganglienzellen (?) beschrieben.)

Ein Theil der Mesodermzellen hat die Bedeutung von Fortpflanzungszellen. Die Eier entstehen, indem solche vereinzelte
Zellen sich durch Wachsthum vergrössern und eine rundliche Form

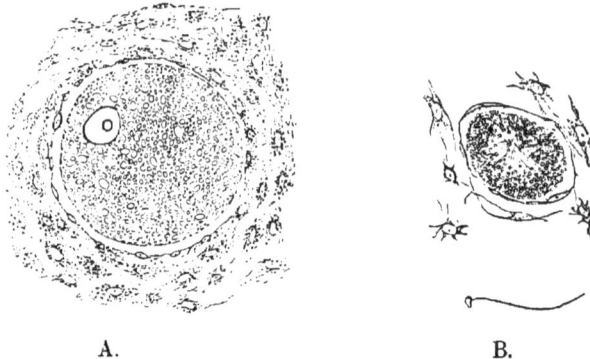

A.   B.

Fig. 245. A. Eizelle, mit Dotterkörnchen, innerhalb des Mesoderms gelegen, von
Aplysilla (nach F. E. Schulze). B. Spermaballen, der aus einer Samenmutterzelle hervorgegangen ist, innerhalb des Mesoderms gelegen, von *Oscarella* (nach F. E. Schulze).

annehmen; oft werden sie dann von der Gallerte durch eine dünne
Schichte von platten Zellen abgegrenzt. Auf ähnliche Weise entstehen
die Samenmutterzellen, welche Massen von stecknadelförmigen Spermatozoen liefern [2]).

Modificationen des Körperbaues.

Die wichtigsten Modificationen des Baues beruhen auf Differenzirungen der inneren Hohlräume.

Bei der Ordnung der Kalkschwämme kennen wir im wesentlichsten
drei Haupttypen, die Ascon-, die Sycon- und die Leucon-Form. Die
einfachste Form ist der Ascontypus. Das Einzelindividuum ist hier

---

1) Es drängt sich wohl die Frage auf, ob hier nicht in die Tiefe gewucherte Cuticularbildungen, also ein Epithelialskelet vorliege, ähnlich wie dies für die Skeletbildungen der
Actinozoen neuerdings nachgewiesen wurde.
Zur Erklärung der so merkwürdig gesetzmässigen Formen der Spongiennadeln hat
in jüngster Zeit F. E. Schulze eine bedeutsame Theorie aufgestellt. Er hat gezeigt, dass
die gesetzmässigen Achsenverhältnisse der Skeletnadeln durchaus abhängig sind von der
gesetzmässigen Anordnung der von ihnen gestützten Wimperkammern bei den verschiedenen
Classen der Spongien.
2) Ob die Genitalzellen wirklich aus verästelten Mesenchymzellen entstehen, kann trotz
der sorgfältigsten Untersuchungen wohl noch nicht mit vollkommener Sicherheit behauptet
werden; es wäre immer noch an die Möglichkeit zu denken, dass vergrösserte Endodermzellen in die Gallerte hinein wandern, wie dies ursprünglich von Haeckel für die Kalkschwämme angegeben wurde.

schlauchförmig mit endständigem Osculum; der centrale Hohlraum, in welchen die Poren münden, ist gleichmässig mit Geisselepithel ausgekleidet. Eine zweite Hauptform der Kalkschwämme ist der Sycontypus, bei welchem die Urdarmhöhle in periphere Blindsäcke, die Radialtuben, ausgezogen ist, welche einen centralen Hohlraum umgeben. Die Kragenzellen sind auf die Radialtuben beschränkt, während das Endoderm der centralen Höhle als ein dünnes Plattenepithel erscheint.

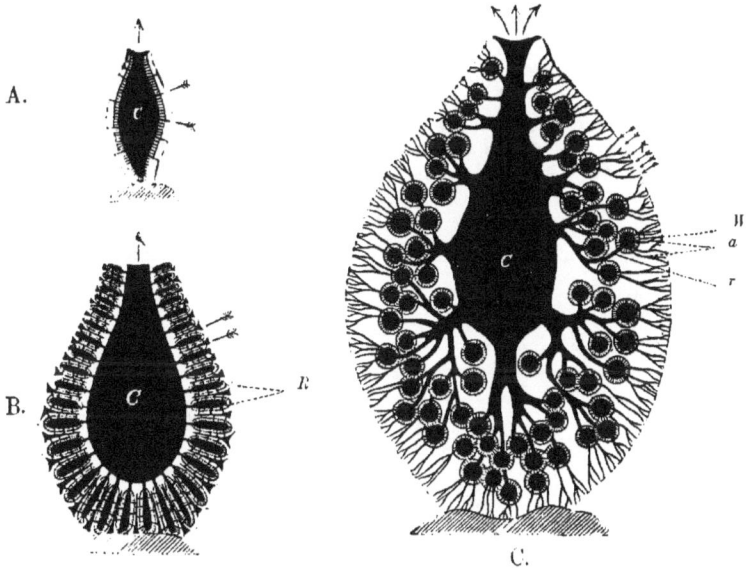

Fig. 246. Schematische Durchschnitte der drei Typen der Kalkschwämme (nach HAECKEL, z. Th. etwas verändert). Die äussere Contour bedeutet das Ectoderm, die weisse Schichte das Mesoderm, die gestrichelte Schichte die Kragenzellen des Endoderms. Das innere Hohlraumsystem ist schwarz gehalten, die Pfeile zeigen die Richtung des Wasserstromes an. A. Ascontypus. Der innere Hohlraum (C) ist ganz von Geisselzellen ausgekleidet. B. Sycontypus. Der Centralraum (C) ist von platten Endodermzellen ausgekleidet und die Geisselzellen sind auf die Radialtuben (R) beschränkt. C. Leucontypus. Die Geisselzellen sind auf die Wimperkammern (W') beschränkt. Die Körperoberfläche sowie die zuführenden Canäle (a) sind von platten Ectodermzellen, der innere Hohlraum (C) sowie die abführenden Canäle (r) sind von platten Endodermzellen ausgekleidet; die Wimperkammern scheiden demnach die Ectodermzone von der Endodermzone.

Bei dem dritten Typus der Kalkschwämme, den Leuconen, finden sich die Kragenzellen auf zahlreiche kleine, kugelige Hohlräume beschränkt, die peripher um den centralen Hohlraum angeordnet sind. Jede Wimperkammer besitzt je eine zuführende und eine abführende Oeffnung. Ein System von zuführenden Canälen, die mit ectodermalem Plattenepithel ausgekleidet sind, verbindet die Poren der Oberfläche mit den Geisselkammern, während ein System von abführenden Canälen von diesen zur centralen Cavität führt. Die abführenden Canäle und der Centralraum sind von endodermalem Plattenepithel ausgekleidet.

16*

Alle anderen Ordnungen der Spongien (die Fleischschwämme, Hornschwämme, Kieselhornschwämme, Glasschwämme), die auch als Fibro-
spongien zusammengefasst werden, schliessen sich in ihrem Bau dem
Leucontypus nahe an. Es kommen wohl noch specielle Complicationen
hinzu. So tritt z. B. häufig ein System von subdermalen (von Ectoderm ausgekleideten) Hohlräumen auf, von welchem erst die zuführenden
Kanäle ausgehen. Oft ist der centrale Hohlraum von einem Gerüstwerk
durchsetzt u. s. w.

Fortpflanzung und Entwicklung.

Bei den Spongien kommt ausser der geschlechtlichen Fortpflanzung
oft auch Theilung und besonders häufig Knospung vor. Bei den süsswasserbewohnenden *Spongillen* und einigen Meeresspongien sind auch
eigenthümliche, aus eingekapselten Zellmassen entstehende Keimkörper,
die sogenannten G e m m u l a e zu beobachten.

Die Spongien sind getrenntgeschlechtlich oder Zwitter; in letzterem
Falle reifen Eier und Samen meist zu verschiedenen Zeiten.

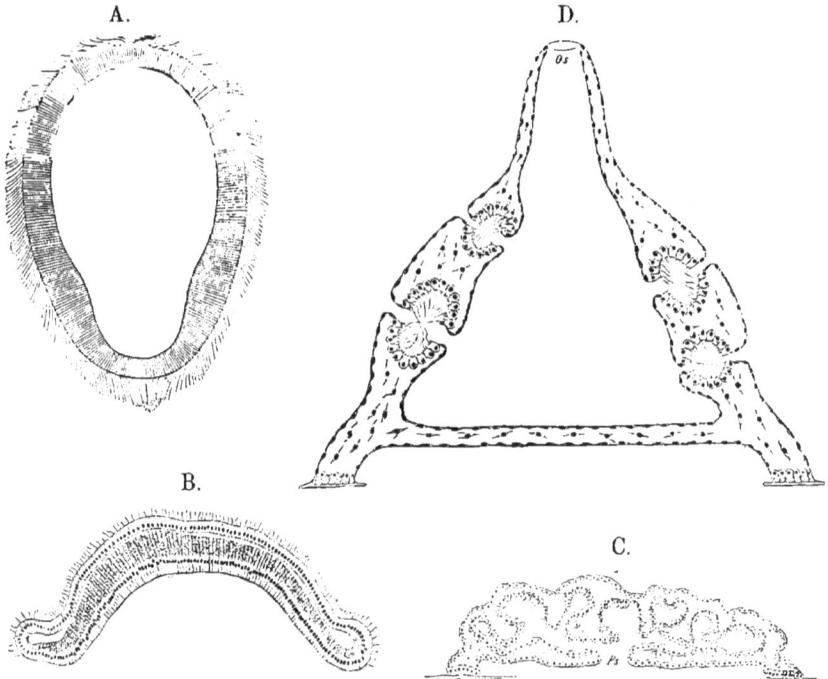

Fig. 247. Entwicklung von *Oscarella lobularis*, nach Heider. **A.** Blastulalarve,
B. Gastrulastadium, C. Schliessung des Gastrulamundes ist weit vorgeschritten, am Rande der
Protostomseite finden sich kleine, füsschenartige Fortsätze zum Zweck der Befestigung; das
Endoderm zeigt Aussackungen als Anlagen der Wimperkammern, Mesodermzellen finden
sich zwischen den primären Blättern. D. Junger Schwamm mit Osculum und Poren. Sämmt-
lich Schnitte in der Richtung der Achse.

Die ersten Entwicklungsvorgänge an den befruchteten Eiern gehen stets innerhalb des mütterlichen Körpers vor sich und erst die bewimperten Larven werden aus demselben ausgestossen.

Wir kennen zwei Haupttypen von Larvenformen: 1. Blastulalarven und 2. parenchymatöse Larven.

Die Blastulalarven entstehen stets durch adäquale Furchung; sie entsprechen der Grundform der einachsigen heteropolen Blastula. — Als reinen Typus können wir die eiförmige Larve von *Oscarella* betrachten, die aus lauter hohen Geisselzellen zusammengesetzt ist. — Es ist auch die weitere Entwicklung dieser Blastulalarven genauer verfolgt worden. Die Gastrulation erfolgt erst während der Festsetzung durch Abplattung der Blastula und Einstülpung der Endodermhälfte; es ist der Protostompol, mit welchem die Gastrula sich befestigt. Das Protostoma kommt zum vollständigen Verschluss und am Apicalpol bricht später das Osculum durch. Das Ectoderm plattet sich ab. Zwischen den primären Blättern bildet sich eine Gallertschichte, in welche Zellen, wahrscheinlich aus dem Endoderm, einwandern. Bei *Oscarella* werden frühzeitig durch Faltung die Wimperkammern vom Centralraum abgegliedert. — Bei der Blastulalarve von *Sycandra* ist die eine Hälfte aus grossen, dunkelkörnigen Zellen zusammengesetzt, während die andere Hälfte aus hohen, hellen Geisselzellen besteht. Die grossen Zellen haben sich (entgegen der früheren Deutung HAECKELS) als Anlage des Ectoderms, die Geisselzellen als die des Endoderms erwiesen. Diese Beschaffenheit des Ectoderms ist eine ganz specielle Eigenthümlichkeit der Sycandralarve, welche schon den nächsten Verwandten fehlt und welcher mit Unrecht allgemeinere Bedeutung zugeschrieben wurde. Auch hier wird der Gastrulamund zum Festsetzungspol, und gegenüber bricht eine neue Oeffnung als Osculum durch; hier wurde diese fundamentale Beobachtung zuerst gemacht (F. E. SCHULZE) [1]).

Die parenchymatösen Larven entstehen entweder durch adäquale Furchung mit nachfolgender polarer Einwucherung von Zellen in die Furchungshöhle (ganz ähnlich der Gastrulation vieler Hydrozoen), oder durch einen inäqualen Furchungsmodus, wobei eine frühzeitige Schichtung der Zellen auftritt. Sie unterscheiden sich von den Blastulalarven dadurch, dass der innere Raum ganz von Zellen erfüllt ist, die oft sogar schon ein Gewebe bilden, das in hohem Grade dem Mesoderm gleicht und sogar schon Skeletnadeln (bei den Kieselschwämmen) enthalten kann. Bei vielen Parenchymulalarven ist an dem einen Pole (wahrscheinlich der Festsetzungspol) das Epithel der Oberfläche von besonderer Beschaffenheit und oft auch zu einer Concavität vertieft (z. B. bei den Larven der Hornschwämme *Spongelia, Euspongia*). — Man möchte wohl die centrale Zellmasse als frühzeitig differenzirtes Mesoderm und die vertiefte Epithelplatte für die Anlage des Endoderms halten (Fig. 249 A). Doch fehlt uns die entscheidende direkte Beobachtung über die Festsetzung und Verwandlung dieser Larven. Kurze Zeit nach

---

1) An die flache Gastrula der Spongien erinnert ein merkwürdiger von F. E. SCHULZE entdeckter Organismus, *Trichoplax adhaerens;* derselbe hat den Bau einer dreischichtigen, wimpernden Platte; es wurde Fortpflanzung durch Theilung beobachtet. So lange der geschlechtsreife Zustand des *Trichoplax* unbekannt ist, kann seine systematische Stellung kaum beurtheilt werden.

A.   B.

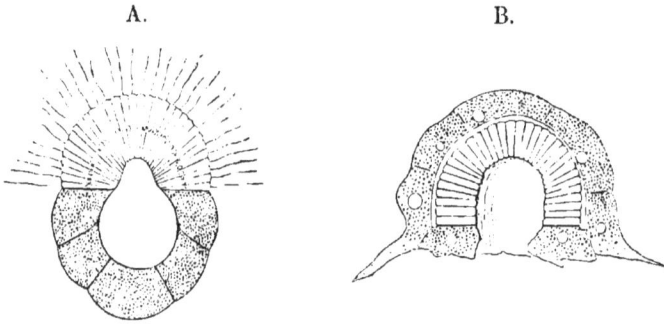

Fig 248.

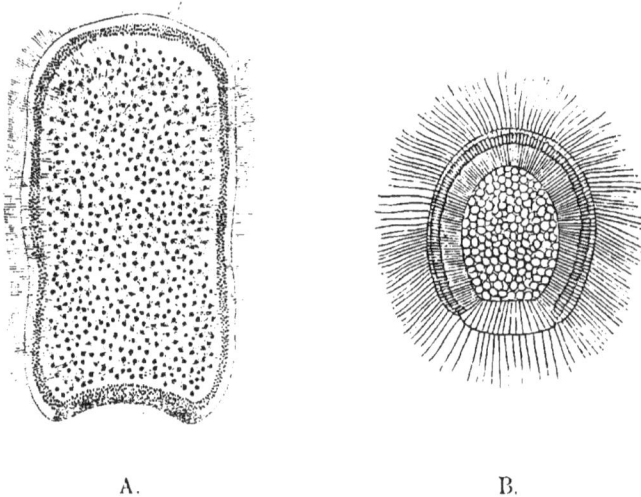

A.   B.

Fig. 249.

Fig. 248. Medialer Schnitt durch A das Blastrula- und B das Gastrulastadium von *Sycandra rahphanus* (nach F. E. Schulze).

Fig. 249 A. Parenchymula-Larve von *Spongelia* (nach F. E. Schulze).

Fig. 249 B. Parenchymula-Larve von *Halisarca Dujardinii* (nach Metschnikoff).

der Festsetzung ist der junge Hornschwamm der oben beschriebenen jungen *Oscarella* sehr ähnlich. Anders sind aber wieder einige parenchymatöse Larven aufzufassen, bei denen die innere Masse sehr wahrscheinlich der Anlage des Endoderms und Mesoderms entspricht (*Leuconen* etc.) (Fig. 249 B). Bei *Spongilla* wird nach Götte die äussere Schichte der parenchymatösen Larve abgeworfen und der ganze Spongienkörper entsteht aus dem Parenchym, ein Vorgang, der noch der Aufklärung bedarf.

Die animalische Lebensthätigkeit der Spongien äussert sich vornehmlich in der Erzeugung eines Wasserstromes, welcher durch die Poren in das innere Höhlensystem eintritt und durch das Osculum den Körper wieder verlässt. Dieser Wasserstrom, der durch die Geisselbewegung der Kragenzellen verursacht wird, führt dem Thiere mikroskopische Nahrungstheilchen (organischen Detritus) zu und vermittelt auch die Athmung. Die Verdauung ist intracellulär, d. h. es dringen feste Nahrungstheile in die Zellen selbst ein und werden innerhalb des Zellplasmas verdaut. Als nahrungaufnehmende Zellen fungiren die Kragenzellen, doch geben sie noch feste Nahrungstheile an die Mesodermzellen und Ectodermzellen weiter. Den Spongien fehlt eine Gesammtbewegung des Körpers, doch sind geringe Gestaltveränderungen einzelner Theile zu beobachten, besonders das Oeffnen und Schliessen der Poren; diese Veränderungen beruhen zumeist auf amöboider Bewegung und allgemeiner Plasmacontractilität, es sind nur vereinzelte spindelförmige Zellen als Muskeln (d. h. in bestimmter Richtung contractil) gedeutet worden. Bei den Spongien herrschen demnach die niedrigeren Grundformen der Bewegung, die allgemeine Plasmacontractilität und die Flimmerbewegung vor. — Als Fähigkeit der Empfindung ist eine allgemeine Reizbarkeit des Plasmas vorhanden, die vielleicht an einzelnen Theilen eine geringe Steigerung zeigt. — Mit Ausnahme der süsswasserbewohnenden *Spongilla* sind die überaus mannigfaltigen Spongienformen alle Meeresbewohner.

Die Spongien werden mit Recht als die niedrigst organisirte Thiergruppe unter den Metazoen betrachtet. Es ist zwar das Verhältniss des Protostomas schon verändert und der Körper schon aus drei Schichten zusammengesetzt, doch ist innerhalb der Blätter die Differenzirung der Gewebe in Bezug auf die morphologische Ausbildung und die physiologische Leistung eine niedrigere als bei irgend einer anderen Metazoengruppe. Dies ist besonders in dem Mangel (oder doch der äusserst niedrigen Ausbildungsstufe) von Nerven und Muskeln ausgeprägt.

Systematische Uebersicht der Spongien.

I. Classe. *Calcispongiae*, Kalkschwämme, Skelet aus Kalknadeln bestehend.

1. Ord. *Asconidae.* 2. Ord. *Syconidae*, *Sycandra raphanus.* 3. Ord. *Leuconidae.*

2. Classe. *Fibrospongiae*, Faserschwämme. Mit Kiesel oder Hornskelet, oder ohne jedes Skelet. In ihrem inneren Bau dem Leucontypus verwandt.

1. Ord. *Hyalospongiae*, Glasschwämme. Mit sechsstrahligen, (triaxilen), oft zu einem zusammenhängenden Gerüste verbundenen Kieselgebilden, daher auch als *Hexactinellidae* bezeichnet. Geisselkammern Syconähnlich angeordnet. *Euplectella aspergillum.*
2. Ord. *Lithospongiae*, Steinschwämme. Mit isolirten, deutlich vierstrahligen Kieselgebilden (daneben ankerförmige etc.), daher auch *Tetractinellidae* genannt. [Der Abstammung nach von den Hexactinelliden unabhängig.] *Geodia, Plakina.*
3. Ord. *Halichondriae*, Kieselhornschwämme. Mit einachsigen (auch kugeligen) Kieselgebilden, die oft von Hornfasern begleitet sind; daher auch

Monactinellidae genannt. [Sie stammen von den Tetractinelliden ab.] *Chondrosia, Reniera.* Hierher gehört auch *Spongilla*, der Süsswasserschwamm.

4. Ord. *C e r a o s p o n g i a*, Hornschwämme. Mit Hornskelet. [Sie stammen von den Halichondrien ab]. *Euspongia*, der Badeschwamm.

5. Ord. *M y x o s p o n g i a*, Gallertschwämme. Ohne Skelet. *Oscarella (Halisarca) lobularis.*

A n h a n g. *P h y s e m a r i a.* Einfache, kleine, Ascon-ähnliche Formen, ohne Poren der Leibeswand, ohne Skeletbildungen, an deren statt aber Fremdkörper in die Leibeswand eingelagert sind. In der Nähe des Osculums eine spiralig angeordnete Reihe grösserer Kragenzellen.

Haliphysema, Gastrophysema.

ZWÖLFTES CAPITEL.

2. Cladus der Metazoa.

Cnidaria.

Die Cnidarier sind Metazoen mit persistirender Primärachse und von radiärem Körperbau; mit epithelialem Muskel- und Nervengewebe und Nesselzellen; ihre Keimepithelien entstehen entweder ectodermal oder endodermal. Sie sind zurückführbar auf eine polypoide Grundform (*Archhydra*, HAECKEL).

Die *Archhydra*, die hypothetische Stammform der Cnidarier, ist eine Gastrula-ähnliche Form, am Apicalpol festsitzend, in der Nähe des oralen Körperendes mit einem Kranz von Tentakeln versehen, welche Ausstülpungen der Körperwand sind. Die Körperwand besteht aus dem ectodermalen und endodermalen Epithel und einer gallertigen, zellenlosen Zwischenschicht. In den Epithelien treten als histologische Differenzirungen Muskel- und Nervengewebe sowie Nesselzellen auf; Keimzellen werden von beiden Epithelien geliefert (vergl. pag. 252).

Grundformen und Haupttypen.

Wir unterscheiden bei den Cnidariern zwei Grundformen der Körpergestaltung, die festsitzende Polypenform und die freischwimmende Medusenform. Es gibt Cnidarier, die als Polypenform geschlechtsreif werden, andere sind nur in ihrer Jugend Polypen und im geschlechtsreifen Zustand Medusen; meist erfolgt der Uebergang zu letzterer Form nicht direkt, sondern auf dem Wege des Generationswechsels. — Auch phylogenetisch ist die festsitzende Polypenform, die ursprünglichere Gestaltung, von welcher die Medusenform durch Anpassung an die freischwimmende Lebensweise und höhere Differenzirung abgeleitet ist.

Die Körperform des Polypen ist die eines Schlauches, der an dem einen blind geschlossenen Ende an seiner Unterlage festgewachsen ist (Basalende oder Befestigungspol), während das andere freie Ende die Mundöffnung trägt (Mundpol). Diesem Ende genähert findet sich ein Kranz von beweglichen, sehr contractilen Tentakeln (Tentakelkranz), welcher demnach zwei Körperregionen, die orale oder die Mundscheibe und die aborale oder den Kelch von einander abgrenzt.

Wir haben trotz der äusseren Uebereinstimmung der Körperform zwei anatomisch scharf gesonderte Typen zu unterscheiden. 1. Typus, Hydroidpolyp. Die Mundöffnung ist eine primäre, sie führt direct

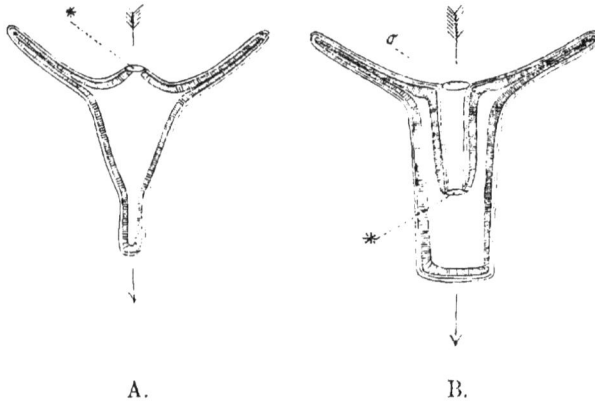

A. B.

Fig. 250. A. **Schematischer Längsschnitt eines Hydroidpolypen.** Der Pfeil deutet die Primärachse mit ihren verschiedenen Polen an. * Mundöffnung, welche mit dem Protostoma übereinstimmt.
B. **Schematischer Längsschnitt eines Scyphopolypen.** Der Pfeil deutet in gleicher Weise die Primärachse an. * Protostoma, welches hier als Schlundpforte in die Tiefe verlegt ist, o secundäre Mundöffnung.

in die sehr einfache Urdarmhöhle, welche nur in die Höhlen der Tentakeln sich fortsetzt (in secundären Fällen sind die Tentakeln solid). Die Körperwand besteht aus dem Ectodermepithel und dem Endodermepithel, welche an der Mundöffnung in einander übergehen und einer dazwischenliegenden zellenfreien Gallertschichte. Dieselben Schichten finden sich in den Tentakeln. 2. Typus, Scyphopolyp oder Actinopolyp. Die Mundöffnung ist eine secundäre, sie führt in ein Schlundrohr, welches — als eine Einstülpung der Körperwand — vom Ectoderm ausgekleidet ist; erst an der inneren Schlundpforte gehen Ectoderm und Endoderm in einander über. Die Urdarmhöhle (oder Gastrovascularhöhle) ist durch einspringende longitudinale Endodermfalten (Septen) complicirter gestaltet, so dass wir an derselben einen Centralmagen und peripher angeordnete Gastralrinnen

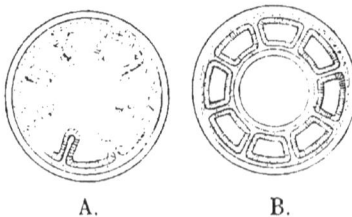

A. B.

Fig. 251. **Querschnitte durch einen achtstrahligen Scyphopolypen (schematisch).**

A. Querschnitt durch den unteren Theil.

B. Querschnitt in der Höhe des Schlundrohres.

unterscheiden. In der Höhe des Schlundrohres sind die Septen breiter und meist an dasselbe angewachsen, so dass die Gastralrinnen hier als Gastraltaschen sich fortsetzen, welche weiter in die Tentakelhöhlen übergehen. Die Septen haben also ihre Lage zwischen je zwei Tentakeln (abgesehen von jenen secundären Fällen, wo mehrere Tentakeln auf eine Gastraltasche kommen). Die Körperwand ist aus den drei Schichten zusammengesetzt, doch enthält hier die Gallertschichte auch mesenchymartige Zellen (Bindegewebszellen).

Die Körperform der Meduse entspricht im allgemeinen einer gewölbten Scheibe oder Glocke. Die convexe aborale Fläche (der Kelchfläche des Polypen entsprechend) ist nach oben gewendet, sie wird als Exumbrella bezeichnet. Am Scheibenrand findet sich ein Kranz

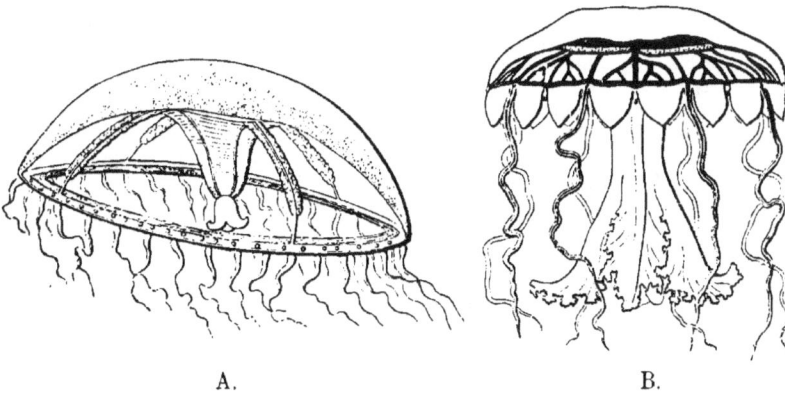

A.   B.

Fig. 252. A. **Hydroidmeduse** (*Irene pellucida*) nach HAECKEL. Am Scheibenrande zahlreiche Tentakel und Randbläschen, ferner das musculöse Velum. Die centrale Mundöffnung führt in den kurzen Magen, der von einem konischen Magenstiel getragen wird; an letzterem verlaufen vier Radiärkanäle, die sich an der Subumbrella bis zum Ringkanal fortsetzen. Längs der vier Radiärkanäle liegen die Gonaden.
B. **Scyphomeduse** (*Ulmaris prototypus*) nach HAECKEL. Am Scheibenrande finden sich Tentakeln und Rhopalien, das sind zu Sinneskörpern umgewandelte Tentakeln, und Randlappen. Die Mundöffnung ist von vier krausenartigen Mundarmen umgeben. Sie führt mittelst des Schlundes in den Centralmagen; von dort gehen verästelte Radiärgefässe zu dem Ringkanal. Die bandförmigen Gonaden liegen in der Umgebung des Centralmagens.

von Senkfäden oder Tentakeln (homolog dem Tentakelkranz des Polypen). Die untere concave Fläche, Subumbrella genannt, ist homolog der Mundscheibe des Polypen, sie trägt in ihrer Mitte einen stielartigen Fortsatz (Magenstiel, Mundstiel), an dessen unterem Ende sich die Mundöffnung findet. — Die Gallertschichte ist unterhalb der Exumbrella zu einer mächtigen Scheibe (Umbrella) verdickt. Das Urdarmsystem oder Gastrovascularsystem ist dadurch in seiner ganzen Ausdehnung dicht an die Subumbrellarfläche gedrängt. In der Regel ist es in Zusammenhang mit dieser Abplattung in der Weise umgewandelt, dass nur sein centraler Theil ein einfacher Hohlraum bleibt (Centralmagen), während die peripheren Theile ein eigenthümliches System von Kanälen bilden; es sind dies meist Radiärkanäle und ein randständiger Ringkanal, in welchen andererseits die (eventuellen) Tentakelkanäle münden.

Die Exumbrella ist von einem einfachen Plattenepithel bekleidet.
Der Scheibenrand trägt nicht nur die Tentakeln, sondern es ist hier
auch das epitheliale Centralnervensystem gelegen — bei den *Hydroidmedusen* als doppelter Gangliennervenring, bei den *Scyphomedusen* als
eine Mehrzahl von Ganglien [1]) — und es finden sich hier die zahlreich
angeordneten Sinnesorgane (Gehörorgane, Augen). Der Scheibenrand ist
ferner bei den Hydroidmedusen unterhalb der Tentakeln mit einem
diaphragmaartig den Eingang der Glockenhöhle verengernden, contractilen Randsaum oder Velum versehen, bei den Scyphomedusen dagegen
ist er in eine Anzahl eigenthümlicher Randlappen ausgezogen. Die
Subumbrella besitzt ein kräftiges Muskelepithel, durch dessen Contraction (bei den Hydroidmedusen durch die des Velums unterstützt)
das Wasser aus der Glockenhöhle rhythmisch ausgestossen wird; durch
den Rückstoss, der hierbei zu Stande kommt, wird der Körper in der
Richtung des aboralen Poles fortbewegt; die elastische Gallertscheibe
wirkt als Antagonist dieser Muskeln.

Wir unterscheiden, wie also ersichtlich, zwei Typen der Medusen, die
Hydroidmedusen und die Scyphomedusen. So viel ähnliches auch in
ihrem Bau bemerkbar ist, so zeigt doch eine genauere morphologische
Erforschung, dass diese beiden Gruppen als Medusen nicht stammver-
wandt sind, sondern selbständig die eine von Hydroidpolypen, die andere
von Scyphopolypen abgeleitet werden müssen.

Aus obigem geht hervor, dass die Cnidarier in zwei Hauptabtheilungen zerfallen, die *Hydrozoa* und die *Scyphozoa*, deren jede ursprünglichere Polypenformen und davon abgeleitete Medusenformen enthält. —
Die Scheidung dieser beiden Hauptgruppen beruht auf den zum Theil
schon oben erwähnten und ferner auf anderen noch genauer zu erörternden
morphologischen Charakteren; einer der wichtigsten Punkte, den wir
schon hier hervorheben wollen, ist folgender: Bei den Hydrozoa
sind die Keimepithelien ectodermal, bei den Scyphozoa
endodermal (O. u. R. HERTWIG).

Man kann die Verwandtschaft dieser beiden Gruppen folgendermassen
darstellen. Von einer polypoiden Stammform, welche einen einfachen Hydra-
ähnlichen Bau besass und in beiden Epithelschichten Keimzellen erzeugte
(*Archhydra* HAECKEL), wäre einerseits die Hydroidpolypenform mit ectodermalen Keimepithelien als Stammform der Hydrozoa abgeleitet; andererseits
wäre von derselben durch Bildung des Schlundrohres und der Gastraltaschen
und Beschränkung des Keimepithels auf das Endoderm jene Scyphopolypenform entstanden, von welcher die Scyphozoa abstammen.

Dieser Auffassung wird von GÖTTE eine andere gegenübergestellt. Er
hebt hervor, dass in der Ontogenie der Scyphopolyp nicht etwa ein ein-
facheres Hydra-ähnliches Stadium durchlaufe (wie man nach der oben erwähnten Anschauung erwarten sollte), sondern dass die Schlundeinstülpung
und die Gastraltaschen stets früher gebildet werden als die Tentakeln.
Nach der ersteren Anschauung müsste man dies für Heterochronie halten;
GÖTTE aber leitet den Scyphopolypen auch phylogenetisch nicht von der
hydroidpolypenähnlichen Form ab, sondern von einer freischwimmenden
„*Scyphula*", das ist eine tentakellose Form mit Schlundrohr und Gastraltaschen. Nach dieser Anschauung wäre die Kluft zwischen Hydrozoa und
Scyphozoa eine noch tiefere; man müsste die Cnidarier in zwei selb-

---

1) Es werden daher von EIMER die *Hydroidmedusen* treffend als *Cycloneura*, die
Scyphomedusen als *Toponeura* bezeichnet.

ständige Gruppen auflösen, die keine nähere Stammverwandtschaft zu einander besässen als durch die „Gastraea". Andererseits schiene es nach dieser Auffassung eher möglich, die *Ctenophoren* zu den Scyphozoa zu stellen, indem man auch diese vielleicht von der freischwimmenden „Scyphula" ableiten könnte.

Histologischer Charakter.

Im allgemeinen ist bei den Cnidariern das ectodermale Epithel aus plasmareichen Zellen zusammengesetzt, während die Zellen des endodermalen Epithels durch Ausbildung von Flüssigkeitsvacuolen grossblasig erscheinen, ihr Plasma ist auf eine wandständige Schichte und ein inneres Netzwerk beschränkt (vergl. pag. 140); sie sind in der Regel Geisselzellen. Diese Eigenschaften der beiden Grenzblätter sind aber nicht allein für die Cnidarier charakteristisch, sondern sie sind mehr oder weniger scharf ausgeprägt auch bei vielen höheren Thiergruppen nachweisbar. — Die Gallertschichte ist im einfachsten Falle zellenfrei.

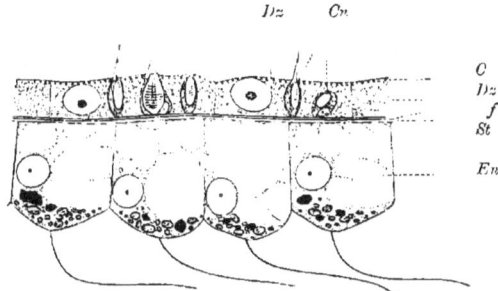

Fig. 253. **Körperschichten von Hydra** nach F. E. Schulze. *Ec* E c t o d e r m, mit dichterem Plasma, besteht aus grossen D e c k z e l l e n (*Dz*), die an der freien Fläche einen cuticula-ähnlichen Saum (*C*) und an der Basis Muskelfibrillen (*f*) besitzen. Dazwischen liegen an der Basalseite interstitielle Zellen, die an dem hier abgebildeten Stücke sämmtlich zu C n i d o b l a s t e n (*Cn*) umgewandelt sind, welche in die grossen Deckzellen eingeschachtelt erscheinen; die reifen Cnidoblasten sind mit einem Cnidocil versehen. *St* S t ü t z l a m e l l e. *En* E n d o d e r m besteht aus grossen Vacuolen- und Körnchenreichen Geisselzellen (auch an diesen wurden neuerdings Muskelfibrillen entdeckt).

Der wesentlichste histologische Charakter, welcher speciell den Cnidariern eigenthümlich ist, liegt darin, dass die Grenzblätter E p i - t h e l m u s k e l n bilden (vergl. pag. 120—122); dies findet sich bei keiner anderen Thiergruppe. — Bei den *Hydroidpolypen* sind die Muskeln überwiegend im Ectoderm, bei den *Actinozoen* überwiegend im Endoderm ausgebildet; bei allen Medusenformen spielt stets die ectodermale Musculatur der Subumbrella die Hauptrolle.

Auch das N e r v e n s y s t e m (vergl. pag. 132) ist stets epithelial gelagert, doch ist dies eine Erscheinung, welche bekanntlich nicht auf die Cnidarier beschränkt ist. Bei den Polypenformen ist das Nervensystem, wo es überhaupt nachgewiesen ist, ein acentrisches (*Actinien*); bei den Medusen findet sich der Gegensatz von centralem, in naher Verbindung mit den Sinnesepithelien stehendem, und peripherem Nervensystem schon ausgeprägt; es erscheint aber auch letzteres nur in Form eines Ganglienervennetzes — regelmässig verästelte periphere Nerven von jener Art, wie sie bei höheren Thieren vorkommen, sind nicht beobachtet. Die Nervengewebe gehören in überwiegender Weise dem Ectoderm an, doch fehlen sie auch dem Endoderm nicht gänzlich, wie O. u. R. Hertwig bei den *Actinien* nachgewiesen haben.

N e s s e l z e l l e n (vergl. pag. 142) finden sich bei allen Cnidariern als typische Gebilde. Sie kommen vorwiegend im Ectoderm, seltener

im Endoderm vor; an gewissen Stellen sind sie gehäuft, z. B. an den
Tentakeln, sie können sogar besondere Nesselorgane zusammensetzen
(Nesselknöpfe, Nesselbatterien der *Siphonophoren*). Die jungen
Nesselzellen entwickeln sich in der Regel aus den sogenannten inter-
stitiellen Zellen in der Tiefe des Epithels und sie rücken bei der Reife
an die Oberfläche. Die reife Nesselzelle ist durch das Cnidocil (vergl.
pag. 118) und durch die Nesselkapsel (vergl. pag. 142) ausgezeichnet selten
ist sie mit speciellen Muskelfibrillen zum Zwecke der Entladung ausgestattet.

Drüsenzellen sind bei den Cnidariern als Becher- und Körnchenzellen beobachtet, dagegen kommen subepitheliale Drüsenzellen nicht
vor. (Eine Ausnahme bildet die „Gasdrüse" der *Siphonophoren*.)

Das Endoderm der Tentakeln ist in vielen Fällen, bei Polypen und
Medusen, zu einem blasigen Stützgewebe umgewandelt (vergl.
pag. 140); in diesen Tentakelachsen sind die Zellen stets in einer einzigen Reihe angeordnet.

Als Bindegewebe (s. str.) ist das Gallertgewebe zu bezeichnen;
als Matrix desselben fungiren entweder die angrenzenden Epithelien
(*Hydrozoa*), oder es enthält selbst specielle Bindegewebszellen (*Scyphozoa*).
In beiden Fällen finden sich oft faserige Structuren in der Gallerte.
Besonders mächtig entwickelt ist die Gallerte bei den meisten Medusen
zu finden. Bei den Actinozoen kommen auch kleine Kalkkörperchen
(Sklerodermiten) in dieser Mittelschichte vor.

Eigentliche, zusammenhängende Skeletbildungen sind stets ectodermalen Ursprungs. Bei den Hydroidpolypen findet sich ein cuticulares
Aussenskelet, welches meist von chitiniger Beschaffenheit (*Campanularien*
und viele *Tubularien*), seltener verkalkt ist (*Hydrocoralliae*). — In neuester
Zeit wurde nachgewiesen, dass auch die massigen, hornigen oder ver-
kalkten Skelete der *Actinozoen,* welche ein inneres Gerüst der Cormen
bilden, ectodermale Ausscheidungen sind, die durch Einwucherung tief
in das innere des Weichkörpers gelangen (Koch).

Radiärer Typus in Bau und Wachsthum.

1) Radiärer Bau.

Der radiäre Körperbau, welcher für die Cnidarier charakteristisch
ist, beruht auf einer Wiederholung gleichartiger Organe im
Umkreis der Hauptachse; die Organe sind in gleicher Weise zu
einander und zur Achse gelagert, so dass in dieser Achse zusammen-
treffende, unter gleichen Winkeln zu einander stehende Radialebenen
durch dieselben bezeichnet erscheinen.

Im einfachsten Falle sind es die Tentakel, welche allein den radiären
Körperbau zum Ausdruck bringen [1]). Bei complicirteren Formen kommt
er an zahlreichen Organen zur Erscheinung, so besonders an den Kanälen
des Gastrovascularsystems und an den Geschlechtsorganen. — In manchen
Fällen wird durch ungleiche Ausbildung der Radien ein symmetrischer
Bau herbeigeführt.

2) Wachsthum durch Intercalation neuer Radien.

Für die Cnidarier ist nicht nur ein radiärer Bau in der Vertheilung
der Organe, sondern auch in Zusammenhang damit ein besonderes Wachs-

---

1) Bei gewissen Hydroidpolypen — *Coryne*, *Clava* — finden sich die Tentakel aber
nur unregelmässig über den vorderen Körpertheil zerstreut.

thumsgesetz charakteristisch, welches wir als Intercalation neuer Radien bezeichnen. Wenn beispielsweise ein vierstrahliger Polyp bis zu einer gewissen Grösse gleichmässig gewachsen ist, so wird das

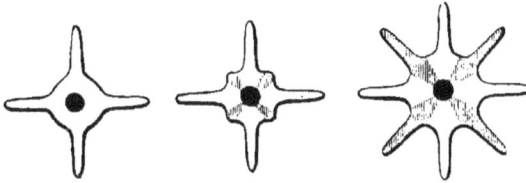

Fig. 254. Schematische Darstellung des Wachsthums durch radiäre Intercalation bei einem Polypen.

gleichmässige Wachsthum dadurch unterbrochen, dass sich zwischen je zwei Radien lebhafter wachsende Regionen bilden (Intercalation radiärer Wachsthumspunkte). Die radiären Organe werden dort neu angelegt und wachsen so rasch heran, dass sie bald denjenigen der primären Radien gleichkommen, so dass nun die Anzahl der Radien verdoppelt ist. Dieser Process kann sich wiederholen, so dass wir nach einander 4, 8, 16, 32 u. s. w. Radien ausgebildet sehen. Wir sprechen demgemäss von Radien erster, zweiter, dritter Ordnung u. s. w. Die Anzahl der Radien erster Ordnung nennen wir die Grundzahl; diese ist von besonderer Wichtigkeit, da sie alle späteren Zahlenverhältnisse beherrscht. Die Grundzahl der Radien ist bei den Cnidariern meist vier oder sechs. — Der hier erörterten regulären radiären Intercalation steht die irreguläre radiäre Intercalation gegenüber, bei welcher nur zwischen bestimmten Radien eine Intercalation stattfindet. Hierbei sind die verschiedensten Combinationen der Radienfolge möglich; häufig kommt sogar eine bilaterale Symmetrie zum Ausdruck; einer der interessantesten Fälle ist die Intercalation paariger Radien von einem einzigen Radius aus (bei *Cerianthus*), welche wir an anderer Stelle näher erörtern wollen.

3) Bildung der Radien erster Ordnung.

Die Radien erster Ordnung treten in vielen Fällen alle gleichzeitig auf. Doch ist dies durchaus nicht ein allgemein

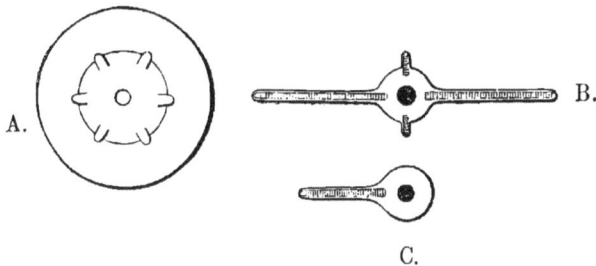

Fig. 255. Bildung der Radien erster Ordnung. A. Eine junge Hydroidmeduse (*Geryonia*) mit sechs gleichzeitig auftretenden Radien. B. Entwicklungsstadium einer Hydroidmeduse (*Polyxenia leucostyla*) mit zwei primären Tentakeln. C. Entwicklungsstadium einer Hydroidmedusenknospe (*Cunina rhododactyla*) mit einem primären Tentakel. A, B und C nach METSCHNIKOFF.

giltiges Gesetz. Sehr häufig treten zuerst nur zwei einander gegenüberstehende Radien auf und die nächsten werden durch einen Process, welcher mit der Intercalation principiell übereinstimmt, eingeschoben, bis die Grundzahl erreicht ist, von da wird die Anzahl bei jeder Intercalation verdoppelt. Es ist sogar beobachtet, dass in vielen Fällen zuerst nur ein Radius auftritt und diesem gegenüber erst dann der zweite entsteht (*Cunina*-Knospung). Die Erscheinung der Intercalation kann also bis auf die frühesten Stadien zurückgreifen.

Es tritt uns nun die Frage entgegen, ob die Vertheilung der Radien bei der Entwicklung schon im Ei vorbestimmt ist, oder ob nicht erst mit dem Auftreten des primären Tentakels (also des ersten Radius) die Stellung aller nachfolgenden bestimmt wird. Letzteres ist wenigstens für viele Fälle wahrscheinlich. Dadurch stünden die Cnidarier im Gegensatz zu den Bilateralthieren, bei welchen je eine bestimmte Hälfte des Eies der rechten und linken Körperhälfte entspricht. Auch bei den *Ctenophoren* ist schon bei der Furchung das Materiale nach den 4 meridionalen Körpertheilen gesondert.

Cormenbildung.

Knospung und Theilung (vergl. unten) führt, wenn die neugebildeten Individuen in Zusammenhang bleiben, zur Cormenbildung. Die Cormen sind von mannigfaltigster Gestaltung; als allgemeines Gesetz ist nur hervorzuheben, dass die jüngeren Individuen an den älteren oder an dem gemeinschaftlichen Stammtheil des Cormus (Coenenchym) stets mittelst ihres Apicalpoles befestigt sind und die Gastralhöhlen dort mit einander in Zusammenhang stehen. Die Cormen sind entweder aus gleichartigen Individuen zusammengesetzt (homomorphe Cormen bei *Korallen*-Polypen) oder aus verschiedenartigen Individuen (heteromorphe und polymorphe Cormen bei vielen *Hydroid*-Polypen und bei den *Siphonophoren*).

Fortpflanzung und Entwicklung.

Die Cnidarier sind mit wenigen Ausnahmen (z. B. *Hydra, Cerianthus, Chrysaora*) getrennt geschlechtlich. Die Geschlechtsproducte werden meist einfach nach aussen entleert, seltener werden die Eier während der ersten Entwicklung noch im oder am mütterlichen Körper zurückbehalten (*Chrysaora, Aurelia*, viele *Actinozoen*).

Die Eier sind in der Regel von sehr geringer Grösse und werden in sehr grosser Anzahl erzeugt (eine Ausnahme bildet z. B. *Hydra*). Die Furchung ist meist adäqual. Die Gastrulation erfolgt in vielen Fällen durch polare Einwucherung etc. (vergl. pag. 100), bei Scyphozoen kommt auch Invagination vor, ferner ist bei manchen *Actinozoen* wahrscheinlich Epibolie vorhanden. Das Resultat der ersten Entwicklungsvorgänge ist meist die sogenannte Planula, die typische Larve der Cnidarier. Es ist dies eine eigenthümliche Modification der Gastrula, welche sich von derselben durch das Fehlen des Protostoma und der Urdarmhöhle unterscheidet. Die Planula ist also eine ovale oder mehr langgestreckte, bewimperte Larve, die aus einem äusseren Ectodermepithel und einer inneren, compacten Endodermmasse besteht. Der Apicalpol bleibt dadurch kenntlich, dass er beim Schwimmen nach vorne gewendet ist. Die Eigenthümlichkeiten dieser Larve erklären sich daraus, dass dieselbe in diesem Zustande keine Nahrung aufnimmt und dass ihr Körperbau zur raschen Fortbewegung passend gebaut ist; die Planulalarve bildet gleichsam die Aussaat der Thierformen.

Die Planula setzt sich mit dem Apicalpole fest und verwandelt sich in einen Polypen, welcher entweder die bleibende Form darstellt(*Actinozoa*) oder von dem durch Knospung oder Theilung weiter die Medusen (*Hydromedusen, Scyphomedusen*) gebildet werden. — In einigen Fällen verwandelt sich die Planula direct (ohne festsitzendes Stadium) in eine Meduseuform (*Haplomorpha, Pelagia*).

Fortpflanzung durch (primordiale) Knospung oder durch Theilung ist bei den Cnidariern überaus verbreitet und kann in den verschiedensten Lebensstadien erfolgen; am häufigsten findet sie am polypoiden Stadium statt, doch auch schon im Planulastadium und auch an der Meduse.

Bei der Knospung entsteht durch einen regen localen Wachsthumsprocess zunächst eine Ausstülpung der Körperwand, an welcher stets sämmtliche Schichten derselben sich betheiligen; aus dieser Anlage entwickelt sich die neue Individualität. —

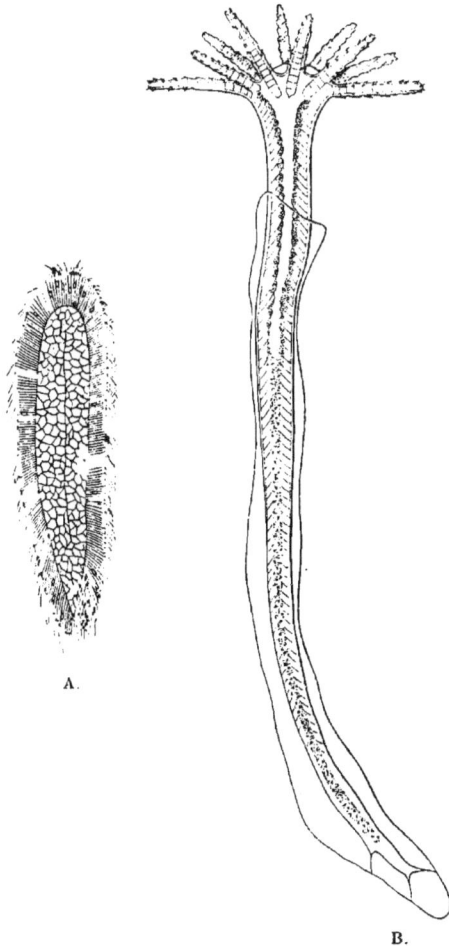

Fig. 256. A. **Planula einer Hydromeduse** (*Aequorea*) nach CLAUS. Der stumpfe Pol ist der Apicalpol und ist beim Schwimmen nach vorne gewendet. Das Ectoderm ist ein cylindrisches Wimperepithel und enthält bereits Nesselkapseln. Das Endoderm ist eine solide Masse polygonaler Zellen.

B. **Polyp von** *Aequorea* **kurz nach dem Festsetzen der Larve,** nach METSCHNIKOFF. Die Larve hat sich mit dem Apicalpol festgesetzt, am entgegengesetzten Ende ist der Mund und Tentakelkranz entstanden. Am Hinterkörper ist eine cuticulare Röhre (Hydrotheca) zur Ausscheidung gekommen.

An einem poliferirenden Individuum entstehen entweder demselben gleichwerthige Individuen, oder solche von höherer Stufe, niemals aber solche von niedrigerer Stufe. Es knospen demnach an einem Polypen wieder

Polypen oder auch Medusen; an einer Meduse aber werden durch
Knospung nur Medusen gebildet. — Bei der Knospung kann eine voll-

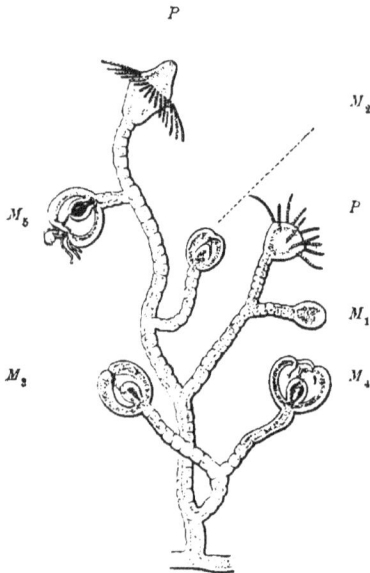

Fig. 257. A.

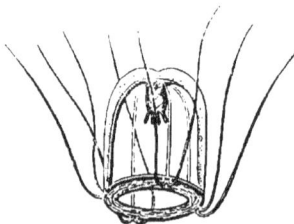

Fig. 257. B.

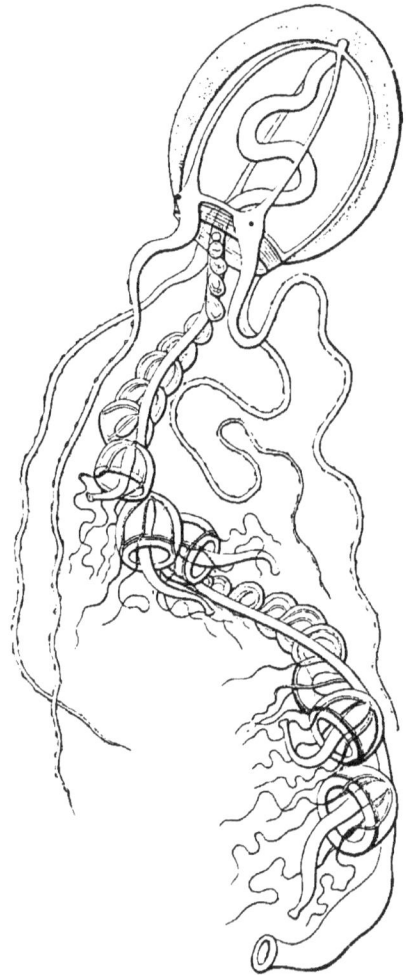

Fig. 258.

Fig. 257. **Knospung von Medusen am Polypencormus.**
A. Stöckchen eines Hydroidpolypen (*Eudendrium ramosum*) mit polypoiden Individuen
(*P*) und in Knospung begriffenen medusoiden Individuen (*M₁—M₅*).
B. Freigewordene junge Meduse von *Eudendrium ramosum* (*Bougainvillea*-Typus) nach
GEGENBAUR.

Fig. 258. **Knospung von Medusen an einer Meduse.** Eine Hydroidmeduse, *Sarsia
siphonophora*, an deren langem Magenschlauch zahlreiche Medusenknospen in zwei serialen
Altersreihen sitzen, nach HAECKEL.

kommene Ablösung der Individuen (*Hydra,* Medusen) oder Cormenbildung (Polypen, *Siphonophoren*) erfolgen. Theilung wird als Längstheilung und Quertheilung unterschieden; erstere ist eine vollkommene oder auch unvollkommne (zur Cormenbildung führende), dagegen ist die Quertheilung (Strobilabildung der Scyphistoma und mancher *Actinozoen*) stets eine vollkommene.

Die überaus vielgestaltige Abtheilung der Cnidarier enthält mit wenigen Ausnahmen (*Hydra, Cordylophora*) Meeresthiere. Die Polypen als festsitzende Formen bewohnen den Meeresboden besonders der Küsten; manche dieser Formen können bei ihrer massigen Ausbildung der gesammten Fauna ein besonderes Gepräge verleihen, wie z. B. die riffbauenden Corallenthiere in den tropischen Meeren. Die freischwimmenden Medusen und Siphonophoren bevölkern die Oberfläche des Meeres und bilden einen wesentlichen Bestandtheil dieser sogenannten pelagischen Fauna. Die Cnidarier ernähren sich von anderen Thieren, die sie trotz der Zartheit ihres eigenen Körpers mittelst ihrer nesselnden Tentakeln erbeuten.

Die Polypenformen sind in der Regel keiner Ortsbewegung fähig, doch können sie meist, zum Zwecke des Schutzes, ihren Körper stark zusammenziehen, und denselben oft auch in das Innere schützender Röhren bergen. — Die Medusen bewegen sich, wie erwähnt, durch die Contractionen der Subumbrella; die Contractionen erfolgen beständig und rhythmisch (sie werden auch als Athmungsbewegungen aufgefasst) und dienen meistens mehr dazu, den Körper schwebend zu erhalten, als zur raschen Ortsveränderung; diese ist also im Allgemeinen nur eine langsame. Sehr contractil, wenn auch nur langsam beweglich, sind die Tentakel der Cnidarier. Ausser den Hautsinnesorganen, welche allen Cnidariern zukommen, sind bei den Medusen Augen und Gehörorgane vorhanden; vielleicht dienen diese höheren Sinnesorgane nur zur allgemeinen Orientirung des Körpers im Raume (als Organe, welche die Richtung des Lichtes und die Richtung der Schwerkraft angeben).

I. Classe der Cnidaria, Hydrozoa.

Die Hydrozoa sind Cnidarier mit ectodermalem Keimepithel und mit zellenloser Gallertschichte. Sie sind zurückführbar auf die Grundform des Hydroidpolypen.

Die Formtypen, die wir bei dieser Abtheilung der Cnidarier beobachten, und die sich auch innerhalb eines Entwicklungscyclus als aufeinanderfolgende Stadien finden, sind der Hydroidpolyp und die Hydroidqualle. Der **Hydroidpolyp** ist eine einfach schlauchförmige Polypenform mit primärer Mundöffnung (ohne Schlundrohr und ohne echte Septenbildung in der Gastralhöhle) [1]. Den ursprünglichsten Typus repräsentirt der Süsswasserpolyp Hydra, welcher hohle Tentakel besitzt (derselbe kommt unserer Vorstellung von der Grundform der Cnidarier, welche als

---

1) Faltenbildungen der Gastralwand, aber ohne eigene Musculatur finden sich bei manchen grösseren *Tubulariden.*

Arch hydra bezeichnet wurde, am nächsten). Bei den anderen Hydroidpolypen bildet das Endoderm in den Tentakeln eine einfache axiale Zellreihe, die in Folge ihrer histologischen Entwicklung als Stützgewebe fungirt.

Der Körper des Hydroidpolypen ist in der Regel in Stiel und Vorderkörper gesondert. Für die Gestaltung des Körpers ist auch die Tentakelstellung von Bedeutung. Bei den *Coryniden* und *Claviden* sind die Tentakel über den Vorderkörper zerstreut angeordnet, ohne einen regelmässigen Tentakelkranz zu bilden, so dass hier nicht einmal der radiäre Typus ausgeprägt ist. Bei den *Tubulariden* ist nebst einem äusseren Kranz von Randtentakeln (die Mundscheibe umgebend) noch ein innerer Kranz von Mundtentakeln (unmittelbar am Mundrande entspringend) vorhanden. In den meisten Fällen ist nur der äussere Tentakelkranz ausgebildet (*Campanulariae, Hydractiniae* etc.). Viele Hydroidpolypen (*Tubulariae, Campanulariae*) bilden ein chitiniges, die *Hydrocorallia* sogar ein kalkiges Aussenskelett.

Die ectodermalen Muskeln der Körperwand und der Tentakeln sind stets Längsmuskeln. Bei *Hydra* sind auch spärlichere endodermale Muskelfibrillen beobachtet. — Das Nervensystem ist wahrscheinlich ein acentrisches Gangliennervennetz.

Nur wenige Hydroidpolypen werden in diesem Zustande geschlechts-reif, die meisten repräsentiren die ungeschlechtliche Generation von Hydroidmedusen; ihre Gonaden entwickeln sich in ersterem Falle (*Hydra*) ectodermal an der Kelchwand.

Die **Hydroidmedusen** sind mit einem contractilen Randsaum versehen; meist mit 4 (auch 6, 8 oder zahlreichen) einfachen Radiärcanälen und einem Ringcanal; mit freien Randkörpern (Sinnesorganen) und doppeltem Nervenring: mit ectodermalen, an der Subumbrella gelegenen Gonaden; mit zellenloser Gallerte; meist von geringer Grösse.

Die Hydroidmedusen sind kleine Quallen von wenigen Millimetern bis zu einigen Centimetern Scheibendurchmesser (*Aequorea* erreicht einen Schuh im Durchmesser). Die äussere Körperform ist flach scheibenförmig bis hoch glockenförmig. Das Magenrohr beginnt entweder als ein mehr oder minder langer Schlauch im Glockengrunde, oder es liegt am Ende eines Magensticles, der oft weit aus der Glocke hervorragt. Der contractile, mit Ringmuskelfasern ausgestattete Randsaum (Velum), welcher vom Rande der Subumbrella entspringend die Glockenmündung verengt, besteht nur aus einer Ectodermfalte (Muskelepithel) und der gallertigen Stützlamelle. Die Zahl der Randtentakel ist oft auf ein vielfaches der Grundzahl vermehrt (die Radiärkanäle bleiben oft an Zahl zurück); bei einigen Formen (*Lizzia*) kommen auch verästelte Mundtentakel vor. Die Tentakel sind meist hohl und sehr contractil; nur bei den *Trachymedusen* sind sie mit solider Endodermachse (Zellreihe) versehen und ziemlich starr; bei den *Narcomedusen* sind sie ebenfalls starr und vom Scheibenrande ziemlich weit gegen die Exumbrella hinaufgerückt. Ausnahmsweise sind nur zwei, ja sogar nur ein Tentakel (*Steenstrupia*) entwickelt.

Der Gastrovascularapparat besteht aus dem centralen Magen und aus 4, 6 oder 8, seltener zahlreicheren (*Aequorea*) Radiärcanälen, die in einen peripheren Ringkanal münden; die Radiärkanäle sind meist einfach, nur in seltenen Fällen gegabelt. Zwischen diesen Kanälen ist eine endodermale, aus einer Schichte platter Zellen bestehende Membran, die sogenannte „Endodermlamelle" (oder Cathamnalplatte) ausgespannt. Das gesammte Canalsystem liegt der Subumbrellarfläche genähert.

Bei jenen Formen, die einen Magenstiel besitzen, verlaufen die Radiärkanäle bis an das Ende des Stieles, wo sie erst in die Magenhöhle münden. Der Stiel ist demnach als eine untere Verlängerung der Scheibe zu betrachten (z. B. *Geryoniden*) und nicht etwa mit einem verlängerten Magenschlauche (vergl. Fig. 258) zu verwechseln.

Die *Aeginiden* haben weite, taschenförmige Radiärgefässe, der Ringcanal ist obliterirt. — Bei den *Leptomedusen* finden sich am Ringcanal nach aussen mündende Oeffnungen („Excretionsöffnungen").

Zum Verständniss der Morphologie des Gastrovascularsystems ist es nothwendig, die Entwicklungsgeschichte desselben in Betrachtung zu ziehen. Bei der durch Knospung entstehenden Meduse ist diese Entwicklung genauer verfolgt worden. Wir beobachten an der Knospe eine ursprünglich einfache Urdarmhöhle, die erst durch die Einstülpung des Glockengewölbes zu einem flachen Spaltraum zusammengedrückt wird; sodann verwächst das Endoderm der exumbrellaren und subumbrellaren Seite streckenweise und bildet eine anfangs doppelschichtige, später sich vereinfachende Platte (die Endodermlamelle) und es bleibt nur im Verlaufe der Canäle und im Bereich des Centralmagens ein offenes Lumen bestehen; so wird das für die Hydroidmedusen charakteristische Verhalten hergestellt.

An der Exumbrella ist die mächtige zellenlose Gallertschichte nur von einem platten gleichförmigen Ectodermepithel bedeckt; alle wichtigeren Differenzirungen des Ectoderms sind auf die Subumbrella und den Scheibenrand beschränkt; so das Muskelsystem, Nervensystem und die Sinnesorgane.

Das Muskelsystem besteht aus Ringmuskeln des Velums und der Subumbrella. Am Magenstiel finden sich Längsmuskeln und ebenso an den Tentakeln.

Das Centralnervensystem ist eine Anhäufung von Nervenelementen (Ganglienzellen und Nervenfasern), welche im Ectoderm an der Basis des Velums in Form eines doppelten Ringes (exumbraler und subumbraler Nervenring) sich findet. Der exumbrale Ring steht unmittelbar mit den Sinnesorganen in Verbindung, von dem subumbralen geht ein peripheres System als Nervenplexus zur Musculatur des Velums und der Subumbrella.

Die Sinnesorgane (sogen. Randkörper) finden sich im Umkreis der Scheibe. Augen kommen als einfache Napfaugen oder als solche mit cuticularer Linse bei den *Ocellaten* (Augenfleckmedusen) vor. Gehörorgane finden sich erstens als Hörbläschen mit ectodermalen Otolithen bei den *Vesiculaten* (Randbläschenmedusen) oder als tentaculare Hörkölbchen (*Cordylien*, d. s. modificirte Tentakel mit endodermalen Otolithen) bei den *Trachymedusen*; die Cordylien sind frei oder in das Innere von Bläschen versenkt (vergl. Fig. 183, pag. 177).

Die Hydromedusen sind getrenntgeschlechtlich. Die Gonaden sind ectodermale (oft faltenförmige) Wülste und entleeren ihre Producte direkt nach aussen; sie liegen an der Subumbrella und zwar entweder an der Magenwand (Gastralgonaden) oder längs der Radiärkanäle (Canalgonaden). (Fig. 259 u. 260, pag. 262.)

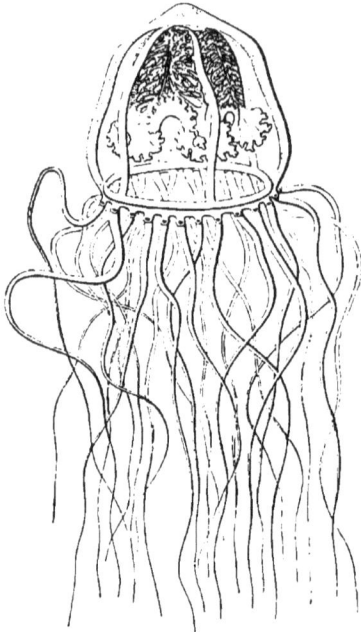

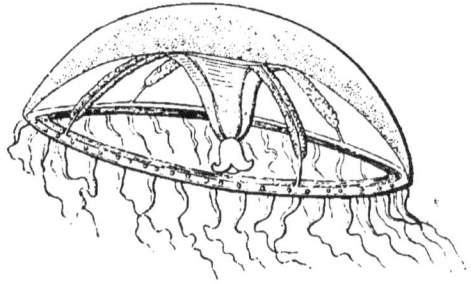

Fig. 260.

Fig. 259   *Tiara pileata.* Mit Augenflecken an der Basis
der Tentakeln und mit gastralen Gonaden, nach E. HAECKEL.

Fig. 260. *Irene pellucida.* Mit Hörbläschen am Scheibenrande und mit canalären Gonaden. Der Magen findet sich
an der Spitze des kegelförmigen Magenstieles, nach HAECKEL.

Fig. 259.

Generationswechsel.

a) Vollkommener Generationswechsel.

Der charakteristische Generationswechsel der Hydromedusen zeigt
vollständig ausgeprägt folgenden Verlauf: Aus dem Ei entwickelt sich
der festsitzende, cormenbildende, geschlechtslose Hydroidpolyp; an dem
Cormus entstehen durch Knospung Geschlechtsindividuen, die sich loslösen, das sind die freischwimmenden Hydroidmedusen (Fig. 257,
pag. 258).

Die Hydroidmeduse entsteht niemals unmittelbar durch Umwandlung
aus einem functionirenden Polypenindividuum, sondern (abgesehen von
der directen Entwicklung, die wir später betrachten wollen) stets aus
einer Knospe, die schon frühzeitig als Medusenknospe von den Polypen-
knospen sich unterscheidet. An der Medusenknospe tritt nämlich schon
in frühen Stadien die Anlage der Glockenhöhle auf, und zwar seltener
in Form einer hohlen Einstülpung, sondern meist in Form einer soliden
Ectodermeinwucherung (Glockenkern), in welcher dann eine anfangs
abgeschlossene und erst secundär nach aussen durchbrechende Höhle
(die Glockenhöhle) entsteht. Im Grunde der Glockenhöhle bildet
sich in Form eines zweischichtigen Klöppels das Magenrohr, an
welchem später die Mundöffnung durchbricht. Beim Einwuchern des
Glockenkerns wird die schon früher erörterte Umwandlung des einfachen Endodermsackes in den Gastrovascularapparat herbeigeführt. Die

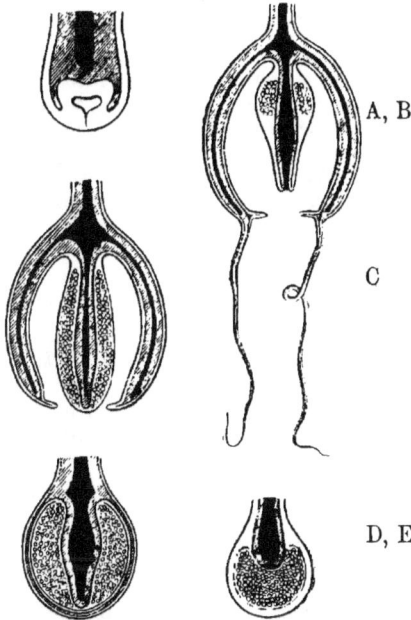

Fig. 261. **Schema zur Erklärung der verschiedenen Rückbildungsstufen der medusoiden Gemmen** (zum Theil nach dem älteren Schema von GEGENBAUR).

A. Frühes Entwicklungsstadium einer Medusenknospe; am freien Pol derselben entsteht als Ectodermeinstülpung die Glockenhöhle.

B. Die Meduse kurz vor ihrer Ablösung; im Grunde der Glockenhöhle ist das Magenrohr oder der Klöppel entstanden, welcher die Gonaden trägt (dieselben werden meist erst nach der Loslösung differenzirt).

C. Eine medusoide Gemme. Ohne Mundöffnung, ohne Tentakeln, aber mit vollkommenem Gastrovascularapparat in der Glockenwand.

D. Eine medusoide Gemme, deren Glockenwand (Scheibe) geschlossen bleibt, und rings um den Klöppel nur eine Hülle bildet, an welcher aber noch die Schichtenfolge der Glocke nachweisbar ist.

E. Medusoide Gemme, die unmittelbar vom Stadium A ableitbar ist; der Glockenkern liefert die Gonaden.

Gonaden werden bei dem vollkommenen Generationswechsel oft erst an der freischwimmenden Meduse im Ectoderm des Magenrohrs oder der Subumbrella ausgebildet.

Die Medusenknospen entstehen seltener unmittelbar am Hauptstamm des Polypencormus, in der Regel an der Wandung einzelner Polypen. Oft sind diese als „proliferirende Polypen" von den übrigen, den „Nährpolypen", des Cormus verschieden; ihre Mundöffnung, ja sogar ihre Tentakel können rückgebildet sein (vergl. Fig. 262 pag. 266).

b) Maskirter Generationswechsel.

Wir beobachten bei den *Hydromedusen* die interessante Erscheinung, dass von ganz nahe verwandten Polypenformen die einen freischwimmende Medusen hervorbringen, während die anderen nur knospenförmige, sessile Geschlechtsindividuen, sogenannte „medusoide Gemmen" erzeugen. Im letzteren Falle handelt es sich (wie jetzt allgemein angenommen wird) um eine phylogenetische Rückbildung der freischwimmenden Meduse, und nicht etwa (wie man früher wohl annahm) um phylogenetische Vorstadien derselben.

An der medusoiden Gemme ist in vielen Fällen die ganze Schichtenfolge der Hydroidmeduse nachweisbar; Radiärcanäle, Ringcanal und Endodermlamelle sind vorhanden, im Ectoderm des Klöppels reifen die Geschlechtsproducte, die Glockenhöhle ist nach aussen geöffnet. In anderen Fällen bleibt die Glockenhöhle lange geschlossen und die erwähnten Schichten bilden als sehr dünne Membranen eine sackförmige Umhüllung des Klöppels. Die Gemme kann sich noch weiter vereinfachen, ja sie kann auf der Stufe der zweischichtigen Knospe verharren, in deren Wandung die Geschlechtsproducte reifen (Fig. 261 C, D, E).

Durch WEISMANN wurde in neuerer Zeit der interessante Nachweis geführt, dass bei den medusoiden Gemmen stets ein frühzeitigeres Auftreten der Geschlechtsproducte vorkommt als bei den freischwimmenden Medusen. Dabei kommt es oft zu merkwürdigen Umlagerungen und Wanderungen der Keimzellen; in vielen Fällen wandern dieselben aus dem Ectoderm in das Endoderm über; im extremsten Falle entstehen die Keimzellen an ganz entfernter Stelle des Coenenchyms und wandern secundär in die medusoide Gemme ein, um dort zur Reife zu kommen. — Mit Rücksicht auf diese Wanderungen der Keimzellen müssen wir die schwierige Frage nach der Herkunft der Keimzellen bei den Hydrozoen als noch keineswegs endgiltig beantwortet betrachten.

Ebenso wie bei den *Hydromedusen* sehen wir auch bei den *Siphonophoren*, welche freischwimmende polymorphe Medusencormen sind, die Geschlechtsindividuen entweder als medusoide Gemmen auftreten, oder auch als selbständige, freischwimmende kleine Hydroidmedusen, die sich vom Siphonophorencormus loslösen.

Bei *Hydra* (dem Süsswasserpolypen) sehen wir die Geschlechtsproducte im Ectoderm des Polypen selbst entstehen. Mit Recht wird auch hier die Frage aufgeworfen, ob dies als ein ursprüngliches Verhalten aufzufassen sei, oder ob nicht etwa eine im höchsten Grade reducirte Gemmenbildung vorliege: man könnte sich vorstellen, dass die medusoide Gemme hier gar nicht mehr über die Oberfläche des Polypenleibes hervorgetreten sei. Mit Rücksicht auf die sonstige sehr ursprüngliche Organisation der Hydra neigt man aber doch der ersteren Ansicht zu.

c) Unterdrückter Generationswechsel (directe Entwicklung).

Eine Unterdrückung des ursprünglichen Generationswechsels durch Abkürzung der Entwicklung ist bei den *Haplomorphen* eingetreten. Die freischwimmende Hydroidmedusenform hat hier die höchste Ausbildungsstufe erreicht, das Stadium des Polypencormus aber ist in der Entwicklungsreihe unterdrückt. Wohl folgt in der Reihe der durchwegs freischwimmenden Entwicklungsstadien auf die Planula eine Form, die man morphologisch einem Hydroidpolypen vergleichen könnte; doch entsteht die Meduse aus diesem nicht etwa durch Knospung, sondern durch directe Umwandlung.

Polymorphismus.

Bei den cormenbildenden Hydroidpolypen ist der Polymorphismus eine sehr verbreitete Erscheinung. Wir sehen z. B. neben den vollkommener organisirten Nährpolypen reducirte Tastpolypen, Skeletpolypen und proliferirende (d. h. Medusenknospen erzeugende) Polypen [1]. Bei den *Siphonophoren* erreicht der Polymorphismus und die Arbeitstheilung eine noch höhere Stufe.

---

[1] Die Entstehung der Medusen selbst beruht wahrscheinlich auf Polymorphismus, indem sich eine immer schärfer hervortretende Differenzirung zwischen festsitzenden, polypoiden Nährthieren und freiwerdenden Geschlechtsthieren herausbildete.

Systematische Uebersicht der Hydrozoa.

1. Ord. Authydrae.

Die *Authydrae* sind Hydrozoen, die im geschlechtsreifen Zustande den Bau des (vollkommenen oder reducirten) Hydroidpolypen haben.

1. *Hydridae* mit der einzigen Gattung *Hydra*, *H. fusca, grisea, viridis.* Die Hydra ist eine solitäre, nackte Polypenform mit hohlen Tentakeln und zur Zeit der Geschlechtsreife mit ectodermalen Gonaden; sie kann
den Ort verändern und sich mit ihrer drüsigen Fussscheibe beliebig fest-
heften. Den Sommer über entstehen durch seitliche Knospung Tochter-
individuen, die zur vollkommenen Loslösung kommen; im Herbste bilden
sich im Ectoderm hinter dem Tentakelkranz unregelmässig angeordnete Gonaden, in den weiblichen Gonaden entsteht nur ein Ei, welches mit einer
chitinigen Hülle versehen ist. Die Thiere sind Zwitter. Die Entwicklung
ist abgekürzt. Die Hydra ist ein kosmopolitischer Süsswasserbewohner. Sie
ist die niedrigste Cnidarierform, die uns bekannt ist.

2. *Hydrocoralliae.* Korallenähnliche, Cormen-bildende Hydroidpolypen
mit verkalktem Aussenskelett. Coenenchym ein röhriges Netzwerk bildend.
Polymorph, mit Nährpolypen, Tastpolypen und knospenartigen Geschlechtsindividuen, an denen ein medusoider Bau nicht nachgewiesen ist. Bewohner
der tropischen Meere.

Fam. *Milleporidae.* *Millepora.* **Fam.** *Stylasteridae.* *Stylaster.*

2. Ord. Hydromedusae (Craspedotae).

Die Hydromedusen sind Hydrozoen, deren Ge-
schlechts-Individuen den Bau freischwimmender Hydroidquallen, oder an der polypoiden Amme verblei-
bender medusoider Gemmen besitzen.

I. *Diplomorpha* (= Leptolinae oder Acordyliae).
Mit polypoider Ammengeneration. Die Geschlechtsgeneration sind
entweder Medusen ohne Hörkölbchen (Cordylien), dagegen mit Hörbläschen oder mit Augenflecken, und mit sehr beweglichen und extensilen, hohlen Tentakeln, oder es sind sessile Gemmen.

1. *Tubulariae-Anthomedusae.* Ammengeneration sind *Tubulariapolypen*
(mit nackten Köpfchen). Geschlechtsgeneration sind entweder sessile Gemmen oder frei werdende *Anthomedusen* (mit gastralen Gonaden und mit
Augenflecken, daher auch Ocellatae oder Augenfleckmedusen genannt)
(Fig. 257 u. 258 pag. 258 und Fig. 259 pag 262).

Polyp:	*Podocoryne carnea*	*Stauridium cladonema*	Polyp unbekannt
Meduse:	*Dysmorphosa carnea,*	*Cladonema radiatum,*	*Ctenaria ctenophora,*
	Eudendrium ramosum	*Eudendrium rameum*	*Tubularia*
	Lizusa octocilia,	m. sessilen Gemmen,	m. sessilen, trauben-förmig angeordneten Gemmen
	Hydractinia	*Clava*	*Cordylophora*
	m. sessilen Gemmen,	m. sessilen Gemmen,	m. sessilen Gemmen

2. *Campanulariae-Leptomedusae.* Ammengeneration sind *Campanularia-Polypen* (die chitinartigen Skeletröhren erweitern sich an den Köpfchen zu becherförmigen Hüllen). An reducirten, von einer Chitinkapsel umgebenen Polypen-Individuen knospen die medusoiden Individuen, dies sind entweder sessile Gemmen oder *Leptomedusen* (mit canalären Gonaden und Randbläschen [ausser bei *Thaumanthias*], daher auch Vesiculatae oder Randbläschen-medusen genannt) (Fig. 260 pag. 262).

Polyp: *Campanularia*   *Plumularia*   *Sertularia*

Meduse: Die Medusen sind *Eucopiden* m. sessil. Gemmen' m. sessil. Gemmen'

Polyp nur in Jugendstadien bekannt

Aequorea

II. *Haplomorpha* (== Trachylinae od. Cordyliotae).

Entwicklung ohne polypoide Ammengeneration (direct). Medusen mit Hörkölbchen (Cordylien) und mit starren, wenig extensilen Tentakeln, welche meist eine solide Achse haben. Dies sind die grössten und am vollkommensten organisirten Hydroidmedusen.

Narcomedusae.   *Cunina.* — *Trachymedusae.*   *Geryonia.*

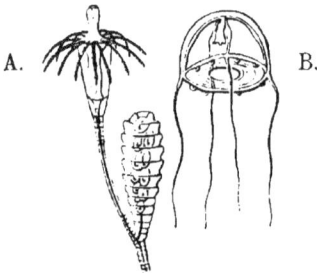

Fig. 262. **Campanulariapolyp und seine Meduse.**

A. Die dicke Chitinhülle ist am Stamme stellenweise geringelt, am Nährpolypen erweitert sie sich zu der becherförmigen „Polypenzelle", an dem mund- und tentakellosen, proliferirenden Polypoide, welches zahlreiche Medusenknospen trägt bildet die Chitinlamelle eine geringelte „Geschlechtszelle".

B. Freigewordene Meduse mit Randbläschen (Clytia bicophora) nach AGASSIZ.

3. Ord.   Siphonophora.

Die Siphonophoren sind freischwimmende, polymorphe Cormen von Hydromedusen.

Trotz der physiologisch einheitlichen Leistung des Gesammtkörpers müssen die Siphonophoren morphologisch doch als Cormen aufgefasst werden, in welchen der Polymorphismus der Individuen einen sehr hohen Grad der Ausbildung erreicht hat.

Die nahe verwandtschaftliche Beziehung der Siphonophoren zu den Hydromedusen ist schon aus dem Bau ihrer Geschlechtsindividuen zu ersehen; dieselben sind nämlich, wie bei jenen, entweder medusoide Gemmen oder selbständige kleine Hydroidmedusen [1]). Wir sehen aber im Siphonophorencormus die medusoide Form nicht nur als Geschlechts-

---

1) Aus dem Bau dieser Geschlechtsindividuen kann geschlossen werden, dass die Siphonophoren den Anthomedusen am nächsten verwandt sind; dies soll aber für die Gruppe der *Discoidea* nach HAECKEL nicht gelten (?); er leitet dieselben von Trachymedusen ab.

individuum auftreten, sondern wir finden dieselbe hier vielfach auch als steriles Arbeitsindividuum zu bestimmten Functionen angepasst.

Wir können am Siphonophorencormus der Entstehung und An-ordnung nach Individuen verschiedener Ordnung unterscheiden.

Wir finden nur ein Individuum erster Ordnung, welches die Achse oder den Stamm (Hydrosom) des Cormus bildet. Der Stamm ist meist langgestreckt röhrenförmig (*Agalmidae, Calicophoridae*), oft aber ist er in seinem unteren Theile (*Physophora*) oder auch in seiner Gänze (*Physalia*) zu einem kurzen Sacke erweitert, oder er erscheint auch zu einer flachen Scheibe verkürzt (*Velellidae*). An seinem apicalen Ende trägt er in der Regel (mit Ausnahme der *Calycophoriden*) eine

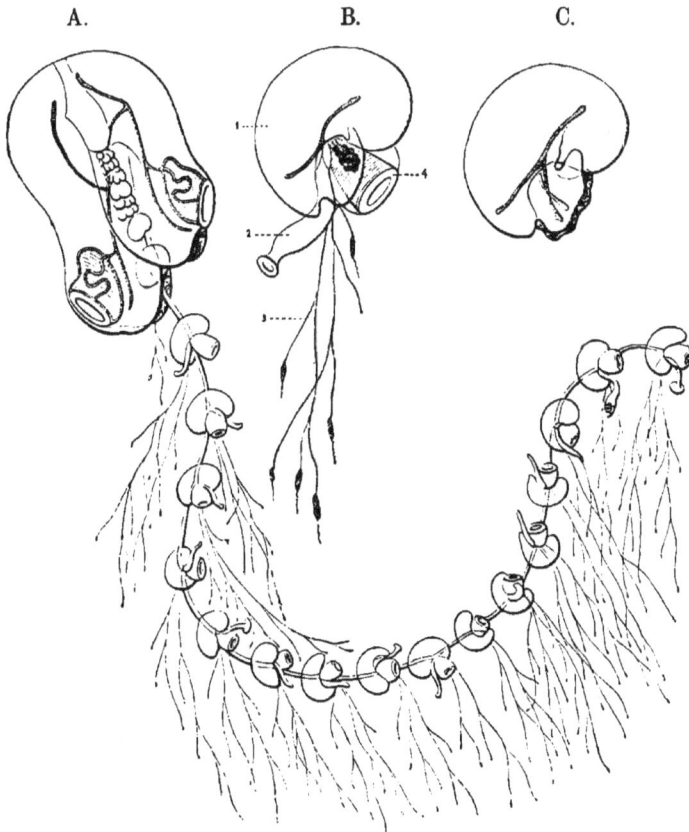

Fig. 263. *Praya maxima* nach GEGENBAUR.

A. Der ganze Cormus etwas verkleinert. Vorne zwei Schwimmglocken, zwischen den-selben der Beginn des Stammes mit Knospengruppen. Am Stamme in regelmässigen Ab-ständen die Eudoxien-artigen Cormidien.

B Einzelnes Eudoxia-artiges Cormidium mit 1) Deckstück, 2) Magenschlauch, 3) ver-ästeltem Fangfaden, 4) Genitalschwimmglocke.

C. Deckstück isolirt von der Seite betrachtet mit vier blind endigenden Endoderm-canälen.

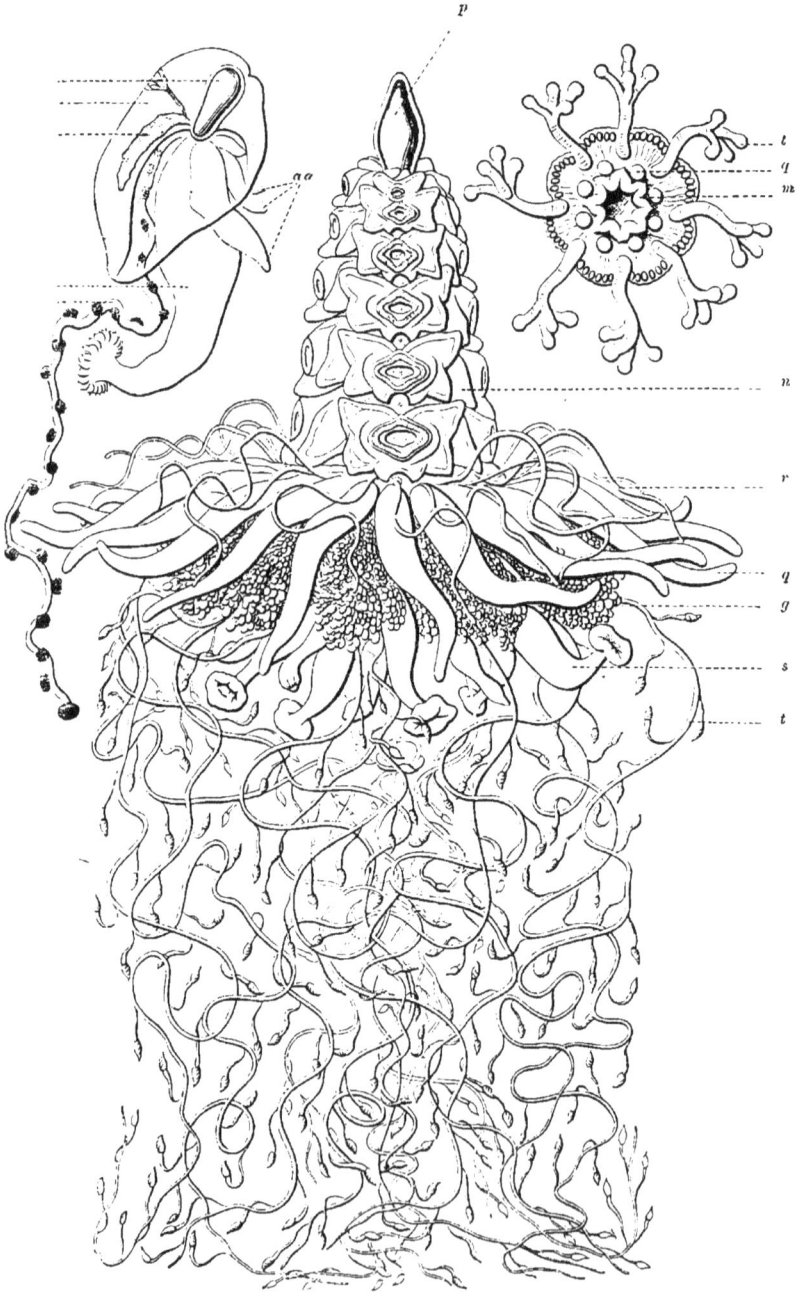

Fig. 265.   Fig. 264.   Fig. 266.

Fig. 264. **Eine Siphonophore aus der Gruppe der Physophoriden,** *Discolabe quadrigata*, nach HAECKEL. *p* Schwimmblase am oberen Ende des Stammes, *n* Schwimmglocken, welche die Schwimmsäule zusammensetzen, *r* Fühlfäden, *q* Taster, *g* traubige Anhäufungen von medusoiden Gemmen, *s* Magenschläuche, *t* Fangfäden.

Fig. 265. **Siphonula-Larve** von *Discolabe*, nach HAECKEL. *b* Deckstück mit *bc* endodermalem, blind geschlossenem Canal und *p* Schwimmblase, *s* Magenschlauch, *t* Fangfaden, *aa* bereits in Bildung begriffene secundäre Individuen.

Fig. 266. **Disconula-Larve** von *Disconalia gastroblasta* nach HAECKEL. *m* achteckige Mundöffnung des centralen Magenschlauches, *t* acht randständige Tentakel, *q* Anlage der Taster, an deren Basis später die Geschlechtsindividuen sprossen.

Luftkammer (Fig. 264), die als Einstülpung der Körperwand entsteht und als hydrostatischer Apparat fungirt. Am unteren Ende des Stammes ist oft die Mundöffnung des primären Individuums vorhanden.

Als Individuen zweiter Ordnung unterscheiden wir die seitlich am Stamme in grosser Anzahl sprossenden Anhänge. Diese Individuen sind in einer ursprünglich einseitigen Linie am Stamme befestigt, doch wird meist durch eine Torsion des Stammes eine spiralige Drehung dieser Linie und somit eine allseitige Lagerung der Individuen herbeigeführt. Im allgemeinen können wir beobachten, dass die jüngsten Individuen am Vorderende (Wachsthumspunkt) des Stammes entstehen, die ältesten daher an seinem Hinterende sich finden. Doch bilden die Schwimmglocken (vgl. unten) eine solche Reihe für sich (!), und die nachfolgenden Anhänge eine zweite solche Altersreihe. Bei diesen letzteren kann aber in manchen Fällen eine complicirtere Anordnung eintreten, indem nach einem bestimmten Gesetze (CHUN) neue Individuenreihen intercalirt werden. Anders verhält es sich bei den *Velelliden*, bei welchen die Individuen zweiter Ordnung an der unteren Fläche des scheibenförmigen, axialen Individuums concentrisch angeordnet sind.

Zunächst dem Vorderende findet sich meist eine grössere oder geringere Anzahl von Schwimmglocken. Es sind dies medusenähnliche Individuen mit musculöser Subumbrella und Velum, mit Radiärcanälen, Ringcanal und Endodermlamelle, denen aber das Magenrohr, die Tentakel und Randkörper fehlen (manchmal sind Andeutungen derselben vorhanden, *Desmophyes*). Auch ist ihre Form, im Zusammenhang mit ihrer seitlichen Stellung am Stamme, eine bilateral symmetrische. Sie fungiren als locomotive Individuen (Bewegungsorgane) des Cormus. Bei *Athorybia* sind die Schwimmglocken zu vorderen Deckstücken umgestaltet; bei den *Rhizophysen, Physalien* und *Discoideen* fehlen die Schwimmglocken gänzlich.

Am nachfolgenden Stammabschnitt beobachten wir verschieden gestaltete Anhangsstücke meist zu eigenthümlichen Gruppen vereinigt. Stets finden wir eine Anzahl nabrungaufnehmende Individuen, sogenannte Magenschläuche; es sind dies schlauchförmige Bildungen mit endständiger, trompetenförmig ausdehnbarer Mundöffnung; sie sind an ihrer Basis mit einem einzigen überaus contractilen Fangfaden versehen, der ebenso contractile Seitenzweige trägt, die mit complicirt gebauten Nesselbatterien (sogenannten Nesselknöpfen) endigen. Oberhalb der Magenschläuche finden sich je nach der Species charakteristisch gestaltete Deckstücke, das sind gallertige Platten mit einem oder mehreren Endodermcanälen (wahrscheinlich entsprechen Deckstück, Magenschlauch und Fangfaden zusammen einem medusoiden Individuum).

Als eine Modification der Magenschläuche sind die sogenannten Taster zu betrachten, die der Mundöffnung entbehren und an ihrer

Basis einen schwächeren und unverästelten Fühlfaden tragen. Auch diese kommen in Combination mit Deckstücken vor.

Bei den *Calycophoriden* finden sich nur Magenschläuche und keine Taster. Bei den *Physophoriden, Rhizophysen, Physaliden* und *Discoideen* fehlen die Deckstücke (sowie auch die Schwimmglocken).

Als Individuen dritter Ordnung (d. h. solche, die an Individuen zweiter Ordnung knospen und mit ihnen einen Cormus zweiter Ordnung, ein „Cormidium" bilden) sind die Geschlechtsindividuen zu betrachten. Sie entstehen, oft traubenförmig gehäuft, an der Basis der Magenschläuche oder der Taster. Bei den *Velelliden* lösen sie sich als kleine Hydroidquallen (*Chrysomitra* genannt) los, und es reifen erst während des freien Zustandes ihre gastralen Gonaden. Bei den *Diphyiden* bleiben sie sessil und entbehren der Mundöffnung, doch fungiren sie gleichzeitig als kleine Schwimmglocke (Genitalschwimmglocke) für die als „Eudoxia" sich ablösende Individuengruppe (vergl. unten). In den meisten anderen Fällen sind es stark reducirte medusoide Gemmen, in deren Klöppel die Geschlechtsproducte sich entwickeln. Die weiblichen Gemmen erzeugen meist nur je ein einziges Ei. — In der Regel sprossen weibliche und männliche Geschlechtsindividuen an ein und demselben Cormus (monöcische Cormen), seltener sind sie auf verschiedene Cormen vertheilt (diöcische Cormen).

Bei den *Diphyiden* lösen sich die einzelnen Individuengruppen (Cormidien), welche 1) aus Deckstück, Magenschlauch und Fangfaden und 2) aus einer Anzahl successive sich bildender Genitalschwimmglocken bestehen, vom Cormus ab und leben als sogenannte Eudoxien selbständig weiter. Eine dieser Glocken kann auch steril bleiben und eine Specialschwimmglocke für das Cormidium darstellen, welches in diesem Falle als Ersaea bezeichnet wird.

Entwicklung. Bei der Furchung mangelt die Furchungshöhle. Es bildet sich (wahrscheinlich durch Epibolie) eine Planula. Die eine Seitenfläche der Planula zeichnet sich frühzeitig durch besondere Beschaffenheit aus (die Planula ist daher bilateral symmetrisch); das Ectoderm ist an dieser Seite verdickt und das Endoderm zeigt hier plasmareiche Bildungszellen, während es im übrigen aus grossen Nahrungszellen besteht. Diese Seite repräsentirt die spätere Knospungslinie. Am Hinterende der Planula bildet sich die primäre terminale Mundöffnung, und diese selbst wird zum Stamm (primären Magenschlauch); an demselben entsteht zunächst ein primärer Fangfaden und alsbald auch die Knospenanlagen secundärer Anhänge. In vielen Fällen ist ein vorderes primäres Deckstück, welches später abgeworfen wird, vorhanden. Die Deutung, dass diese aus den drei Stücken: Deckstück, primärer Magenschlauch und primärer Fangfaden bestehende

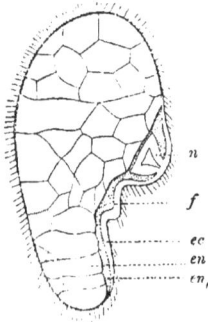

Fig. 267. **Junge Larve von** *Epibulia*, nach METSCHNIKOFF. Das Endoderm besteht aus grossblasigen Dotterzellen (*en*) und an der Knospungsseite aus plasmareichen Zellen (*en,*), *ec* Ectoderm, *f* Anlage des primären Fangfadens, *n* Anlage der ersten Schwimmglocke.

Larve (Syphonula, HAECKEL) einem medusoiden Individuum entspreche, hat viel Wahrscheinlichkeit für sich. — Bei der weiteren Ent-

wicklung erfolgt oft eine Art Metamorphose, indem provisorische Schwimmglocken (bei *Monophyes*) oder provisorische Deckstücke (wahrscheinlich Homologa von Schwimmglocken) auftreten. [Da die Gattung
Athorybia mit derartig umgewandelten Schwimmglocken versehen ist,
so pflegt man die mit solchen provisorischen Deckstücken ausgestattete
Larve als Athorybiastadium zu bezeichnen.]

Die erste Entwicklung der *Discoidea* ist n i c h t b e k a n n t, das
früheste bekannte Stadium (D i s c o n u l a HAECKEL's) besitzt eine r a-
d i ä r e, medusenähnliche Gestaltung; es ist aber möglich, dass diese Aehnlichkeit eine secundär erworbene ist.

Die Siphonophoren sind flottirende Meeresthiere. Während manche
Diphyiden nur einige Millimeter gross sind, erreichen viele *Physophoriden* und besonders die *Physalien* Meterlänge. Sie fesseln unser Auge
durch die Schönheit der Formen, Durchsichtigkeit und Farbenpracht.
Sie zeichnen sich meist durch überaus kräftig wirkende Nesselorgane
aus (besonders die *Physalien*).

Zur m o r p h o l o g i s c h e n B e u r t h e i l u n g d e r S i p h o n o p h o r e n
wurden verschiedene Theorien aufgestellt.

[1. Polyorgantheorie.] HUXLEY erklärte die Siphonophore als ein
Medusenindividuum mit vervielfältigten und mannigfach dislocirten O r-
g a n e n (Schwimmglocken, Magenschläuchen etc.).

[2. Polypersontheorie, A. Polypomtheorie.] Andere Forscher betrachten
nach dem Vorgange von VOGT und LEUCKART die Siphonophore als einen
Hydroidpolypenstock, an welchem polypoide und medusoide Individuen
sprossen und zu verschiedenen Zwecken angepasst erscheinen. LEUCKART
deutete die Schwimmglocken, die Deckstücke, die Geschlechtsindividuen
als m e d u s o i d e Anhänge, die Magenschläuche (auch Nährpolypen genannt) und die Taster als polypoide Individuen. — Schon GEGENBAUR
hat aber auf manche Unzulänglichkeit einzelner dieser Deutungen hingewiesen.

[B. Medusomtheorie.] Endlich hat HAECKEL eine andere bedeutungsvolle Erklärung der Siphonophore begründet, indem er dieselbe nicht auf
einen proliferirenden Polypen, sondern auf eine proliferirende Meduse zurückführt, wie wir solche z. B. in *Sarsia siphonophora* vor uns sehen. Da
eine Meduse durch Knospung nur Medusen (niemals Polypen) hervorbringt,
so müssten auch alle Anhänge der Siphonophore nach dieser Theorie auf
Medusen zurückzuführen sein; und dies wird durch die scharfsinnigen Erörterungen HAECKEL's sehr wahrscheinlich gemacht. Dabei soll aber auch
eine Vermehrung der Organe nach dem Princip der Polyorgantheorie vorkommen; doch eben in diesem einen Punkte, in Bezug auf die Deutung der
Schwimmglocken, scheint die Theorie HAECKEL's eine Correctur zuzulassen.

Die Medusomtheorie stützt sich auf folgende wesentlichste Punkte:
1) Je eine Gruppe von Anhängen, nämlich Deckstück, Magenschlauch
und Fangfaden, werden zusammen als eine modificirte Medusenperson (M e-
d u s o m) betrachtet. Diese bildet mit den an ihr sprossenden Genital-
glocken einen untergeordneten Medusencormus, der als C o r m i d i u m bezeichnet wird. — Bekanntlich ist eine derartige Gruppirung am augenfälligsten bei den Diphyiden ausgeprägt, wo auch diese Cormidien als
„Eudoxien" sich vom Cormus ablösen und selbständig weiterleben. — Es
gibt auch reducirte Medusome, bei welchen nämlich die Deckstücke fehlen;
ferner werden solche Anhangsgruppen, welche eine Mehrzahl von Magen-

schläuchen enthalten, von HAECKEL ·nach dem Princip der Organvermehrung erklärt (vielleicht wären sie aber doch nur als gehäufte Medusome zu betrachten).

2) Es wird die Uebereinstimmung des Medusoms mit der primären Siphonulalarve hervorgehoben. Diese wird als primäres Medusom aufgefasst, an dessen Magenschlauch später die secundären Medusome sprossen (auch hier kommt Reduction durch Fehlen des primären Deckstückes vor).

3) In Bezug auf die Erklärung der Schwimmglocken können wir mit HAECKEL nicht übereinstimmen. H. hält dieselben für vervielfältigte und in Bezug auf ihre Lagebeziehung zum primären Magenschlauch dislocirte Medusenscheiben, welche nur wiederholte primäre Deckstücke, also wiederholte Theile des primären Medusoms wären.

Es ist wahrscheinlicher, dass die Schwimmglocken auf steril gewordene Genitalschwimmglocken zurückzuführen sind, welche zum primären Medusom in einem ähnlichen Verhältniss standen, wie die gewöhnlichen Genitalschwimmglocken zu den secundären Medusomen in den Cormidien[1]).

4) Die Gruppe der *Discoidea* hält HAECKEL für unabhängig von den anderen Siphonophoren, nach einem anderen Modus entstanden. Diese Auffassung erscheint aber nicht sicher begründet; dafür oder dawider kann erst durch Beobachtung der frühen, bisher unbekannten Entwicklungsstadien entschieden werden. Manches spricht dafür, dass die *Discoidea* von *Physalien*-ähnlichen Formen abgeleitete, am weitesten modificirte Siphonophoren wären (CHUN) [2]).

---

1) Aus dieser Auffassung der Schwimmglocken würde sich für die phylogenetische Entwicklung der Siphonophoren folgende in einzelnen Punkten von HAECKEL abweichende Darstellung ergeben. a) Eine frühe Stammform der Siphonophoren hätte einen Bau gehabt, welcher demjenigen eines einfachen Eudoxien-ähnlichen Cormidiums entspricht. Diese Form bestand aus einem sterilen Medusom — zusammengesetzt aus einer Scheibe, die zu einem bilateralen, primären Deckstück geworden ist, einem primären Magenschlauch und einem primären Fangfaden und ferner aus mehreren primären Genitalschwimmglocken, welche sowohl locomotorisch fungiren, als auch die geschlechtliche Fortpflanzung besorgen. b) Bei einer späteren Stammform sprossen am primären Magenschlanche des primären Medusoms secundäre Cormidien; damit in Zusammenhang werden die primären Genitalschwimmglocken steril, d. h. sie werden zu Schwimmglocken (ähnlich wie bei den als Ersacu bezeichneten Cormidien die Specialschwimmglocken). Eine solche Form existirt noch gegenwärtig in der von HAECKEL beschriebenen *Mitrophyes peltifera*, bei welcher das primäre Deckstück zeitlebens erhalten bleibt und daneben eine Schwimmglocke sich findet. Dies wäre also nach unserer Meinung die älteste der bekannten Siphonophorenformen. c) Bei anderen Siphonophorenformen aber wird das primäre Deckstück nur mehr als vergängliche larvale Bildung erzeugt, oder es kommt gar nicht mehr zur Entwicklung. Letzteres ist auch bei den meisten *Calycophoriden* der Fall, obwohl sie sonst sehr ursprüngliche Formen sind. Ich halte es daher für irrig, wenn man (wie auch HAECKEL) die erste Schwimmglocke der *Calycophoriden* dem primären Deckstück anderer Siphonophoren (oder auch demjenigen von *Mitrophyes*) vergleicht.

Der Wechsel der Schwimmglocken, wie er von CHUN für Monophyes beschrieben wurde und die Vielzahl derselben bei den höheren Siphonophoren scheint mir vergleichbar mit der successiven Abstossung und Neubildung von Genitalschwimmglocken an den Cormidien (Eudoxien) der *Calycophoriden*.

2) HAECKEL's System der Siphonophoren ist folgendes:

A. *Disconanthae* (Larve eine octoradiale Disconula)

B. *Siphonanthae* (Larve eine bilaterale Siphonula)

1. Disconectae (= Discoidea).
2. Calyconectae (= Calycophoridae).
3. Physonectae (= Physophoridae).
4. Auronectae (= Auronectae).
5. Cystonectae (= Pneumatophoridae).

Systematische Uebersicht der Siphonophoren.

1. **Calycophoridae.** Ohne Luftsack. Mit wenigen Schwimm-glocken. Der langgestreckte Stamm kann meist in einen Seitenraum der Schwimmglocke eingezogen werden. Mit regelmässigen Individuengruppen, die sich meist als ,,*Eudoxien*'' oder ,,*Ersaeen*'' ablösen.
Mitrophyes, Monophyes, Diphyes, Praya.

2. **Physophoridae.** Mit Luftsack. Meist mit zahlreichen Schwimm-glocken (die bei *Athorya* und *Athorybia* zu vorderen Deckstücken umge-wandelt sind).
Halistemma, Physophora, Forskalia, Athorybia.

3. **Aurophoridae (Auronectae).** Mit grossem Luftsack, der durch ein besonderes seitliches Organ (Arophore) sich nach aussen öffnet, darunter ein Kranz von Schwimmglocken. Deckstücke fehlen.
Stephalia, Rhodalia, von HAECKEL entdeckte Tiefseeformen.

4. **Pneumatophoridae.** Mit grossem, mit einer knorpelharten Stützmembran versehenen Luftsack, der eine apicale Oeffnung besitzt. Schwimmglocken sowie Deckstücke fehlen.
Rhizophysidae. Stamm langgestreckt, mit mässig grossem Luft-sack. *Rhizophysa.*
Physalidae. Stamm verkürzt und ganz von dem grossen Luftsack eingenommen. *Physalia.*

5. **Discoidea.** Stamm zu einer Scheibe verkürzt, mit gekammertem und mit zahlreichen Oeffnungen versehenen und von einem knorpelharten Skelett gestützten Luftsack. Schwimmglocken und Deckstücke fehlen. Um den grossen primären Magenschlauch sind concentrisch kleinere Magen-schläuche oder auch Palpen angeordnet, an welchen traubenförmig die Geschlechtsindividuen sprossen. Am Rande der Scheibe sind tentakelartige Bildungen angeordnet. Die medusoiden Geschlechtsindividuen werden als *Chrysomitra* frei. Die trachoenartigen Verästelungen der Luftkammer dienen nach CHUN zur Luftathmung.
Velella, Porpita.

II. Classe der Cnidaria, Scyphozoa.

Die Scyphozoa sind Cnidarier mit endodermalem Keimepithel und mit zellenhaltiger Gallertschichte; sie besitzen vier oft stark modificirte oder zahlreichere Septen, deren freier Rand Mesenterial- oder Gastral-filamente trägt. Sie sind zurückführbar auf die Grund-form eines vierstrahligen Scyphopolypen.

In jüngster Zeit wurde besonders durch die Forschungen der Brüder O. und R. HERTWIG sowie von CLAUS und HAECKEL nachgewiesen, dass die *Scyphomedusen* und *Hydroidmedusen* phylogenetisch vollkommen gesondert von verschiedenen Polypentypen abzuleiten sind, und dass ferner die ersteren in naher verwandtschaftlicher Beziehung zu den *Actinozoen* stehen. Es werden daher die Actinozoa und Scyphomedusen als *Scyphozoa* vereinigt [1]). Diese Zusammenfassung stützt sich nicht

---

1) GÖTTE fasst als *Scyphozoa* die Actinozoen, Scyphomedusen und die Cteno-phoren zusammen.

nur auf die Bildungsweise der Keimepithelien, sondern auch auf viele
andere morphologische Charaktere, welche besonders die Gastralsepten
betreffen; eine wichtige Vervollständigung in der Erkenntniss dieser
morphologischen Uebereinstimmung ward ferner durch A. GÖTTE gegeben, welcher zeigte, dass auch bei den Scyphomedusen ein ectodermal
eingestülptes Schlundrohr entsteht.

Als Grundform (Stammform) der Scyphozoa betrachten wir eine
4strahlige Scyphopolypenform mit Schlundrohr, welche 4 radiale Tentakel und 4 interradiale Septen besitzt. Bei den Scyphomedusen erhält
sich (in der Regel) die Vierzahl der Septen, während die Zahl der
Tentakel vermehrt ist. Bei den Actinozoen ist die Anzahl der Septen
und der Tentakel in gleicher Weise vermehrt.

Die Septen (oder Taeniolen) und gewisse mit denselben einhergehende
Differenzirungen sind für die Morphologie der Scyphozoen von besonderer
Wichtigkeit. Wir wollen diese Bildungen daher zusammenfassend betrachten. Die Septen (oder Taeniolen) sind von einer Mesodermlamelle
gestützte Längsfalten des Endoderms, welche in die Gastralhöhle vor-
springend von der Basis derselben bis zur Mundscheibe sich erstrecken.
Bei den *Scyphomedusen* (wo sie auf die Vierzahl beschränkt sind), erfahren
sie oft bedeutende Um- und Rückbildungen. Bei den *Actinozoen* erscheinen
sie stets vollkommen ausgeprägt und in Bezug auf die Anzahl vermehrt. —
Bei den Actinozoen bildet der verdickte Rand des Septums ein gewundenes
Band, das sogenannte Mesenterialfilament; bei den Scyphomedusen
treten an diesem Randwulste zahlreiche freie, fadenförmige Anhänge auf,
die als Gastralfilamente bezeichnet werden. — Die Gonaden liegen
paarweise an den Septen, entweder unmittelbar an den Seitenflächen derselben oder etwas mehr davon entfernt (bei den Scyphomedusen gegen die
Subumbrella) gelagert. Demgemäss finden wir bei den Scyphomedusen
vier Paar Gonaden (die oft paarweise verschmolzen sind). Bei den Actinozoen ist die Anzahl der Gonaden entsprechend der Vervielfältigung der Septen
eine vermehrte, obzwar nicht immer alle Septen Gonaden besitzen. — In
den Septen verlaufen Längsmuskeln (Septalmuskeln), welche bei den Actinozoen vom endodermalen Epithel abstammen, bei den Scyphomedusen
(nämlich bei der polypoiden Jugendform Scyphistoma und bei den *Stauromedusen*) aber ectodermale Einwucherungen sind (nach GÖTTE); es sind diese
Muskeln also in diesen beiden Gruppen einander substituirende, aber nicht
homologe Bildungen.

1. Subcl. Actinozoa.

Die Actinozoen sind festsitzende, polypoide Scyphozoen; mit tief eingestülptem Schlundrohre und wohl
ausgebildeten Septen, die in vermehrter Anzahl (Grundzahl 6, 8) vorhanden und alle oder ein Theil mit dem
Schlundrohre verwachsen und mit Mesenterialfila-
menten versehen sind; Tentakel meist der Zahl der
Gastraltaschen entsprechend; der innere Bau zeigt
bilaterale Symmetrie; solitär oder cormenbildend.

Die *Actinozoen* oder Korallenpolypen sind in ihrer äusseren Erscheinung den Hydroidpolypen gegenüber meist durch bedeutendere
Grösse ausgezeichnet, womit auch ein complicirterer innerer Bau und

eine reichere histologische Differenzirung einhergeht. Die Einzelindividuen sind am grössten bei den solitären *Actinien*, während andererseits die cormenbildenden Formen und vornehmlich die kalkabsondernden *Madreporaria* durch ihr festes Skelet und die Grösse der Cormen hervorragen; bei ihrem massenhaften Vorkommen spielen sie in der Fauna besonders der wärmeren Meere eine bedeutende Rolle und beeinflussen sogar die Gestaltung der Meeresküsten durch den Aufbau von Korallenriffen oder Korallenbänken, ja sie bringen sogar in Zusammenhang mit geologischen Hebungen und Senkungen festes Land (Koralleninseln) hervor.

An dem im allgemeinen cylindrischen Körper unterscheiden wir die seitliche Wand als M a u e r b l a t t, die untere Wand als F u s s s c h e i b e und die obere als M u n d s c h e i b e. Am äusseren Rande der letzteren finden sich die hohlen T e n t a k e l in einem oder mehreren Kreisen angeordnet; selten kommt ein innerer Kreis von Mundtentakeln hinzu (*Cerianthus*). Die M u n d ö f f n u n g ist spaltförmig verlängert, so dass der Körper durch die entsprechende Ebene in zwei symmetrische Hälften getheilt werden kann (vergl. unten). Ebenso ist das S c h l u n d r o h r (früher meist als Magen bezeichnet) seitlich comprimirt und entweder an beiden Kanten oder nur an einer (der „ventralen") mit einer flimmernden S c h l u n d r i n n e versehen. Die verschliessbare S c h l u n d p f o r t e führt in den G a s t r a l a p p a r a t (Gastrovascularapparat), der in den C e n t r a l m a g e n und die G a s t r a l f ä c h e r (Gastralrinnen, Gastraltaschen) sich gliedert, welch letztere in die Höhlung der Tentakeln sich fortsetzen. Bei den Actiniden finden sich Oeffnungen an der Spitze der Tentakeln.

Fig. 269. **Körperform einer Actinie**, nach A. A N D R E S.

Die S e p t e n (Mesenterien), welche die Gastralfächer von einander abgrenzen, sind entweder sämmtlich mit ihrem axialen Rande an das Schlundrohr festgewachsen (*Octactinien, Cerianthus, Edwardsia*) oder es ist nur eine Anzahl derselben festgewachsen, während bei den übrigen der freie Rand bis zur Mundscheibe sich erstreckt (*Actiniden, Madreporarien*); man unterscheidet demnach in diesem Falle vollkommene und unvollkommene Septen. Die ersteren sind bei den Actiniden im Umkreis des Mundes von S e p t a l o s t i e n durchbohrt (innerer Ring-

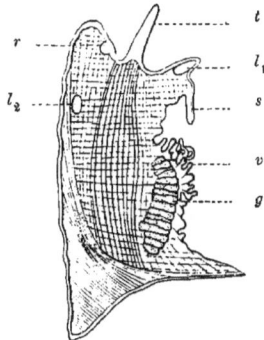

Fig. 270. **Längsschnitt durch die linke Hälfte des Körpers einer Actinie** (*Tealia crassicornis*), er ist so geführt, dass ein Septum mit allen seinen Differenzirungen zur Ansicht kommt. *t* Tentakel, *s* die eine Wand des Schlundes, *v* Mesenterialfilament, *g* Gonade, l_1 inneres (orales) Septalstoma, l_2 äusseres Septalstoma; ferner sind am Septum Längsmuskeln, Transversalmuskeln und Parietalmuskeln zu beobachten; *r* Ringmuskel, quer durchschnitten. Nach H E R T W I G.

kanal), hierzu kommen bei manchen Arten noch äussere Septalostien in der Nähe des Mauerblattes (äusserer Ringkanal). — Der freie Rand-wulst der Septen bildet je ein vielfach gewundenes Band, welches als **Mesenterialfilament** bezeichnet wird. Das Epithel der Mesen-terialfilamente ist reich an Drüsenzellen und Nesselzellen und bildet auch streckenweise lebhaft flimmernde Streifen. Bei manchen Acti-niden (*Sagartien, Adamsien*) sind hier noch besondere Differenzirungen, die **Acontien**, ausgebildet; es sind dies lange, frei vom Septenrande sich erhebende Fäden, die mit Nesselzellen bedeckt sind und durch besondere Oeffnungen des Mauerblattes (**Cinclides**) nach aussen her-vorgeschnellt und langsam wieder zurückgezogen werden können. — In der Regel sind die Septen mit **endodermalen Epithelmuskel-zügen**, Transversalmuskeln und besonders Längsmuskeln, versehen (nur bei Cerianthus fehlend). Die kräftigen Längsmuskeln sind in der

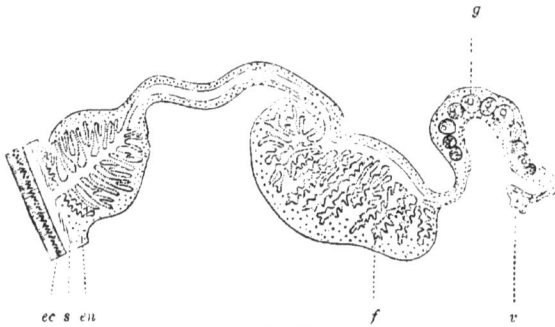

Fig. 271.

Fig. 271. **Querschnitt durch ein Septum von** *Edwardsia tuberculata*, nach HERTWIG. *ec* Ectoderm, *s* Gallertschichte, *en* Endoderm, an dessen Basis die Querschnitte der epithe-lialen Muskelfibrillen als Reihen von Pünktchen erscheinen; durch Faltungen des Muskel-epithels kommt bei *f* ein einseitiger Muskelwulst (Muskelfahne) zustande; ausserdem ist in dem vorliegenden Falle am basalen Rande des Septums ein doppelseitiger Muskelwulst vor-handen. *g* Querschnitt des Ovariums, *v* Querschnitt des Mesenterialfilamentes (Randwulst).

Regel einseitig am Septum angeordnet, so dass der Querschnitt das Bild einer sogenannten Muskelfahne bietet. Je kräftiger die Septal-muskeln entwickelt sind, um so unbedeutender ist die Ausbildung der ectodermalen Musculatur der Körperwand. Die Septen sind endlich auch die Träger der Gonaden, welche meist bandförmige, gewulstete Einlagerungen an denselben bilden. Die Keimzellen entstehen im Endo-dermepithel, rücken aber bei ihrer Reife in die mittlere Gallertschichte des Septums hinein (HERTWIG).

Specifische Sinnesorgane fehlen den Actinozoen; das Nervensystem ist acentrisch, es ist als Nervenschicht des Ectoderms am stärksten an der Mundscheibe ausgebildet, es fehlt aber selbst im Endoderm nicht gänzlich. Die histologische Beschaffenheit des Ectoderms (vergl. pag. 132, Fig. 137, 138) zeigt nach HERTWIG grosse Uebereinstimmung mit der-jenigen des Endoderms; es ist nicht genau nachgewiesen, wo die Ab-grenzung der beiden Blätter stattfindet.

Die Skeletbildungen, welche bei den cormenbildenden Formen (*Octactinien* und *Madreporarien*) den Körper stützen, sind von zweierlei

Bedeutung. Erstens unterscheiden wir bei den *Alcyonarien* als mesodermale Skeletbildungen einzelne höckerige Kalkkörperchen von mannigfaltiger Gestalt (S k l e r o d e r m i t e n), die in Mesodermzellen entstehen und entweder isolirt bleiben oder durch Kalksubstanz zu einer festeren, zusammenhängenden Masse vereinigt werden (Achsenskelet von *Corallium rubrum*, der Edelkoralle, und Röhrenskelet von *Tubipora*, der Orgelkoralle); bei anderen *Alcyonarien* kommen sie als losere Rinde neben dem hornigen Achsenskelete vor. Zweitens finden wir zusammenhängende Skeletbildungen, die bei den Alcyonarien als vorwiegend horniges, bei den Madreporariern als complicirteres, meist axiales Kalkskelet auftreten. Diese zusammenhängenden Skeletbildungen sind nicht, wie man früher glaubte, mesodermale Bildungen, sondern sie sind, wie in jüngster Zeit (besonders durch die Untersuchungen von Koch) nachgewiesen wurde, Ausscheidungsproducte des Ectoderms, die zunächst an der Fussscheibe beginnen, von da aber weit in das innere des Weichkörpers einwuchern und namentlich mit fortschreitendem Wachsthum des Cormus oft derart vom Weichkörper umgeben werden, dass sie als innere Skeletbildungen erscheinen. Stets sind aber sämmtliche Körperschichten mit eingestülpt und überkleiden diese b a s o a x i a l e n S k e l e t b i l d u n g e n. — An den complicirteren Skeletbildungen der Madreporarier wiederholt sich die Architektur des Weichkörpers; man unterscheidet ein gemeinsames Skelet des Cormus (C o e n e n c h y m) und das Skelet des Einzelindividuums (P o l y p a r i u m); an letzterem sehen wir ein F u s s b l a t t, M a u e r b l a t t, S e p t e n, ferner oft eine axiale Erhebung, die als C o l u m e l l a bezeichnet wird und die auch noch von einem Kreis von Pfählchen (P a l i) umgeben sein kann; überdies kann noch eine von der äusseren Körperfläche ausgeschiedene A u s s e n p l a t t e das Mauerblatt umkreisen. In Bezug auf das Verhältniss des Skeletes zum Weichkörper ist besonders hervorzuheben, dass die Sklerosepten ihrer Lage nach nicht mit den Sarkosepten übereinstimmen, sondern mit denselben alterniren, also in der Richtung der Gastralfächer liegen. — Die überaus mannigfaltigen besonderen Eigenthümlichkeiten der Skeletbildungen sind für die Systematik von grosser Bedeutung.

Die Actinozoen sind in der Regel getrenntgeschlechtlich (*Cerianthus* ist zwitterig). Die Entwicklung wird nur ausnahmsweise bis zu vorgeschrittenem Stadium innerhalb der mütterlichen Körperhöhle durchlaufen; meist aber finden sich freischwimmende Larven von eiförmiger Gestalt mit Schlundrohr und einer Anzahl nacheinander entstehender Septen, wozu erst später Tentakel hinzukommen. Bei den Octactinien entstehen alle diese Bildungen oft erst nach der Festsetzung der Planula-ähnlichen Larve.

Sowohl Längstheilung als Knospung führt zur Cormenbildung. Seltener kommen die neuen Individuen zu vollkommener Isolirung, dagegen erfolgt dies stets bei Quertheilung. Die Cormen sind aus gleichartigen Individuen zusammengesetzt, nur bei den *Pennatuliden* finden sich Andeutungen von Polymorphismus.

M o d i f i c a t i o n e n d e s r a d i ä r e n B a u e s b e i d e n A c t i n o z o e n.

Der radiäre Bau der Actinozoen ist stets derart modificirt, dass eine Symmetrieebene, welche in der Richtung der Mundspalte liegt, den Körper in zwei spiegelbildlich gleiche Hälften theilt. Stets kommt in die Richtung der beiden Mundecken je ein Tentakel zu liegen (R i c h t u n g s t e n t a k e l);

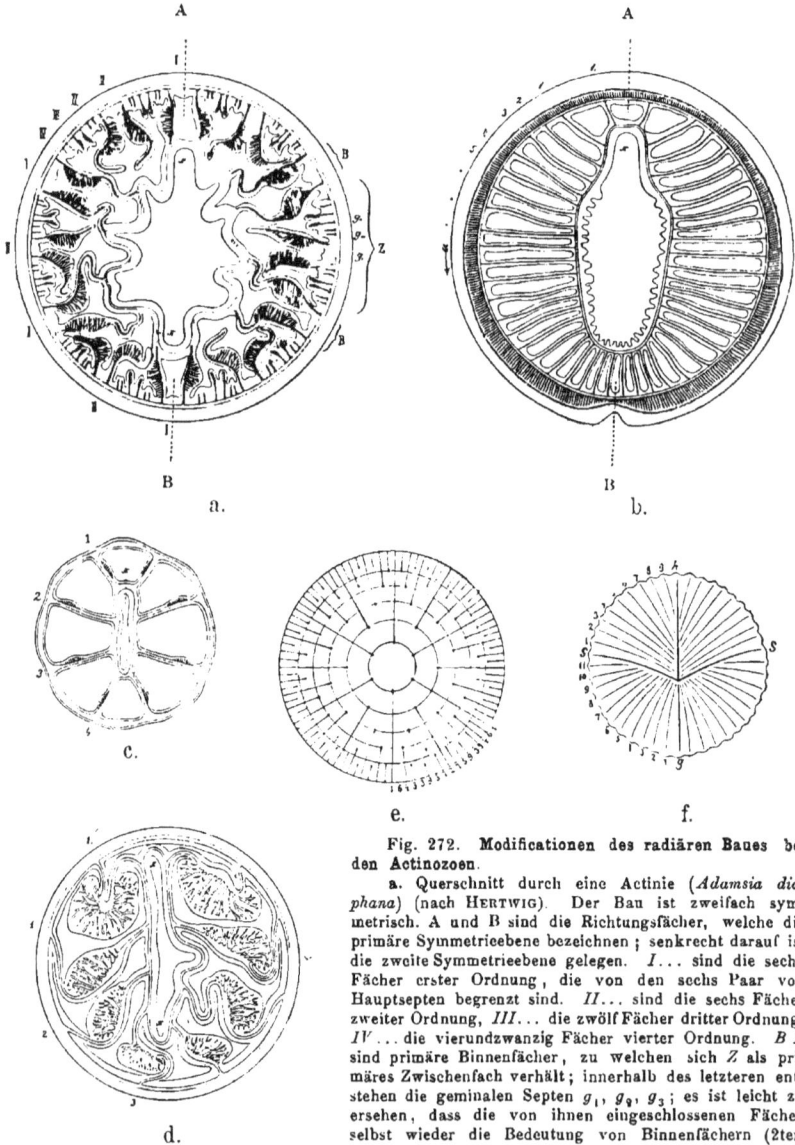

Fig. 272. **Modificationen des radiären Baues bei den Actinozoen.**

a. Querschnitt durch eine Actinie (*Adamsia diaphana*) (nach HERTWIG). Der Bau ist zweifach symmetrisch. A und B sind die Richtungsfächer, welche die primäre Symmetrieebene bezeichnen; senkrecht darauf ist die zweite Symmetrieebene gelegen. *I*... sind die sechs Fächer erster Ordnung, die von den sechs Paar von Hauptsepten begrenzt sind. *II*... sind die sechs Fächer zweiter Ordnung, *III*... die zwölf Fächer dritter Ordnung, *IV*... die vierundzwanzig Fächer vierter Ordnung. *B B* sind primäre Binnenfächer, zu welchen sich *Z* als primäres Zwischenfach verhält; innerhalb des letzteren entstehen die geminalen Septen g_1, g_2, g_3; es ist leicht zu ersehen, dass die von ihnen eingeschlossenen Fächer selbst wieder die Bedeutung von Binnenfächern (2ter, 3ter Ordnung) gewinnen.

b. Querschnitt durch *Cerianthus solitarius* (nach HERTWIG und A. v. HEIDER). A ventrales Richtungsfach, *x* Schlundrinne, B dorsales Richtungsfach; 1 ist das primäre Septum, die Septen 2, 3, 4 sind in der Richtung des dorsalen, das Septum 1_1 in derjenigen des ventralen Richtungsfaches eingeschoben. Die ectodermale Muskulatur ist sehr stark, die der Septen sehr schwach ausgebildet.

c. Querschnitt einer Octactinie (Alcyonium), *x* Schlundrinne; die Septen 1, 2, 3, 4 sind alle gleichgerichtet (nach HERTWIG).

d. Querschnitt durch *Edwardsia tuberculata*. 1 ist das primäre Septum, 2 und 3 sind in der Richtung des ventralen Richtungsfaches, 1, ist in der Richtung des dorsalen Richtungsfaches eingeschoben (vergl. b). (Nach HERTWIG).

e. Schema des Wachsthumsgesetzes des *Madreporarier*-Skeletes (nach MILNE-EDWARDS). Die Kalksepten entsprechen der Lage nach den Fächern des Weichkörpers und stimmen in ihrer Altersfolge mit denselben überein (vergl. die Verhältnisse in Fig. a). Die Septen sind entsprechend ihrer Altersfolge von verschiedener Länge und man unterscheidet darnach: 1 sechs Septen erster Ordnung, 2 sechs Septen zweiter Ordnung, 3 zwölf Septen dritter Ordnung; 4, 5, 6 etc. je nur zwölf Septen 4., 5. etc. Ordnung, welche stets zwischen möglichst alte Septen früherer Ordnung intercalirt sind. (Dieses Gesetz erleidet mannigfache Ausnahmen.)

f. Schema des Wachsthumsgesetzes des Skeletes der fossilen paläozoischen *Tetracorallier* (nach KUNTH). *h* Hauptseptum und *g* Gegenseptum (den Richtungsfächern entsprechend), *ss* Seitensepten (vielleicht seitlichen „Binnenfächern" entsprechend); in den vier zwischenliegenden Quadranten (Hauptquadranten, Gegenquadranten) sind die Secundärsepten in gleichgerichteten Reihen angeordnet.

und dementsprechend findet sich in diesen beiden Richtungen auch je ein Gastralfach (Richtungsfach), und wenn es sich um skeletbildende Formen (Madreporarier) handelt, je ein Kalkseptum (kalkiges Richtungsseptum); dagegen entspricht je ein Paar von fleischigen Richtungssepten den Mundecken. Zu beiden Seiten dieser Richtungsebene (oder primären Symmetrieebene) sind die Tentakeln und — was besonders bemerkbar ist — die Sarkosepten spiegelbildlich gleichartig angeordnet. Wenn dabei auch die beiden Richtungstentakel und die ihnen entsprechenden Körperhälften sich spiegelbildlich gleichartig verhalten (wobei auch zwei Schlundrinnen vorhanden sind), wenn also auch senkrecht auf die Richtungsebene eine zweite Ebene gelegt werden kann, welche ebenfalls den Körper in zwei spiegelbildlich gleiche Theile scheidet, so sprechen wir von einer zweifach symmetrischen Anordnung; diese findet sich bei den *Actiniden*. Wenn aber die Orientirung der Septen nach den beiden Richtungstentakeln hin sich ungleich verhält (oft ist auch nur einerseits eine Schlundrinne vorhanden), so erscheint die Anordnung nur einfach symmetrisch; dies ist der Fall bei den *Octactinien*, *Cerianthus*, *Edwardsia* und den fossilen *Tetracorallia*. Dabei sind aber, besonders mit Berücksichtigung der Muskelfahnen, noch die mannigfachsten Combinationen der Septenstellung zu beobachten. Bemerkenswerth ist das Verhalten der *Octactinien*, wo alle acht Muskelfahnen von dem einen Richtungsfach abgewendet und dem anderen zugewendet sind.

Für die Deutung der Architektonik ist nicht nur die Anordnung, sondern auch die Entstehungsweise und zeitliche Folge der radiären Bildungen (Tentakeln, Gastraltaschen und Septen) maassgebend. Die Entstehung neuer Tentakeln ist aus den Gesetzen der Intercalation verständlich, mag die Einschiebung nun regelmässig radiär oder nur an gewissen Punkten erfolgen. Dagegen bedarf die Bildung der neuen Gastralfächer einer besonderen Erörterung. Nach dem einen Modus wird von einem alten Fache durch die Bildung eines innerhalb desselben neu auftretenden Septums ein neues Fach abgetheilt. Die Einschiebungen erfolgen rechts und links von der Symmetrieebene gleichartig. Jedes Fach (mit Ausnahme der Richtungsfächer) ist daher von ungleich alten Septen begrenzt. Bei *Cerianthus* entstehen alle neuen Septen der Reihe nach, so dass die jüngsten in dem einen Richtungsfach (dem „dorsalen") eingeschoben werden, sie sind daher jederseits in der Reihenfolge nach diesem Richtungsfache hin zu zählen; nur ein Septum macht eine Ausnahme, da es im entgegengesetzten Richtungsfach eingeschoben erscheint. — In ähnlicher Weise sind wahrscheinlich die Verhältnisse von *Edwardsia* zu deuten. — Bei den

Octactinien entstehen die 8 Septen gleichzeitig, doch wird vermuthet, dass dies ein abgekürzter Process sei, und dass sie in der Reihenfolge von einem Richtungsfach zum anderen zu zählen wären. — Bei den fossilen *Tetracoralliern*, wo wir die Architektonik nur aus den Kalksepten (die in der Richtung der Gastralfächer liegen) beurtheilen müssen, finden wir folgende Anordnung der Sklerosepten. Wir finden ein Hauptseptum und ein Gegenseptum (entsprechend den beiden Richtungsfächern), ferner jederseits ein Seitenseptum und dann innerhalb der so gebildeten 4 Zwischenräume jederseits zwei (also 4) Septenreihen, deren Septen je in gleicher Richtung — und zwar nach dem Hauptseptum zu — gezählt werden.

Bei den *Actiniden* erfolgt die Bildung der ersten 12 Fächer ebenfalls nach dem Modus der successiven Einschiebung von Septen. Dann aber bei Bildung der nächsten Fächer tritt ein anderer Modus auf, der speciell den Actiniden eigenthümlich ist. Es werden nämlich innerhalb der alten Fächer, und zwar speciell in den sogenannten Zwischenfächern, stets Zwillingssepten (geminale Septen) gebildet, deren Muskelfahnen einander zugekehrt sind, und die je ein neues Fach begrenzen. Diese neuen Fächer sind demnach stets von gleich alten Septen eingeschlossen. — In Bezug auf die Zeitfolge der Septen ist folgendes zu bemerken. Die ersten zwölf Septen entstehen symmetrisch (d. h. rechts und links übereinstimmend) in gewisser Aufeinanderfolge. Doch werden diese ungleich alten Septen sodann in Bezug auf ihre Grösse ausgeglichen, und die anfangs wie bei den andern Actinozoen einfach symmetrische Anordnung wird zu einer zweifach symmetrischen ausgeglichen. Diese 12 „Hauptsepten" begrenzen 12 Fächer, von welchen man 6 als Binnenfächer (wozu die Richtungsfächer gehören), und 6 als Zwischenfächer unterscheidet. Auch die anfangs ungleichen 12 ersten Tentakel gleichen sich aus, und zwar in der Weise, dass sechs grössere Tentakel erster Ordnung (wozu die Richtungstentakel gehören, also den Binnenfächern entsprechend) und sechs kleinere Tentakel zweiter Ordnung zu unterscheiden sind. Alle nachfolgenden radiären Bildungen entstehen durch regelmässige radiäre Intercalation; es werden demnach, was die Tentakel betrifft, weiterhin Kreise von 12 Tentakeln III. Ordnung, 24 Tentakeln IV. Ordnung u. s. w. gebildet; ebenso verhalten sich die dazu gehörigen Gastraltaschen, welche, wie schon erwähnt, durch geminale Septenbildung entstehen. Die geminalen Septen entstehen nur in den Zwischenfächern; die ersten sechs geminalen Pärchen gehören zunächst noch den sechs Tentakeln zweiter Ordnung zu; die nächsten 12 Pärchen gehören dann zu den 12 Tentakeln dritter Ordnung u. s. w. (vergl. die Figurenerklärung).

In ähnlicher Weise macht sich die regelmässige radiäre Intercalation bei den Kalkskeletten der Madreporarier geltend, die sich in dem Bau ihres Weichkörpers wahrscheinlich den Actiniden anschliessen. Die Kalksepten, welche der Anordnung der Gastraltaschen entsprechen, sind regelmässig radiär nach der Grundzahl 6 angeordnet. Wir bezeichnen daher die Gruppe der Actiniden und Madreporarier als sechsstrahlige Actinozoen (*Hexactinia*), wobei wir aber nicht ausser Acht lassen, dass dieser sechsstrahlige Bau durch secundäre Ausgleichung erzielt wurde (vergl. die Figurenerklärung).

Systematische Uebersicht der Actinozoen.

Alcyonaria (*Octactinia*) mit acht gefiederten Tentakeln und acht Septen; mit Sklerodermiten und oft mit Hornskelet. *Alcyonium*, Korkkoralle, *Tubipora*, Orgelkoralle, *Gorgonia*, Rindenkoralle, *Corallium*, Edelkoralle, *Pennatula*, Seefeder.

Rugosa (Tetracorallia), fossile paläozoische Korallen.

Cerianthidae, grosse, solitäre, skeletlose Formen, mit Randtentakeln und Mundtentakeln. *Cerianthus.*

Edwardsidae. Edwardsia, solitär skeletlos, mit 8 Gastralfächern und 16 Tentakeln.

Antipathidae mit sechs meist kurzen Tentakeln und sechs theilweise verkümmerten Septen, cormenbildend, mit horniger Skeletachse. *Antipathes.*

Actinidae, solitäre, skeletlose, grosse Formen. Grundzahl der Tentakeln ist sechs. *Actinia, Adamsia.*

Madreporaria. Meist cormenbildend mit festem Kalkskelet (*Perforata, Aporosa*). Grundzahl der Tentakeln ist sechs. *Astraea, Fungia, Madrepora.*

2. Subcl. Scyphomedusae.

Die Scyphomedusen sind Scyphozoen meist von Medusenform (seltener festsitzend), mit Gastralfilamenten und Subgenitalhöhlen. Sie sind auf die Grundform der Scyphistoma zurückführbar.

Bei den Scyphomedusen ist das Verhältniss von Polyp und Meduse etwas anders als bei den Hydroidmedusen. Der Polyp (*Scyphistoma* genannt) ist das Jugendstadium; aus demselben geht die junge Meduse hervor, wobei aber, wenigstens in den bekannten Fällen, ein Quertheilungsprocess (Strobilation) sich einschiebt. — Bei abgekürzter Entwicklung (*Pelagia*) geht aus dem Ei direct eine Medusenform hervor.

Scyphistoma.

Zum Verständniss der Morphologie der Scyphomedusen ist es am besten von der Betrachtung der Scyphistomaform auszugehen. Die Scyphistoma, welche wir bei vielen Scyphomedusen (*Aurelia aurita, Chrysaora, Cassiopeia*) als polypoides Entwicklungsstadium kennen, ist eine 16armige Polypenform (es kommen auch Abweichungen in der Anzahl der Tentakel vor), welche sich durch den Besitz eines ectodermalen Schlundrohres und von vier gastralen Längsfalten (Taeniolen oder Septen, mit Septaltrichtern) auszeichnet.

Die Mundöffnung und der Schlund sind in vier Ecken beziehungsweise Kanten (in der Richtung der primären Radien) ausgezogen. Letzterer liegt in dem von der Mundscheibe sich absetzenden Mundkegel oder Mundrohre. Die Gastralhöhle wird durch die in ihrer ganzen Länge sich erstreckenden Taeniolen in einen Centralmagen und vier periphere Rinnen, die Gastralrinnen, geschieden, welche als seichte Furchen an der Basis des Magens beginnen, gegen die Oralseite sich allmählich vertiefen und an der Mundscheibe als vier blindsackförmige Taschen (Gastraltaschen) enden; am Scheibenrande stehen die 4 Taschen durch Septalostien (Ringkanal) miteinander in Verbindung. Innerhalb des Randwulstes der Taeniolen verläuft ein Längsmuskel, der Taeniolmuskel; derselbe kommt dadurch zu Stande, dass sich von der Mundscheibe aus oberhalb des

Taeniolansatzes je eine trichterförmige Ectodermeinsenkung (S e p t a l -
t r i c h t e r, S u b g e n i t a l h ö h l e) bildet, deren solide strangförmige
Fortsetzung bis zur Basis des Magens sich erstreckt; diese Epithel-
einsenkung erzeugt den Taeniolmuskel. Dieser Längsmuskel strahlt an
der Mundscheibe in Radiärmuskeln aus. Eine zusammenhängende
Muskelschichte der Kelchwand wird vermisst. Die Tentakel von Scyphistoma sind mit soliden Endodermachsen versehen. Nach der Zahl
der Tentakel unterscheiden wir 16 Radien, und zwar 4 Radien erster
Ordnung (G a s t r a l - oder T a s c h e n r a d i e n), 4 Radien zweiter Ordnung (S e p t a l r a d i e n) und 8 Radien dritter Ordnung (N e b e n -
r a d i e n); dementsprechend nennen wir 4 P r i m ä r t e n t a k e l (gastro-
radiale), 4 S e p t a l t e n t a k e l (septoradiale) und 8 N e b e n t e n t a k e l

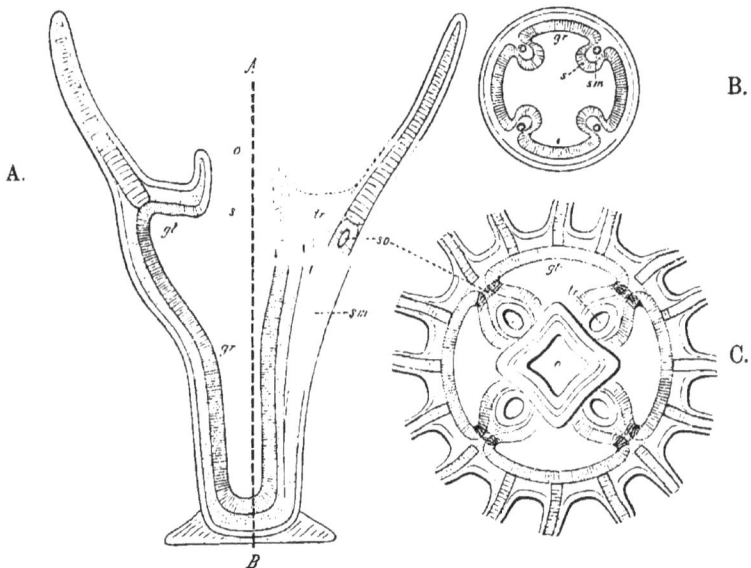

Fig. 273. **Schematische Darstellung des Körperbaues der Scyphistoma** (combinirt
besonders nach den Darstellungen von GÖTTE).

A. Längsschnitt des Körpers, links ist derselbe in gastroradialer Richtung, rechts
in septoradialer Richtung geführt. *A, B* Hauptachse, *o* Mund, *s* Schlundpforte, *gt* Gastraltasche, *gr* Gastralrinne, *so* Septalostium, *tr* Septaltrichter, *sm* Septalmuskel (der Strich ist
etwas zu kurz).

B. Ansicht von der Oralseite oder Querschnitt in der Höhe der Mundscheibe. (Bezeichnungen wie in A.

C. Querschnitt durch den unteren Theil des Körpers, *gr* Gastralrinne, *s* Septum,
sm Septalmuskel.

adradiale) [1]). Wir sehen also, dass im centralen (axialen) Theil des
Körpers der vierstrahlige Bau vorherrscht, während am Rande der
Mundscheibe durch die Tentakelbildung 16 Radien ausgeprägt sind [2]).

1) HAECKEL nennt die Radien erster Ordnung Perradien, die Radien zweiter Ordnung
Interradien, die Radien dritter Ordnung Adradien.

2) Bei dem gegenwärtigen Stande der Kenntnisse könnten wir die Scyphistoma, deren
grosse Uebereinstimmung mit den einfachsten Scyphomedusen nachgewiesen ist, auch direct

Medusenform.

Es ist anzunehmen, dass die *Scyphomedusen* von einer festsitzenden, polypoiden Scyphistoma-ähnlichen Stammform durch Anpassung an die freischwimmende (pelagische) Lebensweise abgeleitet sind. Den Uebergang von dem polypoiden zu dem medusoiden Körperbau sehen wir durch die *Stauromedusen* (*Calycozoa*) vermittelt, von welchen wir sowohl

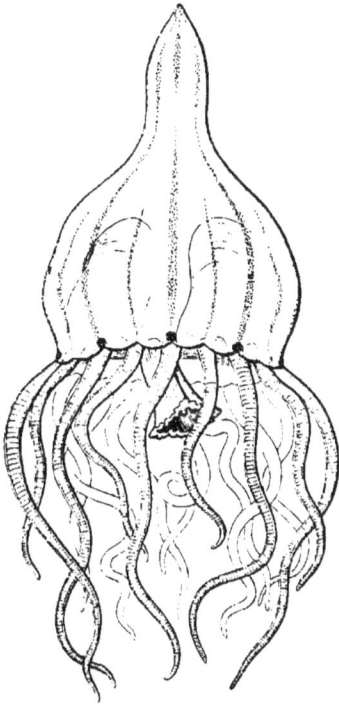

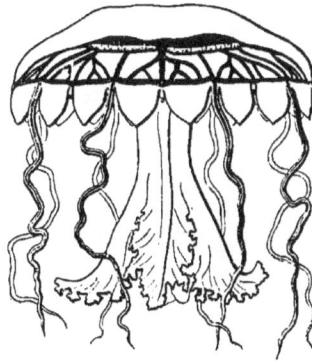

Fig. 275.

Fig. 274. *Tesserantha connectens*, Meduse aus der Ordnung der Stauromedusen, welche in ihrer äusseren Form und in ihrem inneren Bau der Scyphistoma noch sehr nahe steht. (Nach Haeckel.)

Fig. 275. *Ulmaris prototypus* aus der Ordnung der Discomedusen. A. Von der Seite gesehen. Der Gastrovascularapparat ist schwarz dargestellt (nach Haeckel).

Fig. 274.

festsitzende Formen (*Depastrella, Lucernaria*) als auch freischwimmende (*Tesserantha*) kennen. In ihrer äusseren Form sind dieselben in der Richtung der Hauptachse noch auffallend länggestreckt und an ihrem Körper ist noch Stiel (oder Scheitelaufsatz) und Scheibe wohl zu unterscheiden. In Bezug auf den inneren Bau ist namentlich die vollkommene Ausbildung des Taeniolapparates hervorzuheben. In ähnlicher Weise verhält sich auch noch unter den *Rhopaliferen* die Gruppe der *Peromedusen*, während bei der Gruppe der *Discomedusen* der Stiel vollkommen in die Fläche der Scheibe aufgegangen und der Taeniolapparat stark reducirt ist.

als eine festsitzende Scyphomeduse bezeichnen. Dies hat schon vor langer Zeit Steenstrup ausgesprochen: „Zufolge meiner eigenen Untersuchungen ist das polypenförmige Thier nur im Aeusseren polypenförmig, in seinem Baue aber eigentlich eine Meduse, die durch einen Stiel an feste Gegenstände geheftet ist.“ Seine Beweismittel beruhten aber zum Theil auf irrigen Beobachtungen.

Bei den *Rhopaliferen* finden sich gewisse Differenzirungen des Scheibenrandes, nämlich die Rhopalien und die Randlappen, welche der Körperform ein charakteristisches Gepräge verleihen. Die Rhopalien (Sinneskolben) sind modificirte Tentakel, welche Träger der Sinnesorgane und der Nervencentren sind. Sie haben die Form kurzer Papillen oder Kölbchen, welche in einer von zwei Randlappen (s. unten) gebildeten Nische liegen und überdies meist von einer schuppenartigen Falte überdeckt sind; in ihrem Ectodermepithel finden sich meist mehrere A u g e n in bestimmter Anordnung (die bei *Charybdaea* sogar eine hohe Stufe der Ausbildung erreichen); es besitzt auch Hörhaare, und es werden ferner in den Endodermzellen der Tentakelachse kalkige O t o l i t h e n ausgeschieden, so dass das Rhopalium zugleich als Hörkölbchen fungirt.

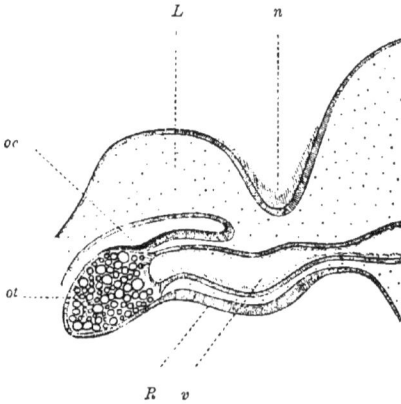

Fig. 276. Querschnitt durch den Scheibenrand von *Aurelia aurita* mit dem Rhopalium (nach HERTWIG). *R* das Rhopalium (im Längsschnitt gesehen), dessen verdickte Epithelien bilden das Nervencentrum; *v* der Gastrovascular-Kanal, sein blindes Ende ist verdickt und enthält *ot* die Otolithenmasse; *oc* das Napfauge; *L* Randlappen des Schirmes, welcher das Rhopalium bedeckt; *n* Riechgrube (diese ist nach der Darstellung von CLAUS eingetragen).

An der äusseren exumbrellaren Seite findet sich eine von Nerven-Flimmerepithel ausgekleidete trichterförmige Vertiefung, welche als R i e c h g r u b e gedeutet wird. An der Basis des Rhopaliums liegt eine gangliöse Verdickung des Ectoderms. Diese Ganglien, deren Anzahl derjenigen der Rhopalien entsprechend 4 oder 8, seltener mehr ist, repräsentiren das Centralnervensystem. Sie stehen einerseits mit den Sinnesorganen, andererseits mit einem subumbralen Nervenplexus in Zusammenhang.

Bei *Charybdaea* ist auch ein subumbraler Nervenring als Commissur zwischen den Rhopalarganglien nachgewiesen.

Bei den *Ephyropsiden*, welche den Grundtypus der *Discomedusen* repräsentiren, finden sich 8 Rhopalien, da sowohl die 4 gastroradialen als auch die 4 septoradialen Tentakel umgewandelt sind (selten tritt eine Vermehrung der Rhopalien mit einer Vermehrung der Radien ein). — Bei den *Cubomedusen* sind nur die gastroradialen, bei den *Peromedusen* nur die septoradialen Tentakel in Rhopalien verwandelt. Die Umwandlung betrifft also in allen Fällen nur die Tentakel 1. Ordnung oder 2. Ordnung, niemals aber die 3. Ordnung, d. i. die Nebententakel. Diese zeigen meist einen ursprünglichen Bau als h o h l e Fangfäden und behalten entweder ihre typische Anordnung und Zahl oder sie können auch in vermehrter Zahl zwischen die Rhopalien sich einschieben (*Aurelia*); selten sind sie ganz rückgebildet (*Rhizostomeen*).

Die Randlappen sind lappenförmige Ausbuchtungen der Scheibe, welche ursprünglich zwischen je zwei tentakulären Bildungen (nämlich Tentakel und Rhopalien) auftreten. Wir finden demnach 16 Randlappen; wir können dieselben zweckmässig nach den benachbarten Hauptradien

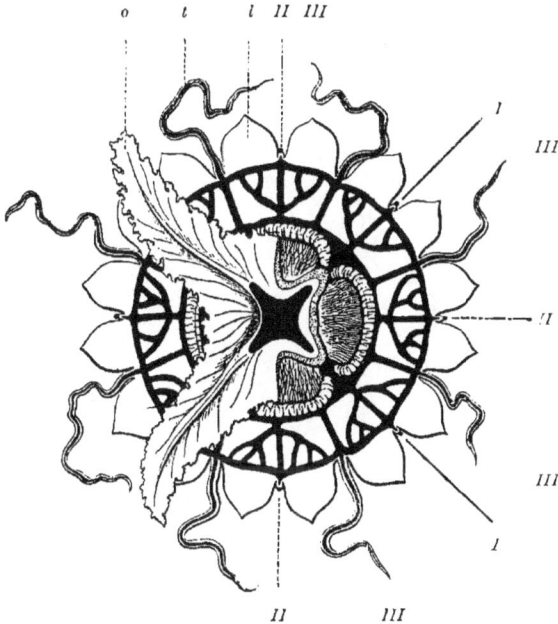

Fig. 277. *Ulmaris prototypus* von unten gesehen (nach HAECKEL). *o* Mundarme (zwei derselben sind abgeschnitten), die sich von der centralen Mundöffnung aus erstrecken, diese führt mittelst des Schlundes in den Centralmagen, der sich in das periphere Gastrovascularsystem fortsetzt. *t* Tentakel, *l* Randlappen. *I* Radien erster Ordnung, *II* Radien zweiter Ordnung, *III* Radien dritter Ordnung.

benennen und daher 4 Paar subgastrale und 4 Paar subseptale unterscheiden. Die Rhopalien liegen stets in tiefen Nischen zwischen einem solchen Lappenpaar. Die Beziehung zu den Rhopalien tritt um so mehr hervor, wenn zahlreiche Nebententakel zwischen die rhopalaren Lappenpaare sich einschieben (*Aurelia*). Die Anzahl der Lappenpaare kann auch vermehrt, sie kann aber auch reducirt sein (vergl. die radiäre Architektonik pag. 289). Bei den *Cubomedusen* sind 4 mächtig entwickelte Lappenpaare zu einer velumähnlichen, jedoch im Gegensatz zu dem gefässlosen Velum der Hydroidmedusen mit Gefässkanälen versehenen Bildung verschmolzen (Velarium) [1]).

Die Subumbrella ist durch den Besitz einer circulären Musculatur

---

[1]) Vielleicht sind dies die vier subseptalen (tentakularen) Paare, während die vier subgastralen (rhopalaren) rudimentär geworden wären; doch könnten auch alle acht Paare daran betheiligt sein; zu dieser Deutung möchten die Verhältnisse von *Chirodropus* veranlassen, wo vielleicht noch acht Paare angedeutet sind.

im peripheren Theil der Scheibe ausgezeichnet; es bleiben aber häufig dabei auch noch die ursprünglichen radiären Muskelzüge erhalten. — Die Septaltrichter finden sich hier als sogenannte Subgenitalhöhlen wieder; sie führen diesen Namen wegen ihrer Lagebeziehung zu den Gonaden. Sie zeigen bei den verschiedenen Gruppen mancherlei Modificationen. Bei den *Peromedusen* sind sie trichterförmig und von solcher Ausdehnung, dass sie durch die ganze Länge des Taeniolwulstes sich erstrecken. Bei manchen *Rhizostomeen (Versuriden, Crambessiden)*

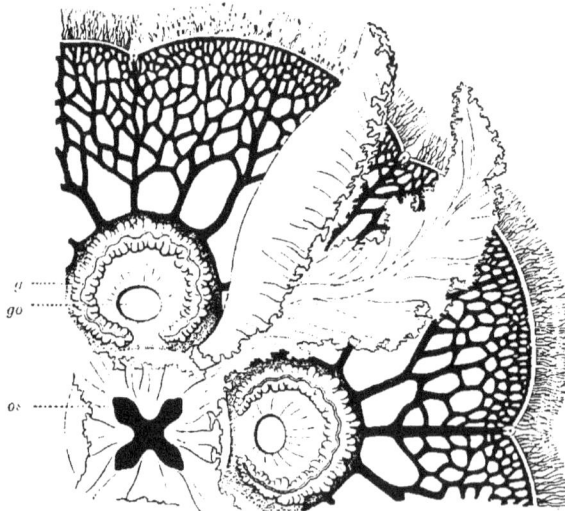

Fig. 278.

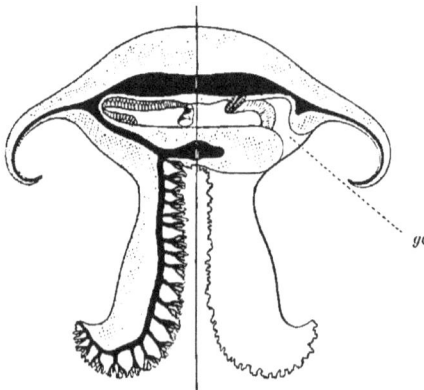

Fig. 279.

Fig. 278. Ein Quadrant von *Aurosa furcata*, einer Meduse aus der Abtheilung der Semostomaeen, von unten gesehen (nach HAECKEL). In gastroradialer Richtung liegen die vier gabeltheiligen Mundarme (hier ist nur einer zu sehen), die von dem Mundkreuze (*os*) ausgehen; in septoradialer Richtung liegen die vier Subgenitalhöhlen (von welchen hier nur zwei zu sehen sind) mit den vier Subgenitalostien (*go*) und dieselben umkreisend im Centralmagen je eine bandförmige Gonade (*g*).

Fig. 279. *Cannorhiza connexa*, eine rhizostome Meduse im vertikalen Durchschnitt; links ist der Schnitt in gastroradialer, rechts in septoradialer Richtung geführt. Die vier Subgenitalhöhlen sind zu einem einzigen „Subgenital - Porticus" vereinigt, der durch die vier Subgenitalostien (*go*) nach aussen mündet. —

Die Mundöffnung der Rhizostomen ist in ihrem centralen Theil obliterirt und nur periphere Theile sind als zahlreiche Sangmündchen offen geblieben (nach HAECKEL, z. Th. schematisch).

kommt durch centrale Verbindung der vier Höhlen ein merkwürdiger Centralraum (Subgenitalsaal) zu Stande. Nur bei den *Cubomedusen* und *Ephyropsiden* sind die Subgenitalhöhlen rückgebildet.

Am freien Ende des vierkantigen Mundrohres oder Mundstieles findet sich die Mundöffnung; diese ist entweder einfach viereckig oder sie ist, bei den *Semaeosotomen*, in vier lange Mundarme mit zierlich gefalteten Rändern ausgezogen; bei den *Rhizostomen* verwächst zunächst die centrale kreuzförmige Mundöffnung und weiter auch deren Nebenfalten, so dass nur die letzten Enden der Fältchen als zahlreiche Saugmündchen offen bleiben. — Der ectodermale Schlund erstreckt sich im Inneren des Mundrohres bis an die Basis desselben, wo er in den Centralmagen mündet.

Von den Differenzirungen des Gastrovascularsystems wollen wir zunächst die G o n a d e n betrachten. Dieselben liegen an der subumbralen Wand und zwar findet sich ein Paar derselben oberhalb jeder der vier Subgenitalhöhlen; oft sind aber die beiden Theile eines Paares axial oder peripher verbunden, so dass sie je e i n e hufeisenförmige, die Subgenitalhöhle umkreisende Gonade bilden. Die Gonade ist meist eine bandförmige Falte des Endodermepithels, die oft vielfach gewunden ist und meist nur an einer Seite Keimepithel trägt; seltener ist es eine bläschenförmige Ausstülpung des Endoderms gegen die Subumbrellarwand hin (*Ephyropsiden*). Die dünne Wand, welche die Gastralhöhle von der Subgenitalhöhle trennt, wird in vielen Fällen mitsammt dem Genitalband in die letztgenannte Höhle als krausenförmige Bildung vorgestülpt.

Die G a s t r a l f i l a m e n t e finden sich als fadenförmige, contractile, mit Drüsen und Nesselzellen ausgestattete Anhänge in grösserer oder geringerer Anzahl längs des Taeniolwulstes. In manchen Fällen sind sie über die ganze Länge desselben zerstreut, doch am Taeniolansatz besonders dicht gehäuft (*Lucernaria, Peromedusen*). In anderen Fällen sind sie nur auf letztere Stelle beschränkt und dort büschelweise oder in einer Querreihe (längs der bandförmigen Gonaden) angeordnet, oder die Anzahl derselben ist soweit reducirt, dass nur je eines an jedem Taeniolansatz sich findet.

Der G a s t r o v a s c u l a r a p p a r a t [1]) schliesst sich bei den primitivsten Formen noch in seiner Gestaltung recht sehr nahe an die bei der Scyphistoma beobachteten Verhältnisse an. So sind bei den *Stauromedusen* die Taeniolen noch in ganzer Ausdehnung vom Scheitelpol des Gastralraumes bis zur Basis des Mundrohres (T a e n i o l a n s a t z) wohl entwickelt und auch mit dem charakteristischen Taeniolmuskel ausgestattet. Nur erfahren die Gastraltaschen in Zusammenhang mit der Ausbildung der Scheibe eine bedeutendere Ausdehnung und auch eine grössere Selbständigkeit, so dass man einerseits den Centralmagen mit seinen vier Gastralrinnen und andererseits die vier Gastraltaschen einander gegenüberstellen kann; beide Abtheilungen stehen miteinander durch vier weite Oeffnungen (G a s t r a l o s t i e n), welche zwischen den

---

1) Wenn wir in der hier gegebenen Darstellung von der Nomenclatur HAECKEL's etwas abweichen, so geschieht dies, um dss Verhältniss von Taeniolansatz und Cathamnalknoten besser hervorzuheben, doch schliesst sich unsere Darstellung in der Hauptsache an die bewunderungswürdige Monographie der Medusen von HAECKEL an, welche für die Kenntniss dieser Thiergruppe von epochemachender Bedeutung ist. — Das von HAECKEL für die *Peromedusen* beschriebene Verhalten des Festonkanales soll nach CLAUS auch für die *Ephyropsiden* gelten; dieser Darstellung sind wir hier gefolgt.

Taeniolansätzen liegen, in Verbindung. Die vier Gastraltaschen sind
aber auch an der Peripherie mit einander in Verbindung gesetzt, indem
die Taschensepten hier von den Septalostien durchbrochen sind (R i n g -
s i n u s). Diese Durchbrechungen können eine solche Ausdehnung erreichen,
dass die Taschensepten ganz aufgelöst erscheinen und die Abgrenzung
der Taschen nur noch durch die Taeniolansätze angedeutet ist; der
weite Ringsinus (Kranzdarm) mündet durch die vier Gastralostien unmittelbar in den Centralmagen. Bei vielen *Tesseriden* und den *Peromedusen* treten nun an Stelle der Taschensepten wieder neue (?) Ver-
wachsungspunkte (Ca-
thamnalknoten) auf,
durch welche der Ring-
sinus in einen äusseren
und inneren sich glie-
dert. — Bei den *Disco-
medusen* ist der Taeniol-
apparat nur noch auf
den Taeniolansatz be-
schränkt, welcher die
Gastralfilamente trägt
und auch dieser bildet
nur bei den *Ephyropsi-
den* noch je eine Verbin-
dung der Subumbrella
mit der Exumbrella; bei
den *Semaeostomen* und
Rhizostomen aber ist die
Verbindung des Tae-

Fig. 280. **Gastrocanalsystem einer Ephyropside** (nach HAECKEL, etwas verändert
nach der Darstellung von CLAUS). Das Mundrohr ist abgeschnitten. Der Centralmagen (*cm*)
wird in septoradialer Richtung von den vier Gonaden und den Gastralfilamenten (hier nur
je eines) begrenzt, in gastroradialer Richtung mündet er durch die vier Gastralostien in
den Ringsinus (*rc*); von diesem wird durch die sechzehn Lappenspangen (*sp*) der Feston-
canal (*fc*) abgegliedert.

niolansatzes mit der Exumbrella geschwunden, so dass derselbe nur noch
durch die an der s u b u m b r a l e n Gastralwand vorfindlichen Gastral-
filamente gekennzeichnet ist. Das ist alles, was hier noch von der
ursprünglich so mächtig entwickelten Taeniolbildung übrig geblieben ist.
In diesem Falle ist nun der Ringsinus und der Centralmagen zu einem
einheitlichen Raume vereinigt. In der Peripherie des Ringsinus sind
aber bei diesen Formen, sowie bei allen *Rhopaliferen,* neue gefässartige
Differenzirungen zu beachten. Diese peripheren Gefässbildungen stehen
in Zusammenhang mit der Bildung der Randlappen. Je einem Randlappen entspricht eine periphere Ausbuchtung des Ringsinus; jede dieser
Ausbuchtungen ist durch einen endodermalen Verwachsungsstreifen
(L a p p e n s p a n g e) ausgezeichnet, in der Weise, dass die 16 Ausbuchtungen in einen peripheren, regelmässig geschlängelten Ringcanal
(F e s t o n c a n a l) und von demselben ausgehende centripetale Radiärcanäle verwandelt sind. Dies ist der Grundtypus (*Ephyropsiden, Peromedusen*), von welchem die reicher verzweigten aus Ringcanal und
Radiärcanälen zusammengesetzten Gefässbildungen der höheren Disco-
medusenformen (z. B. *Aurelia, Rhizostoma*) abzuleiten sein.

Die radiäre Architektonik der Scyphomedusen ist ursprünglich von demselben Gesetze beherrscht, welches wir bei der Scyphistoma ausgeprägt fanden: Während im centralen Theil des Körpers der vierstrahlige Bau vorherrscht, sind am Rande der Scheibe durch die Tentakelbildung 16 Radien ausgeprägt.

Bei all den zahlreichen Modificationen des Körperbaues bleibt der vierstrahlige Bau der centralen Theile erhalten, dagegen kommt an den peripheren Theilen (Scheibenrand und Tentakeln) sowohl eine Vermehrung als auch eine Verminderung der Tentakelzahl vor. Die Vermehrung betrifft in vielen Fällen nur die nicht rhopalaren Zwischententakel (*Aurelia, Chrysaora*), selten ist sie eine regelmässigere, so dass auch die Zahl der Rhopalien zunimmt (*Collapsis*, manche *Rhizostomen*).

Besonders interessant ist die Verminderung der peripheren Radien. Eine solche kommt bei den verschiedensten Abtheilungen vor und es

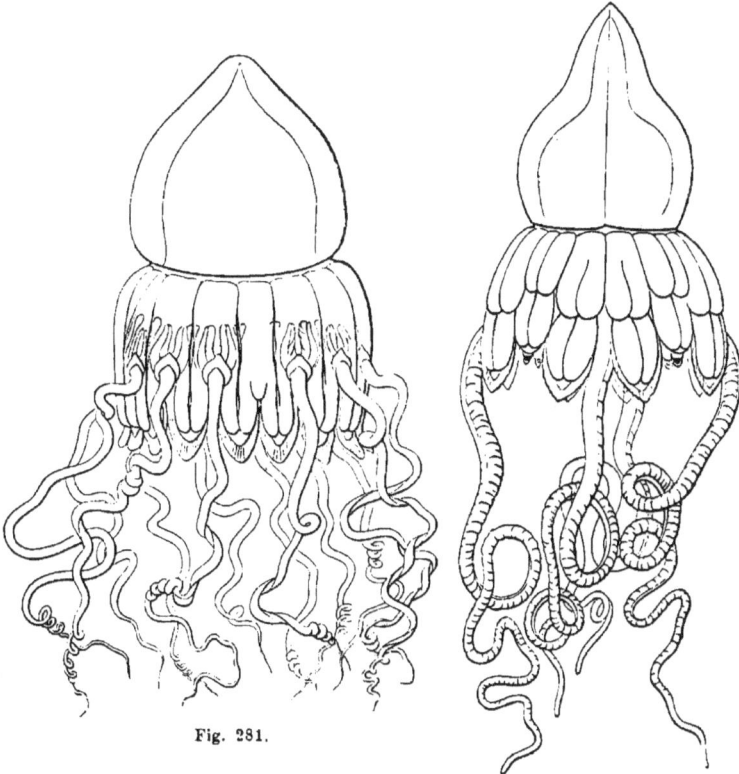

Fig. 281.

Fig. 282.

Fig. 281. *Periphylla hyacinthina*, eine sechzehnstrahlige Peromeduse (nach HAECKEL). Auf je drei Tentakel folgt ein Sinneskolben.

Fig. 282. *Pericolpa quadrigata*, eine achtstrahlige Peromeduse (nach HAECKEL). Auf je einen Tentakel folgt ein Sinneskolben.

Hatschek, Lehrbuch der Zoologie. 19

lässt sich erweisen, dass dies sehr wahrscheinlich eine secundäre Erscheinung ist [*Tesserantha* ist 16 strahlig, *Tessera* 8 strahlig; *Periphylla* 16 strahlig, *Pericolpa* 8 strahlig; *Charybdaea* ist 8 strahlig, *Chirodropus* zeigt vielleicht noch Andeutungen eines 16 strahligen Baues]. In allen Fällen sind es die Nebententakel, die in Wegfall gekommen sind, nur bei *Lucernaria* verhält sich dies anders, denn hier sind die Gastral- und Septaltentakel rückgebildet und die büschelförmig vermehrten Nebententakel an armartigen Fortsätzen der Scheibe erhalten. Es zeigt sich, dass alle Scyphomedusen auf dieselbe ursprüngliche Architektonik zurückzuführen sind. (Ein Gegensatz von Tetrameralia und Octomeralia, nach welchem CLAUS neuerdings die Scyphomedusen eintheilen will, kann nicht anerkannt werden.)

Die Entwicklung ist nur bei einigen Discomedusen zusammenhängend erforscht. Der allgemeine Typus der Entwicklung (mit Ausnahme von *Pelagia*) ist eine complicirte, mit Generationswechsel verbundene Metamorphose (*Aurelia*, *Chrysaora*, *Cassiopeia*). Aus einer regelmässigen Furchung geht eine Blastula hervor, welche durch Invagination (oder auch durch polare Einwucherung, GÖTTE) eine Gastrula bildet; diese wird aber durch Obliteriren der Protogasterhöhle und des Gastrulamundes in die freischwimmende Planulaform übergeführt. Nach dem Umherschwärmen setzt sich dieselbe mit dem Apicalpol fest, um sich in die Scyphistomaform zu verwandeln; dabei entstehen zuerst der Schlund und die Gastraltaschen (2, 4) und dann erst successive (2, 4, 8, 16) die Tentakel.

Die Scyphistoma vermehrt sich in der Regel zunächst durch Knospung, indem von dem Stiele Stolonen ausgehen, an welchen neue Individuen sprossen. — Auch die einzelne Scyphistoma verwandelt sich dann nicht direct in die junge Meduse, sondern unterliegt dabei einer Vermehrung durch Quertheilung (fortgesetzte Theilung mit vorzeitiger Regeneration), der sogenannten Strobilabildung. Durch quere Einschnürungen markiren sich hintereinanderliegende Abschnitte, von welchen der am Mundpole gelegene der älteste, die nachfolgenden successive jünger sind. Diese Abschnitte, welche an ihrer Peripherie je acht Lappenpaare erhalten, kommen dann dem Alter nach zur Ablösung und repräsentiren je eine freie als Ephyra bezeichnete Discomedusenlarve; (die Entstehung des Schlundes an der Ephyra ist noch nicht ganz aufgeklärt).

Die Ephyra ist auf die phylogenetische Form der *Ephyropsiden* zurückzuführen, doch zeigt sie manche secundäre Charaktere, durch welche sie von der phyletischen Stammform abweicht. So ist der 16-strahlige Bau durch die provisorische Unterdrückung der 8 Nebententakel (die erst in späteren Stadien zur Ausbildung kommen) verwischt.

Die vorderste Ephyra nimmt die Scyphistomatentakel mit, die dann an der freischwimmenden Larve rückgebildet und erst später wieder durch die neu auftretenden tentakulären Bildungen ersetzt werden. Die nachfolgenden Ephyren sind von Anfang an tentakellos und zeigen daher einen relativ abgekürzten Entwicklungsgang. Der Rest des Polypen

---

1) Die phylogenetische Entstehung der Strobilation können wir uns folgendermaassen erklären. Zuerst lag eine directe Umwandlung der Scyphistoma in die Scyphomeduse vor (bei jenen Formen, die niedriger als die Discomedusen stehen und deren Entwicklung uns noch ganz unbekannt ist, dürfen wir jetzt noch ähnliche Verhältnisse vermuthen). — Dann folgte phylogenetisch anstatt der einfachen Loslösung der Scyphistoma eine Quertheilung derselben mit nachfolgender Regeneration beider Theile. Aus der vorderen Hälfte ent-

kann durch Neubildung von Tentakeln sich wieder zu einem Scyphistoma ergänzen. Aus der Ephyra entsteht durch Wachsthum und
allmähliche Vervollkommnung die geschlechtsreife Discomedusenform.

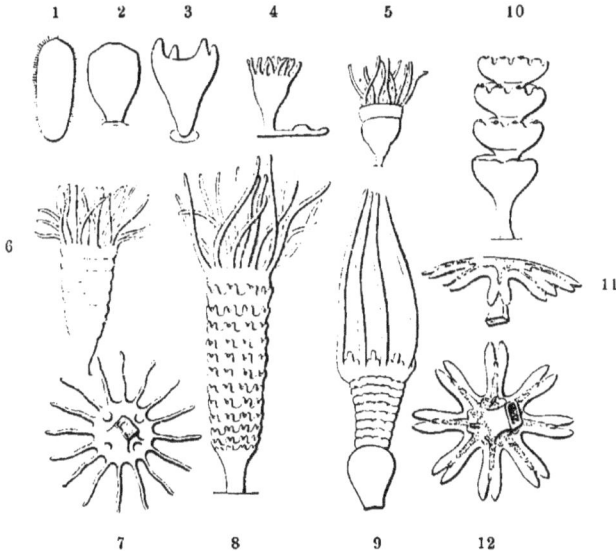

Fig. 283. **Entwicklungscyclus einer** *Scyphomeduse* (*Aurelia*) nach STEENSTRUP und
anderen. 1 Die aus dem Ei entstandene Flimmerlarve (Planula). 2 Dieselbe kurz nach
dem Festsetzen. 3 Es hat sich ein kleiner 4armiger Polyp entwickelt. 4 Es sind sechzehn Tentakel vorhanden, an der Basis des Polypen entsteht ein Stolo, an welchem neue
Polypen knospen. 5 Ein einzelner Polyp, an welchem die Quertheilung beginnt. 6 Die
Quertheilung ist weiter vorgeschritten. 7 Polyp, vom Mundpole gesehen. 8, 9 Die Querstücke beginnen sich zu jungen Medusen zu bilden. 10 Die jungen Medusen (sogenannten
Ephyren) lösen sich allmählich ab. 11, 12 Ephyra von der Seite und von unten gesehen.

Bei *Pelagia* ist die Entwicklung eine abgekürzte,
indem die Gastrula sich direct zu der Ephyraform entwickelt.

Systematische Uebersicht der Scyphomedusen.

A. Arhopalia.

Die *Arhopalia* sind Scyphomedusen ohne Rhopalien,
ohne Randlappen, centralisirtes Nervensystem nicht
nachgewiesen.

I. Ord. Die *Calycozoa* (= *Stauromedusae* HAECKEL) sind kelch-
förmige Arhopalia, entweder festsitzend (mit Stiel) oder freischwimmend
(mit Scheitelaufsatz); mit vollkommenem Taeniolapparat und Taeniolmuskel; Tentakel vollzählig oder zum Theil rückgebildet.

wickelte sich die Ephyra, während die hintere Hälfte durch Neubildung der Tentakel zunächst wieder zur Scyphistomaform sich ergänzte. Es wurden also nach der Bildung je
einer einzigen Ephyra an dem Reste des Polypen die Scyphistomatentakel wieder ergänzt,
ein Vorgang, der sich rhythmisch wiederholte. Durch Abkürzung dieses Rhythmus ist die
Strobilabildung entstanden. Es wird nun an der Scyphistoma ein zusammenhängender Satz
von Ephyren erzeugt; nach der successiven Abstossung eines solchen Satzes können aber
an dem Rest des Polypen die Scyphistomatentakel erneuert werden.

Die *Calycozoen* erweisen sich sowohl in ihrer äusseren Körperform als auch in dem Bau des Gastralapparates der Scyphistomaform noch sehr nahestehend. Auch in dem Mangel der Randlappen und Rhopalien zeigen sie sich einfacher als die übrigen Scyphomedusen.

1. *Tesseridae.* Scheibe einfach; Principaltentakel stets vorhanden; der weite Ringsinus durch Cathamnen in einen grösseren äusseren und kleineren inneren getheilt. Freischwimmende Formen.

Tesserantha, Scypihstomaähnlich, 16strahlig. *Tessera*, 8strahlig.

2. *Lucernaridae.* Scheibe in 8 adradiale Arme ausgezogen, welche die büschelförmig vermehrten adradialen Tentakel tragen; die gastroradialen und septoradialen Tentakel fehlen meist. Taschensepten nahezu vollständig, Ringsinus einfach und eng. Festsitzende Formen.

Lucernaria mit einfachen Gastraltaschen. *Craterolophus*, von den Gastraltaschen sind besondere Genitaltaschen (auch Gastrogenitaltaschen genannt) gesondert. *Depastrella*, mit vollzähligen Tentakeln.

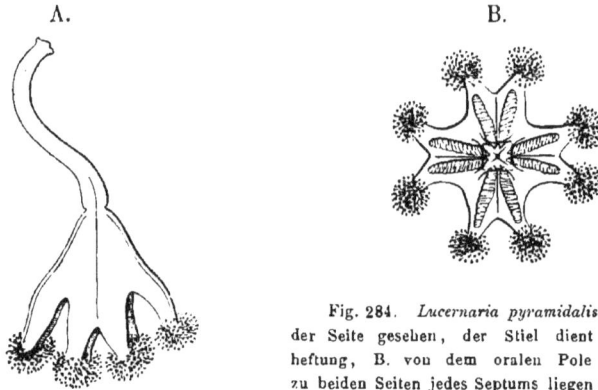

A.

B.

Fig. 284. *Lucernaria pyramidalis.* A. von der Seite gesehen, der Stiel dient zur Anheftung, B. von dem oralen Pole gesehen, zu beiden Seiten jedes Septums liegen die bandförmigen Gonaden (nach HAECKEL).

B. Rhopalifera.

Die *Rhopaliferen* sind Scyphomedusen mit Rhopalien und Randlappen, mit centralisirtem Nervensystem.

Sie sind von kelch-, glocken- oder scheibenförmiger Gestalt, mit ausgebildetem oder reducirtem Taenialapparat; oft von bedeutender Grösse.

II. Ord. Die *Cubomedusen* sind Rhopaliferen von glockenförmiger Gestalt mit halber Radienzahl (Nebenradien fehlen). Mit 4 gastroradialen Rhopalien und 4 septoradialen Tentakeln. Sie haben ein aus 4 (od. 8?) Lappenpaaren zusammengesetztes, mit Gefässen versehenes Velarium. Subgenitalhöhlen fehlen. Die vier Gastraltaschen sind durch vier voll-

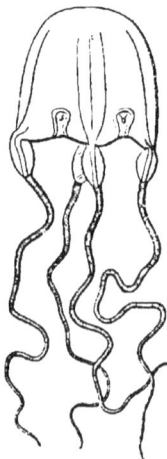

Fig. 285. *Charybdaea marsupialis* von der Seite gesehen (nach CLAUS).

ständige schmale Septen („Verwachsungsstreifen") von einander geschieden. Die 8 Gonaden sind längs der Septen befestigte, frei in die Gastraltaschen hängende Blätter. Die Rhopalien sind durch einen subumbralen Ringnerv miteinander verbunden.

Charybdaea marsupialis, Chirodropus.

III. Ord. Die *Peromedusen* sind Rhopaliferen von kelchförmiger Gestalt, mit voller Radienzahl (*Periphylliden*) oder Rückbildung der Nebenradien (*Pericolpiden*). Mit nur vier septoradialen Rhopalien. Taeniolen vollkommen ausgebildet, bis an ihre Basis von den trichterförmigen Subgenitalhöhlen durchsetzt. Ringsinus durch Cathammen verdoppelt.

Periphylla mit 16 tentaculären Bildungen (4 Rhopalien, 12 Tentakel). *Pericolpa* mit 8 tentaculären Bildungen (4 Rhopalien, 4 Tentakel).

IV. Ord. Die *Discomedusen* sind scheibenförmige Rhopaliferen mit vollständiger oder vermehrter Radienzahl. Mit 8 oder mehr Rhopalien.

1) *Cannostomae*, Mundrohr einfach, vierseitig prismatisch, ohne Mundarme. Peripheres Canalsystem einfach, Subgenitalhöhlen fehlen. *Ephyridae. Ephyra, Ephyropsis, Nausithoë.*

2) *Semostomae.* Mundrohr in 4 faltige Mundarme ausgezogen. Tentakel hohl und meist lang. Peripheres Canalsystem meist reicher entwickelt. *Pelagia* mit direkter Entwicklung. *Chrysaora*, hermaphroditisch (Hoden an den Mundarmen!). *Aurelia aurita, Ulmaris, Aurosa.*

3) *Rhizostomae.* Mundrohr in 8 (4 gabeltheilige) wurzelförmige Mundarme ausgezogen. Centrale Mundöffnung obliterirt; statt deren zahlreiche Mündchen an den Krausen der Mundarme. Reich verästelte Radiärcanäle durch einen Ringcanal verbunden. 8 oder mehr Rhopalien. Tentakel fehlen.

Cassiopeia, *Pilema* (Fig. 281), *Cannorhiza.*

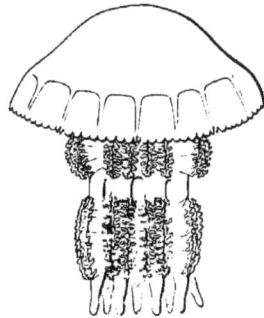

Fig. 286. *Pilema pulmo*, stark verkleinert.

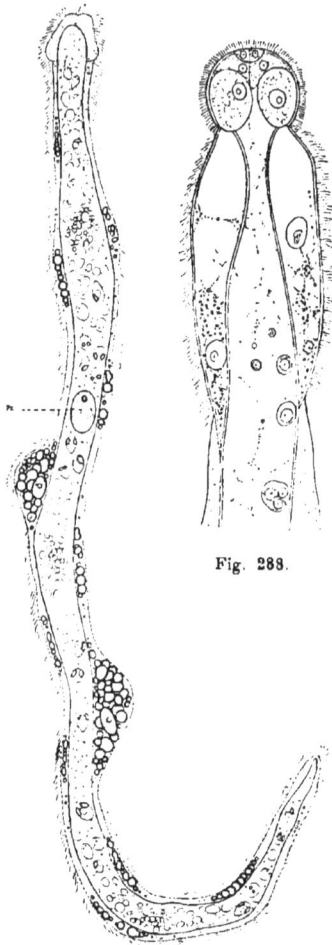

Fig. 288.

A.

B.

Fig 287. Fig. 289.

Fig. 287. **Dicyemella Wageneri**, erwachsenes rhombiges Individuum (nach
ED. VAN BENEDEN). Die Ectodermzellen enthalten neben dem Kern zahlreiche glänzende
fettähnliche Kügelchen; an zwei Stellen sind dieselben so gehäuft, dass sie die Zellen
buckelig vortreiben. Im Inneren findet sich die grosse axiale Endodermzelle; bei *n* deren
Zellkern; sehr zahlreiche Keimzellen und Entwicklungsstadien von „infusorienförmigen Embryonen" erfüllen dieselbe.

Fig. 288. **Vorderes Körperende von Dicyemina.** Am Kopfzapfen sind die bestimmt
angeordneten Ectodermzellen kleiner und plasmareicher; dahinter die parapolaren grossen
Ectodermzellen, welche sich auch noch durch gewisse Eigenthümlichkeiten vor den übrigen
Ectodermzellen auszeichnen. Im Inneren das vordere Stück der axialen Endodermzelle,
welches einige Keimzellen einschliesst. (Nach ED. VAN BENEDEN.)

Fig. 289. A. **Rhopalura Giardii (Orthonectide)**, cylindrische weibliche Form (nach
JULIN). Die Ectodermzellen sind in bestimmten ringförmigen Reihen angeordnet; darunter
liegt eine Schichte von langgestreckten Muskelzellen; im Inneren findet sich eine compacte Masse von Eizellen. B. **Embryonales Entwicklungsstadium von Rhopalura Giardii**
(nach JULIN). Aussen Ectoderm; im Centrum ein Haufen von Keimzellen; vor und hinter
demselben Muskelbildungszellen.

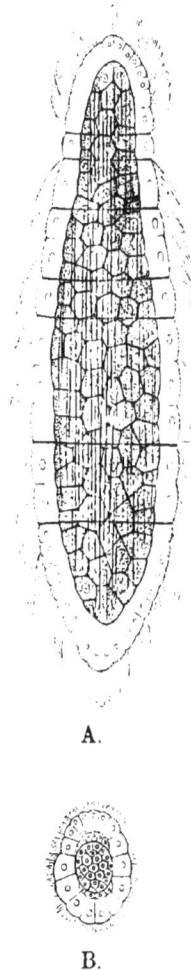

Anhang zum Cladus der Cnidarier.

Planuloidea (= Mesozoa, van Beneden).

Die Planuloidea sind planulaähnliche Metazoen (ein-achsig, heteropol, ohne Mundöffnung, ohne Darmlumen) mit endodermalen Keimzellen; sie sind Endoparasiten.
I. Die *Dicyemiden* leben als Parasiten in den Nieren von *Cephalopoden*. Der langgestreckte wurmförmige Körper ist aus Ecto-derm und Endoderm zusammengesetzt; das erstere besteht aus einer continuirlichen Schichte sehr grosser, zum Theil buckelig vorspringender Flimmerzellen; das etwas verdickte vordere Körperende ist durch be-sondere Anordnung seiner Zellen ausgezeichnet; das Endoderm ist durch eine einzige Riesenzelle mit grossem Kern und netzartig angeordnetem Plasma repräsentirt. Mangels einer Mundöffnung erfolgt die Ernährung endosmotisch.

Die Fortpflanzungszellen sind in die Endodermzelle eingeschachtelt, sie sind ursprünglich in Zweizahl vorhanden, vermehren sich aber stetig. Aus denselben gehen parthenogenetisch (?) zwei Arten von Embryonen hervor: 1) „Wurmförmige Embryonen". Durch Furchung und sehr einfache Epibolie (der Gastrulamund entspricht dem hinteren Körper-ende) entsteht ein Embryo, der durch Streckung und Wachsthum als-bald die Form des Mutterthieres gewinnt. 2) „Infusorien-förmige Embryonen" entstehen ebenfalls durch Furchung und Epibolie; sie sind von gedrungener, etwa birnförmiger Gestalt und kräftig be-wimpert. Das Ectoderm umgibt eine Inhaltszelle, welche wieder eigen-thümliche vielkernige Zellen einschliesst, die — wahrscheinlich willkürlich — ausgestossen werden können (die ganze innere Zellgruppe wird als „Urne" bezeichnet). Interessanter Weise erzeugen gewisse Individuen nur wurmförmige, andere nur infusorienförmige Embryonen und diese zweierlei Individuen sind schon ihrer Form nach etwas verschieden („nematogene" und „rhombigene" Individuen). Es gibt (nach Whitman) auch Individuen, welche in der Jugend infusorienförmige und später wurmförmige Embryonen erzeugen. — Ueber das weitere Schick-sal der infusorienförmigen Embryonen ist nichts be-kannt; es wurde die Vermuthung ausgesprochen, dass sie die Männchen repräsentiren und dass die von der Urne ausgestossenen Zellen männliche Fortpflanzungszellen sind. Jedenfalls sind die Verhält-nisse der geschlechtlichen Fortpflanzung und auch die Uebertragung der Parasiten (vielleicht durch einen zweiten Wirth) noch durch neue Forschungen aufzuklären.

II. Die *Orthonectiden* leben parasitisch in *Ophiuriden*, *Tur-bellarien* und *Nemertinen*. Ihr eiförmiger Körper besteht aus einer äusseren Schichte grosser Flimmerzellen, die meist in regelmässigen Ringen angeordnet sind, aus einer mittleren Schichte longitudinal ver-laufender Muskelfasern, und aus einer inneren Zellmasse, welche die Fortpflanzungszellen liefert. Man unterscheidet Männchen und zwei Formen von Weibchen (cylindrische und abgeplattete). Wahrscheinlich erzeugt die eine Form wieder nur Weibchen, die andere nur Männchen. Zum Zwecke der Entwicklung werden die Eier entweder ausgestossen (cylindrische Weibchen) oder sie bleiben im Mutterthiere (abgeplattete Weibchen), das sich zu einem „Plasmodium-Schlauche" verändert; es

erfolgt Furchung und Epibolie, die inneren Zellen liefern die Muskelschichte und die Fortpflanzungszellen; es werden diese beiden zusammen als Endoderm betrachtet.

Von VAN BENEDEN, dem sich auch JULIN anschliesst, werden die
Dicyemiden und *Orthonectiden* als eine Gruppe betrachtet, welche eine
Mittelstellung zwischen Protozoen und Metazoen einnimmt. Es ist aber
die Vermuthung begründet, dass diese Organismen
durch den Parasitismus vereinfachte (rückgebildete)
Metazoen sind; wenn wir auch nicht jenen Forschern
folgen können, welche sie für vereinfachte *Plattwürmer*
halten, so möchten wir sie doch als reducirte *Cnidarier* — und zwar als durch Unterdrückung der
Endstadien geschlechtsreif gewordene Planulaformen
hinstellen; man vergleiche z. B. die hier abgebildeten Planulaformen eines *Hydroiden* mit der Organisation einer Dicyema.

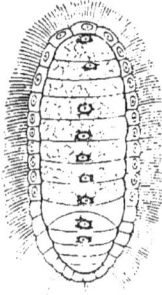

Fig. 290. **Planula-Larve einer Hydroidmeduse** (*Aglaura
hemistoma*) (nach METSCHNIKOFF). Dieselbe ist zur Vergleichung
mit dem Organismus der Dicyemiden hierhergesetzt.

DREIZEHNTES CAPITEL.

3. Cladus der Metazoa.

Ctenophora.

Die Ctenophoren sind Metazoen mit persistirender Primärachse und modificirt radiärem Körperbau. Sie besitzen ein ectodermales Schlundrohr und einen zum Theil radiär angeordneten Gastrovascularapparat, — eine apicale Nerven-Sinnesplatte, — acht meridionale Reihen von Wimperplättchen, — meist ein Paar von Fangfäden, — reich entwickeltes mesenchymartiges Muskel- und Bindegewebe; sie sind Zwitter.

Die Ctenophoren sind gallertartige, zart gefärbte, durchscheinende, mit zwei langen Senk- oder Fangfäden versehene Thiere, welche freischwimmend im Meere leben; ihre gewöhnliche Grösse ist von etwa einem Centimeter bis zu mehreren Decimetern. In ihrer ganzen zarten Erscheinung erinnern sie an die Medusen, welche mit ihnen die pelagische Lebensweise theilen; doch fällt auch schon bei oberflächlicher Beobachtung die eigenthümliche Art ihrer Fortbewegung mittelst riesiger, mit unbewaffnetem Auge wohl wahrnehmbarer Flimmerorgane (Flimmerplättchen) auf, welche acht kammförmige meridionale Reihen (Rippen) am Körper der Ctenophoren bilden.

Im einfachsten Falle ist die Gestalt ei- oder birnförmig; der eine Pol wird als oraler oder Mundpol, der entgegengesetzte als aboraler oder auch apicaler oder Sinnespol unterschieden; meist ist der erstere der nach oben gerichtete. Man beobachtet am Körper eine Anzahl radiär angeordneter Organe, z. B. die Plättchenreihen und gewisse dieselben begleitende Gebilde; diese Organe sind in achtfacher Zahl vorhanden; man wird daher acht Radien — aber bei genauerer Berücksichtigung der Anatomie und Entwicklung eigentlich vier gabeltheilige Radien unterscheiden. Wenn man je ein zusammengehöriges Paar von Rippen betrachtet, so kann man die Lage des Paares als radial (4 primäre Radien) bezeichnen, wenn man aber die Lage der einzelnen Rippe berücksichtigt, so kann man sie adradial (8 Adradien) nennen. Die Ebenen, welche zwischen die vier primären Radien fallen, wollen wir als Interradien bezeichnen; da aber gewisse Organe in je zwei einander gegenüberliegenden Interradien, andere Organe in den zwei anderen Interradien sich wiederholen, so sind diese Interradien ver-

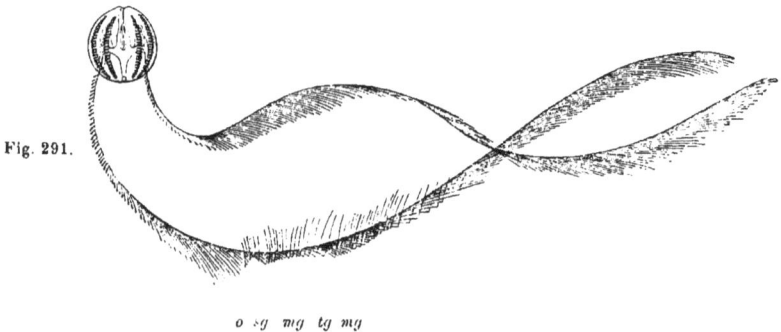

Fig. 291.

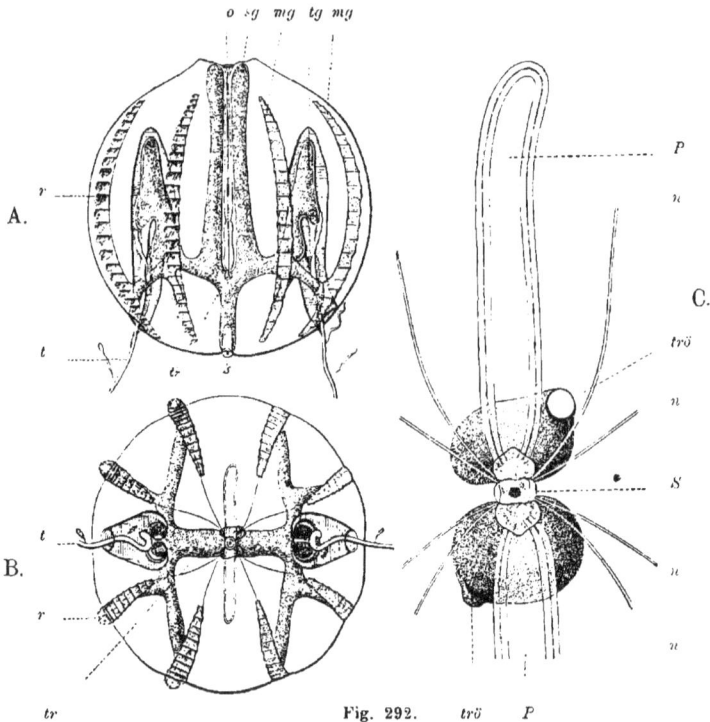

A.

B.

C.

Fig. 292.

Fig. 291. **Pleurobrachia rhododactyla**, schwimmend, in natürlicher Grösse (nach AGASSIZ).

Fig. 292. A. **Pleurobrachia, von der medialen Seite gesehen.** o Mundöffnung, *s* Scheitelorgan, *r* Flimmerrippen an der linken Seite der Figur, an der rechten Seite sind sie entfernt, so dass die Meridionalkanäle (*mg*) sichtbar sind, *t* Tentakel, *tr* Trichter, *sg* Schlundgefäss, *mg* Meridionalgefäss, *tg* Tentakelgefäss.

B. **Dieselbe, vom Scheitelpol gesehen.** Rechts sind die Wimperplättchen entfernt. Bezeichnungen wie oben.

C. **Das Scheitelorgan und seine Umgebung.** *S* Scheitelorgan mit dem Otolithenhäufchen und vier Pigmentgruppen; *n n* . . . die 8 Flimmerstreifen, *P* Polfeld. Unterhalb des Scheitelorganes sind die aufgetriebenen Enden der Trichtergefässe zu sehen, die mit *trö*, den diagonal gestellten Trichteröffnungen ausmünden. (A, B und C nach AGASSIZ.)

schieden zu benennen. Die Interradien, welche der Richtung des spaltförmig verengerten Mundes entsprechen, werden wir als die medialen,
diejenigen, welche in der Richtung der Fangfäden liegen, als die transversalen bezeichnen. Wir unterscheiden also der Lage nach radiale
(4fach wiederholte) und adradiale (8fache), ferner mediale (2fache) und
transversale (2fache) Organe. Zusammenfassend bezeichnen wir den
Bau als vierstrahlig (oder vierfach gabelstrahlig) mit je zwei ungleich
differenzirten Interradien. Wenn wir aber das Verhalten in mehr abstract
stereometrischer Weise betrachten, so bezeichnen wir diesen Bau als
zweifach symmetrisch (durch zwei Ebenen symmetrisch theilbar); wir
können den Körper durch die mediale Ebene in zwei zu einander symmetrische Hälften theilen, jede dieser Hälften ist aber für sich wieder
ein symmetrischer Körper. Wir sehen hier dasselbe Verhältniss, wie
wenn wir z. B. zwei mit dem Rücken gegeneinandergestellte Menschen
betrachten [1]).

Das äussere Epithel des Körpers ist im allgemeinen ziemlich
niedrig und ist reich an Pigmentzellen, irisirenden Zellen, sowie an
Drüsenzellen. An gewissen Theilen erfährt es besondere Differenzirungen,
so an den Tentakeln; diese sind sehr lange, einseitig gefiederte
Fäden, die in eine seitliche Vertiefung der Körperoberfläche, die Ten-
takelscheide, ganz zurückgezogen werden können. Die Tentakel verdanken ihre Contractilität den Mesenchymmuskelfäden, welche in ihrer
Achse verlaufen; ihr äusseres Epithel enthält nebst Sinneszellen besonders zahlreiche Klebzellen; der breite klebrige äussere Theil der
Zelle setzt sich in einen senkrecht gegen die Basis des Epithels ab-
steigenden Faden fort, der als contractil gilt. — Differenzirungen des
äusseren Epithels sind ferner die acht Reihen von Wimperplättchen.
Jedes der quergestellten Wimperplättchen entspricht zahlreichen verklebten Geisseln und sitzt je einer queren Epithelverdickung auf, die aus
zahlreichen kleinen Zellen besteht [2]). — Die acht Plättchenreihen setzen
sich gegen den Apicalpol in acht schmale Flimmerstrassen (oder „Flimmer-
rinnen") fort, die zu je zwei sich vereinigen, so dass sie in Vierzahl
(radial) das Scheitelorgan erreichen. — Die Sinnesplatte, oder
das Scheitelorgan, liegt meist in einer beträchtlichen Vertiefung,
sie ist eine vorwiegend aus hohen schmalen Zellen bestehende Ectodermverdickung, die wahrscheinlich das Centralnervensystem repräsentirt, und
steht in directem Zusammenhang mit verschiedenen Sinnesorganen.
Zunächst ist ein sehr eigenthümliches oberflächliches Gehörorgan
zu beachten; von der Sinnesplatte erheben sich nämlich radial vier
hackenförmige Träger (zusammengesetzte Sinneshaare), welche gemeinsam ein Häufchen von Otolithen tragen; darüber ist eine dünne, glocken-
förmige Membran ausgespannt, die auf verklebte Wimperhaare zurückführbar ist, und die an ihrer Basis sechs kleine Oeffnungen besitzt, 4
zum Durchtritt der 4 Flimmerstrassen, die bis an die Otolithenträger

---

1) Die Medialebene wird auch als Sagittalebene oder Magen-(Schlund-)Ebene bezeichnet;
die Transversalebene heisst auch Trichterebene. Von je zwei zusammengehörigen Rippen
können wir die eine admedial, die andere adtransversal nennen; hiefür werden aber auch
die Ausdrücke subventral und subtentacular gebraucht. — Ferner werden aber von manchen
Zoologen Bezeichnungen gebraucht, zu welchen unsere Auffassung in principiellem Gegensatz steht, indem jene in die mediale und transversale Ebene die Radien erster Ordnung
verlegen und die Stellung der Rippenpaare als interradial betrachten.

2) Die ersten embryonalen Wimperplättchen sind das Produkt je einer einzigen Zelle
(CHUN).

sich fortsetzen und 2 gegen die zwei bewimperten P o l f e l d e r hin; diese letzteren Gebilde schliessen sich in der medialen Richtung an die Sinnesplatte an und werden als Geruchsorgane gedeutet. Der Sinnesplatte sind ferner mehr oder minder regelmässig vier Pigmenthäufchen eingelagert (Augen?). Epithelial gelagerte periphere Nerven ziehen, wie man vermuthet, längs der Wimperstreifen vom Scheitelorgan zu den Rippen hin.

Die Mundöffnung ist ein in medialer Richtung verlängerter Spalt; von derselben geht ein ectodermaler, überaus kräftig bewimperter S c h l u n d (früher meist als Magen bezeichnet, daher „Magen-Ebene") aus, welcher von den Seiten plattgedrückt ist, so dass seine grössere Dimension wie die Mundspalte in die mediale Richtung fällt; von der medialen Richtung blickt man also auf die schmale Kante, von der transversalen Richtung auf die breite Fläche des Schlundes; längs der letzteren verlaufen drüsige Schlundwülste. Die verschliessbare Schlundpforte führt in den Gastrovascularapparat, und zwar zunächst in den Centralmagen oder „T r i c h t e r"; auch dieser ist plattgedrückt, und zwar so, dass seine grösste Dimension in die transversale Richtung (daher auch „Trichterebene"), also kreuzweise zu derjenigen des Schlundes fällt. Der Trichter gibt folgende periphere Gastrocanäle ab: a) v i e r r a d i a l e C a n ä l e, die sich gabeln und so in b) a c h t (adradial gelegene) m e r i d i o n a l e G e f ä s s e münden, die längs der Rippen verlaufen[1]); c) z w e i S c h l u n d g e f ä s s e, welche längs der transversalen Flächen des Schlundes bis in die Nähe des Mundes verlaufen; ebenfalls in transversaler Richtung z w e i T e n t a k e l g e f ä s s e, die innerhalb der Basis der Tentakeln enden; e) eine axiale Fortsetzung des Trichters, den T r i c h t e r c a n a l, welcher gegen das Scheitelorgan zieht und sich dicht unterhalb desselben in medialer Richtung in zwei Gefässe (Trichtergefässe) gabelt; dieselben münden dort in der Nähe des Scheitelorganes durch verschliessbare Oeffnungen (Trichteröffnungen) nach aussen; es können dies vier Oeffnungen sein (*Callianira*), in der Regel sind aber nur zwei diagonal gelegene Oeffnungen vorhanden. Der ganze Gastrovascularapparat ist bewimpert; mittelst eigenthümlicher Wimperrosetten (Excretionsorgane?) öffnet er sich gegen die mesodermale Gallerte.

Die m e s o d e r m a l e G a l l e r t e, welche die Stütze des ganzen Körpers bildet, enthält nebst den B i n d e g e w e b s z e l l e n überaus zahlreiche, verästelte, in allen Richtungen verlaufende M e s e n c h y m m u s k e l f a s e r n. An manchen Stellen verlaufen diese Muskelfasern auch längs des Epithels, z. B. längs der meridionalen Rippen. Von diesen Muskelfasern werden Gestaltveränderungen des Körpers, seltener bedeutendere Bewegungen desselben (*Cestus*) und des Schlundes und der Tentakel bewirkt.

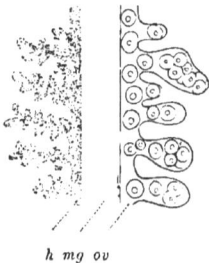

h mg ov

Fig. 293. **Anordnung der Gonaden von Beroe** (nach WILL). *mg* Meridionalgefäss, an der einen Seite desselben *h* die Hoden, an der anderen Seite *ov* Ovarien.

---

1) Viele Autoren stellen dies so dar, dass zunächst zwei transversale Canäle vom Trichter ausgehen, die sich in die vier und dann acht radialen Canäle gabeln. Man wird aber besser diese transversalen Canäle als seitliche Theile des Trichters betrachten.

Das Vorhandensein irgend welcher epithelialer Muskeln ist sehr unwahrscheinlich [1]). Zahlreiche feinste Fäden, die in der Gallerte verlaufen, werden als Nervenfasern gedeutet, die zu den Mesenchymmuskeln ziehen (EIMER, HERTWIG).

Die Ctenophoren sind Zwitter; ihre Gonaden liegen längs der Meridionalgefässe, und zwar so, dass längs der einen Seite Hoden, längs der anderen Ovarien sich finden; die Geschlechtsproducte werden durch den Gastrovascularapparat nach aussen entleert. Nach älteren Autoren sollen die Gonaden Ausstülpungen der endodermalen Meridionalcanäle sein; in neuerer Zeit hat man dagegen die Vermuthung aufgestellt, dass sie vom Ectoderm abstammen (HERTWIG), doch ist dies keineswegs sichergestellt. — Eucharis wird, wie CHUN in seiner schönen Monographie der Ctenophoren gezeigt hat, schon als Larvenform geschlechtsreif, es folgt die Metamorphose und dann eine zweite Geschlechtsreife. CHUN nennt diesen, von ihm neuerdings auch bei Bolina beobachtete Vorgang: Dissogonie.

Die mehrfachen Modificationen der Körperform und des Baues sind in der systematischen Uebersicht angeführt.

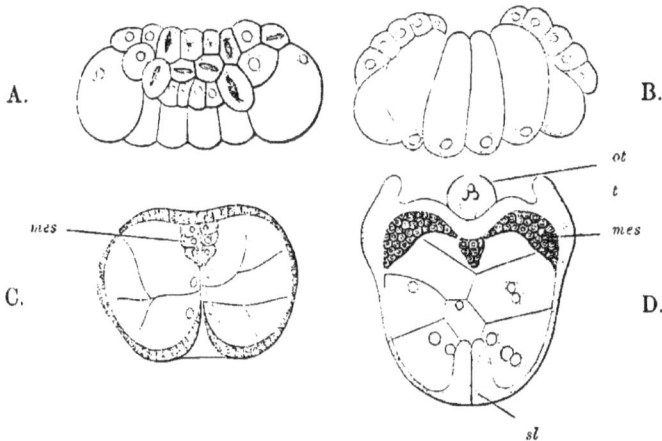

Fig. 294. **Drei Stadien aus der Entwicklung einer Ctenophore** (*Callianira*) nach METSCHNIKOFF.
A. Vorgeschrittenes Furchungsstadium von der Seite gesehen, mit kleinen, plasmareichen Ectodermzellen (mehrfach Theilungsfiguren in denselben), und grossen, hellen, dotterreichen Endodermzellen.
B. Dasselbe Stadium im Durchschnitte gesehen.
C. Späteres Stadium im Durchschnitte gesehen; Bildung des Mesoderms (*mes*) am blinden Ende des Endodermsackes und Entstehung des ectodermalen Schlundes.
D. Späteres Stadium im Durchschnitte gesehen, nur das Mesoderm (*mes*) ist körperlich dargestellt, *ot* Gehörorgan, *t* Tentakel, *sl* Schlund. Die acht Gruppen von Flimmerplättchen sind nicht gezeichnet.

Bei den Ctenophoren kommt ausschliesslich die geschlechtliche Fortpflanzung vor. Da beim Verlassen der Eihülle die jungen Thiere schon

1) Es bestehen noch viele gegentheilige Angaben, die aber erst des entwicklungsgeschichtlichen Beweises bedürfen; wir wollen an dieser Stelle erinnern, wie lange Zeit auch das Vorhandensein von Nesselkapseln angenommen wurde, bevor CHUN die Irrigkeit dieser Annahme nachwies.

die Hauptzüge der Ctenophorenorganisation ausgeprägt zeigen, so kann
die Entwicklung als eine directe im weiteren Sinne bezeichnet werden.
— Das Ei ist klein, enthält aber dennoch nur eine dünne periphere
Schichte von feinkörnigem Bildungsplasma, welches eine central gelagerte
Masse von Nahrungsdotter einhüllt, der hier die Beschaffenheit einer
durchsichtigen, eiweissähnlichen Substanz hat. Die Furchung ist inäqual;
nach der regelmässigen meridionalen Viertheilung werden gegen den
animalen Pol hin successive eine Anzahl kleiner, plasmareicher Zellen
abgeschnürt, während die Zellen am vegetativen Pole gross und dotter-
reich sind. Die ersteren bilden als Ectoderm eine flache Scheibe von
Zellen, die aber anfangs eine beträchtliche centrale Lücke besitzt, und
liegen unmittelbar den grossen unteren Endodermzellen an. Durch einen
Vorgang, welcher zwischen Epibolie und Embolie die Mitte hält, wird
die Gastrula gebildet. Am blinden Ende des Endodermsackes wird eine

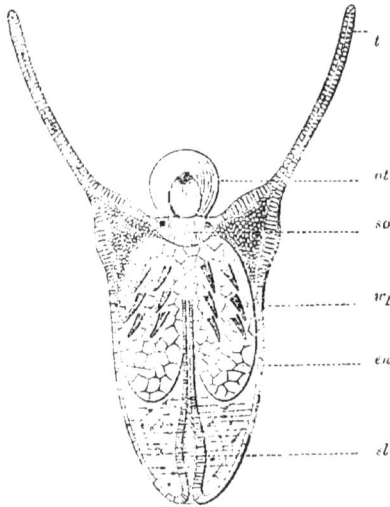

Zellplatte ausgeschaltet,
welche die einheitliche
Anlage des Mesoderms
repräsentirt (METSCHNI-
KOFF). Dann bildet sich der
Schlund durch Einstülpung
eines Ectodermrohres am
vegetativen Pole, so dass das
Protostoma als Schlundpforte
in die Tiefe verlegt wird. Der
Darm bildet zunächst vier
Aussackungen in der Rich-
tung der vier primären Radien. An der Oberfläche entstehen acht Gruppen von
Flimmerplättchen, am Apicalpol das Scheitelorgan mit dem
charakteristischen Gehörap-
parate, und in anfangs oberflächlicher Lage und dem
Apicalpol auffallend nahe
die Tentakeln (ausser bei
den *Beroiden*).

Fig. 295. **Larve einer Ctenophore** (*Cestus*) nach KOWALEVSKY, etwas schematisirt.
t Tentakel, *ot* Gehörorgan, *so* Scheitelorgan, *wp* die Reihen von Wimperplättchen, *en* die
vier Endodermsäcke, *sl* Schlund.

Wenn wir die Gestaltung der jungen Ctenophorenlarve betrachten, so
können wir nebst der auffallenden Lage der Tentakeln die geringe Ausdehnung der Flimmerrippen hervorheben; sie sind anfangs oft nur aus je 1, 2
bis 4 Plättchen zusammengesetzt. Wir können den Körper der Larve in
ein Scheitelfeld, eine äquatoriale Flimmerzone und ein Gegenfeld eintheilen.
Es erfolgt erst später ein überwiegendes Wachsthum der äquatorialen Zone,
und zwar wahrscheinlich stets nur durch Zuwachsen von Plättchen etc.
nach der Seite des Gegenfeldes. — Bei der interessanten, von CHUN genauer beschriebenen *Charistephane* ist dauernd jede Rippe nur von zwei
Plättchen zusammengesetzt, und diese sind so breit, dass die seitlich benachbarten Plättchen zusammenstossen, so dass hier thatsächlich die acht
Gruppen von Wimperplättchen eine ringförmige Wimperzone bilden.

Systematische Uebersicht der Ctenophoren.

A. *Tentaculata* mit Fangfäden.

Cydippidae. Körper, nur wenig von der einfach sphärischen Form abweichend. Gastrocanäle blind endigend. *Cydippe* (= *Hormiphora*), *Pleurobrachia, Callianira.*

Lobatae. Körper transversal abgeplattet, mit zwei eigenthümlichen medialen Mundlappen. Gastrocanäle anastomisirend; mit Cydippen-ähnlichen Jugendstadien. *Eucharis* von bedeutender Grösse, aber äusserst zart.

Cestidae. Körper transversal abgeplattet, medial stark verlängert. Gastrocanäle anastomisirend; mit Cydippen-ähnlichen Jugendstadien. *Cestus veneris*, Venusgürtel, wird über meterlang.

Coeloplana und *Ctenoplana* sind in der Richtung der Hauptachse abgeplattete Formen, welche mittelst der oralen Körperfläche kriechen; sie sind ganz bewimpert und mit Tentakeln versehen.

B. *Nuda* ohne Tentakel.

Beroidae. Körper ohne Tentakel, in der Hauptachse verlängert, transversal etwas comprimirt. Mit sehr weitem Mund und Schlunde, ohne Schlundwülste; mit allseitig anastomisirenden Gefässverästelungen.

Vergleichende Betrachtung der Protaxonia.

Die drei Abtheilungen der Spongiaria, Cnidaria und Ctenophora werden meist als *Coelenterata* zusammengefasst; es wird dabei eine Reihe von Homologieen vorausgesetzt, welche durch neuere Untersuchungen aber zum Theil als irrig, zum Theil als unwahrscheinlich erwiesen wurden. W i r k ö n n e n z w i s c h e n d i e s e n d r e i Stämmen k e i n e a n d e r e n H o m o l o g i e e n m i t e i n i g e r S i c h e r h e i t a u f s t e l l e n , a l s d i e j e n i g e n , w e l c h e a u s d e r g e m e i n s a m e n A b l e i t u n g v o n d e r „ G a s t r a e a " r e s u l t i r e n , u n d d i e d e m n a c h a l l e n M e t a z o e n g e m e i n s a m s i n d .

Wenn wir zunächst den Schichtenbau in Betracht ziehen, so erscheint das Mesoderm der Spongien im Vergleich zu demjenigen der anderen beiden Gruppen als eine ganz besondere Bildung, da aus demselben nicht nur Bindegewebszellen, sondern auch die Geschlechtsprodukte entstehen; den Hydrozoen fehlt ein Mesoderm, den Scyphozoen kommt ein bindegewebiges Mesoderm zu, dessen Herkunft noch nicht genügend erforscht ist; das Mesoderm der Ctenophoren zeigt diesem gegenüber einen ganz besonderen Charakter, da es aus einer localisirten Anlage entsteht (Metschnikoff) und vorwiegend Muskelgewebe erzeugt. Dagegen kommt bei den Cnidariern Epithelmuskelbildung vor und fehlt wieder den Ctenophoren.

In Bezug auf den Grundplan des Körpers stehen die Spongien ganz vereinzelt da; sie sitzen mit dem Protostompol fest und haben nebst zahlreichen Einströmungsöffnungen am Apicalpol eine Auswurfsöffnung, das Osculum, erhalten [1]). Der Cnidariertypus findet seinen schärfsten Ausdruck

---

1) Einige maassgebende Forscher nehmen sogar an, dass die Spongien ganz unabhängig von cormenbildenden *Choanoflagellaten*, die anderen Metazoen von cormenbildenden *Nudoflagellaten* abzuleiten seien.

in der Zurückführung auf eine polypoide Grundform, die am Apicalpole festsitzt. Alle höheren Differenzirungen bilden sich in Folge dessen in der Umgebung des Protostompoles, der das freie Ende oder die Mundscheibe des Thieres repräsentirt. Auch die Medusen zeigen in ihrer Organisation den Stempel dieser Abstammung; alle bedeutenderen Differenzirungen sind an der Subumbrellarseite und am Scheibenrande zu finden. Wenn wir nun im auffallenden Gegensatze hierzu bei den Ctenophoren die meisten höheren Differenzirungen an der Seite des Apicalpoles sich ausbilden sehen, so werden wir mit Recht die Ableitung derselben von einer polypoiden festsitzenden Stammform in Zweifel ziehen, da ja auch jede Andeutung derselben in der Ontogenie fehlt. Die höhere Differenzirung des Apicalpoles liegt schon in der ursprünglichen Entwicklungsrichtung der Gastraea und ist bei den Cnidariern durch die Festsetzung unterdrückt, dagegen bei den Ctenophoren weiter ausgebildet [1]).

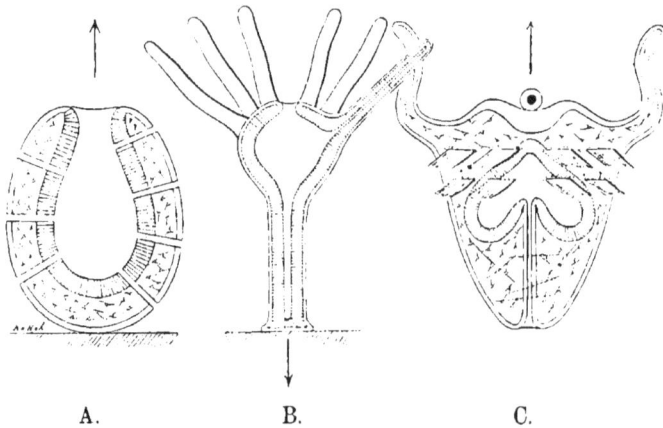

Fig. 296. **Schema der drei Grundformen der Protaxonia.** A. Grundform der *Spongien*, B. Grundform der *Cnidarier*, C. Grundform der *Ctenophoren*. Die Pfeile bezeichnen die Richtung des Scheitelpoles.

---

1) Zu ähnlichen Schlüssen ist in jüngster Zeit A. LANG gekommen (Lehrb. d. vergl. Anat., pag. 72), während früher manche Forscher eine Verwandtschaft mit den *Hydromedusen*, andere Forscher Beziehungen zu den *Actinozoen* annahmen. — Man wird hier auch an die radiäre Architektonik der Ctenophoren erinnern müssen. Seit den Ausführungen von BERGMANN und LEUCKART weiss man, dass die festsitzende Lebensweise radiären Körperbau veranlasst; damit ist aber nicht gesagt, dass ein solcher nicht auch aus anderen Bedingungen resultiren könne. Flottirende Seethiere (Schwebethiere) und langsam bewegliche Grundthiere neigen ebenfalls zum radiären Bau (LANG).

Bemerkung zur dritten Lieferung.

Diese Lieferung lag bis auf wenige Seiten schon beinahe ein Jahr lang gedruckt vor; ein Abschluss konnte wegen andauernder Arbeitsunfähigkeit nicht zu Stande kommen. Es sind daher wichtige Arbeiten von **Ehlers,** **Hamann** und anderen, die im letzten Jahre erschienen, noch nicht berücksichtigt. Ebenso lagen die Bogen schon gedruckt vor, als die ersten Hefte von **Chun's** Coelenteraten (in **Bronn's** Classen und Ordnungen) erschienen. Es zeigt sich, dass manche in seiner Polemik betonten Gegensätze durch Ausführungen von meiner Seite in Wegfall kommen.

D. V.

dern Coelomaten¹) (Heteraxonia, Bilateria, Enterocoela) im erweiterten

---

1) Bei den *Scoleciden* haben die coelomatischen Höhlen (Gonocoel, Nephrocoel) noch nicht die Bedeutung einer Leibeshöhle; als solche fungirt hier noch das Blastocoel; Blutgefässe fehlen Wir werden dieselben daher passend als Procoelomaten den Eucoelomaten gegenüberstellen.

in der Zurückführung auf eine polypoide Grundform, die am Apicalpole
festsitzt. Alle höheren Differenzirungen bilden sich in E...

Um
des
den
an
im
Diff
wir
Star
Out
der
dari
weit

F
gien,
die Ri

---

1)
Anat.,
meduse:
an die
von Br
Körper
anderer
beweg!

4. Phylum (4.—7. Cladus) der Metazoen.

Zygoneura.

Die Zygoneuren sind Metazoen von bilateraler Gestalt, mit ventraler Protostomregion und ventralem
Schlunde; mit apical entstehendem Cerebralganglion,
von welchem wenigstens ein Paar von Längsnerven ausgeht. Das (bilaterale) Mesoderm, welches vom Urdarm
sich sondert, bildet Muskeln (mesenchymatöse bei den
Scoleciden und nebstdem coelomatöse bei den Cephali-
dieru), Nephridien und Gonaden.
Die Zygoneuren sind auf die Grundform der Trochophora oder der Protrochula zurückzuführen.

Es kommt in jüngster Zeit die Anschauung immer mehr zur
Geltung, dass die *Coelenteraten* keineswegs einem einzelnen Typus
der Metazoen entsprechen, dass sie aber wohl innerhalb der gesammten
Metazoen als die eine grosse Unterabtheilung betrachtet werden können
— welche nämlich jene Thiere enthält, die mit einem einzigen von Epithel
umgebenen Hohlraumsystem, dem Urdarmsystem, versehen sind — und
dass denselben als andere grosse Unterabtheilung die *Coelomaten*
gegenübergestellt werden können, jene Thiere nämlich, welche neben
dem Darmkanal noch mehrere andere Hohlraumsysteme besitzen, die
wir als coelomatische Bildungen bezeichnen werden, und die wahrscheinlich als Sonderungen des Urdarmsystems zu betrachten sind. In Bezug
auf die Zugehörigkeit der einzelnen Stämme oder Typen zu diesen beiden
grossen Abtheilungen der Metazoen herrschen aber noch sehr verschiedene Meinungen. Die Brüder HERTWIG wollten ehemals sogar die
Mollusken nicht als Coelomaten betrachten und neuerdings hat HAECKEL
noch die *Platoden,* welche er nach dem Vorgange LANG's als besonderes
Phylum betrachtet, zu den Coelenteraten gezogen. Nach unserer Auffassung besitzen aber auch die Platoden und auch die anderen *Scoleciden* gesonderte, von mesodermalem Epithel ausgekleidete Säcke und
Röhren, welche phylogenetisch wahrscheinlich vom Urdarmsystem sich
ableiten lassen, nämlich die Gonadengänge mit den Gonaden, sowie die
Nephridialröhren; sie sind daher nicht Coelenteraten (Protaxonia), sondern Coelomaten[1]) (Heteraxonia, Bilateria, Enterocoelia) im erweiterten

---

1) Bei den *Scoleciden* haben die coelomatischen Höhlen (Gonocoel, Nephrocoel) noch
nicht die Bedeutung einer Leibeshöhle; als solche fungirt hier noch das Blastocoel; Blutgefässe fehlen. Wir werden dieselben daher passend als Procoelomaten den Eucoelomaten gegenüberstellen.

Sinne des Wortes. Innerhalb der ganzen Abtheilung der Coelomaten unterscheiden wir wieder die drei grossen als Phylen bezeichneten Gruppen der *Zygoneura, Ambulacralia* und *Chordonia.*

Als *Zygoneura* fassen wir eine grosse Anzahl von Formtypen zusammen, deren nähere Verwandtschaft zu einander bei dem gegenwärtigen Stande unserer Wissenschaft als erwiesen betrachtet werden kann. Es sind dies 1) die *Scoleciden* (d. i. *Vermes* mit Ausschluss der *Anneliden*), 2) die *Articulaten* (d. i. *Anneliden, Onychophoren* und *Arthropoden*), 3) die *Tentaculaten* (ungefähr den *Molluscoideen* der Autoren entsprechend) und 4) die *Mollusken.* Wir können nicht nur die äussere Körperform dieser Thiergruppen in ihren wichtigsten Beziehungen (vorn und hinten, Bauch und Rücken) in Vergleich ziehen, sondern wir können auch die Homologie einer grossen Anzahl von Organen durch alle diese Gruppen hindurch nachweisen; dies betrifft z. B. wichtige Theile des Nervensystems, die Abtheilungen des Darmes, die Nephridien etc. etc. Ferner zeigt die Entwicklungsgeschichte eine grosse Anzahl übereinstimmender Eigenthümlichkeiten. Wir erkennen am besten die Summe der Homologien, wenn wir die gemeinsame Larvenform aller dieser Thiergruppen in Betracht ziehen.

Die gemeinsame Larvenform der Zygoneuren bezeichnen wir als T r o - c h o p h o r a und wir vermuthen, dass sie der Stammform der *Zygoneuren* nahe stehe.

Die erste Anbahnung der Trochophora-Theorie verdanken wir Huxley (1852), welcher die *Rotatorien* mit *Anneliden*-Larven, aber namentlich auch mit den *Echinodermen*-Larven verglich. Später wurde besonders von Gegenbaur auf die Verwandtschaft der Larvenformen von *Mollusken, Anneliden* etc. (immer die *Echinodermen*-Larven mit einbegriffen) hingewiesen (1874). Bütschli vergleicht (1876) die von Semper (1872) beschriebene *Trochosphaera aequatorialis* mit den *Anneliden*-Larven und betrachtet die *Rotatorien* als nahe verwandt der Stammform der *Anneliden* und *Mollusken.* Weiter haben Ray-Lankester und besonders Semper viele anregende Ideen hinzugefügt, obwohl der Begriff der „Trochosphaera“-Larve dort noch wenig präcis gefasst ist. Einen weiteren Ausbau der Theorie hatte ich in mehreren Schriften (1878—1885) versucht, welcher in der vorliegenden Darstellung noch weitergeführt wird.

Trochophora (Trochosphaera).

Die Trochophora ist die charakteristische Larvenform der *Zygoneuren.* Die *Rotatorien* stehen in ihrem Baue zeitlebens der Trochophora sehr nahe; auch die *Turbellarien*, welche nur das Stadium der Protrochula erreichen, bleiben dieser letzteren Form zeitlebens sehr nahe verwandt. Die Trochophora findet sich ferner als wohl ausgeprägtes Entwicklungsstadium bei den Vertretern aus den verschiedensten Gruppen der Zygoneura, so z. B. bei *Anneliden*, den *Tentaculaten* und *Mollusken.* In vielen Fällen sind die Charaktere dieser Larvenform mehr oder weniger modificirt oder auch ganz unterdrückt, dies ist besonders bei abgekürzter Entwicklung der Fall. Der ursprüngliche Typus der Trochophora lässt sich durch Vergleichung feststellen; diejenigen Eigenthümlichkeiten, welche sich an der Trochophora sehr verschiedener Thiergruppen wiederholen, sind als typische zu betrachten. Eine ganz vollständige Vereinigung aller typischen Eigenschaften bei e i n e r

Larvenform ist vielleicht nirgends erhalten, doch kommen manche Annelidenlarven dieser Vollkommenheit sehr nahe.

a) **Ursprüngliche Charaktere der Trochophora** (Fig. 297).

Die Trochophora ist von bilateral symmetrischer Form. Wir unterscheiden daher an derselben ein Vorder- und Hinterende, eine Bauch- und Rückenseite. An der Bauchseite findet sich die Mundöffnung, nahe vom Hinterende etwas dorsal die Afteröffnung. Die Gestalt ist im Allgemeinen verkürzt eiförmig.

Die Vertheilung der Wimpern an der Körperoberfläche ist von charakteristischer Bedeutung. Am vorderen Körperende (Scheitel- pol) findet sich ein Schopf von kräftigen Wimperhaaren (apicaler Wimperschopf). Ein mittlerer Wimperkranz (äquatorialer oder präoraler Wimperkranz oder Trochus) theilt die Körper- oberfläche in eine vordere Hälfte (Scheitelfeld) und eine hintere Hälfte (Gegenfeld). Derselbe liegt dicht vor dem Munde und besteht aus zwei Reihen von Wimpern, die von zwei Reihen verdickter Epithel- zellen getragen werden. Hinter dem Munde liegt parallel ein einreihiger, schwächerer Wimperkranz (postoraler Wimperkranz oder Cin- gulum). Zwischen diesen beiden findet sich eine Zone von zarten Wimpern, deren Bewegung nach dem Munde gerichtet ist (adorale Wimperzone); vom Munde bis an das Hinterende (den Gegenpol) erstreckt sich eine Wimperfurche oder Wimperstreif, dessen Wimper- bewegung nach hinten gerichtet ist (Bauchfurche oder ventraler Wimperstreif). Ein häufig vorkommender hinterer Wimperkranz (präanaler Wimperkranz) ist eine verhältnissmässig jüngere Bildung. — Der präorale Wimperkranz dient besonders zur Fort- bewegung, der postorale Wimperkranz und die adorale Wimperzone zur Nahrungsaufnahme; der präanale Wimperkranz unterstützt ebenfalls die Fortbewegung. Der apicale Wimperschopf scheint, in vielen Fällen wenigstens, ein Steuerapparat zu sein, der die Bewegungsrichtung beein- flusst; doch wurde er auch als apicales Sinnesorgan gedeutet. — An der übrigen Körperoberfläche, besonders am Scheitelfeld, sind nur zartere Wimpern vorhanden, welche gegen die oben beschriebenen Wimper- apparate ganz in den Hintergrund treten.

Der Körper der Trochophora besteht aus dem Ectoderm, welches das äussere Epithel des Körpers bildet, aber auch das Epithel des Schlundes und des Afterdarmes liefert; es repräsentirt die Leibes- wand, welche eine geräumige primäre Leibeshöhle oder Blastocoel ein- schliesst, in welcher die Gebilde der beiden anderen Keimblätter liegen; und zwar ist es das Endoderm, aus welchem das Mitteldarmepithel her- vorgeht, während von Mesodermgebilden sowohl epitheliale oder coelo- matische Theile, die besondere Höhlungen einschliessen, als auch mesen- chymatöse Theile zu unterscheiden sind.

Das äussere Epithel des Körpers sondert eine deutliche Cuticula ab; es besteht aus Stützzellen, Wimperzellen und Drüsenzellen und enthält endlich als wichtige Differenzirungen das Nervensystem und die Sinnesorgane, welche beide bei der Trochophora noch eine epithe- liale Lagerung besitzen.

Wir finden am apicalen Pole eine epitheliale Nervensinnesplatte, welche wir als Scheitelplatte bezeichnen; sie besteht aus einem Ganglion (Scheitelganglion oder primäres Cerebralgan-

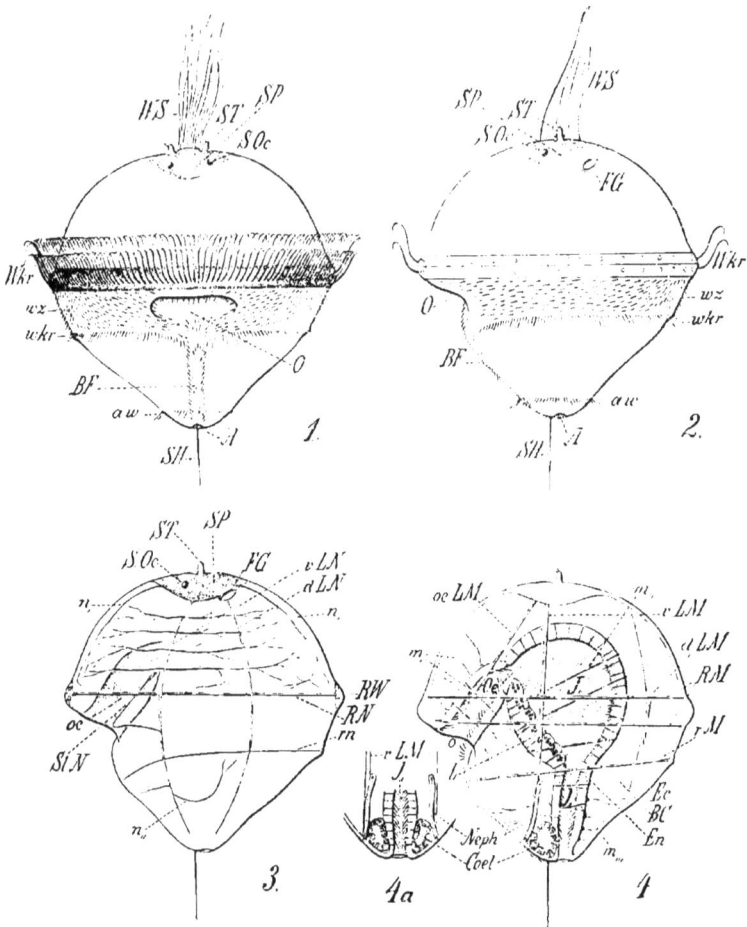

Fig 297. Schematische Darstellung des Baues der Trochophora.

1. Aeussere Form, ventrale Ansicht. *Wkr* präoraler Wimperkranz, *wkr* postoraler Wimperkranz, *wz* adorale Wimperzone, *WS* apicaler Wimperschopf, *aw* pränaler Wimperkranz, *BF* Bauchfurche, *O* Mund, *A* After, *SP* Scheitelplatte, *ST* Primärtentakel, *SOc* Scheitelaugen, *SH* hinteres Sinneshaar.

2. Aeussere Form, seitliche Ansicht. Bezeichnungen wie in 1. *FG* Cerebrale Flimmergrube.

3. Seitliche Ansicht, mit Darstellung des epithelialen Nervensystems. *SP, ST, SOc, FG* wie in 1 und 2; *vLN* und *dLN* ventraler und dorsaler Längsnerv, *n,* und *n,,* Nerven des Scheitelfeldes und Gegenfeldes, *Rn* und *rn* präoraler und postoraler Ringnerv, *SlN* Schlundnerv, *RW* Ringwulst des präoralen Wimperkranzes.

4. Seitliche Ansicht mit Darmkanal und mesodermalen Organen. *O* Mund, *Oe* Schlund (Stomodaeum), *J* Magen mit *L* Leber (Mitteldarmdrüse), *J,* Darm, daran schliesst sich der Afterdarm (Proctodaeum), *vLM* und *dLM* ventraler und dorsaler Längsmuskel, *RM* und *rM* Ringmuskel des präoralen und des postoralen Wimperkranzes, *m,. m,,* und *m,,,* Muskeln des Schlundes, des Magens und des Darmes, *Neph* Nephridien, *Coel* Coelomsäcke, *Ec* Ectoderm, *BC* Blastocoel, *En* Endoderm.

4a. Coelomsäcke und Nephridien, von der Bauchseite gesehen. Bezeichnungen wie in 4.

g l i o n) und damit verbundenen Sinnesorganen. Die Scheitelplatte erscheint als eine Ectodermverdickung; die obersten Zellen derselben, die Deckzellen, tragen den apicalen Wimperschopf, unter diesen findet sich eine Schichte von Ganglienzellen und in der Tiefe die Nervenfasermasse. Die Sinnesorgane der Scheitelplatte sind: 1) ein (oder zwei) Paar von Augen (p r i m ä r e A u g e n oder S c h e i t e l a u g e n), welche wahrscheinlich den Bau von Napfaugen besitzen; 2) zwischen diesen stehen ein Paar tentakelähnliche Tasthöcker, die mit Sinneshaaren versehen sind (P r i m ä r t e n t a k e l oder A p i c a l t e n t a k e l); 3) es findet sich zu beiden Seiten der Scheitelplatte, oder etwas dorsalwärts, je eine F l i m m e r g r u b e, die als Geruchsorgan fungirt. Vielleicht ist ursprünglich auch ein unpaares Gehörbläschen am Scheitelpole vorhanden gewesen, welches aber nur bei manchen T u r b e l l a r i e n sich erhalten hat (a p i c a l e s H ö r b l ä s c h e n).

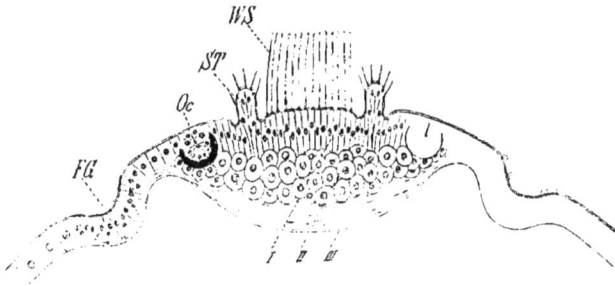

Fig. 298. **Frontaler Durchschnitt der Scheitelplatte, schematisch.** *I* Deckschicht und Sinneszellenschicht, *II* Ganglienschicht, *III* Nervenschicht, *WS* Wimperschopf, *ST* Primärtentakel, *Oc* Scheitelauge, *FG* Flimmergrube.

Es kommen auch an anderen Körperstellen einzelne Sinneszellen und Sinnesorgane vor, namentlich ist das Scheitelfeld reich daran und zwar besonders in der Nähe des präoralen Wimperkranzes; auch kommen Nebenaugen des Scheitelfeldes vor, die man vielleicht zu den typischen Gebilden zählen kann, und Sinnesorgane (besonders Augen) längs des äquatorialen Wimperkranzes. Auch am Gegenfelde finden wir Sinnesorgane, wahrscheinlich ist ein ventrales und ein dorsales Paar von Sinnesorganen (Taster) am Ende der betreffenden Längsnerven als typisch zu betrachten, auch findet sich ein starres Sinneshärchen am Gegenpole ventral vom After.

Von dem Cerebralganglion geht eine Anzahl von Nerven aus, die ebenfalls epithelial in der Körperwand verlaufen. Nebst mehreren paarigen Nerven des Scheitelfeldes finden wir paarige Längsnerven, welche gegen das Hinterende des Körpers verlaufen [1]). Der Hauptnerv verläuft nahezu seitlich, doch etwas mehr ventral, am Munde vorbei gegen das Hinterende des Körpers (v e n t r a l e s L ä n g s n e r v e n p a a r), wahrscheinlich ist auch ein d o r s a l e s L ä n g s n e r v e n p a a r als

---

1) Wahrscheinlich zeigten die von der Scheitelplatte ausgehenden Nerven ursprünglich eine radiäre Anordnung.

typisch für die Trochophora zu betrachten. Der paarige ventrale Längsnerv gibt am Scheitelfelde Aeste ab, verbindet sich auch mit dem
präoralen und postoralen Ringnerven und sendet auch am Gegenfeld
periphere Aeste aus; typischer Weise zweigt sich von demselben ein
paariger Schlundnerv ab, der am Mundrande in das Epithel des
Schlundes einbiegt und in letzterem zu je einem Buccalganglion
anschwillt. Die hier genannten Nerven sind wohl an verschiedenen
Stellen von einzelnen Ganglienzellen begleitet — besonders ist der präorale Ringnerv, wie KLEINENBERG, der denselben entdeckte, gezeigt hat,
von zahlreichen Ganglienzellen begleitet. Das Nervensystem der Trochophora ist aber doch in hohem Grade centralisirt, da das Scheitelganglion
weitaus die Hauptmasse der Ganglienzellen des Nervenapparates enthält.

Der Darmkanal der Trochophora hat einen hufeisenförmigen Verlauf und besteht aus Schlund, Mitteldarm und Afterdarm.
Der Schlund, welcher von ectodermalem Epithel ausgekleidet wird,
geht von der Mundöffnung aus schief nach innen und vorn; er ist am
vorderen Mundrande scharf abgesetzt, am hinteren Mundrande aber
geht er allmählich in die Bauchfurche über. Der Schlund ist kräftig
bewimpert; die Muskeln des Schlundes sowie auch der anderen Darm-
abtheilungen werden wir später betrachten. Ein ventraler, mit paarigen
Chitinkiefern versehener Schlundanhang ist eine wahrscheinlich schon
der Trochophora eigenthümliche Bildung[1]. Der Mitteldarm ist
vom Endoderm ausgekleidet; er hat eine retortenartige Gestalt und zerfällt in zwei Abschnitte, den weiten, zart bewimperten Magendarm,
dessen ventraler Bezirk von besonderer drüsiger Beschaffenheit ist
(„Leber" oder Mitteldarmdrüse) und in den schlauchförmigen, kräftiger
bewimperten Dünndarm, der gegen das Hinterende des Körpers gerichtet ist. Die Structur des Mitteldarmepithels erinnert an die va-
cuolenreichen Endodermzellen der Cnidarier. Ein kurzer, vom Ectoderm
gebildeter Afterdarm führt zur Afteröffnung. Zwischen Leibeswand und
Darm finden wir die Mesodermgebilde. Dieselben sind theils mesenchymatöse Gebilde, welche in der geräumigen primären Leibeshöhle (Blastocoel) gelegen sind, theils sind es epitheliale, coelomatische Gebilde, welche für sich besondere Höhlen einschliessen.

Als Mesenchymgebilde finden wir erstens Bindegewebszellen
von verästelter Form („freie Bindegewebszellen"), die meist vereinzelt
auftreten, seltener sich häufen [in letzterem Falle können sie sogar
membranartige Bildungen liefern, Echiurus-Larve, Phoronis-Larve], und
zweitens Muskeln, die einzellig und dabei einfach fadenförmig oder
auch verästelt sind. Wir finden erstens Muskelfasern, welche mit ihren
Enden an die Leibeswand angeheftet sind und die primäre Leibeshöhle
frei durchziehen; von diesen sind typisch vor allem der Hauptmuskel
des Körpers, nämlich das kräftige ventrale Längsmuskelpaar,
welches von der Scheitelplatte einfach oder in zwei Stücken gegen das
Hinterende des Körpers zieht, dann ein dorsales Längsmuskelpaar, welches vom Scheitelfeld zum Gegenfeld zieht, und ferner ein
von der Scheitelplatte zum Schlunde ziehendes Muskelpaar; wir finden
zweitens Ringmuskeln, die der Leibeswand anliegen, zu diesen gehören
Muskeln, die längs des präoralen Wimperkranzes verlaufen (präoraler
Ringmuskel) und ein solcher, der den postoralen Wimperkranz be-

---

[1] Hiervon wären abzuleiten die Kiefern der Rotatorien, der Schlundanhang der Archi-
Anneliden, die Radula der Mollusken etc.

gleitet (postoraler Ringmuskel). Von Muskeln des Darmes endlich finden wir am Schlunde zahlreiche kleine Dilatatoren, die von demselben zur Leibeswand ziehen, und circulär um den Schlund verlaufende Constrictoren; ferner am Magendarm und Dünndarm spärliche, meist circulär verlaufende Muskelfasern und endlich Dilatatoren des Dünndarmes und Afterdarmes.

Zu den epithelialen Mesodermgebilden gehört das paarige Protonephridium; dies ist je eine längsverlaufende Röhre, welche an den hinteren Theil des ventralen Längsmuskels angeheftet ist; das Vorderende der Röhre ist durch eine Terminalzelle geschlossen, das Kanalstück besteht aus einer Reihe von durchbohrten Zellen und endet vor dem After ventral mit je einer äusseren Oeffnung. Die Flimmerbewegung im Inneren der Röhre ist von vorn nach hinten gerichtet. An diesem primären Kanal kommen secundäre Verästelungen von gleicher Structur zur Entwicklung. — Endlich findet sich am Hinterende seitlich je ein Coelomsack, dessen epithelial angeordnete Zellen je eine Coelomhöhle einschliessen, oft aber sind die Coelomsäcke durch je eine streifenartig angeordnete Zellmasse (Mesodermstreifen) mit hinterer Polzelle (Wachsthumspunkt), oder auch allein durch paarige Polzellen vertreten; die Umwandlung in Epithelsäcke folgt dann erst bei späterer Zellvermehrung.

Wir sind der Ansicht, dass nicht nur die Mesodermstreifen (wie schon die Brüder HERTWIG hervorhoben), sondern auch die Protonephridien als epitheliale oder coelomatische Theile des Mesoderms zu betrachten sind; die ersteren können direkt vom Urdarm als Absackungen entstehen. Die „durchbohrten" Zellen der Protonephridien können bei grösserer Zellenzahl des Organes durch gewöhnliches Epithel vertreten sein. Sowohl die Coelomhöhlen als auch die Höhlen der Protonephridien sind also von Mesodermepithel umgrenzte Höhlen und dieselben haben sich wahrscheinlich phylogenetisch vom Epithel des Urdarmes als periphere Theile desselben durch Abfaltung gesondert.

b) Modificationen der Trochophora.

Wir haben hervorgehoben, dass die Trochophora bei allen Haupttypen der *Zygoneura* vertreten ist, doch sind nicht in allen Fällen ihre Charaktere in gleicher Vollkommenheit ausgeprägt, ja es gibt zahlreiche Fälle, wo ihre wesentlichsten Eigenthümlichkeiten ganz unterdrückt erscheinen.

Am weitesten ist die Unterdrückung der Trochophoracharaktere bei solchen Thieren vorgeschritten, deren Entwicklung ohne Metamorphose verläuft, bei welchen dieses Stadium demnach in die embryonale Lebensperiode fällt; am häufigsten sind die äusseren Charaktere verändert, so die allgemeine Körperform und die Wimperkränze; ferner können auch die primären Muskelzüge und endlich auch das Protonephridium hinwegfallen. Manchmal sind aber selbst bei direkter embryonaler Entwicklung noch sehr zahlreiche Trochophoracharaktere erhalten geblieben (z. B. bei der Entwicklung der *pulmonaten Schnecken,* bei dem regenwurmartigen *Criodrilus*).

Auch bei larvaler Entwicklung kommen manche Modificationen vor, so z. B. in Bezug auf die Bewimperung, indem secundäre Wimperapparate auftreten oder die Larve sogar gleichmässig an der ganzen Oberfläche bewimpert ist. Unter einen besonderen Gesichtspunkt fallen

Fig. 299. Fig. 300.

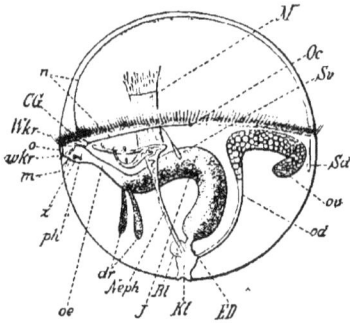

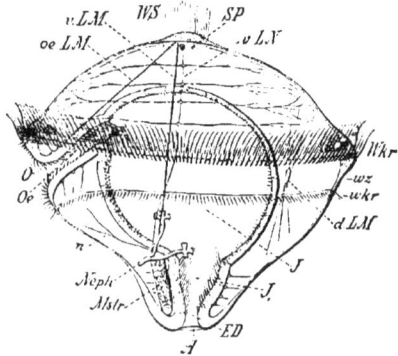

Fig. 299. **Trochosphaera aequatorialis**, das Kugelrädertliierchen, nach SEMPER. *Wkr* Trochus, *wkr* Cingulum, *o* Mund, *ph* Kaumagen, mit *z* Chitinkiefern, *oe* Speiseröhre, *dr* Mitteldarmdrüse, *J* Magendarm, *Ed* Enddarm, *Kl* Kloake, *Neph* Nephridium, *Bl* Harnblase, *ov* Ovarium, *od* Ovidukt, *M* Muskel, *m* Muskel des Kaumagens, *CG* Cerebralganglion, *n* Nerven, *Sd* dorsaler unpaarer Taster mit unpaarem Nerven, *Sv* ventraler paariger Taster, *Oc* trochales Auge.
Fig. 300. **Trochophora-Larve von Polygordius.** *Wkr* präoraler Wimperkranz, *wkr* postoraler Wimperkranz, *vz* adorale Wimperzone, *WS* apicaler Wimperschopf, *O* Mund, *Oe* Speiseröhre, *J* Magen, *J,* Darm, *ED* Enddarm, *A* After, *Neph* Nephridium, *Mstr* Mesodermstreifen, *vLM* ventraler Längsmuskel, *dLM* dorsaler Längsmuskel, *oeLM* Längsmuskel, der zur Speiseröhre zieht, *SP* Scheitelplatte, *vLN* ventraler Längsnerv (Schlundcommissur), *n* Nerven.

jene Veränderungen, welche wir als vorzeitige Entwicklung specifischer Klassencharaktere bezeichnen können. So sehen

wir bei den *Anneliden,* für welche der metamerische Körperbau sehr charakteristisch ist, wohl in vielen Fällen die Trochophora in sehr reiner Form auftreten, in anderen Fällen aber tritt die Erscheinung der Metamerie sehr frühzeitig auf,

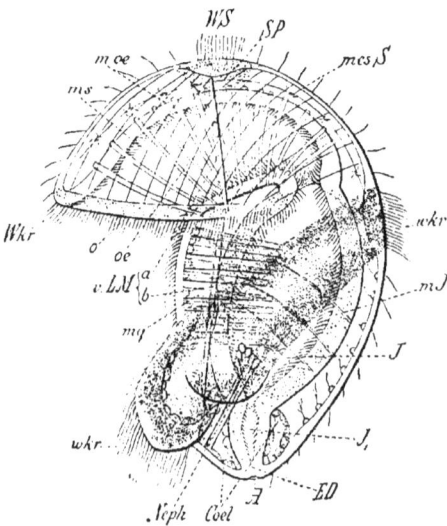

Fig. 301. **Larve von Phoronis, sogenannte Actinotrocha.** Der mächtig entwickelte postorale Wimperkranz zeigt in diesem Stadium nur erst Andeutungen der Tentakelbildung. *ms* Muskeln des Scheitelfeldes, *moe* Muskeln des Oesophagus, *mesS* mesodermale Membran, *mq* Quermuskeln, *Coel* Coelomsack, den Darm umgreifend und paarig vorhanden. Die übrigen Bezeichnungen wie in Fig. 300.

sogar bevor noch alle Trochophoracharaktere ausgeprägt sind. Bei den *Mollusken*, die sich durch den Besitz einer Schale auszeichnen, tritt dieses Gebilde äusserst frühzeitig auf (manchmal schon während der Gastrulation) und die Trochophora ist stets schon mit der Molluskenschale versehen und zwar mit einer einfachen bei den Schnecken, mit einer zweiklappigen bei den Muscheln. Bei den *Tentaculaten*, die sich

Fig. 302. **Trochophora einer Muschel (Teredo)**. Die zweiklappige Schale ist bereits ausgebildet, und es kann in dieselbe der Vorderkörper zurückgezogen werden. *Schl* Schlossrand der Schale, *SMv* vorderer, *SMh* hinterer Schliessmuskel, *Mes* Mesodermstreifen, *MP* Polzellen des Mesoderms, *L* Leber mit Fetttropfen. Die übrigen Bezeichnungen wie in Fig. 300.

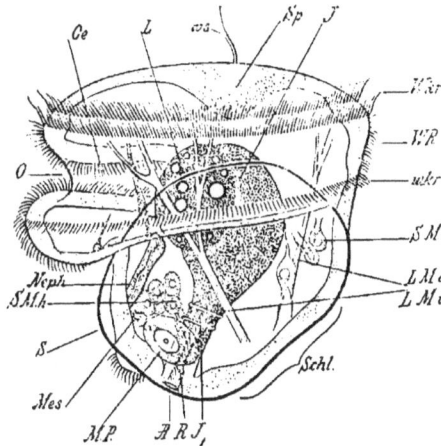

durch einen auf den postoralen Wimperkranz zurückführbaren Tentakelapparat auszeichnen, ist derselbe schon an der Larve in ähnlicher Weise modificirt. — Auch specielle Charaktere der Ordnung, Familie, ja sogar der Species können schon frühzeitig kenntlich sein. — Besondere Veränderungen der Entwicklung sind ferner dadurch bedingt, dass bei manchen Thiergruppen Flimmerepithelien gänzlich fehlen; dies kann mit vorzeitiger Entwicklung von Klassencharakteren und auch mit abgekürzter directer Entwicklung sich combiniren (*Nematoden, Arthropoden*).

c) Protrochula.

Das Stadium, welches in der Ontogenie der Trochophora unmittelbar vorhergeht, entbehrt des Afterdarmes und zeigt auch die Sonderung des Mitteldarmes in zwei Abtheilungen noch nicht ausgeprägt. Wir bezeichnen dieses Stadium als Protrochula; die *Platodes* erreichen nur dieses Stadium — oder, genauer gesagt, die Entwicklung der *Platodes* geht schon vom Stadium der Protrochula einen anderen Weg als die der übrigen *Zygoneura*. Manche Forscher sind der Ansicht, dass die Mundöffnung der Protrochula (auch als Pilidiumlarve oder Protoscolex bezeichnet) noch eine ursprüngliche Lage, in der Mitte des Gegenfeldes, besitze; wir werden auf diesen Punkt noch zurückkommen[1]).

1) In einer früheren Darstellung hatte ich die Aufstellung einer Protrochula unterlassen, da ich den mangelnden After der Platodes für eine Rückbildungserscheinung hielt; auch jetzt noch muss ich diese Möglichkeit offen halten, denn manche Erscheinungen drängen zu der Ansicht, dass vielleicht Schlund und Afterdarm beides Differenzirungen eines Urschlundes und daher gleich alt sind (BÜTSCHLI). Die Aufstellung der Protrochula, als Bezeichnung für ein bestimmtes ontogenetisches Stadium ist gerechtfertigt, wenn auch die phylogenetische Bedeutung derselben zweifelhaft sein sollte.

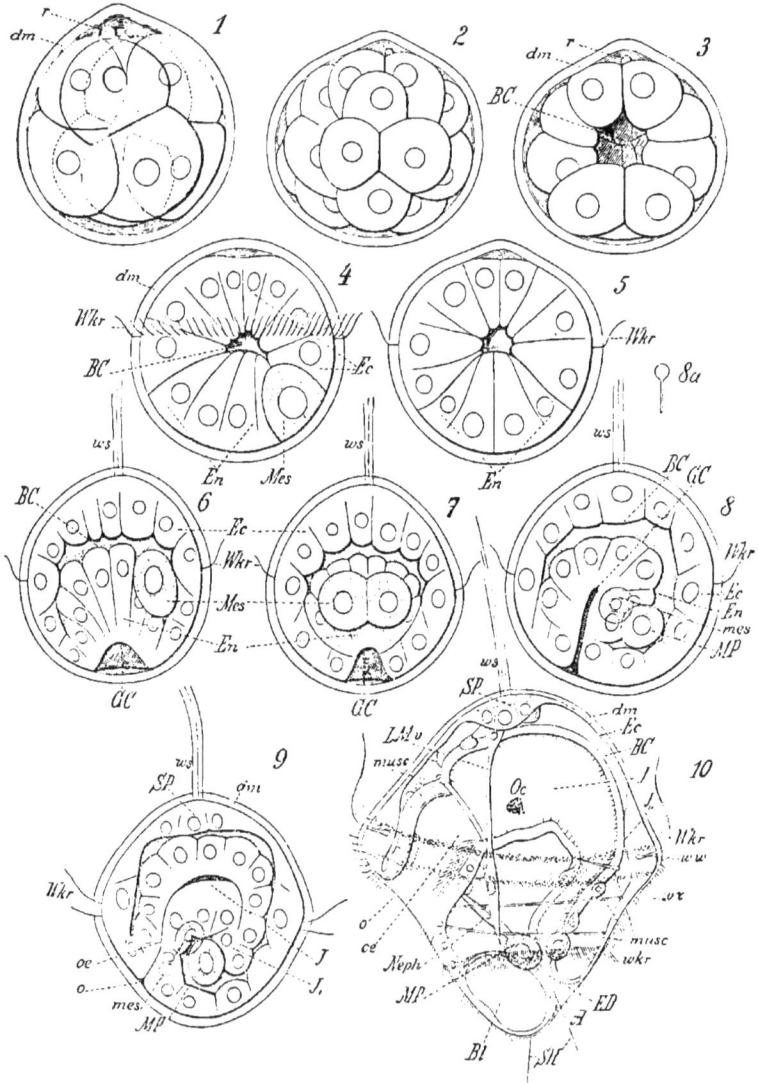

Fig. 303. **Entwicklung eines Annelids (einer Serpulide) bis zum Trochophora-stadium.** *1* Achtzelliges Furchungsstadium. *2* und *3* Weiteres Furchungsstadium von der Fläche und im Durchschnitt gesehen. *4* und *5* Blastulastadium, schon mit äquatorialem Wimperkranze versehen, im Medianschnitt und Frontalschnitt. *6* und *7* Gastrula mit Trochus und apicalem Wimperschopf. *8* Schliessung des Gastrulamundes. *8a* Umriss desselben, von der Fläche gesehen. *9* Stomodaeum ist schon gebildet und die Scheitel-platte ist angedeutet. *r* Richtungskörper, *dm* Dottermembran, *BC* Blastocoel, *Wkr* Trochus, *Ec* Ectoderm, *En* Endoderm, *Mes* die paarigen Urmesodermzellen, *GC* Gastrocoel, *ws* api-caler Wimperschopf, *mes* Mesodermzellen, *MP* Polzellen des Mesoderms, *SP* Scheitelplatte,

o Mund, *oe* Speiseröhre (Stomodaeum), *J* Magen, *J₁* Darm. *10* Trochophorastadium; die Dottermembran ist als provisorische Cuticula noch erhalten, aber an der Mund- und After-öffnung durchbohrt. *dm, Ec, BC, J, J₁, Wkr, wkr, ws, SP, o, oe, MP* wie oben; ferner: *ww* Wimperwulst, *wz* adorale Wimperzone, *musc* verschiedene kleinere Muskelfasern, *ED* Enddarm, *A* After, *SH* Sinneshärchen, *Bl* Blase, wahrscheinlich drüsiger Natur, *Neph* Nephridialzelle, *LMv* ventraler Längsmuskel.

Entwicklung der Trochophora.

Gastrulation.

Um die Entwicklung der Trochophora aus dem Ei kennen zu lernen, wählen wir als typisches Beispiel die Entwicklung der Trochophora eines Anneliden (*Eupomatus* oder *Serpula*). Wir beobachten hier eine adäquate Furchung, eine Blastula mit kleiner Furchungshöhle und eine Gastrula, die durch einen nicht ganz scharf ausgeprägten Invaginationsprocess entsteht. Bei der Blastula und Gastrula ist eine bilateral symmetrische Vertheilung der Zellen nachweisbar und wahrscheinlich ist die Symmetrie-Ebene schon in der Eizelle vorherbestimmt. Dieses für alle Bilaterien zutreffende Verhältniss ist als vorzeitige Differenzirung der bilateralen Symmetrie zu bezeichnen. Die Bewimperung der Blastula und Gastrula ist bei *Eupomatus* keine gleichmässige, sondern es prägt sich schon frühzeitig die charakteristische Anordnung der Wimpern aus, indem ein apicaler Wimperschopf am animalen Pol und ein äquatorialer Wimperkranz sich bildet. Auch dies ist eine vorzeitige Differenzirung, die es uns aber sehr erleichtert, die Beziehungen der Gastrulaachsen zu den Achsen der Trochophora festzustellen. — Der Apicalpol der Gastrula stimmt mit dem der Trochophora überein; das Protostoma findet sich vorerst demselben gegenüber in der Mitte des Gegenfeldes.

Mesodermbildung.

Am Protostomrande sondern sich zwei paarig angeordnete Endodermzellen von den übrigen ab und rücken zwischen die primären Blätter; sie repräsentiren den Mesodermkeim oder die „Urzellen des Mesoderms". Wir bezeichnen den Rand des Protostoma, wo die Mesodermkeime sich sondern, als hinteren, den entgegengesetzten als vorderen Protostomrand (bei dieser Bezeichnung anticipiren wir das spätere Lagerungsverhältniss).

Bildung von Schlund und Bauchfurche.

Der Gastrulamund verengert sich nun, indem sein hinterer Theil sich spaltförmig in der Richtung der Medianlinie schliesst (Gastrularaphe). Ferner stülpt sich das Ectoderm in der Umgebung des Gastrulamundes ein, und zwar liefert es den tiefen Schlund in der Umgebung des offenen Protostomrestes, so dass letzterer zur inneren Schlundpforte wird, und die flache Bauchfurche längs der Gastrularaphe. Endlich erfolgt auch eine allmähliche Verschiebung der ganzen Protostomregion nach der Bauchseite, so dass der secundäre Mund bis dicht hinter den äquatorialen Ring zu liegen kommt und die Bauchfurche ihre ventrale Lage erhält und ferner das mesodermale Ende der Protostomregion mit sammt den Mesodermkeimen an den

Gegenpol rückt, den wir nun auch als Mesodermpol bezeichnen können.
Es folgt die Differenzirung der ectodermalen und mesodermalen Gebilde
und schliesslich die Entstehung des Afterdarmes als blinde Ectoderm-
Einstülpung, welche sich erst secundär mit dem Darme verbindet.

Modificationen der Entwicklung.

Diese Entwicklungsvorgänge wiederholen sich bei den verschiedensten Zygoneuren in ziemlich ähnlicher Weise, es kommen aber bei
anderen wieder geringere oder auch bedeutendere Modificationen vor.
Wir finden dieselben in um so höherem Grade, je mehr die ganze Entwicklung eine abgekürzte oder aus anderen Ursachen modificirte ist;
so z. B. wird durch Dottermassen die Formgestaltung verändert u. s. w.
Gewisse Eigenthümlichkeiten sind aber doch ziemlich allgemein zu
beobachten, wie z. B. die Mesodermbildung am Protostomrand, die
spaltförmige Schliessung des hinteren Protostomtheiles, die Bildungsweise des Stomodaeums u. s. f. Oft schliesst sich das Protostoma vollständig und das Stomodaeum entsteht als blinde Einstülpung, die erst
secundär in den Mitteldarm durchbricht. Bei *Paludina* (einer Schnecke)
soll der Rest des Gastrulamundes in die Afteröffnung direkt übergehen;
auch bei *Sagitta* liegt der Rest des Protostoma in der Nähe des Hinterendes. Eine besondere Erörterung erfordert die Mesodermbildung. Die
Bildung des Mesodermkeimes ist nicht immer auf den hinteren Rand
des Protostoma beschränkt (1), sondern es können (2) auch die Seiten-
ränder des Protostoma sich daran betheiligen, oder (3) in manchen
Fällen der ganze Protostomrand (Flusskrebs); der zweite Fall bildet
den Uebergang zu jenen Verhältnissen, wo (4) das Mesoderm in Form
seitlicher Falten vom Endoderm gesondert wird (Insecten, Sagitta, Brachiopoden). Welcher Modus unter allen diesen der ursprünglichere ist,
wollen wir hier nicht erörtern und verweisen auf frühere Bemerkungen
(pag. 76). — Von grossem Interesse ist die Beobachtung, dass bei den
polycladen Turbellarien das Mesoderm von vier regelmässig das Protostoma umstellenden Zellen gebildet wird, und dass vier radiär
gestellte Mesodermstreifen daraus resultiren; man glaubt
hierin eine ursprüngliche radiäre Anordnung zu erkennen, doch ist der
ganze Entwicklungsgang noch näher aufzuklären, um diese Auffassung
sicher zu begründen.

Phylogenetische Bedeutung der Trochophora.

Wenn wir als erwiesen annehmen, dass die Trochophora (oder Protrochula) die ursprüngliche charakteristische Larvenform der *Scoleciden, Articulaten, Tentaculaten* und *Mollusken* sei, so haben wir ein
verbindendes Merkmal für alle diese Gruppen anerkannt. Wir können
daraus auf eine gemeinsame Abstammung schliessen und zwar dürfen
wir zunächst den Satz aufstellen, dass die *Zygoneuren* von einer
gemeinsamen Stammform abzuleiten seien, welche diese
charakteristische Larve als Entwicklungsstadium besessen habe (vergl. pag. 25). — Es ist weiter die Frage zu stellen,
ob etwa die Trochophora selbst die Wiederholung einer Stammform sei;
das ist nun in hohem Grade wahrscheinlich, weil wir noch viele Thierformen kennen, welche in ihrem entwickelten Zustande der Trochophora
sehr nahe stehen. Dies gilt vor allem für die *Rotatorien*. Das von

Semper auf den überschwemmten Reisfeldern der philippinischen Inseln entdeckte Kugelräderthierchen (*Trochosphaera aequatorialis*) illustrirt diesen Satz am augenfälligsten, doch ist hervorzuheben, dass dies ein typisches Räderthierchen ist und dass sogar viele andere Räderthierchen, trotz ihrer mehr veränderten äusseren Form, manche Trochophora-charaktere noch treuer bewahrt haben. Man hat wohl auch versucht, die Rotatorien als geschlechtsreif gewordene Larven höherer Thierformen phylogenetisch zu erklären (Unterdrückung der Endstadien pag. 26); dies wäre principiell nicht unmöglich, doch müssen wir einwenden, dass für eine solche Hypothese keine bestimmte Veranlassung vorliegt. Es ist ferner hervorzuheben, dass auch die Turbellarien in ihren gesammten Organisationsverhältnissen ebenso der Protrochula nahestehen, nur dass ihnen im entwickelten Zustande die Wimperkränze fehlen. Die Ansicht, dass die innere Organisation der Protrochula und Trochophora auf Wiederholung der Charaktere einer Stammform beruhe, wird also mit Rücksicht auf die noch gegenwärtig der Trochophora ähnlichen Organisationsverhältnisse der *Platoden* und *Rotatorien* sehr wahrscheinlich erscheinen; aber auch die äusseren Flimmerapparate der Trochophora werden mit grosser Wahrscheinlichkeit als Charaktere einer Stammform betrachtet werden, da sie nicht nur bei den *Rotatorien*, sondern auch bei anderen Gruppen, z. B. bei den *Endoprokten* und den *Tentaculaten*, in definitiven Organbildungen des entwickelten Organismus sich theilweise erhalten haben.

Wir stellen demnach folgende Sätze auf: Die Protrochula ist eine Wiederholung des Protrochozoon, d. i. der gemeinsamen Stammform aller Zygoneura. — Die Trochophora ist die Wiederholung des Trochozoon, d. i. der gemeinsamen Stammform aller über den Platoden stehenden Zygoneuren. Diese phylogenetische Hypothese ist nach unserer Meinung am besten im Stande, unsere gegenwärtigen Kenntnisse von der Organisation und Entwicklung der Zygoneuren in begrifflichen Zusammenhang zu bringen. Mag man nun aber die phylogenetische Zurückführung der Zygoneura auf das Trochozoon (und Protrochozoon) anerkennen, oder mag man sie zurückweisen, so ist es doch, in jedem Falle Aufgabe der Morphologie, die Organisation jeder einzelnen Gruppe in ihrem Verhältniss zu dem ontogenetischen Stadium der Trochophora zu erklären.

Die Organsysteme der *Scoleciden* sind direkt auf die Organe der Protrochula und Trochophora zurückzuführen. Dies gilt vom Nervensystem, Darmkanal, Muskeln und Protonephridium; es kommt noch ein Organ in Frage, nämlich die Gonaden, welche bei den *Scoleciden* ursprünglich paarig vorhanden sind und den Bau von Sackgonaden mit eigenen Ausführungsgängen besitzen. Ueber die Entwicklung derselben liegen nur sehr wenige Beobachtungen vor, doch

---

1) Manche Forscher wollen die *Anneliden* als Ausgangspunkt aller *Zygoneuren* betrachten und halten alle tiefer stehenden Formen, also vor allem die *Scoleciden*, für rückgebildet. Andere wollen dies für die *Rotatorien* annehmen, aber nicht für die *Turbellarien* (Lang); die erstere Anschauung scheint mir wenigstens die consequentere.

Man könnte auch die Scolecidencharaktere der *Rotatorien* für ursprüngliche halten und nur die Wimperkränze als protrahirten secundären Larvencharakter erklären. Wir kommen aber aus anderen Gründen zu der Ansicht, dass besonders der präorale Wimperkranz ein uraltes, von den pelagisch lebenden Vorfahren der Zygoneuren ererbtes Organ ist.

ist es wahrscheinlich, dass die Sackgonaden und die Gonadengänge (nämlich Eileiter und Samenleiter, d. i. die proximalen Theile der Ausführungsgänge) mesodermale Entstehung haben und als coelomatische Bildungen zu betrachten sind.

Die Zurückführung aller dieser Organsysteme auf die der Trochophora wird, wie wir sehen werden, sich einfach gestalten bei den *Turbellarien*, den *Rotatorien* und *Endoprokten*, sie ist aber vorläufig ganz problematisch bei den *Nematoden* und *Acanthocephalen*, deren phylogenetische Ableitung und systematische Stellung wir daher noch als sehr zweifelhaft betrachten. Ferner finden wir bei den *Nemertinen* Verhältnisse, die vielleicht in manchen Punkten an die *Aposcoleciden* erinnern (ohne dass wir sie deshalb für eine Uebergangsgruppe halten müssten).

Die *Scoleciden* besitzen also eine primäre Leibeshöhle, die von Mesenchym mehr oder minder ausgefüllt sein kann, ferner primäre Sackgonaden und Protonephridien.

Die *Aposcoleciden* (oder *Cephalidier*) besitzen eine Anzahl von wichtigen neuen Charakteren, die für alle gemeinsam sind, so die Peritonealsäcke, Mesenterien, peritoneale Gonaden, Metanephridien, Blutgefässsystem, auch meist epithelogene Längsmuskeln und meist ein Bauchmark; es ist daher ihre systematische Zusammenfassung begründet. In ihrer Entwicklung besitzen sie als Trochophora den Bau der *Scoleciden*, sie durchlaufen also ein Scolecidenstadium; es bilden sich nämlich erst nach diesem Stadium jene secundären Organe aus, welche zum Theil die primären Trochophora-Organe ersetzen, zum Theil denselben sich hinzufügen. Die ontogenetische Entstehung dieser Organe und ihre phylogenetische Ableitung bildet das Problem, welches die Morphologie hier zu lösen hat.

Eine Anzahl dieser Organe entsteht aus den Coelomsäcken; diese liefern ferner an einer beschränkten Stelle die coelomatösen Flächengonaden. Wir stellen nun die provisorische Hypothese auf, dass die Coelomsäcke, welche bei den *Scoleciden* direkt zu den paarigen Sackgonaden und Gonadengängen sich entwickeln, während sie bei den *Aposcoleciden* nur an einer beschränkten Stelle Keimepithel bilden, nebstdem aber die verschiedenen Organe des somatischen und splanchnischen Blattes liefern, homologe Gebilde seien. Mit anderen Worten: die Sackgonaden und Gonadengänge der Scoleciden entsprechen den embryonalen Coelomsäcken der Aposcoleciden [1]).

Während wir die Ableitung aller Gruppen der *Zygoneura* von einer gemeinsamen Stammform, gestützt auf die Vergleichung ihrer Entwicklung und Organisation, mit einiger Sicherheit behaupten können, erscheint die Art der Verwandtschaft dieser Stammform zu den niedrigeren Typen, den *Protaxoniern*, als eine Frage von viel mehr hypothetischem Charakter.

Der Versuch, jene phylogenetischen Stufen, welche zwischen Gastraea und Trochozoon liegen, unmittelbar aus der Embryonalentwicklung der Trochophora zu construiren, hätte nur geringen Werth, wenn nicht eine Vergleichung dieser Stadien mit jetzt lebenden niedrigeren Thierformen möglich wäre. Man hat in dieser Beziehung verchiedene Hypothesen aufgestellt.

---

1) Eine andere Hypothese, welche die Coelomsäcke von den Protonephridien ableiten will (RAY-LANKESTER, ZIEGLER) werden wir später noch erwähnen.

KLEINENBERG hat versucht, die Trochophora von der Medusenform abzuleiten, indem er den präoralen Ringnerven der Annelidenlarve mit dem Ringnerven der *Hydroidmedusen* vergleicht; diese Hypothese erscheint aber mit Rücksicht auf die übrigen Organisationsverhältnisse kaum annehmbar.

Viel mehr Gründe sprechen dafür, dass die *Ctenophoren* der Stammform der *Zygoneuren* sehr nahe stehen; die Sinnesplatte am apicalen Pole, die mesenchymatöse Musculatur, der ectodermale Schlund werden uns sofort als verwandte Züge auffallen, auch die Wimperapparate der *Ctenophoren* wird man vielleicht mit dem präoralen Wimperkranz der Trochophora vergleichen können. Die Hypothese der Verwandtschaft der *Zygoneuren* mit den *Ctenophoren* wurde von SELENKA und besonders von LANG ausgeführt; zur Vergleichung wurden speciell die Turbellarien herangezogen, wodurch vielleicht manche irrthümliche Auffassung veranlasst wurde. Wenn wir den Grundgedanken dieser Hypothese in seiner grossen Tragweite anerkennen, so müssen wir doch bemerken, dass wir im einzelnen vielen Ausführungen LANG's nicht zustimmen können; so besonders die Ableitung der dorsoventralen Achse von der Primärachse. Wir wollen auch hervorheben, dass wir die Coelomsäcke und Nephridialkanäle der Zygoneuren (Sackgonaden der *Scoleciden*) von den Gastrokanälen der *Ctenophoren* ableiten und daher den Mitteldarm aller *Zygoneuren* morphologisch nur mit dem Centralmagen der Coelenteraten im allgemeinen oder speciell der *Ctenophoren* vergleichen möchten, nicht aber mit dem gesammten Urdarmsystem oder coelenterischen Apparat, wie LANG dies thut.

Zur Vergleichung der *Zygoneuren* mit den *Ctenophoren* werden wir die Protrochula, als die Grundform der *Zygoneuren* in Betracht ziehen. Der bilaterale Bau beruht auf dem Gegensatz von Bauchseite und Rückenseite und dieser Gegensatz kommt dadurch zu Stande, dass der Mund sich nicht am Gegenpole, sondern auf der Bauchseite befindet, wohin er durch eine secundäre Verschiebung gelangt ist [1]). Eine solche Lageveränderung kann auf verschiedene Weise zu Stande gekommen sein; es könnte eine Lageveränderung der ganzen oralen Körperhälfte stattgefunden haben, also eine „Knickung der Hauptachse" eingetreten sein, — oder es könnte der Fall sein, dass nur der Mund und Schlund eine Verschiebung erlitt, ohne dass die Lage aller anderen Organe in gleichem Maasse beeinflusst wäre,

---

1) LANG hat (im Anschluss an CHUN) eine andere Ansicht über die Achsenverhältnisse der *Zygoneuren* ausgesprochen. Er vergleicht die *Polycladen* Turbellarien mit den kriechenden Ctenophoren-Formen *Coeloplana* und *Ctenoplana*; er kommt zu dem Schlusse, dass die Hauptachse der *Ctenophoren* der dorsoventralen Achse der *Turbellarien* und weiter auch der übrigen Zygoneuren entspreche. Das Cerebralganglion soll erst secundär von der Mitte des Rückens nach vorn gewandert sein. Der Körperrand der abgeplatteten *Turbellarien* entspräche der äquatorialen Zone. Wir müssen zunächst bemerken, dass *Coeloplana* und *Ctenoplana* wahrscheinlich nicht mit der aboralen Fläche kriechen, sondern mit dem ausgebreiteten Schlunde, wie dies auch andere *Ctenophoren* gelegentlich thun. *Ctenoplana* ist sogar noch eine eigentlich pelagische Form. Wir haben es hier wohl mit aberranten Ctenophoren-Formen aber nicht mit Uebergangsformen zu den Polycladen zu thun. Ferner spricht die Entwicklungsgeschichte der Polycladen aufs klarste gegen die LANG'sche Auffassung; der äquatoriale Wimperkranz der Polycladenlarven entspricht nicht dem Körperrande, sondern umgürtet den Körper der Quere nach und das Cerebralganglion entsteht am vorderen Körperpol. Die Lage der Tentakel auf der Rückenfläche in einiger Entfernung vom vorderen Körperrande ist wohl dadurch zu erklären, dass bei diesen *Turbellarien* zur Vergrösserung der ventralen Kriechfläche ein Randsaum sich gebildet hat, der auch am vorderen Körperrand über den Apicalpol hinaus sich erstreckt. Die strahlige Anordnung der Darmäste und der Nerven ist als secundär erworbene Erscheinung zu betrachten.

es könnten z. B. die meridionalen Organe ihre Lage zumeist unverändert beibehalten haben. Ich neige mich mehr der letzteren Auffassung zu, während ich in früheren Schriften die erstere vertrat. Der axial gelagerte Urschlund (Orthostomodaeum) liefert nicht nur den Schlund, sondern auch die Bauchfurche der Trochophora. Bei dieser Verschiebung spielt wohl auch phylogenetisch ein partieller Schluss des Protostoma, d. i. der inneren· Schlundpforte, eine Rolle, ontogenetisch wenigstens kommt ein solcher Process ganz allgemein vor. Die Verschiebung des Protostoma bei der embryonalen Entwicklung der Zygoneuren erfolgt vorzeitig. Phylogenetisch ist die Bildung des Schlundes vorausgegangen [1]). Alles dies gilt auch schon für das Stadium der Protrochula.

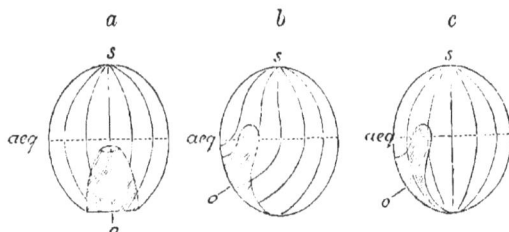

Fig. 304. **Schema der hypothetischen Umwandlung des protaxonischen Typus in den heteraxonischen Typus der Trochophora.** Die protaxonische Urform (*a*) könnte verändert worden sein entweder (*b*) durch Veränderung des gesammten Gegenfeldes oder (*c*) durch Verschiebung allein der Mundregion. *s* Scheitelpol, *aeq* äquatoriale Zone, *o* axiale Mundöffnung, welche zur ventralen Mundöffnung und Bauchfurche wird, die meridionalen Linien deuten nur die Lagebeziehungen der meridionalen Organtheile an.

Die Vergleichung des präoralen Wimperkranzes mit der Zone der Flimmerrippen bei den Ctenophoren liegt um so näher, wenn wir die Entwicklung dieser letzteren berücksichtigen, wenn wir also Ctenophoren-larven oder Formen wie *Charistephane* in Betracht ziehen (Fig. 305). Man könnte den Wimperkranz von acht einander genäherten Plättchengruppen ableiten, aber umgekehrt auch den geschlossenen Wimperkranz für das primäre halten; vielleicht ist es richtiger, beide Bildungen von einem gemeinsamen Grundtypus abzuleiten; wir könnten uns vorstellen, dass zum Zwecke einer geordneten Bewegungsleistung die Wimpern der Körperoberfläche zuerst derart aneinandergereiht waren, dass sie sowohl meridionale Linien als auch zugleich parallele Zonen bildeten; von diesem Zustande aus hätten durch Weiterbildung nach den verschiedenen Extremen einerseits der Wimperkranz und andererseits die meridionalen Rippen sich entwickelt. (Der Verlauf der epithelialen Nerven schliesst sich an diese Vertheilung der Wimpern an.)

Bei Betrachtung der Ctenophorentcntakel müssen wir uns zwei Fragen stellen: erstens, ob diese Tentakel den Primärtentakeln der Trochophora entsprechen; da nun die ersteren sehr contractile Fangarme sind, während

---

1) Wir möchten das ontogenetische Stadium mit axialem Urschlunde, welches aber kaum mehr in reiner Form sich erhalten hat, als Orthotrochula bezeichnen; darauf folgen die ontogenetischen Stadien der Protrochula (schon mit ventralem Schlund und Bauchfurche) und Trochophora. Die entsprechenden phylogenetischen Stadien wären: Orthotrochozoon (den Ctenophoren nahe verwandt), Protrochozoon (afterlos) und Trochozoon (den Rotatorien nahe stehend).

wir die letzteren von Sinneshöckern der Scheitelplatte ableiten, so möchte ich die Homologie dieser Gebilde in Zweifel ziehen. Die zweite Frage ist, ob die Ebene, in welcher die *Ctenophoren*-Tentakel liegen, d. i. die Trichterebene (oder sog. Transversalebene), überhaupt mit der Transversalebene der *Bilaterien* übereinstimmt, oder ob dies nicht vielmehr für die Schlundebene (sog. Medialebene) der *Ctenophoren* gilt; diese Frage können wir gegenwärtig kaum entscheiden.

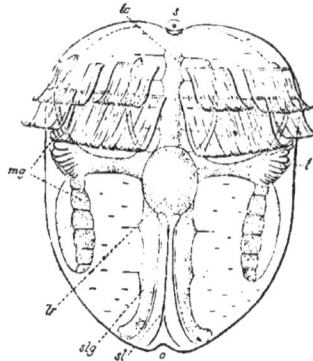

Fig. 305. **Charistephane, eine Ctenophore aus der Abtheilung der Tentaculaten.** Die acht Flimmerrippen bestehen nur aus je zwei sehr breiten Plättchen, nach Chun. *s* Sinneskörper, *t* Tentakel, eingezogen, *o* Mund, *sl* Schlund, *tr* Trichter (Centralmagen), *tc* Trichterkanal, *slg* paarige Schlundgefässe, *mg* in Achtzahl vorhandene Meridionalgefässe, deren oraler Abschnitt die Gonaden enthält.

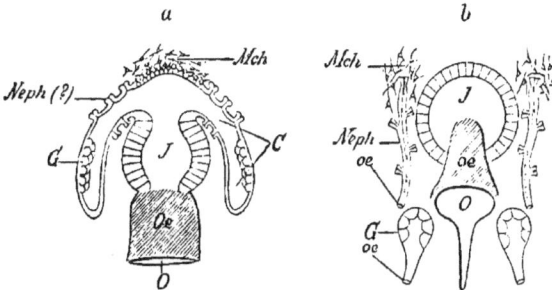

Fig. 306. **Disposition des Urdarmes und seiner Derivate.** *a* **Bei den Ctenophoren;** *b* **bei der Trochophora.** *O* Mund, *Oe* Speiseröhre, *J* Centralmagen (Magen), *Neph* Nephridien, *G* Sackgonaden; in *b* selbständige Theile mit eigenen Oeffnungen (*oe*) versehen; in *a* durch Theile der meridionalen Kanäle (*c*) repräsentirt; *Mch* Mesenchym.

Die apicale Sinnesplatte der Ctenophoren wird der Scheitelplatte der Trochophora homolog zu setzen sein; vielleicht wird sich die Homologie sogar für die einzelnen Sinnesorgane erweisen lassen. Das Gehörorgan könnte in dem unpaaren cerebralen Hörbläschen vieler niedriger Turbellarienformen wiedergefunden werden, auch die Pigmentflecken in der Sinnesplatte der Ctenophoren könnten den (ursprünglich vier?) Cerebralaugen entsprechen. Ja es wäre sogar möglich, die Geruchsgrübchen auf die Polfelder der Ctenophoren zurückzuführen, wenn die sogenannte Medialebene der *Ctenophoren* der Transversalebene der Trochophora entspräche.

Die acht meridionalen Nerven, die bei den Ctenophoren längs der acht Meridiane vermuthet werden, könnten wir zum Theil mit den dorsalen und

ventralen Längsnervenpaaren der Trochophora vergleichen, da der Verlauf
dieser letzteren von uns als meridional betrachtet wird.

Wir kommen nun zu der Mesodermfrage. Das Mesenchym der *Ctenophoren*, welches am apicalen Pole des Urdarmes entsteht, vergleichen wir
dem Mesenchym der Trochophora, welches besonders von dem vorderen
Ende der Mesodermstreifen (Coelomsäcke) sich ablöst. Aus den Meridional-
kanälen, welche bei den *Ctenophoren* Keimepithelien erzeugen und wahrscheinlich auch excretorische Function besitzen, wären die coelomatischen
Bildungen hervorgegangen, nämlich die Nephridien und Sackgonaden, die
aber beide nun ihre Produkte direkt nach aussen entleeren.

Wir möchten demnach folgende phylogenetische Stufen der Mesodermbildung hervorheben : 1) Mesenchymbildung (ursprünglich wandernde Nährzellen?) allseitig vom Urdarm ausgehend, *Scyphozoa*; 2) Mesenchymbildung
ist am vorderen Pole des Urdarmsystems localisirt, von welcher Stelle dann
auch die Radialtaschen sich ausstülpen, *Ctenophoren*; 3) Radialtaschen als
Coelomsäcke abgeschnürt, Mesenchymbildung von den Coelomsäcken (von
deren apicalem Pole?) ausgehend, *Zygoneura* (ähnlich verhalten sich auch
die *Echinodermen* u. s. w.) (siehe das Schema Fig. 306).

FÜNFZEHNTES CAPITEL.

1. Subtypus der Zygoneura: Autoscolecida.

4. Cladus der Metazoa.

Scolecida (= Intestina = Vermes = Helminthes).

Die Scoleciden sind Zygoneuren mit primärer Leibeshöhle, mit Mesenchymmuskeln, mit Protonephridien und mit primären Sackgonaden. Das Nervensystem liegt meist subepithelial.

Die Classen der Scoleciden sind in Bezug auf ihre Organe auf die Trochophora, die Platodes auf die Protrochula direkt zurückführbar.

Die Cuvier'sche Classe der Intestina wurde besonders nach dem Vorgange von Siebold und Leuckart durch Hinzuziehung der *Rotatoria* und der *Anneliden* zum Kreise der Vermes erweitert. Da wir nun aber die *Anneliden* — auf den Standpunkt Cuvier's zurückkehrend — zu den *Articulaten* stellen, eine Auffassung, die in neuerer Zeit besonders durch Semper angebahnt wurde, so führt uns dies wieder zur Beschränkung der *Vermes* auf eine Gruppe, die wir als *Scoleciden* bezeichnen. Den sicheren Bestand dieser Abtheilung bilden die *Platoden, Gastrotrichen* und *Rotatorien*, welche als typische Repräsentanten derselben gelten können. Die systematische Stellung der *Nematoden, Acanthocephalen, Endoprocten* ist dagegen noch zweifelhaft.

Die Körperform der *Scoleciden* bewahrt nur selten ein urspünglicheres Verhalten (*Trochosphaera aequatorialis*), meist entfernt sie sich durch Anpassung an die Lebensverhältnisse in mannigfachen Modificationen vom Grundtypus der Trochophora. Der Körper erscheint z. B. bei den *Platoden* abgeplattet, bei den *Nematoden* in die Länge gezogen, bei den *Rotatorien* ist das Vorderende in den bepanzerten Hinterleib zurückziehbar; die Mundöffnung ist oft an das Vorderende gerückt, z. B. bei den *Trematoden* und *Nematoden*. Auch die äussere Bewimperung unterliegt vielfachen Veränderungen.

Die inneren Organe sind auf die Trochophoraorgane zurückführbar. Das Nervensystem ist aber stets vom Ectoderm gesondert und in die Tiefe gerückt (mit Ausnahme besonders der *Nematoden*); das Cerebral-

21*

ganglion nimmt nun meist seine Lage über dem Schlunde und wird daher auch (wie bei *Anneliden, Mollusken* etc.) als oberes Schlundganglion bezeichnet. — Der Darmkanal zeigt die charakteristischen Abschnitte (bei den *Platoden* ist er einfacher und ohne Afterdarm); der Mitteldarm besitzt meist nur spärlich angeordnete Muskelfasern. In einigen Fällen ist der Darmkanal rückgebildet, z. B. bei den endoparasitischen *Cestoden* und *Acanthocephalen*. — Das Mesenchymgewebe ist oft nur auf isolirte einzellige Muskelzüge beschränkt (*Rotatorien, Endoprocten*); bei mächtigerer Ausbildung derselben sehen wir aber einen vollkommenen Hautmuskelschlauch auftreten (*Platodes, Nematodes*); daneben findet sich oft auch parenchymatöses Bindegewebe, entweder spärlicher ausgebildet oder auch die primäre Leibeshöhle ganz erfüllend (*Platodes*). — Das Protonephridium ist oft zu einem sehr reich verästelten Gefässnetz ausgebildet (*Platodes*); bei den *Nematoden* ist es auf die „Seitenkanäle" (?) beschränkt. Bei den *Endoprocten* findet es sich in ursprünglicher Einfachheit. Die Ausmündung unterliegt mehrfachen Variationen. — Die Keimdrüsen sind dem Grundtypus nach paarig, oft aber sind sie nur einseitig ausgebildet; sie sind stets mit Ausführungsgängen versehen, die in der Regel in der hinteren Region des Bauches in der Medianlinie münden; bei den *Rotatorien* münden sie gemeinsam mit Darm und Excretionsapparat in eine Cloake.

Die Eier der *Scoleciden* entstehen durch solitäre Eibildung und sind in der Regel klein; niemals sind bedeutende primäre Dottermassen in der Eizelle vorhanden, dagegen kommen secundäre Nährmaterialien bei den *Platoden* vor. Die Furchung ist daher stets eine adäquale, die Furchungshöhle ist aber in der Regel klein und die Gastrulation eine epibolische. Es kommt meist direkte Entwicklung vor oder eine secundäre Metamorphose; nur ganz ausnahmsweise finden wir typische, primäre Larvenformen (*Polycladen*).

Die *Scoleciden* sind von geringer Grösse, oft sogar mikroskopisch (*Rotatorien*, manche *Rhabdocoelen*); sie sind langsam in ihrer Bewegung, vollkommenere Sinnesorgane sind nicht ausgebildet, so besitzen sie wohl niemals eigentliche bildsehende Augen und selten Gehör- und Geruchsorgane. Sie leben meist kriechend, seltener festsitzend, im Meere oder im Süsswasser oder an feuchten Orten am Lande; viele sind Parasiten.

1. Classe der Scolecida. Platodes.

Die Platodes sind afterlose Scoleciden von dorsoventral abgeplatteter Körperform; ihr stark entwickeltes Mesenchym liefert den Hautmuskelschlauch, die Dorsoventral-Muskeln und die Muskeln der Eingeweide, sowie auch das parenchymatöse Bindegewebe, welches die primäre Leibeshöhle ganz oder theilweise erfüllt; sie besitzen ein reichverzweigtes Protonephridium (Wassergefässsystem); sie sind meist Zwitter mit complicirten Geschlechtsorganen.

Die Classe der Plattwürmer zerfällt in drei Gruppen: 1) die freilebenden *Turbellarien,* welche an der ganzen Oberfläche ihres stark abgeplatteten Körpers gleichmässig bewimpert sind; sie besitzen mannigfache Sinnesorgane, ihre Mundöffnung liegt oft noch weit hinten an der Bauchfläche; 2) die *Trematoden,* diese sind theils ectoparasitisch, theils endoparasitisch lebende Thiere, sie haben im ausgebildeten Zustande eine unbewimperte Oberfläche, sie sind aber mit Haftapparaten (Mund- und Bauchsaugnäpfen etc.) ausgestattet, ihre Mundöffnung liegt ventral, aber stets nahe vom Vorderende; 3) die durchwegs endoparasitischen *Cestoden*, sie sind ebenfalls unbewimpert und entbehren vollkommen des Darmkanales, ihre Körperform ist durch die Vervielfältigung des mit den Geschlechtsorganen ausgestatteten Hinterleibes auffallend modificirt (Proglottidenbildung), und sie sind mit vorderen Haftapparaten (Saugnäpfen, Hakenkränzen) ausgestattet. Die *Turbellarien* sind die Stammgruppe, von denselben sind die *Trematoden* und von den letzteren wieder die *Cestoden* abzuleiten; dieses Abstammungsverhältniss ist von grösster Wichtigkeit für das Verständniss der vergleichenden Anatomie und Entwicklungsgeschichte dieser Gruppen.

Das Epithel ist bei den *Turbellarien* ein wohl entwickeltes Flimmerepithel, bei den *Trematoden* und *Cestoden* dagegen, wo es cuticulare Bildungen ausscheidet, ist es im erwachsenen Zustande oft schwer nachweisbar, subepitheliale einzellige Drüsen sind allgemein zu beobachten.

Der charakteristische Hautmuskelschlauch der Platoden ist im allgemeinen aus einer äusseren continuirlichen Ringmuskelschichte, einer inneren meist in Bündeln angeordneten Längsmuskelschichte und einem innersten gekreuzten Flechtwerk von Diagonalmuskelfasern aufgebaut; unter den mannigfachen Modificationen ist besonders eine Vermehrung der Schichten (*Turbellarien*, Fig. 313, pag. 331) von Bedeutung. Die dorsoventralen Muskeln, welche überall zwischen den inneren Organen ihren Verlauf nehmen, sind an ihren Enden meist verästelt. Sie sind für den parenchymatösen Bau der Platoden ebenso charakteristisch wie das parenchymatöse Bindegewebe, welches die primäre Leibeshöhle meist ganz erfüllt, oft aber auch mehr oder weniger ansehnliche Hohlräume als Reste der primären Leibeshöhle freilässt (*rhabdocoele Turbellarien*); zumeist besteht es aus blasigem Bindegewebe, es fehlen aber auch nicht verästelte (sogenannte „freie") Bindegewebszellen. Wir finden ferner mannigfache Muskeln der Eingeweide.

Das Nervensystem besteht aus dem Cerebralganglion und den peripheren Nerven und ist in allen seinen Theilen im Parenchym oder in den Muskelschichten eingebettet. Das Cerebralganglion ist von seinem Entstehungsorte, dem vorderen Körperpol (Scheitelpol) in der Regel nicht weit weggerückt (Fig. 319 *C*, pag. 336); es ist meist zweilappig, ja es kann sogar in seitliche Theile getrennt sein, die durch eine Quercommissur verbunden sind (*Trematoden*). Zahlreiche vordere Nerven ziehen zum vorderen Körperende; nach hinten erstrecken sich die paarigen Längsnerven, von welchen das ventrale Paar stets das stärkste und auch constanteste ist, es kommt aber oft auch ein dorsales Längsnervenpaar und je ein seitlicher Längsnerv hinzu (*Polycladen, Acoelen, Trematoden*). Ein Schlundnervensystem ist bei den *Dendrocoelen* nachgewiesen (Fig. 319 *C*, pag. 336). Die peripheren Nerven sind oft durch Commissuren, besonders Quercommissuren in der hinteren Bauchregion, miteinander verbunden, ja es kommt sogar ein Netzwerk unterhalb des ganzen Hautmuskelschlauches zur Ausbildung. Die Hauptmasse der Ganglienzellen findet sich im Cerebralganglion, es kommen solche aber auch in den peripheren Nerven, besonders im ventralen Längsnervenpaar, vor.

Von Sinnesorganen finden wir bei den *Turbellarien* ein oder

zwei Paar Augen, oft auch eine grössere Zahl am vorderen Körperende, ein unpaares Hörbläschen, Wimpergruben, Tentakel,
sämmtlich in der Nähe des Gehirnes und am vorderen Körpertheile.
Bei den *ectoparasitischen Trematoden* und den Larven der *endoparasitischen Trematoden* kommen Gehirnaugen und auch Tastorgane vor.
Bei den *Cestoden* ist dem vorderen Körperende nur noch eine etwas
erhöhte Empfindlichkeit zuzuschreiben.

Der Darmtractus der Platoden besteht aus dem Schlund und
dem Magendarm; da ein Afterdarm und After fehlen, so fungirt der
Mund zugleich auch als Auswurfsöffnung. Die *Cestoden* nehmen als
Endoparasiten ihre Nahrung vermittelst ihrer Haut endosmotisch auf
und der Darmkanal ist bei denselben vollkommen rückgebildet. Auch
bei gewissen freilebenden kleinen *Turbellarien*, den *Acoelen*, ist der
Darm nicht nachgewiesen; bei denselben tritt die Nahrung durch die
Mundöffnung entweder direkt oder vermittelst eines Schlundes in das
„verdauende Parenchym" ein; dies Verhalten scheint aber noch nicht
genügend aufgeklärt (Fig. 316, pag. 333).

Der Schlund ist in der Regel in zwei Theile differenzirt, einen
vorderen als Schlundtasche bezeichneten Abschnitt und einen hinteren muskulösen Schlundkopf (Pharynx), welcher bei den *Turbellarien* nach Art eines Rüssels aus der Mundöffnung vorgestreckt
werden kann, ähnlich verhält er sich bei den *Trematoden*, wo er aber
auch oft als Saugpumpe wirkt. Speicheldrüsen sind meist in die
Muskulatur des Schlundkopfes eingebettet (Fig. 317, pag. 334).

Der Magendarm ist nur bei den *Rhabdocoelen* ein geradgestreckter,
meist über dem Schlunde liegender Blindsack; im allgemeinen zeigt er
die Tendenz zur Verästelung, er gibt Aeste ab, die selbst wieder verzweigt sein können (*Dendrocoelen, Trematoden*), ja sogar Anastomosen
bilden; bei den *Trematoden* ist er durch die Ausbildung von paarigen
hinteren Aesten gabeltheilig. Das Darmepithel ist meist bewimpert
(intracelluläre Verdauung pag. 153).

Der Excretionsapparat (vergl. pag. 160), der als Wassergefässsystem bezeichnet wird, zeichnet sich stets durch eine reiche Verästelung aus, welche proportional mit der Grösse der Formen zunimmt.
die Excretionscapillaren sind meist überaus zahlreich, auch die Sammelkanäle sind mehr oder weniger reich verzweigt, es kommt bei denselben sogar zu Anastomosenbildung. In ihrer Anordnung und Ausmündung zeigen die Hauptstämme schon bei den *Turbellarien* mannigfache Modificationen; als ursprünglichster Typus sind wohl ein Paar
von Längsstämmen zu betrachten, die in der Nähe des Hinterendes
nach aussen münden, doch können die Mündungen an der Bauchseite
weiter vorn liegen (bei *Mesostoma* münden sie in den Vorraum des
Schlundes [Fig. 321, pag. 338]), und sogar bis an das Vorderende rücken;
auch eine mediane Verschmelzung der Hauptstämme kommt vor. Bei
den *Dendrocoelen* zahlreiche Ausmündungen der beiden Hauptstämme an der Rückenfläche beobachtet; auch eine Vermehrung der
Hauptstämme kommt hier vor. Bei den *monogenetischen Trematoden*
(*Polystomeen*) münden die Excretionsorgane in der Regel getrennt dorsal;
bei den *digenetischen Trematoden* (*Distomeen*) dagegen münden die paarigen Hauptstämme in eine hintere unpaare Harnblase. Hierauf ist
auch das Verhalten der *Cestoden* zurückzuführen, doch bildet bei diesen
eine Vermehrung der Hauptstämme die Regel, auch kommen neben der
Hauptöffnung zahlreiche secundäre Ausmündungen vor.

Die *Platoden* sind mit wenigen Ausnahmen (*Microstoma, Distoma haematobium*) Zwitter. Männlicher und weiblicher Geschlechtsapparat münden an der Bauchfläche (selten asymmetrisch) hinter dem Munde, und zwar meist in eine gemeinsame Geschlechtskloake. Der männliche Theil des Apparates besteht aus den paarigen H o d e n und V a s a d e - f e r e n t i a, ferner D u c t u s e j a c u l a t o r i u s, P r o s t a t a d r ü s e und stets auch einem vorstülpbaren P e n i s. Der weibliche Theil ist complicirter, da das in demselben sich bildende Ei der *Platoden* ein zusammengesetztes ist. Die E i z e l l e entstammt dem (paarigen, oft auch unpaaren) O v a r i u m o d e r „K e i m s t o c k", je eine grössere Anzahl von D o t t e r z e l l e n, die in besonderen D o t - t e r s t ö c k e n sich bilden, und ein sekundäres Nährmaterial repräsen- tiren; die E i l e i t e r und die D o t t e r g ä n g e führen in den ä u s s e r e n E i e r g a n g (oder zunächst in eine besonders ausgebildete Stelle des- selben, das O o t y p), hier wird das Ei befruchtet und mitsammt einer Anzahl von Dotterzellen von einer chitinartigen s e c u n d ä r e n H ü l l e eingeschlossen, welche von besonderen S c h a l e n d r ü s e n ausgeschieden wird; der Eiergang führt dann zum weiblichen Begattungsapparat, der V a g i n a. Meist ist auch ein U t e r u s zur Ansammlung der befruch- teten fertigen Eier und ein R e c e p t a c u l u m s e m i n i s vorhanden, welche entweder Differenzirungen des Oviductes oder des äusseren Eier- ganges oder auch der äusseren Geschlechtskloake sind.

Die Dotterstöcke, welche für die Platoden so charakteristisch sind, werden als modificirte Theile des Ovariums aufgefasst; d i e D o t t e r - z e l l e n s i n d d e m n a c h a b o r t i v e E i e r, d i e z u r E r n ä h r u n g d e s E m b r y o d i e n e n.

Die *Polycladen* zeigen ein niedrigeres Verhalten, da bei denselben typisch die Dotterstöcke fehlen; doch kommt es hier vor, dass mehrere Eier in eine secundäre Hülle eingeschlossen werden, und auch, dass nur eines davon sich entwickelt, während die anderen als Nährmaterial dienen (ähnlich wie bei manchen Schnecken, z. B. *Neritina*). Auch bei den *Acoelen* fehlen die Dotterstöcke; bei manchen *Rhabdocoelen* ist ein Keimdotterstock, der beiderlei Zellen liefert, vorhanden.

Die Modificationen des complicirten Geschlechtsapparates sind überaus mannig- faltig. Besonders interessant ist das Auf- treten von secundären Oeffnungen; so

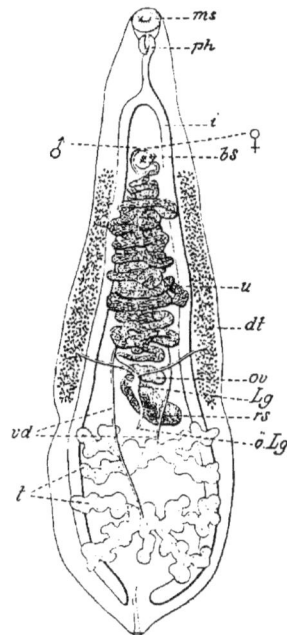

Fig. 307. **Distomum spathulatum** ($\frac{12}{1}$), nach LEUCKART. Darstellung der Körperform des Darmes und Geschlechtsapparates; am Hinterende die Excre- tionsöffnung. *ms* Mundsaugnapf, *ph* Pharynx, *i* gabel- theiliger Darm, *bs* Bauchsaugnapf, ♂ männliche, ♀ weibliche Geschlechtsöffnung (nämlich Mündung des Uterus), *öLg* Oeffnung des Begattungsganges (LAURER'schen Ganges), *t* Hoden, *vd* Vas deferens, *ov* Ovarium, *dt* Dotterstock, *Lg* LAURER'scher Gang, *rs* Receptaculum seminis, *u* Uterus.

entsteht bei den *Trematoden* ein specieller weiblicher Begattungsgang
(paarig oder einfach) und der Eiergang fungirt nun uterusartig angeschwollen nur zur Ausleitung der Eier. Bei den *Cestoden* dagegen
fungirt der ursprüngliche Gang ausschliesslich als Begattungsgang und
der besondere Uterus endigt blind bei den *Taenien*, oder gewinnt eine
secundäre Oeffnung bei den *Botriocephaliden*. — Die überaus mannigfaltigen Modificationen in allen einzelnen Theilen des Apparates bilden
ein wichtiges und interessantes Kapitel in der vergleichenden Anatomie
der *Platoden*; einerseits dienen sie zur Feststellung der speciellen
Verwandtschaftsverhältnisse der einzelnen Abtheilungen; andererseits
ist es für den Nachweis der einheitlichen Abstammung der Platoden
von grösster Bedeutung, dass eine Reihe von wesentlichen Eigenthümlichkeiten trotz aller Variationen überall sich wiederholt.

Den Grundtypus der Geschlechtsorgane können wir uns folgendermassen vorstellen: Sowohl der männliche als auch der weibliche Apparat
besteht ursprünglich 1) aus zwei Paar von Längskanälen, den G o n a d e n-
g ä n g e n, die als periphere Ausbuchtungen die G o n a d e n (Hoden,
Ovarien) tragen und 2) aus den Begattungsorganen (Penis, Vagina).
Die ersteren besitzen ein vom Mesoderm stammendes Epithel, die letzteren haben als Differenzirungen der Haut (nach LANG) ein ectodermales
Epithel.

Die Eier der *Platoden* sind klein, um so kleiner dort, wo ihnen
s e c u n d ä r e Nährmaterialien beigegeben sind; die Furchung ist daher

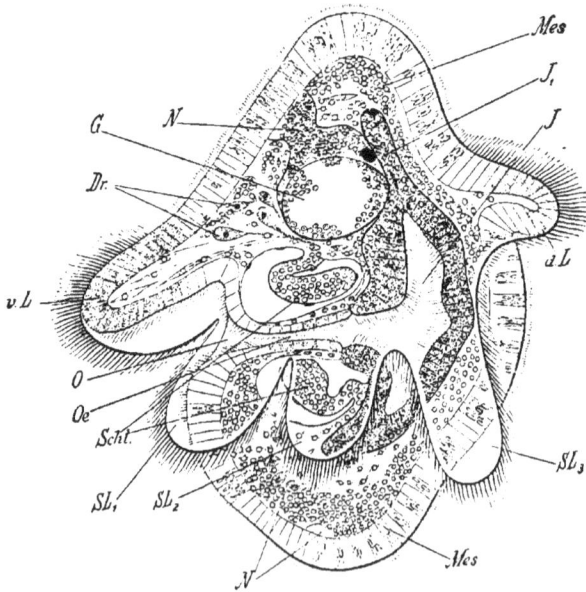

Fig. 308. **Larve einer Polycladen-Turbellarie (Thysanozoon)**, nach LANG. Es ist
die innere Organisation, im Längsschnitt gesehen, combinirt mit der Darstellung der äusseren
Wimperapparate. Der präorale Wimperkranz ist auf tentakelartige Fortsätze (vL, SL_1,
SL_2, SL_3, dL) ausgedehnt. Bezeichnung der inneren Organisation wie in Fig. 323, pag. 339.

eine adäquale, doch ist die Furchungshöhle sehr klein und die Gastrulation wahrscheinlich stets eine epibolische (wie bei den *Scoleciden* im allgemeinen); die Differenzirung der Blätter ist übrigens noch wenig erforscht, am besten bei den *Polycladen*.

Das ganze Thier hat beim Verlassen der Eihülle ganz allgemein schon die Organisation eines *Platoden*; doch sind gewisse Modificationen, die dabei vorkommen, hervorzuheben. Nur die Larven der Seeplanarien sind durch ein wahrscheinlich palingenetisches Larvenorgan ausgezeichnet, da sie einen präoralen Wimperkranz besitzen. Die übrigen *Turbellarien* haben directe Entwicklung, ebenso die *ectoparasitischen Trematoden*. Die *Distomeen* besitzen eine sogenannte infusorienförmige Larve, welche die wesentlichen Organe der *Platoden* (Darm, Cerebral-

Fig. 309. **Wimpernde Larve von Polystomum**, nach ZELLER. *o* Mund, *oe* Schlundtasche, *Ph* Schlundkopf, *J* Darm, *SN* Saugnapf, *OC* Augen, *Neph* Nephridien, *ao* deren äussere, dorsal gelegene Oeffnungen.

Fig. 310. **Larve von Distomum hepaticum, mit einer wimpernden grosszelligen Embryonalhülle versehen**, nach LEUCKART. *CG* Cerebralganglion mit x-förmigem Augenfleck, *J* rudimentärer Darm, *Neph* Terminalzellen der Nephridien, *HZ* Zellen der Embryonalhülle, *Nuc* deren Kerne, *KZ* Keimzelle, *KZ₁* ebensolche, die bereits in Entwicklung begriffen ist.

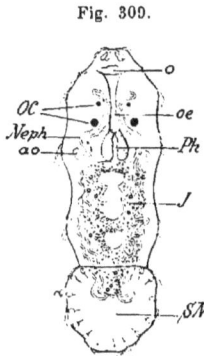

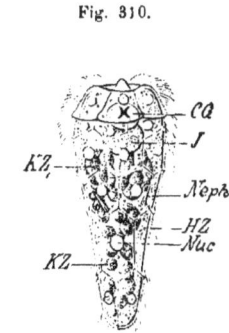

ganglion, Wassergefässsystem), wenn auch in rudimentärer Ausbildung besitzt; sie sind mit grossen Flimmerzellen bedeckt, die später abgeworfen werden; ich halte diese nicht (wie die meisten Autoren) für das gesammte äussere Epithel, sondern für einen den Körper als E m b r y onalhülle umwachsenden Theil dieses Epithels. Auch die *Cestoden* besitzen eine Embryonalhülle, welche entweder die junge Larve beim Verlassen des Eies als bewimperte Zellschichte bekleidet (*Bothriocephaliden*), oder in einen schalenartigen Apparat (Stäbchenhülle) sich verwandelt (*Taeniaden*); die Larve selbst ist bei den *Cestoden* in An-

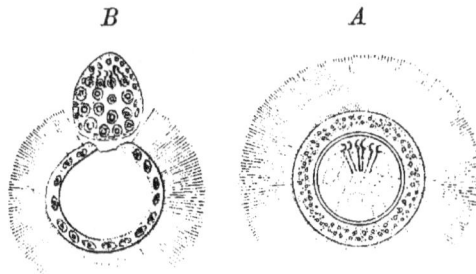

Fig. 311. **Larve eines Cestoden (Bothryocephalide)**, nach SCHAUINSLAND. *A* Sechshakige Larve, umgehen von ihrer flimmernden Embryonalhülle. *B* dieselbe, im Begriffe, die Hülle zu verlassen.

passung an ihre speciellen Lebensaufgaben von äusserster Kleinheit und von rudimentärer Organisation, sie ist aber wohl mit jener bewimperten *Distomeen*-Larve, welche deutlichere Organe zeigt, in Parallele zu stellen. Sowohl bei den *Distomeen* als auch bei den *Cestoden* folgt eine merkwürdige Metamorphose, deren einzelne Stadien als in Anpassung an besondere Lebensbedingungen s e c u n d ä r   e r w o r b e n e   Formgestaltungen zu betrachten sind; diese Reihe wird vielfach noch durch ungeschlechtliche Fortpflanzungsvorgänge weiter complicirt. In analoger Weise finden wir durch secundäre Anpassung erworbene Larvenformen auch in anderen Thierklassen, besonders bei Insecten. Fortpflanzung durch Theilung kommt bei den *Platoden* in mannigfacher Weise vor. Parthenogenese findet sich bei *Trematoden*. Die Platoden sind durchweg kleinere Thierformen von langsamer Bewegung. Die *Turbellarien* leben meist kriechend im Meere und Süsswasser am Grunde und unter Steinen; die Landplanarien besonders in der feuchten Atmosphäre der tropischen Wälder als Landthiere. Die *Trematoden* und *Cestoden* leben parasitisch an und in den verschiedensten wirbellosen und Wirbelthieren; viele interessiren uns als specielle Parasiten des Menschen.

1. Ord. Turbellaria.

Die Turbellarien sind freilebende Platoden mit bewimperter Körperoberfläche.

Der Körper der *Turbellarien* ist bei den kleineren Formen, den *Rhabdocoelen*, nur wenig abgeplattet, oft nahezu spindelförmig. Bei den grösseren Formen, den *Dendrocoeliden*, ist er stets stark abgeplattet und oval (viele *Polycladen*) oder mehr langgestreckt (*Polycladen* und alle *Tricladen*).

Das äussere Epithel ist bei den *Turbellarien* ein ansehnliches Flimmerepithel, welches auch Sinneszellen und intraepitheliale Schleimzellen (Klebzellen) enthält und meist der Sitz der Pigmentirung ist; es besitzt eine feine Cuticula; ganz ausnahmsweise kommen einzelne stärkere Chitinbildungen (Chitinhaken) vor. Subepitheliale, bis in das Parenchym ragende einzellige Drüsen sind, wie bei allen *Platoden*, vorhanden; hier bei den *Turbellarien* kommen auch noch als besondere charakteristische Bildungen, drüsenartige Zellen vor, welche den Nesselorganen ähnliche glänzende Stäbchen (Rhabditen) oder sogar echte Nesselkapseln (bei *Microstoma*) erzeugen.

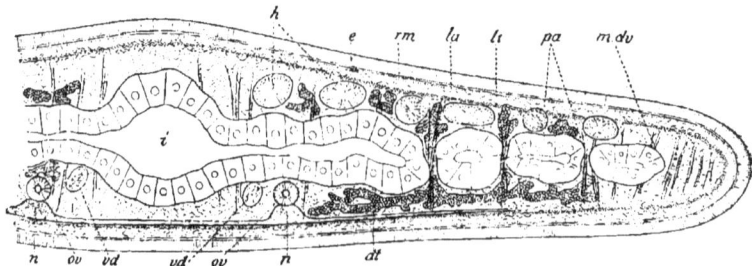

Fig. 312. **Querschnitt durch den Körper einer Planarie,** nach J. JIJIMA   *e* Aeusseres Epithel, *rm* Ringmuskelschichte. *la* äussere Längsmuskelschichte, *li* innere Längsmuskelschichte, *pa* Parenchym, *mdv* dorsoventrale Muskelzüge, *n* Querschnitt des ventralen Längsnerven, *vd* Vas deferens, *ov* Oviduct, *h* Hoden, *dt* Dotterstöcke.

Unter dem Epithel findet sich eine Stützmembran, welche von bedeutender Festigkeit ist und die speciell bei den *Polycladen* als eine mit Zellen versehene Bindesubstanz erkannt wurde. Dieselbe steht in inniger Verbindung mit dem Hautmuskelschlauch, der aus der äusseren Ringmuskelschichte, der inneren Längsmuskelschichte und der doppelten Diagonalfaserschichte und stets noch einer tieferen accessorischen kräftigen Längsmuskelschichte aufgebaut ist. An gewissen Körperstellen ist der Hautmuskelschlauch zu besonderen Zwecken modificirt; so ist er in der Regel an der Bauchfläche, die als Kriechsohle fungirt, mächtiger entwickelt; bei den Seeplanarien in der Abtheilung der *Cotyleen* findet sich ein Saugnapf an der Bauchseite hinter dem Munde; bei einer Familie der *Rhabdocoelen*, den *Proboscideen*, kann das Vorderende des Körpers als Tastrüssel mittelst eigenthümlicher Muskeleinrichtungen eingestülpt und vorgestreckt werden. — Die dorsoventralen Muskeln und das parenchymatöse Bindegewebe lassen nur bei den *Rhabdocoelen* noch umfangreichere Gewebslücken zwischen den Organen frei. Die Muskeln der Eingeweide zeigen eine grosse Mannigfaltigkeit je nach der speciellen Leistung der Organe.

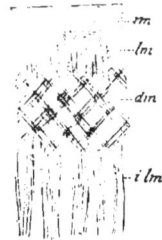

Fig. 313. Schiefer Flächenschnitt durch den Hautmuskelschlauch einer Planarie, um die Schichtenfolge der Muskeln zu zeigen, nach J. Jijima. *rm* Ringmuskelschichte, *lm* äussere Längsmuskelschichte, *dm* diagonale Muskelschichte, *ilm* innere Längsmuskelschichte.

Nervensystem und Sinnesorgane sind stets wohl ausgebildet. Das oft in zwei seitliche Lappen ausgezogene Cerebralganglion liegt in der Regel in der Nähe des Vorderendes. Nur bei den *Polycladen*, bei welchen es vom dorsalen unpaaren Darmaste überragt wird, entfernt es sich während der Entwicklung manchmal bedeutend vom Vorderrande (Fig. 315). Vom Cerebralganglion ziehen zahlreiche Nerven nach dem vorderen Körperende und zu den Sinnesorganen, insofern diese nicht direkt dem Gehirn anliegen (Fig. 319). Von den hinteren Längsnervenpaaren ist bei den *Rhabdocoelen* und *Tricladen* nur das ventrale Paar beobachtet, bei den *Polycladen* und auch den *Acoelen* ist ferner ein schwächeres dorsales und ein seitliches Paar nachgewiesen; bei den *Dendrocoelen* ist überdies ein reicher peripherer Nervenplexus entwickelt, auch sind bei denselben Nerven im Schlundkopf beobachtet worden (Fig. 319).

Von specifischen Sinnesorganen finden wir bei den Turbellarien: Augen, Gehörbläschen, Flimmergruben (Geruchsgrübchen) und Tentakel[1]). Bei den *Rhabdocoeliden* finden wir meist zwei oder vier Augen dem Gehirn angefügt (Primäraugen) (Fig. 314). Die Augen der *Dendrocoelen* finden sich meist in grosser Anzahl (in Zweizahl bei manchen *Tricladen*)

---

1) Die Sinnesorgane kann man morphologisch in primäre Organe eintheilen, welche zum Theil in unmittelbarem Zusammenhang mit dem Gehirn sich finden, zum Theil auch am Entstehungsort des Ganglions (dem Scheitelpole) verbleiben, und in secundäre Organe, die namentlich am vorderen Körperrande in grosser Verbreitung sich finden. Es sind z. B. die 2 bis 4 dem Gehirn anliegenden Augen der *Rhabdocoeliden* als Primäraugen zu betrachten, während die zahlreichen Augen am vorderen Körperrande der meisten *Dendrocoeliden* Secundäraugen sind; zu den primären Organen zählen wir ferner die Primärtentakel, die Flimmergruben und das unpaare Gehörorgan.

und sind stets unter der Haut gelegen (sie sind von inversem Typus!);
bei den *Polycladen* finden wir solche meist in grosser Zahl am vorderen
Körperrande, und überdies eine Gruppe über dem Gehirn am Rücken,
im sogenannten „Gehirnhofe", der wahrscheinlich dem Scheitelpol entspricht (letztere sind vielleicht auf Primäraugen zurückzuführen)
(Fig. 315); bei den *Cotyleen* kommt zudem noch ein Paar von Gehirn-

Fig. 314.   Fig. 315.

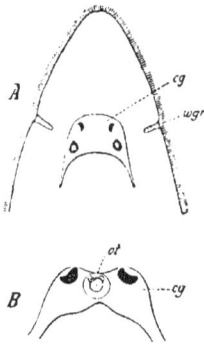

Fig. 314. *A* **Vorderende
von Allostoma** (nach VON
GRAFF). *cg* Cerebralganglion
mit vier Augenflecken, *wgr*
Wimpergruben.
B **Cerebralganglion von
Monotus**, mit zwei Augenflecken und unpaarem Hör-
bläschen (nach V. GRAFF).

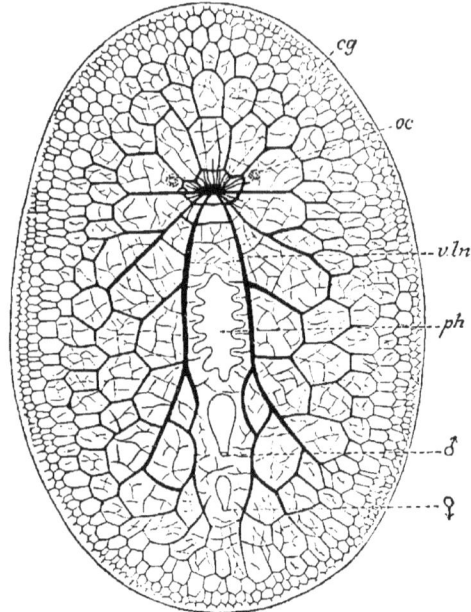

Fig. 315. **Centralnervensystem und ventraler Nervenplexus einer Polyclade (Planocera)**, nach LANG. *cg* Cerebralganglion, *oc* Augen an der Tentakelbasis, *vln* ventraler
Längsnerv, *ph* Pharynx, ♂ männliche, ♀ weibliche Geschlechtsöffnung.

augen vor. Ein unpaares, dem Cerebralganglion anliegendes, mit
einem Otholiten versehenes Gehörbläschen findet sich nur bei einigen
Rhabdocoeliden (z. B. den *Monotiden, Otoplana* und *Acoelen*) (Fig. 314 *B*);
es ist dies wahrscheinlich ein uraltes Organ, das nirgends sonst bei
anderen Zygoneuren sich erhalten hat.   Primäre paarige Flimmergruben finden sich ebenfalls nur bei manchen *Rhabdocoeliden* (*Pla-
giostomiden, Microstomiden, Prorhynchiden*)[1]; stärker flimmernde Stellen
in der Nähe des Vorderrandes (oft in Vielzahl) sind auch bei *Dendrocoelen* beobachtet.   Primärtentakel kommen als paarige Nacken-
tentakel nur bei gewissen Polycladen (den *Planoceriden*) vor; sie
sind von den bei anderen Polycladen vorkommenden Randtentakeln
zu unterscheiden (LANG), in welche oft Darmäste hineinragen. Bei den

---

1) Unpaares Gehörbläschen, Augen und Flimmergruben finden wir an ein und dem
selben Thier vereinigt bei *Otoplana*.

Tricladen fungiren als Tentakel seitliche Ausbuchtungen des Vorderendes (die vielleicht auch Primärtentakeln entsprechen). Bei den *Rhabdocoeliden* fungirt das Vorderende des Körpers allgemein als Tastorgan und ist speciell bei den *Proboscideen* zu einem einstülpbaren Tastrüssel differenzirt [1]).

Mit Ausnahme der kleinen *Acoelen*, bei welchen der Magendarm, ja meist sogar der Schlund fehlen soll, sind die beiden Theile des Darmtractus stets wohl entwickelt. — Die Mundöffnung liegt an der Bauchseite (nur bei einigen *Acoelen* am Vorderende), sie zeigt aber dabei im speciellen ein sehr wechselndes Lageverhältniss. In der Mehrzahl der Fälle — und zwar ist dies als der ursprüngliche Zustand zu betrachten — liegt sie weit hinten oder in der Mitte der Bauchfläche; sie kann aber auch weit nach vorn rücken. Bei den *Polycladen* wird in jenen Fällen, wo die Mundöffnung nach vorn rückt, auch die Geschlechtsöffnung mit nach vorn verschoben (*Eurylepta, Prosthiotomum*). Bei den *Tricladen* ist die Lage der Mundöffnung stets hinter der Körpermitte. Auch bei den *Rhabdocoelen* rückt die Mundöffnung in manchen Fällen weit nach vorn (*Macrostoma, Microstoma, Prorhynchus, Vortex* und viele *Acoelen*), aber ohne dass die Geschlechtsöffnung regelmässig an dieser Lageveränderung theilnähme. — Bei mittlerer Lage der Mundöffnung ist der Schlund gerade aufsteigend, bei vorderer Mundöffnung nach hinten, bei hinterer Mundöffnung nach vorn gewendet (LANG). Der Schlund ist nur bei wenigen *Rhabdocoeliden* ein einfaches, innen flimmerndes Rohr mit äusserem Belage von Speicheldrüsen (Pharynx simplex bei *Macrostoma, Microstoma*). In der Regel aber ist er in Schlundtasche und vorstülpbaren Schlundkopf differenzirt. Der letztere ist eine ringförmige, in die Schlundtasche vorspringende Verdickung, welche durch besondere Differenzirung von Muskeln (Ringmuskeln, Längsmuskeln, Radiärmuskeln) und Einlagerung von Speicheldrüsen entstanden ist. Die Schlundkopfmasse ist gegen das benachbarte Gewebe durch eine vollständige Muskellamelle abgeschlossen — dies ist bei dem tonnen-

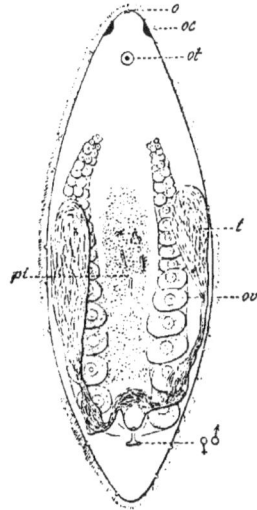

Fig. 316. **Organisation einer acoelen Turbellarie (Proporus)**, nach L v. GRAFF. *o* Mund, *oc* Augen, *ot* unpaares Hörbläschen, *t* Hoden, *ov* Ovarium, ♀♂ gemeinsame männliche und weibliche Geschlechtsöffnung, *pi* das „verdauende Parenchym".

1) Der Anschauung von LANG, dass die Lage des Gehirns weit hinten am Rücken die ursprüngliche sei, kann ich mich nicht anschliessen; denn der Entstehungsort des Ganglions ist das vordere Körperende. Das Lageverhältniss bei den Polycladen ist vielleicht nicht allein durch Verschiebung zu erklären, sondern durch die Ausbildung eines für die Polycladen charakteristischen Randsaumes; denn es liegen auch die Primärtentakel, die bei den Planoceriden vorkommen, und die wohl den Scheitelpol bezeichnen an der Rückenfläche in der Gegend des Ganglions. Wenn ferner LANG die radiäre Ausstrahlung der Nerven vom Ganglion nach dem Körperrande von dem ursprünglichen radiären Typus ableitet, so können wir dem nicht beistimmen, und wir müssen erinnern, dass er sich dabei speciell auf die ventralen Nerven bezieht. Wir sind vielmehr der Ansicht, dass dorsale und ventrale Nerven als ursprünglich radiär um die Längsachse angeordnet zu betrachten sind.

förmigen Schlundkopf (P h a r y n x   b u l b o s u s) der meisten *Rhabdocoeliden* der Fall —; oder es besteht ein allmählicher Uebergang der Gewebe — und das ist bei dem r ö h r e n f ö r m i g e n   S c h l u n d k o p f (P h a r y n x   p l i c a t u s) der *Dendrocoeliden* zu beobachten, welcher die Form eines langen, im contrahirten Zustande oft stark gefalteten Schlauches hat, der ganz in die Schlundtasche vorragt und bei der Ausstülpung weit vorgestreckt werden kann. — Der M a g e n d a r m ist bei den *Rhabdocoelen* ein langgestreckter, meist über dem Schlunde gelegener Blindsack (Fig. 321). Bei den *Dendrocoelen* besitzt er Ausläufer, die selbst wieder verzweigt sind, ja sogar durch Anastomosen-

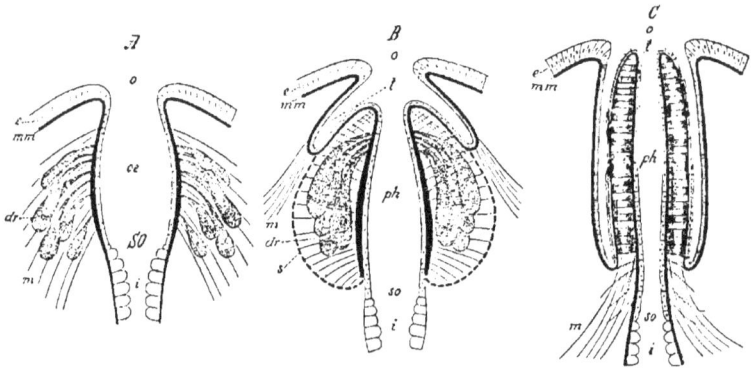

Fig. 317. **Die Hauptformen des Pharynx bei den Turbellarien**, nach L. v. GRAFF. *A* Pharynx simplex (*Microstoma*), *B* Pharynx bulbosus (*Mesostoma*), *C* Pharynx plicatus (*Monotus*).

bildung ein Netzwerk darstellen, das auch periphere Oeffnungen besitzen kann (bei manchen *Polycladen*); wir finden im speciellen bei den *Polycladen* einen vorderen unpaaren, über das Gehirn hinwegziehenden und zahlreiche paarige Hauptäste (Fig. 318); bei den *Tricladen* zerfällt der Darm schon dicht am Schlunde in drei Hauptäste, und zwar in einen vorderen unpaaren (vielleicht dem Hauptdarm entsprechenden) und je einen rechten und linken, gegen das Hinterende verlaufenden Ast (Fig. 319 *A*); letztere können an ihrem Ende miteinander anastomosiren.

Das Wassergefässsystem besitzt in der Regel paarige Hauptstämme, die bei den *Rhabdocoeliden* meist an der Bauchseite durch je eine Oeffnung münden, deren Lage eine mannigfache ist, dagegen bei den *Dendrocoeliden* meist in zahlreiche rückenständige Poren sich öffnen (Fig. 319 *A*). Bei den *Acoelen* ist kein Wassergefässsystem beobachtet.

Die Geschlechtsorgane zeigen schon bei den *Turbellarien* eine so grosse Mannigfaltigkeit, dass wir hier nur die Haupttypen in ihren wichtigsten Charakteren hervorheben können. Bei den *Polycladen* (Fig. 318) liegen hinter dem Munde die beiden Geschlechtsöffnungen, vorn die männliche, hinten die weibliche, meistens getrennt, seltener in eine Cloake vereinigt. Die Eier werden in sehr zahlreichen Ovarien erzeugt (Dotterstöcke fehlen!) und gelangen durch zahlreiche Zweige in die Hauptstämme des Oviductes, welche als paarige, uterusartig angeschwollene Längskanäle erscheinen und sich in den mit Schalendrüsen versehenen unpaaren Eiergang und die „Scheide" fortsetzten, welche letztere meist nur zur Ausfuhr der Eier — nicht zur Begattung — dient. Die Hoden sind ebenfalls sehr zahlreich und ihre Ausführungsgänge (Vasa deferentia) bestehen aus den verzweigten Aesten und den

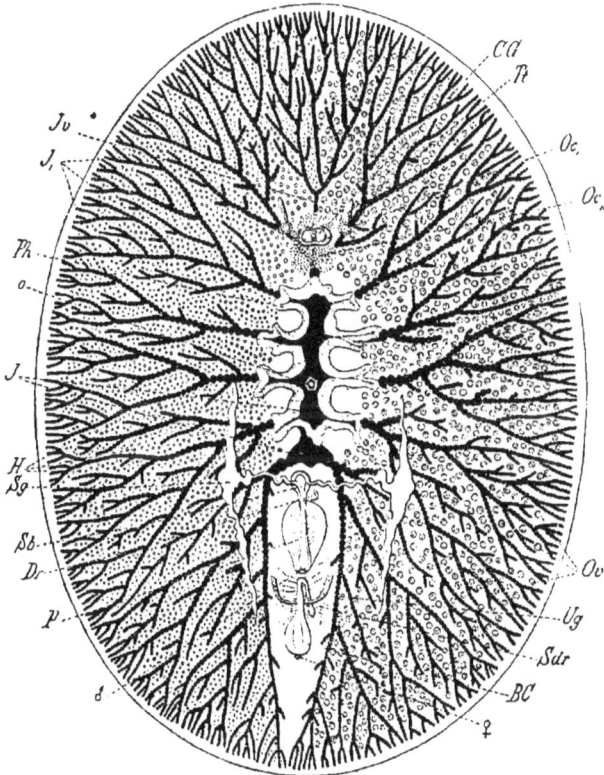

Fig. 318. **Organisation einer Polyclade (Planocera), von der Bauchseite gesehen;** die rückenständigen Tentakel (*Tt*) sind aber durchschimmernd dargestellt; links sind nur die **Hodenbläschen** (*H*), rechts nur die **Ovarien** (*Ov*) eingetragen, nach LANG. *o* Mund, *Ph* Pharynx, *J* Darm, *J*, periphere Darmäste, *Jv* vorderer, über das Gehirn hinwegziehender Darmast, *CG* Cerebralganglion, *Tt* Rückententakel, *Oc,* Hirnhofaugen, *Oc,,* Tentakelhofaugen, *Ov* Ovarien, *Ug* Uterusgänge, *Sdr* Schalendrüsen, *BC* Bursa copulatrix, ♀ weibliche Geschlechtsöffnung, *H* Hoden, *Sg* Samengänge, *Sb* Samenblase, *Dr* drüsiger Anhang, *P* Penis, ♂ männliche Geschlechtsöffnung.

paarigen Hauptstämmen, in welchen die Samenmassen sich anhäufen; es schliesst sich ein Begattungsapparat mit Prostatadrüse und vorstülpbarem Penis an, letzterer findet sich meist in Einzahl, seltener vielfach, und ist oft mit chitinartiger Spitze versehen, die bei der Begattung in die verschiedensten Stellen des Körpers eines anderen Zwitterindividuums eingestossen wird, um dort die Samenmassen oder auch Spermatophoren abzusetzen.

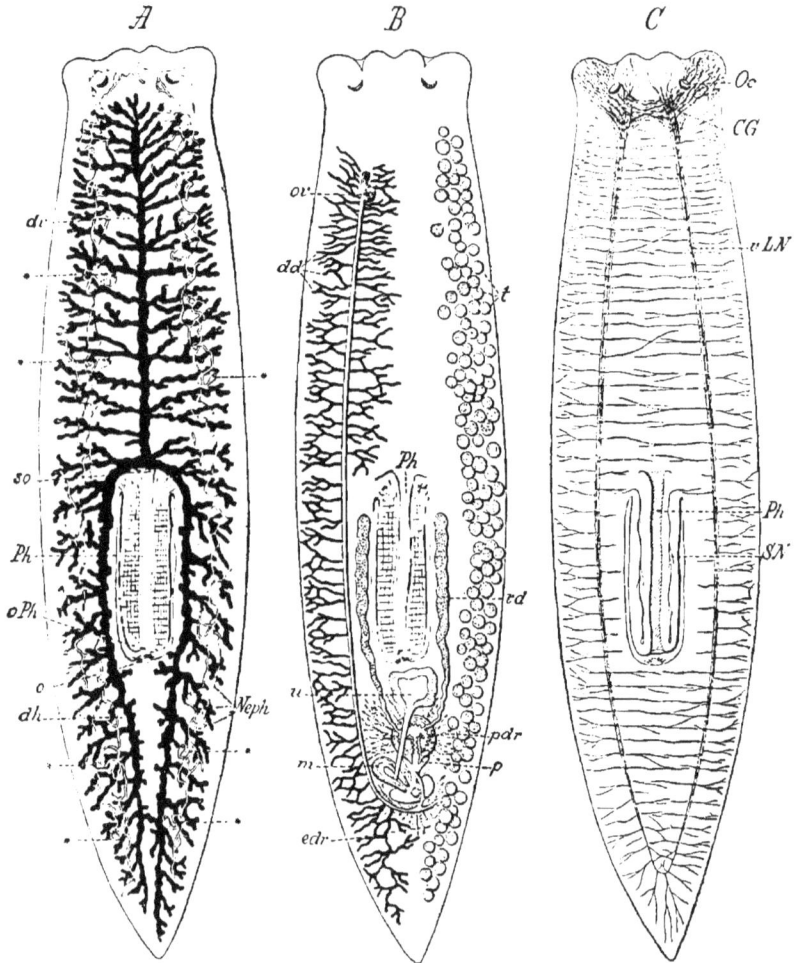

Fig 319 **Organisation von Planaria**, nach J. Jijima.

A **Darmkanal und Excretionsapparat.** *o* Mund, *Ph* Pharynx, *oPh* dessen äussere Mündung, *so* dessen innere Mündung (Schlundpforte), *dv* vorderer unpaarer Darmschenkel, *dh* hintere paarige Darmschenkel, *Neph* Nephridien in ihren Hauptverästelungen, * deren äussere rückenständige Mündungen.

B **Geschlechtsapparat**, rechts ist nur der Hoden, links nur Ovarium, Dotterstöcke und deren Ausführungsgang dargestellt. *ov* Ovarium, *dd* Dotterstöcke, *u* Uterus, *m* muskulöser Sack, *t* Hoden, *vd* Vas deferens, *pdr* Prostatadrüsen, *p* Penis.

C **Nervensystem.** *CG* Cerebralganglion, *Oc* Cerebralaugen, *vLN* ventraler Längsnerv, *SN* Schlundnerv.

Bei den *Tricladen* findet sich hinter dem Munde der männliche und der weibliche Ausführungsgang in eine gemeinsame Kloake mündend. Die Oviducte sind paarige, longitudinale Kanäle, von welchen jeder an seinem Vorderende nur ein kleines Ovarium, seitlich aber zahlreiche verästelte Dotterstöcke trägt; es folgt der unpaare Eiergang mit Schalendrüse, die Scheide und der mannigfach gestaltete Uterus. Der männliche Apparat ist ähnlich dem der *Polycladen*, doch mit unbewaffnetem Penis (Fig. 319 *B*).

Bei den *Rhabdocoeliden* sind die Geschlechtsöffnungen meist vereinigt, seltener getrennt, und sind meist in der hinteren Bauchregion gelegen. Die grösste Mannigfaltigkeit herrscht besonders in den secundären Theilen des Geschlechtsapparates (Samenblase, bewaffnetem oder unbewaffnetem Penis, Scheide oder Bursa copulatrix, Receptaculum seminis, Uterus). Die Ovarien sind stets nur in einem Paare oder auch nur unpaar vorhanden; Dotterstöcke (oft mit den Ovarien als Keimdotterstöcke vereinigt) sind vorhanden oder fehlen; die Hoden finden sich zahlreich („folliculär“) oder nur in einem Paar. Es werden folgende drei Typen (nach v. GRAFF) unterschieden: 1) die *Acoelen* haben nur Ovarien (keine Dotterstöcke!) und folliculare Hoden, 2) die *Alloiocoelen* haben Ovarien, Dotterstöcke und folliculäre Hoden, 3) die *Rhabdocoelen* besitzen Ovarien, Dotterstöcke und nur ein Paar von compacten Hoden.

Die Fortpflanzung der *Turbellarien* ist vorwiegend geschlechtlich (durch Wechselkreuzung der Zwitter). Bei manchen *Rhabdocoeliden* des süssen Wassers werden dünnschalige Sommereier und hartschalige Wintereier erzeugt; bei ersteren soll Selbstbefruchtung des Zwitters stattfinden. — Fortpflanzung durch Theilung kommt mehrfach vor und ist besonders ausgebildet bei den *Microstomiden*; sie führt zu einer Art von Segmentirung bei *Alaurina*.

Die Entwicklung der *Turbellarien* ist meist eine direkte; nur einige *Polycladen* besitzen Larvenstadien mit präoralem Wimperkranz. — Die Embryonalentwicklung ist bei den *Polycladen* am besten erforscht. Meist werden die Eier vor der Entwicklung als Laichmassen abgelegt. Die Furchung ist zumeist mässig inäqual, die Gastrulation erfolgt durch Epibolie; vier Urmesodermzellen, die das Protostoma radiär umgeben, sollen vier Mesoderm-

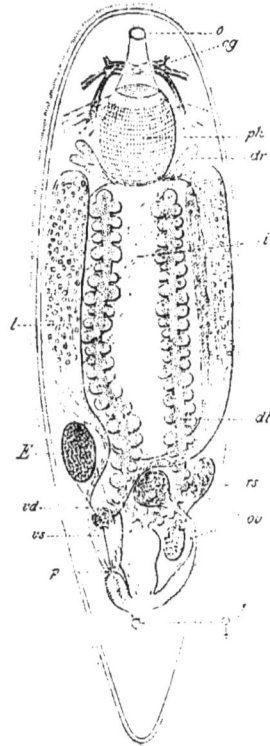

Fig. 320. **Organisation von Vortex viridis**, nach MAX SCHULTZE. *o* Mund, *cg* Cerebralganglion, *ph* Pharynx, *dr* Speicheldrüsen, *i* Darm, ♀♂ gemeinsame Mündung der Geschlechtskloake, *ov* Ovarien, *dt* Dotterstock, *rs* Receptaculum seminis, *E* Ei im Uterus, *t* Hoden, *vd* Vas deferens, *vs* Vesicula seminalis, *p* Penis.

B   A

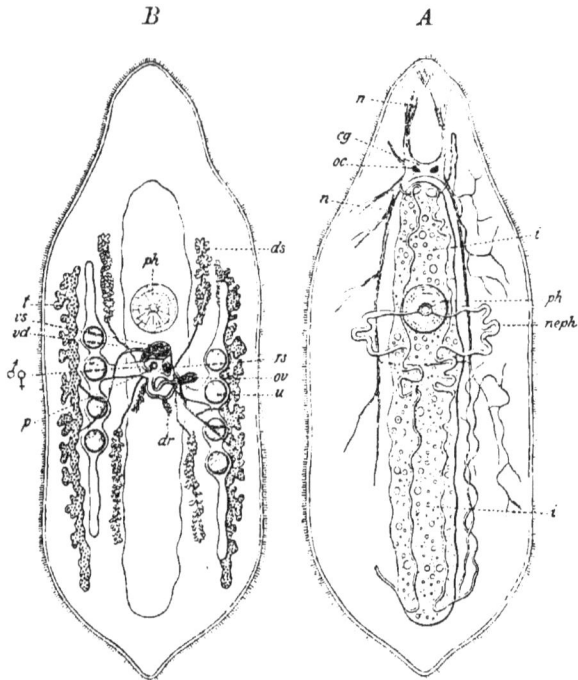

Fig 321. **Organisation von Mesostoma Ehrenbergii, einer Rhabdocoelen-Turbellarie,** nach R LEUCKART (etwas verändert).

A **Nervensystem, Darm und Excretionsapparat.** *cg* Cerebralganglion, *oc* Augen, *n* Nerven, *ph* Pharynx, *i* Chylusdarm, *neph* Nephridien.

B **Geschlechtsapparat** ♂♀ Gemeinsame Oeffnung der Geschlechtskloake, *ov* Ovarium, *ds* Dotterstock, *dr* Schalendrüsen, *r* Receptaculum seminis, *u* Uterus mit Eiern, *t* Hoden, *vd* Vas deferens, *vs* Vesicula seminalis, *p* Penis.

streifen bilden; der Gastrulamund schliesst sich spaltförmig und rückt vom Gegenpol nach der Bauchseite und es folgt die Bildung des ventralen Schlundes; das Cerebralganglion entsteht als paarige Ectodermverdickung des Scheitelpoles [1]); der äquatoriale Wimperkranz, der den Körper quer — von der Bauchseite nach der Rückenseite — umgürtet, ist in vier bis acht Lappen ausgezogen. Die Larve nimmt beim Wachsthum eine gestrecktere Form an und die innere Organisation wird vervollkommnet. Die Metamorphose erfolgt durch Schwinden des Wimperkranzes und durch Abplattung des Körpers.

Bei den *Tricladen* werden grössere Cocons einzeln abgelegt, die nebst den Eizellen eine bedeutende Masse von Dotterzellen enthalten. Die Entstehung der Keimblätter ist noch nicht vollkommen aufgeklärt. Der Embryo schluckt mittelst eines Embryonalschlundes Dottermassen

---

1) Die Erscheinung, dass mediane unpaare Organe entwicklungsgeschichtlich verschieden entstehen, nämlich bei den einen Thieren aus unpaarer, bei anderen nahe verwandten Thieren aus paariger Anlage ist schon von vielen Autoren hervorgehoben worden.

und bläht sich in Folge dessen hohlkugelförmig auf; es erfolgt bedeutendes Wachsthum, sodann schwindet der Embryonalschlund und an derselben Stelle entsteht der definitive, anfangs nach aussen nicht geöffnete Schlund; endlich erfolgt eine Streckung und bedeutende Abplattung der Körperform; beim Verlassen des Cocons besitzt das junge Thier schon die charakteristische Organisation einer Planarie.

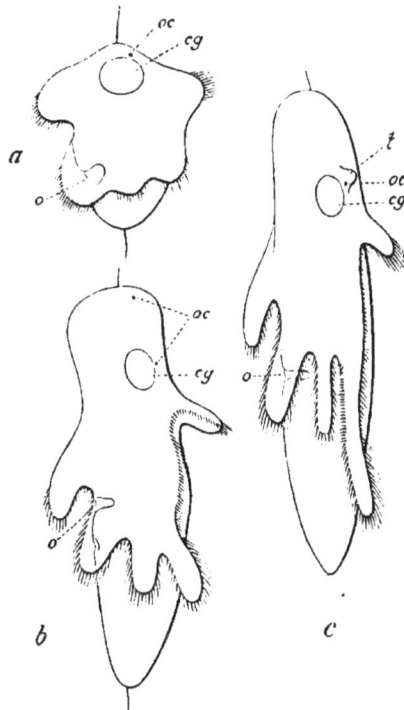

Fig. 322. **Polycladenlarven,** nach LANG. Mit Rücksicht auf ihre äussere Körperform und Bewimperung; Cerebralganglion (*cg*), Augen (*oc*) und Mund (*o*).

a Junge Cotyleenlarve, *b* ältere Cotyleenlarve, *c* Planoceridenlarve mit Tentakel (*t*).

Fig. 323. **Längsschnitt durch eine junge Cotyleenlarve (Thysanozoon)** (nach LANG). *O* Mund, *Oe* Speiseröhre, *Schl* Pharynx, *J* Chylusdarm, *J,* dessen vorderer, das Gehirn überdeckender Ast, *G* Cerebralganglion, *N* Nerven, *Mes* mesodermale Gebilde, *Dr* Drüsen.

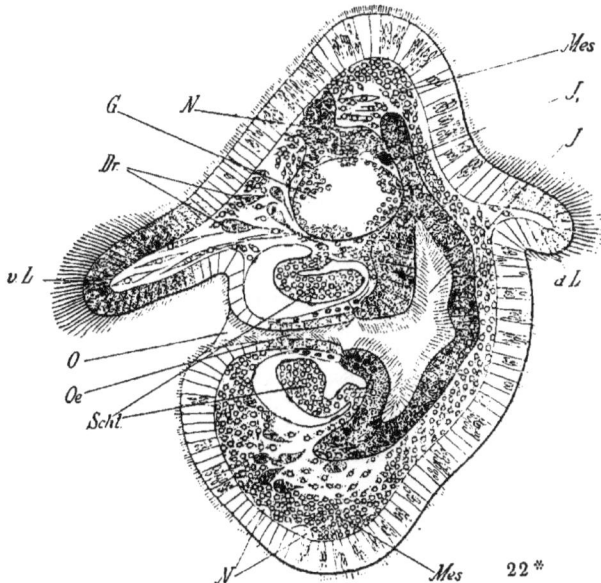

22*

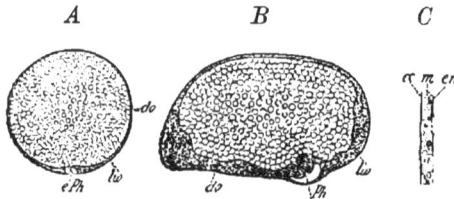

Fig. 324. **Entwickelungsstadien von Planaria,** nach J. Jijima.
A Ein Embryo, welcher durch Schlucken von Dottermassen kugelförmig aufgebläht ist.
lw Leibeswand, *do* Dotter, der die Darmhöhle erfüllt, *ePh* embryonaler Pharynx.
B Ein älterer Embryo, der sich zu strecken beginnt; der definitive Pharynx (*Ph*) ist
angelegt.
C Die drei Schichten der Leibeswand. *ec, en* das platte Ectoderm und Endoderm,
m Mesoderm.

Die *Rhabdocoeliden* haben wahrscheinlich alle direkte Entwicklung;
die Eier werden abgelegt, oder es kommt der Embryo schon im Uterus
zur Entwicklung.

Systematische Uebersicht der Turbellaria.

I. *Dendrocoelidae.* Grössere, stark abgeplattete Turbellarien, mit
röhrenförmigem Pharynx und mit verzweigtem Magendarm.

1. *Polycladidea (Digonopora)*, Seeplanarien. Körper meist blattförmig breit, Mund in verschiedener Lage, Hauptdarm mit zahlreichen Aesten
versehen, Geschlechtsöffnungen meist getrennt, Entwicklung oft mit Metamorphose.

a) **Acotylea** ohne Bauchsaugnapf: *Planocera, Stylochus, Leptoplana.*
b) **Cotylea** mit Bauchsaugnapf: *Thysanozoon, Eurylepta.*

2. *Tricladidea (Monogonopora).* Körper platt und länglich, Mund hinter
der Mitte, Magendarm zerfällt in drei Hauptäste, Geschlechtsöffnung einfach.

a) **Planariidae,** Süsswasserplanarien. *Planaria, Dendrocoelum;
Gunda* lebt im Meere. b) **Geoplanidae,** Landplanarien; leben als
Landthiere meist in den feuchten tropischen Wäldern. *Geoplana; Geodesmus,*
europäisch, in feuchter Erde.

II. *Rhabdocoelidae.* Kleinere, weniger abgeplattete, oft spindel-
förmige Turbellarien, mit einfachem oder meist mit tonnenförmigem
Pharynx und mit geradem, selten gelapptem Magendarm, oder darmlos
(? *Acoela*).

1. **Allococoela,** meist Seethiere, ihr Magendarm ist oft gelappt. *Monotus*
mit Gehörbläschen; *Plagiostoma* mit Wimpergrübchen.

Otoplana intermedia (G. du Plessis) besitzt ein frontales Gehörbläschen
und ein Paar von Wimpergrübchen, die Geschlechtsorgane stimmen mit
denjenigen der *Monotiden* überein, der Darmtractus gleicht dem der *Tricladen;* scheint einen sehr ursprünglichen Typus unter allen Turbellarien
zu repräsentiren.

2. *Rhabdocoela*, Seethiere und Süsswasserthiere, meist mit deutlicher primärer Leibeshöhle. *Vortex, Mesostoma; Microstoma* zeichnet sich durch Theilungsvorgänge aus.

3. *Acoela*, Seethiere, ihr Magendarm ist ohne Höhlung und vom Parenchymgewebe nicht unterscheidbar, mit Gehörbläschen. *Convoluta.*

2. Ord. Trematodes.

Die Trematoden sind parasitische Platoden, im erwachsenen Zustande unbewimpert, mit oralen und ventralen Saugnäpfen, mit gabeltheiligem Magendarm.

Die *Trematoden* stammen von *Turbellarien* ab. Ihre besonderen Eigenthümlichkeiten sind von der parasitischen Lebensweise abzuleiten und bestehen besonders in dem Mangel der Bewimperung und dem Besitz von Haftapparaten; auch die merkwürdigen Entwicklungsverhältnisse (Generationswechsel der *Distomeen*) sind in Anpassung an den Parasitismus entstanden.

Die Körperform der *Trematoden* ist meist stark abgeplattet, blattförmig; seltener ist der Körper mehr langgestreckt und von rundlichem Querschnitt, oder sogar kurz und gedrungen. Die Mundöffnung ist beinahe ausnahmslos ganz nahe an das Vorderende gerückt. Die ventral gelegenen Haftapparate (Mundsaugnapf, Bauchsaugnapf etc.) verleihen dem Körper ein charakteristisches Gepräge.

Die Körperoberfläche entbehrt bei dem entwickelten Thiere der Bewimperung, dagegen ist eine ansehnliche Cuticula ausgebildet, die von feinen Poren durchsetzt und oft durch besondere sehr regelmässige Sculpturen, z. B. reihenweise angeordnete Härchen oder derbere Borsten und Häkchen, ausgezeichnet ist; auch die grösseren Chitinhaken an den Haftapparaten der monogenetischen Trematoden sind als Cuticularbildungen zu betrachten. Die subcuticularen Epithelzellen sind beim erwachsenen Thiere nicht nachweisbar; die Meinung einiger Forscher aber, dass die Epidermis während der Entwicklung überhaupt abgeworfen werde, und dass die vermeintliche Cuticula eine Basalmembran sei, möchten wir nicht theilen (vergl. pag. 329). Einzellige tiefer gelegene Hautdrüsen sind vielfach nachgewiesen. Der Hautmuskelschlauch besteht aus den typischen drei Schichten, äusserer Ringmuskelschichte, innerer Längsmuskelschichte und innerster gekreuzter Diagonalfaserschichte, doch ist die letztere in der Regel nur am Vorderkörper ausgebildet. Auch die typischen, das Parenchym durchziehenden dorsoventralen Muskeln („Parenchymmuskeln") sind vorhanden. Als besondere Differenzirungen des Hautmuskelschlauches sind die Saugnäpfe zu betrachten, welche aus circulären und radiären Muskeln aufgebaut sind und durch besondere Muskelgruppen als Ganzes bewegt werden. Die *Distomeen* besitzen einen Mundsaugnapf und einen in der Mitte der Bauchfläche (oder auch weiter vorn) gelegenen Bauchsaugnapf. Bei den *Polystomeen* kann der Mundsaugnapf fehlen oder es können in der Umgebung des Mundes auch mehrfache Saugnäpfe vorhanden sein, und es findet sich bei denselben ferner am Hinterende eine complicirtere, meist mit mehrfachen kleineren Saugnäpfen und mit

Chitinhaken ausgestattete Haftscheibe (vielleicht dem Bauchsaugnapf
entsprechend). — Die Zwischenräume der inneren Organe sind stets
von parenchymatösem Bindegewebe ganz erfüllt.

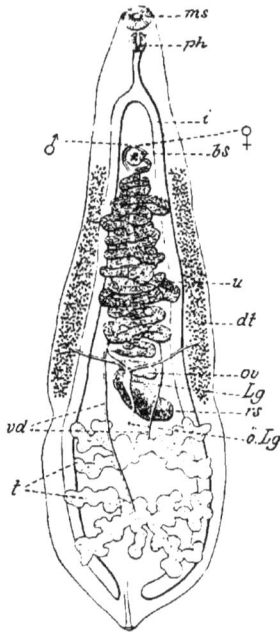

Der Darmtractus ist bei den *Trematoden*, wenige Fälle ausgenommen, wohl
entwickelt. Die Mundöffnung gehört der
Bauchseite an und ist ganz nahe an das
Vorderende gerückt (mit Ausnahme von
Gasterostomum); oft ist sie, wie erwähnt,
von einem Mundsaugnapfe umgeben; die
Schlundröhre oder Schlundtasche führt zu
dem tonnenförmigen Schlundkopf (eingelagerte Speicheldrüsen fehlen), der als
Saugpumpe fungirt und oft auch vorstülpbar ist. Auf diesen folgt der Chylusdarm, der aus einem unpaaren, oft nur
sehr kurzen Anfangsstücke (sog. Oesophagus) und paarigen Gabelästen besteht,
welche letztere bei den grösseren Formen
auch verzweigt sein können (Fig. 328 *A*).

Fig. 325. **Distomum spathulatum** ($^{12}/_1$), nach
LEUCKART. Darstellung der Körperform des Darmes
und Geschlechtsapparates; am Hinterende die Excretionsöffnung. *ms* Mundsaugnapf, *ph* Pharynx, *i* gabeltheiliger Darm, *bs* Bauchsaugnapf, ♂ männliche,
♀ weibliche Geschlechtsöffnung (nämlich Mündung
des Uterus), *öLg* Oeffnung des Begattungsganges
(LAURER'schen Ganges), *t* Hoden, *vd* Vas deferens,
ov Ovarium, *dt* Dotterstock, *Lg* LAURER'scher Gang,
rs Receptaculum seminis, *u* Uterus.

Der typische Excretionsapparat mündet bei den *Distomeen*
am hinteren Körperende mittelst einer contractilen Harnblase, bei den
Polystomeen sind die paarigen Mündungen der Excretionskanäle in der
Regel dorsal gelegen.

Das Nervensystem besteht aus den durch Auseinanderrücken
paarig gewordenen Cerebralganglien, welche durch eine dorsale Commissur verbunden sind, wozu oft auch eine den Schlund ventral umgreifende Commissur hinzukommt. Von den Cerebralganglien ziehen
wenige kleinere Nerven nach vorn und mehrere Längsnervenpaare nach
hinten; es sind nämlich nebst dem ventralen Paare auch seitliche und
dorsale Paare beobachtet worden. — Die Sinnesorgane sind in
Folge der parasitischen Lebensweise und langsamen Beweglichkeit sehr
reducirt. Doch kommen bei den ectoparasitischen *Polystomeen* sowohl
im Larvenzustande als auch am erwachsenen Individuum zwei bis vier
Gehirnaugen und ferner Tastorgane in der Umgebung des Mundes vor.
Bei den endoparasitischen *Distomeen* findet sich nur bei der infusorienförmigen Larve ein x-förmiger Augenfleck.

Die zwitterigen Geschlechtsorgane zeigen die für den Platodentypus
charakteristischen Complicationen. Das getrenntgeschlechtliche Verhältniss bei *Distomum haematobium* erscheint als ein secundär erwor-

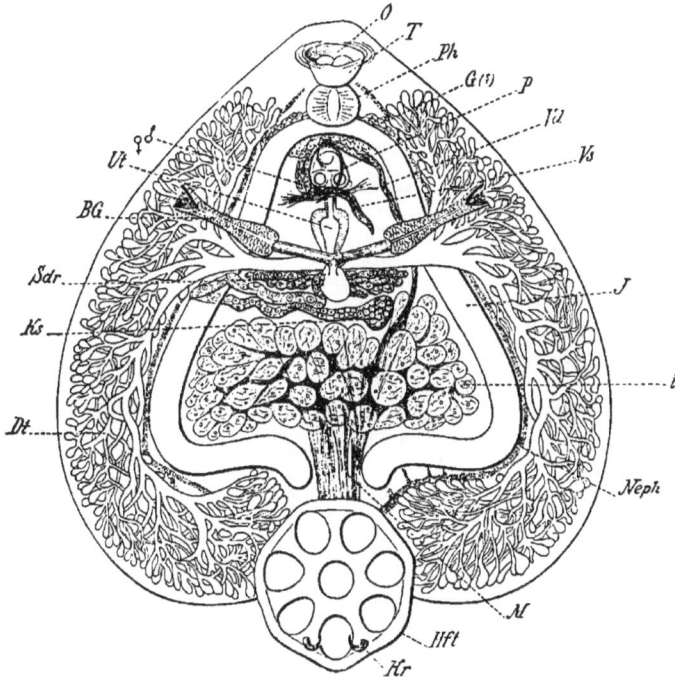

Fig. 326. Uebersicht der Organisation einer Polystomee (Calicotyle Kroyeri), nach WIERZEJSKI. *Hft* Haftapparat mit *Kr* Chitinhaken, *O* Mund, *T* Schlundtasche, *Ph* Schlundkopf, *J* Darmschenkel, *G* Ganglienzellen (oder Drüsen?), *Neph* Hauptstämme der Nephridien, *M* Muskeln des Haftapparates, ♀♂ gemeinsame Geschlechtsöffnung, *t* Hoden, *Vd* Vas deferens, *Vs* Vesicula seminalis, *P* chitiniger Penis, *Ks* Keimstock (Ovarium), *Dt* Dotterstock, *Sdr* Schalendrüse, *BG* paariger Begattungsgang, *Ut* Uterus.

bener Zustand. Im allgemeinen betrachtet erfüllen die massigen Dotterstöcke, Keimstock (stets in Einzahl) und Hoden den Hinterleib und die Ausführungsgänge ziehen nach vorn, wo die männlichen und weiblichen Begattungsorgane entweder nahe bei einander oder noch häufiger in eine Geschlechtskloake vereinigt in der vorderen Bauchregion median (seltener seitlich und asymmetrisch) ausmünden. Merkwürdig sind gewisse Nebenkanäle, die vom Ootyp ausgehen. Dazu gehört der LAURER'sche Kanal der *Distomeen*, der an der Rückenfläche ausmündet; seine Function ist noch nicht klar erwiesen, vielleicht ist er als accessorischer weiblicher Begattungsgang zu betrachten. Bei *Polystomum* findet sich nebst dem primären weiblichen Ausführungs-

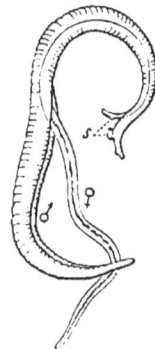

Fig. 327. Distomum haematobium. Männchen, welches an der rinnenförmig vertieften Bauchfläche das Weibchen trägt (aus LEUCKART). *s* Bauchsaugnapf des Männchens und Weibchens.

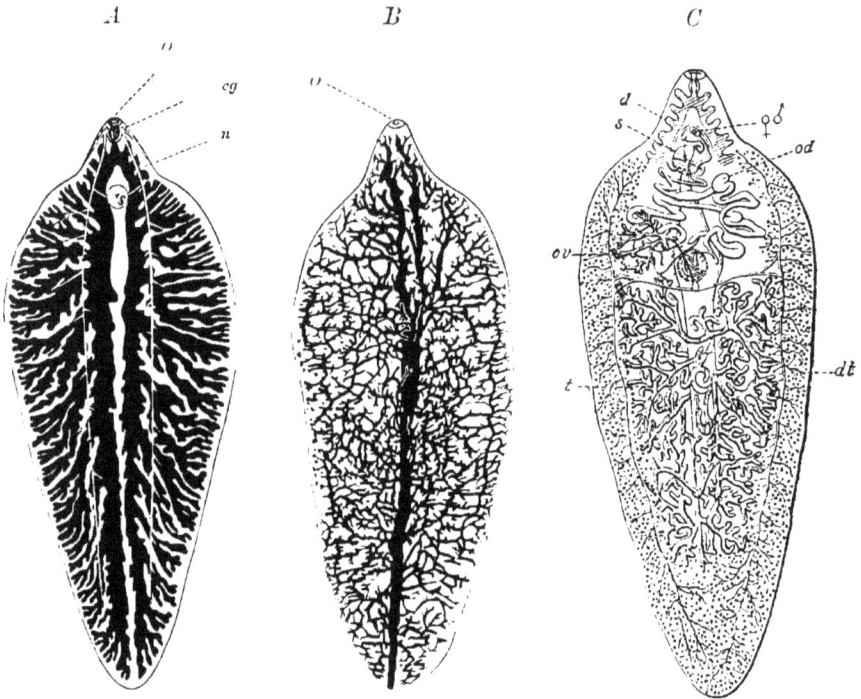

Fig. 328. **Organisation des Leberegels** (*Distomum hepaticum*), nach SOMMER.

A **Darmkanal und Nervensystem.** *O* Mundsaugnapf mit der Mundöffnung, welche vermittelst eines kurzen Schlundes mit Schlundkopf in den gabeltheiligen, reich verästelten
Chylusdarm führt, *s* Bauchsaugnapf, *cg* Cerebralganglien, welche dorsal und ventral vom
Schlunde durch Commissuren verbunden sind und nebst kleineren Nerven besonders je einen
starken Längsnerven (*n*) nach rückwärts senden.

B **Excretionsapparat**, in seinen Hauptverzweigungen dargestellt. *p* Mündung des
Excretionsapparates, *o* Mundsaugnapf.

C **Geschlechtsapparat.** *d* Darm, *s* Bauchsaugnapf, ♀♂ gemeinsame Mündung der weiblichen und männlichen Organe, *ov* Ovarium, *dt* Dotterstöcke, *od* Oviduct (Uterus), *t* Hoden
(vergl. Fig. 329).

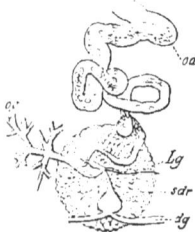

gang, der als Uterus und Oviduct fungirt und
dem LAURER'schen Gange noch ein paariger,
rechts und links mündender weiblicher Begattungsgang; auch bei *Calicotyle* und anderen
ist letzterer beobachtet.

Fig. 329. *Distomum hepaticum*, **mittlerer Theil des
Geschlechtsapparates**, wo die Eier gebildet werden.
ov Ovarium, *dg* Dottergänge, welche von den Dotterstöcken
ausgehen, *lg* LAURER'scher Gang (Begattungsgang?), *sdr*
Schalendrüse, *od* Oviduct (Uterus).

Nebst der geschlechtlichen Fortpflanzung findet sich schon bei manchen *Polystomeen* Parthenogenese, z. B. bei *Gyrodactylus*, wo der noch im Mutterleibe befindliche Embryo schon wieder einen solchen nächster Generation, einen Enkel, und dieser einen Urenkel enthält; bei den *Distomeen* ist ein auf Parthenogenese beruhender complicirter Generationswechsel vorhanden, indem auf die geschlechtliche (zwitterige) Generation parthenogenetisch sich fortpflanzende Generationen von sehr reducirtem Baue folgen.

Die Entwicklung ist bei den *Polystomeen* eine direkte. Die Larve besitzt schon die wesentlichen Organe des entwickelten Thieres, sie unterscheidet sich von diesem nur durch die geringe Grösse, den Mangel der Geschlechtsorgane und den Besitz eines Flimmerkleides.

Fig. 330. **Wimpernde Larve von Polystomum,** nach ZELLER. *o* Mund, *oe* Schlundtasche, *Ph* Schlundkopf, *J* Darm, *SN* Saugnapf, *OC* Augen, *Neph* Nephridien, *ao* deren äussere, dorsal gelegene Oeffnungen.

Fig. 331. **Larve von Distomum hepaticum, mit einer wimpernden grosszelligen Embryonalhülle versehen**, nach LEUCKART. *CG* Cerebralganglion mit x-förmigem Augenfleck, *J* rudimentärer Darm, *Neph* Terminalzellen der Nephridien, *HZ* Zellen der Embryonalhülle, *Nuc* deren Kerne, *KZ* Keimzelle, *KZ*, ebensolche, die bereits in Entwicklung begriffen ist.

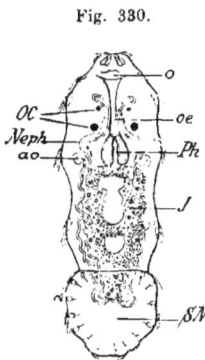

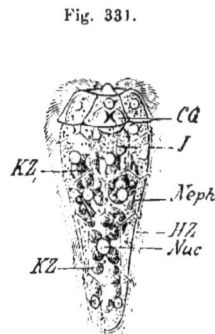

Fig. 330.

Fig. 331.

Bei den *Distomeen* sondern sich nach der Furchung gewisse Zellen zur Bildung von Embryonalhüllen ab; die erste (äussere) Hülle umwächst nicht nur die übrigen Embryonalzellen, sondern auch zugleich die dem Ei beigegebenen Dotterzellen. Auch die Flimmerzellen, welche die ausschwärmende Larve bedecken, sind wahrscheinlich als eine zweite, innere Embryonalhülle zu betrachten. Auch diese Larve zeigt die charakteristischen Organe des Platodentypus (aber ohne speciellere Bildungen, wie Haftapparate etc.), jedoch sind dieselben zum Theil nur in rudimentärer Form vorhanden, was mit dem darauffolgenden Generationswechsel ursächlich zusammenhängt; ein rudimentärer Darmkanal, ein Cerebralganglion mit x-förmigem Augenfleck und Excretionsorgane sind nachgewiesen worden; ferner sind im Hinterkörper schon Massen von Keimzellen vorhanden. Diese Larve verwandelt sich, wenn sie in den passenden Wirth gelangt, nicht direct in ein *Distomum*, sondern sie wächst nach Abwerfen der Flimmerzellen zu einem parthenogenetisch sich fortpflanzenden Keimschlauch (Sporocyste) aus, welcher eine sehr reducirte Organisation zeigt. Die dünne Leibeswand desselben enthält wohl Excretionsorgane, es fehlen aber Darmkanal, Nervensystem, Haftapparate etc.; die geräumige Leibeshöhle ist von Keimzellen und daraus sich entwickelnden Embryonen erfüllt. Es folgt meist eine Reihe ähnlicher parthenogenetischer Generationen auf einander, die sich auch durch Theilung fortpflanzen können; zunächst kommen Sporocysten und dann Redien, welche letztere durch den Besitz eines einfachen Schlundes und schlauchförmigen Darmes sich von ersteren unterscheiden. Endlich werden in den Redien Distomeenlarven erzeugt, deren Körper den Bau eines *Distomum* zeigt, aber mit einem Ruderschwanze und mit Bohrstachel versehen ist; diese als Cercarie bezeichnete Form gelangt durch mehr oder weniger complicirte Wanderung in den ersten Wirth und wächst nach Abwerfen des Ruderschwanzes zu dem Geschlechtsthier aus. Besondere Beachtung verdienen die mit diesem Generationswechsel verbundenen biologischen Verhältnisse, auf die wir noch zurückkommen werden.

Die *Trematoden* sind Parasiten, welche als solche die merkwürdigsten und mannigfaltigsten Anpassungserscheinungen an die Verhältnisse

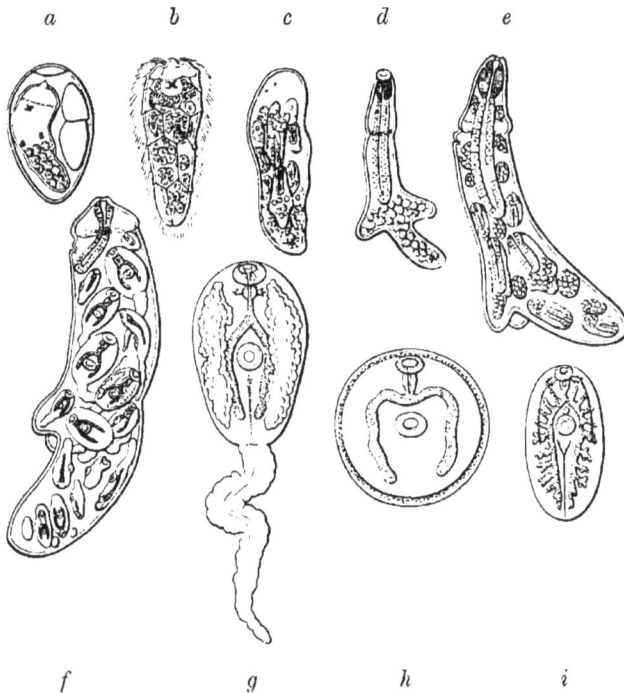

Fig. 332. **Entwicklungscyclus von** *Distomum hepaticum* (nach Leuckart).

a Embryo, noch innerhalb der mit einem Deckel versehenen Eikapsel, neben demselben liegen Reste der Dotterzellen; *b* Wimperlarve mit Stirnzapfen, hinter diesem ein x-förmiges Auge einem Gehirnganglion aufgelagert; darunter dunkelkörnige Zellen, die als rudimentärer Darm gedeutet werden; im Hinterkörper Keimzellen, z. Th. schon in Entwicklung begriffen; *c* Sporocyste, die sich aus der Wimperlarve entwickelt hat; Andeutungen der Augenflecken sind noch sichtbar, im Inneren Redien in verschiedenen Zuständen der Entwicklung; *d* junge Redie mit einfachem Darmkanal, im Hinterkörper Keimzellen; *e* Redie, weiter entwickelt, im Inneren eine neue Redienbrut, vorn ventral die Geburtsöffnung; *f* Redie mit Cercarienbrut; *g* Cercarie mit seitlichen Drüsenmassen, zur Bildung der Cyste; *h* dieselbe eingekapselt; *i* jugendliches Distomum aus der Leber des Schafes.

ihrer Wirthe zeigen. Die *Polystomeen* leben ectoparasitisch zumeist an der Haut oder den Kiemen von Fischen. Nur wenige finden sich endoparasitisch, wie z. B. *Polystomum integerrimum* in der Harnblase des Frosches; die Larven dieser Form wandern an die Kiemen der Kaulquappen; die Fortpflanzungszeit des Parasiten ist jener des Wirthes angepasst. — Die *Distomeen* leben im geschlechtsreifen Zustande endoparasitisch in den verschiedensten Organen von Wirbelthieren. Die Flimmerlarve gelangt in das Wasser und wandert in bestimmte Schneckenarten (und zwar in deren Leibeshöhle, Leber etc.) ein, um dort die Generationen von Sporocysten und Redien zu erzeugen. Die Cercarien verlassen wieder die Schnecke und wandern meist activ in eine zweite Schneckenart ein, wo sie nach einiger Zeit in den Geweben sich einkapseln und in einem Ruhezustand verharren, bis die Schnecke von dem ersten Wirth, der, wie erwähnt, stets ein Wirbelthier ist (z. B. Sumpfvogel, Säugethier), verzehrt wird; dort verwandelt sich die Cercarie in die geschlechtsreife Form. In manchen Fällen (bei *Distoma hepaticum*) wandert aber die Cercarie nicht in eine zweite Schnecke ein, sondern kapselt sich im Freien an Gräsern oder Wasserpflanzen ein, die dann von dem ersten Wirthe (z. B. dem Schafe) gefressen werden. Der hier beschriebene Wirthwechsel, der auch bei anderen parasitischen Thierformen beobachtet wird, ist eine höchst merkwürdige Anpassung des Parasiten an die Lebensverhältnisse anderer Thiere; er ist darin begründet, dass die Parasitenbrut nothwendigerweise neue Nährthiere aufsuchen muss, um die Lebensbedingungen nicht zu erschöpfen; im einfachsten Falle sind diese Wirthe vielleicht von gleicher Art und dies führt erst zu den Fällen eines vollkommenen rhythmischen Wirthswechsels.

Systematische Uebersicht der Trematoden.

I. *Monogenea* = *Polystomeae*, meist mit complicirteren und zahlreicheren Haftapparaten. Ectoparasitisch zumeist an Fischen. Mit direkter Entwicklung ohne Wirthswechsel.

1. *Tristomeae* mit einem grossen hinteren und zwei kleinen vorderen Saugnäpfen, an Seefischen. *Tristomum, Calicotyle.*

2. *Polystomeae* s. str. mit grosser hinterer Haftscheibe, die zahlreiche Saugnäpfe und Chitinhaken trägt.

Polystomum integerrimum in der Harnblase von Fröschen, die Larven in der Kiemenhöhle der Kaulquappen. — *Diplozoon paradoxum*, durch kreuzweise Verwachsung zweier Larven (*Diporpa*) entsteht das x-förmige Doppelthier, an den Kiemen von Süsswasserfischen. — *Gyrodactylus elegans*; das im Uterus befindliche Tochterindividuum enthält schon ein Enkelindividuum und dieses wieder ein Urenkelindividuum. *Aspidogaster* im Herzbeutel der Teichmuschel.

II. *Digenea* = *Distomeae*, mit höchstens zwei Saugnäpfen, endoparasitisch in Wirbelthieren (die ungeschl. Generationen in Schnecken), mit Generationswechsel und Wirthswechsel.

1. *Distomidae* mit Mundsaugnapf und Bauchsaugnapf. **Distoma hepaticum.** Länge bis 3 cm. Vorderleib verschmälert. Körper mit schuppenförmigen Cuticularstacheln besetzt. Darmkanal verästelt. Uteruswindungen dicht hinter dem Bauchsaugnapf gelegen. Eier oval, gedeckelt, 0,13 mm lang. Lebt in den Gallengängen und im Darm der Schafe, seltener bei anderen Säugethieren, über die ganze Erde verbreitet. Als Zwischenwirth ist nach der Entdeckung von LEUCKART besonders *Limnaeus minutus* zu betrachten. Die Cercarien kapseln sich an den Blättern von Pflanzen ein. Die Schafe werden durch den Besuch inficirter, feuchter Weideplätze im Spätsommer von dem Parasiten befallen und erkranken an der sog. Leberfäule (gestörte Gallensekretion, Abmagerung, Anämie, Fieber), die Krankheit steigert sich im Winter, ganze Herden kommen zum Aussterben; die überlebenden Thiere genesen im Frühjahr durch Auswandern der Leberegel. — Dieser Parasit kommt auch gelegentlich im M e n s c h e n vor, nur im Narentathal in Dalmatien ist die Krankheit endemisch; Symptome beim Menschen in der Regel gering; durch Wanderung aber können die Würmer grössere Schädlichkeit hervorrufen, ja sogar Abscesse erzeugen. — D. lanceolatum, Länge bis 1 cm, Eier 0,04 mm lang, Darm unverästelt, Uteruswindungen im Hinterkörper. Aehnlich verbreitet wie die vorige Art bei Säugethieren; beim Menschen sehr selten. — D. ophthalmobium, Jugendform ohne Geschlechtsorgane, im Auge eines Kindes gefunden. — D. haematobium ist getrenntgeschlechtlich, das Männchen hält an seiner rinnenartig vertieften Bauchfläche das Weibchen dauernd fest. Länge des Männchens bis 14 mm, des Weibchens bis 19 mm. Kommt in Aegypten als Parasit des Menschen vor und zwar in der Pfortader und deren Aesten (Venen der Milz, der Mesenterien, des Dickdarmes, der Harnblase); bewirkt Blutharnen und Bleichsucht (Distomen-Haematurie); es werden besonders Knaben befallen. Zwischenwirth unbekannt. — Andere exotische Formen von Distomum leben in der Leber, der Lunge, dem Darme des Menschen (China, Japan, Indien). Bei Thieren sind sehr zahlreiche Arten bekannt.

2. *Monostomidae*, mit einem Saugnapf am Vorderende, besonders in Vögeln schmarotzend. *Monostoma lentis* wurde einmal in mehreren Exemplaren in der Linse beim Menschen gefunden.

A n h a n g : *Gasterostomum*, Mundsaugnapf in der Mitte der Bauchfläche im Darme von Süsswasserfischen.

3. Ord. Cestodes.

Die Cestoden sind endoparasitische Platoden, unbewimpert, ohne Darmtractus, mit Haftorganen am Vorderende, in der Regel mit Proglottidenbildung.

Die *Cestoden* sind von den *Trematoden* abstammende und durch die endoparasitische Lebensweise noch weiter veränderte Formen, was z. B. in den ausschliesslich vorderen Haftapparaten und dem Mangel des Darmes sich ausprägt. Die auffallendste — aber nicht ausnahmslos vorhandene Eigenthümlichkeit ist die Proglottidenbildung. Es ist dies eine Vervielfältigung des Hinterleibes, welcher mit allen seinen charakteristischen Organen, namentlich dem Geschlechtsapparate, sich derart wiederholt, dass er eine Reihe von Gliedern oder Proglottiden bildet, in welcher die ältesten am Hinterende liegen und dort successive abgestossen werden, während unmittelbar hinter dem Kopfe fortgesetzt neue Proglottiden entstehen. Wir betrachten diese Erscheinung als eine fortgesetzte Abstossung eines Körperabschnittes mit vorzeitiger Regeneration desselben. Es erfolgt hier nur eine Vervielfältigung eines Körpertheiles, also nur eine unvollständige Verviel-

Fig. 332.   Fig. 333.

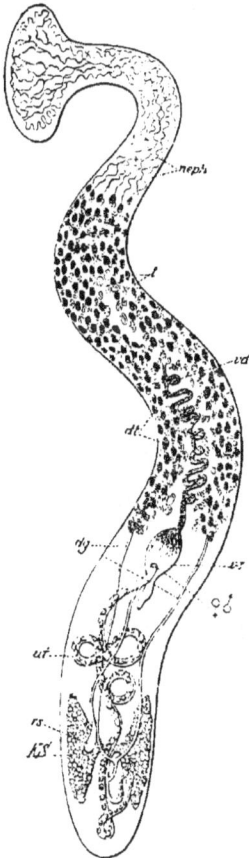

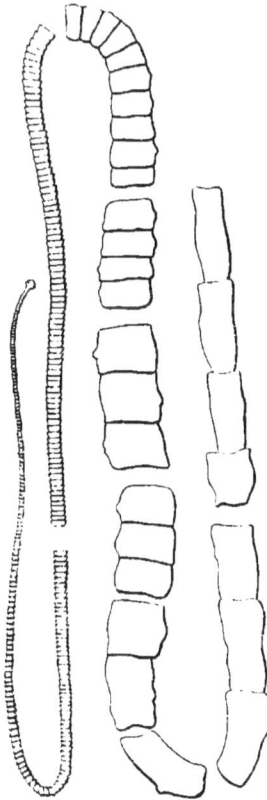

Fig. 333. **Caryophyllaeus mutabilis**, nach STEIN (stark vergrössert). *neph* Excretionskanäle im Scolex, ♀♂ gemeinsame Geschlechtsöffnung, *t* Hodenbläschen (hell), *vd* Vas deferens, *vs* Vesicula seminalis, *KS* Keimstock (Ovarium), *dt* Dotterstöcke (dunkelkörnig), *dg* Dottergänge, *ut* Eileiter (Uterus), *rs* Receptaculum seminis.

Fig. 334. **Taenia mediocanellata (saginata)**, nach LEUCKART. Es sind Stücke aus den verschiedenen Regionen der Bandwurmkette dargestellt.

fältigung der Individualität (nämlich der Person)[1]). In dem
ursprünglichen Verhältniss, welches wir jetzt noch bei manchen Formen
antreffen, ist der Hinterleib mit allen seinen Organen nur einmal vorhanden (*Caryophyllaeus*). Als nächstes phylogenetisches Stadium müssen
wir jenes betrachten, wo die successive Abstossung der einzelnen Glieder
am vollkommensten erfolgt, dieselben können in solchen Fällen sogar
noch lange nach der Ablösung fortleben und wachsen. Bei sehr rascher
Production der Glieder gehen dieselben auch serienweise ab und oft
bleiben sie sogar in festerem Zusammenhange (verschiedene *Bothriocephaliden*); endlich sind jene Erscheinungen, wie bei *Ligula* und *Triae-
nophorus*, wo die Proglottiden sich äusserlich gar nicht scharf von einander absetzen und nur in der inneren Wiederholung der Organe angedeutet sind, als am weitesten modificirte Zustände zu betrachten.

Wir unterscheiden demnach an dem Körper der Cestoden einen
bedeutend verschmälerten Vorderkörper oder Scolex, dann eine sogenannte Halsregion, wo die Bildung der Proglottiden stattfindet und
ferner die Reihe von Anfangs kleinen, gegen das Hinterende an Grösse
bedeutend zunehmenden Proglottiden. Der Scolex ist mit Haftapparaten
ausgestattet, welche je nach den verschiedenen Abtheilungen der *Cestoden*
verschiedene Charaktere zeigen. Bei *Caryophyllaeus* (Fig. 332) ist der
Scolex unbewaffnet; bei den *Bothriocephalen* trägt er zwei längliche
Saugnäpfe, bei den *Taeniaden* sind vier radiär angeordnete Saugnäpfe
und ein meist mit einem doppelten Hakenkranz versehenes Rostellum
vorhanden; die *Tetraphylliden* besitzen vier complicirtere, oft mit Haken
versehene Haftscheiben, wozu bei *Tetrarhynchus* sich noch vier in
Taschen zurückziehbare rüsselartige Gebilde gesellen. Die Proglottiden
sind stark abgeplattet und von viereckiger, oft in die Länge oder in die
Quere ausgezogener Gestalt.

Bei den *Cestoden* ist die Körperoberfläche wie bei den *Trematoden*
unbewimpert und mit einer ansehnlichen Cuticula bedeckt, die oft dicht

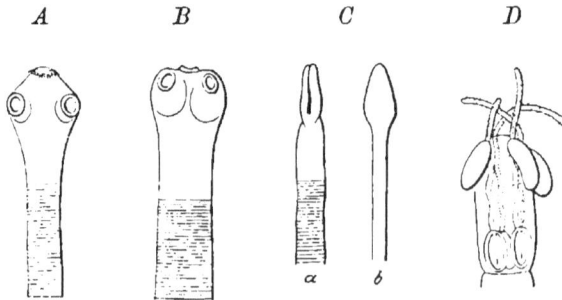

Fig. 335. **Scolex von verschiedenen Cestoden** (nach LEUCKART). *A* von *Taenia solium,*
B von *Taenia mediocanellata*, *C* von *Bothriocephalus latus*, *a* von der Fläche, *b* von der
Kante, *D* von *Tetrarhynchus*.

---

1) Die in jüngster Zeit oft discutirte Frage nach dem Individualitätsgrade der Cestoden-
kette findet in dieser Fassung wohl ihre richtigste Beantwortung. Der Cestodenkörper ist
also weder eine Person noch ein Cormus und er ist in das übliche Schema der Individualitätsgrade nicht ohne weiteres einzureihen. Für die Oekonomie des Organismus hat
der Vorgang den Werth einer vollkommenen Fortpflanzung durch Theilung.

mit zarten cuticularen Härchen besetzt ist. Die Deutung dieser Membran als Cuticula ist nicht sicher, da die zugehörige Epithelschicht nicht bestimmt nachgewiesen ist; manche Forscher halten sie (wie bei den *Trematoden*) für die Basalmembran eines frühzeitig abgestossenen Epithels. Die Gewebe, die unterhalb dieser Cuticula sich finden, sind noch nicht endgiltig aufgeklärt; zunächst folgt ein System von Quer- und Längsfasern, die viele Forscher für Muskeln halten, darunter eine senkrecht faserige (binde-gewebige?), auch Drüsenzellen enthaltende Zell-schichte. Dann folgen die Schichten des Haut-muskelschlauches, nämlich eine Ringmuskel-, eine Längsmuskelschichte und eine transversale Muskel-schichte (diese Muskelschichten werden auch als Parenchymmuskeln gedeutet); endlich finden sich dorsoventrale Parenchymmuskeln. Differenzirungen des Hautmuskelschlauches sind die Haftapparate, d. i. die Saugnäpfe; in der Gruppe der *Taeniaden* kommt hier ferner das vorstülpbare, meist haken-tragende Rostellum in Betracht; an diesem fun-

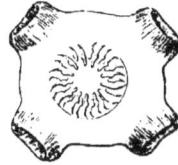

Fig. 336. **Scolex von** *Taenia solium*, **vom Schei-telpol gesehen** (nach LEUCKART).

giren im einfachsten Falle im Innern verlaufende Längsmuskeln als Rückzieher und ein sackförmiger, das Rostellum von hinten umgebender Muskel, der auf ein Bindegewebspolster wirkt, als Ausstülper des Rostellums; bei den grösseren Arten kommen auch radiäre Muskeln und ein zweiter Muskelsack hinzu, sowie auch Muskeln, welche das Rostellum als Ganzes bewegen. — Das Bindegewebe des Körpers enthält allenthalben, besonders in der äusseren Leibesschichte, concentrisch geschichtete Kalkconcremente. — Der Darmkanal fehlt den *Cestoden* gänzlich und die Nahrungsaufnahme erfolgt durch die äusseren Bedeckungen, die aufzunehmende Nahrung ist hierzu durch den Ver-dauungsprocess des Wirthes in hohem Grade vorbereitet. — Der Excretions-apparat zeigt besonders deutlich einen Gegensatz von gröberen, oft mit anastomo-sirenden Aesten versehenen Ausführungs-gängen und sehr reich entwickelten Ex-cretionscapillaren; die ersteren münden in Längskanäle, die oft in Vierzahl oder aber durch Reduction des einen Paares in Zweizahl den Körper nahe den Seiten-rändern durchziehen, sie sind durch Quer-kanäle an dem vorderen und hinteren Rande jeder Proglottis verbunden und besitzen Klappenapparate (vergl. Fig. 339); im Scolex bilden sie oft eigenthümliche Schlingen; sie münden am Hinterende der ältesten Proglottide durch eine gemein-same contractile Endblase, in vielen Fällen sind auch zahlreiche Ausmündungen an der Körperfläche vorhanden; nach Ab-

C   R

Fig. 337. **Ein kleiner Theil des Excretionsapparates einer Taenie** (nach PINTNER). *R* Rand des Körpers, *C* grössere Sammelkanäle, in welche die capillaren Kanäle einmünden.

stossung des Endgliedes münden die Längskanäle in der Regel gesondert.

Das Nervensystem besteht zunächst aus dem vorn im Scolex gelegenen Cerebralganglion, welches oft quer ausgezogen ist. Von diesem gehen Nerven nach vorn zu den Haftorganen; nach hinten geht ein Längsnervenpaar, welches alle Proglottiden durchzieht, es liegt seitlich von den Excretionsstämmen und entspricht wahrscheinlich dem ventralen Nervenpaar der *Trematoden*; dazu kommen aber noch eine Anzahl feinerer dorsaler und ventraler Längsnerven (bis 18), welche nur eine Strecke weit vom Cerebralganglion nach hinten zu verfolgen sind; diese Nerven sind vorn durch mannigfache Commissuren mit einander verbunden; bei den *Taenien* sind auch die vorderen, zu den Haftapparaten ziehenden (8) Nerven durch eine Ringcommissur verbunden. Specifische Sinnesorgane sind nicht bekannt.

Die zwitterigen Geschlechtsorgane der *Cestoden*, die sich in jeder Proglottis wiederholen, zeigen die für die *Platoden* charakteristischen Complicationen in voller Entfaltung; hierbei kommen verschiedene besondere Eigenthümlichkeiten in Betracht. Bei *Caryophyllaeus* fungirt der weibliche Ausführungsgang noch ähnlich wie bei den Trematoden als Uterus. Bei den *Bothriaden* dagegen ist nebst dem weiblichen nur als Scheide fungirenden Gange ein besonderer schlauchförmig gewundener Uterus vorhanden, der durch eine eigene Oeffnung nach aussen mündet. Auch bei den *Taeniaden* ist ein besonderer Uterus als Aussackung des weiblichen Apparates vorhanden, der aber der äusseren Mündung entbehrt, so dass die Eier erst durch Zerfall des Proglottidenleibes frei werden. Die zwitterige Geschlechtsöffnung, die bei *Caryophyllaeus* und den meisten *Bothriaden* noch an der Bauchfläche sich findet, ist schon bei manchen *Bothriaden* und bei den *Taeniaden* an den

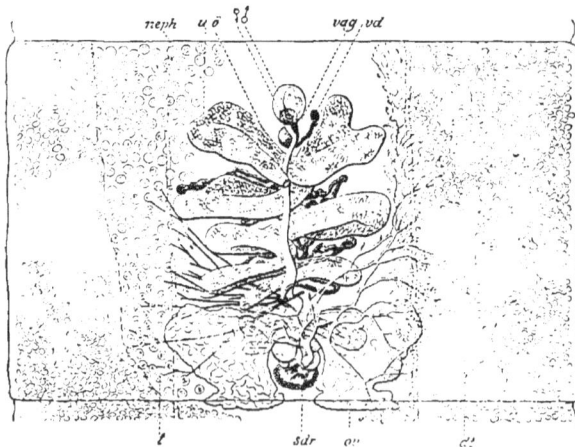

Fig. 338. **Geschlechtsapparat einer Proglottis von** *Bothriocephalus latus* (nach SOMMER). ♀♂ gemeinsame Geschlechtsöffnung, δ Uterusmündung, *ov* Ovarien, *dt* Dotterstöcke, an beiden Flächen in der Rindenschichte gelegen, *sdr* Schalendrüse, *vag* Begattungsgang, *u* Uterus, *t* Hoden, in der Mittelschicht gelegen, um dieselben zu zeigen ist ein Theil der Dotterstöcke entfernt, *vd* Vas deferens, *neph* Hauptstämme des Wassergefässsystems.

Seitenrand der Proglottiden gerückt; oft ist sie abwechselnd rechts und links gelegen. Bei manchen *Taeniaden* sind die Geschlechtsorgane innerhalb jeder Proglottis symmetrisch verdoppelt und es finden sich Geschlechtsöffnungen an beiden Rändern des Körpers (*Taenia cucumerina*); dies ist wohl als eine eigenthümliche, normal gewordene Doppelbildung zu betrachten.

Wir wollen nun als Beispiel den mehr modificirten Typus der Geschlechtsorgane von *Taenia solium* genauer kennen lernen. Die Geschlechtsöffnung, die sich bald an der rechten, bald an der linken Seite der Proglottiden findet, führt in die von einem Wulste umrandete Geschlechtskloake, in welche die weiblichen und männlichen Gänge münden.

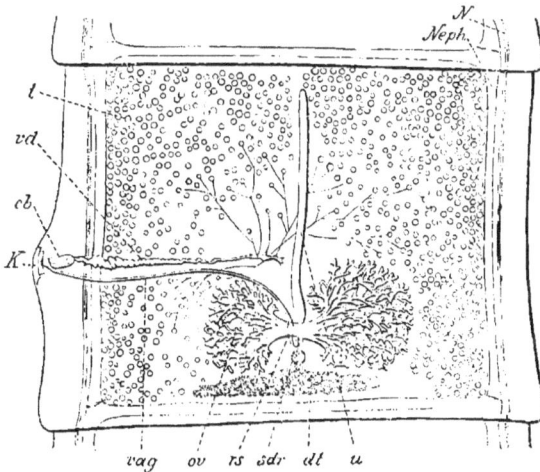

Fig. 339. **Proglottis mit Geschlechtsapparat von** *Taenia mediocanellata* (nach Sommer).
K Geschlechtskloake, *ov* Ovarium, *dt* Dotterstock, *sdr* Schalendrüse, *vag* Begattungsgang mit *rs* Receptaculum seminis, *u* Uterus, *t* Hoden, *vd* Vas deferens, *cb* Cirrusbeutel mit Cirrus, *N* seitlicher Längsnerv, *Neph* Hauptstämme des Excretionsapparates.

Der männliche Apparat besteht aus den sehr zahlreichen Hodenbläschen, die über die ganze Proglottis vertheilt sind, den verzweigten Samenkanälchen, die zu einem quer verlaufenden Vas deferens sich vereinigen, welches samenblasenartige Erweiterungen besitzt und in einen fadenförmigen, mit Häkchen besetzten Penis oder Cirrus mündet, der in einen muskulösen Cirrusbeutel zurückziehbar ist. Der weibliche keimbereitende Apparat besteht aus paarigen Ovarien und einem bei den *Taenien* am hinteren Rande der Proglottis liegenden unpaaren, netzförmig verzweigten Dotterstocke (bei den *Bothriaden*, Fig. 338, liegen die paarigen, viel umfangreicheren Dotterstöcke in den seitlichen Theilen der Proglottis). Keimzellen (Eizellen) und Dotterzellen gelangen in das Ootyp, wo die Befruchtung der Eizelle stattfindet und wo von den umgebenden Schalendrüsen die Eischale gebildet wird. Zu dem Ootyp führt von der Geschlechtskloake her die Scheide, die an einer Stelle zu einem Receptaculum seminis angeschwollen ist, und andererseits erstreckt sich nach vorn der Uterusschlauch, in welchen die fertigen Eier gelangen. —

Der Geschlechtsapparat kommt in den jüngeren Proglottiden erst allmählich zur Entwicklung; in den mittleren Proglottiden ist er in voller Entfaltung, hier erfolgt die Begattung, die oft eine Selbstbegattung der Proglottis ist, oft auch von einer benachbarten Proglottis desselben Thieres erfolgt; diese Fälle haben wohl für die Oeconomie des Organismus keine grössere Bedeutung als eine parthenogenetische Fortpflanzung und es ist gewiss auch eine Begattung verschiedener Individuen nothwendig, wenn auch in längeren Intervallen. — In den hinteren älteren Proglottiden veröden alle Theile des Geschlechtsapparates mit Ausnahme des Uterus, der hier erst strotzend von Eiern erfüllt zur Höhe seiner Function gelangt und durch Ausbildung zahlreicher Seitenäste sich vergrössert.

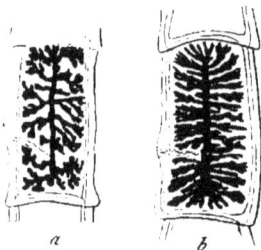

Fig. 340. **Reife Proglottiden von** *Taenia solium* (a) und *Taenia mediocanellata* (b), mit gefülltem Uterus

Die ersten Entwicklungsvorgänge, welche schon im Uterus vor sich gehen, sind jenen der *Distomeen* sehr ähnlich. Es gehen aus der Furchung der sehr kleinen Eizelle nicht nur Zellen zum Aufbau des Embryo hervor, sondern auch zur Bildung von zwei embryonalen

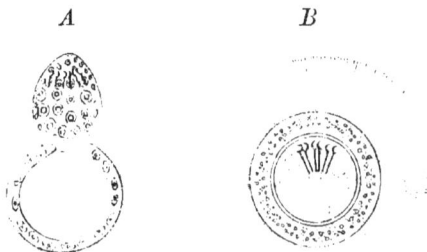

Fig. 311. **Larve eines Cestoden (Bothryocephalide)**, nach SCHAUINSLAND. *A* Sechshakige Larve, umgeben von ihrer flimmernden Embryonalhülle. *B* dieselbe, im Begriffe, die Hülle zu verlassen.

Hüllschichten. Bei den *Bothriaden* umwächst die äussere Embryonalhülle, zugleich auch die secundären Dottermaterialien, die innere Embryonalhülle dagegen ist mit äusserst langen, zarten Wimperhaaren umgeben, sie bleibt auch nach dem Verlassen des Eies eine Zeit lang erhalten und dient zum Umherschwärmen der Larve im Wasser. Bei den *Taeniaden* wird von der äusseren Embryonalhülle eine dunkelkörnige Zelle (Dotterreste?) mit umschlossen; die innere

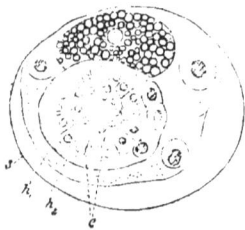

Fig. 342. **Embryonales Entwicklungsstadium von** *Taenia* (nach ED. VAN BENEDEN). *s* Eischale, h_1 äussere Embryonalhülle mit einer grossen, von glänzenden Körnchen (Dotterkörnchen?) erfüllten Zelle, h_2 innere Embryonalhülle, *e* die zwei Schichten des Embryonalleibes.

Hülle bildet sich sodann durch Verkalkung zu einer Embryonalschale um, welche aus radiär gestellten stäbchenartigen Gebilden besteht. — Der Embryo selbst, dessen Aufbau aus zwei Schichten (Ectoderm und Mesoderm?) nachgewiesen wurde, ist in beiden Fällen rundlich und mit sechs chitinigen Embryonalhäkchen versehen, die ihm später zum Einbohren in die Darmwandung seines Wirthes dienen.

Fig. 343. **Entwicklungs-cyclus** von *Taenia solium* (nach LEUCKART). *a* Embryo mit Stäbchenhülle, *b* der sechshakige Embryo, *c* die Bildung des Scolex an der Wand der Finne, *d* eine Finne mit ausgebildetem, eingestülptem Scolex, *e* mit ausgestülptem Scolex.

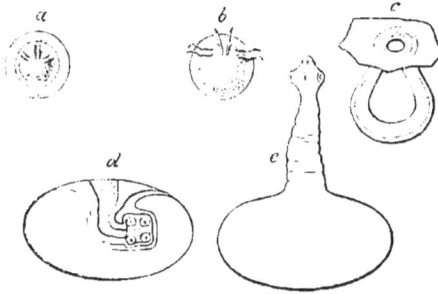

Diese sechshakige Larve entspricht morphologisch schon dem *Platoden*-Organismus, der aber hier von sehr reducirtem Bau ist. Die merkwürdige Reihe von Stadien, die nun zu dem entwickelten Bandwurm hinführt, ist daher als eine secundäre — durch Anpassung an die besonderen Lebensverhältnisse erworbene — Metamorphose zu betrachten. Die sechshakige Larve („sechshakiger Embryo") muss, um sich weiter entwickeln zu können, in einen zweiten Wirth gelangen, bei welchem sie durch den Darm in die Gewebe eindringt[1]) und sich dort in eine Finne (Cysticercus-Stadium) verwandelt. Diese hat den Bau einer hohlen Blase, deren Wandung sich an einer Stelle und zwar gegenüber den noch erhaltenen Embryonalhäkchen zur Bildung des Scolex oder Bandwurm-kopfes verdickt; derselbe entsteht aber zunächst nicht als Auswuchs, sondern in Form einer Einstülpung; seine Schichten erhalten dadurch eine umgekehrte Anordnung, so dass die Saugnäpfe und das Rostellum an der Innenfläche seiner eingestülpten Höhle liegen; es ist dies als eine provisorische Einrichtung zu betrachten, wir sehen, dass bei älteren, reifen Finnen der Scolex abwechselnd aus- und eingestülpt werden kann[2]). Bei kleineren Finnen ist der Blasenhohlraum nur unbedeutend (Cysticercoid) und kann

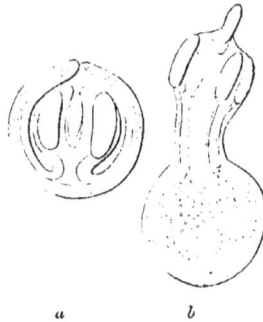

Fig. 344. **Ein Cysticercoid** (aus BRAUN, Parasiten). *a* im eingestülpten, *b* im ausgestülpten Zustand.

1) Bei den Wirbelthieren erfolgt die Weiterverbreitung der sechshakigen Larve innerhalb des Körpers durch den Blutstrom.

2) Man hat die Blasenwand, die an dem vorgestülpten Scolex nur als ein Anhang erscheint, mit dem Cercarienschwanze verglichen, dieser Vergleich scheint aber nicht begründet

23*

auch ganz fehlen (Plerocercus); auch kann bei solchen die Einziehung des Scolex ohne vollkommene Umstülpung erfolgen oder ganz
unterbleiben. Wenn die Finne mit dem Fleische des Finnenwirthes in
den Bandwurmwirth gelangt, so siedelt sie sich dort im Dünndarme an
und verwandelt sich unter Verlust der Endblase und durch Ausbildung
der Proglottiden in das Geschlechtsthier. — Ausnahmsweise sehen wir
bei *Archigetes Sieboldii* das Thier schon im Finnenwirthe geschlechtsreif
werden und zwar ohne wiederholte Proglottidenbildung durch Entwicklung eines einzigen Geschlechtsapparates; die Blase bleibt hier als
Anhang dauernd erhalten.

Dieser Entwicklungsgang des Bandwurmes wurde von früheren
Forschern als eine Form von Generationswechsel aufgefasst, insofern
als man annahm, dass der Scolex ein ungeschlechtlich erzeugter Ab-
kömmling der Cysticercusblase sei; ebenso wurde die Proglottis als eine
heteromorphe, vom Scolex erzeugte Individualität betrachtet. Gegenwärtig erklärt man allgemein wenigstens alle erstgenannten (der
Proglottidenbildung vorherge-
henden) Vorgänge nur als
Metamorphose. Anders ist dies
aber in jenen Fällen, wo eine
ungeschlechtliche Fort-
pflanzung auf dem Finnen-
stadium erfolgt; dies ist nämlich bei den Finnen vom Echino-
coccustypus (*Echinococcus,
Coenurus*) der Fall, bei welchen nicht nur die Finne durch
Theilung eingeschachtelte
Tochter- und Enkelblasen erzeugt, sondern wo auch sehr
zahlreiche Scolices an je einer
Blase entstehen, ein Vorgang,
der ebenfalls als Theilung (oder

Fig. 345. *a* **Schematische
Darstellung der Echinococcusblase mit den Brutkapseln und
ihren zahlreichen Scolices;
b Taenia echinococcus** (Nach
Leuckart.)

Knospung) zu betrachten ist. Die zu dieser Finne gehörigen Band-
wurmformen erzeugen im Gegensatz zu dieser reichen Finnenknospung
nur eine geringe Zahl von Proglottiden.

Die Lebensgeschichte der *Cestoden* zeigt eine grosse Mannigfaltigkeit der merkwürdigsten Anpassungen an den Parasitismus. Nicht nur
die äusserst einfachen Lebensäusserungen, mit welchen der Mangel der
Sinnesorgane und des Darmes zusammenhängt, kommen hierbei in
Betracht, sondern auch namentlich der sehr ausgeprägte Wirthswechsel,
welcher darin besteht, dass der Parasit an zwei Wohnthiere angepasst
erscheint, die stets wieder untereinander in gewissen Lebensbeziehungen
stehen müssen. Das Geschlechtsthier bewohnt stets den Darm eines
Wirbelthieres — Fisch, Säugethier etc. —, welches wir daher als Bandwurmwirth bezeichnen; die sechshakige Larve wandert in einen zweiten
Wirth, wo sie zur Finne sich entwickelt; dieser Finnenwirth kann auch
ein Wirbelthier sein, oft aber ist es auch ein wirbelloses Thier, z. B.

zu sein, denn das Wassergefässsystem mündet oft am Hinterende der Schwanzblase; es
wäre sogar möglich, dass die an der Blase befindlichen Embryonalhäkchen auf die hinteren
Haftapparate von Trematoden zu beziehen wären. Die Zurückführung des Rostellums auf
das Stomodaeum der Trematoden scheint auch sehr gewagt.

ein Insekt, eine Schnecke etc. In der Regel ist der Finnenwirth ein pflanzenfressendes oder omnivores Thier, das dem Bandwurmwirth — der meist ein Fleischfresser ist — zur Nahrung dient; so kommt die Uebertragung der Finne zu Stande, die also passiv geschieht. Es lebt z. B. die *Taenia solium* im Dünndarm des Menschen, die reifen, mit Eiern erfüllten Proglottiden gelangen auf die Dungstätten, wo sie von dem Schweine verzehrt werden, welches als Finnenwirth dient; durch den Genuss von finnigem und nicht genügend gekochtem Schweinefleisch acquirirt der Mensch wieder den Bandwurm. Für die *Taenia medio-canellata* ist Bandwurmwirth der Mensch, Finnenwirth das Rind. *T. serrata* lebt im Jagdhunde, die Finne in der Leber des Hasen und Kaninchens, *T. crassicollis* in der Katze, die Finne in der Hausmaus, *T. crassipes* im Fuchse, die Finne in der Feldmaus, *T.* in den Mäusen und Ratten, die Finne im Mehlwurm, *T. cucumerina* im Hunde, die Finne in der Hundelaus (*Trichodectes canis*), *Taenia echinococcus* lebt im Hunde, die Finne (*Echinococcus*) im Menschen, *Taenia coenurus* im Hunde, die Finne (*Coenurus cerebralis*) im Hirn der Schafe etc. etc.

Systematische Uebersicht der Cestoden (mit besonderer Berücksichtigung der menschlichen Parasiten).

A. *Bothriadae*, Haftapparate des Scolex mannigfach verschieden; Genitalöffnung flächenständig oder seitenständig, Uterusmündung flächen-ständig; Dotterstock in der Rindenschichte gelegen, paarig; Larven mit wimpernder Embryonalhülle; Finne plerocerc. Die meisten hierher ge-hörigen Formen leben in Fischen.

Ungegliedert sind: *Amphilina* mit einem vorderen Saugnapf, Tre-matoden-ähnlich, lebt in der Leibeshöhle von Stören. — *Caryophyllaeus* ohne Haftapparate, lebt im Darme von Fischen (*Cyprinoiden*). — *Archigetes* mit zwei schwachen Sauggruben ist Finnen-ähnlich, da die Blase mit den Embryonalhäkchen zeitlebens als Schwanzanhang erhalten bleibt; wird in dem Finnenwirth, und zwar in *limicolen Oligochaeten*, auch geschlechtsreif.

Tetrarhynchidae mit vier Sauggruben und vier hakenbesetzten Rüsseln, die retractil sind; *Tetrarhynchus*. — *Tetraphyllidae* mit vier oft haken-tragenden Saugnäpfen; *Acantobothrium*, *Phyllobothrium* etc. — *Diphyllidae* mit zwei Saugnäpfen und zwei hakentragenden Stirnzapfen, *Echinobothrium*. — Alle diese Gattungen leben in Rochen und Haien.

Ligulidae mit zwei schwach angedeuteten Sauggruben, sind nur inner-lich gegliedert, leben als Jugendform in der Leibeshöhle von Süsswasser-fischen, geschlechtsreif in Wasservögeln; *Ligula*.

Bothriocephalidae. Scolex mit zwei länglichen, flächenständigen Saug-näpfen, Proglottiden sind breiter als lang. Zahlreiche Arten leben in Raub-fischen, Wasservögeln und Säugethieren. Hierher gehört: Bothriocephalus latus, breiter Bandwurm des Menschen, ist der grösste Bandwurm des Menschen, Länge 5—9 m. Scolex mit zwei länglichen, flächenständigen Sauggruben. Hals lang und dünn. Zahl der Glieder 3000—4000, dieselben sind breiter als lang, im lebenden Zustande aber mehr gestreckt; das letzte ist hinten abgerundet. Die mittleren Theile des Geschlechtsapparates bilden in der Mitte jeder Proglottide eine etwas vorspringende rosettenähnliche Figur (Wappenlinie). Geschlechtsöffnung und Uterusöffnung flächenständig.

Die Eier sind oval, 0,07 mm lang, mit gedeckelter Schale. — Der Bandwurm lebt im Darme des Menschen, kommt aber nur in gewissen Ländern regelmässig vor, und zwar: Westliche Schweiz, nördliches Russland und russische Ostseeprovinzen, Schweden, Finnland. — Die bewimperte Larve gelangt in das Wasser und wandert in Fische, nämlich Hecht und Quappe (*Lota vulgaris*), ein, wo sie im Muskelfleisch zu einer plerocercoiden Finne, von länglicher Gestalt, mit nicht einstülpbarem Scolex, sich entwickelt. Die Verwandlung derselben in den *Bothriocephalus latus* des Menschen ist durch M. BRAUN experimentell erwiesen. Die Infection erfolgt also durch Genuss von ungenügend gekochten Hechten oder Quappen. Die p a t h o l o g i s c h e B e d e u t u n g des Wurmes ist nicht sehr bedeutend; auch ist derselbe leicht abzutreiben.

B. *Taeniadae*. Scolex mit vier Saugnäpfen und einem Rostellum, welches meist einen mehrreihigen Hakenkranz trägt. Geschlechtsöffnung seitenständig, Uterus blind geschlossen; Dotterstock in der Mittelschicht gelegen, unpaar. Embryonen mit Stäbchenhülle (unbewimpert). Jugendform sind meist echte Finnen (Cysticercus, Cysticercoid). Die Geschlechtsform lebt nur in Vögeln und Säugethieren.

Die einzige Gattung *Taenia* mit vielen Arten, die man in zwei (oder drei) Gruppen scheiden kann:

a) Cystoideae. Die Finnen sind cysticercoid oder plerocerc und finden sich meist in wirbellosen Thieren; die Bandwürmer sind kleinere Formen und leben im Darme von Vögeln oder Säugethieren. — *Taenia cucumerina* lebt im hinteren Theile des Dünndarmes von Hunden und Katzen in grosser Anzahl; wird manchmal auch bei Kindern gefunden. Die Finne ist plerocerc und lebt in der Leibeshöhle der Hundelaus (*Trichodectes canis*). Die Länge des Bandwurmes ist 15 bis 20 cm; reife Glieder blassröthlich, bis 1 cm lang. Geschlechtsorgane und Geschlechtsöffnungen sind in jedem Gliede doppelt vorhanden. Die Eier des Bandwurmes bleiben an den Haaren namentlich der Gesässtheile hängen und werden von der Hundelaus verzehrt; diese beherbergt die plerocerce Finne; dadurch, dass die Hunde ihr Ungeziefer verzehren, erfolgt die Rückinfection. Die Infection des Menschen erfolgt wohl durch zufällige Verunreinigung; die p a t h o l o g i s c h e B ed e u t u n g ist gering, da hier nur wenige Exemplare gleichzeitig vorkommen.

b) Cystotaeniae. Die blasenförmigen echten Finnen (Cysticercus) leben nur in Säugethieren (Nagern, Wiederkäuern); die Bandwürmer sind meist grössere Formen und finden sich ebenfalls nur in Säugethieren (Raubthieren

Fig. 346. *Bothriocephalus latus* (nach LEUCKART). Es sind Stücke aus den verschiedenen Regionen der Bandwurmkette dargestellt.

etc.). — Als besondere Gruppe (Coccotaeniae) könnte man endlich diejenigen *Taenien* sondern, deren sehr grosse blasenförmige Finnen zahlreiche Scolices erzeugen (Echinococcus-Typus), und deren Geschlechtsthiere kleine bis sehr kleine Formen mit meist nur wenigen Gliedern sind.

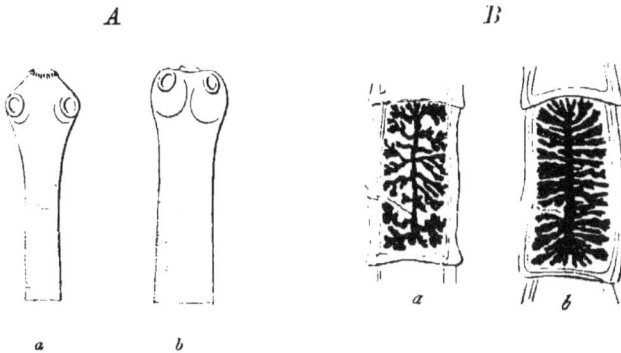

Fig. 347. *A* Scolex von *Taenia solium* (*a*) und von *T. mediocanellata* (*b*). *B* Reife Proglottis von *T. solium* (*a*) und von *T. mediocanellata* (*b*). (Nach LEUCKART.)

Taenia solium, bewaffneter Bandwurm des Menschen. Länge 2—3,5 m. Scolex mit einem stark vorspringenden, mit doppeltem Hakenkranz versehenen Rostellum und mit vier grossen, aber weniger muskulösen Saugnäpfen (im Vergleich mit *T. mediocanellata*). Hals dünn und lang. Zahl der Proglottiden 800—900; dieselben sind mässig dick; die länglichen reifen Glieder werden in der Regel einzeln abgestossen und sind ungefähr 1 cm lang; an diesen zählt man jederseits 7—10 verästelte Seitenzweige des Uterus. Die Eier mit radiär gestreifter Embryonalhülle sind 0,03 mm gross. — Der Bandwurm lebt ausschliesslich beim Menschen im Dünndarme, er entwickelt sich aus der Finne in 11—12 Wochen und producirt dann Jahre lang neue Proglottiden; er ist über die ganze Erde verbreitet, soweit das Schwein als Hausthier gehalten wird. Doch ist die Verbreitung ungleich und hängt auch von localen ökonomischen Verhältnissen ab; so ist dieser Bandwurm in Norddeutschland ungleich häufiger als in Süddeutschland, Oesterreich, Italien. Die Finne, der sogenannte *Cysticercus cellulosae*, dessen Zugehörigkeit zu *T. solium* zuerst KÜCHENMEISTER experimentell nachgewiesen hat, ist rund oder oval, ungefähr von der Grösse einer Erbse, manchmal auch etwas grösser; sie lebt meist beim Schweine, vorzüglich in dem intermusculären Bindegewebe, aber auch in anderen Organen, z. B. Unterhaut, Gehirn, Auge; die Finne kommt ausserdem beim Reh, Schaf, Hund und vielen anderen Säugethieren vor, und ferner auch beim Menschen, welcher Umstand von besonderer pathologischer Wichtigkeit ist; im Schweine bedarf der Cysticercus zu seiner Entwicklung die Zeit von $2^1/_2$—3 Monaten und bleibt dann Jahre lang in gleichem Zustande. — Die pathologische Bedeutung der Taenie ist an und für sich eine geringe und von der individuellen Beschaffenheit des damit behafteten Menschen abhängig. Der Parasit kommt selten in grösserer Zahl vor, und von einem einzelnen Exemplar werden kräftige oder weniger reizbare Personen wenig oder gar nicht belästigt; bei reizbaren Personen aber kommen mannigfache Störungen zunächst des Darmes vor; die Diagnose ist hauptsächlich durch Nachweis der regelmässig mit den Fäces abgehenden Proglottiden und Bandwurmeier zu begründen. Trotz der meist nur geringen pathologischen Bedeutung des Bandwurmes selbst, ist doch die Abtreibung desselben dringend geboten, da die zugehörige Finne auch im Menschen sich entwickeln kann und daher das Vorhandensein des Bandwurmes eine fortwährende Gefahr nicht nur für die damit behaftete Person, sondern auch für die Umgebung derselben bedeutet. Es ist daher auch wichtig, auf Grund der abgehenden Proglottiden diese Taenie von der ungefährlichen *T. mediocanellata* zu unterscheiden (vergl. Fig. 347). Die Abtreibung von *T. solium* ist wegen der schwächeren Saugnäpfe viel leichter und sicherer, doch sind dabei brechenerregende Mittel zu vermeiden und etwa eintretender Brechreiz zu stillen (z. B. durch Schlucken von Eispillen), da hierdurch Finnen-Infection entstehen könnte. Bekanntlich ist die Abtreibung des Wurmes nur dann vollkommen gelungen, wenn auch der Kopf mit abgeht, da sonst die Bandwurmkette wieder heranwächst. — Finnen (*Cysticercus cellulosae*) kommen im Menschen einzeln oder zahlreich, ja sogar zu Tausenden vor. Die pathologische Bedeutung ist je nach der Zahl und dem Sitz der Parasiten verschieden; einzelne Finnen in der Unterhaut verursachen nur geringe Schädlichkeit, anders aber, wenn sie im Muskelfleisch des Herzens, im Auge oder im Gehirn vorkommen, wo sie die schwersten functionellen Störungen jener Organe verursachen können; die Diagnose ist meist schwierig; im Auge sind die Finnen direkt zu beobachten und werden extrahirt, doch verbleibt eine dauernde Schädigung des Organes. Da von einem Bandwurm-Kranken fortwährend reife Proglottiden abgehen und die Eier auf die verschiedenste Weise die Wäsche, Kleider, Gebrauchsgegenstände verunreinigen können, so ist die Gefahr einer Finnen-Infection auf dem Wege des Mundes nicht nur für ihn selbst, sondern auch für die nächsten Personen vorhanden; viel gefährlicher ist aber eine innerliche Selbstinfection, welche dadurch zu Stande kommen kann, dass durch antiperistaltische Darmbewegungen reife Proglottiden in den Magen gelangen und unter dem Einflusse der Magensäure zerstört werden, wobei die Embryonen massenhaft frei werden und in die Magenwand sich einbohren; daher rührt auch die Gefährlichkeit der Brechbewegungen beim Abtreiben des Wurmes. — Zur Vorbeugung der Infection ist eine regelmässige amtliche Fleischbeschau empfohlen; ferner ist der Genuss ungenügend gekochten Fleisches oder Würste zu vermeiden. Den Schweinen soll der Zugang zu den Dungstätten und Aborten verwehrt sein; abgehende Bandwürmer sind zu verbrennen; endlich ist als allgemeines Mittel gegen alle Parasiten strenge Reinlichkeit geboten.

Taenia mediocanellata (= *saginata*), unbewaffneter Bandwurm des Menschen. Grösser als die vorhergehende Art, Länge 4—8 m. Scolex mit wenig entwickeltem, flachem, hakenlosem Rostellum und mit vier kräftig musculösen Saugnäpfen. Hals kurz und breit. Zahl der Proglottiden 1200—1300; dieselben sind feist; die reifen Glieder werden gewöhnlich zu mehreren gleichzeitig abgestossen und wandern oft selbstthätig aus dem Darme aus (ohne Stuhlgang); sie sind bis 2 cm lang, man zählt an denselben 17—30 verästelte Uteruszweige. Die Eier mit radiär gestreifter Embryonalhülle sind 0,03 mm gross. Der Bandwurm lebt ausschliesslich im Dünndarm des Menschen und ist mit der Rindviehzucht über die Erde verbreitet; besonders häufig ist er in Indien und Abyssinien, wo der Genuss rohen Fleisches Sitte ist. Die Infection erfolgt durch den Genuss finnigen Rindfleisches, welches in ungenügend gekochtem oder ungenügend gebratenem Zustande genossen wurde. Der Bandwurm entwickelt sich aus der Finne in etwa drei Monaten, er stösst dann täglich bis 12 Proglottiden ab. Die Finne lebt in geringer Zahl im Fleisch des Rindes. Dieser Bandwurm verursacht mehr Beschwerden als *T. solium*, da er grösser ist und auch rascher wächst. Er ist auch wegen seiner kräftigeren Saugnäpfe schwerer abzutreiben. Doch ist er ungefährlich, da die zugehörige Finne im Menschen nicht vorkommt, also eine Finneninfection nicht zu befürchten ist.

Taenia echinococcus, Echinococcus-Bandwurm. Ein sehr kleiner Bandwurm von etwa $\frac{1}{2}$ cm Länge, mit nur 3—4 Proglottiden. Scolex mit hinfälligem doppeltem Hakenkranz. Er lebt, oft in grosser Zahl, im Dünndarm des Hundes. Die zugehörige Finne lebt in der Leber und anderen Organen beim Schwein, Rind und anderen Säugethieren (*Echinococcus veterinorum*) und auch beim Menschen (*Echinococcus hominis*). Die Echinococcusblasen werden mehrere Centimeter gross, aber auch darüber bis zur Grösse eines Kindskopfes; sie sind meist rund, seltener ausgebuchtet oder gelappt. Dieselben liegen in einer vom Wirthe gebildeten Bindegewebskapsel; ihre eigene Wandung besteht aus einer sehr charakteristischen dicken, geschichteten Cuticula und einer darunter liegenden „Parenchymschicht"; aus letzterer entstehen zahlreiche Brutkapseln oder Tochterblasen, die in die Höhlung jener dickwandigen Mutterblase hineinragen und selbst zahlreiche Köpfchen erzeugen (das Schichtungsverhältniss ist aus der schematischen Fig. 345 *a* zu ersehen). Die Köpfchen werden durch Platzen der Brutkapseln frei und fallen in die Höhlung der Mutterblase. In manchen Fällen kommen keine Köpfchen zur Entwicklung, die Echinococcusblase bleibt steril (Acephalocysten). Die Entwicklung der Echinococcusblase dauert mehrere Monate und dieselbe lebt jahrelang fort. — Die Echinococcuskrankheit ist über die ganze Erde verbreitet, besonders häufig, geradezu endemisch tritt sie in Irland auf (Hydatidenseuche). — Pathologische Bedeutung. Die Echinococcusblasen kommen beim Menschen in den verschiedensten Organen, am häufigsten aber in der Leber vor; meist vereinzelt, in anderen Fällen aber sogar zu Hunderten. Der Echinococcus, welcher zwar langsam wächst, kann doch bedeutende Functionsstörungen erzeugen; auch kommen Perforationen und Abscessbildungen vor; wenn solche in das Blutgefässsystem erfolgen, so kommt es zu gefährlichen Embolien. — Die Diagnose (Hydatidenschwirren) des Echinococcus ist oft schwierig; sie ist nur dann zweifellos, wenn bei Probepunction in der entleerten Flüssigkeit Köpfchen oder Häkchen nachgewiesen werden. Zur Heilung wird Entleerung der Echinococcusblase durch Punction vorgenommen, welche oft zur Verödung derselben führt. — Da die Infection durch die Eier der *Taenia echinococcus* des Hundes und zwar auf dem Wege des Mundes erfolgt, so ist zur Vermeidung derselben Vorsicht beim Umgang mit Hunden zu üben und besonders Verunreinigung der Hände etc. hintanzuhalten.

Taenia coenurus ist ein etwas grösserer Bandwurm, von etwa 40 cm Länge, der in dem Dünndarm des Schäferhundes lebt. Die zugehörige Finne erreicht die Grösse eines Hühnereies und erzeugt ebenfalls zahlreiche Köpfchen, sie kommt im Gehirn der Rinder und Schafe vor und verursacht die Drehkrankheit der Schafe. Thiere, welche an dieser Krankheit zu Grunde gehen, sind sorgfältig zu verscharren; keineswegs aber darf das erkrankte Gehirn, wie dies früher oft geschah, den Hunden vorgeworfen werden, denn bei diesen entwickelt sich dadurch der Bandwurm, durch dessen Eier sodann die Weideplätze verseucht werden.

2. Classe der Scolecida. Gastrotricha.

Die Gastrotrichen sind Scoleciden mit paarigem
ventralem Wimperstreif, meist mit gabeltheiligem
Schwanzanhang, mit terminaler Mundöffnung und Nema-
toden-artigem Schlunde.

Diese Thiergruppe wird meist anhangsweise zu den Räderthieren gestellt. Es ist aber richtiger, wie neuerdings ZELINKA hervorgehoben hat,

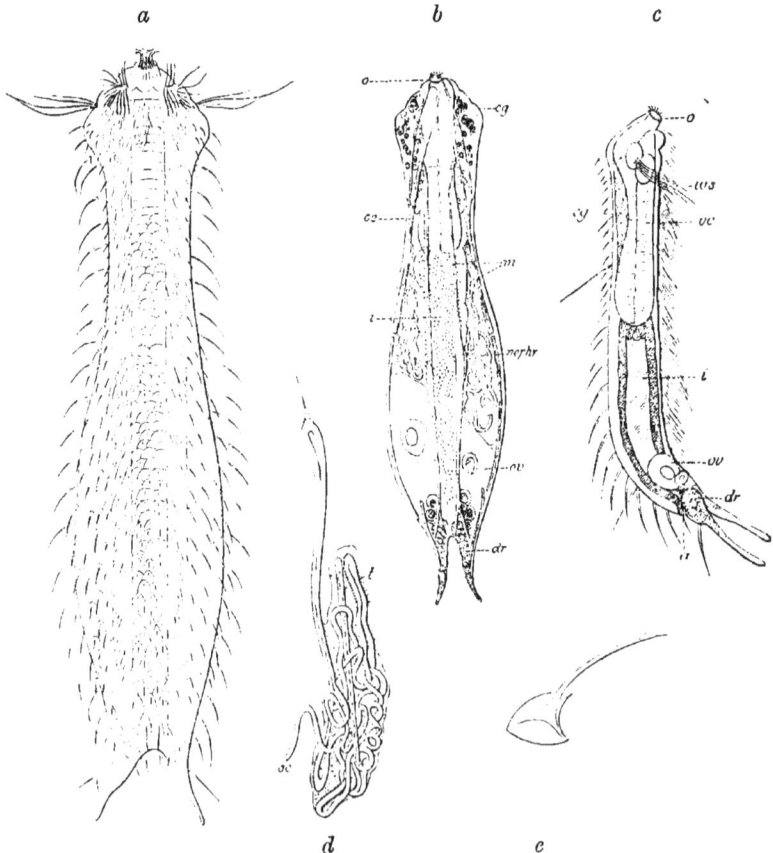

Fig. 348. **Organisation von Chaetonotus maximus** (nach ZELINKA).
a Chaetonotus maximus, von der Bauchseite gesehen. *b* **Ventrale Ansicht, Uebersicht
der Anatomie.** *o* Mund, *cg* Cerebralganglion, *oe* Oesophagus, *i* Darm, *m* Längsmuskeln,
nephr Nephridien, *ov* Ovarien, *dr* Schwanzdrüsen. *c* **Seitliche Ansicht, Uebersicht der
Anatomie.** *a* After. *d* **Nephridium.** *t* Terminalapparat, *oe* äussere Mündung. *e* **Cuticulares Schüppchen mit Stachel.**

sie als besondere Classe der *Scoleciden* zu betrachten, welche selbständig von der Trochophora abzuleiten ist. Die oralen Wimperkränze, welche den *Rotatorien* zukommen, fehlen hier; auch liegt die Mundöffnung vollkommen terminal und die Scheitelplatte ist dorsal verschoben. Dagegen haben sich andere Trochophoracharaktere, die den *Rotatorien* fehlen, erhalten; so der ventrale Wimperstreif und die Wimpergruben.

Die *Gastrotrichen* sind Süsswasserthiere von mikroskopischer oder nahezu mikroskopischer Grösse (0,06—0,4 mm). Ihre Gestalt ist spindelförmig mit abgeplatteter Bauchseite. Das Vorderende ist verdickt; das Hinterende trägt meist einen gabeltheiligen Anhang (Fuss, Schwanz), der mit Drüsenzellen ausgestattet ist. Der Körper ist von einer festen Cuticula bedeckt, deren Aussenschichte in der Regel zu einem eigenthümlichen Besatz von Stachelschuppen differenzirt ist. Die Bewimperung ist auf einen paarigen ventralen Wimperstreif beschränkt, sowie auf mehrere Gruppen von Tastwimpern an der vordersten Körperregion, die zum Theil vielleicht den cerebralen Wimpergruben des Zygoneurentypus entsprechen. Das Cerebralganglion steht noch in inniger Verbindung mit dem Epithel des Vorderendes und besonders mit den dort befindlichen Sinneswimperzellen, und liegt dorsal vom Schlunde; es entsendet nach hinten zwei ventrale Längsnerven. — Das Muskelsystem ist erst in jüngster Zeit nachgewiesen (ZELINKA), es sind paarige, seitliche und ventrale Längsmuskeln, welche aus je zwei hintereinander gereihten Muskelzellen bestehen. — Die Excretionsorgane bestehen jederseits aus einem einfachen, aufgeknäulten Rohre mit flimmerndem Terminalapparat, und sie münden ventral in der Mitte der Körperlänge. — Der geradgestreckte Darm verläuft in einer deutlichen Leibeshöhle. Die Mundöffnung liegt am Vorderende und ist mit einem Kranze gekrümmter Greifborsten bewaffnet. Sie führt in eine Speiseröhre, welche an jene der Nematoden erinnert, da sie ein dreikantiges Lumen und in die Wandung eingelagerte Radiärmuskeln besitzt [1]). Der aus grossen Zellen zusammengesetzte Mitteldarm verläuft gerade nach hinten; ein kurzer Afterdarm mündet dorsal vom Schwanzanhang. Die Thiere sind nach einer Ansicht getrenntgeschlechtlich, nach anderer sind sie Zwitter mit protandrischer Geschlechtsreife; dies ist deshalb ungewiss, weil die männlichen Organe überhaupt noch nicht sicher nachgewiesen sind. Das Ovarium liegt ventral am Hinterende als eine Anhäufung kleiner Zellen; dieselben wachsen einzelweise heran zu relativ sehr grossen, mit einer derben, oft stacheligen Dottermembran versehenen Eiern. Dieselben werden vor der Entwicklung abgelegt; diese ist eine direkte, die ausschlüpfenden Jungen besitzen die charakteristische Organisation und eine relativ schon bedeutende Grösse.

Fig. 349. **Echinoderes Dujardinii** (nach CLAPARÈDE).

1) ZELINKA hält die radiären Muskeln für Differenzirungen des Vorderdarmepithels selbst; es ist möglich, dass diese (allerdings noch zweifelhafte) Auffassung auch auf die Nematoden ausgedehnt werden kann; dies wäre nun eine sehr eigenthümliche Art von Epithelmuskeln bei Zygoneuren

Chaetonotus, Ichthydium leben im Süsswasser.

Anhang: *Echinoderidae*. Dies sind kleine Meeresthiere mit segmentirtem Chitinskelett und mit entsprechend segmentweise angeordneten Muskelzügen; mit vorstülpbarem Hakenapparat am Mundende; mit einfachen paarigen wimpernden Excretionskanälen. — Sie sind wahrscheinlich den Gastrotrichen verwandt; ein neuerer Bearbeiter (REINHARD) widerspricht aber dieser Anschauung; er will sie eher als reducirte Anneliden betrachten.

3. Classe der Scolecida. Rotatoria.

Die Rotatorien sind Scoleciden mit persistirenden (als retractiler Räderapparat mehr oder weniger modificirten) Wimperkränzen, ohne Hautmuskelschlauch, mit geräumigem Blastocoel; mit Kaumagen und mit einer Kloake, in welche Darm-, Geschlechts- und Excretionsapparat münden; meist mit ventralem Fussanhang; sie sind getrenntgeschlechtlich.

Die Rotatorien sind unter allen *Zygoneuren* jene, welche in ihrer gesammten Organisation dem Trochophoratypus noch am nächsten stehen. Diese Beziehung tritt aber in Folge der mannigfachen Modificationen der äusseren Körperform bald mehr, bald weniger deutlich hervor. Als wesentliche neue Charaktere sind besonders hervorzuheben die vollkommene Sonderung des Nervensystems vom Epithel, der Kaumagen [1]) und die Kloake.

Sie sind der grossen Mehrzahl nach Süsswasserthiere von mikroskopischer oder nahezu mikroskopischer Grösse. — Ihre Körperform zeigt in den meisten Fällen gewisse Eigenthümlichkeiten, welche mit der Ausbildung eines festen, cuticularen Chitinpanzers in Zusammenhang stehen. Der Vorderleib mit den Wimperapparaten (Kopf) ist nämlich einstülpbar in den Mittelleib (Rumpf), dessen Cuticula einen mehr oder minder starren Panzer bildet; ferner findet sich eine ventrale, schwanzartige, bewegliche Verlängerung des Körpers, der sogenannte Fuss, der meist zwei Zehen trägt, an welchen mehrere einzellige Drüsen ausmünden, und der oft ebenfalls in den Panzer zurückziehbar ist; der After liegt dorsal von demselben. In einigen Fällen ist der Panzer in eine Anzahl beweglicher, hintereinander liegender Ringe gegliedert, und dies kann auch den Fuss betreffen; diese „äussere Gliederung" ist in Anpassung an die Bewegung entstanden und ist keineswegs von einer inneren Wiederholung von Organen (Metamerie) begleitet. Bei den festsitzenden, röhrenbewohnenden Rotatorien ist der Fuss zu einem langen contractilen Stiel umgewandelt; der After, der stets dorsal vom Fusse gelegen ist, rückt dadurch weit nach vorn. In manchen Fällen kann die Körperform vereinfacht erscheinen, namentlich durch Fehlen des Fusses (z. B. bei *Anuraea*, manchen Arten von *Asplanchna* etc.). Am weitesten geht die Vereinfachung der Körperform bei *Trochosphaera aequatorialis*, wo der Räderapparat nicht retractil ist, und wo der präorale Wimperkranz (Trochus) im Aequator des

---

1) Es ist möglich, dass auch der Kaumagen auf eine schon dem Trochozoon eigenthümliche Differenzirung des Stomodaeums zurückzuführen ist; von derselben wären auch die ventrale Pharyngealbildung bei Anneliden und die Radula der Mollusken ableitbar.

kugelförmigen Körpers verläuft[1]). Zu den auffallendsten Complicationen der Körperform gehört die Ausbildung äusserer, durch Muskeln beweglicher Anhänge des Mittelleibes bei *Hexarthra* und *Triathra*[2]).

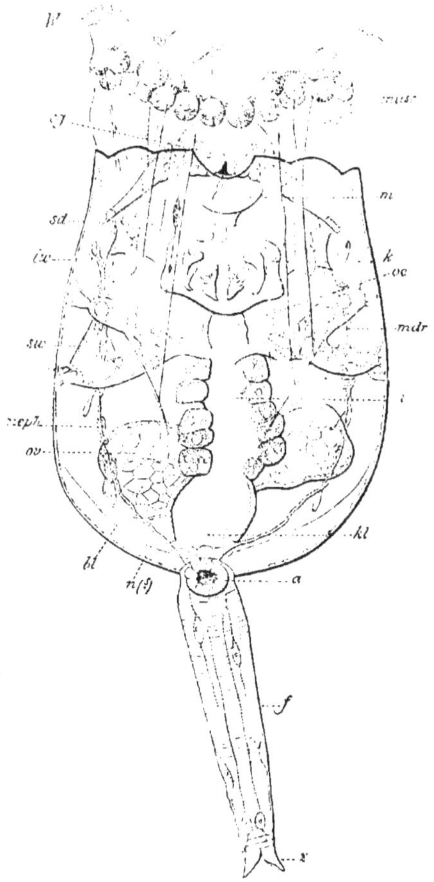

Fig. 350. **Brachianus plicatilis, Uebersicht der Organisation von der Dorsalseite** (nach Möbius). *W* Räderorgan, *hr* Leibeswand, aus Cuticula und Hypodermis bestehend, *f* Fuss, *z* zehenartige Anhänge, *m* Mundhöhle, *k* Kaumagen mit Zahnapparaten, *oe* Oesophagus, *mdr* Mitteldarmdrüsen, *i* Darm, *kl* Kloake, *a* After, *musc* Muskeln, *cg* Cerebralganglion mit Augenfleck, *sd* und *sv* dorsaler und ventraler Taster, *neph* Nephridien, *bl* Blase, *ov* Ovarium.

Für die Körperform der Räderthiere kommt auch die Gestaltung der Wimperkränze (Räderapparat) in ihren mannigfachen Modificationen besonders in Betracht. Der präorale Wimperkranz (T r o c h u s) und der postorale (C i n g u l u m) sind in vielen Fällen deutlich ausgeprägt; der erstere dient vorzüglich zur Schwimmbewegung oder bei festsitzenden Formen zur Erzeugung eines Wasserstromes, der letztere mehr zur Zuleitung der Nahrungstheilchen zum Munde. Das von den Wimperapparaten umsäumte Scheitelfeld ist selten vorgewölbt, meist flach, ja sogar trichterförmig eingezogen; die Wimperkränze können in vollstän-

---

1) Wenn auch diese Körpergestalt derjenigen der Trochophora-Form sehr ähnlich erscheint, so dürfen wir dies doch nicht ohne weiteres für ein ursprüngliches Verhalten erklären, sondern müssen an die Möglichkeit einer secundären Vereinfachung denken; denn es sind in dem Besitz der Magenkiefer und der Kloake schon ganz typische Rotiferencharaktere vorhanden, ja es finden sich hier sogar manche Eigenthümlichkeiten, die weniger ursprünglich erscheinen als bei anderen Rotiferen, so der Mangel des postoralen Wimperkranzes, der unpaare dorsale Taster, das unpaare Ovarium.

2) Die früher von einigen Forschern (zuerst LEYDIG) vertretene Anschauung, dass die Rotatorien mit den Crustaceen verwandt wären (sie wurden geradezu als Wimperkrebse bezeichnet), möchte gewiss in der Nauplius-Aehnlichkeit der *Hexarthra* eine Stütze finden; wir betrachten diese Aehnlichkeit aber nur als eine Convergenzerscheinung.

diger Form das Scheitelfeld umsäumen, dabei gewinnen sie oft durch
lappenartige Ausbreitung eine grössere Entfaltung (*Lacinularidae*);
oft aber sind dieselben in der dorsalen und ventralen Mittellinie unterbrochen und der Mund kann dann tief zwischen diese seitlichen Wimperlappen des Trochus hineinrücken; in anderen Fällen wieder ist der
Apparat in noch zahlreichere Wimperlappen getheilt; die Einrichtung
kann sich endlich auf eine Bewimperung in der Umgebung des Mundes
beschränken oder sogar bei dem
entwickelten Thiere ganz in Wegfall kommen. Bedeutend modificirt erscheint der Vorderleib bei
Stephanoceros und *Floscularia*;
hier ist der postorale Wimperkranz (Cingulum) in fünf Arme
ausgezogen, die mit borstenartigen,
wenig beweglichen Wimpern versehen sind; zwischen diesen Ar-
men liegt der tiefe Mundtrichter,
an welchem vielleicht noch Reste
des Trochus in der Anordnung der
Bewimperung zu erkennen sind.

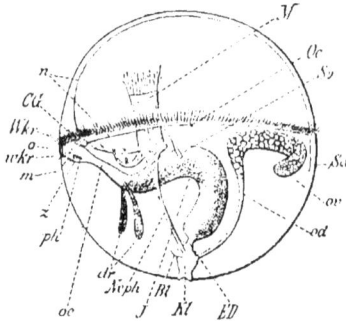

Fig. 351. **Trochosphaera aequatorialis**, das Kugelräderthierchen, nach SEMPER.
Wkr Trochus, *wkr* Cingulum, *o* Mund, *ph* Kaumagen, mit *z* Chitinkiefern, *oe* Speiseröhre,
dr Mitteldarmdrüse, *J* Magendarm, *Ed* Enddarm, *Kl* Kloake, *Neph* Nephridium, *Bl* Harnblase, *ov* Ovarium, *od* Oviduct, *M* Muskel, *m* Muskel des Kaumagens, *CG* Cerebralganglion,
n Nerven, *Sd* dorsaler unpaarer Taster mit unpaarem Nerven, *Sv* ventraler paariger Taster,
Oc trochales Auge.

Die Leibeswand besteht zunächst aus der äusseren Cuticula, welche
besonders am Mittelleib kräftiger entwickelt ist, und sodann aus der
Hypodermis, die zumeist aus sehr dünnen, abgeplatteten Zellen zusammengesetzt ist. Die Muskeln der Leibeswand (glatte oder auch quergestreifte Fasern) bilden keine zusammenhängende Schichte; manchmal
finden sich vereinzelte Ringmuskelfasern, die in regelmässigen Abständen
der Leibeswand anliegen: constanter ist das Vorkommen von einzelligen
Längsmuskeln, die frei durch die Leibeshöhle ziehen und nur mittelst
ihrer Enden der Leibeswand angeheftet sind, und die zur Einziehung
des Vorderleibes, zur Bewegung des Fusses u. s. w. dienen. Die meist
sehr geräumige Leibeshöhle (Blastocoel) enthält die Eingeweide, die
durch vereinzelte Bindegewebszellen oder auch verästelte Muskelzellen
in ihrer Lage erhalten werden. Besondere Zellen der Hypodermis sind
mächtiger entwickelt, so als Wimperzellen an den Wimperapparaten,
ferner an gewissen Stellen (vergl. unten) als Sinneszellen; ferner kommen Drüsenzellen, welche in das Körperinnere einragen, besonders am
Fusse vor, und dienen hier zur vorübergehenden oder dauernden Befestigung.

Der Darmkanal, der meist geradegestreckt, bei einigen Tubicolen
aber hufeisenförmig gekrümmt verläuft, zeigt charakteristische Complicationen. Die Mundöffnung liegt ventral oder rückt auch mehr an das
Vorderende des Körpers; der postorale Wimperkranz setzt sich meist
direkt in die Bewimperung der Mundhöhle fort. Der von ectodermalem
Epithel ausgekleidete Vorderdarm (Stomodaeum), in den sich auch die

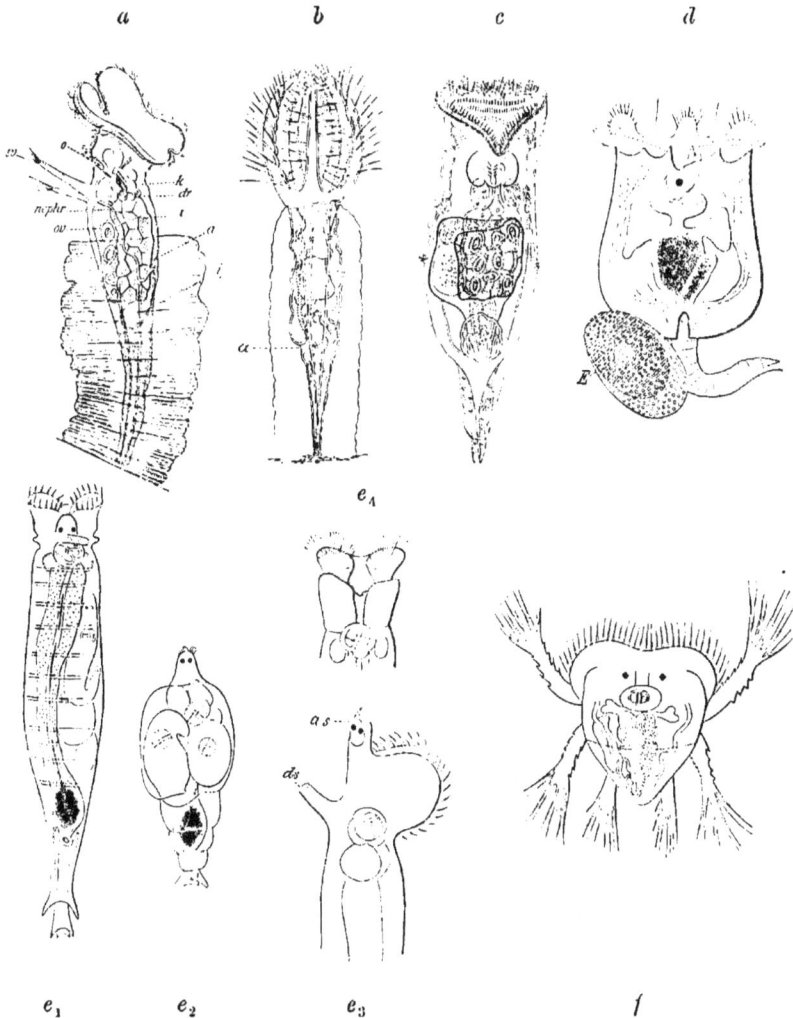

Fig. 352. **Verschiedene Rotatorienformen.** *a* **Tubicolaria** (nach LEYDIG). *o* Mund,
k Kaumagen, *dr* Mitteldarmdrüsen, *i* Darm, *i₁* Enddarm, *a* After, *sv* ventraler Taster, *nephr*
Nephridium, *ov* Ovarium. *b* **Stephanoceros** (nach LEYDIG). *a* After. *c* **Hydatina** (nach
PLATE). *d* **Brachianus** (nach EHRENBERG). *E* Ein Ei, welches bis zum Ausschlüpfen vom
Mutterthiere getragen wird. *e₁* **Rotifer** mit Embryonen (nach EHRENBERG). *e₂* Derselbe,
contrahirt. *e₃* Vorderende, von der Seite gesehen. *as* Apicales, rüsselartiges Sinnesorgan,
ds dorsaler, unpaarer Taster. *e₄* Vorderende von der Ventralseite, mit Trochus und Cingulum (nach BLOCHMANN). *f* **Hexarthra** (nach SCHMARDA).

Körpercuticula fortsetzt, ist in zwei Abschnitte differenzirt, die Mundhöhle und den Kaumagen; der letztere enthält als cuticulare Differenzirungen seiner ventralen Wand einen chitinigen Kauapparat, der sehr

häufige klappende Bewegungen ausführt. Er ist aus complicirten paarigen Kieferstücken zusammengesetzt; meist sind ein Paar stärkere
Aussenkiefer und ein Paar schwächere Innenkiefer vorhanden, deren
specielle Gestaltung für die Systematik wichtig ist. — Auch der vom
Endoderm ausgekleidete Mitteldarm ist in mehrere Abtheilungen gegliedert; zunächst auf den Kaumagen folgt der dünnwandige, innen
wimpernde, meist mit mehreren Muskelfasern versehene Oesophagus;
an seinem Ende münden paarige Anhangsdrüsen in denselben ein, welche
als Mitteldarmdrüsen oder wohl auch als Pankreas bezeichnet
werden; hierauf folgt der Magen, der aus grossen wimpernden Epithelzellen, die grünlich oder bräunlich gefärbt sind und meist Fetttropfen enthalten, zusammengesetzt ist, und in der Regel gar keine
Muskeln besitzt; daran schliesst sich ein engerer, wimpernder Enddarm,
der in die Kloake einmündet; es ist fraglich, ob derselbe eine ectodermale oder eine endodermale Bildung ist. Die Kloake, in welche
auch der Excretions- und Geschlechtsapparat führt, ist meist unbewimpert; sie muss als Ectodermbildung betrachtet werden; ihre äussere
Mündung findet sich dorsal vom Fusse.

Der Excretionsapparat (Wassergefässsystem) zeigt den typischen
Bau des Protonephridiums. Er besteht aus drüsigen Längskanälen,
die bis in den Vorderleib sich erstrecken, und oft stellenweise aufgeknäult erscheinen; sie tragen kleine Seitenästchen, die mit je einem
Terminalorgan (Wimperflamme, Zitterorgan) versehen sind; sie münden
mittelst einer unpaaren contractilen Blase in die Kloake; oft münden
sie auch direkt in dieselbe und es ist die Blase dann ein selbständiger
Anhang der Kloake. Selten fehlt die Blase gänzlich (*Philodiniden*).

Das Centralnervensystem besteht aus einem rundlichen oder
quer ausgezogenen Cerebralganglion, welches dem Schlunde dorsal aufgelagert ist; sein ursprünglicher Entstehungsort ist noch nicht durch
Beobachtung eruirt. — Von Sinnesorganen sind zunächst sehr
einfach gebaute Augenflecke zu erwähnen, von welchen wir der Lage
nach verschiedene Arten unterscheiden. Am häufigsten findet sich ein
dem Cerebralganglion anliegender x-förmiger Augenfleck (Doppelauge),
welcher wohl den primären Cerebralaugen der Trochophora entspricht;
in einigen Fällen finden sich auch Augenflecke im Epithel des Trochus
(aus trochalen Sinnesorganen hervorgegangen), so z. B. bei *Trochosphaera* und bei *Asplanchna*; bei den Philodiniden findet sich ein apicaler rüsselähnlicher Fortsatz, der ein paar von Augenflecken trägt.
Ferner kommen Hautsinnesorgane (Sinnesknospen) vor, die aus Gruppen
von Sinneszellen bestehen, die an der freien Fläche mit einem Büschel
von Sinneshaaren ausgestattet sind und nach innen, woselbst der
Nerv an sie herantritt, weit in die Körperhöhle vorspringen (in der
Literatur werden sie nach dem Vorgange von LEYDIG meist als periphere Ganglienzellen bezeichnet). Solche Organe finden sich zunächst
als paarige Stirntaster am Scheitelfelde; diese entsprechen vielleicht
den primären apicalen Tentakeln. Sehr charakteristisch für die Rotatorien ist ferner der Besitz eines dorsalen und eines ventralen (auch
als laterales bezeichneten) Paares von Tastern am Mittelleib; dieselben
sind in manchen Fällen an besonderen Fortsätzen des Körpers angebracht; das dorsale Paar ist oft zu einem unpaaren Nackenorgane [1])

---

1) Es ist fraglich, ob alle als Nackenorgane oder „Nackenröhren" bezeichneten Gebilde
den vereinigten dorsalen Tastern entsprechen. Wenn wir z. B. die Nackenröhre, die sehr

vereinigt. — Auch am Trochus kommen Sinneszellen vor (trochale Sinnesorgane). — Das periphere Nervensystem besteht aus Nervenfasern, welche vom Cerebralganglion zu den Sinnesorganen, zu den Wimperkränzen und zu den Muskeln ziehen[1]). Wir können die peripheren Nerven eintheilen in a) Nerven des Vorderleibes, welche erstens nach vorn zu den Stirntastern und zweitens allseitig vom Cerebralganglion ausstrahlend zu allen Zellen der Wimperkränze ziehen, und in b) Längsnerven, welche als dorsales und ventrales Paar zu den bezüglichen Tastern ziehen; entsprechend der Verschmelzung der dorsalen Taster kann auch der zugehörige Nerv unpaar werden (z. B. *Lacinularia*). Von diesen Längsnerven (besonders vom ventralen) zweigen sich auch die Nerven der Muskeln ab. Ein Schlundnerv ist noch nicht beobachtet[3]).

Die Rotatorien sind getrenntgeschlechtlich. Die Weibchen besitzen paarige oder auch ein unpaares Ovarium, dieselben liegen an der ventralen Seite des Darmes und enthalten neben den eigentlichen Keimzellen grosse, zu einer gemeinsamen Masse verschmolzene Nährzellen. Der kurze Oviduct, der oft auch als Uterus fungirt, mündet in die Kloake. — Die Männchen, welche nur zu gewissen Zeiten auftreten, sind meist zwergartig und von rudimentärer Organisation, besonders in Bezug auf den Darmapparat. — Die meisten Räderthierchen pflanzen sich den grössten Theil des Jahres parthenogenetisch vermittelst dünnschaliger sog. Sommereier fort; jene Sommereier, aus welchen sich Männchen entwickeln, sind kleiner. Die hartschaligen Wintereier werden (vielleicht nicht immer) befruchtet. — Der Embryo entwickelt sich nach der Ablage des Eies oder noch in dem als Uterus fungirenden Eileiter. Die Entwicklung ist eine direkte, da der Embryo beim Ausschlüpfen schon im wesentlichen die definitive Organisation zeigt, ja sogar an Grösse nicht mehr bedeutend zunimmt. Eine Ausnahme bilden die Tubicolen, deren junge Thiere im Vergleich zu den erwachsenen einen noch wenig entfalteten Räderapparat besitzen.

Die Furchung der kleinen, dotterarmen Eier ist adäqual oder mässig inäqual, von oligomerem Typus; die Gastrulation ist epibolisch; die Mesodermbildung und die weitere Organbildung ist noch nicht befriedigend erforscht.

Die meisten Räderthiere sind Süsswasserbewohner und in mannigfacher Weise an dieses Verhältniss angepasst; viele Arten widerstehen der Austrocknung und bewohnen sogar das Moos an Bäumen, Dachrinnen u. s. w.

---

vielen *Loricaten* zukommt, mit dem dorsalen Tasterpaare, das speciell bei *Brachionus plicatilis* ausgebildet ist, der Lage nach vergleichen, so erscheint in diesem Falle die Zurückführung zweifelhaft. (NB. Die letztgenannte Art, die sich durch den Besitz von dorsalen Tastern und den Mangel einer Nackenröhre auszeichnet, wäre wohl von der Gattung *Brachionus* zu trennen und etwa als *Brachionidium* zu bezeichnen.)

1) Die Darstellung des Nervensystems und der Sinnesorgane stützt sich zum Theil auf neuere Untersuchungen von MASIUS, die in unserem Laboratorium vorgenommen wurden.

2) Periphere Ganglien, die mehrfach beschrieben wurden, scheinen noch zweifelhaft; es können leicht Verwechselungen mit Bindegewebszellen vorkommen. Bei *Discopus synaptae* ist ein reicher Ganglienplexus von ZELINKA beschrieben worden; dies ist aber eine merkwürdige Form, deren systematische Stellung weniger sicher erscheint.

3) Bei *Asplanchna* wurde ein Schlundnerv von MASIUS gesehen, doch sind hierüber noch ausgedehntere Untersuchungen zu erwarten.

4) Die Arbeitstheilung der Zellen, welche sonst als folliculare Eibildung auftritt, betrifft hier das Ovarium als Ganzes; die Bezeichnung Keimstock und Dotterstock für diese Theile des Ovariums scheint mir aber hier nicht zu passen.

Systematische Uebersicht der Rotatoria.

A. *Vagantia*, freischwimmend oder kriechend.

1. *Trochosphaeridae*. *Trochosphaera aequatorialis*, das Kugelräderthierchen, von Semper auf überschwemmten Reisfeldern der Philippinischen Inseln entdeckt.

2. *Hydatinidae*, vielgestaltige Gruppe, welche zum Theil auch sehr ursprüngliche Formen enthält; Panzer wenig entwickelt. *Asplanchna*, mit blindgeschlossenem Darme; *Notomata*, *Hydatina*, *Hexarthra*.

3. *Loricata*, Panzer wohl ausgebildet, oft mit charakteristischen Sculpturen und Fortsätzen. *Brachionus*.

4. *Philodinidae*, langgestreckt wurmförmig; Fuss gegliedert; vom Räderorgan nur der ventrale Theil als paarige Lappen ausgebildet; dorsal von diesen ein (apicaler?) rüsselartiger Fortsatz, der oft mit zwei Augen versehen ist. *Rotifer*, *Philodina*.

B. *Tubicola*, festsitzend, meist mit Gallerthülse.

1. *Lacinularidae*, Räderorgan vollkommen und von sehr ursprünglichem Typus, dabei aber in Lappen ausgezogen. *Lacinularia socialis*, *Tubicolaria*, *Melicerta*.

2. *Floscularidae*, Räderapparat in fünf Arme umgewandelt. *Floscularia*, *Stephanoceros*.

Aberrante Typen sind *Seison* an der Haut eines Krebses (*Nebalia*); *Discopus synaptae* an der Haut von *Synapta*; beides Meeresthiere.

4. Classe der Scolecida. Endoprocta.

Die Endoprocta sind Scolreciden (?), die mit einer stielartigen Verlängerung des Scheitelfeldes festsitzen; der Trochus ist zu einem wimpernden Tentakelkranz umgebildet, das Gegenfeld ist zur Bildung eines Atriums eingezogen, innerhalb dessen demnach die Mundöffnung, die Afteröffnung, sowie die Oeffnung der Sackgonaden und der Excretionsorgane münden; hier findet sich auch zwischen Mund und After (ventral) ein Ganglion; dagegen ist das larvale Scheitelganglion (?) rückgebildet; Fortpflanzung geschlechtlich und durch Knospung.

Die *Endoprocten* sind kleine Meeresthiere — nur *Urnatella* lebt in nordamerikanischen Süsswässern; sie sind festsitzend und von polypomorpher Gestalt [1]; sie bilden Knospen, die selbständig werden (*Loxosoma*), oder zur Cormenbildung vereint bleiben (*Pedicellina*, *Urnatella*). Besonders durch letzteres Verhältniss tritt eine Aehnlichkeit mit den *Bryozoen*, die auch in anderen Organisationseigenthümlichkeiten vorhanden ist, auffallend hervor. Die *Endoprocten* werden daher meist zu den Bryozoen gerechnet; Nitsche hat sie aber allen anderen „Ectoprocten“-Bryozoen als „Endoprocta“ gegenübergestellt. Wenn wir noch weiter gehen und sie von den *Bryozoen* vollkommen trennen, so geschieht dies mit Rücksicht auf eine ganz verschiedene phylogene

---

1) Als polypomorph bezeichnen wir festsitzende Thierformen mit Tentakelkranz. die bei den verschiedensten Typen durch Anpassung an die festsitzende Lebensweise sich ausbilden, z. B. bei den Cnidariern, Anneliden, Tentaculaten, Echinodermen.

tische Ableitung dieser beiden Gruppen. Unsere morphologische Auffassung der *Endoprocta*, die wir allerdings nur als eine provisorische betrachten, stützt sich auf die Vergleichung der Endoproctenlarve mit der Trochophora; die Richtigkeit dieses Vergleiches muss aber durch neue embryologische Forschungen noch geprüft werden.

Die Endoproctenlarve besitzt einen äquatorialen Wimperkranz, welchen wir dem Trochus vergleichen; das eine, gewölbte, Feld des Körpers, welches wir als Scheitelfeld betrachten, besitzt am apicalen Pole ein von Sinneshärchen umgebenes und weiter ventral ein retractiles bewimpertes Gebilde; eines von beiden dürfte der Scheitelplatte entsprechen (das ventrale hielt ich ehemals für eine primäre Knospe, eine Vermuthung, welcher auf Grund neuerer Untersuchungen widersprochen wird). An dem ganz bewimperten Gegenfeld findet sich die Mundöffnung, die Afteröffnung und die Oeffnung des einfach gebauten Protonephridiums in typischer Lage. Die Mundöffnung führt in einen hufeisenförmigen bewimperten Darmkanal, der aus den typischen Theilen, ectodermalem Oesophagus, Magen mit ventralem Drüsenfeld (sog. Leber), Darm und ectodermalem Enddarm, besteht. Die Leibeshöhle ist eine primäre; es finden sich mehrfache einzellige Muskelfasern [1]. — Die Larve besitzt die Fähigkeit, das Gegenfeld einzustülpen, so dass es die Form eines Atriums einnimmt, an dessen Eingang nun der Wimperkranz liegt. Die

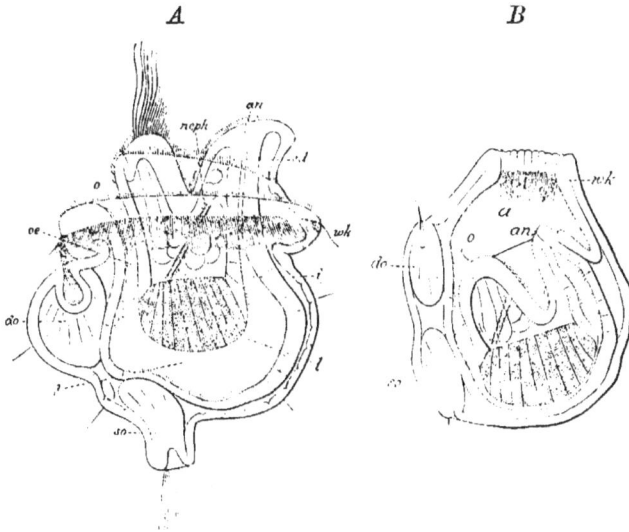

Fig. 353. **Larve von Pedicellina.** *A* **im ausgestreckten Zustande,** schwimmend; *B* **im eingestülpten Zustande.** *wk* Wimperkranz, *do* dorsales Organ, *so* Scheitelorgan, *o* Mund, *oe* Oesophagus, *i* Magen, *l* Leber, *i,* Darm, *ed* Afterdarm, *an* After, *neph* Nephridium, *a* Atrium (in Fig. *B*).

---

1) Man könnte wohl die Larve auch anders aufzufassen versuchen, indem man die Region zwischen Mund und After für das verkürzte Scheitelfeld, die übrige Fläche für das ausgedehnte Gegenfeld hielte; es wäre dann an eine nähere Verwandtschaft mit den Bryozoen eher zu denken; die Larve müsste aber in diesem Falle nicht als eine ursprüngliche, sondern als eine stark modificirte Form betrachtet werden.

24*

Lagerung der Organe entspricht dann vollkommen derjenigen bei dem
entwickelten Thiere, nur dass letzteres an Stelle des Wimperkranzes
einen Kranz von wimpernden Tentakeln (d. i. eine in Tentakeln aus-
gebuchtete Wimperschnur) besitzt und am Scheitelfeld mittelst einer
stielartigen Verlängerung befestigt ist. Bei der Metamorphose der Larve
sollen zwar merkwürdige Verlagerungen (nämlich eine Drehung des
gesammten Eingeweidecomplexes, deren
morphologische Bedeutung noch nicht
aufgeklärt ist) erfolgen, dessen unge-
achtet ist aber der hier erwähnte morphologische Vergleich der Larvenorga-
nisation und der definitiven Organisation als ein vollkommen gesicherter zu
betrachten. — Wir unterscheiden daher
am entwickelten Thiere einen mit Längs-
muskelfasern versehenen Stiel und einen
Kelch, welcher die Körperorgane enthält; an diesem finden wir ein Atrium,
welches von einem Kranze von Tentakeln umstellt ist; dieselben können in
das Atrium eingekrümmt werden, dessen
contractiler Rand sich sodann über
ihnen schliesst. Darmkanal und Excretionskanäle entsprechen jenen der Larve.
Ein Scheitelganglion, das an der Kelchwand zu suchen wäre, wird vermisst,
dagegen findet sich ein Ganglion zwischen Mund und After, von welchem
Nerven zu den Tentakeln und zu einem
Paar von Tasthügeln an den Seiten der
Kelchwand ziehen. Es gibt getrennt-

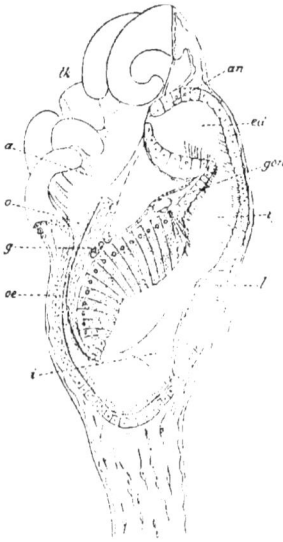

Fig 354 **Längsschnitt des Kelches
von Loxosoma** (nach Nitsche). **tk** Tentakelkranz, **gon** Gonaden. Die übrigen
Bezeichnungen wie oben.

geschlechtliche und auch zwitterige
Formen; die paarigen, über dem Magen
gelegenen Hoden und Ovarien sind
Sackgonaden und münden durch einen
unpaaren Ausführungsgang vor dem After. Das Atrium dient als Brutraum. — Neben der geschlechtlichen Fortpflanzung erfolgt eine Vermehrung durch Knospung. Die Knospen entstehen bei *Loxosoma* an
der Aussenwand des Kelches, und zwar rechts und links an der oralen
Seite desselben; sie kommen zur vollkommenen Ablösung als selbständige
Individuen. Bei *Pedicellina* und *Urnatella* bilden sie sich am Stolo,
der an der Basis des Stieles an der oralen Seite auswächst und nur
wenig verästelt ist; die Individuen bleiben zur Bildung eines Cormus
vereinigt; die Knospen entstehen successive an den freien Enden des
Stolo, welche die Wachsthumpunkte des Stolo darstellen. Interessant
ist es, dass bei *Pedicellina* die Kelche von den Stielen abfallen und
durch Regeneration ersetzt werden können (ein Process, der von Seel-
liger genauer untersucht wurde). Bei der Knospung soll nicht nur
das Atrium, sondern auch der Darmkanal aus dem äusseren Epithel
der Knospungszone entstehen.

Die Knospungsvorgänge sind von allgemeiner theoretischer Bedeutung.
Nitsche leitet die ganze Knospe (bei *Loxosoma*) vom äusseren Epithel ab.

Fig. 355.   Fig. 356.

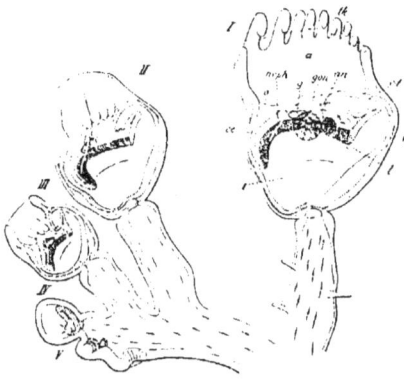

Fig. 355. **Knospung von Pedicellina.** *I* die älteste, *V* die jüngste der Knospen, die am Stolo prolifer entstehen. Die anderen Bezeichnungen wie oben.
Fig. 356. **Knospung von Loxosoma** (nach Nitschk). Die Knospen, deren Altersfolge durch Ziffern bezeichnet ist, entstehen am Kelche und kommen als selbständige Individuen zur vollkommenen Lostrennung.

Ich selbst stellte die Knospung (bei *Pedicellina*) so dar, dass von einer Primärknospe, an deren Aufbau alle drei Keimblätter sich betheiligen, alle späteren Knospen sich abspalten. Durch neuere Untersuchungen erscheint dies zweifelhaft. Seeliger leitet bei *Pedicellina* den Darm der Knospe vom äusseren Epithel, die Mesodermgebilde vom alten Mesoderm ab und weist ein gleiches Verhältniss bei Regeneration des Kelches nach. Dies wird eine Aenderung in unserer Auffassung der allgemeinen Gesetze der Knospung nöthig machen, indem wir uns dem früher von Nitsche vertretenen Standpunkte wieder nähern [1]).

Loxosoma, Einzelthiere, oft mit einer Fussdrüse versehen, Knospen werden selbständig, leben oft an Spongien, Wurmröhren u. dgl.; *Pedicellina*, kormenbildend; *Urnatella* lebt im Süsswasser in Nordamerika.

5. Classe der Scolecida. Nematodes.

Die Nematoden sind Scoleciden (?) von langgestreckt spulrunder Körperform, mit vorderer Mundöffnung und ventraler, nahe vom Hinterende gelegener Afteröffnung. Bewimperung fehlt der Gesammtorganisation in allen Lebensstadien. Die äussere Cuticula ist mächtig entwickelt und wird periodisch erneuert. Subcuticula mit seitlichen Verdickungen (Seitenlinien), längs welcher die einfachen seitlichen Wassergefässkanäle liegen und mit einer dorsalen und ventralen Verdickung (Medianlinien), in welchen Längsnervenfasern verlaufen. Vier

1) Ich komme auch bei den ectoprocten Bryozoen neuerdings zu einer Bestätigung der von Nitsche vertretenen Darstellung.

Längsmuskelfelder; deutliche (primäre) Leibeshöhle;
Mitteldarm nur vom Endodermepithel aufgebaut. Cen-
tralnervensystem in Form eines Schlundringes. Ge-
trenntgeschlechtlich, mit schlauchförmigen Gonaden.
Entwicklung direct. Zum grossen Theil parasitische
Thiere.

Die Organisationseigenthümlichkeiten der *Nematoden* sind in dieser
ganzen Classe ziemlich einförmig, sie zeigen aber viele merkwürdige Besonderheiten den anderen *Sroleeiden* gegenüber; so ist z. B. die Zurückführung des ringförmigen Centralnervensystems auf dasjenige der *Sroleeiden*
ganz unsicher; ja dies gilt sogar in Bezug auf die übliche Auffassung von
Bauch- und Rückenseite der *Nematoden*, welche nur in der Lage der weiblichen Geschlechtsöffnung eine Begründung findet; diese Körperseiten sind
bei den *Nematoden* sowohl äusserlich als auch innerlich auch nur sehr
wenig von einander verschieden. — Die Zuordnung der *Nematoden* zu den
Sroleeiden ist noch durchaus nicht sicher begründet, da die Beurtheilung
ihrer Leibeshöhle und Körperschichten noch unklar ist. — Es ist fraglich,
ob die parasitischen oder die freilebenden *Nematoden* dem Ausgangspunkte
der Gruppe näher stehen. Man möchte wohl der ersteren Vermuthung den
Vorzug geben und annehmen, dass viele Eigenthümlichkeiten dieser aberranten Thiergruppe durch den Parasitismus erworben worden sind, doch
spricht manches auch für die zweite Theorie. — Unter den vielen Möglichkeiten, die in Bezug auf die Verwandtschaftsbeziehungen der *Nematoden*
ausgesprochen wurden, möchten wir die eventuellen Beziehungen zu den
Gastrotrichen und die zu den *Anneliden* besonders hervorheben. In ersterem Falle wäre nebst anderen Modificationen eine riesige Grössenzunahme
auf Grund des Parasitismus erfolgt, in letzterem Falle dagegen hätte eine
sehr bedeutende Vereinfachung der Organisation, sogar in Bezug auf die
Schichtung des Körpers, stattgefunden. Der in jüngster Zeit (von BÜTSCHLI)
erörterten Ableitung der *Nematoden* von den Plattwürmern und zwar den
Trematoden möchten wir mit Rücksicht auf die bedeutende Verschiedenheit
des Geschlechtsapparates nicht das Wort reden.

Die Körperform der *Nematoden* ist in der Regel spulrund und
mehr oder weniger langgestreckt und an beiden Enden verjüngt. Das
Vorderende, wo die Mundöffnung liegt, ist abgestutzt, das Hinterende
meist zugespitzt. Der After liegt meist ventral in der Nähe des Hinterendes, seltener terminal. Viele *Nematoden* sind nahezu mikroskopisch
klein, andere erreichen den Umfang eines grossen Regenwurmes (menschlicher Spulwurm, Pferdespulwurm) und noch darüber.
Bewimperung fehlt nicht nur vollständig an der äusseren Körperoberfläche, sondern auch in der ganzen inneren Organisation, und zwar
nicht nur am entwickelten Thiere, sondern auch in allen Entwicklungsstadien. Der Körper ist an seiner ganzen Oberfläche von einer mächtigen chitinartigen, durchsichtigen Cuticula bedeckt, welche durch
Häutung periodisch abgeworfen und erneuert wird, und welche besonders bei den grösseren Formen eine bedeutende Dicke und einen complicirteren geschichteten Bau erreicht. Die äussere Schichte derselben
ist in der Regel mit einer mikroskopisch feinen Querstreifung (Ringelung) versehen, die an den Seiten des Körpers durch eine zackige
Längslinie unterbrochen ist. Die innere Schichte ist oft durch gekreuzte
diagonale Fasersysteme ausgezeichnet. In manchen Fällen finden sich

Stacheln und Haken als Differenzirungen der Cuticula. Verschieden davon sind wohl die feinen Borsten, die am Vorderende freilebender *Nematoden* (der sog. Cirriferen) sich finden, da diese die Cuticula durchbohren und wahrscheinlich in Beziehung zu Sinneszellen stehen.

Fig. 357.   Fig. 358.

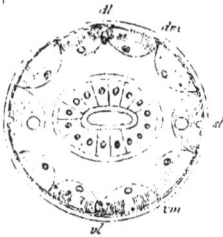 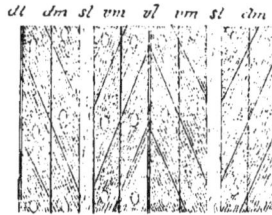

Fig. 357. **Querschnitt durch den Körper eines Nematoden, vom Typus der Mero-Platymyarier,** etwas schematisirt (nach R. LEUCKART). *sl* Seitenlinie, *dl* und *vl* dorsale und ventrale Mittellinie, *dm* und *vm* dorsales und ventrales Muskelfeld.

Fig. 358. **Ein Stück der Leibeswand eines Meromyariers,** längs der dorsalen Linie aufgeschnitten und ausgebreitet (nach LEUCKART). Bezeichnungen wie oben.

Fig. 359.   Fig. 360.

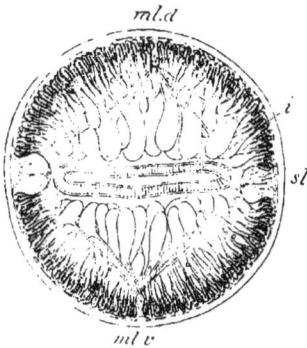 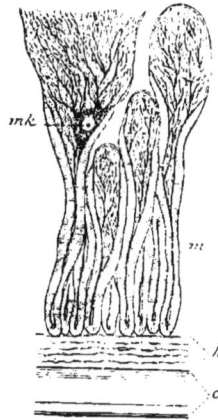

Fig 359. **Querschnitt durch den Körper eines Poly-Coelomyariers** (*Ascaris lumbricoides*), nach LEUCKART. *mld* und *mlv* dorsale und ventrale Medianlinie, *sl* Seitenlinie, *i* Darm.

Fig. 360 *Ascaris lumbricoides*, **Querschnitt der Leibeswand,** zum Theil nach LEUCKART. *c* geschichtete Cuticula, *h* Hypodermis (Fasergewebe mit Kernen, in welchem dicke Gallertcylinder verlaufen), *m* Muskelzellen, *mk* Zellkern des Muskelkörperchens.

Die unterhalb der Cuticula befindliche Hypodermis, welche hier meist als Subcuticula bezeichnet wird, besitzt am erwachsenen Thiere selten mehr den Charakter eines Epithels, sondern erscheint als ein faserig körniges Gewebe, in welches Zellkerne eingebettet sind. Diese

Subcuticula zeigt besondere Differenzirungen in den vier „Längslinien" des Körpers. Von diesen sind die beiden seitlichen als Seitenlinien bezeichneten Bildungen mächtige wulstartige Verdickungen der Subcuticula[1]); längs derselben verlaufen, wenigstens im Vorderkörper, die Excretionskanäle. Die sogenannte dorsale und ventrale Medianlinie dagegen ist je eine schmale, leistenartig nach innen vorspringende Verdickung der Subcuticula, innerhalb welcher einige Nervencylinder verlaufen.

Der Subcuticula dicht anliegend folgt nach innen eine M u s k e l s c h i c h t e , welche die innerste Schichte der Leibeswand (Hautmuskelschlauch) darstellt. Es sind dies ausschliesslich Längsmuskeln; dieselben sind in Form von vier gleichartigen Längsmuskelfeldern und zwar als ein dorsales und ein ventrales Paar — angeordnet und erstrecken sich in den Zwischenräumen der vier Längslinien durch die ganze Länge des Körpers. Der Bau dieser Muskeln, welcher zuerst von SCHNEIDER richtig erkannt wurde, ist äusserst merkwürdig und gleicht dem Typus eines Epithelmuskels. Bei den meisten *Nematoden* bestehen die Muskelfelder aus eigenthümlichen rhombischen Zellen (Muskelzellen oder Muskelfasern), von welchen nur zwei auf die Breite eines Muskelfeldes kommen (daher „Meromyarier"); dieselben sind derart regelmässig angeordnet, dass sie nicht nur Längsreihen, sondern zugleich auch kurze diagonale Reihen bilden, die in den benachbarten Feldern gegen einander in spitzem Winkel convergiren. Die Muskelfibrillen verlaufen entsprechend dieser diagonalen Richtung. Wie der Querschnitt lehrt, bilden die bandartigen Fibrillen, dicht an einander gereiht, eine einfache äussere Schichte der Muskelzelle (daher „Platymyarier"), während der plasmareiche Rest jeder Zelle, der als Muskelkörperchen bezeichnet werden kann, gegen die Leibeshöhle bauchig vorspringt. Besonders bei den grösseren Nematodenformen finden sich aber veränderte Verhältnisse, indem erstlich von den viel langgestreckteren Muskelzellen eine grössere Anzahl auf die Breite jedes Muskelfeldes entfällt (daher „Polymyarier") und indem ferner die Fibrillenschichte an jeder Zelle nicht mehr eine einfache Platte bildet, sondern seitlich an derselben emporsteigend eine gefaltete Platte darstellt, in deren Höhlung das Plasma des Muskelkörperchens sich fortsetzt (daher „Coelomyarier"). Dadurch ist eine grössere Massenentfaltung der Fibrillen ermöglicht. Bei dieser letzteren Form von Muskelfasern sendet das riesige, blasenartige Muskelkörperchen je einen strangförmigen Fortsatz zu der entsprechenden Medianlinie, welcher mit den dort verlaufenden Nerven in Zusammenhang steht. (Im Gegensatz hierzu scheinen die Muskelfelder der Anneliden stets von der Aussenfläche her ihre Innervation zu empfangen.)

Die Leibeswand schliesst eine deutliche Leibeshöhle ein, in welcher der Darm und die Geschlechtsorgane liegen. Zwischen Leibeswand und Eingeweiden finden sich vielfach bestimmt angeordnete Balken und Platten einer structurlosen Bindesubstanz, welche keine Zellen enthält. Da der Mitteldarm nur aus einer äusseren structurlosen Basalmembran und einer inneren Epithelschichte besteht, so sehen wir auf dem typi-

---

1) Ich finde in dem Fasergewebe von *Ascaris lumbricoides* quer verlaufende, dicht aneinandergereihte Gallertcylinder, die in den Seitenlinien in mächtige längsverlaufende Stränge übergehen. Aehnliche Beobachtungen hat vielleicht HAMANN gemacht, der von einem Gefässsystem der Subcuticula berichtet (seine ausführlichen Mittheilungen sind zu erwarten).

schen Querschnittsbild den Körper aus drei Zellschichten aufgebaut, der äusseren Epidermis (Subcuticula), der epithelähnlichen Muskelschichte und dem Darmepithel.

Der Darmkanal verläuft gerade gestreckt durch den Körper. Der Mund, welcher stets terminal liegt, ist in der Regel von Lippen umgeben und führt in eine Mundhöhle, die von einer festen, oft mit zahnartigen Gebilden versehenen Cuticula ausgekleidet ist. Manchmal münden hier grosse Speicheldrüsen (*Dochmius*). Lippen und Zähne zeigen bestimmte Charaktere, die uns zur Unterscheidung der systematischen Hauptgruppen von Wichtigkeit sind. — Der eigentliche Darm zerfällt in Oesophagus (Stomodaeum oder Schlund), Mitteldarm und Hinterdarm (Proctodaeum). Der Oesophagus, welcher meist als Saugapparat fungirt, besteht aus einer äusseren structurlosen Membran (Propria), einer dicken Muskelschichte, die nur aus Radiärfasern besteht, welche zur Erweiterung des Oesophagus dienen, und einer inneren starken elastischen Cuticula, die ein typisch dreistrahliges Lumen einschliesst und als Antagonist der Muskeln fungirt; eine dazu gehörige Subcuticula ist kaum nachweisbar. Der Oesophagus endet meist mit einer besonderen, oft mit Kiefern versehenen Anschwellung (Bulbus, Muskelmagen), die oft auch Drüsenzellen in ihrer Wandung enthält; anstatt dieses Bulbus kann auch ein ausschliesslich drüsiger Theil sich finden; und dieser ist bei den *Trichotracheliden* ausserordentlich lang und nur von einer einzigen Zellreihe gebildet. — Der Chylusdarm besteht aus einer ansehnlichen äusseren, structurlosen Basalmembran

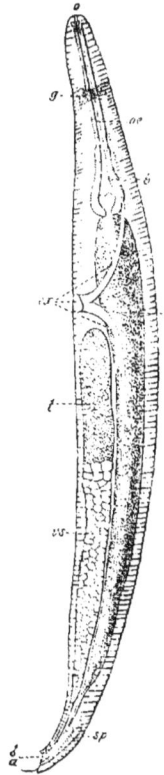

Fig. 361.

Fig. 361. **Uebersicht der Organisation von** *O.cyuris Diesingii*, Männchen, aus der Küchenschabe (nach Bütschli). o Mund, oe Oesophagus, b dessen Bulbus, i Darm, ♂a After und männliche Genitalöffnung, g Ganglienring, ex Excretionskanäle, t Hoden, vs Vesicula seminalis, sp Tasche für das Spiculum.

Fig. 362.

Fig. 362. **Mundkapsel von** *Dochmius*, mit Chitinzähnen (nach Leuckart).

(Propria), einer Epithelschichte und einer inneren, von senkrechten Poren durchsetzten Cuticula (Stäbchensaum). -- Der Enddarm ist aus innerer Cuticula, Epithelschichte und äusserer Muskelschichte aufgebaut. Neben dem ventral, seltener terminal gelegenen After münden meist mehrere einzellige Drüsen.

Als Excretionskanäle werden zwei Schläuche gedeutet, welche den Seitenlinien dicht anliegend, wenigstens in der vorderen Körperhälfte gefunden werden, und die unweit des Schlundringes in kurze Querkanäle übergehen, die durch eine gemeinsame unpaare ventrale

Oeffnung nach aussen münden. Nach den bisherigen Untersuchungen muss es noch zweifelhaft erscheinen, ob dies selbständige Gebilde oder nur Differenzirungen der Seitenlinien sind. Neben dem Excretionsporus münden manchmal zwei grosse einzellige Drüsen aus (besonders bei den *Strongyliden*).

Das Nervensystem, welches besonders bei den grossen *Ascariden* genauer erforscht ist, besitzt eine epitheliale Lagerung, d. h. es hängt überall innig mit der Subcuticula zusammen. Der centrale Theil findet sich in einiger Entfernung vom Vorderende des Körpers als eine ringförmige Bildung, welche die Speiseröhre eng umschliesst (Schlundring); derselbe kann als eine ringförmige Epithelverdickung betrachtet werden, welche aber von den vier Längsmuskelfeldern durchbohrt wird,

Fig. 363. Querschnitt durch den Schlundring von *Eustrongylus* (nach LEUCKART).

so dass ein Zusammenhang mit der Subcuticula nur in den vier Längslinien erhalten bleibt; die Ganglienzellen sind aber an diesem Schlundring nicht gleichartig vertheilt, sondern sind an gewissen Stellen gehäuft, z. B. beim Spulwurm an den Seiten und ventral. Von diesem Schlundring gehen nach vorn sechs Nerven aus, nämlich zwei Nerven in den Seitenlinien und vier längs der vier Zwischenfelder in der Subcuticula verlaufende Submediannerven; diese vorderen Nerven versorgen besonders die papillenartigen Sinnesorgane in der Umgebung des Mundes; hinter den Mundlippen stehen sie mit zahlreichen Ganglienzellen in Verbindung, die wohl auch als Central-

apparate zu betrachten sind; nach hinten gehen vom Schlundring ebenfalls vier Submediannerven ab, die aber nur eine Strecke weit zu verfolgen sind, während ein dorsaler und ventraler Nerv in den beiden Medianlinien die ganze Länge des Körpers durchzieht und zu den entsprechenden ventralen und dorsalen Muskelfeldern in Beziehung steht; stellenweise sind diese beiden Nerven durch Ringfasern, welche in der Subcuticula verlaufen, mit einander verbunden. Bei den grossen *Ascariden* ist auch ein vor dem After gelegenes Analganglion, ja beim Männchen sogar ein vollständiger pränaler Nervenring (d. h. ein Ringganglion) nachgewiesen, der ferner mit Nerven und Ganglienzellen des Enddarmes und hinteren Körperendes in Verbindung steht. — Nebst den oralen Tastpapillen finden sich solche auch am Hinterende; sonstige Sinnesorgane sind nur bei freilebenden Nematoden erkannt, und zwar kommt ein dorsaler x-förmiger Augenfleck in der Gegend des Schlundringes und Tastborsten besonders am Vorderkörper vor.

Bei den Nematoden kennen wir nur geschlechtliche Fortpflanzung (und Parthenogenese?). Sie sind typisch getrenntgeschlechtlich. Es gibt nur wenige Ausnahmen (secundärer Natur), wo in den Genitalsäcken neben Eiern auch Spermatozoen erzeugt werden (*Pelodytes hermaphroditas*, von SCHNEIDER in faulenden Schnecken entdeckt); bei *Rhabdonema nigrovenosum* findet sich Heterogonie, es wechselt nämlich die kleinere getrenntgeschlechtliche *Rhabditis*-Generation mit der grösseren zwitterigen als *Rhabdonema* bezeichneten ab. — Die Männchen sind in der Regel etwas kleiner als die Weibchen und zeigen ein ventral umgekrümmtes Hinterende, welches meist durch besondere Tastpapillen ausgezeichnet ist. — Die Geschlechtsorgane sind in beiden Geschlechtern ähnlich gebaut: auffallend ist aber die verschiedenartige Ausmündung. — Die weiblichen Organe münden in der Mitte der

Bauchfläche aus; es sind paarige lange, oft vielfach gewundene Schläuche; in der Regel ist der eine Schlauch nach vorn, der andere nach hinten gelagert; in dem verjüngten blinden Ende jedes Schlauches findet sich das Keimepithel, es fungirt dieser Theil demnach als Ovarium, die darauffolgenden Abschnitte werden als Oviduct und Uterus bezeichnet und führen zu der kurzen unpaaren Vagina. — Der männliche Genitalschlauch ist in der Regel unpaar, seine Abschnitte fungiren als Hoden (in welchem die eigenthümlichen, kegelförmigen, amöboiden Spermatozoen sich bilden), Vas deferens und Samenblase, er mündet ventral in den Hinterdarm, der demnach beim Männchen als Kloake zu bezeichnen ist. Als männlicher Begattungsapparat finden sich meist paarige, durch besondere Muskeln vorstülpbare, chitinartige Spicula, die an der Dorsalseite des Hinterdarmes in besonderen taschenartigen Anhängen desselben liegen. Oft ist auch der Endtheil der Kloake selbst vorstülpbar (*Trichina*). Bei den *Strongyliden* ist das Hinterende des Männchens von einer schirm- oder glockenförmigen Bursa copulatrix umgeben.

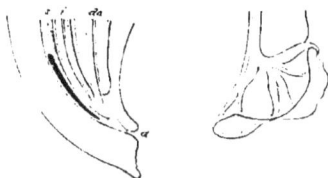

Fig. 364. Fig. 365

Fig 364. **Hinterende des Männchens** von *Ascaris lumbricoides*, im Längsschnitt (nach LEUCKART). *a* Kloakenöffnung, *i* Darm, *de* Ductus ejaculatorius, *s* Spiculumtasche

Fig. 365. **Bursa copulatrix des Männchens** von *Sclerostomum* (nach LEUCKART).

Die Entwicklung ist eine directe. Die befruchteten Eier, die mit einer ansehnlichen Dottermembran versehen und meist von ovaler Gestalt sind, häufen sich in manchen Fällen nur in geringerer Anzahl, in anderen Fällen aber in sehr bedeutender Menge im Uterus an. Die Entwicklung erfolgt meist nach Ablage der Eier, bei vielen Arten aber schon im Uterus. Die Furchung ist adäqual, aber ohne Furchungshöhle, die Gastrulation erfolgt durch Epibolie, der Gastrulamund entspricht der Ventrallinie; es sondern sich zwei Urmesodermzellen, von welchen zwei Mesodermstreifen geliefert werden, die sodann in die Anlage der vier Muskelfelder, der Excretionskanäle und die Genitalanlage sich sondern (GÖTTE), welche letztere bei den jungen *Nematoden* typisch durch zwei Embryonalzellen repräsentirt wird. Stomodaeum und Proctodaeum entstehen als Ectodermeinstülpungen. Der Embryo ist nach Bildung dieser Anlagen oval, er streckt sich sodann in die Länge und liegt endlich spiralig gewunden innerhalb der Eihülle. Das junge Thier zeigt schon die typischen Nematodencharaktere, ist aber von relativ sehr geringer Grösse. Oft sind diese Jugendformen auch mit besonderen Einrichtungen für ihre parasitischen Wanderungen ausgestattet (Bohrstachel); sie erfahren mehrfache Häutungen.

Es gibt zahlreiche kleine *Nematoden*, die freilebend sind, aber gleichwohl meist von organischen Zersetzungsprodukten sich nähren. Sie finden sich im Meere, seltener im Schlamm der Süsswässer. Ferner in Pflanzen und in faulenden vegetabilischen Stoffen (*Anguilluliden*). Aber auch bei den parasitischen Formen findet sich eine grössere Mannigfaltigkeit der biologischen Verhältnisse, namentlich in Bezug auf

die Art der Einwanderung, als bei anderen parasitischen Thiertypen.
In vielen Fällen leben die jungen Thiere frei als sogenannte Rhabditiden im Wasser oder in feuchter Erde (*Dochmius, Sclerostomum*). Andere Formen werden frühzeitig, oft schon im Ei, durch Nahrungsmittel wieder in ihren Wirth übertragen (*Oxyuris vermicularis*). In einem anderen Falle lebt nicht nur der geschlechtsreife Parasit in seinem Wirthe, sondern es verbleibt auch die junge Brut in demselben bis zu einer gewissen Lebensperiode, die durch Einkapselung als Ruhezustand charakterisirt ist; es muss dann eine Uebertragung in einen zweiten Wirth, der aber auch von demselben Art wie der erste sein kann, erfolgen, damit dort derselbe Cyclus durchlaufen werde (*Trichina*). Nur in einigen Fällen ist ein typischer Wirthswechsel, der sonst so allgemein bei Parasiten vorkommt, ausgebildet, indem nämlich die Jugendform den einen Wirth, die geschlechtsreife Form den anderen Wirth bewohnt. So wandert bei der abyssinischen *Filaria medinensis*, welche geschlechtsreif in der Unterhaut des Menschen lebt, sowie bei *Cucullanus elegans*, der geschlechtsreif im Darme des Barsches sich aufhält, die junge Brut in die Leibeshöhle gewisser kleiner Süsswasserkrebse, nämlich *Cyclops*-Arten ein, wo sie nach einiger Zeit sich einkapselt. — Parasitische *Nematoden* finden sich bei den verschiedensten Wirbelthieren und Wirbellosen; da sie getrenntgeschlechtlich sind, so leben sie stets in Mehrzahl oft in grosser Menge in einem Wirthe.

Systematische Uebersicht der Nematoden (mit besonderer Berücksichtigung der menschlichen Parasiten).

1. **Enoplidae.** Speiseröhre ohne Anschwellung; häufig mit Augen versehen; oft mit Schwanzdrüsen; kleine freilebende Thiere, meist im Meere. *Enoplus, Dorylaimus.*

2. **Anguillulidae.** Speiseröhre mit zwei Anschwellungen, kleine Formen, theils freilebend, theils in Pflanzen oder auch in Thieren schmarotzend. *Tylenchus scandens*, Weizenälchen, verursacht die Gicht der Weizenkörner; *Sphaerularia bombi*; *Heterodera Schachtii*, Rübennematode, verursacht die Rübenkrankheit; *Anguillula aceti*, Essigälchen an Pilzen im Kleister oder Essig u. s. w. *Rhabditis*, zahlreiche Arten leben in faulenden Substanzen, andere sind wenigstens zeitweilig parasitisch; *R. (Rhabdonema) nigrovenosa*. zeigt die Erscheinung der Heterogonie, die getrenntgeschlechtliche Generation lebt in feuchter Erde, die grössere Zwitterform lebt in der Lunge des Frosches.

R. stercoralis intestinalis (*Rhabdonema strongyloides*) ist ein Parasit des Menschen in den wärmeren Ländern der alten Welt; zeigt ebenfalls Heterogonie, die eine Generation (intestinalis) lebt im Darme in grossen Mengen, die andere (stercoralis) im Freien als Zwischengeneration. Erzeugt schwere Erkrankungen.

3. **Mermithidae.** Mund mit 6 Papillen, lang fadenförmig; leben als Larven in der Leibeshöhle von Insecten, geschlechtsreif in feuchter Erde. *Mermis.*

4. **Filariadae**, lang fadenförmig; ♂ mit eingerolltem Hinterende und mit zwei ungleichen oder nur einem Spiculum; Schmarotzer.

Filaria (Dracunculus) medinensis, Medinawurm, Parasit des Menschen in den Tropenländern der alten Welt; bis 80 cm lang und nur etwa 1 mm dick, mit verkümmertem Darme, lebt im Unterhaut-

bindegewebe und erzeugt dort Geschwüre, die aufbrechen; die in ungeheurer
Anzahl erzeugten Larven gelangen ins Wasser und wandern in kleine Süsswasserkrebse (*Cyclops*) ein, diese werden wahrscheinlich mit dem Trinkwasser vom Menschen aufgenommen. — *Filaria sanguinis hominis*
in den Tropenländern; die sehr kleinen Larven leben in grosser Zahl im
Blute des Menschen; erzeugen Nierenentzündung. Die geschlechtsreife
Form (*F. Bancrofti*) ist mehrere cm lang und lebt in lymphatischen Ge-
schwülsten. Die Larven gelangen auch in Mosquitos, doch ist es fraglich,
ob dies ein Zwischenwirth ist.

5. **Trichotrachelidae.** Vorderende verdünnt, Oesophagus lang und
dünn, mit einreihigem Zellstrang; ♂ mit nur einem oder ohne Spiculum;
Parasiten.

Trichocephalus dispar, Peitschenwurm, 4—5 cm lang,
das Vorderende lang und dünn, enthält nur den Oesophagus, der kürzere
und dickere Hinterleib aber den Darm und die Geschlechtsorgane. Eier
tonnenförmig, dickschalig. Der Parasit bewohnt das Coecum des Menschen,
der dünne Vorderkörper ist in die Schleimhaut eingebohrt; selten kommen
mehr als 10 Exemplare gleichzeitig vor; die pathologische Bedeutung ist
daher gering. Die Infectionsweise ist unbekannt; doch ist es wahrscheinlich, dass die längere Zeit im Freien ausdauernden Eier wieder direct in
den Menschen gelangen.

Trichina spiralis, Trichine. Das geschlechtsreife Thier lebt
im Darme des Menschen etc. (Darmtrichine); ♂ 1,5 mm lang, ♀ 3 mm
lang; am Hinterleibsende des Männchens zwei Papillen, die Kloake desselben
ist vorstülpbar, Spicula fehlen; beim Weibchen liegt die Geschlechtsöffnung
weit vorn, die Embryonen entwickeln sich schon im Uterus. — Die sehr
kleinen Jungen (0,01 mm) durchbohren die Darmwandung und wandern
selbstthätig in die quergestreifte Musculatur, und zwar in das Innere
der einzelnen Muskelfasern ein. Die Muskelfasern degeneriren, die junge
Trichine wächst auf deren Kosten und kapselt sich dann spiralig eingerollt
ein (eingekapselte „Muskeltrichine"). Durch Uebertragung in einen
anderen Wirth kann die Trichine geschlechtsreif werden und es kann ein
neuer Cyklus beginnen. Die Trichine lebt nicht nur im Menschen, sondern
auch im Schwein, in der Ratte, im Kaninchen und vielen anderen Säugethieren, seltener in Vögeln, so z. B. im Huhn, in der Taube, Ente etc. —
Pathologische Bedeutung. Die Trichine wurde als eingekapselte
Muskeltrichine von dem englischen Studenten der Medicin Paget entdeckt
(1835). Trotzdem blieb die Bedeutung derselben als Krankheitserreger lange
unbeachtet und wurde erst erkannt, als durch Leuckart und Zenker an-
lässlich eines in Dresden durch Trichinose erfolgten Todesfalles der ganze
Entwicklungsgang der Trichine festgestellt wurde. Bald darauf wurde die
Aufmerksamkeit durch mehrere Trichinenepidemien (Epidemie von Haders-
leben) noch mehr auf die grosse Bedeutung der Trichinenkrankheit ge-
lenkt. — Die Gefährlichkeit der Trichine beruht darauf, dass ihre Brut
nicht wie bei anderen Nematoden nach aussen entleert wird, sondern in
die Gewebe und zwar die Muskelfasern desselben Wirthes einwandert. —
Die Infection des Menschen erfolgt in der Regel durch den Genuss von
trichinösem, ungenügend gekochtem Schweinefleisch; erst eine Temperatur
von + 55° R, auch im Inneren des zubereiteten Fleischstückes, tödtet die
Trichinen. Die Trichinen siedeln sich im Darme an; sie verursachen dort
schon Darmerscheinungen, welche aber nur bei grösserer Menge der Parasiten sehr heftig werden. Schon nach einer Woche beginnen aber die von
den Darmtrichinen erzeugten Larven die Darmwand zu durchbohren, um

Fig. 366   Fig. 367.

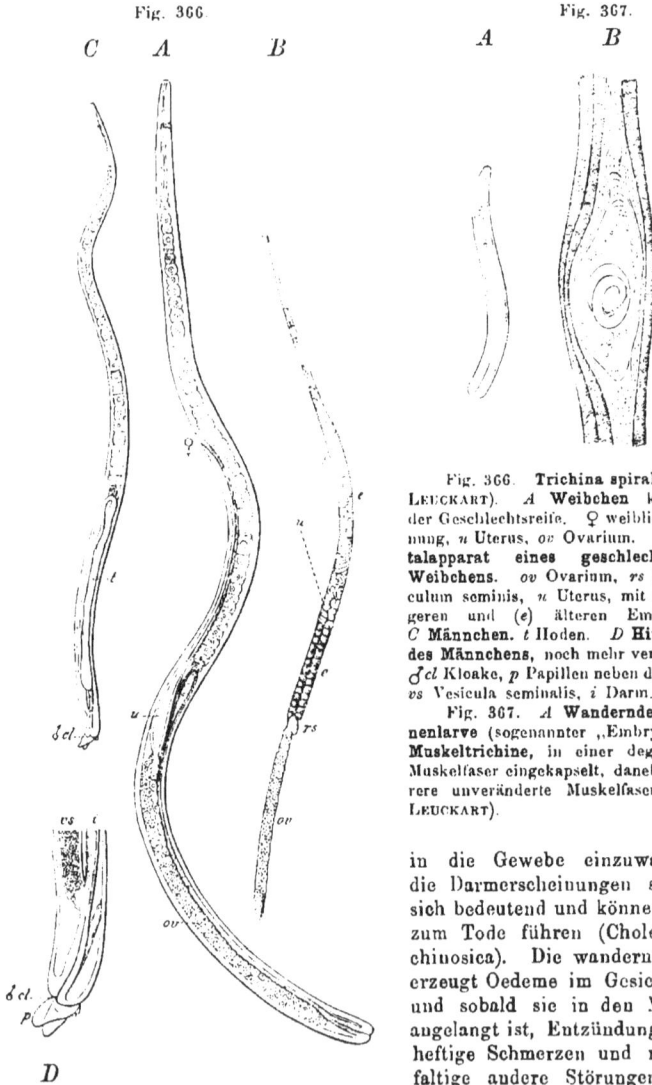

Fig. 366. **Trichina spiralis** (nach
LEUCKART). *A* **Weibchen** kurz vor
der Geschlechtsreife. ♀ weibliche Oeffnung, *u* Uterus, *ov* Ovarium. *B* **Geni-
talapparat eines geschlechtsreifen
Weibchens.** *ov* Ovarium, *rs* Receptaculum seminis, *u* Uterus, mit (*e,*) jüngeren und (*e*) älteren Embryonen.
C **Männchen.** *t* Hoden. *D* **Hinterende
des Männchens,** noch mehr vergrössert.
♂ *cl* Kloake, *p* Papillen neben derselben,
vs Vesicula seminalis, *i* Darm.
     Fig. 367. *A* **Wandernde Trichi-
nenlarve** (sogenannter „Embryo"). *B*
Muskeltrichine, in einer degenerirten
Muskelfaser eingekapselt, daneben mehrere unveränderte Muskelfasern (nach
LEUCKART).

in die Gewebe einzuwandern;
die Darmerscheinungen steigern
sich bedeutend und können selbst
zum Tode führen (Cholera tri-
chinosica). Die wandernde Brut
erzeugt Oedeme im Gesicht etc.,
und sobald sie in den Muskeln
angelangt ist, Entzündungen und
heftige Schmerzen und mannigfaltige andere Störungen. Die
Nachschübe von Larven vom
Darme aus dauern 4—5 Wochen und führen zu einer fortwährenden Steigerung der Symptome. Wenn die Kranken dieses Stadium überdauern, so
kann eine allmähliche Heilung eintreten. — Die Muskelfasern, in welche die
Trichine einwandert, gehen zu Grunde, denn ihre Substanz wandelt sich in
eine körnige Masse um; später erhält die spiralig eingerollte Trichine eine
längliche Kapsel, die allmählich in 5—8 Monaten verkalkt, und es verharrt
der Parasit im Ruhezustand. — Die Diagnose der Trichinenkrankheit

ist meist erst in vorgeschrittenem Stadium, nach Einwanderung der Brut in die Gewebe, festzustellen; am sichersten ist der Nachweis der jungen Trichinen in harpunirten Muskelfasern. — Heilmittel können dann nicht mehr den Parasiten bekämpfen, sondern nur gegen die Begleiterscheinungen sich richten. Prophylaktisch wird gegen die Trichinose vorgegangen: 1) Durch mikroskopische Fleischbeschau, die in Norddeutschland obligatorisch eingeführt ist; man hat nur mehrere Proben von Muskelfasern des geschlachteten Thieres zu prüfen. 2) Ferner durch genügendes Kochen oder Braten des Fleisches. 3) Durch sorgfältige Reinlichkeit beim Halten der Schweine; die Schweine selbst werden nämlich dadurch inficirt, dass ihnen etwa Schlächtereiabfälle vorgeworfen werden, oder auch, indem von ihnen Ratten angegriffen und angefressen werden. Die Ratte beherbergt nämlich sehr häufig Trichinen und da diese Thiere Leichen ihrer eigenen Art benagen, so ist Gelegenheit zur fortwährenden Erhaltung der Trichinose bei denselben gegeben. Nach LEUCKART sind die Ratten als die eigentlichen Trichinenträger und Verbreiter zu betrachten; dieselben sind daher sorgfältig von den Stallungen der Schweine fernzuhalten.

6. **Strongylidae.** Mit Mundpapillen und grosser, mit Zähnen bewaffneter Mundkapsel, ♂ mit Bursa. Parasiten.

Eustrongylus gigas, Männchen 40 cm, Weibchen bis 1 m lang, röthlich. Dieser grosse Nematode kommt im Nierenbecken des Menschen vor, ist aber sehr selten. Ebenso bei verschiedenen Säugethieren. Entwicklung und Infectionsquelle unbekannt.

Dochmius duodenalis, ♂ 1 cm lang, ♀ 1,8 cm lang; kenntlich durch die Mundkapsel und die Bursa des Männchens; lebt im Dünndarm des Menschen in Italien, Schweiz, Aegypten, Brasilien. Dieser Parasit lebt in grossen Massen im vorderen Theil des Dünndarmes; er ist mit seinem Mundende in die Darmwand eingegraben, aus welcher er Blut saugt. Er verursacht schwere Erkrankungen (Blutarmuth, Abmagerung etc.), die selbst zum Tode führen. Die Krankheit ist als „ägyptische Chlorose" bezeichnet, da sie zuerst in Aegypten genauer beobachtet wurde. In jüngster Zeit ist dieselbe auch in Südeuropa, Ungarn, Schweiz aufgetreten, z. B. bei den am Bau des Gotthardtunnels beschäftigten Arbeitern. Die Eier werden nach aussen entleert, die jungen Thiere leben frei im Wasser; die Infection erfolgt durch das Trinkwasser (LEUCKART). Es werden Wurmabtreibungsmittel angewendet und Wechsel des Aufenthaltes empfohlen.

7. **Ascaridae.** Mund mit drei Lippen (eine dorsale, zwei ventrale); meist mit Oesophagusanschwellung; Parasiten.

Oxyuris vermicularis, Madenwurm. ♂ 4 mm, ♀ 10 mm lang; Hinterende des Männchens stumpf, eingerollt; das des Weibchens lang zugespitzt. Am Vorderende eine dorsale Auftreibung, längs der Seitenlinie eine niedrige Leiste. Eier oval, 0,05 mm lang. Der Madenwurm gehört zu den häufigsten menschlichen Parasiten, besonders bei Kindern; er kommt meist in Mengen im Dickdarm vor. Zur Abendzeit verlassen die Würmer den Darm und wandern in der Gesässkerbe, bei Mädchen sogar in die Vagina und den Uterus; sie veranlassen sehr lästiges Jucken und Nervenreiz, welcher bei den Kindern manche Störungen verursacht (Anlass zur Onanie, frühzeitige Erectionen und Pollutionen bei Knaben). Man findet junge und alte Oxyuren neben einander; dennoch ist es unwahrscheinlich, dass sie an Ort und Stelle sich fortpflanzen, sondern es ist die Annahme nahezu erwiesen, dass die Eier, welche schon den Embryo enthalten, stets den Darm verlassen und im Freien eine Zeit verbleiben und dass die Infection immer wieder durch Aufnahme von Eiern auf dem Wege durch den Mund

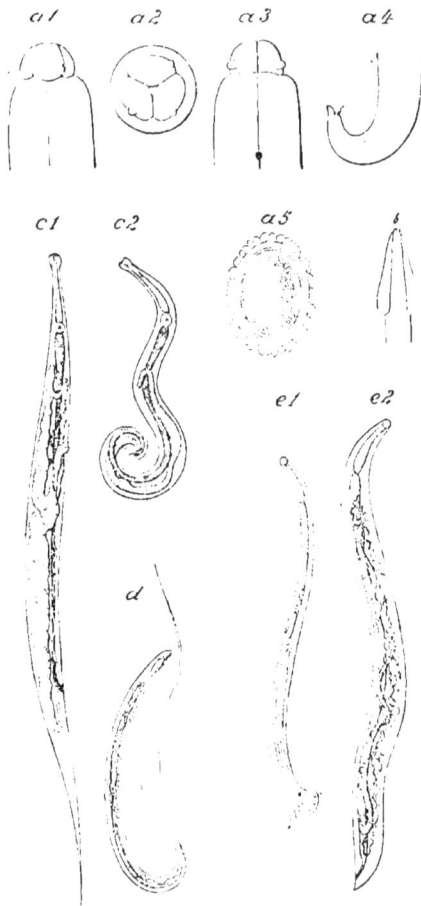

Fig. 368. **Ascaris lumbricoides.** a_1 Vorderende von der Rückenseite gesehen; a_2 dasselbe vom vorderen Pole; a_3 dasselbe von der Bauchseite; a_4 Hinterende des Männchens, von der linken Seite; a_5 Ei, mit der Dottermembran und dem eiweissartigen Ueberzug. b **Ascaris mystax**, Vorderende mit flügelartigen Verbreiterungen. c **Oxyuris vermicularis**; c_1 Weibchen; c_2 Männchen d **Trichocephalus dispar** ♀, nur schwach vergrössert. e **Dochmius duodenalis**; e_1 Männchen mit Bursa copulatrix; e_2 Weibchen. Alle Figuren nach LEUCKART.

erfolgt. Da die Eier auf mannigfache Weise die Gebrauchsgegenstände verunreinigen, ist eine fortwährende Neuinfection ermöglicht; manche Kranke können daher die Oxyuren durch viele Jahre nicht los werden; auch erklärt es sich, dass diese Parasiten oft epidemisch, besonders in Pensionaten, Kasernen auftreten. — Die Diagnose ist leicht, da mit den Fäces meist zahlreiche Oxyuren entleert werden. Zur Heilung werden Wurmmittel gegeben, aber auch mancherlei Mittel in Form von Klystiren etc.

Ascaris lumbricoides, gemeiner Spulwurm. ♂ bis 25 cm, ♀ bis 40 cm lang. Vorderende allmählich verjüngt, Hinterende rascher zugespitzt. Die dorsale Mundlippe trägt zwei, die ventralen Lippen je eine Papille; der innere Rand der Lippen ist fein gezähnelt. Eier oval, 0,05 mm lang, durch einen höckerigen Eiweissüberzug ausgezeichnet. — Gehört zu den häufigsten menschlichen Parasiten, beim Erwachsenen und besonders bei Kindern. Auch bei Thieren kommt dieser Spulwurm vor, so beim Rind und Schwein (der grosse Spulwurm des Pferdes repräsentirt eine andere Art, *A. megalocephala*). Die Eier gelangen mit den Fäces des Wirthes nach aussen und entwickeln sich nach einer Ruhepause langsam weiter; der eingerollte Embryo bleibt lange Zeit lebensfähig, doch ist sein nächster Aufenthalt nicht bekannt; durch directe Aufnahme dieser Eier in den Darm des Menschen erfolgt keine Infection; so ist der Entwicklungsgang für diesen gewöhnlichsten Parasiten trotz zahlreicher Bemühungen noch unerforscht. — Pathologische Bedeutung: In geringer Anzahl vorhanden erzeugen die Spulwürmer kaum besondere Störungen. Anders aber, wenn sie in grosser Zahl, selbst zu Hunderten, vorkommen; sie verursachen Entzündungen des Darmes, Krämpfe, Verstopfungen. Die Spulwürmer können in selteneren Fällen auch die Darmwand perforiren, in andere Organe eindringen, ja selbst durch Abscesse der Körperwand nach aussen gelangen. — Die Diagnose ist leicht durch mikroskopische Untersuchung der Fäces festzustellen, da die sehr charakteristischen Eier stets in Menge entleert werden. Es werden zur Abtreibung verschiedene Wurmmittel empfohlen; die abgetriebenen Würmer sollen verbrannt werden, um die Weiterverbreitung der Eier zu vermeiden.

Ascaris mystax, Katzenspulwurm, viel kleiner, durch zwei flügelförmige Leisten längs des Vorderendes ausgezeichnet, ist häufig bei Katzen und Hunden und kommt selten auch beim Menschen vor.

Anhang zu den Nematoden: **Gordiidae.** Mit der Gattung *Gordius.* Diese langen, spulrunden, nematodenähnlichen Thiere zeigen so viele besondere Organisationseigenthümlichkeiten, dass ihre Zugehörigkeit zu den *Nematoden* fraglich erscheint. So sind ein Cerebralganglion, Schlundring und Bauchstrang als Theile des Centralnervensystems gedeutet worden. Seitenlinien fehlen. Die paarigen Genitalsäcke erstrecken sich in der ganzen Länge des Körpers und sind derart mit der Längsmuskelschichte des Leibes verwachsen, dass sie an die paarigen Peritonealsäcke der Coelomaten erinnern, um so mehr, da die Keimepithelien nur als locale Differenzirungen in denselben erscheinen (nach den Untersuchungen von VEJDOVSKY); die Genitalorgane münden sowohl bei dem ♂ als auch bei dem ♀ durch besondere Ausführgänge am Hinterende; dieses ist beim Männchen gabelt und mit Papillen versehen. Bei den geschlechtsreifen Thieren ist der Darm reducirt und nicht functionirend, obzwar dieselben frei im Wasser leben. Die kurzen Larven, die mit einem hakentragenden einstülpbaren Vorderende versehen sind, wandern in die Leibeshöhle von Wasserinsecten ein, diese werden von anderen Insecten (oder auch von Fischen) gefressen, in deren Leibeshöhle die Gordien dann zu bedeutender Länge heranwachsen; zum Zwecke der Geschlechtsthätigkeit wandern dieselben in das Wasser aus.

6. Classe der Scolecida. Acanthocephali.

Die Acanthocephalen sind Scoleciden (?) von endoparasitischer Lebensweise; der Darmkanal fehlt, Bewimperung mangelt der gesammten Organisation in allen Lebensstadien; der längliche spulrunde Körper ist vorn mit einem einstülpbaren hakentragenden Rüssel versehen, hinter welchem ein Ganglion liegt; die Leibeswand besteht aus einer dünnen Cuticula, einer mächtigen Subcuticula mit einem System von Unterhautkanälen, einer äusseren Rings- und einer inneren Längsmuskelschichte; paarige keulenförmige Wucherungen der Leibeswand (Lemnisci) ragen vorn in die geräumige Leibeshöhle; sie sind getrenntgeschlecht-

lich, die complicirten Genitalorgane münden am Hinterende; Entwicklung mit eigenthümlicher Metamorphose.

Die Verwandtschaftsverhältnisse dieser merkwürdigen Thiergruppe sind
noch ganz unklar. Die Beziehungen zu den *Nematoden*, die von vielen
Forschern angenommen werden, sind sehr zweifelhaft; wir wollen besonders die nur zarte Cuticula und die fadenförmigen Spermatozoen als Eigenthümlichkeiten hervorheben, welche gegen jene Annahme sprechen [1]). —
Zweifellos haben diese Thiere durch den Parasitismus an den Parasitismus ihre
eigenthümliche Organisation erworben; auch scheint es mit Rücksicht auf
die merkwürdigen histologischen Verhältnisse, besonders die riesenhaften
Zellelemente, nicht unwahrscheinlich, dass sie von kleineren Thierformen
abstammen und dass sie erst durch den Parasitismus eine bedeutende
Grössenzunahme erfahren haben.

Fig. 369.   Fig. 370.

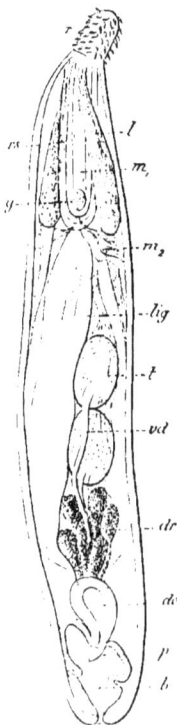 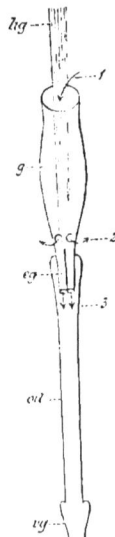

Die Grösse der meisten *Acanthocephalen* beträgt kaum einen oder
nur wenige Centimeter; Echinorhynchus gigas aus dem Schweine erreicht aber bis 50 cm Länge. — Die
Körperform ist länglich spulrund,
Rücken und Bauchseite sind nur
wenig verschieden und auf jene Regionen bei anderen Thieren nicht
sicher zurückführbar; das Vorderende ist durch den einstülpbaren,
mit Haken besetzten Rüssel ausgezeichnet, mittelst dessen die Parasiten in der Darmwand ihres Wirthes
befestigt sind. Diese chitinigen
Widerhaken sind, sowie die Cuticula,
von der darunter befindlichen Subcuticula oder Epithelschichte erzeugt;
im Inneren des Rüssels verläuft
sein Rückziehmuskel; hinter dem

Fig. 369. **Echinorhynchus angustatus,
Männchen** (nach Leuckart). *r* Rüssel, *rs*
Rüsselscheide, *g* Ganglion, *l* Lemnisceen, *m*₁
Retractor des Rüssels, *m*₂ Retractor der Rüsselscheide, *lig* axiales Ligament, *t* Hoden, *vd* Vas
deferens, *dr* Drüsen (Prostata), *de* Ductus
ejaculatorius, *p* Penis, *b* vorstülpbare Bursa
copulatrix.
Fig. 370. **Schema des weiblichen Geschlechtsapparates von Echinorhynchus.** *lig*
axiales Ligament, *g* Uterusglocke, *eg* Eiergang,
od Ovidukt, *vg* Vagina, die Pfeile bedeuten
bei 1 den Eingang in die Glocke, bei 2 die
Wege, welche zurück in die Leibeshöhle führen,
bei 3 die Wege, welche weiter in den Eileiter
führen.

[1]) Durch neuere Untersuchungen von Hamann, deren ausführliche Mittheilung zu erwarten ist, soll die Verwandtschaft mit den *Nematoden* eine sichere Begründung erfahren.

Rüssel befindet sich ein sackförmiger, nach rückwärts in die Leibeshöhle hineinragender Muskel, der als Rüsselscheide den eingestülpten Rüssel aufnimmt und durch seine Contraction denselben wieder
ausstülpt; die Rüsselscheide selbst ist wieder durch seitliche Rückziehmuskeln und das axiale Körperligament an der Leibeswand befestigt.
— Am Grunde der Rüsselscheide liegt ein Ganglion, von welchem
Nerven theils zu dem Rüssel und den Genitalorganen, theils auf dem
Wege der seitlichen Rückziehmuskeln der Rüsselscheide zur Leibeswand verlaufen. — Die Körperwand, welche eine geräumige Leibeshöhle einschliesst, besteht aus einer äusseren dünnen Cuticula, dann
einer sehr mächtigen Subcuticula, die von senkrechten Fasern und
zahlreichen Körnchen durchsetzt ist und in ihrer tiefen Schichte ein
eigenthümliches Gefässnetz, das System der Unterhautkanäle enthält, in welchem eine körnchenreiche Flüssigkeit fluctuirt; wahrscheinlich stehen diese Gefässe in Beziehung zur Nahrungsaufnahme, welche
durch die ganze Körperoberfläche stattfindet. Die äussere Rings-
und die innere Längsmuskelschichte sind aus kolossalen, merkwürdig gebauten Muskelzellen zusammengesetzt; zwischen denselben
findet sich eine structurlose (zellfreie) Bindesubstanz, welche auch die
Leibeshöhle begrenzt und auch alle inneren Organbildungen überkleidet.
— Die Lemnisci, welche neben der Rüsselscheide als paarige keulenförmige Körper weit in die Leibeshöhle hineinhängen, sind continuirliche Fortsetzungen der Subcuticula, sie haben dieselbe Structur und
auch ein reich entwickeltes Gefässnetz; wahrscheinlich dienen sie dazu,
die Nahrungsflüssigkeit an die Leibeshöhle weiter zu geben; die Muskelschicht des Körpers setzt sich ebenfalls faltenförmig auf die Lemnisci
fort. — Die Acanthocephalen sind getrenntgeschlechtlich. Die weiblichen und männlichen Geschlechtsorgane sind wenigstens der
Anlage nach von ähnlichem Typus. Sie sind einem axialen Ligament
eingelagert, welches von der Rüsselscheide zu dem hinteren Körperende
zieht; dasselbe besteht aus structurloser Bindesubstanz, es kann aber
auch Muskelfasern enthalten. Am männlichen Apparate finden sich
vorn ein Paar Hoden, in welchen die langen fadenförmigen Spermatozoen entstehen und die mittelst paariger Samengänge (vasa deferentia)
in einen unpaaren, mit Drüsen (Prostata) versehenen Ductus ejaculatorius und Penis münden, welch letzterer in der Tiefe einer glockenförmig vorstülpbaren Bursa copulatrix liegt. — Der weibliche Apparat
besteht zunächst aus dem Ovarium, welches ursprünglich vorn in dem
Ligament eingelagert ist, bei seinem Wachsthum aber in eine grosse
Menge von Zellballen sich umwandelt, die sich ablösen und in der
Leibeshöhle flottiren; in dieser finden sich auch die isolirten heran-
reifenden Eier. Der ausführende Apparat beginnt mit einem trichter-
artigen Organ („Glocke", „Uterusglocke", die aus einigen colossalen
Zellen zusammengesetzt ist), dessen vordere grosse Oeffnung mittelst
fortwährender Schluckbewegungen Eiermassen aufnimmt; die unreifen
Eier werden durch weiter hinten gelegene paarige, „dorsale" Oeffnungen
wieder in die Leibeshöhle entleert und nur die reifen, schmal spindelförmigen Eier können durch paarige hintere, enge Kanäle (Eiergänge,
Glockenschlundgänge) in den Eileiter (der auch als Uterus bezeichnet
wird) gelangen; dieser führt zu der am Hinterende ausmündenden Vagina.
— Die Entwicklung zerfällt in zwei Perioden, die Embryonalentwicklung und die sehr eigenthümliche Metamorphose. Diese ist mit
einem typischen Wirthswechsel verbunden; die Geschlechtsthiere halten

25 *

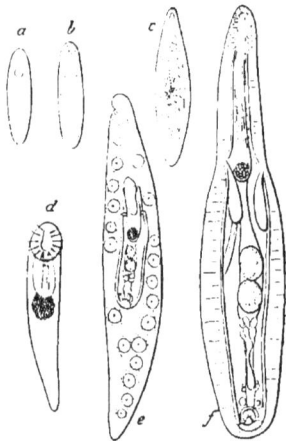

Fig. 371. **Entwicklung von Echinorhynchus proteus** (nach Leuckart). *a* und *b* Furchungsstadien; *c* Sonderung der Schichten; *d* die junge Larve mit bilateralem Hakenapparat, mit einem Muskel und einem hellen elastischen Polster, dahinter dunkelkörniger Zellhaufen; *e* aus den dunkelkörnigen Zellen entwickeln sich alle Organe mit Ausnahme des Epithels; *f* weiteres Entwicklungsstadium mit männlichen Organen.

sich stets im Darme bestimmter Wirbelthiere (meistens Fische) auf. Die Eier, welche mit dem Kothe des Wirthes nach aussen gelangen, enthalten schon den reifen Embryo; sie werden von Arthropoden (Insecten, Krebsen) gefressen; die Larve verlässt die Eihüllen und gelangt nach Durchbohrung des Darmes in die Leibeshöhle. Hier verwandelt sie sich in den jungen Echinorhynchus und verbleibt in einem Ruhezustande, bis sie wieder passiv in den ersten Wirth übertragen wird, wo sie erst die Geschlechtsreife erreicht. So lebt *Echinorhynchus angustatus* im Darme von Süsswasserfischen — als Larve im Flohkrebs, (*Gammarus pulex*); *E. polymorphus* im Darme von Enten und Wasservögeln — als Larve in der Wasserassel (*Asellus aquaticus*); *E. gigas* im Schweine, vielleicht auch im Menschen — als Larve im Engerling (Larve des Maikäfers) und in *Cetonia*.

Es gibt nur die eine Gattung, *Echinorhynchus*, mit vielen Arten. Im Menschen ist mit Sicherheit nur einmal eine kleine, noch unreife Form beobachtet (*E. hominis* von Lambl in Prag in der Leiche eines Kindes gefunden).

Die merkwürdigen Entwicklungsvorgänge wurden besonders von Leuckart erforscht. Die Embryonalentwicklung wird schon in der Leibeshöhle durchlaufen; erst während der Entwicklung (Furchung u. s. w.) entstehen mehrfache cuticulare Hüllen (als „Eihüllen" bezeichnet), das nun spindelförmige Ei, welches durch die Leitungswege ausgestossen wird, enthält bereits den reifen Embryo, welcher aber erst im Darme des Larvenwirthes die cuticularen Hüllen verlässt; die Larve ist länglich, hat vorn einen provisorischen bilateralen Hakenapparat, der mit provisorischen Rückziehmuskeln versehen ist, und besitzt eine provisorische Cuticula; die äusserst dicke, grosszellige, helle Epithelschichte umgibt einen kleinen centralen, dunkelkörnigen Zellhaufen, aus dem später die Muskelschichten und alle inneren Organe des Echinorhynchus entstehen; diese inneren, bedeutend heranwachsenden Bildungen erscheinen bei der Entwicklung als das wesentlich formbestimmende.

Anhang zum Cladus der Scoleciden: Nemertini.

Die Nemertinen sind Zygoneuren mit kopfartigem Vorderleib (Prosoma?) und langgestrecktem, metamerisch gebautem Hinterleib (Gonosoma, Metasoma?). — Mit bewimpertem äusserem Epithel und Dermalschicht; mit Hautmuskelschlauch (i. e. somatischer Muskulatur), mittlerer Parenchymschicht und innerer, dem Darme zugehörender Muskelschichte (i. e. splanchnischer Muskulatur). — Mit Protonephridium (?). — Mit metamer angeordneten Sackgonaden; mit Blutgefässsystem. — Mit Cerebralganglion und Seitensträngen; mit cerebralen Flimmergruben. — Mit einem am Vorderende des Körpers ausstülpbaren Rüssel, der in der Höhlung (Rhynchocoel) einer muskulösen Rüsselscheide liegt.

Die *Nemertinen* wurden bis in die jüngste Zeit meist als Nächstverwandte der *Turbellarien* betrachtet und daher zu den Plattwürmern gerechnet. Manche Forscher stellten sie aber in die Nähe der *Anneliden* (Mc Intosh, Semper), eine Anschauung, die durch neuere Untersuchungen immer mehr Stützen gewinnt; so durch die ausgedehnten Arbeiten von Hubrecht, der uns auch die ursprünglichere Organisation der *Palaeonemertinen* kennen lehrte, und durch die neuesten vortrefflichen histologischen Untersuchungen von Bürger.

In Deutschland hat zuerst Semper die Anschauung nachdrücklich vertreten, dass die *Nemertinen* von den Plattwürmern zu trennen sind. — Es ist in der That nicht nur das Vorhandensein eines Afters, sondern auch der stets sehr einfache, in der Regel nicht zwitterige Geschlechtsapparat, wodurch sie typisch von den Plattwürmern sich unterscheiden. Andererseits ist sowohl in der Metamerie als auch in dem Besitz des Blutgefässsystems und der Schichtung des Körpers eine so grosse Annäherung zu den *Anneliden* gegeben, dass zu einer vollständigen Uebereinstimmung nur noch in gleicher Weise ausgebildete Coelomhöhlen und Metanephridien (Segmentalorgane) fehlen. Doch muss auch noch die Entwicklungsgeschichte beweisen, inwieweit die Uebereinstimmung in der Schichtung des Körpers auf Homologie beruht. Auch die Metamerie könnte entweder auf gleiche Weise zu erklären sein wie bei den *Anneliden* (ja sogar als unterdrückte Theilungserscheinung), sie könnte aber auch auf andere Weise und phylogenetisch von jener unabhängig sich ausgebildet haben. Wir sind veranlasst, den *Nemertinen* vorläufig eine Mittelstellung zwischen den *Scoleciden* und *Cephalidiern* zuzuschreiben.

Der Körper der *Nemertinen* ist langgestreckt, manchmal sogar in extremer Weise, indem er bei einer Dicke von einigen Millimetern eine Länge von mehreren Metern erreicht (*Lineus*); er ist mehr oder weniger abgeplattet. Durch die äussere Bewimperung und die weiche Körperbeschaffenheit ähneln sie den *Turbellarien*. Als verschieden gebaute Theile des Körpers können wir unterscheiden: den Vorderleib oder Kopf, der durch das Cerebralganglion, die Wimpergruben, die Mundöffnung und Rüsselöffnung ausgezeichnet ist, und den Hinterleib oder Rumpf, in welchem gewisse Organe — die Darmsäcke, Go-

naden etc. — sich metamerisch wiederholen, und welcher bei der Larve
von geringer Länge erst später bedeutend heranwächst (wahrscheinlich
durch terminales Wachsthum). Die Metamerie ist aber bei manchen
Formen nicht vollkommen regelmässig und symmetrisch ausgebildet[1]).

Die Schichtung des Körpers zeigt gewisse Unterschiede bei
den drei Ordnungen der *Nemertinen*. Das ursprünglichste Verhalten
findet sich bei den *Palaeonemertinen* s. str. (*Carinelliden*). Das äussere Epithel ist Sitz der mannigfachen Pigmentirung und besteht
aus Stützzellen (sog. Fadenzellen), einzelligen Drüsenzellen und Packetdrüsen und wahrscheinlich auch Sinneszellen. Darunter liegt die dermale Schichte (weniger passend als Basalmembran bezeichnet), d. i.
eine Bindesubstanz mit eingelagerten Zellen. Darauf folgt die somatische Muskulatur, bestehend aus äusserer Ringmuskel-

Fig. 372.   Fig. 373.

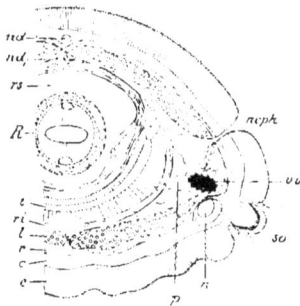

Fig. 372. **Carinella annulata, Querschnitt aus der Region der Nephridialporen** (nach
O. Bürger). *e* Epithel, *c* Dermalschichte, *r* Ringmuskelschicht, *l* Längsmuskelschicht,
ri splanchnische Muskelschicht, *i* Darm, *rs* Höhle der Rüsselscheide, *R* Rüssel mit Muskelschicht, Epithelschicht und Rüsselnerven, *nd* und *nd*, grosser und kleiner Rückennerv,
p Parenchymschicht, *n* Seitenstränge, *so* seitliche Sinnesorgane, *vv* laterales Blutgefäss,
neph Nephridialmündung.

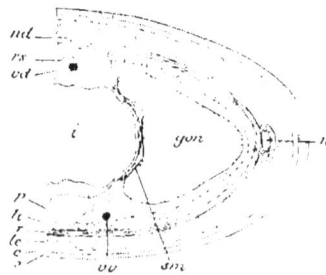

Fig. 373. **Cerebratulus marginatus, Querschnitt aus der Mitte des Körpers.** Die
Rüsselscheide ist hier schon sehr eng, es ist ein Genitalsack getroffen (nach O. Bürger).
e äusseres Epithel, *c* Cutis, *le* äussere Längsmuskelschicht, *r* Ringmuskelschicht, *li* innere
Längsmuskelschicht, *p* Parenchymschicht, *sm* splanchnischer Muskel, *i* Darm, *gon* Genitalsack, *n* Seitenstrang, *vv* ventrale Blutgefässe, *vd* dorsales Blutgefäss, *rs* Rüsselscheide,
nd Rückennerv.

schichte und innerer Längsmuskelschichte; letztere ist durch
radiale Muskelfasern in Fächer abgetheilt, welche zahlreiche Muskel-
faserbündel enthalten; die Anordnung dieser selbst ist eine röhrenartige,
da die Fasern die äussere Hülle des Bündels bilden und die Muskelkörperchen in die Achse desselben zu liegen kommen (die Entwicklungsgeschichte müsste noch entscheiden, ob dies in der That Muskel-
faserbündel oder etwa vielkernige Muskelfasern sind). Sodann folgt die
Parenchymschichte, sie scheidet diese somatische Musculatur

---

1) Auch beim Regenwurm (*Lumbricus terrestris*) kommt als abnorme Bildung asym-
metrische Metamerie vor, z. B. zwei linke Metamerhälften einer rechten Hälfte entsprechend;
auf diese Erscheinung hat mein Assistent Herr Dr. Cori mich aufmerksam gemacht.

von einer inneren Ringmuskelschichte, die (wie BÜRGER zeigte) dem
Darme zugehört und daher als splanchnische Muskelschichte zu bezeichnen ist. Das Parenchym besteht aus einer Bindesubstanz mit ein-
gestreuten Zellkörperchen; diese Zellen aber sind rings um einzelne
Organe -- die Blutgefässe etc. -- gehäuft und dort geradezu epithel-
ähnlich angeordnet. In der dorsalen und ventralen Mittellinie, wo die
Längsmuskelschichte unterbrochen ist, gehen die Muskelfasern der äusseren Ringmuskelschichte in gekreuztem Verlaufe in die splanchnische
Ringmuskulatur über und sie bilden eine Art muskulöses dorsales
und ventrales Mesenterium (nur bei den *Carinelliden*). Die
splanchnische Muskulatur schliesst nicht nur das Epithelrohr des Darmes ein, sondern es ist auch innerhalb derselben die
muskulöse Rüsselscheide eingeschoben, welche das Rhynchocoel und
in diesem den Rüssel mit allen seinen Schichten enthält (vgl. unten).
In der Parenchymschichte liegen die paarigen Sackgonaden, die
vom Keimepithel ausgekleidet sind (vergl. unten). Von den Blut-
gefässen sind die seitlichen Gefässe stets zwischen somatischer Muskulatur und Parenchymschichte gelegen (bei den Carinelliden kommen
nur diese vor, das dorsale Gefäss, welches nebstdem bei den anderen
Nemertinen vorkommt, verläuft zwischen Darm und Rüsselscheide).
Das Centralnervensystem, welches im Rumpfe in Form von einem Paar
von Seitensträngen verläuft, liegt bei den *Palaeonemertinen* stets
ausserhalb der Muskelschichten und zwar bei *Carinella* innen von der
dermalen Schichte, bei *Carinina* sogar noch epithelial (HUBRECHT).

Die Schichtung der *Hoplonemertini* ist eine äusserst ähnliche, nur
liegen die Nerven-Seitenstränge nicht mehr aussen, sondern innen von
der somatischen Muskulatur und statt der vollkommenen splanchnischen
Musculatur finden sich nur dorsoventrale Septalmuskeln, die segmentweise zwischen den Darmtaschen auftreten.

Bedeutend verschieden und zwar complicirter ist die Schichtung
der *Schizonemertini*; auch zum Verständniss dieser Verhältnisse ist es
nothwendig, von einer Vergleichung mit den *Palaeonemertinen* auszugehen. Wir sehen dann, dass die complicirten Verhältnisse nur darauf
beruhen, dass nach aussen von der Ringmuskelschichte neue Schichten
und neue Differenzirungen aufgetreten sind; zunächst ist eine mächtige äussere Längsmuskelschichte hervorzuheben, welche ähnlich wie die primäre innere Längsmuskelschichte gebaut ist; sie geht
nach aussen allmählich in die sogenannte Cutis über, welche zum
Theil noch Längsmuskeln, ferner Bindegewebe und Packetdrüsen enthält; es haben nämlich letztere hier das Epithel verlassen und eine
subepitheliale Lagerung gewonnen; hierzu kommen noch dünne subepitheliale Muskelschichten (dicht unterhalb des Epithels). Es ist nicht
unwahrscheinlich, dass alle diese neuen Schichten aus einer Differenzirung der dermalen Schichte hervorgegangen sind. Die splanchnische
Schichte ist auch hier nur durch Septalmuskeln vertreten. Die Seitenstränge liegen stets noch ausserhalb der Ringmuskelschichte.

Der Rüssel, welcher durch eine Oeffnung am Vorderende des
Körpers ausgestülpt werden kann, ist eine für die *Nemertinen* typische
Bildung; er ist als eine Einstülpung der Körperwandung zu betrachten,
deren Schichtung sich an ihm oft in vollkommener Weise wiederholt
(am eingestülpten Rüssel in umgekehrter Reihenfolge). Der Rüssel der
Palaeonemertinen und *Schizonemertinen* ist weniger stark ausgebildet,
oft nur kurz und auf das Vorderende des Körpers beschränkt (sowie

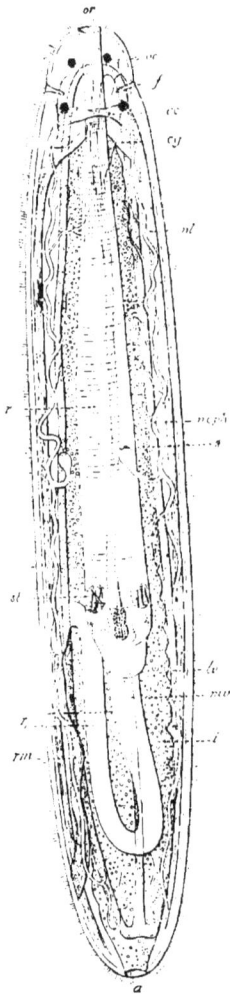

Fig. 374. **Tetrastemma obscurum, Uebersicht der Anatomie eines jungen Exemplares von 3 Linien Länge** (nach Max Schultze). *or* Rüsselöffnung, *r* Rüssel, *st* Haupt- und Nebenstilete, *r*, Drüsentheil des Rüssels, *rm* Retractor des Rüssels, *oc* Augen, *f* Flimmergruben, *cg* Cerebralganglion, *cc* dorsale Hirncommissur, *nl* Längsnerven (Seitenstränge), *neph* Nephridien, * deren Mündung, *lv* ventrale Blutgefässe, *mv* dorsales Blutgefäss, *i* Darm, *a* After.

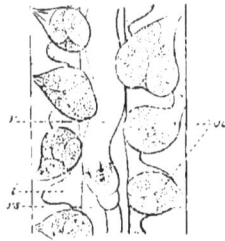

Fig. 375. **Ein Stück des Körpers eines geschlechtsreifen Thieres (Tetrastemma)**, nach Max Schultze. *r* Rüssel, *rs* Rüsselscheide, *i* Darmtaschen, *ov* mit diesen alternirende Ovarialsäcke.

auch die Rüsselscheide); er ist mit Nesselorganen (Rhabditen) ausgestattet. Der mächtig entwickelte, meist gewundene Rüssel der *Hoplonemertinen* besitzt eine bedeutende Länge, welche oft die des Körpers übertrifft; er gliedert sich in mehrere Regionen, die vordere stellt den ausstülpbaren Theil dar, welcher in seinem Grunde mit bestimmt angeordneten Stileten (Hauptstilet, Nebenstilete) versehen ist, die bei der Ausstülpung an die Spitze zu liegen kommen; es folgt eine drüsige Region (Giftdrüse) und der Retractormuskel, welcher den ausgestülpten Rüssel wieder einziehen kann. Im Ruhezustand liegt der Rüssel in der über dem Darme verlaufenden Rüsselscheide, die aus einer Muskelschichte und einer inneren, das Rhynchocoel auskleidenden epithelähnlichen Schichte besteht. — Oberhalb der Rüsselöffnung mündet manchmal eine eigenthümliche Kopfdrüse aus (*Eupolia*).

Das Nervensystem ist mächtig entwickelt, es besteht aus dem Cerebralganglion und den Seitensträngen (oder „Seitenstämmen"), welche durch die ganze Länge des Körpers sich erstrecken und oft über dem After sich vereinigen. Das Cerebralganglion besteht aus mehreren Ganglien, nämlich aus einem paarigen ventralen und einem paarigen dorsalen Ganglion; das ventrale Ganglienpaar geht nach hinten direct in die Seitenstränge über, es ist durch eine unterhalb der Rüsselscheide gelegene Quercommissur (die „ventrale Gehirncommissur") verbunden; das dorsale Ganglienpaar ist durch eine über der Rüsselscheide verlaufende Quercommissur („dorsale Hirncommissur") verbunden, die

Rüsselmündung ist daher vom Cerebralganglion ringförmig umgeben; es besitzt einen mehr oder weniger deutlich gesonderten hinteren Lappen (Riechlappen), welcher in nähere Beziehung zu den cerebralen Flimmergruben tritt; bei den H o p l o n e m e r t i n e n ist aber ein diesem hinteren Lappen entsprechendes, ganz selbständiges Ganglion vorhanden. — Die Seitenstränge sind in ihrer ganzen Länge mit Ganglienzellen versehen und zwar mit einer lateralen und einer medialen Gangliensäule; der histologische Aufbau stimmt in hohem Grade mit dem des Bauchmarkes bei den *Anneliden* überein (äussere Gliahülle oder Neurilemm, innere Gliahülle, centrale Fasermasse, Gangliengruppen, colossale Achsencylinder oder Neurochorde, colossale Ganglienzellen oder Neurochordzellen). — Vom Gehirn gehen erstens Nerven aus, die zu den Sinnesorganen des Kopfes ziehen, ferner aber die Schlundnerven und besondere Rüsselnerven, endlich ein grosser und ein kleiner medianer Rückennerv, der durch

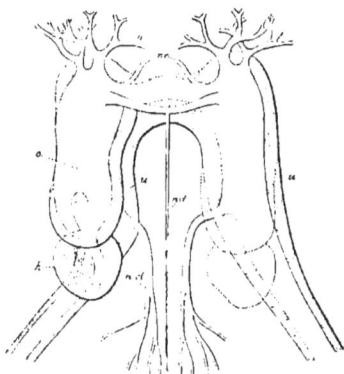

Fig. 376. **Cerebralganglion von Cerebratulus** (nach Hubrecht), schematisch. *u* unteres Ganglion (Commissuralganglion), *o* oberes Ganglion, *h* hinteres Ganglion (Riechlappen), *nsl* Schlundnerv, *nr* Rüsselnerv, *nd* Rückennerv.

die Länge des Rumpfes sich erstreckt. Von den Seitensträngen gehen metamere Ringnerven ab, die auch mit dem Rückennerven sich verbinden; statt dieser ist zwischen den Schichten der somatischen Musculatur oft ein reicher Nervenplexus als eine förmliche Nervenschichte entwickelt.

Von S i n n e s o r g a n e n finden wir am Kopfe: A u g e n, von inversem Typus (ähnlich denjenigen der *Turbellarien*) in verschiedener Zahl. Paarige, dem Gehirn anliegende H ö r b l ä s c h e n kommen bei *Oerstedtia* vor. Sodann die cerebralen Flimmergruben, meist „Seitenorgane" genannt, welche — wie Dewoletzky nachgewiesen hat — die Function von G e r u c h s o r g a n e n haben; diese Organe, welche innig mit dem Riechlappen des Gehirns sich verbinden, sind typisch für die *Nemertinen* und besitzen bei denselben eine höhere Ausbildung als bei irgend welchen anderen Thieren, nur bei den *Palaeonemertinen* sind es einfachere Flimmergruben; meist münden sie mittelst eines Flimmerkanales nach aussen; bei den *Schizonemertinen* öffnet sich derselbe in der Tiefe der sogenannten seitlichen Kopfspalten; sie besitzen ausser den Sinnesepithelien Drüsenmassen und sind mit sackartigen und schlauchartigen Erweiterungen versehen. Sinnesgrübchen (Sinnesknospen) finden sich besonders am Kopfe. *Carinella* besitzt ein Paar von seitlichen Sinnesorganen in der Nähe der Nephridialmündungen.

Der D a r m k a n a l ist durchaus bewimpert und verläuft geradegestreckt durch den Körper. Die Mundöffnung liegt an der Ventralseite (entweder hinter der Hirnregion oder auch vor derselben), selten ist sie mit der Rüsselöffnung vereinigt (*Malacobdella, Prosadenoporus*);

sie führt in den einfachen Oesophagus; der nächste Abschnitt ist der Mitteldarm (Chylusdarm), der mit seitlichen, oft streng metamer angeordneten Taschen versehen ist, die mehr oder weniger ausgeprägt vorkommen und nur bei den *Carinelliden* gänzlich fehlen; die *Hoplonemertini* besitzen ferner einen unpaaren, vorderen, ventralen Darmblindsack. Ein kurzer Enddarm mündet direct in die am Hinterende des Körpers gelegene Afteröffnung (ohne Vermittlung eines nachweisbaren ectodermalen Afterdarmes).

Das Blutgefässsystem besteht aus einem unpaaren dorsalen Gefäss, in welchem das Blut von hinten nach vorn strömt (dasselbe fehlt bei *Carinella*) und paarigen seitlichen Gefässen, in welchen die Richtung des Blutstromes die umgekehrte ist (bei Vogt und Jung finde ich eine entgegengesetzte Angabe). Dieselben sind im einfachsten Falle durch vordere und hintere Gefässbogen verbunden; oft kommen auch segmentale Quergefässe und ein reiches Gefässnetz des Kopfes hinzu. Die Gefässe sind mittelst eigener Muskelschichte contractil; sie besitzen eine innere epithelähnliche Auskleidung; das Blut enthält meist grosse gefärbte Blutkörperchen.

Der Excretionsapparat wurde in einer älteren Arbeit von Max Schultze bei dem kleinen durchsichtigen *Tetrastemma* als ganz ähnlich dem Wassergefässsystem der Platoden dargestellt. Neuere Untersuchungen haben jedoch bei den grösseren Formen nur in der Region des Oesophagus je einen seitlichen kurzen wimpernden Kanal nachgewiesen, der an seinem Hinterende nach aussen mündet. Kurze Seitenäste desselben stehen mit dem seitlichen Blutgefäss in inniger Verbindung (es wurde auch eine Communication mit demselben behauptet). In manchen Fällen kommen mehrfache äussere Mündungen vor (metamer?).

Der Geschlechtsapparat der Nemertinen, welche meist getrenntgeschlechtlich, selten Zwitter sind, ist äusserst einfach. Die paarigen Gonaden liegen seitlich innerhalb der Parenchymschichte; sie wiederholen sich metamerisch, indem sie mit den Darmtaschen alterniren [1]), meist kommt nur ein Paar, oft aber auch mehrere auf ein Segment; sie besitzen jede ihren besonderen Ausführungsgang, der seitlich oder mehr dorsal nach aussen mündet und meist erst bei vollendeter Geschlechtsreife zur Entwicklung kommt. Bei den *Palaeonemertinen* sind die Gonaden ihrer Anlage nach compacte, dem Parenchym eingelagerte Zellhaufen, die erst mit der Reifung der Geschlechtsproducte zu Säcken sich erweitern; bei den anderen

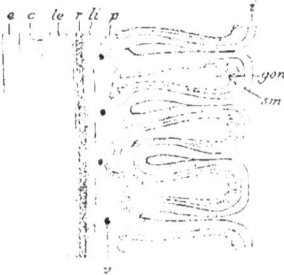

Fig. 377. **Cerebratulus marginatus, Hälfte eines frontalen Längsschnittes aus der Mitte des Körpers** (nach O. Bürger). *e* äusseres Epithel, *c* Cutis, *lc* äussere Längsmuskelschicht, *r* Ringmuskelschicht, *li* innere Längsmuskelschicht, *p* Peritonealschicht, *v* quere Blutgefässe, *gon* Genitalsäcke, die mit den Darmtaschen alterniren, *ei* ein Ei, das sich in einem Follikel entwickelt, *sm* splanchnische Muskeln, *i* Darmepithel.

[1]) Die Darmtaschen und die Blutgefässschlingen liegen septal, die Genitalsäcke und die dorsoventralen Muskelbündel dagegen interseptal (vergl. Fig. 377).

Nemertinen aber finden sich schon früher geräumige Säcke, von einem Epithel ausgekleidet, welches erst später die Geschlechtsproducte liefert (ähnlich dem Peritonealepithel, welches die Leibeshöhle bei den *Annelliden* auskleidet).

Die Frage, welche Bildungen der *Nemertinen* etwa dem Peritoneum und der Leibeshöhle der *Anneliden* entsprechen mögen, kann noch nicht endgiltig beantwortet werden. Das Rhynchocoel, welches manchmal segmentale Aussackungen besitzt, wurde erst neuerdings wieder in dieser Beziehung hervorgehoben; doch ist diese Anschauung auszuschliessen, denn die Rüsselscheide ist phylogenetisch wohl erst mit der Rüsselbildung aufgetreten und hat sich wohl zugleich mit dem Rüssel erst allmählich nach hinten zwischen die anderen Schichten eingeschoben; sie kommt daher für die Vergleichung der typischen Körperschichtung nicht in Betracht.
Man hat ferner das Parenchym als Homologon des Peritoneums betrachtet, und es ist daran zu erinnern, dass die Parenchymzellen rings um gewisse Organe schon eine epithelähnliche Anordnung zeigen. Ich neige aber mehr zu der Ansicht, dass speciell das Epithel der Sackgonaden dem Peritonealepithel zu vergleichen sei.

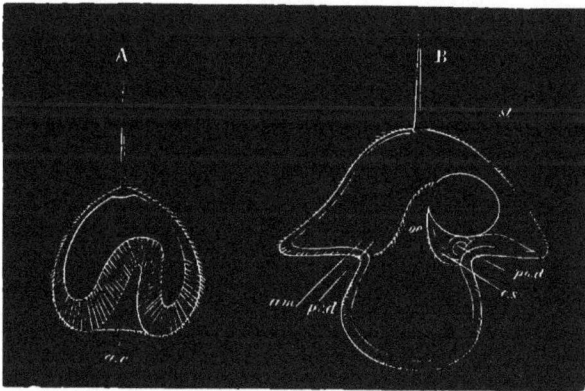

Fig. 378. Zwei Entwicklungsstadien von Pilidium (nach Metschnikoff aus Bütschli's Handbuch). *ur* Urdarm, *oe* Oesophagus, *st* Magen, *am* Amnion, *pvd* und *pcd* vordere und hintere Embryonalscheibe, *cs* Flimmergrube.

Die *Nemertinen* legen ihre kleinen dotterarmen Eier meist in umfangreichen Laichmassen ab; einige sind lebendig gebärend. Die Entwicklung erfolgt nach drei verschiedenen Typen: 1) Entwicklung mittelst Pilidium-Larve (*Lineus, Nemertes*). Durch adäquate Furchung entsteht eine Blastula, an welcher frühzeitig das Mesoderm auftritt; durch Invagination bildet sich die Gastrula. Diese entwickelt sich weiter zu einer Larve, die morphologisch der Protrochula entspricht; sie wird als Pilidium bezeichnet und zeigt gewisse Besonderheiten ihrer Gestalt, welche mit der eines Fechterhutes verglichen wird. Es ist nämlich das gewölbte Scheitelfeld mit einem Wimperschopfe versehen; der präorale Wimperkranz (der nach Salensky einen Ringnerven besitzt) ist in mehrere Lappen, und zwar einen dorsalen, einen ventralen und in ein seitliches Lappenpaar ausgezogen, das Gegen-

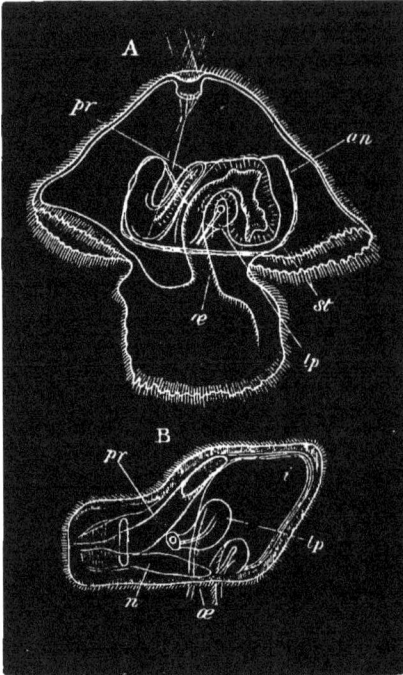

Fig. 379. *A* Pilidium, mit einem bereits ausgebildeten Nemertinenembryo. *B* Reifer Embryo von Nemertes in der Lage, welche er innerhalb des Pilidiums einnimmt. *oc* Oesophagus, *st* Magen, *i* Darmkanal, *pr* Rüssel, *lp* Seitengrube, *an* Amnion, *n* Nervensystem. (Nach Bütschli aus Balfour's Handbuch.)

feld ist nicht vorgewölbt, sondern zwischen diesen Lappen eingezogen; der Mund liegt nur wenig excentrisch, die wimpernde Speiseröhre führt in einen rundlichen, blindgeschlossenen Magendarm; von der apicalen Ectodermverdickung (Scheitelplatte) zieht ein paariger Muskelstrang nach hinten. — Die Entstehung der Nemertine aus der Pilidiumlarve geschieht unter bemerkenswerthen Vorgängen. Es bilden sich am Gegenfeld zwei Paar verdickte Ectodermplatten, ein vorderes Paar vor dem Munde und ein hinteres Paar hinter dem Munde. Diese vier Embryonalplatten (oder Körperplatten), an welchen sich auch indifferente Mesodermzellen häufen, werden durch einen Einstülpungsprocess in die Tiefe verlegt und repräsentiren die Anlage der Körperwand der Nemertine; dazu kommt noch ein mittleres Paar, welches die Flimmergruben liefert. Das Umschlagsblatt, mittelst dessen die Embryonalplatten mit der Leibeswand des Pilidiums zunächst noch in Zusammenhang bleiben, wird als Amnion bezeichnet. Die ursprünglich getrennten Embryonalplatten verwachsen miteinander zu einem kahnförmigen Gebilde, welches den Pilidiumdarm umgibt und dann über demselben sich schliesst. So entsteht im Inneren der Amnionhöhle die junge Nemertine; an derselben bildet sich ferner der Rüssel als eine vordere Einstülpung ihrer Leibeswand und das Cerebralganglion als eine Abschnürung vom Ectoderm, die weiter in die Seitenstränge auswächst[1]). Die alte Körperwand des Pilidiums und auch die Amnionhülle wird dann abgeworfen, wodurch ein rascher Uebergang von der freischwimmenden Larve zu der kriechenden Nemertinenform stattfindet. Dabei ist es auffallend, dass umfangreiche und anscheinend bedeutungsvolle Theile, wie z. B. die Scheitel-

---

1) Bei dem späteren andauernden terminalen Wachsthum der *Nemertine* wachsen auch die Seitenstränge an ihrem Hinterende fort; während bei den *Anneliden* an dem wachsenden Hinterende nur drei Primitivanlagen, das Ectoderm, Endoderm und Mesoderm sich betheiligen, sind hier die Wachsthumspunkte der Seitenstränge als selbständige gesonderte Anlagen vorhanden; vielleicht sind schon die ersten Bildungsvorgänge der Seitenstränge in ähnlichem Sinne aufzufassen.

platte verloren gehen, so dass das Cerebralganglion ganz unabhängig
von derselben sich bildet. Man hat daraus geschlossen, dass dasselbe
nicht dem Cerebralganglion der *Anneliden* entspreche (an dessen Bildung sich die Scheitelplatte betheiligt); wir halten diesen Schluss aber
nicht für berechtigt, da wir die Vorgänge der Entwicklung hier als embryonale Abstossung eines Körpertheiles mit vorzeitiger Regeneration
desselben erklären; ähnlich sind die Vorgänge bei *Echinodermen*,
Sipunculus etc. zu beurtheilen und auch die Bildung der Embryonalhüllen bei Insecten und bei Wirbelthieren.

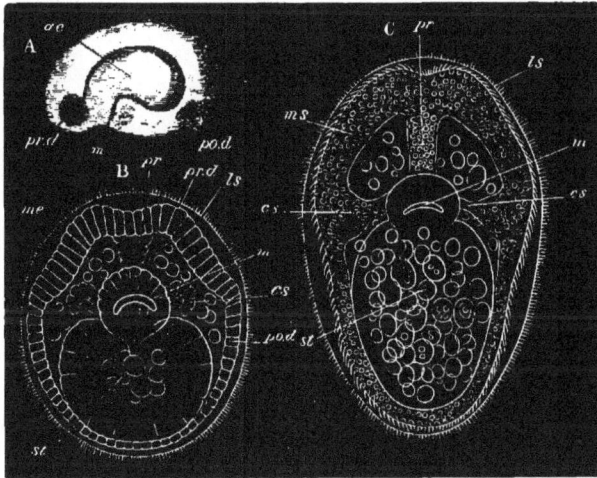

Fig. 380. **Drei Entwicklungsstadien von Lineus** (nach BARROIS aus BALFOUR's
Handbuch). *A* Seitliche Ansicht des Embryos auf einem sehr frühen Stadium. *B* und *C*
Zwei spätere Stadien, von der Bauchfläche gesehen. *u* Urdarm, *m* Mund, *prd* und *pod*
vordere und hintere Embryonalscheibe, *es* Flimmergrube, *pr* Rüssel, *me* Mesoderm, *ls* Embryonalhülle, *ms* Muskelschichte, *st* Magen.

2) Entwicklung nach dem DESOR'schen Typus (*Lineus*);
die ganze Entwicklung wird hier innerhalb der Laichmassen vor dem
Verlassen der Eihülle durchlaufen; eine ausgeprägte Pilidiumlarve ist
hier nicht vorhanden, doch sondert sich auch hier das Ectoderm in eine
äussere wimpernde Embryonalhülle und eine Mehrzahl von Embryonal-
scheiben, welche letztere durch eine Art von Einstülpung in die Tiefe
verlegt werden und durch Verwachsung die Leibeswand der *Nemertine*
bilden. Die äussere bewimperte Embryonalhülle ist als reducirter Pili-
diumleib zu betrachten (das Umschlagblatt, oder Amnion, fehlt hier).

3) Directe Entwicklung (bei verschiedenen Nemertinenformen).
Bei diesem Typus entsteht aus dem gesammten Zellmateriale die junge
Nemertine. In einigen Fällen wurde aber auch hier die Abstossung
einer äusseren wimpernden Zelllage beobachtet, so dass dieser Entwick-
lungstypus vielleicht doch noch enger an die vorerwähnten sich anschliesst.

In allen Fällen besitzt die junge *Nemertine* nur einen ganz kurzen Hinterleib, der den Vorderleib an Länge kaum übertrifft; erst durch das spätere Wachsthum macht er ein vielfaches desselben aus.

Man hält die Pilidiumentwicklung für den ursprünglichsten, den Desor'schen Typus für den abgeleiteten und die directe Entwicklung für den am meisten modificirten Typus. Dies ist mit den Verwandtschaftsverhältnissen der einzelnen Gattungen bis jetzt noch nicht in Uebereinstimmung zu bringen. — Die Pilidiumlarve entspricht, wie erwähnt, der Protrochula. Eine speciellere Vergleichung aber mit jüngeren *Polycladen*-Larven (*Stylochus pilidium*) ist nicht in der von Götte versuchten Weise durchführbar (Lang).

Die meisten *Nemertinen* leben im Meere in Schlupfwinkeln, unter Steinen u. s. w.; nur wenige Arten sind Land- und Süsswasserbewohner. Sie ernähren sich räuberisch von Würmern, Mollusken u. dgl.; wenige sind Parasiten (*Malacobdella, Carinella galateae*).

Systematische Uebersicht der Nemertinen.

I. **Palaeonemertini** (s. str.). Ohne äussere Längsmuskelschichte; Seitenstränge ausserhalb der Muskelschichten (dermal oder sogar epithelial) gelegen. Mund hinter den Cerebralganglien, Rüssel unbewaffnet, ohne Kopfspalten.

Carinina, Carinella. (*Polia* ist zu der nächsten Ordnung zu ziehen, die Stellung von *Cephalothrix* und *Valencinia* ist noch unbestimmt.)

II. **Schizonemertini.** Mit äusserer Längsmuskelschichte; Seitenstränge zwischen dieser und der Ringmuskelschichte gelegen. Mund hinter den Cerebralganglien, Rüssel unbewaffnet; meist mit Kopfspalten.

Polia ohne Kopfspalten; *Lineus, Cerebratulus* etc. mit Kopfspalten.

III. **Hoplonemertini.** Ohne äussere Längsmuskelschichte; Seitenstränge innerhalb von den Muskelschichten (im Parenchym) gelegen. Mund in der Regel vor den Cerebralganglien, Rüssel bewaffnet.

Drepanophorus, Tetrastemma, Oerstedtia, Nemertes etc.; *Malacobdella,* parasitisch in der Kiemenhöhle von Muscheln, der kurze Körper mit einem hinteren Saugnapf, Rüssel unbewaffnet.

SECHZEHNTES CAPITEL.

2. Subtypus der Zygoneura (5., 6. und 7. Cladus der Metazoa).

Cephalidia (= Aposcolecida).

Die Cephalidier sind Zygoneuren mit secundären Organsystemen, nämlich mit paarigen Peritonealsäcken, mit Metanephridien, mit Blutgefässsystem, meist mit epithelogenen (vom Coelomepithel abstammenden) Muskeln und meist mit Bauchmark. — Der Gegensatz zweier Körpertheile, des Prosoma mit den primären Trochophora-Organen, die zum Theil nur als provisorische Organe dienen, und dem Metasoma mit den secundären Organsystemen ist in der Entwicklung oft deutlich ausgeprägt, in anderen Fällen aber durch Unterdrückung der provisorischen Organe mehr verwischt.

Wir vereinigen hiermit mehrere grosse Abtheilungen, welche man wohl vielfach auch „höhere Wirbellose" genannt hat, die wir aber nach unserem System genauer als „höhere Zygoneuren" bezeichnen würden. Eine systematische Zusammenfassung dieser Gruppen wurde schon von älteren Forschern, besonders von LAMARCK und von LATREILLE versucht, begegnete aber später ernstlichem Widerspruche[1]) und ist aus den neueren Systemen ganz verschwunden. Wenn wir jetzt auf Grund mancher neuer Gesichtspunkte dieselbe Aufstellung vornehmen, so be-

---

1) LEUCKART schreibt in seiner berühmten Schrift („Ueber die Morphologie der niederen Thiere" 1848): „Die Aehnlichkeit der Arthropoden und Würmer ist nach meiner Ansicht ohne allen tieferen Zusammenhang." — — — — — „Immerhin aber beruht die Vereinigung der Würmer und der Gliederfüssler auf einer bestimmten Aehnlichkeit in der äusseren Form, auf einer Aehnlichkeit, welche durch die — nach der typischen Bedeutung allerdings etwas differirende — Verwendung eines gleichen morphogenetischen Vorganges bedingt ist. Aus diesem Grunde mag denn auch jenes Verfahren bis zu einem gewissen Punkte immer noch vertheidigt werden können. Wenn aber LAMARCK, LATREILLE und CARUS den Arthropoden und Anneliden noch die Mollusken hinzufügen und aus diesen drei Gruppen eine einzige gemeinschaftliche Abtheilung (Animaux sensibles LAM., Cephalidia LATR., Corpozoa CAR.) bilden, so wird daraus ein blosser irrationaler Haufen von Formen, dessen innere Gehaltlosigkeit zu offen am Tage liegt, als dass noch ein Wort darüber zu verlieren wäre" (l. c. p. 78, 79).

trachten wir dies als eine Restitution, und wir wollen den von LATREILLE gebrauchten Namen *Cephalidia* als den passendsten vorziehen.

Der Zusammenhang der *Cephalidier* mit den *Scoleciden* ist dadurch sicher begründet, dass bei vielen derselben die Trochophoraform als Larve vorkommt; die *Cephalidier* durchlaufen demnach ein *Scoleciden*-Stadium. Wir sehen sodann eine Anzahl secundärer, für die *Cephalidier* charakteristischer Organe auftreten. Die Erforschung der ontogenetischen Entwicklung dieser Organe und die phylogenetische Ableitung derselben, d. i. ihre Beziehungen zu den primären Trochophoraorganen, bildet den Inhalt des hier vorliegenden morphologischen Problems, welches gegenwärtig aber noch keineswegs vollständig und endgiltig beantwortet ist.

Primäre und secundäre Organe der Cephalidier.

Bei der Entwicklung der *Cephalidier* finden wir die primären oder Trochophoraorgane (welche wir als solche in einem früheren Capitel charakterisirt haben), dieselben sind aber zumeist auf einen vorderen Körperabschnitt beschränkt, den wir als Prosoma bezeichnen. Einige dieser Organe gehen nicht in die definitive Organisation über, sondern dienen stets nur als Larvenorgane und werden später rückgebildet; dies gilt besonders von dem Protonephridium (welches wir auch als Kopfniere oder Prosomniere bezeichnen) und wohl auch von den primären Längsmuskeln. — In einem hinteren Körperabschnitt, dem Metasoma, entwickeln sich eine Anzahl secundärer Organe. Die meisten der hier in Frage kommenden Gebilde sind Differenzirungen der paarigen, zunächst auf das Metasoma beschränkten Coelomsäcke und diese sind es, die wir zuerst betrachten wollen.

Das Peritonealepithel, welches direct von dem Coelomepithel gebildet wird, umschliesst die Leibeshöhle oder Coelomhöhle; es bedeckt nicht nur die innere Fläche der Leibeswand und die äussere Fläche des Darmes, sondern auch die Mesenterien (dorsales und ventrales), welche den Darm suspendirt halten; es sind dies longitudinale Scheidewände, welche durch die paarige Anlage der Coelomsäcke bedingt sind; ebenso verhält sich das Peritonealepithel auch zu den queren Scheidewänden oder Dissepimenten, welche besonders die hinter einander sich wiederholenden Coelomhöhlen der *Anneliden* von einander scheiden.

Das Keimepithel der Gonaden ist in ursprünglichen Fällen, z. B. bei vielen *Anneliden*, nur eine besondere Stelle des Peritonealepithels.

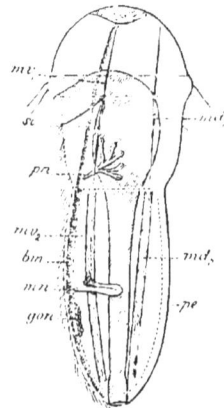

Fig. 381. **Schema der Entwicklung eines Cephalidiers.** mv_1 und md_1 primärer ventraler und dorsaler Längsmuskel, mv_2 und md_2 secundärer ventraler und dorsaler Längsmuskel, *pn* Prosomniere, *mn* Metasomniere, *sc* Schlundcommissur, *bm* Bauchmark, *pr* Peritonealepithel, *gon* Keimepithel.

Die Metanephridien sind paarige Röhren, welche einerseits mit den Coelomhöhlen durch je einen offenen Trichter zusammenhängen, welcher eine direkte Fortsetzung des Peritonealepithels ist, und andererseits durch eine zweite Oeffnung an der Körperoberfläche nach aussen münden. Sie fungiren nicht nur als Nieren, sondern werden vielfach auch zur Ausführung der Geschlechtsprodukte aus der Leibeshöhle verwendet; ja es ist eine immer wiederholte Frage, inwiefern die directen Ausführungsgänge der Gonaden, die wieder bei den höheren Typen der *Cephalidier*, z. B. bei den *Arthropoden* und *Mollusken* sich finden, etwa durch Umbildung von Metanephridien entstanden sind. — Die morphologische Ableitung der Metanephridien ist noch nicht endgiltig aufgeklärt; nach der einen Ansicht sind dieselben als Wiederholungen oder als Abgliederungen der Protonephridien entstanden, welche aber durch die secundär vom Peritonealepithel entwickelten Flimmertrichter mit der Coelomhöhle in neue Verbindung getreten sind (HATSCHEK, E. MEYER); nach einer anderen Anschauung sind sie in ihrer Gänze als Ausstülpungen des Peritonealepithels, die nach aussen durchgebrochen sind, zu betrachten (O. und R. HERTWIG, SEDGWICK, EISIG, BERGH).

Als epithelogene, vom Coelomepithel abstammende Muskeln müssen (wenigstens bei den *Articulaten*) beträchtliche Theile der Körpermuskeln betrachtet werden, und zwar sind dies vornehmlich die Längsmuskeln des Körpers. Bei *Polygordius* sollen schon an dem einschichtigen Peritonealepithel Muskelfibrillen an der Basalseite der Zellen entstehen, und später erst eine Sonderung von Muskelzellen und Peritonealzellen erfolgen; über dieses wichtige Verhältniss bestehen aber nur erst vereinzelte Beobachtungen.

Es ist wahrscheinlich, dass diese Muskeln coelomatische Bildungen sind, welche als secundäre substituirende Organe für die ursprünglich auch in das Metasoma sich erstreckenden primären (mesenchymatischen) Längsmuskeln eintreten. Es wäre aber auch denkbar, sie als Wiederholung der primären Längsmuskeln des Prosoma zu erklären; in diesem Falle müssten aber die primären Längsmuskeln einer veränderten Auffassung unterliegen; man müsste etwa auch diese für epithelogene Gebilde halten, die sich aber von ihrem coelomatischen Mutterboden schon frühe vollkommen emancipirt hätten; dies würde ferner auch in Bezug auf die Morphologie der gesammten *Scoleciden* zu einer veränderten Auffassung führen.

Sowohl die äusseren Muskelschichten der Körperwand — und zwar sind dies besonders Ringmuskeln — als auch die Muskeln der Mesenterien, Dissepimente und des Darmes scheinen als mesenchymatische Gebilde den coelomatischen Muskeln mehr fremdartig gegenüber zu stehen (die äussere Längsmuskelschicht des Darmes ist aber vielleicht eine epithelogene Bildung), obzwar sie als Mesodermgebilde doch auch in weiterem Sinne mit den Coelomsäcken genetisch verknüpft sind. Diese Muskelschichten sind wahrscheinlich von den primären Muskelbildungen der *Scoleciden* ableitbar.

Das Blutgefässsystem, dessen Vorhandensein für die *Cephalidier* (sowie für alle über den *Scoleciden* stehenden eucoelomatischen Thiere) typisch erscheint — wenn es auch bei manchen Formen secundär unterdrückt ist, tritt in den ursprünglichsten Fällen als ein geschlossenes, d. h. in sich zurücklaufendes System von Röhren auf, in welchem die Blutflüssigkeit durch Contraction der Gefässe in Circulation versetzt wird. Als typische Theile des Gefässsystems unterscheiden wir ein dorsales, über dem Darm gelegenes Gefäss, welches contractil ist und in welchem das Blut von hinten nach vorn getrieben wird und ein Bauchgefäss, in welchem das Blut in umgekehrter Richtung strömt; diese Gefässe sind durch zwei Systeme von Gefässen verbunden, durch ein viscerales, am Darme verlaufendes Gefässnetz und durch somatische, längs der Körperwand verlaufende Quergefässe. Von den Modificationen, welche dieser Grundtypus erfährt, ist besonders hervorzuheben die Umwandlung des Dorsalgefässes in ein Herz, welche bei den höheren Typen (*Arthropoden*, *Mollusken*) eintritt. — Das Blutgefässsystem wird von vielen Forschern nach dem Vorgange von BÜTSCHLI auf die primäre Leibeshöhle, welche durch die bedeutende Entwicklung des Coeloms eingeengt ist, zurückgeführt: die Muskeln der Gefässe sind Mesenchymmuskeln; nach dieser Auffassung müsste man aber auch die innere epithelartige Auskleidung der Gefässe, die in vielen Fällen zweifellos vorhanden ist, als ein ebenfalls vom Mesenchym abstammendes Pseudoepithel erklären, eine Anschauung, die aber vorläufig durch keine Beobachtung gestützt ist; hierüber muss erst die Entwicklungsgeschichte der Gefässe Entscheidung bringen, von welcher wir jetzt noch sehr wenig wissen.

Das **Bauchmark**, welches vom Ectoderm abstammt, ist ebenfalls zu den secundären Organen zu rechnen, dasselbe ist aber zurückzuführen auf eine Fortsetzung der ventralen Längsnerven; diese bilden im Bereich des Prosoma getrennt verlaufend die Schlundcommissuren, im Metasoma aber rücken sie meist näher zusammen und sind durch Quercommissuren verbunden und stellen so das Bauchmark dar. Dasselbe fehlt bei *Phoronis* und den *Bryozoen*, doch beruht dies vielleicht auf Rückbildung.

Prosoma und Metasoma.

In allen Fällen, wo die Entwicklung eine ursprüngliche, nicht abgekürzte ist, bildet das Prosoma anfangs den überwiegend grössten Theil des Körpers und das Metasoma stellt einen nur unbedeutenden Anhang desselben vor; bei der weiteren Entwicklung erfährt letzteres aber ein dermassen überwiegendes Wachsthum, dass es später den weitaus grösseren Körperabschnitt bildet. Die primären Organe des Prosoma kommen zuerst zur Ausbildung, die Organe des Metasoma aber werden erst später differenzirt. Einige Organe des Prosoma — die Protonephridien und die primären Längsmuskeln — werden sodann rückgebildet und es erfolgt (bei den *Anneliden*) ein secundäres Einwachsen von coelomatischen Organen des Metasoma, und zwar besonders der secundären Längsmuskeln, in das Prosoma.

Bei allen *Articulaten* erfährt das Metasoma eine Vervielfältigung, nämlich eine Wiederholung in der Längsachse, welche typisch durch eine Wiederholung der Coelomsäcke („Ursegmente") eingeleitet wird, und die wir als Metamerie bezeichnen. Die *Molluscoideen* (*Tentaculaten*) und *Mollusken* sind ungegliederte Formen, d. h. sie besitzen ein einfaches Metasoma.

Die Metamerie des Körpers.

Die Metamerie der *Articulaten*, welche wir hier zunächst in Berücksichtigung ziehen wollen, besteht in einer Wiederholung gleichartiger, in der Längsrichtung des Körpers auf einander folgender Körperabschnitte, die als Metameren oder Somite bezeichnet werden; es wiederholt sich in jedem Metamer die ganze Summe von Organen in gleicher Art und Anordnung, es wiederholt sich daher auch das Verhältniss von Vorn und Hinten in jedem Metamer (C. E. v. BAER).

Wir finden am Körper der Thiere sehr häufig die Erscheinung, dass gewisse gleichartige Organe in Vielzahl sich wiederholen — z. B. Haare, Federn, Zähne bei Wirbelthieren; wir wollen solche Organe als h o m o i o -p l a s t i s c h e bezeichnen (ihre Uebereinstimmung und auch ihr correlatives Abändern beruht auf der H o m o i o p l a s i e des Körpers, vergl. pag. 232 u. 237); diese Wiederholung ist unabhängig von der Metamerie, es kommen solche Organe auch innerhalb eines Metamers in Vielzahl vor. Die Metamerie selbst besteht aber in der Wiederholung der ganzen, bestimmt angeordneten Summe von Organen, die ein Metamer ausmachen; wenn wir vorher von homoioplastischen Organen sprachen, so könnten wir nun die Metameren als homoioplastiche Körperabschnitte bezeichnen; man wendet hier aber eine speciellere Bezeichnung an, indem man diese Körpertheile und ihre einzelnen sich wiederholenden Organe als homodynam bezeichnet.

Die Metameren sind nicht gleich alt, sondern entstehen derart, dass das vorderste als ältestes und die darauffolgenden der Reihe nach als jüngere sich bilden; man pflegt zu sagen, dass das jüngste Metamer stets vor dem undifferenzirten Endsegment, und zwar von diesem sich abtheilend, eingeschoben wird, doch kann man sich auch so ausdrücken, dass das undifferenzirte Endsegment sich fortgesetzt theilt, und zwar in einen vorderen Abschnitt, der sich dann weiter ausbildet, und in einen hinteren Abschnitt, der als undifferenzirter („unsegmentirter") Rest zurückbleibt. Dieses Endsegment bleibt in der Regel auch dann, wenn die Metamerenbildung einen Abschluss erfährt, von rudimentärer Organisation. Das Endsegment trägt meist auch den After mit seiner Umgebung (Periproct). Der gesammte Körper der metamerisch gebauten *Articulaten* besteht aber nicht nur aus einer Reihe gleichartiger Metameren, sondern es findet sich vorn das Prosoma als ein Körperabschnitt, der in vielen besonderen Eigenthümlichkeiten von den Metameren abweicht. Wir können demnach den Körper der Articulaten eintheilen 1) in das P r o s o m a, an welchem wir ein P r o s t o m i u m und ein M e t a s t o m i u m unterscheiden und 2) in das M e t a s o m a, welches aus einer Reihe von M e t a m e r e n besteht, deren letztes (rudimentäres) Endsegment meist das P e r i p r o c t trägt.

In den ursprünglichsten Fällen sind die Metameren nicht nur der Anlage nach, sondern auch im ausgebildeten Zustande vollkommen gleichartig; wir bezeichnen dieses Verhalten als h o m o n o m e M e t a -m e r i e. Dieselben sind aber in anderen Fällen nur der Anlage nach gleich, sie übernehmen nach dem Princip der Arbeitstheilung verschiedene Leistungen und gewinnen dem entsprechend auch eine verschiedene Ausbildung; wir nennen dieses Verhalten h e t e r o n o m e M e t a -m e r i e. Die Heteronomie kann bloss die innere Organisation betreffen (i n n e r e Heteronomie), oder auch im äusseren Bau zum Ausdruck kommen (ä u s s e r e Heteronomie, oder Heteronomie im gewöhnlichen Sinne;) wenn dies nicht ausdrücklich anders bemerkt ist, so verstehen wir unter Heteronomie nur das letztere Verhalten. Wir finden die verschiedensten Ausbildungsstufen der Heteronomie; dieselbe ist schon bei den *Anneliden* vielfach angedeutet und bei den *Arthropoden* immer scharf ausgeprägt. In der Regel sind Gruppen von Metameren in gleicher Weise modificirt, so dass die Heteronomie zur R e g i o n e n-

b i l d u n g des Körpers führt. Wir unterscheiden z. B. bei den Insecten
als Kopf einen Köpertheil, der aus dem Prosoma und mehreren vorderen Metameren hervorgegangen ist, und welcher die höheren Sinnesorgane, die bedeutendsten Theile des Centralnervensystem, den Mund
und die Mundwerkzeuge trägt, — als Thorax die nachfolgenden Segmente, welche Bewegungswerkzeuge tragen, — und als Abdomen die
hinteren Segmente, welche vornehmlich die Organe der vegetativen
Sphäre, d. i. Darm, Herz und Geschlechtsorgane enthalten. Doch sind
diese Regionen nicht immer nach demselben Princip ausgebildet; so
finden wir beim Flusskrebs Herz, Leber, Geschlechtsorgane im Thorax,
und das Abdomen dient als schwanzartiges Bewegungsorgan. In anderen
Fällen, z. B. bei den Myriopoden, ist nur der Kopf als die eine Region
ausgebildet und der Rumpf als zweite Region besteht aus ziemlich
gleichartigen Segmenten.

Die B i l d u n g d e s K o p f e s ist eine für die Articulaten äusserst
wichtige Erscheinung; sie wird durch eine Umwandlung der vordersten
Metameren ganz allmählich eingeleitet. — Nur in wenigen sehr ursprünglichen Fällen, so bei *Protodrilus* und *Polygordius*, sind noch alle
Metameren gleichartig; das Prosoma, dessen Metastomium hier noch
von ansehnlicher Grösse ist, repräsentirt allein denjenigen vorderen
Körpertheil, welcher von den nachfolgenden gleichartigen Metameren
sich unterscheidet (Mangel der Gonaden, der Mesenterien, der Nephridien, welche letztere als Prosomnieren bei der Larve vorhanden waren,
aber dann geschwunden sind). Wir können daher mit Recht das Prosoma als den p r i m ä r e n K o p f d e r A r t i c u l a t e n bezeichnen. —
Auch bei den *Protochaeten* (*Saccocirrus*) findet sich noch ein ähnliches
Verhalten, wenn auch das Metastomium hier schon an Ausdehnung reducirt ist; alle Metameren sind äusserlich homonom, wenn auch eine
Anzahl der vordersten, in welche der Schlund hineinrückt, hier schon
wie bei den höheren Anneliden keine Gonaden zur Entwicklung bringen.
— Bei den *Polychaeten* und *Oligochaeten* ist das Metastomium meist
reducirt und mit dem ersten Metamer zu dem sogenannten Mundsegment (auch Peristomium genannt) verschmolzen. Dieses erste Metamer
zeigt beinahe immer Veränderungen, insofern als seine Borstenbündel
in der Regel reducirt sind, meist aber ganz in Wegfall kommen. Man
pflegt auch das Prostomium und Mundsegment als Kopfmundsegment
zusammenzufassen und wohl auch als Kopf zu betrachten; derselbe ist
aber nicht scharf gegen die nachfolgenden Metameren abgesetzt [1]). —
Erst bei den *Arthropoden* ist die Kopfbildung scharf ausgeprägt und
kann als typisch für dieselben bezeichnet werden; hierbei kommt die
Verwendung der zu den Kopfmetameren gehörigen Gliedmaassen als
Mundwerkzeuge in Betracht. Bei den *Crustaceen* besteht der Kopf aus
Prosoma und vier Metameren, bei den *Tracheaten* nach unserer Auffassung ebenfalls aus Prosoma und vier Metameren (nach der Auffassung
der meisten Autoren nur drei Metameren).

Entwicklung der Metameren.

Die Metameren entstehen durch eine schärfere Abgrenzung von
einzelnen Abschnitten aus den Primitivanlagen des einfachen, noch un-

---

1) Die hier erörterten Beziehungen wurden schon in einer früheren Publication aus-
einandergesetzt, wenn auch die Terminologie erst hier neu eingeführt ist; E. MEYER hat
diese Termini in einem anderen Sinne gebraucht, was mit seinen zum Theil abweichenden
theoretischen Anschauungen zusammenhängt.

differenzirten Metasoma; die Primitivanlagen, welche dasselbe enthält, sind 1) das äussere Epithel oder Ectoderm, 2) die paarigen Coelom-säcke, die auch durch solide Mesodermstreifen vertreten sein können, 3) das Darmepithel oder Endoderm und ferner 4) die Mesenchymzellen, die zwischen diesen Blättern sich finden. Die Abgrenzung der Meta-meren tritt nicht an allen diesen Primitivtheilen zu gleicher Zeit deut-lich hervor; zuerst und am ausgeprägtesten tritt die Theilung an den Mesodermstreifen oder Coelomsäcken in Erscheinung, welche in eine Mehrzahl hinter einander liegender Säcke oder hohler Plättchen, die so-genannten „Ursegmente", sich theilen; am Ectoderm kommt die Glie-derung erst später zum Ausdruck mit der Ausbildung seiner Organe (Bauchganglienkette etc.) und durch segmentweise Einschnürungen; zuletzt erst wird das Endoderm von der Segmentirung betroffen, und sie tritt an diesem, wie es scheint, mehr passiv und in manchen Fällen gar nicht einmal deutlich auf. Die Bildung der Ursegmente ist bei der Bildung der Metameren nicht nur der einleitende, sondern auch der vor allen anderen charakteristische Process.

Die Bildung der Metameren beginnt bei vielen *Anneliden* an der freischwimmenden Trochophoralarve; sie wird in ursprünglichen Fällen auch nach der Metamorphose zeitlebens fortgesetzt; die vorderen Seg-mente können schon reife Geschlechtsproducte enthalten, während hin-ten fortwährend noch neue Segmente erzeugt werden; es findet ein fortgesetztes Wachsthum des Hinterendes statt. Hier ist demnach die Zahl der Segmente nur eine in gewissen Grenzen bestimmte; doch ist hervorzuheben, dass die ursprünglicheren Formen stets polymetamere sind. Andere *Anneliden* besitzen jedoch im erwachsenen Zustande eine ganz bestimmte Segmentzahl; oft wird dieselbe mit Abschluss der larvalen Metamorphose, also zugleich mit der definitiven Gestaltung, oft erst mit der Geschlechtsreife erreicht; in anderen Fällen, wo eine Meta-morphose fehlt (bei *Oligochaeten, Hirudineen*), wird oft sogar schon bei der embryonalen Entwicklung die volle Zahl der Segmente ausge-bildet. — Bei den *Crustaceen* werden stets einige Segmente schon während der Embryonalentwicklung angelegt — und zwar sind es we-nigstens zwei, die nämlich schon bei der sogenannten Naupliuslarve der *Crustaceen* auftreten — und die übrigen Segmente werden dann in bestimmter Anzahl im Verlaufe der Metamorphose gebildet. Bei vielen *Crustaceen* aber, und namentlich bei den höheren, ist die Meta-morphose unterdrückt und die successive Entstehung der Metameren fällt schon in das embryonale Leben. Analoge Verhältnisse finden wir bei den *Tracheaten*; die Tausendfüsser vermehren ihre Segmentzahl immerhin noch bedeutend nach Verlassen der Eihülle, bei den Insecten wird die volle Segmentzahl stets schon am Embryo gebildet. Bei letz-teren ist der Process auch insofern noch mehr abgekürzt, als die Altersfolge der Segmente bei deren Bildung kaum mehr nachweisbar ist; der langgestreckte Embryonalleib zerfällt sofort in die volle Segment-zahl (die merkwürdigen Erscheinungen, die hierbei vorkommen, nämlich die Projection der Segmentationsvorgänge auf äusserst frühzeitige Ent-wicklungsstadien, werden wir an anderem Orte noch würdigen).

Die phylogenetische Entstehung der Metamerie ist ein Problem, in Bezug auf welches zahlreiche Theorien aufgestellt wurden; von diesen sind folgende besonders hervorzuheben:

1. Theorie: Ableitung der Metamerie von der locomo-

torischen Segmentation. Man findet bei manchen Thieren, z. B. bei den *Rotatorien*, eine äussere Segmentirung in Anpassung an die Bewegung; dieselbe ist aber nicht von einer inneren Wiederholung von Organen begleitet. Eine ähnliche Gliederung kann auch an Körpertheilen, z. B. den Beinen und Fühlern der *Arthropoden* auftreten. Einige Forscher vertreten nun die Meinung, dass auch die Metamerie der *Articulaten* von einer solchen äusseren Gliederung den Ausgang genommen habe und erst später in vollkommener Weise auf die innere Organisation sich erstreckt hätte; diese äussere Gliederung soll zunächst in einer Ringelung Ausdruck gefunden haben oder auch darin, dass in Vielzahl vorhandene, aber ursprünglich dismetamer angeordnete äussere Bewegungsorgane eine regelmässige metamere Anordnung gewonnen hätten.

Die Mehrzahl der Forscher aber widerspricht dieser Anschauung besonders mit Rücksicht darauf, dass die Metamerie in ursprünglichen Fällen eine vollkommen homonome ist und dass sie gerade in diesen Fällen in der inneren Organisation am deutlichsten zum Ausdruck kommt. Wenn später bei höheren Formen eine Anpassung des metamerischen Körpers an die Bewegung immer mehr sich ausbildet, so tritt gerade hier die innere Metamerie wieder mehr zurück und statt der homonomen Metamerie erscheint die heteronome.

2. Theorie: Ableitung der Metamerie von der „Pseudometamerie". Eine in gewissem Sinne der ersterwähnten verwandte Anschauung wurde in jüngster Zeit von LANG aufgestellt, indem er annimmt, dass innere, in Vielzahl vorhandene, aber ursprünglich dismetamer angeordnete Organe — wie Gonaden, Darmblindsäcke, Nephridialäste — erst allmählich eine streng metamere Anordnung gewonnen hätten; aus einem solchen Verhalten, welches bei *Polycladen*, manchen *Tricladen* sich findet, hätte sich durch allmähliche Uebergänge (*Nemertinen*) der bei den *Anneliden* herrschende Befund herausgebildet. Das terminale Wachsthum — d. i. die successive Vermehrung der Segmente und die vorausgehende Differenzirung der Prosomorgane (Trochophoraorgane) — also jene Züge der Entwicklung, welche wir als hervorstechende bei den metamerischen Thieren erkannt haben, werden bei LANG als secundäre (caenogenetische) Anpassungen der Entwicklung betrachtet. Im Einklang mit dieser Theorie wird die Ableitung der *Anneliden*-Organe von den Organen der *Turbellarien* versucht.

3. Theorie: Die Metamerie als Cormenbildung. Die Metamerenbildung wird als ein Theilungsprocess aufgefasst, der metamerische Körper wird als ein Cormus, das einzelne Metamer als niedrigere Individualität betrachtet; diese Theorie wurde — im Anschluss an die durch STEENSTRUP begründete Auffassung des Bandwurmkörpers als Cormus — von den meisten Forschern angenommen und besonders von HAECKEL (generelle Morphologie) in klarer Weise dargelegt. — Sowohl die Proglottidenbildung, als auch die Metamerie wäre auf jenen Theilungsmodus zurückzuführen, welchen wir als seriale Theilung (oder Strobilabildung) bezeichneten; in der Mehrzahl der bekannten Fälle (und ähnlich auch bei der Proglottidenbildung) ist es das vorderste Individuum, welches fortgesetzt durch ungleiche Theilung neue Theilstücke liefert; in der dadurch entstehenden Individuenkette ist das vorderste Individuum das älteste, das hinterste das zweitälteste und auf dieses folgen nach vorn die jüngeren in abgestufter Altersreihe („prosthioseriale Theilung"). Nur selten, z. B. bei der Strobilabildung der Scyphomedusen, ist es das hintere Theilstück, an welchem die Theilung sich stetig wiederholt; es ist daher das vorderste Individuum das älteste und es folgen nach hinten die jüngeren in abgestufter Altersreihe („opistho-

seriale Theilung" oder eigentliche Strobilabildung); auf diese letztere Thei-
lungsart wäre die Metamerie der Articulaten zurückzuführen.

4. Theorie: Ableitung der Metamerie von dem terminalen
Wachsthum der Scoleciden. Ich selbst erklärte mich gegen die
oben erörterte Cormentheorie, und zwar auf Grund der Verschiedenheit des
vordersten Körperabschnittes (Cerebralganglion, unpaare Leibeshöhle des
Prosoma) den Metameren gegenüber — einer Verschiedenheit, die nicht
nur anatomisch, sondern auch entwicklungsgeschichtlich hervortritt. Nur
das Prosoma enthält das Cerebralganglion und die anderen wesentlichen
Trochophoraorgane, während die Metameren sich sehr abweichend verhalten.
Ich erklärte daher die Metamerie aus der Wiederholung nicht der ganzen
Individualität, sondern nur eines Körpertheiles (des Gonosoma), welche nach
Art einer Doppelbildung aufzufassen sei. — Später aber modificirte ich diese
Ansicht und suchte die Metamerie auf eine Wachsthumserscheinung zurückzuführen, welche wir schon bei vielen *Scoleciden* beobachten; es ist dort
nämlich das Wachsthum des Körpers kein gleichmässiges, sondern es ist oft
schon ein überwiegendes Wachsthum des Hinterendes (Wachsthumspunkt)
vorhanden, woraus eine relative Längenzunahme des Körpers während des
Wachsthums resultirt. Indem sich dieses terminale Wachsthum steigert und
zu einem absatzweisen wird, kommt es zum metamerischen Bau und Wachsthum (man vergl. andere ähnliche Wachsthumsvorgänge, z. B. das Wachsthum des Tentakelkranzes bei den Tentakulaten). Die Entwicklung des
Prosoma wurde als vorzeitige Ausbildung eines Körpertheils gedeutet. —
Ich will aber hervorheben, dass ich, wie weiter unten erörtert werden soll,
neuerdings zu der Cormentheorie zurückkehre.

5. Theorie: Ableitung der Metamerie von dem radiären
Bau der Scyphozoen. Die besonders von O. und R. HERTWIG ange-
bahnte Ableitung der Coelomhöhlen von Aussackungen des Urdarmes hat
einem anderen Forscher SEDGWICK zu einer Theorie Veranlassung gegeben,
nach welcher der metamerische Bau der *Articulaten* direkt von dem radiären
Bau der *Scyphozoen* abzuleiten wäre. — Die Altersfolge der Metameren
wird folgendermaassen auf diejenige der Radiomeren zurückgeführt; bekanntlich findet sich bei den *Cnidariern* eine Intercalation neuer Radien; dieselbe
kann eine streng radiäre sein, indem zwischen je zwei alten Radien je ein
neuer eingeschoben wird; sie kann aber auch nur an bestimmten Punkten,
ja sogar nur von einer einzigen Seite aus erfolgen (*Cerianthus*), so dass in
letzterem Falle eine bilaterale Symmetrie angedeutet ist und die Altersfolge
der zu beiden Seiten einer Symmetrieebene angeordneten radiären Stücke
(biseriale Intercalation) an die Altersreihe der bilateralen Metameren erinnert. — Die Organisation der Articulaten wird in folgender Weise von
derjenigen der Scyphozoen (Actinien) abgeleitet. Durch Streckung der Oralseite und theilweise Verwachsung des Mundes wird die langgestreckte Bauchseite gebildet; der orale Ringnerv wird zu dem ventralen Längsnervenpaar;
die Tentakeln werden zu den segmental angeordneten Extremitäten; die
inneren Gastraltaschen liefern die Coelomsäcke. — SEDGWICK nimmt an, dass
die ungegliederten *Mollusken*, sowie die *Scoleciden* durch Reduction von
metamerischen Thieren abgeleitet seien. Die Trochophora wird als eine
secundäre (caenogenetische) Larvenform betrachtet.

Wir müssen S. gegenüber hervorheben, dass bei den *Actinien* stets
auch unpaare Tentakel und entsprechende unpaare Gastraltaschen in der
Richtung der Symmetrieebene selbst vorhanden sind. Ferner ist wohl
gegen die von S. angedeutete Zurückführung der Organe im einzelnen vieles
einzuwenden.

Wie vorhin schon erwähnt wurde, bin ich geneigt, die Wachsthumstheorie wieder zu verlassen, um zu der von HAECKEL und anderen vertretenen Cormentheorie zurückzukehren, da diese Theorie am ungezwungensten
die typischen Entwicklungs- und Wachsthumserscheinungen der *Articulaten*
erklärt. Die Schwierigkeit in Bezug auf das abweichend gebaute Vorderende erscheint geringer mit Rücksicht auf unsere neuere Auffassung der Proglottidenbildung bei den *Cestoden* (pag. 349, vergl. auch LANG u. a.); wir sehen,
dass auch dort nur die Vervielfältigung eines Körpertheiles vorliegt; dieselbe kann aber ganz wohl auf einen Theilungsprocess mit einseitig unterdrückter Regeneration zurückgeführt werden, wobei allerdings nur ein unvollkommener Cormus (den wir etwa als Hemicormus bezeichnen können)
zu Stande kommt. Es liegt nun nahe, auch bei der Metamerie eine ähnliche Theilung mit unvollkommener oder unterdrückter Regeneration anzunehmen. Allerdings ist bei den *Cestoden*, wo die abgeschnürte Proglottide
ihre Lebensaufgabe nahezu vollendet hat (und die Gewebe überreif sind),
die Unterdrückung der Regeneration leicht begreiflich; bei den *Anneliden*
dagegen kann ein Grund hierfür nur in dem innigeren, bleibenden Zusammenhange der Theilstücke gesucht werden. So kommt es dazu, dass ein
vorderer Körpertheil mit dem Cerebralganglion nebst seinen Sinnesorganen
und dem Munde, den wir etwa als „Prosthion" bezeichnen können, nur
einmal vorhanden ist. Nur das vorderste Theilstück besitzt ein Prosthion
und entspricht annähernd einer vollkommenen Individualität, bei den nachfolgenden Metameren fehlt das Prosthion, die Regeneration desselben ist
unterdrückt; diese entsprechen daher nur virtuellen Individualitäten. Es
muss übrigens bemerkt werden, dass auch ein anderer Körpertheil, nämlich
das Periproct, als „Opisthion" nur einmal und zwar am Endsegment vorhanden ist.

In Bezug auf die sehr wichtige Frage, welches Körperstück der vorderen vollständigen Individualität entspräche, wären zwei Möglichkeiten
ins Auge zu fassen; entweder könnte man das Prosoma als Prosthion betrachten und dieses nebst dem ersten Metamer für die erste Individualität
halten oder es könnte auch das Prosoma allein schon als vollständige Individualität gelten. Wir halten letztere Deutung für die richtige; doch
bedürfen dann gewisse Eigenthümlichkeiten des Prosoma noch einer näheren
Erklärung, so vor allem der Mangel der Coelomsäcke; wir begründen dies
hypothetisch dadurch, dass das vorderste Individuum steril wurde und der
Gonaden (Coelomsäcke) entbehrte[1]).

Wir wollen nun unsere theoretischen Anschauungen zusammenfassen,
indem wir die phylogenetische Entwicklung der Metamerie folgendermaassen
darstellen. Zuerst erfolgte an einem Trochophora-ähnlichen Organismus
eine Fortpflanzung durch Theilung und Regeneration und zwar nach opistho-
serialem Typus; die einzelnen Individuen kamen zur vollständigen Trennung.
Später kam es dazu, dass die Individuen zu einem Kettencormus vereinigt
blieben, und zugleich kamen gewisse Modificationen zur Ausbildung; das
vorderste Individuum blieb als „Amme" steril, die folgenden Individuen
wurden durch Unterdrückung der Regeneration je ihres Prosthions verlustig,
dagegen erfuhren sie eine secundäre weitere Ausbildung ihrer Organsysteme
(besonders der epithelogenen Muskeln der Coelomsäcke). Wir können die

---

1) Die endgiltige Beantwortung der ganzen Frage hängt noch von zukünftigen Untersuchungen ab. Sie steht im Zusammenhang mit der morphologischen Beurtheilung der
Nephridien; ferner ist die Bildung des vordersten Metamers und seine secundären Beziehungen zum Prosoma noch näher zu prüfen, u. s. w.

hierdurch erfolgende Verschiedenheit von Prosoma
und Metameren als die **primäre Heteronomie**
bezeichnen. — So kommen wir zu der Anschauung, dass die Ausbildung der Metamerie zugleich auch die erste Ursache
wurde für die Entstehung der secundären
Organe, die für die Cephalidier charakteristisch sind [1]).

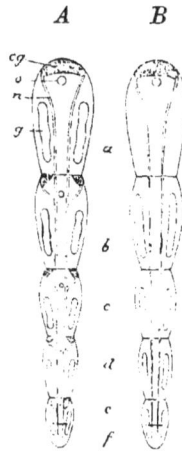

Fig. 382. **Schema zur Ableitung der Metamerie von der
Vermehrung durch Theilung.** *A* Opisthoseriale Theilung mit
vollkommener Regeneration. *B* Derselbe Modus mit unterdrückter Regeneration und sterilem vordersten Individuum.
cg Cerebralganglion, *o* Mund, *n* Längsnerven, *g* Gonaden
(Coelomsäcke).

Unsere Betrachtungen über die Metamerie beziehen sich nicht nur auf
die *Articulaten*, sondern sie gewinnen auch Bedeutung für die Beurtheilung
der *Mollusken* und *Tentaculaten*.
Da wir das Prosoma für die vorderste Individualität halten, welche
in dem Metasoma in unvollkommener und veränderter Weise wiederholt
wird, so können wir auch die *Mollusken* und *Tentaculaten*, bei welchen der
Gegensatz von Prosoma und Metasoma besteht, nicht für ungegliedert halten.
Es wären zwei Möglichkeiten zu beachten: 1) Die Zusammensetzung des
Metasoma aus mehreren Metameren könnte verwischt sein, oder 2) das
Metasoma bestünde nur aus einem einzigen Metamer. Ich halte letzteres
für wahrscheinlicher; ich vermuthe, dass diese Thiere von polymetameren
Formen abstammen, indem eine Reduction der Metamerenzahl auf ein ein-
ziges stattgefunden hat, welches aber nun eine um so complicirtere und
höhere Ausbildung erreichen konnte.

Die Erscheinung der Metamerie kommt auch bei anderen Thiertypen
vor, z. B. bei den Wirbelthieren und bei den *Echinodermen*, bei den letzteren an jedem der fünf Radien des Körpers. — Die Metamerie muss nicht
in allen Fällen auf gleiche Weise entstanden sein — bei den *Echinodermen*
ist sie wahrscheinlich auf eine Wachsthumsform zurückzuführen — und wir
werden daher jene Erscheinungen nicht mit Nothwendigkeit mit jener der
Articulaten in genetische Beziehung bringen müssen; bei den Wirbelthieren
aber spricht vieles für eine solche Annahme.

---

1) Dieser Satz kann seine Geltung behalten, auch wenn eine andere Theorie der Metamerenbildung anerkannt wird, z. B. die Wachsthumstheorie.

SIEBZEHNTES CAPITEL.

5. Cladus der Metazoa.

Articulata.

Die Articulaten sind Cephalidier mit ausgeprägter Metamerie des Körpers; mit meist deutlich gegliedertem Bauchmark. Für die Entwicklung ist die Ursegment-bildung und das Auftreten einer Bauchfurche charakteristisch.

Die Einheit des Articulatenstammes, welche schon von CUVIER erkannt war, wurde von LEUCKART wieder in Zweifel gezogen, und auf seine Autorität gestützt haben sich lange Zeit die meisten Zoologen seiner Anschauung angeschlossen. LEUCKART hielt die vielfache Uebereinstimmung zwischen *Anneliden* und *Arthropoden* nur für eine Convergenzerscheinung, die also nicht auf wirklicher Verwandtschaft beruhe. Es sollten auch fundamentale Unterschiede vorhanden sein; besonders hob er hervor, dass das obere Schlundganglion der *Arthropoden* nur als vorderstes, vor dem Munde gelegenes Ganglion der Bauchganglienkette zu betrachten wäre, während das obere Schlundganglion der Anneliden auf ein dorsales Ganglion zurückzuführen sei. Gegenwärtig ist wohl die phylogenetische Ableitung der *Arthropoden* von den *Anneliden* allgemein anerkannt; das obere Schlundganglion der *Arthropoden* ist zum Theil auf dasjenige der *Anneliden* zurückführbar, nur dass hier wahrscheinlich noch gewisse Theile, so z. B. secundäre Augenganglien, als neue Cerebraltheile hinzukommen. Auch in ihren übrigen Organisationsverhältnissen erweisen sich die *Arthropoden* trotz ihrer viel höheren Differenzirung als Abkömmlinge der *Anneliden*, welche demnach als die Stammgruppe der *Articulaten* anzusehen sind.

1. Classe der Articulata. Annelides.

Die Anneliden sind Articulaten von vorwiegend homonomer Segmentirung (ohne typische zusammengesetzte Kopfbildung); mit Hautmuskelschlauch; meist mit segmentirter Leibeshöhle; meist mit typischen Segmentalorganen; meist mit geschlossenem Blutgefässsystem; Wimperepithelien sind oft noch stellenweise an der Oberfläche und stets an inneren Organen vorhanden.

Von den *Anneliden* stammen nicht nur die übrigen Classen der *Articulaten*, sondern wahrscheinlich auch die *Tentaculaten* und *Mollusken* ab, und wenn auch für diese letzteren die Art der Ableitung bisher noch weniger bestimmt erwiesen ist, so ist doch für ihre morphologische Erklärung die Vergleichung mit dem Organismus der *Anneliden* schon jetzt von grösster Wichtigkeit. Auf die Befunde bei den *Anneliden* stützt sich demnach unsere Auffassung der gesammten *Cephalidier*.

Viele Forscher gehen noch weit über diese Annahme hinaus und sehen in den *Anneliden* auch den phylogenetischen Ausgangspunkt für die *Enteropneusten*, die *Echinodermen* und die *Chordonier*. Vom morphologischen Standpunkte betrachtet, stehen daher gegenwärtig die *Anneliden* im Mittelpunkt des Interesses.

Wir werden aus diesem Grunde der Morphologie und auch dem System der *Anneliden* eine etwas eingehendere Behandlung widmen. In Bezug auf das System der *Anneliden* sind die Anschauungen der Zoologen noch keineswegs übereinstimmend. Unsere eigene Anschauung geht dahin, dass *Protodrilus* und *Polygordius*, welche wir als *Archianneliden* bezeichnen, der ursprünglichen Stammform der Anneliden noch am nächsten stehen; von diesen einfachsten Formen führt der Stammbaum aufwärts zu den *Chaetopoden,* und zwar durch die *Protochaeten* und *Spiomorphen* zu den am höchsten entwickelten Vertretern des Annelidenstammen den *Rapacien*; daneben gibt es aber zahlreiche secundär vereinfachte oder modificirte Formen (*Drilomorpha, Terebellomorpha, Serpulimorpha*), und von solchen leiten sich auch die *Oligochaeten* und weiter die *Hirudineen* ab; als ein ebenfalls stark modificirter Seitenast des Annelidenstammes sind die *Echiuriden* zu betrachten. Die von uns angenommene ursprüngliche Bedeutung der *Archianneliden* wird aber von einigen Forschern (KLEINENBERG, EISIG, E. MEYER) mit grosser Heftigkeit bekämpft und es werden von ihnen die *Rapacia* als Ausgangspunkt der *Anneliden* betrachtet, so dass alle anderen Gruppen als rückgebildete Formen anzusehen wären.

Unsere oben angedeuteten Anschauungen haben wir in der vorliegenden Darstellung festgehalten und im einzelnen noch weiter ausgeführt und begründet. Wir wenden uns daher zunächst zur Betrachtung der *Archianneliden*, um uns so zugleich eine Vorstellung von der Grundform der Anneliden zu verschaffen.

1. Unterclasse der Anneliden. Archiannelides.

Die Archianneliden sind kleine Anneliden von sehr ursprünglicher Organisation; mit umfangreichem, wohlgesondertem Metastomium, mit vollkommener (äusserer und innerer) Homonomie der Metameren, mit langen (spionidenartigen) Primärtentakeln; mit epithelialem Nervensystem; Bauchmark ungegliedert; ohne Borsten, ohne Cirren, ohne Parapodien; Entwicklung mit larvaler Metamorphose.

Wir bezeichnen als *Archianneliden* die Gattungen *Protodrilus* und *Polygordius*; die Zugehörigkeit einiger anderer Gattungen, die von manchen Forschern hierher gestellt wurden, ist mehr oder minder zweifelhaft, wie weiter erörtert werden soll.

Die Gattung *Protodrilus* betrachten wir als diejenige, welche der Stammform der Anneliden am nächsten steht und uns den Typus der Anneliden in seiner einfachsten Form erkennen lässt. Die Körper form ist langgestreckt und von rundlichem Querschnitt; gegen das Hinterende, wo die jüngeren Segmente sich finden, wird der Körper allmählich dünner. — Die Metamerie ist äusserlich nur wenig angedeutet, sie ist dagegen in der inneren Organisation vollkommen ausgeprägt. Wir unterscheiden als vordersten Körperabschnitt das Prosoma, welches aus dem Prostomium mit einem Paar langer Tentakel (spionidenartige Primärtentakel) und dem umfangreichen Metastomium besteht; darauf folgt die Reihe der Segmente, die vollkommen, äusserlich und innerlich, homonom sind (alle Segmente besitzen Gonaden); die Segmente vermehren sich stetig, so dass im Hinterende immer noch in Entwicklung begriffene Segmente zu finden sind; das Endsegment trägt neben dem After ein Paar von drüsigen Zacken. - Vom Munde bis zur After-

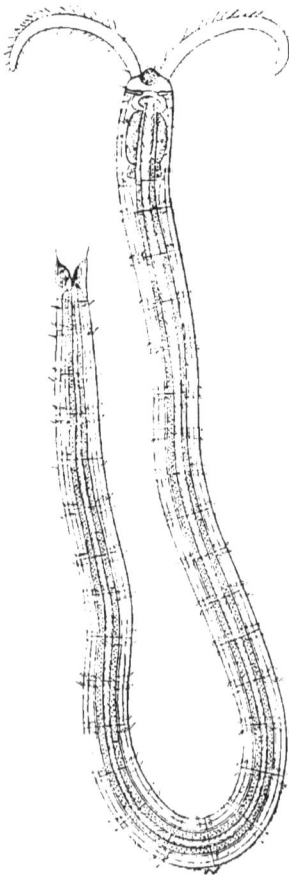

Fig. 383.

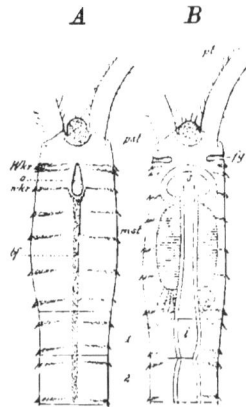

Fig. 384.

A   B

Fig. 383. **Protodrilus Leuckartii**, vom Rücken gesehen.

Fig. 384. **Vorderende von Protodrilus.** *A* vom Bauche, *B* vom Rücken gesehen. *pst* Prostomium, *mst* Metastomium, 1 und 2 erstes und zweites Metamer, *o* Mund, *Wkr* präoraler, *wkr* postoraler Wimperkranz, *bf* Bauchfurche, *pt* Primärtentakel, *fg* Flimmergrube, *s* Schlund, dahinter der Schlundanhang und die Schlunddrüsen, *i* Darm.

region erstreckt sich eine ventrale Wimperrinne, deren Flimmerung mit zur Kriechbewegung dient. Ferner finden sich zahlreiche Wimperkränze, und zwar im Prosoma ein doppelreihiger präoraler und ein postoraler und noch zwei folgende Wimperkränze; sodann segmentale Wimperkränze, je einer vor und hinter jeder Segmentgrenze.

Die Schichtung des Körpers ist folgende: 1) Die epitheliale Schichte besteht aus einer äusseren Cuticula und aus dem Epithel, welches Stützzellen, Drüsenzellen, Sinneszellen und auch Gewebe des Nervensystems enthält; das epitheliale Bauchmark besteht aus den Seitensträngen, die zu beiden Seiten der Flimmerrinne liegen. 2) Der Hautmuskelschlauch. Eine Ringmuskelschichte fehlt (eine solche

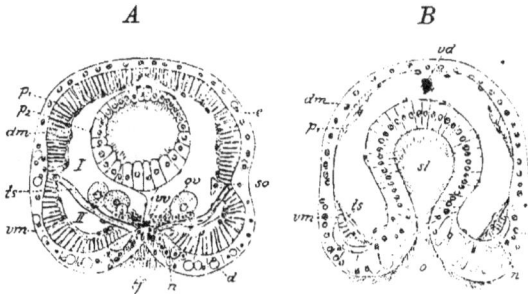

Fig 385. **Querschnitt durch den Körper von Protodrilus.** *A* durch ein Metamer, *B* durch die Mundregion. *e* Epithel. *d* Drüsenzellen, *n* Bauchmark, Schlundcommissur, *bf* Bauchfurche, *dm* und *vm* dorsales und ventrales Muskelfeld, *ts* transversales Septum, *p₁* und *p₂* Somatopleura und Splanchnopleura, *I* und *II* Hauptkammer und Seitenkammer der Leibeshöhle. *ov* Ovarium, *vv* Bauchgefäss. *o* Mund, *sl* Schlund, *vd* Rückengefäss.

kommt den meisten Anneliden zu, und der Mangel derselben ist hier wohl nicht als ursprünglicher Charakter, sondern als eine Vereinfachung zu betrachten). Die Längsmuskelschichte ist in der dorsalen und ventralen Mittellinie und in den Seitenlinien, wo sich die verschiedenen Mesenterien und deren Muskeln inseriren, unterbrochen, sie besteht daher aus vier Längsmuskelfeldern, nämlich einem dorsalen und einem ventralen Paar. Der Bau der Muskelfelder ist ein sehr einfacher; die bandförmigen Muskelfasern sind mit ihrer Kante senkrecht gegen die Haut gerichtet, sie sind wie die Blätter eines Buches aneinandergereiht, ihre Zellkerne liegen an der inneren Kante. 3) Die nächste Schichte (genetisch eng mit der Längsmuskelschichte verknüpft) ist die Somatopleura, welche die Leibeshöhle auskleidet. Die Leibeshöhle selbst ist nicht nur segmental gekammert und durch ein dorsales und ventrales Mesenterium in eine rechte und linke Hälfte getheilt, sondern auch beiderseits durch ein transversales Septum, das von der Seitenlinie zu deren Bauchmark zieht, in eine Hauptkammer und eine Seitenkammer geschieden. — Diese transversalen Septen bestehen aus den regelmässig angeordneten transversalen Muskeln und dem sie bedeckenden Peritonealepithel; letzteres bildet an der Seite, welche der Hauptkammer zugewendet ist (nur an dieser?) das Keimepithel. Die transversalen Septen sind in dem vorliegenden Falle gitterförmig durchbrochen. Die Excretionsorgane (Segmentalorgane), welche längs der Seitenlinie retroperitoneal liegen, und das Blutgefässsystem

(Darmsinus, ventrales Gefäss) sind zur Vervollständigung des Quer-schnittbildes zu berücksichtigen, ebenso der Darmtractus, welcher aus Peritonealschichte oder S p l a n c h n o p l e u r a , M u s k e l s c h i c h t e und E p i t h e l s c h i c h t e besteht.

Im Prosoma ist die Schichtung eine ähnliche, nur dass die Muskel-felder und auch die transversalen Septen viel schmäler werden; es fehlen hier aber stets die medianen Mesenterien, welches Verhalten durch die Entwicklungsgeschichte seine tiefere Begründung findet.

Wir wollen nun die einzelnen Organsysteme in Betrachtung ziehen, zunächst den D a r m t r a c t u s . Von der längsgerichteten Mundöffnung geht der kurze, im Prosoma gelegene Schlund aus; derselbe ist mit Schlunddrüsen und einem eigenthümlichen ventralen Schlundanhang (Schlundkopf) versehen. Der Chylusdarm, welcher schon im Prosoma beginnt, verläuft geradegestreckt durch den Körper, als ein einfaches bewimpertes Rohr, welches nur im Zustande der Contraction segment-weise eingeschnürt ist.

Das Blutgefässsystem ist sehr einfach; den Chylusdarm umgibt ein Blutgefässsinus (zwischen Pleura und Epithel); erst hinter dem Schlunde geht derselbe in ein contractiles, herzartiges Rückengefäss über; am Vorderende gabelt sich dasselbe, seine beiden Aeste gehen zunächst schleifenförmig in die Tentakeln und ziehen dann längs der Schlund-commissur zur Bauchlinie, wo sie zum einfachen Bauchgefäss sich ver-einigen, welches bis an das Hinterende verläuft [eine Verbindung mit dem Darmsinus (?) ist nicht beobachtet].

Die S e g m e n t a l o r g a n e finden sich in allen Metameren. Sie bestehen aus dem Flimmertrichter, der vor dem Dissepiment in der Leibeshöhle des vorhergehenden Segmentes sich öffnet (der Trichter des ersten Segmentalorganes ragt in die Prosomhöhle), ferner dem Kanal, der ausserhalb des Peritoneums, i n d e r L ä n g s r i c h t u n g v e r l a u -f e n d , an der Seitenlinie nach hinten zieht und in dem hinteren Theil des Segmentes durch eine ectodermale Oeffnung nach aussen mündet.

Das C e n t r a l n e r v e n s y s t e m besteht aus dem Cerebralganglion (Scheitelganglion) der Schlundcommissur und dem Bauchmark; letzteres ist ungegliedert; es hat die Form paariger Seitenstränge, deren Gan-glienbelag in der ganzen Länge gleichmässig vertheilt ist; dieselben verlaufen epithelial zu beiden Seiten der Bauchfurche.

Die G e s c h l e c h t s o r g a n e sind zwitterig. Eine Verwendung der Segmentalorgane zur Ausfuhr der Geschlechtsproducte aus der Leibes-höhle ist hier zweifelhaft.

Die E n t w i c k l u n g (vergl. Entw. d. *Chaetopoden*) verläuft mit Metamorphose.

D i e G a t t u n g *Polygordius* unterscheidet sich in einigen Punkten. Der Körper ist unbewimpert, ohne Bauchfurche. Der Schlund ist ein-fach, ohne Schlundanhang und Drüsen. In der Nähe des Hinterendes findet sich ein Papillenkranz (bei *P. appendiculatus* zwei lange Schwanz-fäden). Das Bauchmark ist eine mediane, ungegliederte strangförmige Epithelverdickung. Es findet sich in der ganzen Länge des Körpers ein contractiles Rückengefäss (nebst Darmsinus?); dasselbe ist mit dem Bauchgefäss durch vordere und hintere Gefässbogen und segmentale Quergefässe verbunden. Diese Thiere sind getrenntgeschlechtlich.

Von einigen Forschern werden mehrere unzweifelhaft rückgebildete Annelidenformen zu den Archianneliden gezählt. *Histriobdella,* welche auf Hummereiern schmarotzt, scheint mir aber eine rückgebildete *Euniciden*-Form

zu sein, worauf die Schlundkiefer und die
neben zwei kurzen Primärtentakeln vorhandenen fünf Cerebralcirren hindeuten. — *Dinophilus* ist vielleicht eine rückgebildete Archi-
annelidenform, wenigstens sind die Anhangs-
organe des Schlundes jenen von *Protodrilus*
ähnlich; die ventrale Bewimperung kann wohl
als ein allgemein larvaler Charakter gelten,
ebenso die Wimperkränze, deren Vertheilung
nicht mit jener bei *Protodrilus* übereinstimmt,
eher noch mit jener von *Ophriotrocha*, einer
larviformen *Eunicide*. Die Segmentalorgane
von *D.* sind ohne Trichter (larval?); Dissepimente
und Mesenterien, sowie Blutgefässe fehlen;
Bauchmark (Seitenstränge) und Längsmuskeln
sind schwach entwickelt; die Geschlechter sind
getrennt, bei manchen Arten dimorph mit
Zwergmännchen.

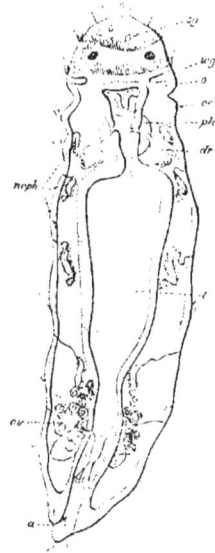

Fig. 386. Dinophilus, Weibchen, vom Rücken gesehen (nach E. MEYER). Der Körper ist mit zwei cerebralen Wimperkränzen, die vor der Flimmergrube liegen,
und segmentalen Wimperkränzen versehen. *sg* Cerebralganglion, *wg* Flimmergruben, *o* Mund (von der Bauchseite durchschimmernd), *ph* Pharynx, *dr* Schlunddrüsen.
i Darm, *neph* Nephridien, *ov* Ovarium.

Systematische Uebersicht der Archianneliden.

1. **Protodrilidae.** *Protodrilus*, im Meere, im Sande.

2. **Polygordiidae.** *Polygordius*, im Meere, Strandregion.

Anhang: *Dinophilus*; selbst in kleineren Seeaquarien lange andauernd
und sich daselbst fortpflanzend.

2. Unterclasse der Anneliden. Chaetopoda.

Die Chaetopoden sind Anneliden mit Borstensäcken;
mit deutlicher innerer und äusserer Metamerie.

Die Borsten sind für die ganze Gruppe der *Chaetopoden* charakteristische Gebilde und fehlen nur ausnahmsweise (*Tomopteris, Anachaeta,
Branchiobdella*); sie werden als cuticulare Bildungen betrachtet, nicht
nur wegen ihrer chitinähnlichen Beschaffenheit, sondern auch wegen ihrer
Entstehung. Ihre Bildung geschieht in Follikeln (Säcken), welche auf Einwucherungen des äusseren Epithels zurückgeführt worden sind; jede
Borste wird von einer einzigen Bildungszelle ausgeschieden, bei ihrem
Wachsthum durchbricht sie den Follikel und ragt durch den Follikel-
hals über die Oberfläche der Haut empor; die Borsten werden zeitweilig
abgestossen und es treten neue Ersatzborsten für sie ein. — Die Follikel
ragen tief in das Innere des Körpers ein und erhalten einen Peritonealüberzug; dieselben sind ferner mit speciellen Muskelgruppen versehen,
die zur Bewegung der Borsten oder Borstengruppen dienen.

Fig. 387.   Fig. 388.

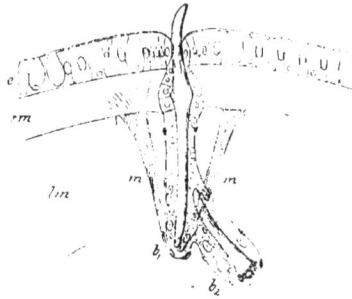

Fig. 387. Querschnitt der Körperwand mit Borste von einem regenwurmartigen Anneliden (nach VEJDOVSKY). *e* Epithel, *rm* Ringmuskelschichte, *lm* Längsmuskelschichte, b_1 Borstenfollikel. *m* dessen Muskeln. b_2 Ersatzfollikel mit Ersatzborste, an deren Basis noch die Bildungszelle sichtbar ist.

Fig. 388. Borstenbildung bei einer Eunicide (nach SPENGEL). *fz* Zellen des Borstenfollikels, *bz* Bildungszelle an der Basis des Follikels, von dieser ausgehend die faserige Substanz der Borste.

Die Borsten bestehen, sowie die äussere Cuticula, aus einer chitinähnlichen Substanz, sie sind von faseriger Structur und in der Regel solide (bei den *Amphinomiden* sind sie oft hohl, kalkig und von spröder Beschaffenheit). Die Mannigfaltigkeit ihrer Form ist uns für die systematische Betrachtung von Wichtigkeit. Man unterscheidet A) ein-fache Borsten, die aus einem Stück bestehen; die wichtigsten Formen derselben sind die linearen oder Haarborsten (Setae lineares), welche geradegestreckt und lang sind (haarförmige, gesäumte, lanzettförmige, meisselförmige), ferner die Hakenborsten (Uncini), die entweder sanft oder auch scharf S-förmig gekrümmt sind; die ersteren mehr gestreckten Haken endigen oft mit zwei umgebogenen

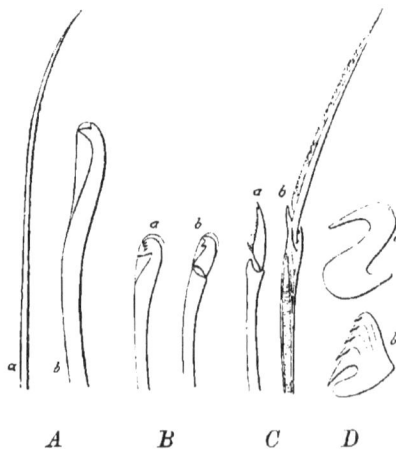

Fig. 389. Grundformen der Borsten bei den Polychaeten. *A* Einfache Borsten von Spio. *a* Haarborste, *b* gestreckte Hakenborste. *B* Uebergangsformen von der einfachen gestreckten Hakenborste (*a*) zu der zusammengesetzten Borste (*b*) von **Lumbriconereis Nardonis.** *C* Zusammengesetzte Borsten von **Nereis cultrifera.** Zwei Formen (*a*, *b*). *D* Einfache kurze Hakenborsten. *a* S-förmiger Haken von **Laonome**, *b* gezähnter Haken von **Serpula.** (Alle Fig. nach CLAPARÈDE.)

A   B   C   D

Zähnen. Die Plattenborsten oder Paleen sind an ihrem Ende stark verbreitert und durch lebhaften Glanz ausgezeichnet. Als Nadeln oder Aciculae werden die starken Stützborsten bezeichnet, die im Inneren der Parapodien sich finden und nicht oder nur wenig über die Oberfläche hervorragen. Von den gestreckteren Haken sind, wie uns gewisse Uebergänge beweisen, B) die zusammengesetzten Borsten abzuleiten, welche aus zwei Stücken, dem Stiel und dem beweglichen Anhang bestehen, nach dessen mannigfaltiger Form man viele Typen unterscheidet (Spiessborsten, Sichelborsten, Besenborsten etc.); die zusammengesetzten Borsten kommen nur bei den *Rapacien* vor. Die Borsten sind in bestimmter Weise angeordnet; sie sind bei den *Polychaeten* meist büschelweise an besonderen Anhängen des Körpers, bei den *Oligochaeten*, wo sie in geringerer Zahl vorkommen, einfach der Haut eingepflanzt (vergl. unten) zu finden.

Die Körperform der Chaetopoden ist meist langgestreckt, wurmförmig, seltener breit und gedrungen, im Querschnitt entweder rundlich oder auch ventral abgeplattet. Für dieselbe ist zunächst die Zahl und auch die Form der Segmente maassgebend; dieselben sind mehr länglich oder auch kurz und breit; sie sind meist durch tiefe Furchen von einander abgegrenzt, seltener sind sie selbst durch secundäre seichtere Furchen geringelt (*Glycera*, man vergl. auch die *Hirudineen*). Von besonderer Wichtigkeit für die Formgestaltung sind auch die äusseren Anhänge des Körpers, und zwar 1) die der Segmente, 2) die des Prostomiums (des „Kopfes") und 3) die des Endsegmentes.

I. Die segmentalen Anhänge, welche wir hier zunächst betrachten wollen, zeigen die mannigfachste Ausbildung und Zusammensetzung, sie können auch der Reduction anheimfallen und nur noch durch die Vertheilung der Borsten angedeutet sein.

A. Protopodium. Bei den *Protochaeten (Sacocirrus)* sind eigenthümliche einfache retractile Fussstummel vorhanden, die ein einfaches Bündel von langen (meisselförmigen) Haarborsten enthalten; sie sind nahe der hinteren Segmentgrenze etwas dorsal gelagert.

B. Parapodium. Als Parapodien bezeichnen wir die segmentalen borstentragenden Anhänge der *Polychaeten*. Es ist eine Anzahl heterogener Gebilde, die in den Aufbau des Parapodiums eingehen. Wir unterscheiden an einem gemeinsamen Basaltheil je einen dorsalen und ventralen borstentragenden Ast; diese Aeste sind wohl durch Theilung aus einem ursprünglichen einfachen Fussstummel hervorgegangen. Hierzu kommt je ein dorsaler und ventraler Cirrus, das ist ein fadenförmiges, von einem Nerven durchzogenes Tastorgan; diese Cirren sind wohl durch Weiterbildung von Tastpapillen entstanden, welche — worauf manches hindeutet — ursprünglich in Kreisen an den Segmenten des Annelidenkörpers angeordnet waren; wir bezeichnen sie als Parapodialcirren zum Unterschiede von den ähn-

Fig. 390. **Retractiles Parapodit von Sacocirrus**, vom Rücken gesehen. *p* Parapodit, *s* Sinneshügel, *b* eine einzelne meisselförmige Borste.

lichen Cirren des Prosoma und Endsegmentes [1]). Es kommen endlich als
dorsale Anhänge der Parapodien Kiemen vor, welche im einfachsten
Falle fadenförmig, oft aber durch Verästelung complicirter gestaltet
sind (kammförmig, gefiedert, baumförmig, strauchförmig etc.); sie sind
ihrer Function gemäss mit Gefässen versehen, doch gibt es auch Lymph-
kiemen, und zwar bei den *Glyceriden* und *Capitelliden*, welche keine Gefässe besitzen. Die Parapodialkiemen sind morphologisch bestimmte Gebilde und sind wohl zu unterscheiden von kiemenartigen, ja sogar verästelten

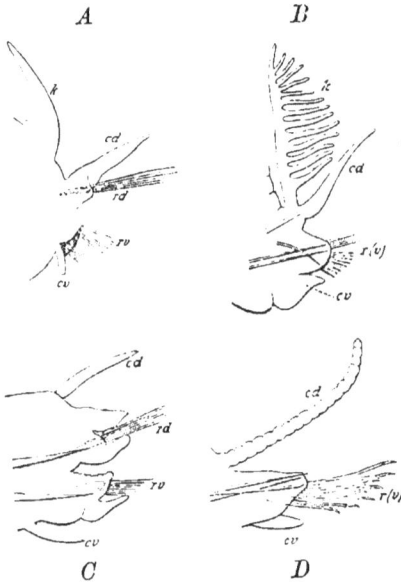

A   B   C   D

Fig. 391. Verschiedene typische Formen von Parapodien.
A Completes Parapodium von einfacher Gestaltung, von einem Spiomorphen (*Theodisca liriostoma*),
nach CLAPARÈDE. *B* Incompletes
Parapodium, der dorsale Ast ist
rückgebildet, von einer Eunicide
(*Eunice gigantea*), nach EHLERS.
C Incompletes Parapodium, ohne
Kieme, von einer Nereide (*Hetero-
nereis Malgreni* ♂), nach CLAPA-
RÈDE. *D* Incompletes Parapodium,
ohne Kieme und ohne dorsalen
Ast, von einer Syllidee (*Syllis
fiumensis*), nach E. V. MAREN-
ZELLER. *k* Kieme. *rd* und *rv* Ramus
dorsalis und Ramus ventralis, *cd*
und *cv* Cirrus dorsalis und Cirrus
ventralis.

dorsalen Cirren (Fig. 392). — Wir können die Parapodien als c o m p l e t e
bezeichnen, wenn sie alle genannten Theile besitzen, und als i n c o m -
p l e t e, wenn auf Kosten einiger stärker entwickelter Theile andere
unterdrückt sind. — Durch Verkürzung des Basaltheiles verwandeln sich
die Aeste des Parapods in unabhängige Gebilde, die als B o r s t e n -

Fig. 392.   Fig. 393.

Fig. 392. Incompletes Parapodium, ohne Kieme, dessen dorsaler Cirrus aber kiemenähnlich gestaltet ist, von einer Nereide (*Den-
dronereis arborifera*), nach EHLERS.

Fig. 393. Ein Körpersegment
von Arenicola, in seitlicher Ansicht (nach MILNE-EDWARDS). *k* Kieme, *rd* dorsaler Borstenhöcker, *rv*
ventraler Borstenwulst.

1) Zu blattförmigen Deckplatten, „Elytren", sind die Cirren an einem
Theil der Segmente bei den *Aphroditeen* umgewandelt.

höcker und Borstenwülste unterschieden werden; wenn solche Gebilde dorsal und ventral vorhanden sind, so nennen wir die Anordnung zweizeilig, wenn eines von beiden unterdrückt ist, einzeilig; daneben können auch die Kiemen selbständig auftreten oder fehlen. Bei den *Oligochaeten* endlich fehlen die Kiemen und auch die Höcker und Wülste sind derart reducirt, dass wir nur noch in die Haut eingepflanzte Borstenbündel unterscheiden.

Wir betrachten als Ausgangspunkt dieser mannigfachen Parapodienformen der *Polychaeten* das complete Parapodium; dasselbe ist zweiästig, mit dorsalem und ventralem Cirrus und mit dorsaler Kieme. Es findet sich in einfachster Ausbildung schon bei den *Spiomorphen*; der dorsale Ast enthält meist Haarborsten, der ventrale meist gestreckte Haken-borsten, oft in deutlich fächerartiger oder querer Anordnung; der dorsale und ventrale Cirrus ist nur schwach entwickelt; die Kieme ist einfach faden-förmig. — Eine viel höhere Ausgestaltung dieser charakteristischen Theile finden wir bei den *Rapacien* (s. str.); die Parapodien sind hier mächtig ent-wickelte Anhänge, sie sind stets mit Aciculae versehen (solche kommen sonst nur noch bei *Aricia* vor), es finden sich neben einfachen Borsten stets auch zusammengesetzte Borstenformen, und zwar vorwiegend im ventralen Aste (nur bei *Nephthys* fehlen meist die zusammengesetzten Borsten); die dorsalen und ventralen Cirren sind hier stets besser ausgebildet; Kiemen können grösser und complicirter auftreten. Mit der höheren Differenzirung und Ausgestaltung des einen Theiles stellt sich sehr häufig aber eine Reducirung des anderen ein, so dass wir bei den *Rapacien* selten die complete Form der Parapodien finden (*Nephthys, Glycera*); wir beobachten hier vielmehr zumeist incomplete Parapodien in den mannigfachsten Modificationen. Bei den *Euniciden* ist die kammförmige Kieme wohlentwickelt, der dorsale Ast aber reducirt. Bei den *Nereiden* sind die zwei Aeste stark ausgebildet, es fehlt aber die Kieme, und bei den *Sylliden* und *Phyllodoceen* ist zudem noch der dorsale Ast reducirt. Bei *Tomopteris* fehlen die borstentragenden Aeste gänzlich und es sind an dem basalen Stummel nur noch die beiden blattförmig ausgebildeten Cirren vorhanden.

Getheilte Parapodien (Meropodien). Nach einer anderen Richtung finden wir das Parapod bei den übrigen Polychaetengruppen (*Drilomorpha, Terebellomorpha, Serpulimorpha*) und zwar durch Rückbildung verändert. Der Stamm des Parapods ist hier derart verkürzt, dass die beiden Aeste als selbständige Anhänge des Körpers erscheinen, ebenso auch die Parapodialkieme, wenn eine solche vorhanden ist. Der dorsale Ast ist in der Regel zu einem kegelförmigen „Borstenhöcker" mit einem fächer-förmigen Bündel von Haarborsten verwandelt, der ventrale Ast in einen quer ausgezogenen „Borstenwulst", der eine oder zwei Reihen von Hakenborsten trägt; es kann aber auch die umgekehrte Anordnung statt haben; merkwürdig ist das Verhalten der *Serpuliden*, die im Vorderkörper dorsal Borstenhöcker, ventral Borstenwülste besitzen, am Hinterkörper aber die umgekehrte Anordnung zeigen. Diese getheilten Parapodien sind nie complete, indem hier die Cirren stets fehlen oder nur angedeutet sind (Seitenorgane der *Capitelliden*); die Kiemen können wohlausgebildet sein oder fehlen; die dorsalen und ventralen borstentragenden Anhänge können beide vorhanden sein (zweizeilige Anordnung), oder es ist nur eines von beiden ausgebildet (einzeilige Anordnung).

Fehlende (rückgebildete) Parapodien. Bei den *Oligochaeten* finden wir weder Cirren noch Kiemen, und statt der Höcker und Wülste finden wir nur einfach in die Haut eingepflanzte Borsten-gruppen. In manchen Fällen erinnern die zweizeilig angeordneten Gruppen noch vollkommen an das Verhalten der *Drilomorphen*, indem wir ein dorsales fächerförmiges Bündelchen von Haarborsten und ein ventrales quer ausgezogenes von Hakenborsten beobachten (*Naïs*). Bei den regenwurmartigen sind die Bündelchen weiter getheilt, so dass wir jederseits zwei Doppelreihen von Borstenfollikeln finden, die nur je eine einzige Borste enthalten. Endlich sind die kranzförmig über einen grossen Theil des Umfanges des Segmentes vertheilten Borsten von *Perichaeta* zu erwähnen (man vergleiche auch die hinteren Borstenkränze bei *Echiurus*).

Die parapodialen Anhänge sind nicht immer in der ganzen Ausdehnung des Körpers gleichartig ausgebildet. Abgesehen davon, dass sie zuweilen an den hintersten Segmenten rudimentär werden, was oft zur Ausbildung eines schwanzartigen Hinterendes führt (z. B. besonders bei den *Terebellomorphen*), können sie auch in den aufeinander folgenden Körperabschnitten eine verschiedene Differenzirung erfahren, so dass eine deutliche Regionenbildung des Körpers auftritt (z. B. *Serpulimorpha*). Am wichtigsten aber ist die Umbildung, welche in der Regel das vorderste Körpersegment erfährt, indem dieses in nähere Beziehung zum Prosoma tritt und mit dessen reducirtem Metastomialtheil verschmilzt; wir bezeichnen dasselbe nun als M u n d s e g m e n t oder P e r i s t o m i u m ; die Erscheinung tritt besonders bei den *Rapacien* typisch auf; die Borstenbündel (und auch die Kiemen) des Peristomiums werden meist rudimentär (sie können angedeutet sein, z. B. *Aphroditeen*, oder auch ganz fehlen, z. B. *Euniceen* [Fig. 397], etc.), die Parapodialcirren dagegen erfahren an diesem Segmente häufig eine bedeutendere Ausbildung, so dass sie mit als tentakelartige Gebilde des Vorderendes neben jenen des Prosoma fungiren (Fig. 395. etc.); wir wollen sie als P e r i s t o m i a l c i r r e n bezeichnen (in der Literatur wurden sie bisher Fühlercirren oder kurz Cirren s. str. genannt). In einigen Fällen sind es auch mehrere der vorderen Segmente, an welchen die Parapodialcirren vergrössert erscheinen und die Borstenanhänge geschwunden sind, wobei oft ein gewisser Uebergang zu den folgenden Körpersegmenten stattfindet (viele *Phyllodoceen*, *Euniceen* etc.); bei den *Nereiden* aber sind typisch zwei Segmente mit Unterdrückung ihrer Borstenbündel und besonderer Ausbildung ihrer dorsalen und ventralen Cirrenpaare in die Bildung eines Peristomiums eingegangen, welches scharf gegen die nachfolgenden Segmente abgesetzt ist (Fig. 396). Dies ist entwicklungsgeschichtlich durch E. Meyer erwiesen; einen phylogenetischen Uebergang zu diesem Verhalten zeigt die Gattung *Stephania*.

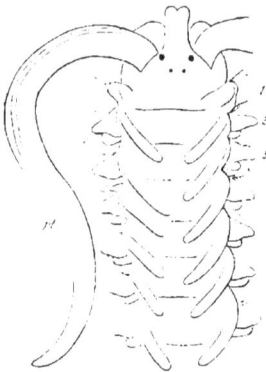

Fig. 394. **Vorderende von Spio Mecznikowianus,** nach Claparède. *pt* Primärtentakel. 1 Erstes Segment (Peristomium) mit Borstenbündel, ohne Kieme; 2. 3 die nachfolgenden Segmente.

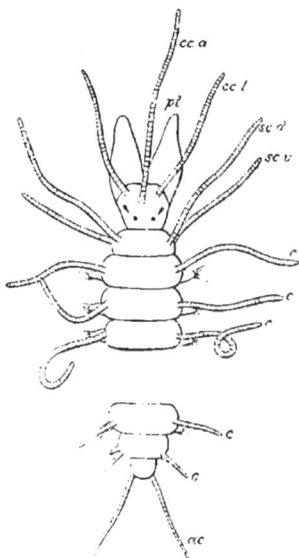

Fig. 395.

Fig. 396.

Fig. 395. **Vorder- und Hinterende von Syllis fiumensis,** nach EHLERS. *pt* Primärtentakel (Palpen); *cc.a* apicaler, und *cc.l* paariger Cerebralcirrus; *sc.d*, *sc.v* dorsaler und ventraler Cirrus des Peristomiums, dessen zugehörige Borstengruppe ganz in Wegfall gekommen ist; *c* dorsale Cirren der übrigen Segmente; *ac* Analcirren.

Fig. 396. **Vorder- und Hinterende von Nereis rubicunda,** nach EHLERS. *pt* Primärtentakel (Palpen); *cc.l* Cerebralcirren in einem einzigen Paare vorhanden; sc_1, sc_2 peristomiale Cirren am vorderen Rand des Peristomiums zusammengedrängt; *ac* Analcirren.

II. Die Anhänge des Prostomiums.

Am vorderen Körperende finden sich bei den meisten *Polychaeten* mehrfache tentakelartige Anhänge, und zwar in sehr wechselnder Zahl und Anordnung, je nach den verschiedenen Familien. Gleichwohl lassen sich die mannigfachen Verhältnisse auf einen gemeinsamen Grundtypus zurückführen. Wir werden am Prostomium zweierlei Anhänge unterscheiden: 1. P r i m ä r - t e n t a k e l, die nur in einem Paar vorhanden sind, und 2. C e r e b r a l - c i r r e n, deren Zahl oft fünf (Grundtypus), oft aber auch durch Reduction geringer ist.

Die morphologische Beurtheilung dieser Anhänge ist in der bisherigen Literatur meist sehr unklar durchgeführt. Bei den *Rapacien* werden die von uns als Primärtentakeln bezeichneten Gebilde als „Palpen", die von uns als Cerebralcirren bezeichneten Anhänge dagegen als „Tentakeln" unterschieden. Die Homologisirung mit den entsprechenden Gebilden in den Annelidenordnungen ist aber nicht immer richtig erkannt worden. Am weitesten ist in der morphologischen Erkenntniss in jüngster Zeit E. MEYER vorgedrungen, der die Primärtentakeln als „neurale (d. i. ventrale) Tentakeln", die Cerebralcirren als „haemale (d. i. dorsale) Tentakeln" bezeichnet.

A. Primärtentakel. Jenes Paar von charakteristischen Tentakeln, welche wir schon bei *Protodrilus*, *Polygordius* und ebenso bei *Saccocirrus* fanden, bezeichnen wir als Primärtentakel; sie sind bei den genannten Thieren langgestreckte, sehr contractile Anhänge, die meist von einer Blutgefässschlinge durchzogen sind, und deren Epithel reich mit Sinneszellen ausgestattet ist. Auch bei den *Spioniden* sind dieselben in ähnlicher Weise stets als „Fangfühler" ausgebildet (hier wurden sie oft irriger Weise als „Cirren" [Peristomialcirren] bezeichnet); sie besitzen hier eine charakteristische Längsfurche und ein blind endigendes Blutgefäss (Fig. 394). Sie kommen ebenso auch den *Chaetopteriden* zu, fehlen aber den *Aricieen*. Bei den *Rapacien* (Fig. 395, 396, etc.) sind sie in den meisten Fällen vorhanden, doch sind sie hier kurz stummelförmig („Palpen") und sind an die Ventralseite des Prostomiums gerückt; bei manchen *Syllideen* u. a. sind sie zu einem unpaaren Anhang verschmolzen. — Bei den *Drilomorphen* fehlen sie meist; vielleicht sind sie auch hier in manchen Fällen zu einem unpaaren Kopfzapfen verschmolzen (*Cirratulus*). — Bei den *Serpulimorphen* (Fig. 408) sind sie in Zusammenhang mit der festsitzenden Lebensweise zu der Tentakelkrone ausgebildet (wie besonders E. Meyer nachgewiesen hat).

B. Cerebralcirren. Am Prostomium finden sich ferner Anhänge, die zu den segmentalen Cirren der Parapodien in Beziehung zu bringen sind, wie durch die in vielen Fällen ganz übereinstimmende Struktur unzweifelhaft bewiesen wird (besonders lehrreich sind in dieser Frage die mannigfachen Formen der *Syllideen* [Fig. 395], deren grosse und bei den verschiedenen Arten sehr chrarakteristisch gestalteten dorsalen Parapodialcirren bei aller Mannigfaltigkeit stets mit den Cerebralcirren übereinstimmen. Bei den *Archianneliden* und *Protochaeten*, bei denen die Parapodialcirren nicht ausgebildet sind, fehlen auch die Cerebralcirren. Auch bei den *Spioniden*, deren Parapodialcirren nur schwach entwickelt sind, spielen ebenso die Cerebralcirren nur eine geringe Rolle; bei einigen Arten sind sie aber nachweisbar; man wird daher ihr Fehlen bei anderen Arten als Rückbildung erklären können. Bei den *Rapacien*, bei welchen auch die Parapodialcirren am besten entwickelt sind, finden ebenso die Cerebralcirren ihre höchste Ausbildung; es scheint, dass sie hier functionell für die mehr reducirten Primärtentakel eintreten. Die An-

Fig. 397.　　　　　　　　　　Fig. 398

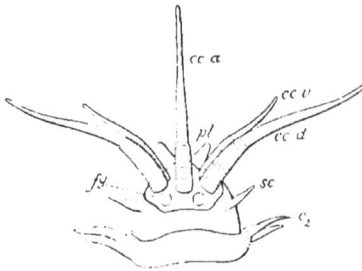
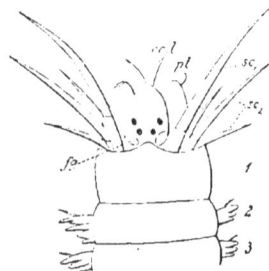

Fig. 397. **Vorderende von Diopatra**, nach Spengel.
Fig. 398. **Vorderende von Nereis**, nach Claparède. *pt* Primärtentakel, *cc* (*cc.a*, *cc v*, *cc.d*, *cc.l*) Cerebralcirren, *sc* Peristomcirren, *fg* cerebrale Flimmergruben.

ordnung der Cerebralcirren ist folgendermassen aufzufassen: Die vier
Längsreihen von Cirren, welche an dem segmentirten Körper durch die
dorsalen und ventralen Paare von Parapodialcirren gebildet werden,
setzen sich auch auf das Prostomium fort, insoferne als wir auch hier
ein dorsales und ein ventrales Paar von Cerebralcirren
beobachten; ihren Abschluss finden diese vier Reihen in dem unpaaren
oder apicalen Cerebralcirrus. Diese fünf Cerebralcirren sind
aber in Zusammenhang mit einer Lageveränderung des gesammten
Prostomiums (vergl. unten bei Nervensystem) auf die Rückenseite
verschoben. Die volle Fünfzahl der Cerebralcirren ist bei manchen
Rapacien ausgebildet, z. B. bei vielen *Euniceen* (Fig. 397); bei anderen
ist eine Reduction eingetreten, so haben die *Syllideen* (Fig. 395) stets
nur drei, die *Nereiden* (Fig. 398) nur zwei Cerebralcirren u. s w. —
Auch bei den *Amphinomeen* ist meist noch die Fünfzahl vorhanden. —
In der Gruppe der *Drilomorpha* sind ebenso wie die parapodialen, so
auch die cerebralen Cirren (und auch die Primärtentakel) rückgebildet.
— Dagegen erscheint bei den *Terebellomorphen* die Anzahl der Cere-
bralcirren bedeutend vermehrt, dieselben bilden hier die eigenthümlichen
Büschel von Fangfäden.

Das Fehlen jeglicher Prostomialanhänge, welches schon bei den
Drilomorphen zu bemerken ist, sowie auch aller Parapodialanhänge,
wird in der Gruppe der *Oligochaeten* typisch; ebenso auch bei den
Echiuriden.

III. Die Anhänge des Hinterendes (Periprocts) sind mannigfach, und ihre morphologischen Beziehungen sind noch nicht vollkommen aufgeklärt. Bei vielen *Archianneliden* und ebenso bei *Saccocirrus* finden wir ein Paar mit Drüsen- und Sinneszellen ausgestattete
„Afterzacken"; nebstdem kommt bei einigen *Polygordius*-Arten
noch ein Kranz von Papillen oder Sinneshöckern vor (ein Paar
langer, fadenförmiger Anhänge besitzt *Polygordius appendiculatus*); auf .
diesen Papillenkranz sind vielleicht die zahlreich um den After angeordneten Analcirren zurückzuführen, die für die *Spiomorphen*
charakteristisch sind und auch bei den *Opheliaceen* sich wiederfinden.
Bei den *Rapacien* ist dagegen am Hinterende stets eine geringere
Anzahl, aber desto grösserer Cirren vorhanden; seltener sind es vier —
und zwar ein dorsales und ein ventrales Paar, so dass sie als Abschluss
der am Körper verlaufenden vier Längsreihen von Cirren erscheinen —
meist aber nur zwei sehr stark ausgebildete (*Eunice*, *Nereis*, etc.)
(Fig. 395, 396). Nur ausnahmsweise ist auch ein unpaarer Analcirrus
vorhanden (*Ophriotrocha*), der auch in anderen Annelidengruppen sich
findet. Auch bei den *Amphinomeen* sind meist zwei grosse Aftercirren
vorhanden. Bei den übrigen Anneliden fehlen die Aftercirren.

— — —

Die Organisationsverhältnisse der *Chaetopoden* lassen sich auf einen
gemeinsamen Grundtypus zurückführen, der sich unmittelbar an jenen
der *Archianneliden* anschliesst, in den einzelnen Fällen aber mehr oder
weniger bedeutende Modificationen erfährt.

Das äussere Epithel scheidet stets eine deutliche Cuticula aus,
innerhalb welcher unter rechtem Winkel sich kreuzende diagonale Faser-
strukturen nachweisbar sind. Bei den *Rapacien* erreicht die Cuticula
eine bedeutende Mächtigkeit und feste Consistenz, sowie eine lebhaft
metallisch irisirende Färbung; eigentliche Pigmentstoffe (von abgelagerten

Sekreten gebildet) kommen nur selten in derselben vor. — Flimmerhaare finden sich an der äusseren Körperfläche nur an gewissen beschränkten Stellen, so z. B. an den Kiemen, an der Bauchfurche (*Serpula*), seltener als Wimperkränze (*Ophriotrocha*).

Das Epithel selbst (Subcuticula, Matrix) ist meist in charakteristischer Weise aus Stützzellen, welche die Cuticula ausscheiden, und
Drüsenzellen, die durch besondere Poren der Cuticula nach aussen
münden, aufgebaut. Die Stützzellen haben in einigen Fällen eine merkwürdige, faserige Structur (Fig. 140). In den Drüsenzellen werden bei
vielen *Polychaeten* auch stäbchenartige Gebilde erzeugt. Eine besondere
Ausbildung erfahren die Drüsenzellen im Clitellum der *Oligochaeten*.
In die Tiefe verlegte subepitheliale Drüsen kommen nur in manchen Fällen vor; sie können, auf gewisse Körperstellen beschränkt, eine
mächtige Entwicklung und besondere functionelle Bedeutung gewinnen;
so dienen sie z. B. zur Ausscheidung der pergamentartigen, kalkigen etc.,
oft auch durch Fremdkörper oder Faeces verfestigten Wohnröhren,
welche von vielen Anneliden (besonders den sogenannten *Sedentarien*)
erzeugt werden. Hierher gehören auch die Parapodialdrüsen
vieler *Anneliden*; in einzelnen Fällen sind diese letzteren aber auf umgewandelte Borstensäcke oder Borstendrüsen zurückzuführen (bei *Polyo-
dontes* nach Eisig).

Das Nervensystem zeigt bei den *Chaetopoden* in Bezug auf
seine Lagerung sehr interessante Verhältnisse, insofern als hier alle
Uebergänge von vollkommen epithelialer Lagerung bis zur vollständigen
Sonderung angetroffen werden. In einigen Fällen ist bei ein und demselben Thiere im Vorderkörper und Hinterkörper hierin ein verschie-
denes Verhalten zu beobachten (abgesehen von der Neubildung am fort-
wachsenden Hinterende). Das vollkommen gesonderte Nervensystem
kann nach innen vom Hautmuskelschlauch bis in die Leibeshöhle
rücken; es ist aber in letzterem Falle stets mit einem Peritonealüberzug versehen [1]). Bei den *Polychaeten* herrscht noch zumeist die epitheliale Lagerung des Nervensystems vor; bei vielen derselben ist die Zugehörigkeit des Nervensystems zum Epithel erst in neuerer Zeit besser
erkannt worden, da nachgewiesen wurde, dass gewisse bindegewebs-
artige Hüllen (Neurilemm) des Nervensystems auch nur als modificirte
Epithelgewebe zu betrachten sind und mit der Subcuticula noch continuirlich zusammenhängen (Rhode). Die vollkommene Sonderung vom
Epithel, die bei den *Polychaeten* seltener vorkommt, ist bei den *Oligochaeten* die Regel.

Die typischen Theile des Centralnervensystems sind: das Cerebralganglion, die Schlundcommissur und das Bauchmark.

Das Cerebralganglion ist, wenn es noch seine epitheliale
Lagerung besitzt, stets im Prostomium zu finden, dessen Inneres oft
ganz von demselben erfüllt wird (viele *Polychaeten*). Vom Epithel gesondert rückt es in der Regel weiter nach hinten und ist in diesem
Falle meist dem Schlunde aufgelagert (*Oligochaeten*). Der Aufbau des
Cerebralganglions ist mehrfach besonderer Ganglien ist mehrfach
betont worden (Spengel, E. Meyer u. a.).

Nach unserer Auffassung sind drei Hirnabschnitte zu unterscheiden:
1) Ein unpaares Mittelhirn, welches sich oft noch in mehrfache Lappen

_____

1) Hierzu kommen oft noch besondere Längsmuskeln oder eine vollkommene Muskelschichte (*Lumbricus*) am Bauchmark.

gliedert und auch insofern eine (innere) Zusammensetzung zeigt, als es zu
mehrfachen Sinnesorganen, nämlich den Cerebralaugen und den Cerebralcirren in Beziehung steht; es ist von einer queren Fasermasse durchzogen,
die ventral in die seitlichen Schlundkommissuren übergeht. 2) Ein vorderes
Ganglienpaar (Tentakularganglien), welches in Beziehung zu den
Primärtentakeln steht, und 3) ein hinteres Ganglienpaar (Riechlappen),
welches zu den Riechgruben gehört. In der Regel ist schon bei den
Polychaeten das Mittelhirn mitsammt dem ganzen Prostomium und dessen

Fig. 399.

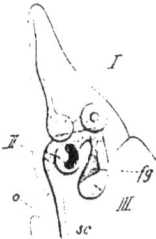

Fig. 400.

A   *B*

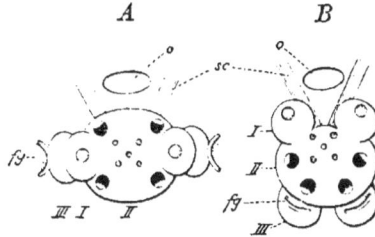

Fig. 399. **Vorderende mit Gehirn von Cirratulus**, nach E. MEYER. *I* Vorderhirn
(Tentekularganglien), *II* Mittelhirn aus mehreren Theilen bestehend, *III* Hinterhirn (Riechganglien), *fg* Riechgrube.
Fig. 400. **Schematische Darstellung des Cerebralganglions vom vorderen Körperpol
gesehen.** *A* Ursprüngliche Lagerung. *B* Verschiebung der Ganglien. *I* Tentakularganglien mit Andeutung der Wurzel der Tentakelnerven. *II* Mittelhirn mit Andeutung der
Lage der 5 Cerebralcirren und den vier Augen. *III* Riechganglien mit den Wimpergruben.
o Mund, *sc* Schlundkommissur. (Die ursprüngliche Lage der paarigen Cerebralcirren wäre
vielleicht richtiger ausserhalb der Cerebralaugen anzunehmen.)

Anhängen etwas dorsal verschoben, dabei sind aber die vorderen oder Tentakularganglien zugleich mehr ventralwärts, die hinteren oder Riechganglien
mehr dorsalwärts gerückt. Das Verhältniss dieser Verschiebung zu der hypothetischen ursprünglichen Lagerung ist in der schematischen Fig. 400 dargestellt. — Die Hirntheile sind in vielen Familien nur undeutlich gesondert
oder auch theilweise reducirt; dies geht parallel mit der Rückbildung der
prostomialen Sinnesorgane; besonders bei den *Oligochaeten* ist dies die Regel;
die zahlreichen, oft knotig vorspringenden Ganglienpakete entsprechen dann
keineswegs den ursprünglichen Hirnabschnitten.

  Die peripheren Nerven, welche vom Cerebralganglion ausgehen,
versorgen das vordere Körperende und dessen Sinnesorgane, die zum
Theil aber dem Ganglion unmittelbar verbunden sind.
  Die Schlundcommissur, welche zu beiden Seiten des Mundes
vom Cerebralganglion zum Bauchmark hinzieht, besteht in der Regel
nur aus Nervenfasern und deren Hüllgewebe; von der eigentlichen oder
primären Schlundkommissur (s. str.), welche dem Metastomium zugehört,
sind zu unterscheiden die vorderen Theile des Bauchmarkes, die in
manchen Fällen (z. B. *Amphinomeen*) noch in Form von seitlich aus-
einandergerückten Strängen den Mund zwischen sich fassen, aber dennoch wohl den vordersten, auf das Metastomium folgenden Metameren
zuzurechnen sind, wie aus ihrer Entwicklung, ihrem Aufbau und der Anordnung der peripheren, von ihnen abgehenden Nerven zu erweisen wäre.

Das Bauchmark, welches sich durch alle Metameren erstreckt,
dem Endsegment aber nicht zukommt, zeigt bei allen *Chaetopoden* eine
deutliche Gliederung, dadurch bedingt, dass die Ganglienzellen in keinem
Falle mehr einen gleichmässigen Belag bilden, sondern segmentweise
gehäuft erscheinen. (Ich finde, dass dies auch schon bei *Saccocirrus*
nachweisbar ist.)   Dazu kommt die regelmässige Wiederholung der
Quercommissuren, d. i. querer Nervenfaserzüge, welche die Ganglien-
hälften der beiden Körperseiten miteinander verbinden, und endlich auch
die regelmässig sich wiederholenden (meist drei Paar in jedem Segmente)
peripheren Nerven, die in der Regel nur von den Ganglienknoten ausgehen. — Man unterscheidet zwei Hauptformen des Bauchmarkes, die
Bauchganglienkette und das Strickleiterbauchmark — je
nachdem die Seitenstränge des Bauchmarkes nahe aneinandergerückt
oder aber weit voneinander entfernt und dementsprechend durch lange
Quercommissuren verbunden sind.

Die typische Bauchganglienkette besteht aus den segmentalen
Ganglien (selten in jedem Segmente in mehrere aufeinanderfolgende Knoten
zerfällt) und den intersegmentalen Längscommissuren. An dem Querschnitt
des Ganglions sehen wir, dass die längsverlaufenden Nervenfasern in zwei
seitlichen Hauptmassen und oft auch einem mittleren Strange angeordnet
sind; meist sind drei oder mehrere sogenannte colossale Nervenfasern gesondert gelagert (vergl. pag. 135 ff.); die Nervenfasermassen bilden den dorsalen Theil des Ganglions; sie sind durch quer verlaufende Nervencommis-
suren verbunden.   Die Ganglienzellen sind an der ventralen Seite des
Ganglions in je zwei laterale und zwei mediale Pakete angeordnet, die
vorn und hinten an jedem Ganglion sich wiederholen (diese Anordnung ist
zurückführbar auf vier ursprünglich continuirliche Ganglienzellsäulen). Das
epithelogene Stützgewebe bildet sowohl eine äussere (Neurilemm) als auch
eine mediale Stützlamelle des Ganglions. — Die Längscommissuren zeigen
denselben Aufbau, nur dass die Ganglienzellen und auch die queren Faser-
züge hier fehlen. — Das Strickleiterbauchmark ist, wie schon erwähnt, nur durch das Auseinanderrücken in zwei seitliche Stränge, deren
Ganglienknoten durch längere Quercommissuren verbunden sind, gekennzeichnet. Der histologische Aufbau dieser beiden Formen des Bauchmarkes
zeigt aber bis ins einzelne die grösste Uebereinstimmung, und der Gegensatz erscheint daher morphologisch geringfügig, besonders wenn die epitheliale
Lagerung des Nervensystems noch erhalten ist.

Die peripheren Nerven, die vom Bauchmark ausgehen, und im
Epithel selbst oder subepithelial gelagert sind, erstrecken sich oft bis
zur Rückenlinie, um sich dort ringförmig zu vereinigen. An der Basis
der Parapodien ist meist ein ansehnliches Parapodialganglion
zu finden; auch sonst sind in den Verlauf der peripheren Nerven oft
Ganglienzellen eingeschaltet, so dass ein förmlicher Nervenplexus
(epithelial oder subepithelial) zu Stande kommen kann. Diese Nerven
versorgen sowohl die Sinnesorgane der Haut, als auch den Hautmuskelschlauch.

Ein Schlundnervensystem mit Schlundganglien, welches mit
den Schlundcommissuren und auch mit dem Cerebralganglion zusammen
hängt, ist allgemein nachgewiesen; auch dieses kann eine vollkommen
epitheliale Lage im Schlundepithel bewahren, welches daher als dessen
Entstehungsort zu betrachten ist. Ein sympathisches Nerven-

ganglien-Geflecht für den Mitteldarm ist nur bei den verwandten *Hirudineen* genauer erforscht.

Die Sinnesorgane sind bei den *Rapacien* am höchsten entwickelt, bei den festsitzenden *Polychaeten*-Formen und bei den im Schlamm und Humus lebenden *Oligochaeten* mehr verkümmert.

Als Hautsinnesorgane finden sich seltener einzelne Sinneszellen; allgemeiner kommen Sinnesknospen über die ganze Körperoberfläche zerstreut vor; besonders gehäuft sind sie am vorderen Körperende, an den Tentakeln und an allen Cirren. Die sogenannten Seitenorgane der *Capitelliden* werden als verkürzte Parapodialcirren betrachtet (KLEINENBERG, EISIG), sie mögen durch Vergrösserung einzelner oder durch Vereinigung zahlreicher Sinnesknospen entstanden sein.

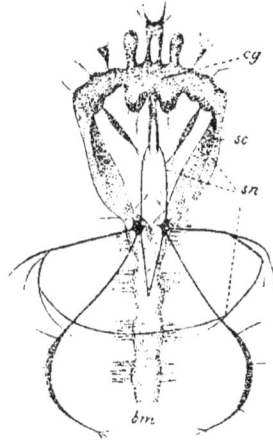

Fig 401. **Centralnervensystem der vorderen Körperendes und Schlundnervensystem von Nereis**, nach QUATREFAGES. Cerebralganglion (*cg*); Schlundcommissur (*sc*); die 4 ersten Ganglien des Bauchmarkes (*bm*); Schlundnervensystem (*sn*).

Aehnliche Sinnesknospen, welche im Schlunde sich finden, sind als Geschmacksorgane zu deuten.

Als Geruchsorgane werden die paarigen Flimmergruben betrachtet, welche mit den hinteren Hirnlappen innig verbunden sind. Sie sind als kräftig bewimperte, meist vorstülpbare Taschen bei den *Polychaeten* sehr verbreitet, fehlen aber den *Oligochaeten*. Sie gehören ihrer Entwicklung nach dem Prostomium an.

Gehörbläschen kommen nur selten (so bei *Serpuliden* und *Arenicoliden*) meist in einem Paar, der Schlundcommissur anliegend, vor; sie sind wohl der metastomialen Region zugehörig.

Augen kommen bei den *Polychaeten* in der Regel am Prostomium vor (Cerebralaugen); sie sind nach dem Typus des einfachen Blasenauges gebaut und stehen in inniger Beziehung zum Mittelhirn. Bei vielen Familien finden sie sich in Vierzahl, und zwar ist ein grösseres vorderes und ein kleineres hinteres Paar zu unterscheiden. [Wir vermuthen, dass dies von einem ursprünglicheren Verhalten abzuleiten sei, wo vier gleich grosse Augen, als ventrales und dorsales Paar, regelmässig um den Apicalpol vertheilt waren, und dass hierin Beziehungen zu einer primären radiären Anordnung vorlagen.] Oft ist nur noch das vordere Paar erhalten und erreicht dann oft eine um so bedeutendere Grösse (*Phyllodoceen*); den Höhepunkt der Ausbildung zeigen die zwei den Kopf weit überragenden Augen bei den pelagisch lebenden *Alciopiden* (vergl. pag. 199). Seltener sind zahlreiche kleine Augen am Prostomium zu finden (*Capitelliden* etc.). Bei einigen *Serpuliden* kommen Augen an den zahlreichen Fäden der Tentakelkrone vor. Bei *Polyophthalmus* wiederholen sich seitliche, augenartige Organe an allen Körpersegmenten. Nur wenige *Oligochaeten* (*Naïdeen*) besitzen Augen, und zwar ein rudimentäres Augenpaar im Epithel des Prostomiums.

Die somatische Muskulatur besteht aus der äusseren Ringmuskelschichte und der inneren Längsmuskelschichte; letztere ist
nach innen gegen die Leibeshöhle vom Peritonealepithel bedeckt, zu
welchem sie in genetischer Beziehung steht; ferner gehören hierher
die queren Muskeln, die in den transversalen Septen verlaufen, und
endlich ·die Muskeln der Borstenbündel, die von der Basis der
Borstenfollikel in verschiedener Richtung zur Leibeswand ziehen. —
Die Längsmuskelschichte ist im einfachsten Falle in vier Linien
unterbrochen, in der Bauch- und Rückenlinie und in den sogenannten
Seitenlinien, welche letztere von den Parapodien eingenommen werden;
man unterscheidet da also ein dorsales und ein ventrales Paar von
Längsmuskelfeldern. Es kommen aber oft noch accessorische Längsmuskelfelder hinzu, so z. B. ein medioventrales, oft auch seitliche
Felder, welche letztere zwischen den dorsalen und ventralen Borsten-
gruppen verlaufen (bei den *Drilomorphen* und besonders bei den *Oligochaeten*). Der histologische Aufbau und speciell die mannigfachen
Faltungsprocesse der Längsmuskelschichte wurden schon an anderer
Stelle (pag. 123) erwähnt. — Die transversalen Septen (zusammenhängend oder gitterförmig durchbrochen) sind bei den meisten *Polychaeten* vorhanden; den *Oligochaeten* scheinen sie zu fehlen [1]).

Viscerale Muskeln finden sich nicht nur am Darm, sondern
auch an anderen inneren Organen (Blutgefässe, Excretionsorgane etc.);
auch die Muskeln der Dissepimente, aus gekreuzten Fasersystemen bestehend, sind hier zu erwähnen.

Die drei Abtheilungen des Darmes, Vorderdarm, Mitteldarm und
Hinterdarm, zeigen mannigfache Differenzirungen.

Der ectodermale Vorderdarm oder Schlund erstreckt sich stets
durch eine Anzahl der vordersten Körpersegmente (ausser bei *Aeolosoma*),
in welchen keine Gonaden zur Entwicklung kommen. Er ist häufig
durch einen ausstülpbaren Theil, den Schlundkopf, ausgezeichnet; mit
diesem Namen werden verschiedenartige Bildungen bezeichnet, deren
specielle Homologie noch dahingestellt sein mag. Schon bei einigen
Archianneliden fand sich ein eigenthümlicher vorderer, ventraler
Schlundanhang. Bei *Saccocirrus* und den *Spiomorphen* fehlt ein
solcher, doch ist in einigen Fällen der Schlund selbst vorstülpbar
(*Theodisca*). Für die *Rapacien* ist es charakteristisch, dass der Schlund
oder Theile desselben vorstülpbar und bewaffnet sind; dabei ist aber
ein mannigfaches Verhalten zu constatiren. Bei einigen wird der
Schlund einfach nach aussen vorgestülpt, wobei ein am Hinterende
des Schlundes befindlicher Kranz von weichen Papillen (*Nephthys*) oder
auch von chitinigen Zähnen, sogenannten Kiefern, vorgestreckt wird;
letztere sind bei *Glycera* in der Zahl 4 regelmässig rings um die
Schlundöffnung gestellt. Bei den *Phyllodoceen, Syllideen* etc. liegt der
vorstülpbare Theil (röhrenförmiger Schlundkopf) in Form eines röhren-
förmigen Gebildes (Duplicatur) im Schlunde und ist bei den letzteren
mit einem unpaaren Chitinzahn versehen; bei den *Nereiden* finden sich
ein Paar grosse, seitlich gestellte Schlundkiefer. Die höchste Stufe der
Ausbildung erreicht der Schlundkopf bei den *Euniciden*; er bildet einen

---

1) Bei *Lumbricus* kommen kleine quere Muskelbänder vor, die zwischen
den dorsalen und ventralen Borstengruppen sich erstrecken und vielleicht
als letzte Reste der transversalen Muskeln zu betrachten sind, worauf mein
Assistent, Herr Dr. Cour, mich aufmerksam machte.

vorderen ventralen Anhang des Schlundes und ist mit einer ansehnlichen Reihe von oberen Kieferpaaren und einem kleineren unteren Kieferpaare ausgestattet. In manchen Fällen ist ein besonderer hinterer drüsiger Abschnitt des Schlundes vorhanden (z. B. *Syllideen*), und sehr oft finden sich an seinem Hinterende paarige, drüsige Anhänge. — Bei den *Drilomorphen*, *Serpulimorphen* und *Terebellomorphen* ist keine Schlundbewaffnung vorhanden, doch ist oft ein schwach entwickelter, vorderer, ventraler Schlundanhang angedeutet. Die *Oligochaeten* besitzen einen kurzen Schlund ohne Schlundkopf und Bewaffnung.

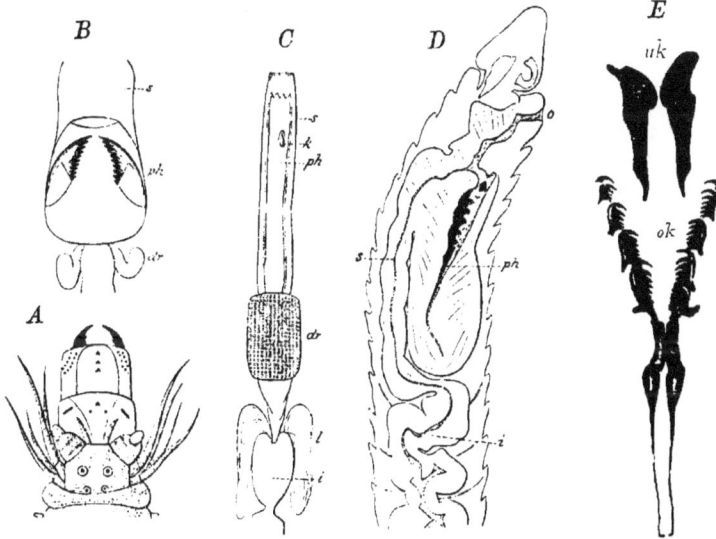

Fig. 402. *A* **Nereis cultrifera** Vorderende mit vorgestülptem Schlund. An demselben 2 grössere Chitinkiefer und zahlreichere kleinere Zähnchen. *B* **Vorderdarm einer Nereis in eingestülptem Zustande.** *s* Schlund (Tasche); *ph* Schlundkopf; *dr* Anhangsdrüsen. *C* **Vorderdarm von Syllis sexoculata.** *s* Schlund (Tasche); *ph* Schlundkopf. *k* unpaarer Chitinzahn; *dr* drüsiger Abschnitt; *l* paarige Drüsenanhänge; *i* erste Kammer des Mitteldarmes. *D* **Medialer Längsschnitt durch das Vorderende einer Eunicide (Lumbriconereis.)** *o* Mund; *s* Schlund; *ph* ventraler Schlundkopf; *i* Mitteldarm. *E* **Chitinkiefer aus dem ventralen Schlundanhange einer Eunicide.** *uk*, *ok* Unter- und Oberkiefer. *A*, *C*, *D*, *E* nach EHLERS, *B* nach CLAPARÈDE.

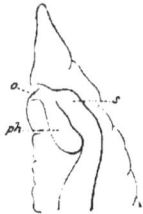

Fig. 403. **Vorderende von Cirratulus,** nach E. MEYER. *o* Mund; *s* Schlund; *ph* ventraler Schlundanhang.

Der Mitteldarm ist nur im Larvenstadium deutlicher in Magen und Dünndarm geschieden; er ist meist durch die Dissepimente regelmässig intersegmental eingeschnürt und daher segmental erweitert; oft steigert sich dies Verhalten derart, dass ansehnliche seitliche Darmtaschen in jedem Segment zu Stande kommen, die bei den *Aphroditeen* endlich zu ansehnlichen Blindsäcken auswachsen. Eine sehr merkwürdige Bildung, der ventrale Nebendarm, der als dünneres Rohr den Mitteldarm begleitet und nur an beiden Enden in denselben mündet, ist bei *Capitelliden* und *Rapacien* beobachtet; dieses Gebilde ist vielleicht auf eine typische ventrale Flimmerrinne des Darmes zurückzuführen. Beim Regenwurm dient eine ansehnliche dorsale, in das Darmlumen vorspringende Schleimhautfalte (*Typhlosolis*) zur Vergrösserung der resorbirenden Innenfläche. Bei den *Oligochaeten* ist der auf den Schlund folgende Theil des Mitteldarmes zu einem Oesophagusabschnitt ausgebildet, der bei den Regenwürmern noch weitere Differenzirungen (Kropf und Muskelmagen) erfährt. Der Mitteldarm besteht im allgemeinen aus der Peritonealschicht, äusserer Längs-, innerer Ringmuskelschicht, Gefässschicht und der inneren meist bewimperten Epithelschicht.

Der Enddarm, welcher von ectodermalem Epithel ausgekleidet ist, hat meist nur eine sehr geringe Ausdehnung.

Das Blutgefässsystem der *Chaetopoden* zeigt die typischen Theile in mehr oder weniger bedeutenden Modificationen. In einigen Fällen fehlen die Blutgefässe gänzlich (*Capitelliden, Glyceriden*). In der Regel ist es als ein geschlossenes System vorhanden, welches eine besondere gefärbte (rothe oder auch grüne, gelbe) Blutflüssigkeit meist ohne Blutkörperchen enthält. In der Regel ist das Rückengefäss contractil, oft auch alle oder nur einige der somatischen Gefässbogen, seltener auch andere Gefässe. — Bei kleineren Formen finden sich nur die typischen Hauptgefässe (splanchnisches Gefässnetz, Rückengefäss, vordere Gefässbogen, segmentale somatische Gefässbogen), bei grösseren Formen kommen neue Gefässe (z. B. Längsgefässe am Bauchmark von *Lumbricus* und *Nephthys*, seitliche Längsgefässe im Vorderkörper von *Serpulaceen* etc.) und zahlreiche Gefässverästelungen besonders in den Kiemen und in der Körperwand hinzu. — Das Rückengefäss ist meist einfach, in einigen Fällen aber paarig (*Eunice*); es kann auch zum grössten Theil fehlen und durch einen Darmblutsinus (zwischen Darmepithel und splanchnischem Blatte an Stelle des splanchnischen Gefässnetzes) ersetzt sein (*Serpuliden, Cirratulus*); bei den *Terebelliden* ist das herzartig erweiterte Rückengefäss auf das Vorderende des Körpers beschränkt. Im Rückengefäss findet sich oft ein eigenthümlicher pigmentirter Zellkörper (Herzkörper). — Das Blut gelangt meist durch die vorderen Gefässbogen in das unter dem Darm gelegene Bauchgefäss. — Durch die segmentalen somatischen Gefässbogen, in deren Verlauf die Gefässe der parapodialen Kiemen eingeschaltet sind, fliesst das Blut meist vom Bauchgefäss wieder zum Rückengefäss. Besondere Kiemenherzen finden sich an den Gefässbogen bei *Eunice* (Fig. 404). Seltener strömt das Blut vom Rücken-

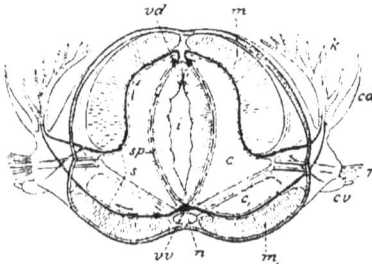

Fig. 404. **Querschnitt durch ein Segment mit der Blutgefässvertheilung** desselben von *Eunice*, nach EHLERS. *k* Kieme; *cd* Cirrus dorsalis; *r* ventrales Ruder; *cv* Cirrus ventralis; *m* dorsales; *m,* ventrales Muskelfeld; *c* Hauptkammer; *c,* Bauchkammer der Leibeshöhle; *i* Darm; *u* Bauchmark; *sp* splanchnische Gefässe; *vd* Rückengefäss (paarig); *vv* Bauchgefäss; *s* somatischer Gefässbogen.

gefäss zu den Kiemen und von da zum Bauchgefäss, so z. B. bei den
am Vorderkörper befindlichen Kiemen der *Terebelliden.* In einigen
Fällen, so bei vielen *Oligochaeten,* sind ein oder mehrere in der vorderen Körperregion gelegene somatische Gefässbogen besonders contractil und sackartig erweitert und entbehren jeder Gefässverzweigung,
sie sind in seitliche Nebenherzen umgewandelt, welche das Blut vom
Rückengefäss zum Bauchgefäss führen.

Die Leibeshöhle ist durch die typischen medialen (dorsales und
ventrales) Längsmesenterien, die segmentalen Septen und die transversalen Längssepten in mehr oder weniger vollkommen von einander abgeschlossene Kammern getheilt. Ganz allgemein ist aber bei den
Chaetopoden durch das Hineinrücken des Schlundes in die vorderen
Segmente eine Rückbildung der Dissepimente und medialen Mesenterien
in dieser Region eingetreten. — Es kommen ferner mannigfache Modificationen vor. Bei den *Oligochaeten* fehlt wohl durchweg das dorsale
Mesenterium; auch fehlen denselben die transversalen Septen. In einigen
Fällen, z. B. *Terebelliden,* sind in einer Körperregion bestimmte Dissepimente stärker ausgebildet und andere unterdrückt in Zusammenhang
mit gewissen Umbildungen des Nephridialsystems (siehe unten). In
höherem Grade ist eine Rückbildung der Dissepimente bei den *Glyceriden*
(u. a.) eingetreten, so dass der Darm eine freiere Beweglichkeit besitzt.

Die Leibeshöhle ist allseitig von einem peritonealen Epithel ausgekleidet (auch im Prosoma, trotz der dort andersartigen Entwicklung);
dieses Epithel zeigt manchmal an bestimmten Stellen eigenartige Differenzirungen, von denen man vermuthet hat, dass sie zur Excretion in
Beziehung stehen; besonders sind hier die grünlichen, körnigen Chloro-
gogenzellen hervorzuheben, die das splanchnische Gefässnetz, das
Rückengefäss und einen Theil der Seitengefässe bei den „Oligochaeten“
überziehen. Die Leibeshöhlenflüssigkeit enthält in der Regel Lymphzellen, in einigen Fällen gefärbte, an farbige Blutkörperchen erinnernde
Zellen (bei den Blutgefässe entbehrenden *Glyceriden*). Auch mit Ex-
creten beladene Zellen werden darin angetroffen.

Als Excretionsorgane finden sich die typischen Segmentalorgane, deren Trichter meist das Dissepiment durchbohrend in das
nächstvordere Segment hineinragt; bei vielen *Polychaeten* ist dieses
Lagerungsverhältniss des Trichters nicht ausgesprochen; bei *Chaetogaster*
fehlen die Trichter. — Bei den *Polychaeten* sind die Segmentalorgane
meist kurz und weit; oft sind sie in jedem Segment noch ziemlich gerade gestreckt nach hinten verlaufend zu finden, oft auch nur schwach
gekrümmt, in anderen Fällen aber schon schleifenförmig ausgebildet;
sie sind meist ausserhalb der Leibeshöhle retroperitoneal gelegen. —
Bei den Oligochaeten sind sie stets schleifenförmig und überdies noch
mehrfach aufgeknäult und sie sind unter Mitnahme eines Peritoneal-
überzuges in die Leibeshöhle gerückt; ihr Kanal ist oft in verschiedenartige Abschnitte differenzirt, und oft schliesst sich ein ansehnlicher
ectodermaler, mit einer Muskelschicht versehener Endabschnitt an denselben. Das Lumen ihres Excretionskanales ist enge und im Querschnitt
von nur einer „durchbohrten“ Zelle umgeben. — Von den mannigfachen
Modificationen der Segmentalorgane ist hervorzuheben das Vorkommen
mehrerer Organe in einem Segmente und zwar hinter einander bei *Capitelliden* (Eisig) (auch kommen da Segmentalorgane mit mehreren
Trichtern vor) und neben einander, den vier oder mehreren Borsten-
gruppen entsprechend, bei manchen exotischen *Lumbriciden* (*Acantho-*

drilus, Perichaeta); bei exotischen *Lumbricidengattungen* kommt auch in Zusammenhang mit den Segmentalkanälen ein reich verästeltes, durch viele Segmente zusammenhängendes Netzwerk von Flimmerkanälen vor. — Eine ungleiche Ausbildung der Organe in den verschiedenen Körperregionen ist mehrfach beobachtet. Bei den *Capitelliden* schwinden die

Fig. 405.   Fig. 406.   Fig. 407.

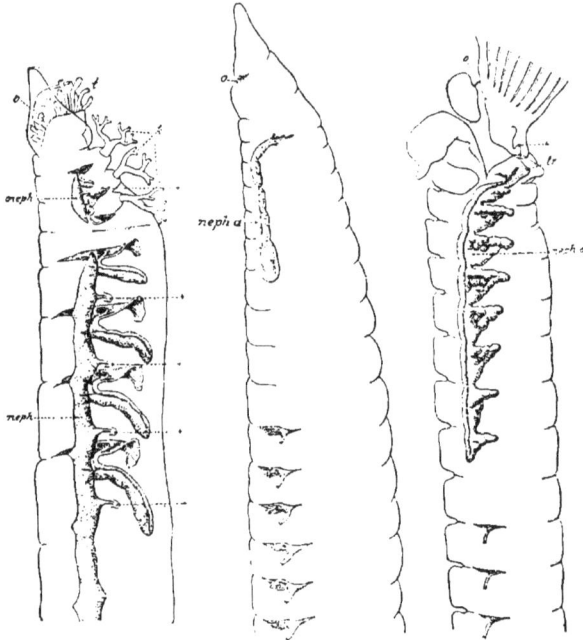

Fig. 405. **Vorderende von** *Lanice conchilega*, nach E. MEYER. Die Kopfcirren (*t*) und Kiemen (*k*) sind abgeschnitten; *o* Mund; *neph* die drei verb. Nephridien der vorderen Thoracalkammer; *neph*, die Nephridien der hinteren Thoracalkammer; der die letzteren verbindende Kanal erstreckt sich noch durch zahlreiche folgende Segmente; die äusseren Mündungen sind durch + bezeichnet.
Fig. 406. **Vorderende eines** *Cirratuliden* (*Chaetozone*), nach E. MEYER. *neph.a* vorderes excretorisches Organ.
Fig. 407. **Vorderende von** *Spirographis*, nach E. MEYER. *neph a* vorderes excretorisches Nephridium; + dessen Mündung; *tr* Wimpertrichter.

Segmentalorgane meist in den vorderen Körpersegmenten, in welchen die sogen. „Genitalschläuche" sich bilden (ähnlich wie bei den *limicolen Oligochaeten*). Bei den *Terebelliden* finden sie sich nur in dem vorderen Theil des Körpers, dessen Leibeshöhle durch ein besonders entwickeltes Dissepiment bei Schwund der übrigen in einen vorderen und hinteren „Thoracalraum" getheilt ist; die Segmentalorgane des vorderen Thoracalraumes fungiren als Excretionsorgane, die des hinteren als Ausführgänge des Geschlechtsapparates. Bei *Lanice conchilega* sind jederseits mehrere solcher Organe durch einen Längskanal in Verbindung

www.ingramcontent.com/pod-product-compliance
Lightning Source LLC
Chambersburg PA
CBHW032301280326
41932CB00009B/647